THÉATRE D'AGRICULTURE

DU DIX-NEUVIÈME SIÈCLE.

PARIS. — IMPRIMERIE DE FAIN ET THUNOT,
Rue Racine, 28, près de l'Odéon.

THÉATRE D'AGRICULTURE

DU

DIX-NEUVIÈME SIÈCLE,

PAR

GUSTAVE HEUZÉ,

DE GRAND-JOUAN.

> Ea erunt ex radicibus trinis, et quæ
> ipse in meis fundis colendo animadverti,
> et quæ legi, et quæ a peritis audii.
> VARRON, lib. I, cap. I.

TOME PREMIER.

AGRICULTURE.

PARIS.

A LA LIBRAIRIE ENCYCLOPÉDIQUE DE RORET,
RUE HAUTEFEUILLE, N° 10 BIS.

1847.

A MON HONORABLE MAITRE ET AMI.

M. C. E. Royer,

INSPECTEUR DE L'AGRICULTURE.

Je vous remercie de l'accueil que vous avez fait à mon livre en daignant agréer ce faible hommage du fruit de mes études, comme témoignage de mes sentiments d'amitié et de ma vive reconnaissance. Le jugement que vous avez porté sur cet ouvrage double ma gratitude ; il est si doux de recevoir des encouragements aussi affectueux !

GUSTAVE HEUZÉ.

AVERTISSEMENT.

Ce livre est le fruit de longues méditations et de nombreuses lectures; il fut conçu en 1840, lorsque M. Jules Rieffel, ancien élève de Roville, fonda, dans la région des landes de l'Ouest, l'Institut agricole de Grand-Jouan (Loire-Inférieure). J'ose espérer que les idées qu'il renferme seront utiles aux élèves des écoles d'agriculture auxquels il est destiné, et qu'elles leur rappelleront que, si l'homme, aux prises avec les difficultés incessantes qu'offre la pratique de l'agriculture, étend ses études, ses observations au delà de l'horizon que la nature lui a tracé, il lui est presque impossible de suivre pas à pas l'examen des détails de pratique, de discerner ce qui est nuisible ou favorable au succès de ses travaux ou aux progrès de l'art.

Le titre de cet ouvrage m'a longtemps préoccupé. J'aurais voulu lui donner l'un des titres suivants : *Cours d'Agriculture*, *Maison rustique*, *Manuel d'Agriculture*, *Éléments d'Agriculture*, *Principes raisonnés d'Agriculture*, *Agriculture pratique*, *Traité d'Agriculture*, *Préceptes d'Agriculture pratique*, etc., mais ces inscriptions existent en tête d'un grand nombre d'ouvrages. Je me suis décidé, sans présomption, à adopter celui de Théâtre d'Agriculture du dix-neuvième siècle, quelque ambitieux qu'il fût. L'assentiment que j'ai reçu de mes amis, à cet égard, me permet d'espérer que ce titre sera jugé favorablement par la presse et le monde agricole. Le titre de *Théâtre d'Agriculture* décore le plus ancien livre classique d'agriculture française. Cet ouvrage, qui fut écrit pendant le seizième siècle par Olivier de Serres, est un livre bien remarquable, malgré les lacunes qu'il présente. J'aurai souvent occasion de citer cet auteur, et de transcrire plusieurs pages de son *Mesnage des Champs*. Ces citations témoigneront, je suis heureux de le dire, que la pratique de l'agriculture s'acquiert toujours par le temps et l'expérience, et non par la lecture des livres seule, et qu'il existe en agriculture des opérations qui se transmettent d'âge en âge sans éprouver de modifications aucunes.

Le cadre que je me suis imposé de parcourir, je ne me le dissimule pas, est immense. Toutefois, je l'abrégerai le plus possible, en éloignant toutes les dissertations scientifiques qui ont occupé dans ces derniers temps les hommes de science, et qui n'ont aucun rapport direct avec les travaux pratiques du cultivateur. *Pars est prima prudentiæ, ipsam, cui præcepturus sis, æstimare personam* (1). J'ajouterai, avec Olivier de Serres, que « mon intention est de monstrer, si je peux, briefvement et clairement, tout ce qu'on doit cognoistre et faire pour bien cultiver la terre, et ce pour commodément vivre, selon le naturel des lieux, auxquels l'on s'habitue. Non que pourtant je veuille ramasser tout ce qu'on pourroit dire sur ce sujet : mais seulement disposer ès lieux de ce Théâtre les mémoires de mesnage, que j'ai connu jusques ici estre propres pour l'usage d'un chacun, autant que ceste belle science y peut pourveoir. »

Puissent les pages de ce livre être dignes de ceux auxquels elles sont dédiées ! Puisse cet ouvrage faciliter les études des jeunes hommes qui désirent se livrer à l'exercice de l'agriculture ! Puisse-t-il leur prouver que la pratique agricole est difficile, qu'elle doit être pratiquée pour être connue, et qu'elle demande à la fois et des forces physiques et de l'intelligence ! Puisse la Providence me seconder dans mes travaux !... Puisse-t-elle m'accorder une assez longue existence, afin que je termine la publication de cette œuvre, pour laquelle je ne fuis ni veilles, ni fatigues !

(1) Palladius.

L'INSTRUCTION AGRICOLE.

Lorsqu'on examine attentivement les conditions d'une végétation prospère, l'esprit est frappé d'un ensemble de principes qui découlent de vérités qui tendent toutes vers un même but. Alors, il semble que les théories ne doivent être et ne sont même que des paradoxes, des créations chimériques et imaginaires. Heureusement il n'en est pas ainsi. La théorie agricole raisonnée, c'est l'existence effective, c'est la base de la science. Ainsi, c'est par son concours que le cultivateur interroge sans cesse la nature pour lui surprendre ses secrets, et commander pour ainsi dire aux éléments et aux saisons; c'est elle qui indique à l'esprit méditatif le sentier qu'il doit suivre, quelque poudreux qu'il lui apparaisse dans l'ombre.

L'agriculture qui fut, durant des siècles, considérée comme un art, se présente aujourd'hui à nos yeux, non plus enveloppée sous le voile grossier de l'exécution manuelle, mais comme constituant un ensemble de doctrines réellement scientifiques. Beaucoup d'esprits refusent encore d'élever l'agriculture au rang des sciences pures; et pour eux l'agriculture est une routine et un métier. Cette acception est entièrement fausse. Il existe des rapprochements insolites entre l'agriculture et les sciences naturelles; et la première comme les autres comporte des vérités et des principes qui découlent des lois de la nature.

Ces dissensions, cette division des esprits ont fait naître deux écoles: l'une, qui ne connaît que les faits et l'application; l'autre, qui s'attache à diriger sans cesse les recherches vers les immuables vérités des études analytiques. La première est représentée par les praticiens, et elle a été nommée *école stationnaire, école timide, école négative;* la seconde a été créée par les amis de la science, les théoriciens, qui l'ont appelée *école progressive, école positive, école rationnelle.*

Il existe une différence bien frappante entre ces deux écoles. Les esprits qui appartiennent à *l'école empirique* vivent dans l'éloignement de ce tourbillon intellectuel, qui élabore dans le silence les bases d'une nouvelle existence sociale et qui sape dans leurs fondements les plus profonds, les préjugés des anciens temps qui se sont perpétués jusqu'à nous de générations en générations. Par la nature de son esprit, cette école est l'ennemi acharné des innovations, des recherches et des méditations. Elle n'accorde aucune importance aux théories raisonnées; elle refuse de croire aux idées, aux sentiments de l'école progressive, dont le but principal est de diriger les esprits des cultivateurs vers une réaction.

Les partisans et les défenseurs de cette école forment deux sectes qui se distinguent l'une de l'autre par des écarts et des excès de plus d'un genre.

L'une a ses preuves fondamentales

d'existence dans son défaut d'instruction, et elle oppose à la raison qui a pour appui une ferme croyance à l'unité des lois de la nature, des harmonies rationnelles, des principes et des vérités réelles, une opposition systématique qui se traduit par une radicale négation et qui conduit au scepticisme. Certes, ces idées, qui sont encore nombreuses au sein de nos campagnes et sous le toit du laboureur, empêchent les nouvelles lumières, les nouveaux principes de porter tous leurs fruits. Malheureusement la raison humaine est souvent impuissante contre de pareils obstacles. C'est parfois en vain que la science cherche à prédisposer les esprits de ces cultivateurs, qui ne voient de salut possible que dans la tradition, à recourir au raisonnement et à agir avec plus de liberté d'esprit. L'homme des campagnes existe généralement sans instruction. Alors, il ne compasse pas ses idées, son imagination reste froide ; il cherche bien rarement à pénétrer au delà de ses regards, et il semble heureux lorsqu'il peut avoir le sentiment de ses peines, de sa souffrance, de son obstination et de son aveuglement.

Heureusement le temps fera justice de cette négation, et l'époque où le cultivateur sera mieux convaincu des certitudes que lui enseigne la science, l'observation et l'analyse, n'est pas éloignée de notre ère. C'est à la génération présente qu'il appartient de saper les erreurs des populations des campagnes, de leur démontrer que les idées traditionnelles doivent s'effacer en face des principes et des vérités qui ont pour conséquence l'étude et l'examen des faits. Mais la société doit-elle abandonner les cultivateurs avec leurs habitudes et leurs préjugés même ? Suffit-il pour faire naître une réaction d'abandonner les masses endurcies par la fatigue, insensibles à la misère, affaiblies par l'âge, parce qu'elles sont ignorantes, abruties, aveugles pour s'emparer de l'intelligence de la génération naissante, afin de la cultiver, la façonner, la modeler aux idées nouvelles, aux nouveaux principes ? Non, sans doute. C'est en vain que l'on voudrait détruire les vieux préceptes, les coutumes vicieuses, si on laisse vieillir les pères et leurs principes. C'est en vain qu'on s'efforcerait d'imprimer un mouvement à l'art agricole, à faire prévaloir des idées nouvelles, des théories sanctionnées par la science et l'expérience, si on s'attache seulement au jeune âge.

En respectant entièrement les opinions et les préjugés des pères, on les accrédite, on les sanctionne, et l'enfant qui grandit sous la puissance paternelle, qui participe à ses travaux, qui partage ses peines et ses fatigues, ses jouissances et ses plaisirs, conserve toujours, quelque forte, grande, énergique que soit la faculté d'agir, la volonté de renverser les obstacles de l'école positive, une persuasion intime de la croyance de ses aïeux pour telle ou telle pratique. C'est donc avec raison que Guénard veut que l'on détruise les faux principes et les mauvaises idées chez les cultivateurs âgés ; car en sortant de l'âme des vieillards elles entrent aussitôt dans celle des enfants qui les transmettent de même à leurs crédules successeurs.

C'est aux comices agricoles qu'est dévolue cette noble tâche. Ces institutions qui ont été créées pour la première fois dans notre patrie par de Lorgeril, ont pour mission d'agir directement sur l'esprit et la volonté des laboureurs, de solliciter de toutes parts des changements, des modifications dans les coutumes rurales et de détruire les incertitudes des cultivateurs qui les éloignent des choses utiles que les hommes de progrès cherchent à leur faire connaître dans l'intérêt de la société tout entière. Il faut, en effet, pour espérer accroître le bien-être matériel et moral des habitants des campagnes, que l'homme qui agit se trouve rapproché de l'homme qui pense, qu'il puisse distinguer par l'examen des faits les conséquences d'idées négatives du résultat de pensées fécondes, et qu'il reconnaisse que ses travaux séculaires sont dominés par l'empirisme! Ce rapprochement du laboureur traditionnel et de l'homme progressif est une des belles créations de ce siècle. Partout où des comices agricoles ont été créés ayant des bases stables, c'est-à-dire un règlement positif, la plupart des intelligences abruptes ont été modifiées, et ce changement a eu les plus brillantes conséquences. L'agriculture de ces lieux a subi des modifications heureuses : des instruments aratoires perfectionnés ont été substitués aux anciennes machines agricoles ; des défrichements de terres incultes ont agrandi l'étendue de la terre labourable ; de nouvelles plantes fourragères ont forcé les cultivateurs à s'occuper de l'amélioration des animaux domestiques et à demander parfois à d'autres régions des races plus parfaites que celles qu'ils multipliaient. Ces conquêtes témoignent hautement de la force et de la raison d'être de la volonté humaine, quand celle-ci est dirigée avec sagesse et prudence. Rien n'est pour ainsi dire impossible ici-bas. Avec le temps et en agissant directement sur des intelligences sans culture, l'homme éclairé parvient toujours à vaincre les préjugés, les idées routinières des cultivateurs et leur état d'irrésolution. C'est que devant les faits tous raisonnements captieux disparaissent, tous sophismes s'anéantissent d'eux-mêmes!

Le développement des facultés intellectuelles des jeunes enfants de nos villages est assez complexe, et il exige de l'abnégation, du dévouement et du sacrifice. Nonobstant, la raison et l'avenir de l'agriculture disent suffisamment que nous devons nous en occuper. C'est cette corrélation qui a conduit M. Fellemberg en Suisse et M. Jules Rieffel en France, à créer des écoles primaires d'agriculture. Ces écoles ont pour mission de recueillir, d'élever et d'instruire l'enfant du pauvre et l'orphelin. En fondant ces institutions, ces hommes philanthropiques ont eu pour but de soustraire ces enfants au vagabondage, à l'oisiveté et au génie du mal. Cette pensée, heureuse et féconde, a porté ses fruits ; et l'agriculture, qui avait applaudi à la création de telles écoles, a reçu avec empressement les sujets qu'elles ont instruits et formés comme aides agricoles à tradition nouvelle. Ces jeunes gens, que l'on façonne par l'exercice pratique à la vie rurale, que l'on initie aux usages des nouvelles mesures et auxquels on apprend à lire, à écrire et à calculer suivront-ils, si un jour ils sont libres de leur action et de leur volonté, les traditions de leurs pères? Je ne le pense pas. Loin de moi, toutefois, la pensée de croire que ces nouveaux laboureurs intelligents s'éloigneront complètement des usages sanctionnés par le temps. Mais toutes les connaissances qu'ils ont acquises ne périront pas, et ils sauront apporter dans l'administration de leur ferme ou de leur métairie, ces améliorations de détails, ces principes d'économie, qui assurent plus la réussite d'une exploitation agricole que ces grandes innovations, qui ne peuvent être le partage que du propriétaire et de l'homme fortuné. Lorsque les modifications apportées avec prudence, auront répondu aux espérances que les cultivateurs progressifs en avaient conçues, elles pourront être regardées comme innées sur la ferme. C'est alors, mais alors seulement, qu'on pourra espérer les voir se

perpétuer et être transmises d'âge en âge.

Les écoles primaires d'agriculture sont appelées à avoir un jour une action prépondérante sur le perfectionnement des pratiques agricoles. Dans l'état actuel des choses leur action est faible et elles sont peu nombreuses, parce qu'elles ont pour ennemi la seconde secte de l'école stationnaire à laquelle appartiennent tous les membres de la société étrangers aux intérêts de l'agriculture. Ces esprits professent des principes qui découlent de l'absolutisme, et qui les portent à penser qu'il suffit, pour féconder la terre, de s'initier à la pratique, c'est-à-dire à l'application. Pour eux il n'est pas question de lois, de principes et de vérités. Le bon sens seul ne suffit-il pas pour demander au sol ce que l'on veut qu'il produise? Est-il besoin pour que la terre disparaisse sous d'abondantes moissons, de saisir les lois, l'ordre, les mouvements de cette force imprimée par Dieu et que l'on désigne sous le nom de nature? Ces vagues abstractions nuisent beaucoup au développement de l'agriculture. Les esprits crédules qui sont attachés au sol par droit de propriété, se sont identifiés à ces erreurs, et ils refusent de reconnaître que la terre n'est pas aussi féconde qu'elle pourrait l'être dans beaucoup de circonstances.

Ces idées sont malheureuses pour l'avenir d'un grand nombre de jeunes hommes, car elles faussent le jugement d'un grand nombre de riches tenanciers qui trouveraient parmi les élèves qui sortent chaque année des instituts agricoles d'excellents régisseurs sur le concours de l'intelligence desquels leurs propriétés ne pourraient qu'accroître en richesse et en valeur vénale. Mais ces esprits qui font cause commune avec les esprits ennemis de tous progrès agricoles, blasphèment contre l'instruction enseignée dans les instituts d'agriculture, en proclamant à haute voix que les études sont toutes théoriques, que ces théories sont imaginaires ou improvisées, et que l'enseignement pratique y est méconnu. C'est ce faux raisonnement, ce sont ces idées captieuses qui, pendant plusieurs années en France, ont engagé la société à mal augurer des écoles d'agriculture, et à les regarder comme dangereuses pour l'avenir des développements de la richesse agricole. Le temps fera bientôt justice de tous les sophismes, les raisonnements absurdes que l'on répand encore contre les instituts agricoles. Les jeunes hommes qui ont quitté ces écoles et qui sont aux prises avec le métier, ont pour mission de détruire ces raisonnements spécieux et de prouver aux esprits empiriques que la théorie n'est jamais enseignée dans ces centres universitaires sans qu'elle ait pour appui la pratique, l'application et l'examen des faits.

La seconde école, l'*école progressive*, se distingue de la précédente en ce qu'elle s'occupe spécialement du fond des choses, qu'elle juge avec hésitation, qu'elle distingue les réalités des chimères, les idées accréditées par l'étude et les faits des utopies. Cette école a pris naissance vers le commencement de ce siècle sous l'impulsion puissante des écrits d'Arthur Young et de John Sainclair, réformateurs agricoles anglais, et Bosc et V. Yvart peuvent être regardés comme ses fondateurs ; aujourd'hui cette école a pour chef M. de Gasparin. Cet écrivain poursuit avec une grande ardeur la réforme des idées systématiques qui appartiennent aux cerveaux des esprits qui recherchent les généralités et l'absolutisme, et qui se sont développées sous l'empire des travaux de Duhamel, de Davy et de Chaptal. C'est en étudiant, en effet, les rapports qui existent entre les sciences naturelles et physiques et celle agricole, que l'on pourra juger les erreurs et les vérités. Toutefois, est-il possible dès aujourd'hui de relier l'agriculture aux sciences transcendantes ? Cette union sera-t-elle favorable à l'école à laquelle appartiennent les esprits qui se vouent à l'examen des problèmes que l'on regarde comme accessibles à l'intelligence ? N'y a-t-il pas quelque témérité à ériger en ce moment des observations spéciales, des faits généraux, en lois générales destinées à régir la pratique de l'agriculture ? Non ; cimenter l'union des sciences physiques et naturelles avec les sciences technologiques agricoles, c'est élever l'agriculture au point le plus haut, c'est déterminer l'avenir auquel tend la pensée humaine ; et déduire des faits naturels, des études des êtres organisés, des observations pratiques de Thaër, Schwertz, Puvis, etc., des principes, des règles, des lois qui l'éclairent, la vivifient, c'est imprimer une nouvelle direction aux études agricoles, c'est précipiter son degré de perfection. Cet enchaînement des faits et des idées, ces recherches qui ont pour but de connaître les fondements sur lesquels repose l'investigation de l'esprit humain qui se préoccupe de l'avenir de l'agriculture, cette élévation de la science agricole au rang des sciences pures, enfin cette coordination des principes et des faits déterminée par des travaux sérieux et les découvertes scientifiques de Payen, de Boussingault et de Liébig, nous montrent que les pensées de l'homme tendent sans cesse vers la création de nouvelles sciences. D'un autre côté, ces conquêtes nous représentent un degré de perfectibilité intellectuelle chez les esprits appartenant à l'école rationnelle. C'est que toute progression ou tout développement de l'intelligence implique toujours le passage d'un état inférieur à un état supérieur.

L'école des esprits positifs doit être regardée comme un des grands caractères agricoles de notre ère sociale. Au XVIe siècle il se manifesta bien une réaction en faveur de l'agriculture ; mais cette rénovation agricole n'eut aucun des caractères qui caractérisent celle qui nous préoccupe aujourd'hui, et elle occupa peu de temps l'intelligence humaine. Cette faible existence n'a rien qui étonne, si on se rappelle les circonstances particulières qui lui donnèrent naissance. Ainsi, c'est à cette époque que les esprits apprirent à penser librement et que Sully comprit la nécessité d'innover et de régénérer l'existence sociale agricole, sans doute dans le but d'unir aux conditions de stabilité le bonheur de l'existence humaine que les guerres civiles avaient plongée dans la misère.

La dernière phase du siècle dernier prédisposa de nouveau les esprits en faveur de l'agriculture. Cette tendance fut secondée par l'impulsion générale que reçurent alors les arts et les sciences lors de l'apparition des premiers volumes de l'*Encyclopédie*, vaste monument des travaux accomplis dans les siècles passés par la pensée humaine, et par les travaux de Buffon, de Daubenton, qui ont jeté tant d'éclat sur l'étude de l'agriculture à cause de leur glorieuse réalité.

C'est à cette époque que l'on comprit pour la première fois en France l'importance et l'avenir de l'enseignement agricole. Rozier, qui avait quitté la carrière du sacerdoce pour se vouer à l'étude des sciences physiques et naturelles, adressa à l'assemblée constituante, en 1789, le projet d'une grande école nationale et gratuite d'agriculture. Malheureusement la préoccupation des esprits, les incidents politiques qui surgirent, ne permirent pas qu'il fût donné suite à cette proposition toute philanthropique.

La tendance des esprits qui se rattachent à l'école rationnelle est tout entière en faveur du mouvement qui se manifeste en ce moment dans toutes les branches des connaissances humaines. Celles-ci, par la perfection qu'on leur imprime chaque jour, devront évidemment concourir à accroître encore les progrès de l'agriculture. Les services que les esprits positifs ont déjà rendus à cette science sont nombreux, mais ils le seraient davantage encore, sans quelques hommes à imaginations ardentes qui ne voient de salut possible aujourd'hui qu'en généralisant les principes et les lois que la science agricole spécialise. Ainsi, ils veulent que la théorie de l'agriculture soit générale, universelle, applicable en tous lieux et sous tous les climats. Ces théories générales ne peuvent que nuire au développement, à la propagation des idées, des lumières de l'école progressive qui s'est imposé la mission de propager, de répandre seulement des doctrines positives, solides et spéciales.

Ces idées vagues et hasardées pourraient devenir dangereuses pour les succès de l'agriculture, si la pratique les acceptait comme vraies et sans réserve aucune. Heureusement, on se tient généralement en garde contre ces raisonnements, ces théories intéressées, et l'agriculture pratique n'y attache aucune importance. Quoi qu'il en soit, c'est à la critique agricole, à la tête de laquelle est placé M. Lefour, agriculteur praticien, observateur pénétrant, esprit juste et plein de finesse, c'est aux corps savants et aux comices agricoles qu'il appartient de réduire à sa juste valeur la méthode uniforme d'enseignement et de pratique d'agriculture qu'offre ces esprits imbus d'idées exagérées et qui croient avoir reçu du ciel la mission d'enseigner les peuples par la démonstration d'une seule théorie, d'un seul principe. Les esprits incrédules, les hommes empiriques, ceux qui nient encore l'heureux concours que la science agricole prête à la pratique, saisissent avec empressement ces faux raisonnements, ces doctrines incomplètes pour les diriger contre l'école progressive et lui en attribuer la création et la propagation. De là la résolution prise par l'école stationnaire de rester indépendante et de refuser les lumières que peuvent lui apporter la science, les faits et les observations. On comprend combien il est important pour l'agriculture rationnelle que ces théoriciens qui appartiennent à l'*école systématique* ne soient pas confondus avec les hommes qui ont voué leur existence à la recherche des vérités qui seules sont immortelles. Il faut espérer que dans l'intérêt de la cause qui nous préoccupe à plus d'un titre, le bon sens et l'intelligence éclairée des classes fortunées empêcheront souvent les mauvaises doctrines de M. de Travanet de porter tous leurs fruits au sein de nos campagnes où une réaction est nécessaire, indispensable même pour hâter le perfectionnement des pratiques agricoles.

La science agricole, que le développement et les progrès des autres sciences ont permis de définir et de limiter, comportent cinq grandes classes qui toutes doivent être regardées comme des sciences technologiques ayant chacune leurs principes et leurs vérités, mais n'étant qu'une application immédiate et raisonnée des sciences pures desquelles elles dérivent.

1° L'AGRICULTURE a pour objet l'examen de la terre sur laquelle le domaine subsiste ; de ses diverses couches superficielles dans leurs rapports avec le climat, l'exposition ; de ses modifications par l'application des amendements, des stimulants et des engrais ; de son état de division par l'emploi des machines agricoles. Cette science technologique est un vaste corollaire de la Minéralogie, Géologie, Géographie physique, Météorologie, Chimie et Mécanique. Ainsi, elle étudie la composition des éléments qui composent l'écorce solide du globe et l'ensemble des couches qui constituent ce qu'on appelle un *terrain*: elle cherche à connaître les lois d'après lesquelles les végétaux sont distribués à la surface du globe, et elle étudie la configuration de la terre, la distribution des eaux et leur influence sur la culture des plantes ; elle examine l'action de la lumière, de la chaleur, de l'électricité qui se produisent chaque jour dans l'atmosphère et qui ont une action si puissante sur la manière d'être du sol et la vie des plantes ; elle apprécie les effets bienfaisants et nuisibles des vents, des brouillards, de la grêle, des gelées sur les végétaux ; elle étudie la nature des substances fertilisantes, les modifications qu'elles doivent subir avant et après leur application et les circonstances où elles doivent être employées ; enfin, elle recherche les instruments aratoires les plus appropriés à la division et à la culture des terres, au transport, à l'extraction et à la préparation des produits.

2° La PHYTOLOGIE, qui est corrélative de l'agriculture, s'occupe de l'organisation et des fonctions vitales des végétaux ; elle étudie les milieux terrestres et atmosphériques au sein desquels les plantes agricoles doivent être cultivées ; elle examine leur reproduction, leur fructification et leur maladie. Cette science technologique tient à la Botanique avec laquelle elle a une alliance intime et féconde ; et comme celle-ci elle appartient au groupe des sciences naturelles ayant pour objet l'étude des corps organiques ou doués de la vie. La phytologie est régie par des lois économiques qui découlent de l'économie rurale.

3° La Zoologie agricole est indépendante de la phytologie, et elle dérive de la Zoologie qui appartient aussi au groupe des sciences naturelles. Cette science secondaire s'occupe de la domestication, de la dégénération et de l'amélioration des animaux qui satisfont à nos besoins et à nos plaisirs ; elle classe les individus en plusieurs groupes et étudie chacun en particulier, soit qu'il forme une race, soit qu'il constitue une variété ; elle étudie les fonctions de nutrition et les phénomènes chimiques et physiologiques des aliments ; elle examine les animaux dans leurs rapports avec le climat, le sol et les mœurs des populations ; elle enseigne les règles qui régissent la multiplication, le perfectionnement, l'éducation et l'engraissement ; enfin, elle s'occupe des produits de ces mêmes animaux, des transformations que nous avons à leur faire subir pour qu'ils soient appropriés à nos besoins, à ceux de l'industrie et du commerce, de la valeur de ces productions et des circonstances où elles doivent naître. Ce dernier rameau constitue une branche spéciale de la Zoologie agricole à laquelle on a donné le nom de *Zootechnie*.

4° L'Architecture rurale constitue une branche particulière de l'Architecture. Elle a pour objet la construction des bâtiments ruraux servant de logement aux hommes, aux animaux et aux récoltes. Cette science secondaire est assez complexe, elle réclame le concours de l'intelligence et celle des Mathématiques, de la Géométrie et de la Mécanique. C'est que les constructions doivent aussi se distinguer par la perfection dont la destination les rend susceptibles, la convenance de la distribution intérieure et un caractère convenable. Toutefois, cette branche de l'architecture exclue le *beau*, l'*esthétique*, et son grand principe est l'utile. C'est que l'agriculture ne demande pas des bâtiments ayant des beautés de formes et des ornements intérieurs et extérieurs ; elle construit des édifices simples, salubres, commodes et solides, avec la plus sévère économie, en employant les matériaux dont elle peut disposer.

L'Économie rurale découle de l'Économie sociale qui traite des rapports des hommes entre eux ; elle diffère de l'agriculture et de la phytologie en ce que celles-ci ne s'occupent que du *produit brut*, tandis qu'elle a pour but unique l'étude du *produit net*. Ainsi, cette science examine l'influence des lois sur la production agricole ; elle recherche les moyens de concilier les débouchés avec les produits ; elle rappelle la distinction à établir entre les divers capitaux et étudie ceux qui se détruisent et ceux qui se transforment ; elle examine les conditions du travail, soit que l'intelligence soit groupée ou associée, soit qu'elle soit libre ou abandonnée à elle-même ; elle apprécie l'épuisement du sol sur les plantes avec les engrais fournis par les animaux et la production de ceux-ci avec le sol, le travail et la production des engrais ; elle distingue les animaux moteurs de machines de ceux qui sont propres à convertir les substances fourragères en produits conformes aux besoins de la société ; enfin, elle compare entre eux les divers systèmes de culture et précise les circonstances où ils doivent exister. En d'autres termes, cette science a pour objet d'apprécier les opérations morales et matérielles de l'agriculture, de la phytologie et de la zoologie agricole. L'économie rurale ainsi étudiée est donc la *philosophie de la science agricole*. L'enregistrement des faits et des chiffres qui servent à l'économie rurale à établir ses principes et ses lois, forme une branche spéciale de cette science technologique à laquelle on a donné le nom de *comptabilité agricole*.

Les trois premières sciences technologiques, l'*agriculture*, la *phytologie* et la *zoologie agricole*, appartiennent aux *sciences cosmologiques*, c'est-à-dire aux connaissances relatives aux faits matériels du monde ; les deux dernières, l'*agriculture rurale* et l'*économie rurale*, qui ont rapport aux faits de l'ordre moral, se rattachent aux sciences noologiques.

L'enseignement et la démonstration de ces diverses branches forment ce qu'on appelle l'*instruction agricole*, dont la création en France est due à

Mathieu de Dombasle, le fondateur de l'établissement de Roville. C'est avec une certaine difficulté que cet enseignement a été institué quoique depuis longtemps les meilleurs esprits, Chassiron, Mirabeau, Talleyrand, etc., eussent reconnu qu'il était nécessaire au développement des progrès de l'agriculture. Lorsque le mot enseignement agricole fut prononcé pour la première fois, les esprits superficiels crurent pouvoir lutter avec succès contre sa propagation. Enseigner l'agriculture, c'était à leurs yeux priver la raison humaine de toute activité propre, c'était diriger l'intelligence vers des régions ténébreuses, en un mot, c'était nuire aux intérêts de la propriété, de la richesse territoriale. C'est que la science en agriculture déduisait de ces lois des doctrines erronées; c'est que la pratique et l'expérience étaient la seule route que le cultivateur devait suivre. Ces idées n'effrayèrent point l'armée intellectuelle qui vint à cette époque creuser ses sillons intelligents dans nos campagnes, afin de modifier, de changer même les vicieuses manières de procéder de certains cultivateurs. L'instruction agricole, si décriée, si mal reçue par quelques classes de la société, a brillé sous l'empire de la protection que les esprits libres et éclairés lui ont accordée, et elle n'a pas tardé à produire des hommes instruits et intelligents, qui ont fait fleurir l'agriculture sur plusieurs points de notre patrie, en désunissant quelques anneaux de la chaîne traditionnelle.

Ces conquêtes ou pour mieux dire cette époque brillante où la pensée agricole prend un large développement, où les erreurs des temps antérieurs sont éclairées par de grandes lumières scientifiques, est la conséquence de cette tendance qui porte toute génération nouvelle à apporter quelques vérités destinées à consolider l'arbre encyclopédique; et un jour cette victoire sera inscrite dans les pages de l'histoire.

Le créateur de ces nouvelles études fut secondé dans la réforme qu'il s'était proposé de réaliser par les lumières de M. Bella. Guidé par son amour pour les progrès de l'agriculture, entraîné par le désir d'être utile à son pays, M. Bella saisissant l'à-propos, se jeta dans la mêlée du combat, et il eut le bonheur d'y rencontrer des esprits éclairés et des capitaux très-nombreux. Ces deux puissants concours, ces grands appuis soutinrent son courage et ses espérances, et il créa l'établissement agronomique de Grignon. M. Bella, auquel des circonstances particulières permirent de se fortifier aux principes de la scolastique agricole en Allemagne, employa les ressources dont il pouvait disposer avec plus de sagacité et de bonheur qu'on ne le pense ordinairement. Il voulut que l'instruction agricole fût complète et que les sciences physiques, mathématiques et naturelles fissent partie des études. Cette détermination fut considérée comme un crime de lèse-agriculture pratique; et l'horizon si brillant déjà s'assombrit d'instant en instant. C'est que Mathieu de Dombasle, avec l'autorité déjà si forte de ses travaux, avait proclamé que l'étude de la chimie, de la physique, des mathématiques, dirigerait les esprits vers l'édification des théories, qu'elle exciterait les adeptes à procéder par synthèse et qu'elle les conduirait à des erreurs et des revers. Ce savant agriculteur n'avait foi que dans un enseignement simple, mais sérieux, parce que la démonstration des théories, ramenées au positif et ayant pour appui les travaux pratiques et les faits, devrait être regardée comme la véritable sauvegarde des intérêts agricoles et la seule route à suivre pour obtenir un succès.

Cette opinion eut alors de nombreux échos en France : elle frappa les esprits des praticiens; elle excita l'enthousiasme de ceux qui comprirent que l'agriculture pouvait éprouver des changements, des modifications, des améliorations dans plusieurs de ses détails; et des jeunes hommes en grand nombre se rallièrent au drapeau de Mathieu de Dombasle, et vinrent à Roville puiser d'excellents principes d'agriculture pratique. Nonobstant, ce succès ne renversa pas l'établissement agronomique de Grignon, et ses tendances scientifiques demeurèrent inscrites sur son programme.

Mais une époque devait bientôt arriver où la raison humaine comprendrait l'heureux concours de l'application de certaines sciences à l'agriculture. Ce moment est venu, en effet; il a augmenté l'activité humaine; il a agité les esprits appartenant à l'école progressive; et cette agitation a été la cause principale de la survivance de l'école de Grignon, et la preuve évidente de la force et de la vérité du raisonnement de M. Bella.

L'Institut agricole de Roville n'existe plus aujourd'hui; des circonstances particulières au mouvement intellectuel qui se manifeste en ce moment, ont forcé son fondateur de limiter son existence, bien qu'elle fût encore très-florissante. Toutefois, à l'époque où cette école finissait d'être, M. Jules Rieffel, profitant d'un grand mouvement qui entraînait un grand nombre d'intelligences dans la voie de l'étude de la science agricole, créait l'Institut agricole de Grand-Jouan. Cette institution, quoique fondée par un ancien disciple de Roville, présente un système d'enseignement beaucoup plus complet que n'était celui que Mathieu de Dombasle avait arrêté, mais peut-être moins scientifique que celui de Grignon. Cette instruction moins transcendante doit-elle être regardée comme une chose fâcheuse dans l'état actuel? Préjudiciera-t-elle à l'avenir de cette jeunesse ardente qui s'y livre? Est-il nécessaire d'étudier toutes les vérités des sciences pures qui se rattachent à l'agriculture, pour comprendre les phénomènes de la nature, et pénétrer les mystères qui sont accessibles à la raison humaine? Je ne le pense pas. L'agriculture réclame l'application des sciences pures, c'est-à-dire la connaissance des sciences technologiques, mais elle évite toutes les études qui peuvent conduire aux théories imaginaires; elle évite de s'initier aux études qui conduisent à l'abstrait, à des calculs de probabilités, à des données hypothétiques et aux incertitudes de la raison, et cela est si vrai qu'elle s'attache sans cesse aux faits et à l'évidence qui conduisent toujours au réel et à la vérité. Ces principes qui gouvernent l'enseignement de l'Institut agricole de Grand-Jouan, auront longtemps encore leur à-propos; et cette utilité se fera sentir jusqu'au jour où l'enseignement universitaire comprendra l'étude de toutes les sciences physiques, mathématiques et naturelles, jusqu'au moment où l'application de ces mêmes sciences à l'agriculture aura été plus approfondie et méditée.

L'enseignement de l'*agriculture* et de la *phytologie* offre des difficultés assez nombreuses. Pour les vaincre, il faut partir du réel connu par l'expérience; il faut réunir des faits laborieusement recueillis par la pratique en règles inductives dont la vérité est toujours contingente, et desquelles on peut tirer des lois dont la valeur est spéciale, c'est-à-dire se rattachant à la localité au milieu de laquelle on enseigne. Définir, démontrer, raisonner et conclure, telle est la tâche du professeur.

Mais peut-on, dans la démonstration de ces sciences technologiques, séparer la pratique de la théorie? Au sein des villes et des centres universitaires, l'agriculture ne peut être enseignée que d'une manière abstraite, elle doit être démontrée loin de ses applications. Nonobstant, pour que cet enseignement éclaire et soit fécond en résultats heureux, il faut qu'il ait assez de force de raisonnement pour réfléchir les procédés pratiques, et en chercher dans les faits naturels, la justification ou le prétexte. C'est ainsi que MM. Leclerc-Thouin et Moll ont compris l'enseignement de l'agriculture au Conservatoire des Arts et Métiers; et on sait que l'exposition claire des vérités agricoles de leurs démonstrations, que la force et l'esprit de raisonnement de leur enseignement, ont répondu victorieusement aux désirs du pays, à la marche actuelle des esprits, au mouvement intellectuel de notre ère qui veut que la science agricole prenne place à côté de la science pure.

Cet enseignement tout à fait théorique ne peut être le partage des instituts agricoles. Dans ces institutions, l'association de la théorie à la pratique est nécessaire, elle est indispensable pour satisfaire l'esprit qui anime les élèves de ces écoles professionnelles. On sait que ces jeunes hommes n'ont d'autres désirs que d'acquérir les richesses intellectuelles de l'agriculteur qui pense et le savoir et l'expérience de celui qui agit seulement. La séparation de la théorie et de la pratique dans les instituts agricoles serait malheureuse, et si jamais elle venait à être consommée, la théorie serait frappée de stérilité, elle ne pourrait plus vivifier et les pensées et les procédés du cultivateur, elle ne servirait plus à ce dernier à approfondir les faits que la pratique produit chaque jour dans ses opérations.

La *théorie pure* peut conduire à de grandes erreurs, elle peut diriger les esprits à des abstractions pures, à des raisonnements absurdes si elle est mal enseignée, si elle est démontrée par un professeur qui n'a pu prendre pour base de son enseignement la démonstration et l'application pratique dans tout ce qu'elles ont à la fois de plus élevé et de plus vrai. C'est que la théorie que l'on acquiert seulement par la lecture des livres conduit l'esprit à de faux raisonnements. Alors, l'imagination fait de beaux rêves, de grands projets chimériques, élève de beaux édifices, et sur le papier on inscrit les produits les plus étranges. Sur le terrain, aux prises avec le métier et les difficultés qu'offre sans cesse la nature, c'est autre chose, et cela doit être ! Illusions, idées, images, tout est détruit : la réalité, les choses effectives se montrent à nu, riches ou pauvres, grandes ou petites, faciles ou ardues ; les conjectures, les projets, les espérances s'accomplissent ou s'exécutent, s'évanouissent ou disparaissent.

La *théorie pratique* qui a pour appui la raison et le bon sens, les vérités et les faits, conduit avec des résultats très-différents des conséquences qui résultent des rêveries et des idées des théoriciens inexpérimentés. Cette théorie attire toutes les sympathies des hommes de science, des hommes qui n'ont d'autre désir que celui de voir l'agriculture fleurir et progresser ; elle développe l'intelligence ; elle éclaire l'esprit ; elle accroît l'idée du raisonnement ; elle force pour ainsi dire l'agriculteur à méditer avec fruit les difficultés, les obstacles que présente l'entreprise qu'il dirige, et elle l'oblige à agir toujours avec prudence, avec persévérance et sagesse. Cette théorie qui avance de jour en jour vers des vérités plus lumineuses, qui s'harmonise avec l'esprit scientifique grandi par ses succès, par le génie du siècle, qui s'identifie complétement avec le progrès agricole, plane aujourd'hui dans toute sa splendeur et sa simplicité au sein de la société royale et centrale d'agriculture et des instituts agricoles. C'est elle que l'on évoque chaque jour, que veut étudier la raison humaine pour repousser la négation qui enveloppe encore l'esprit des laboureurs : c'est elle qui préoccupait la pensée de Thouin, de Decandolle, de Pictet, qui combattaient si vigoureusement, il y a près d'un demi-siècle, pour le développement de l'industrie agricole. C'est que cette théorie a une évidence naturelle ; c'est que ses doctrines sont rigoureuses ; c'est qu'elle est la condition, l'essence même de ce nouveau progrès agricole auquel nous assistons, condition nécessaire du développement de la pensée humaine et de la prospérité d'une nation qui se développe et grandit.

La *pratique*, dont l'étude est non moins grave et sérieuse que celle de la théorie raisonnée, doit être enseignée et démontrée dans les instituts agricoles et les écoles d'agriculture. Cet enseignement est le guide le plus certain, le plus positif dans l'étude des sciences technologiques se rattachant à l'agriculture ; il ralentit l'ardeur des cerveaux imaginaires, il détruit les illusions de ceux qui se sont abreuvés de lectures de livres où fourmillent ces théories brillantes qui conduisent chaque jour à des déceptions les plus décevantes ; il rectifie le jugement de ceux qui s'enflamment pour des méthodes de culture qui ne peuvent être appliquées que dans des circonstances tout à fait spéciales. La théorie, quelque juste qu'elle puisse être, est toujours perfectionnée par la pratique. Sans le concours du métier, sans la connaissance des opérations pratiques, quelque prudent, attentif et observateur que soit l'esprit, on doit s'attendre à être arrêté à chaque moment. Alors on ne marche plus, on recule, et ce pas rétrograde peut conduire à des revers.

C'est à tort que l'on regarde l'*instruction pratique* comme simple et facile. Toutefois, cette instruction ne consiste pas seulement, comme on le croit vulgairement, dans les opérations manuelles, la conduite d'une charrue, d'une herse, la fauchaison des prés, le pansement des chevaux, etc. Ces opérations n'exigent que des forces physiques, de la dextérité, et leur connaissance s'acquiert seulement par l'usage et ne peut être démontrée dans l'enseignement oral. Il y a, dans l'instruction pratique, des études d'un ordre beaucoup plus élevé et que le cultivateur ou le nouvel adepte doit regarder comme beaucoup plus graves, plus sévères. C'est que cette branche de connaissances a une influence immense et directe sur le succès de l'entreprise ; c'est qu'elle force le praticien à être observateur, à rechercher la cause, la durée des phénomènes qui se présentent à ses yeux, à prévoir à l'avance le résultat d'une opération exécutée au milieu de telles ou telles circonstances, à se tenir toujours prêt à réparer un désastre dû aux éléments, à prévenir l'apparition d'épizooties, etc. Ces études sont toutes intellectuelles ; les premières, au contraire, sont toutes matérielles. Ainsi donc, il existe deux choses bien distinctes dans l'instruction pratique : 1° l'étude manuelle ; 2° l'étude intellectuelle.

La *pratique manuelle* consiste, comme je l'ai fait pressentir précédemment, dans l'exécution des opérations que comporte l'agriculture et qu'exécutent journellement le laboureur, le charretier, le bouvier, le vacher, le faucheur, le moissonneur, l'irrigateur, etc. C'est donc en se livrant à cette étude que l'on apprend la pratique des labours, des hersages, des binages, et conséquemment la conduite des instruments aratoires avec lesquels on exécute ces opérations ; la pratique de l'écobuage, de la manipulation des fumiers, de l'application des stimulants et des engrais ; la pratique des semailles et celle du chaulage ou du sulfatage des semences ; la pratique des récoltes, le fauchage, la fenaison, la mise en meule des foins, le faucillage, le fauchage, le javelage, la confection des liens, des gerbes et des gerbiers, le battage des moissons ; la plantation, la transplantation, l'arrachage et la conservation des pommes de terre, des betteraves, etc. ; l'effeuillage des choux ; l'arrachage, le rouissage, le teillage du chanvre, du lin ; la construction ou la création de rigoles d'assainissement et de desséchement, la pratique des irrigations, le chargement des voitures, la conduite des attelages et des véhicules, la confection des litières, les préparations que l'on doit faire subir aux aliments avant de les donner aux animaux, etc., etc. Cet enseignement pratique est rude, âpre et ardu, et il faut le pratiquer pour le connaître. Il est vrai qu'il ne satisfait pas toujours les esprits et qu'il ne plaît pas à apprendre, parce qu'il oblige ceux qui veulent le connaître, à endosser la blouse et à se salir les mains. Mais toute étude professionnelle, tout état demande un apprentissage ; et celui-ci, qui a lieu au milieu de toutes les beautés et les richesses de la création, offre à l'homme qui l'apprend des jouissances, un bonheur qui diminuent beaucoup les fatigues qu'il éprouve, et augmentent les plaisirs que lui offre sans cesse la vie des champs !

La *pratique intellectuelle* doit être regardée comme transitoire entre le métier purement mécanique et la théorie raisonnée. Ainsi que le dit Mathieu de Dombasle, si le cultivateur ne laboure pas lui-même sa terre, il faut qu'il puisse juger l'époque à laquelle il convient de le faire, la profondeur et la largeur de raie qui conviennent à chaque opération, selon les circonstances. Le directeur d'une exploitation agricole n'est pas, en effet, une machine animée qui transmet sa puissance parce qu'elle doit agir ou imprimer un mouvement ; son intelligence, ses lumières l'élèvent bien au-dessus du laboureur, de l'homme mécanique. Il faut qu'il essaye d'enchaîner dans ses précisions le vol inconstant des saisons : il faut qu'il cherche à faire naître la vie végétale riche et féconde au milieu de tous les obstacles, de toutes les dissidences causées par la variété infinie des terres arables et l'inclémence des saisons. C'est la pratique intellectuelle, cette fille de l'observation, qui peut seule lui permettre de s'initier à tout ce qu'il y a de plus mystérieux, de plus spontané, de plus inaccessible à nos regards. Sans cette étude, qui exige un très-grand jugement, la pratique ou la science n'est qu'un pâle flambeau, et le cultivateur n'a pas la conscience de sa volonté et de sa puissance !

C'est, en effet, par l'observation seule que l'agriculteur peut prévoir les caractères qu'un terrain affecte sous l'action des agents atmosphériques et des instruments aratoires ; qu'il connaîtra l'époque à laquelle le sol se durcit, celle où il se prend en mottes, celle où il devient sec et humide ; qu'il saura les avantages ou les inconvénients des labours qui sont exécutés en été et pendant les saisons pluvieuses, si la terre peut être très-divisée, très-meuble ou si elle doit présenter des mottes lors des semailles d'automne, de printemps ou d'été. C'est par de longues observations qu'il pourra apprécier l'époque la plus favorable pour la conduite et l'application des engrais ; qu'il connaîtra si les fumiers seront incorporés au sol très-décomposés ou très-pailleux, si tel ou tel stimulant produit des effets favorables, s'il doit être appliqué en automne ou au printemps, et par un temps sec ou après une pluie ; qu'il pourra déterminer si les semailles doivent avoir lieu de bonne heure ou tardivement, au printemps ou en automne, si les semences doivent être répandues dans une grande proportion ou en faible quantité, etc., etc. Toutes ces questions, qu'il me serait facile de multiplier, sont graves et sérieuses, et la théorie, quelque vraie qu'elle soit, est impuissante pour les résoudre. On conçoit donc combien il est important que ceux qui veulent se livrer à la pratique de l'agriculture s'habituent de bonne heure à discerner l'enchaînement des causes et des effets dont la connaissance parfaite implique toujours des succès ou prévient des revers. Quand on réfléchit aux conséquences qui résultent de causes mal étudiées, d'effets mal compris, on n'est nullement étonné des revers qu'éprouvent ceux qui se jettent à la légère dans la carrière de l'agriculture et de l'expérience. Ici, on ne peut réussir qu'à la condition impérieuse que l'esprit sera observateur, qu'il comparera, réfléchira et appréciera les difficultés, les circonstances accidentelles ou imprévues.

C'est que tout succès agricole dépend toujours de la réflexion et de l'analyse des obstacles.

L'enseignement de la *zoologie agricole* exige la connaissance de l'agriculture et de la phytologie. Sans l'étude approfondie et raisonnée de ces deux sciences il est difficile au zoologiste-agriculteur d'assujettir à sa volonté, à ses désirs, la vie animale, et de faire naître de nouveaux individus plus conformes aux besoins de la société, en empruntant à la puissance divine la faculté de créer. L'existence des êtres organisés soumis à la domesticité s'enchaîne avec la texture du sol, la fertilité de la terre arable, les productions fourragères et la manière d'être du climat. Toutes ces diverses forces sont dépendantes les unes des autres, et l'économie animale ne présente de l'attrait pour le cultivateur qu'autant qu'il respecte cette harmonie. En zoologie, il est presque impossible de se soustraire aux impérieuses conditions géoscopiques, climatériques et phytologiques qui régissent et limitent l'existence des êtres en domesticité. C'est de cette corrélation que dépendent les difficultés contre lesquelles nous luttons sans cesse. Si ces conditions pouvaient être désunies, si cette alliance pouvait être rompue, la vie des êtres organisés serait moins mystérieuse et l'impossibilité de la perfection de l'animal cesserait d'exister.

La zoologie agricole n'est pas créée, elle est encore à l'état d'ébauche. Mais alors que la zoologie recevait une impulsion profonde par les ingénieuses analyses de Linné, les remarquables travaux synthétiques de Buffon ; alors que Lamarck publiait ses belles idées de philosophie zoologique, qui ont donné naissance à l'école à laquelle se rallient tous les esprits désireux de connaître et de sonder les mystères de la vie animale; que Cuvier exposait une classification nouvelle du règne animal qui était destinée à jeter de nombreuses lumières sur les études zoologiques ; alors enfin que Geoffroy Saint-Hilaire, rappelant les travaux d'Aristote, de Newton, de Vicq-d'Azyr et de Goëthe, développait ses grandes idées sur l'unité de composition et les inégalités de développement, l'Angleterre, qui a toujours marqué peu de penchant pour la zoologie pure, se préoccupait vivement de l'amélioration des animaux domestiques et elle jetait les bases fondamentales d'une ère nouvelle pour la zoologie agricole. Ainsi, un simple fermier, R. Backwell, pétrissait, fa-

connaît à son gré, dans le comté de Leicester, une nouvelle race de bêtes à laine ; et aidé par Cully, son disciple et son ami, il changeait complétement la race bovine à longues cornes du comté de Lancastre en amoindrissant les défauts qu'elle possédait, en lui imprimant des propriétés nouvelles ; de son côté, Ch. Colling, métamorphosait la race hollandaise ou de Teeswater en une race remarquable par sa précocité et la facilité avec laquelle elle s'engraisse. Cette race, qui est admirable par la beauté de ses formes, est connue sous le nom de race Durham.

Ces succès, qui témoignent si hautement de l'omnipotence de l'homme sur les animaux, éveillèrent l'attention des agriculteurs, et en France, comme en Allemagne, il se manifesta une réaction en faveur du perfectionnement des animaux domestiques. Cette réforme eut en Angleterre de puissants auxiliaires ; d'une part, elle fut secondée par les riches tenanciers qui ne redoutèrent pas de louer à Backwell des béliers jusqu'à 25,000 fr. pour une année seulement ; de l'autre, elle reçut l'approbation du parlement. En France, l'appui des hommes fortunés et celui du gouvernement ne furent pas le mobile de ceux qui tentèrent de marcher sur les traces des novateurs anglais, il fut presque nul pendant de longues années. Nonobstant, il faut rendre justice aux efforts persévérants de ceux qui ont été poussés instinctivement vers l'étude du perfectionnement de plusieurs de nos races domestiques; il faut rendre hommage à Bourgelat, à Huzard, des tentatives qu'ils ont faites pour que nos races chevalines soient plus parfaites et qu'elles satisfassent mieux les désirs de l'industrie et de l'armée; à de Morel-Vindé, à Gilbert, à de Barbançois, à Lamerville, de leur persévérance à étudier les causes qui pouvaient nuire à l'amélioration de nos troupeaux et à la propagation des mérinos en France.

Aujourd'hui, les conditions sont tout à fait échangées. La société et le gouvernement protégent les tentatives qui ont lieu de tous côtés et qui ont pour but le perfectionnement de nos races domestiques, et il est vrai de dire que nous assistons à un spectacle nouveau pour la France agricole. C'est un fait bien remarquable, en effet, que cette introduction d'animaux domestiques étrangers sur le sol de notre patrie dont la destinée est d'être le principe de cette amélioration, de cette modification apportée par la puissance humaine à nos races bovines et ovines, vers laquelle sont dirigées en ce moment toutes les pensées des cultivateurs de l'école progressive qui habitent des localités où la production fourragère est abondante et facile à faire naître. Il y a vingt ans on ne songeait qu'aux animaux de l'Est de l'Europe, et les races de Suisse ou de Hollande étaient les seules qui eussent les qualités voulues pour précipiter cette amélioration dont les progrès de l'agriculture faisaient déjà pressentir le besoin. Mais c'était à MM. A. Yvart et Lefebvre Sainte Marie qu'il était réservé de diriger leurs regards vers l'Angleterre, et de comprendre l'immense bienfait que la France pouvait retirer de la propagation des races bovines Durham, d'Herfort, de Devon, et de celles ovines Dishley, New-Kent et Southdown. Les succès que l'on obtient déjà et qui doivent croître encore avec le temps, dans le Charolais, le Nivernais, la Normandie, le Maine et l'Ile-de-France, localités riches en prairies naturelles ou artificielles, et que l'on constate chaque année au concours général à Poissy, imposent à tout jamais la nécessité pour le gouvernement de persévérer dans la voie dans laquelle il est entré si victorieusement il y a quelques années; et ces conquêtes sont pour les propagateurs de ces races une bien douce récompense de leurs efforts et un éclatant témoignage contre les déclamations qui leur ont été adressées par les esprits qui repoussaient et regardent encore ces diverses tentatives d'amélioration comme nuisibles pour les progrès de l'agriculture.

En présence de ces succès, la mission du zoologiste agricole grandit et reste grave et sévère. Ainsi, c'est à lui qu'il est réservé d'ouvrir une voie nouvelle aux investigations zoologiques en coordonnant les faits épars que l'expérience a sanctionnés, les matériaux que l'observation analyse, les principes que l'intelligence déduit des résultats pratiques ; c'est à lui qu'il appartient d'éclairer le cultivateur sur les règles qui régissent la multiplication et l'amélioration des animaux domestiques et qui n'ont pour appui aucun raisonnement logiquement rigoureux ; c'est lui enfin qui doit proclamer, en étudiant les questions les plus ardues de la science zoologique agricole, les hautes vérités ou les erreurs profondes des lois fixées par les lumières de K. Cline, Hartmann et Princep. M. Eug. Gayot est entré dans cette voie, où il s'est montré si judicieux novateur, dans le but d'éclairer la tradition des temps antérieurs, et ses études hippologiques doivent être regardées comme l'expression du progrès actuel de l'esprit zoologique agricole. Espérons que bientôt d'autres intelligences éclairées, parmi lesquelles la zoologie agricole est heureuse de citer MM. Isidore Geoffroy Saint-Hilaire, Lefebvre Sainte-Marie, A. Yvart, Malingié et Magne, apporteront sur le théâtre de ces études le tribut de leurs lumières et de leurs investigations, et qu'un jour viendra où les matériaux recueillis et rassemblés seront assez nombreux pour édifier cette nouvelle science technologique et permettre au professeur de rendre son enseignement plus précis, plus lumineux.

L'enseignement de l'*architecture rurale* acquiert aujourd'hui une grande importance en face du développement de l'industrie agricole, de l'amélioration et de l'accroissement du bétail. Les principes de cette science secondaire sont connus, ils ont été analysés et étudiés dans tous leurs détails par Rondelet, Cointereau, Mansard, Philibert de Lorme ; mais leur application à l'agriculture n'est pas encore bien comprise, et sous ce rapport les bâtiments ruraux construits d'après les plans dressés par les architectes sont loin, en général, de satisfaire les désirs des hommes pratiques. L'élévation des constructions rurales n'exige point de composition, les formes extérieures doivent toujours être simples. Toutefois, il est indispensable que ces bâtiments soient bien orientés, que leur disposition, leur distribution s'harmonisent parfaitement avec les animaux qu'ils doivent renfermer ou les produits qu'ils doivent abriter des intempéries des saisons et protéger de l'attaque des animaux ou insectes nuisibles. Bien peu d'architectes sont initiés à la pratique et à la théorie raisonnée de l'agriculture ; ce manque de connaissances agricoles est une chose bien fâcheuse. Si les architectes qui s'occupent de constructions rurales étaient versés dans l'étude de la science agricole, s'ils comprenaient même l'indispensable nécessité de combler les lacunes qui existent dans les écrits de Lastérye et de Perthuis, nous n'aurions pas à déplorer chaque jour ces hérésies nombreuses qui nuisent si fortement à l'aménagement et à l'exploitation des entreprises agricoles. Ainsi, les bâtiments seraient moins élégants, moins somptueux, mais mieux distribués ;

leur nombre serait mieux en rapport avec l'étendue du domaine, le système de culture adopté et la fertilité des terres cultivées ; leur emplacement serait mieux choisi eu égard à la configuration de l'exploitation ; leur exposition concorderait mieux avec la manière d'être des animaux et la conservation des denrées, et leur association serait meilleure et permettrait que la surveillance que doit sans cesse exercer le chef de l'entreprise, soit plus facile et plus heureuse.

Les grandes constructions rurales ne sont pas les seules qui laissent à désirer dans leur création, leur emplacement, leur exposition et leur distribution. les petits bâtiments doivent aussi fixer l'attention spéciale du professeur d'architecture rurale. Ces bâtiments sont en général mal construits et mal entretenus, et ils sont souvent malsains et pour les hommes et pour les animaux. De là, ces fièvres endémiques, ces fièvres pernicieuses qui précipitent ou abrègent l'existence humaine ; ces épizooties, ces contagions sporadiques qui sévissent sur les animaux qui sont soumis à leur influence : ces altérations, ces fermentations qui altèrent la quantité des grains et des substances fourragères. Toutes ces conditions doivent préoccuper le professeur et l'obliger à s'attacher plus particulièrement à la réforme des défauts et à l'amélioration des bâtiments existants sur les petites exploitations. Ici, comme sur une échelle plus vaste, il ne s'agit pas seulement de produire, il faut aussi pouvoir conserver les denrées et les provisions et placer la population de la ferme dans les conditions physiques les plus favorables à son existence.

L'enseignement de l'*économie rurale* est destiné à un grand avenir. Cette science, qui est encore à l'état de création, repose sur des faits généraux et constants de l'organisation agricole ; elle recherche les causes qui réagissent les unes sur les autres, la relation de ces causes vers un but final ; elle étudie la division du travail matériel, l'action du travail intellectuel, les forces productives, la nature et le mouvement de la richesse agricole ; elle examine la part que prend le travailleur dans les produits naturels ou leur équivalent en numéraire, celle que le fermier retire de ses capitaux, enfin la rente territoriale ou la portion qui revient au possesseur du sol.

Pendant longtemps cette branche de la science agricole, qui est la base principale d'existence et de vie pour l'agriculteur, est restée en dehors du cercle des études agricoles. C'est à M. Briaune que revient l'honneur de lui avoir donné une forme scientifique et d'avoir démontré qu'elle ne pouvait être confondue ni avec l'agriculture, ni avec l'architecture, comme on le faisait autrefois, bien qu'il existe à l'Institut, depuis 1785, une section d'économie rurale. Cette fausse interprétation s'explique si la pensée se reporte aux dernières années du XVIIIe siècle, époque où la théorie raisonnée était encore enveloppée d'un voile épais et bien obscure, et si on se rappelle que pour les hommes de ce temps l'économie rurale n'était qu'un titre générique sous lequel on réunissait l'agriculture théorique et pratique, l'architecture rurale, l'éducation des bestiaux, l'hippiatrique et les arts économiques.

Mais alors que M. Briaune faisait pressentir que l'économie rurale serait bientôt considérée comme la base d'une existence nouvelle pour la science agricole, M. F. Malepeyre coordonnait plusieurs principes d'économie rurale qu'il avait déduits des observations et des faits constatés par les expérimentations de Kreissig, Block, Burger, Wulfen, Meyer, Schmaltz, etc. Cette analyse lumineuse, qui indique la route que l'économie rurale est appelée à suivre, est, dans l'état actuel des choses (1), une véritable richesse pour celui qui se livre à l'étude de cette science dont l'autorité grandit de jour en jour.

La vacance de la chaire d'économie rurale de l'école de Grignon, appela dans l'arène de cette science nouvelle M. Royer, qui a su acquérir par ses leçons heureuses en hautes déductions des principes économiques agricoles une réputation méritée. M. Royer est l'interprète de la pratique, mais un interprète libre de toute influence systématique, de toute idée qui peut conduire la pensée a se laisser diriger vers des affirmations dangereuses. Cet économiste agricole est le premier qui ait cherché à faire ressortir l'importance en agriculture de l'étude du produit net sur celle du produit brut.

M. Jules Rieffel, qui se préoccupe vivement de l'avenir des études économiques agricoles en France, a apporté aussi, sur ce nouveau théâtre, le tribut de ses lumières et de ses profondes investigations. Il a élargi le cercle de

______

(1) Il n'existe encore aucun ouvrage complet sur l'économie rurale.

l'économie rurale, il a éclairci une question importante, celle du travail suivant la destination la plus conforme à l'ordre moral et aux intérêts agricoles; et dans la chaire, où il porte à un si haut degré le talent de l'analyse, il sait inspirer aux élèves qui l'écoutent, beaucoup d'attachement pour l'étude de cette science technologique à la fois si sérieuse et si féconde dans ses applications et ses résultats.

Tel est l'enchaînement des sciences technologiques agricoles. C'est donc en s'initiant à leurs principes et à leurs vérités, en séparant les moyens qui sont à la portée de l'homme, de ceux que la Providence peut seule créer, que le cultivateur pourra épier la nature, afin qu'elle lui révèle quelques-uns de ses secrets. Le courage, la persévérance de l'agriculteur ne peut faillir en présence des obstacles qu'offre sans cesse la pratique et des difficultés que présente l'étude des théories raisonnées. De toutes les sciences, celle agricole est la seule pour laquelle la nature travaille nuit et jour dans le temps même du repos de ceux qui don-

nent un essor à sa fécondité. L'amphithéâtre de l'agriculteur est plus vaste que le laboratoire du chimiste, et plus imposant que le prétoire du mathématicien; c'est au sein de la nature tout entière, c'est environné de toutes les beautés de la création, c'est au milieu des réalités que le cultivateur poursuit ses travaux, qu'il interroge l'existence végétale, qu'il rend hommage à l'harmonie qui existe entre les êtres organisés et non organisés. Du courage donc! mais n'oublions pas les paroles royales de Louis XVIII : *à côté de l'avantage d'améliorer se trouve le danger d'innover*, si cette amélioration n'est appuyée par la théorie raisonnée et l'expérience pratique!

Je terminerai ces considérations en exposant le cadre que je me suis tracé pour mon enseignement à Grand-Jouan, et qui comprend l'*agriculture*, la *phytologie*, l'*architecture rurale* et la *zoologie agricole*, que je me propose d'examiner ici dans tous leurs détails.

I. AGRICULTURE.

TERRAIN AGRICOLE.

I. *Sol.* — Éléments constituants; — Classification des terrains; — Sols argileux, siliceux, calcaire et tourbeux. — Propriétés physiques. — Causes qui modifient ces propriétés. — Influence du sol sur la végétation.

II. *Sous-sol.* — Sous-sol actif. — sous-sol inerte. — Influence du sous-sol sur le sol et la vie des plantes.

GÉOGRAPHIE AGRICOLE.

Situation astronomique de la France. — Montagnes; — Vallées; — Plaines; — Cours d'eau.

PHYSIQUE AGRICOLE.

Air atmosphérique; — Calorique; — Lumière; — Ombre.

MÉTÉOROLOGIE AGRICOLE.

Vents; — brouillards; — Rosée; — Pluie; — Gelée blanche; — Gelée à glace; — Neige; — Grêle.

CLIMATOLOGIE.

Influence du climat; — Climat de la France; — Régions.

FERTILISATION.

Considérations préliminaires; — Fécondité et fertilité.

I. *Amendement.* — Argile; — Pierres; — Sables; — Schistes; — Laitiers; — Plombage; — Irrigations; — Plantations; — Rigoles; — Labours; — Ameublement du sous-sol; — Colmatage.

II. *Stimulants.* — STIMULANT D'ORIGINE MINÉRALE. — Chaux; — Marne; — Terre calcaire; Faluns; — Tangue; Merle; Coquillage; Plâtre; — Cendres pyriteuses; — Sulfate de fer; — Sels de potasse, de soude, d'ammoniaque.

STIMULANTS D'ORIGINE VÉGÉTALE.

Suie; — Cendres; — Charrée.

III. *Engrais.* — ENGRAIS ANIMAUX. — Excréments; — Urine; — Colom-

II. PHYTOLOGIE.

III. CONSTRUCTIONS RURALES.

MATÉRIAUX.

Pierres siliceuses ; — Pierres calcaires ; — Pierres argileuses ; — Briques ; — Chaux grasse, maigre, hydraulique ; — Sables ; — Mortiers ; — Ciments ; — Pouzzolane ; — Plâtre ; — Bois ; — Fers ; — Carreaux ; — Ardoises ; — Tuiles ; — Plomb ; — Zinc ; — Cuivre ; — Cordes ; — Fondations ; — Terrassement ; — Propriétés des terres.

OUVRAGES.

Maçonnerie. — Murs de fondation, — d'élévation, — de soutènement, — de clôtures ; — Enduits ; — Pisé.

Charpente. — Assemblages ; — Combles ; — Pans de bois ; — Cloisons ; — Escaliers.

Menuiserie. — Planchers ; — Portes ; — Croisées ; — Volets.

Serrurerie. — Gros fer ; — Serrurerie de bâtiments.

Couvertures. — De tuiles ; — Ardoises ; — Chaume ; — Zinc ; — Bitume.

Peinture et vitrerie. — Peinture à l'huile ; — Détrempe ; — Badigeon ; — Vitres.

Pavage et carrelage.

Évaluation des ouvrages. — Maçonnerie ; — Charpenterie, etc.

DEVIS.

Forme à leur donner.

BATIMENTS.

Animaux. — Écurie ; — Vacherie, — Bergerie ; — Porcherie ; — Poulailler ; — Colombier ; — Magnanerie.

Produits animaux. — Laiterie ; — Fromagerie.

Produits végétaux. — Granges ; — Greniers ; — Caves ; — Celliers ; — Silos ; — Fours.

Usines agricoles. — Féculerie ; — Distillerie ; — Sucrerie.

Réservoirs. — Abreuvoir ; — Lavoirs ; — Puits ; — Citernes ; — Fosses à purin ; — Étangs.

Maison d'habitation. — Formes et proportions.

IRRIGATIONS.

Barrages ; — Prises d'eau ; — Écluses ; — Canaux ; — Déversoirs ; — Pentes.

DESSÉCHEMENTS.

Endiguement ; — Tranchées ; — Puisards ; — Machines d'épuisement.

ROUTES.

Sol ; — Pente ; — Tracé ; — Nivellement ; — Matériaux ; — Entretien ; — Ponts ; — Calculs des déblais et remblais.

Ensemble des bâtiments qui composent une exploitation. — Rapport avec la faculté du sol ; le système de culture et l'étendue de la ferme.

IV. ZOOLOGIE AGRICOLE.

Caractères généraux des animaux.

Classifications zoologiques. — Individus ; — Espèces ; — Genres ; — Familles ; Classe ; — Embranchement.

Caractères des ordres, des classes, des familles, qui comprennent des animaux soumis à la domesticité.

Intelligence ; — Instinct ; Audition, etc.

Série zoologique ; — Harmonies organiques.

COURS D'AGRICULTURE

PROFESSÉ

A GRAND-JOUAN,

Par M. Gustave HEUZÉ,

AGRICULTEUR, SOUS-DIRECTEUR ET PROFESSEUR DE L'INSTITUT AGRICOLE DE GRAND-JOUAN.

(EXTRAIT DE L'AGRICULTEUR PRATICIEN.)

PHYSIOGRAPHIE (1).

AGROSCOPIE (2),

OU ÉTUDE DES TERRAINS AGRICOLES.

Le terrain agricole, c'est-à-dire la partie la plus extérieure du globe, comprend :

    1° Le sol,
    2° Le sous-sol,

Le *sol* est la partie la plus superficielle, celle où le domaine subsiste, au sein de laquelle les végétaux, quels qu'ils soient, trouvent un point d'appui, où leurs racines puisent la plupart des fluides et des matériaux nécessaires à l'accomplissement de leurs fonctions vitales sous l'influence des agents atmosphériques.

Cette enveloppe terrestre, qui doit être regardée comme base de la végétation, reçoit en pratique les noms de *terre arable*, *couche végétale*, *sol cultivable*. Elle repose sur des roches de diverses natures, suivant le premier mode de formation des terrains, ou sur des couches terreuses de texture variée s'étendant à une profondeur indéfinie.

Ces roches ou ces couches sur lesquelles repose le sol, et qui n'appartiennent pas, pour ainsi dire, au domaine de l'agriculture, parce qu'elles ne sont pénétrées par les racines des végétaux que très-accidentellement, ont reçu le nom de *sous-sol*.

SECTION PREMIÈRE.

Des éléments constituants.

Le sol n'est pas une substance unique et homogène. Les éléments qui concourent à le former sont nombreux et tous possèdent des propriétés particulières qu'ils communiquent au terrain dont ils forment la base. Ainsi, la couche végétale est composée, soit des débris de roches sur lesquelles elle repose, soit de débris de corps organiques végétaux et animaux décomposés.

Tous ces éléments forment deux grandes classes :

La première comprend les *éléments fixes.*

La seconde renferme les *éléments variables.*

Les premiers, les *minéraux*, ne varient point d'une manière bien apparente, soit par rapport à leur quantité, soit quant à leurs propriétés. Ces éléments, qui n'ont aucune mobilité, qui appartiennent à la nature morte ou à la matière brute, ne sont autres que des débris de roches que l'action des

---

(1) Sous ce titre, qui a pour étymologie les mots grecs *phusis*, nature ; *graphô*, je décris (description de la nature), nous comprendrons l'étude de la géologie, de la géographie, de la météorologie, etc., dans leurs rapports avec la pratique de l'agriculture.

(2) Le mot *agroscopie*, que nous adoptons pour désigner l'étude des terrains agricoles, a pour racines les mots grecs *agros*, champs, et *skopéô*, j'observe. Ce titre nous a paru moins scientifique et plus pratique que le mot *géonomie* (loi de la terre) adopté par Brard, le mot *agronomie* (loi des champs) donné par Thaër, et celui d'*agrologie* (discours sur les champs) créé par le savant M. de Gasparin.

éléments humides et des perturbations physiques a réduits en matières ténues, et convertis en terres de diverses textures.

Les seconds, *les sels* et *les résidus de la décomposition animale et végétale*, ont des propriétés très-variables, et ils augmentent ou diminuent en quantité suivant l'action secrète de la nature et la volonté du cultivateur.

Considérées sous un autre point de vue, ces substances se divisent :

1° En *éléments solubles ou décomposables.*

2° En *éléments insolubles ou indécomposables.*

Les premiers concourent directement à la vie et à la croissance des plantes. Ainsi, le sel marin, le terreau, la chaux, qui sont des corps solubles, pénètrent et s'incorporent dans le végétal, où ils peuvent conserver leur état liquide jusqu'à ce que la vie se soit anéantie chez tous les organes, ou se solidifient s'ils se combinent avec certains acides, si l'eau qui les tenait en dissolution a été évaporée par l'acte de la vie ou les agents extérieurs. Ces substances doivent donc être regardées comme inhérentes à l'organisation et à la composition des plantes.

Les seconds n'ont qu'une action indirecte sur la végétation ; ils ne servent que de point d'appui aux plantes. Toutefois, si l'on examine leur influence sous un autre point de vue, celle de la nutrition, par exemple, on reconnaîtra qu'elle peut être de deux sortes, l'une exercée sur le degré d'humidité et de chaleur, l'autre sur la pénétration et la fixation au sein de la couche arable de l'air, de l'acide carbonique, de l'ammoniaque, etc.

Quelle que soit la formation du terrain, la classe géologique à laquelle il appartient, on rencontre les substances suivantes comme parties constitutives du sol arable :

1° Sable ou silice,
2° Argile ou alumine,
3° Chaux ou calcaire,
4° Magnésie,
5° Fer,
6° Manganèse,
7° Potasse,
8° Soude,
9° Humus ou terreau.

Toutefois, l'élément principal est très-variable et accidentel ; selon la nature primitive du sol, c'est ou le sable, ou l'argile, ou le calcaire qui domine. Et même, il arrive parfois que ce dernier principe manque complètement.

Quant aux métaux et aux sels, ils existent presque toujours ; mais dans des proportions très-faibles et très-variables.

§ 1. DE LA SILICE.

Ce corps, auquel la chimie a donné le nom d'*oxyde de silicium* ou *acide silicique*, se présente, dans son état de pureté, sous la forme d'une poudre blanche, très-fine, n'ayant ni odeur, ni saveur. Il est insoluble dans l'eau et fusible seulement à des températures très-élevées. Ses propriétés particulières sont de rayer le verre et d'étinceler sous le choc du briquet. Il ne se rencontre pas à l'état natif, et presque toujours il est mélangé à des oxydes. On l'obtient pur du cristal de roche, et l'acide fluorique est le seul qui l'attaque et le dissolve.

La silice est abondamment répandue dans les sols arables ; elle résulte de la désagrégation des roches quartzeuses, feldspathiques, granitiques, porphyriques, dans lesquelles elle domine. Alors elle se présente sous forme de sable, de graviers, de cailloux, et constitue les terrains auxquels on a donné le nom de sols siliceux.

Cette substance, ou, pour mieux dire, le sable, ne retient qu'une faible quantité d'eau. Ainsi celui à gros grains n'en retient que 20 à 25 pour 100, tandis que le sable très-fin en absorbe et retient jusqu'à 30 pour 100.

Quoi qu'il en soit, le sable n'a point de cohésion, il n'éprouve aucune diminution de volume lors de sa dessiccation, il laisse l'eau s'écouler très-rapidement, et ne forme point une masse molle lorsque cet élément le détrempe.

Lorsque le sable est très-fin, il est mobile, et peut être déplacé et emporté par le vent. Parfois il s'accumule dans les végétaux malgré son état d'insolubilité, et dès lors il constitue en grande partie leur squelette, et devient par cela même l'élément principal de leur solidité. Ce corps, qui pénètre dans les plantes soit à l'état de suspension dans les fluides, soit dans des états de dissolution due à des causes qu'il ne nous est pas permis de connaître, existe principalement dans les feuilles, les enveloppes extérieures et les graines. D'après Bergman et Ruellert, la silice forme les :

0,03	des tiges de seigle,
0,60	— — de l'orge,
0,43	— — de froment,
0,37	— — de trèfle,
0,04	— — de pomme de terre.

De Saussure a reconnu qu'elle formait les :

0,51 dans la cendre du froment avec ses grains.
0,61 — — — — — — dépouillé de ses semences,
0,57 — — — de l'orge,
0,35 — les grains d'orge,
0,60 — — — d'avoine,
0,18 — les tiges de maïs.

Quant aux plantes dicotylédonées, la silice y est toujours moins abondante.
De Saussure en a trouvé sur 100 parties :

0,14 dans les cendres des feuilles du chêne en automne,
0,11 dans celles des feuilles du peuplier noir,
0,11 — — — — du noisetier,
0,15 dans les écorces du mûrier.

§ 2. DE L'ALUMINE.

L'alumine qui forme, combinée avec la silice, la base des glaises, des argiles qui servent à la fabrication de la poterie, de la tuile, de la brique, etc., est l'*oxyde d'aluminium*. À l'état de pureté, cette terre est blanche, en poudre impalpable, sans odeur, insipide, adhère fortement à la langue ; elle est incombustible, insoluble dans l'eau, mais soluble dans les acides et les lessives alcalines.

Exposé à une température très-élevée, l'alumine se contracte, diminue de volume, et perd temporairement sa faculté d'absorber et de retenir avec force une très-grande quantité d'eau. Dans les circonstances ordinaires, elle forme avec ce dernier corps une pâte molle et douce, et peut retenir, sans en laisser écouler, jusqu'à 70 pour 100 d'eau.

L'alumine se rencontre dans presque tous les sols agraires auxquels elle donne plus ou moins de cohésion, suivant la proportion dans laquelle elle existe, mais toujours à l'état de combinaison. Elle ne pénètre qu'en faible quantité dans les organes des plantes. Schrœder l'a trouvée à l'état de terre pure, mais en faible proportion, dans les semences d'orge, d'avoine, et dans le chaume du seigle, et en quantité très-peu appréciable dans les grains de seigle, et principalement de froment. Quoi qu'il en soit, l'alumine, malgré sa propriété d'absorber les gaz ammoniaux et de les retenir entre les molécules, forme à peine un centième dans les cendres des végétaux acotylédons et monocotylédons.

§ 3. DE LA CHAUX.

Cet élément, auquel on donne en chimie le nom d'*oxyde de calcium*, est soluble dans l'eau à l'état de pureté ; il fait effervescence avec les acides, se présente sous forme de poudre fine, blanche, inodore, et est infusible.

La chaux ne se rencontre pas dans la nature à l'état de pureté : elle se trouve toujours en combinaison avec différents acides :

Avec l'acide carbonique, elle constitue le *carbonate de chaux*, que l'on désigne sous les noms de pierre à chaux, marbres, pierre à bâtir, craie ;

Avec l'acide sulfurique, elle forme le plâtre ou *sulfate de chaux* ;

Avec l'acide phosphorique, elle constitue le *phosphate de chaux*, qui est la base de la charpente osseuse des animaux.

Le carbonate de chaux, qui est la base des terrains calcaires ou crayeux, forme une pâte molle lorsqu'il est détrempé et possède une adhérence très-remarquable. Lorsqu'il est sec, ce corps est assez friable.

La chaux existe dans tous les végétaux. On la rencontre principalement dans les graminées. Toutefois, elle n'existe pas dans les semences du maïs, de l'orge, de la fève, du marronnier d'Inde, et dans la plante que l'on désigne sous le nom de soude (*salsola soda*).

§ 4. DE LA MAGNÉSIE.

La magnésie, ou *oxide de magnésium*, se présente à l'état de pureté sous forme d'une poudre blanche très-douce au toucher, inodore, insipide, infusible, insoluble, ou au moins à peine soluble dans l'eau et les lessives alcalines, mais soluble dans les acides. Ce corps, qui peut absorber quatre fois son poids d'eau, ne se rencontre jamais à l'état de pureté dans la nature. On le trouve sous la forme de carbonate, sulfate, silicate.

Quoi qu'il en soit, la magnésie ne laisse évaporer que très-lentement l'eau qui l'a humectée, et lorsqu'elle est à l'état de carbonate elle ne forme point une pâte molle et adhérente sous l'action des pluies. Toutefois, lorsque le carbonate est desséché, il est plus pulvérulent que le carbonate de chaux.

La magnésie est peu abondante dans les végétaux. On la rencontre à l'état de sous-carbonate dans les pailles et les grains des céréales, et elle abonde sous forme de sulfate dans la farine d'orge.

§ 5. DU FER.

Le fer n'existe pas pur dans la nature ; il se présente à l'état d'oxide, de sulfate et de carbonate, et communique toujours au sol une couleur foncée.

L'*oxide de fer* possède un aspect terreux ; il est rouge, brun, noir ou jaune foncé. Ses propriétés principales sont d'être insipide, inodore, infusible, insoluble dans l'eau, et d'attirer et de fixer les gaz ammoniacaux.

Le *sulfate de fer* est moins abondant ; on ne le rencontre que dans les terrains humides, pyriteux, ceux inondés où la végétation est sans cesse laborieuse.

Quant au *carbonate de fer*, on le trouve dans les fonds marécageux, tourbeux, où, comme le sulfate, il se décompose en oxide lorsque le sol se dessèche sous l'influence d'une chaleur élevée et prolongée.

Le fer se trouve dans les végétaux à l'état d'oxide, mais en très-faible proportion. On le rencontre dans les grains et les tiges des céréales, les racines d'asperges, les feuilles de l'olivier, la bulbe de l'ail, etc.

§ 6. DU MANGANÈSE.

Cet élément est peu abondant dans les terrains agricoles. On le rencontre à l'état d'oxide dans quelques terrains de montagne de l'Ardèche, des Cévennes, de l'Ariége, des Hautes-Pyrénées, de l'Allier et du Dauphiné.

Le manganèse, qui ne diminue ni n'augmente la fertilité du sol, a été trouvé dans les cendres du pin, du chêne vert, du figuier, de la vigne, et dans les feuilles et les grains des céréales, mais en faible quantité.

§ 7. DE LA POTASSE.

La potasse, que l'on rencontre sous forme de carbonate, nitrate, chlorhydrate, toujours soluble, est quelquefois très-abondante, tandis que dans certains cas elle n'entre que pour une très-faible partie dans la couche arable. Dans les sols où elle abonde, la végétation est toujours victorieuse, quelle que soit la profondeur de la couche superficielle.

Ce corps est très-abondant dans tous les végétaux. De Saussure a trouvé qu'elle formait, à l'état de sous-carbonate, les :

0,59	dans les cendres du maïs,
0,57	— — — des tiges de fève en fleur,
0,51	— — — des fruits du marronnier,
0,22	— — — des graines de fève,
0,18	— — — des grains d'orge,
0,16	— — — de la paille d'orge,
0,14	— — — du son de froment,
0,15	— — — dans les grains du froment,
0,12	— — — des pailles du froment,

La potasse existe à l'état de chlorhydrate dans les graines de lin, les feuilles de tabac, la fleur de carthâme, le céleri, les feuilles de froment, la tige du maïs, de fève, etc. On la rencontre sous forme de sulfate dans la paille de froment, le bulbe de l'ail, les plantes maritimes ; de phosphate dans le tubercule de la pomme de terre, dans les graines de lin, de fèves, les tiges du froment, de l'orge et du maïs. Le nitrate de potasse, beaucoup moins abondant, existe en quantité très-appréciable dans les racines de la betterave, le tubercule du souchet comestible, le céleri, etr.

§ 8. DE LA SOUDE.

La soude ne se rencontre pas dans les sols agraires proprement dits ; elle n'existe en quantité très-sensible que dans les eaux salées ou les sols délaissés par la mer. Quoi qu'il en soit, là où elle existe, elle favorise la végétation d'un grand nombre de plantes, mais il faut alors qu'elle ne forme pas plus de 0,02 à 0,03 de la masse de la couche arable.

Cet élément abonde dans les plantes marines, maritimes ou salines, sous forme de carbonate, et il forme les :

0.03 à 0.08   dans la soude dite d'Aigues-Mortes,
0,14 à 0,15   dans celle dite de Narbonne,
0,25 à 0,30   dans celle dite d'Alicante.

§ 9. DE L'HUMUS OU TERREAU.

Sous ce nom on désigne le produit de la décomposition lente et graduelle des matières organiques végétales et animales. Ce corps est une substance noire ou brune, onctueuse, très légère, peu cohérente, peu soluble dans l'eau, mais soluble dans les alcalis; il décompose l'air et se combine avec son acide carbonique. A cet état il absorbe l'eau, et devient l'élément même de la vie des plantes, c'est-à-dire, doit être regardé comme le réservoir où se prépare l'acide carbonique si utile à l'existence des végétaux.

Le terreau est combustible, et donne dès lors naissance à des produits gazeux : oxigène, azote, hydrogène, etc.

Cette matière organique qui peut, quel que soit son état, retenir le double de son poids d'eau sans en laisser échapper, ne se rencontre qu'interposée entre les molécules terreuses de la couche végétale. Elle n'existe pas au sein du sous-sol; et elle est sans cesse formée par les corps animaux et végétaux qui pourrissent à la surface de la terre.

Selon la position terrienne et les matériaux qui l'ont formé, l'humus est ou *doux* ou *acide*. Ainsi, toutes les plantes, soit pailles de céréales, soit foin de prairies naturelles ou artificielles qui, à l'atrophie complète des organes de la vie, subissent une décomposition dans un lieu sec, où l'air, la lumière, la chaleur, peuvent agir sur toutes leurs parties, donnent naissance à un terreau doux, où l'on trouve tous les éléments nécessaires à la vie des végétaux. Lorsqu'au contraire l'humus résulte de plantes, de feuilles, qui n'ont pu se décomposer promptement à cause de l'absence des substances alcalines, parce que l'humidité était trop abondante et la chaleur pas assez élevée, il reste astringent, acide, et renferme une quantité considérable de tannin et de fer, comme le terreau de bruyère, celui que l'on remarque au sein des forêts sous les chênes séculaires.

Toutes choses égales d'ailleurs, le terreau ou humus n'est soluble dans l'eau que lorsqu'il s'est combiné avec les corps gazeux de l'air, l'oxygène par exemple. Dès lors la solution prend une teinte brun foncé.

SECTION II.

De la classification des terrains (1).

Les nomenclatures proposées jusqu'à ce jour pour désigner les sols arables sont très-nombreuses, et elles ont des bases très-différentes. Les unes ont pour appui la nature minérale ; les autres, les propriétés physiques ; celles-ci, les genres de culture ; enfin, quelques-unes sont fondées sur plusieurs systèmes réunis.

§ 1. *Classification ayant pour appui la composition minérale.*

La nomenclature la plus ancienne de celles qui appartient à ce système, est celle créée par Varron. Elle classe les sols de la manière suivante :

I. Sol argileux.	excessivement argileux. médiocrement —— faiblement ——
II. Sol sablonneux.	excessivement sablonneux. médiocrement —— faiblement ——
III. Sol crayeux.	excessivement crayeux. médiocrement —— faiblement ——
IV. Sol graveleux.	excessivement graveleux. médiocrement —— faiblement ——
V. Sol ochreux ou rubrique. . . .	excessivement ochreux. médiocrement —— faiblement ——

(1) Nous avons suivi pour cette étude l'ordre adopté par M. de Gasparin, *Cours d'Agriculture*, t. 1, p. 215.

VI. Sol charbonneux (1). . . . . . . { excessivement charbonneux.
médiocrement   ———
faiblement   ——

Cette classification, qui est adoptée avec raison pour les trois premières classes, reste sans vérité pour celles qui suivent et toutes les subdivisions qu'elle comporte. En effet, les mots *graveleux*, *ochreux*, *charbonneux*, ne sont plus assez précis ; il n'indiquent pas à l'agriculteur des terrains assez caractérisés, quant à leur nature, pour que la pratique puisse les adopter. Il en est ainsi des mots *médiocrement* et *faiblement*. L'intelligence saisit difficilement la proportion dans laquelle existe le principal constituant.

Chaptal chercha de nos jours, dans sa Chimie agricole, à renverser cette classification. Il divisa les sols :

1° En glaiseux,
2° En calcaire,
3° Marneux,
4° Sableux.

Thaër adopta cette division. Toutefois, il y comprit la tourbe, que Chaptal avait négligée.

Plus tard, Pontier proposa la classification suivante, qui avait pour base les trois premières classes du système établi par Varron :

I. Classe argileuse. . . . . { 1 argilo-calcaire,
2 — siliceuse,
3 — calcaire-siliceuse.

II. Classe calcaire. . . . . { 1 calcaire argileuse,
2 — siliceuse,
3 — argileuse-siliceuse.

III. Classe siliceuse. . . . . . . { 1 silico-argileuse,
2 — calcaire,
3 — calcaire - argileuse.

Cette division qui exige le concours de la chimie pour déterminer quel est l'élément dominant, et que l'agriculture pratique rejette à cause des transitions toujours difficiles à saisir, parut incomplète à M. Devèze de Chabriol, qui proposa le tableau suivant, que le vénérable Thouin et Bosc avaient adopté en partie au commencement de ce siècle :

1° Sol granitique,
2° Sol schisteux,
3° Sol d'alluvion sableuse, argileuse, calcaire,
4° Sol volcanique,
5° Sol tourbeux.

Enfin, M. Leclerc-Thouin associa, pour ainsi dire, ces deux dernières classifications, et il proposa la nomenclature suivante, qui fut, il y a quelques années, adoptée par M. J. Girardin :

I. Terre argileuse. . . . . { argilo-ferrugineuse,
— calcaire,
— sablonneuse,
— ferrugino-calcaire,
— — siliceuse,
— sablo-calcaire.

II. Terre sableuse. . . . . { sableuse-argileuse,
quartzeuse et graveleuse,
granitique,
volcanique,
sablo-argilo-ferrugineuse,
sables de bruyères,
sables purs.

III. Terre calcaire. . . . . . . { sables calcaires,
sables crayeux,
sables tuffeux,
terres marneuses.

IV. Terre magnésienne.

(1) *Id est, quæ perfecte ita fit, ut radices satorum comburat.* VARRON, lib. I, cap. 18.

V. Terre tourbeuse. . . . . { tourbeuse, uligineuse, marécageuse.

Cette classification, qui peut être vraie en réalité, laisse à désirer sous le point de vue pratique. L'association des éléments trois à trois présente les mêmes défauts que l'on reproche avec raison au système de Pontier, et les divisions établies pour les terres siliceuses et celles calcaires, ont des nuances trop peu définies pour que l'agriculteur de profession puisse les considérer comme nécessaires et utiles.

§ 2. *Classification ayant pour base les propriétés physiques.*

Columelle est l'auteur le plus ancien qui a pris pour appui les propriétés physiques des sols arables. Voici la classification qu'il avait adopté :

1° Terre grasse,
2° — maigre,
3° — meuble,
4° — forte,
5° — humide,
6° — sèche.

Mais, pour mieux faire saisir l'ensemble des propriétés physiques, il forma huit classes principales :

1° Terre grasse, meuble, humide,
2° — — forte, humide,
3° — — meuble, sèche,
4° — — forte, sèche,
5° — maigre, forte, humide,
6° — — forte, sèche,
7° — — meuble, sèche,
8° — — meuble, humide.

Cette classification concorde avec la logique de l'agriculture quant aux premières divisions, mais elle manque d'exactitude pour les subdivisions. Ainsi, il est bien rare que la pratique constate l'existence d'une terre *fertile argileuse sèche*. Dès qu'un sol argileux est arrivé à un haut degré de fertilité, il conserve, dans les étés ordinaires, assez de fraîcheur pour que la vie végétale ne puisse y être arrêtée ou anéantie.

§ 3. *Classification mixte.*

La première classification, fondée sur la nature minérale et les propriétés physiques, fut proposée par la Société économique de Berne. Cette nomenclature formait le tableau suivant :

I. Terres fortes. . . . . { argile, marne, terre de marne.

II. Terres légères. . . . . { mélangées, sables.

Cette classification a quelque chose de vrai, et elle est plus pratique que celle indiquée par Arthur Young, qui est ainsi conçue :

I. Sols compactes. . . . . { motteux, friables, loam compacte.

II. Sols graveleux. . . . . { secs et chauds, humides et froids.

III. Sols sablonneux. . . . . . . { léger, compactes.

IV. Sols crayeux.

V. Sols marécageux.

Schwertz a complété ce cadre, et sa classification présente plus d'ordre, plus de logique, plus de concordance, avec les observations et les faits pratiques. Ainsi, il a divisé les terres en deux classes :

I. Sable. . . . . { 1° sable léger, sec ; 2° — frais, un peu lié, 3° — argileux.

II. Argile. . . . .
- 1° argile sablonneuse ;
- 2° — froide, tenace ;
- 3° — médiocrement humide ;
- 4° — chaude, sèche ;
- 5° — riche ;

III. Glaise.

M. de Gasparin, qui a voulu suppléer aux défauts que possède cette nomenclature incomplète, a proposé le tableau suivant :

I. Terrains renfermant l'élément calcaire.	loams.	inconsistants, meubles, tenaces.
	argilo-calcaires .	argileux, calcaires.
	craies.	fraîches, sèches.
	sables.	meubles, inconsistants.
II. Terrains ne renfermant pas l'élément calcaire.	siliceux	secs, frais. inconsistants.
	glaiseux.	meubles. . . . . (micacés, schisteux, volcaniques, sablonneux.) / tenaces.
III. Argiles.		
IV. Terreaux.	doux.	
	acides.	terre de bruyère. terre de bois. tourbe.

Cette classification laisse à désirer sous plusieurs points de vue. Ainsi les mots *sables meubles* et *sables inconsistants*, peuvent présenter au sein du laboratoire des compositions et des propriétés dissemblables, mais, à l'intérieur du champ, ils ne permettent pas de préjuger avec exactitude de la nature et des nuances qui peuvent exister entre les propriétés physiques des terrains. Pour que ce système puisse être utile à l'agriculteur praticien, il faut que ce dernier ait sans cesse recours à la lévigation et à l'action des acides. C'est qu'il lui est impossible de comprendre, de déterminer, sans le concours de la science, quelle est la terre à laquelle on peut appliquer les démonstrations de *terres argilo-calcaires*, *calcaires*, de *sols glaiseux*, *meubles*, *sablonneux*.

§ 4. *Classification ayant pour appui les divers genres de culture.*

La première classification qui eut pour base les genres de culture fut celle de Caton ; elle divisait les sols en 9 classes :

- 1° Vignes,
- 2° Jardins arrosables,
- 3° Saussaies, oseraies,
- 4° Oliviers,
- 5° Prairies.
- 6° Terres à blé,
- 7° Bois, en coupe réglée (taillis),
- 8° Vergers,
- 9° Chenaies (1).

Cette division, qui détermine plutôt la fertilité que la nature des terres, fut adoptée de nos jours par les géoponiques de l'Allemagne. Ainsi Thaër proposa la division suivante :

- 1° Terres à froment,
- 2° — à orge,
- 3° — à seigle,
- 4° — à avoine,
- 5° — à prairies.

Pabst a adopté cette dernière classification. Toutefois, il l'a compliquée, et en la rendant plus complexe, il l'a rendue, sans nul doute, plus applicable et utile. Voici le tableau qu'il a formé :

---

(1) M. de Gasparin donne à cette classe le nom de *Chenevières*. C'est une erreur, car le texte latin comporte ces mots : *nono glandaria silva*. (DE RE RUSTICA, cap. I, CATON: ou DE AGRICULTURA, lib. I, cap. VII, VARRON.)

1re Division. Terre à blé de première classe, composée d'argile-calcaire, douce, humifiée et chaude ;

2e ——— Terre à orge de première classe argilo-siliceuse, calcaire, riche, douce ;

3e ——— Terre à blé de deuxième classe, argile-marneuse, forte, avec un sous-sol moins régulier ;

4e ——— Terre à orge de deuxième classe, sol silico-argileux ;

5e ——— Terre à orge de troisième classe, sol silico-argileux ;

6e ——— Terre à seigle de première classe, silico-argileux, plus légère que la précédente, mais profonde et fraîche ;

7e ——— Terre à blé de troisième classe, argile forte, froide, sous-sol imperméable ;

8e ——— Terre à avoine de première classe, argilo-siliceuse, caillouteuse, maigre ;

9e ——— Terre à seigle de deuxième classe, sol sablonneux ;

10e ——— Terre à blé de quatrième classe, sol argileux, maigre, mauvaise exposition ;

11e ——— Terre à avoine de deuxième classe, sol pierreux à sous-sol humide, terre marneuse ;

12e ——— Terre à seigle de troisième classe, sol maigre, ne produisant que tous les trois ans ;

13e ——— Terre à seigle de quatrième classe, sol aride, caillouteux ;

14e ——— Terre à avoine de troisième classe, sol marécageux, ne pouvant supporter les plantes d'hiver.

Kreissig indique une autre division, qui se rapproche de celle-ci quant au nombre de classes, mais qui s'en distingue surtout par les deux grandes divisions qui la partagent. Ainsi, il divise les terrains agricoles en *terres à céréales d'hiver*, et *terres à céréales de printemps.*

Les premières, qui ne sont pas très-humides durant l'hiver, ont été divisées en deux classes, qui comprennent chacune plusieurs divisions :

1re Classe, *terres à froment :* l'argile prédomine, se fendillant par la sécheresse, et se divisant en grosses mottes d'une très-grande dureté ;

—— 1re division. Terres argileuses des vallées basses, marines, fluviales ;

—— 2e ——— Terres argileuses des situations élevées, chaudes, sans humidité surabondante ;

—— 3e ——— Terres argileuses des situations élevées, froides, humides.

2me Classe, *terres à seigle :* l'argile est peu abondante, elles ne se crevassent pas, et les mottes se divisent facilement ;

—— 1re division. Terres légères des vallées basses, très-peu consistantes, ni trop sèches, ni trop humides ;

—— 2e ——— Terres légères des situations élevées, de consistance moyenne, mais qui n'ont pas l'aspect de sable ;

—— 3e ——— Terres légères des lieux élevés, plus sèches, plus légères, où le sable domine sur l'argile ;

—— 4e ——— Terres légères, ou sables secs et arides, ou froides et humides.

Les secondes, qui ne produisent généralement que des céréales ou fourrages de printemps, comprennent les divisions suivantes :

1re Division. Terres où les eaux séjournent l'hiver, et qui l'été ne sont pas assez humides pour faire de bonnes prairies ;

2e ——— Terres des parties élevées, exposées au nord et trop humides pour la culture du seigle ;

3e ——— Terres arides, marécageuses, à fond parfois tourbeux, souffrant des sécheresses ;

4e ——— Terres hautes, froides, humides, plutôt siliceuses qu'argileuses.

Toutes choses étant égales d'ailleurs, nulle de ces classifications n'est assez significative pour qu'elle puisse servir à un cultivateur qui veut étudier ou faire connaître les terres sur lesquelles il exerce son art et son industrie. L'appropriation des terres à tel ou tel système de culture est une science de pratique et de localités. Le climat, l'exposition, les abris, l'inclinaison, l'action des stimulants et des engrais, détruisent la généralisation, les funestes conséquences qui pourraient résulter de l'adoption de l'une de ces classifications. L'usage, qui a pour appui, dans la presque totalité des circonstances, l'expérience, indique seul les végétaux agricoles que le cultivateur doit conserver, et qu'il peut introduire dans la localité qu'il habite et sur le sol qu'il cultive.

SECTION III.

Des terrains agricoles.

Pour que l'étude sur les sols agricoles puisse répondre à l'examen critique que nous avons fait précédemment des divers systèmes proposés pour désigner les terres et les classer, et pour que cette description des propriétés générales et particulières conserve un caractère entièrement pratique, nous adopterons la classification suivante, persuadé que nous sommes qu'elle est plus en rapport avec la simplicité du langage que tout agriculteur doit savoir conserver (1) :

A. *Terres renfermant les trois éléments principaux dans des proportions sensibles.*

Terres franches. . . . . { fortes.
{ légères.

B. *Terres dans lesquelles domine l'argile.*

1 Terre argileuse. . . . . { perméable.
{ imperméable.

2 — argilo-calcaire. . . . . { perméable.
{ imperméable.

3 — argilo-siliceuse.

4 — schisteuse.

C. *Terres dans lesquelles domine la silice.*

1 Terre siliceuse. . . . . { perméable.
{ imperméable.

2 — granitique.

3 — volcanique.

4 — silico-calcaire.

5 — silico-argileuse. . . . . { perméable.
{ imperméable.

D. *Terres dans lesquelles domine le calcaire.*

1 Terre crayeuse. . . . . { perméable.
{ imperméable.

2 — calcaire siliceuse.

3 — calcaire argileuse.

E. *Terreau ou humus acide.*

1 Terreau tourbeux.

2 — de bruyère.

A. *Terres renfermant les trois éléments principaux dans des proportions sensibles.*

TERRES FRANCHES.

Ces terres, que l'agriculture anglaise désigne sous le nom de *loam*, mot que quelques auteurs français ont voulu introduire dans le langage vulgaire et agricole, contiennent de la silice, de l'alumine et de la chaux en proportions variables, mais en quantité appréciable, et font effervescence avec les acides.

Parfois l'élément silice domine dans ces sortes de sols ; dans d'autres circonstances, c'est l'élément alumine qui donne à la couche arable ses principaux caractères. Mais ce dernier cas est peu commun. En général, les terres franches sont plus légères que fortes dans la plupart des circonstances· Ainsi l'excellente terre d'alluvion du Rhône, à Gabet, près Orange, est composée comme il suit, d'après M. de Gasparin :

Carbonate de chaux. . . .   43.5
Argile. 32.5
Silice.   20
Terreau.   4
                       100

Bergman a trouvé dans une terre des plus fertiles de la Suède :

---

(1) *Neque enim artis officium est, per species, quæ sunt innumerabiles, evagari; sed ingredi per genera, quæ possunt cogitatione mentis et ambitu verborum facile copulari.*
COLUMELLE, lib. II, cap. II.

Silice 56
Carbonate de chaux. . . . 30
Alumine. 14
_____
100

Silice. 42
Carbonate de chaux. . . . 30
Alumine. 21
Terreau. 7
_____
100

Davy donne l'analyse d'une terre très-fertile de la vallée d'Avon :

Silice. 41
Alumine. 35
Carbonate de chaux. 14
Oxide de fer. 3
Terreau. 7
_____
100

Davy rappelle encore les remarquables terrains des environs de West-Drayton, qui sont composés ainsi qu'il suit :

Silice. 32
Alumine. 29
Carbonate de chaux. . . . 28
Terreau. 11
_____
100

Tillet cite une terre des environs de Paris d'une fertilité remarquable qui renfermait :

Silice. 46
Carbonate de chaux. . . 37.5
Alumine. 16.5
_____
100

Chaptal a trouvé dans un sol très-fertile formé par les alluvions de la Loire :

Ainsi donc les trois éléments principaux des sols agraires, la silice, l'alumine, le calcaire, forment toujours la base des sols fertiles ou des terres franches. Les recherches et les résultats obtenus par Ruckert viennent à l'appui de ce principe. Il a constaté que la silice, l'alumine et la chaux passaient dans les plantes. 100 parties de cendres bien lessivées, c'est-à-dire dégagées de leurs sels, ont donné pour

NOMS DES PLANTES.	SILICE.	CHAUX.	ALUMINE.
Froment.	48	37	15
Avoine.	68	26	6
Orge.	69	16	15
Seigle.	63	21	16
Trèfle rouge.	37	33	30

On sait, en effet, que le trèfle et le froment, par exemple, ont toujours une végétation plus prononcée et donnent des produits plus abondants lorsque la terre renferme ces trois éléments, que lorsqu'il n'entre dans sa composition que l'argile et la silice, abstraction faite de sa richesse. On sait encore que ces deux plantes agricoles exigent, de préférence à tous les autres, des sols plutôt calcaires qu'argileux ou siliceux.

Les terres franches sont généralement des sols profonds ni trop friables, ni trop humides, qui s'accommodent de tous les engrais. Les labours, les hersages, les roulages, les divisent avec une très-grande facilité.

Quant aux amendements et aux stimulants, ils ne sont pas généralement en usage sur ces sortes de terres. La proportion dans laquelle existe le carbonate de chaux est toujours telle qu'elle dispense le cultivateur de l'emploi de la marne, des falluns, etc.

Ainsi que nous l'avons vu, le sable n'est jamais assez abondant pour que les terres franches ne puissent retenir une humidité convenable et qu'elles soient excessivement légères ; et l'alumine n'existe pas en proportion assez considérable pour qu'elles possèdent une grande ténacité, pour qu'elles absorbent une humidité nuisible. Ces deux éléments, au contraire, sont tels que la couche arable a toujours une force de cohésion, une ténacité suffisante, pour que les racines des plantes s'y fixent avec succès, pour que l'air, quelle que soit sa température, ne puisse pas être favorable à la vie végétale. Aussi ces sols agraires se laissent-ils travailler pour ainsi dire tous les jours de l'année. Durant l'hiver, ils se divisent avec autant de facilité que pendant les temps de sécheresse.

Les terres franches conviennent à tous les végétaux. Mais les céréales, les égumineuses : la luzerne, le trèfle, les haricots, etc., les plantes industrielles : le colza, le pavot, le chanvre, le lin, la garance, le houblon, etc., suivant les latitudes, y prennent tous le développement qu'ils sont susceptibles de prendre dans les sols les plus fertiles.

Quoi qu'il en soit, les terres franches peuvent être *fortes* ou *légères*. Et il est indispensable d'ajouter l'un de ces mots à la dénomination de terre franche, si l'on veut bien préciser ou apprécier les propriétés physiques du sol que l'on cultive ou étudie.

Quand l'élément silice entre dans la proportion de 50 environ pour 100, c'est-à-dire lorsqu'il domine sur l'argile ou la chaux d'une manière très-sensible, la terre est plus légère, mais elle n'en est pas moins pour cela la base de la culture la plus avancée. Et même, elle a l'avantage sur l'autre d'être un excellent sol arable, quoique sa profondeur soit moins prononcée.

Lorsque, au contraire, l'élément alumine existe dans la proportion de 50 environ pour 100, la terre retient plus d'humidité que la précédente, elle s'échauffe moins promptement au printemps, et a déjà quelque tendance à former des mottes plus difficiles à détruire, mais moins opiniâtres cependant que celles des terrains argileux. Nonobstant, cette sorte de terre franche constitue des sols de parfaite qualité.

B. *Terres dans lesquelles domine l'argile.*

§ 1. TERRES ARGILEUSES.

Ces terres se décèlent par la propriété qu'elles possèdent d'être compactes, tenaces, onctueuses au toucher, de perdre leur humidité entre 20 et 22 degrés centigrades, de s'attacher fortement à la langue lorsqu'elles sont humides, de former une pâte avec l'eau et de la retenir parfois avec excès.

Les terres argileuses considérées sous le point de vue pratique présentent de graves inconvénients. Lorsqu'on les cultive dans un état humide, elles s'attachent aux instruments et augmentent la force de résistance. Et si le sol est assez humide pour que la bande de terre n'adhère point au versoir, celle-ci est lissée par le corps de la charrue. Alors la superficie du sol, ou, pour mieux dire, les bandes restent intactes et ne se divisent pas. Si, à cette grande humidité, il succède de fortes chaleurs, la couche arable prend du retrait, les mottes de terre se durcissent ou sa superficie présente des crevasses larges et parfois profondes. C'est alors qu'elles nuisent aux végétaux auxquels elles ont donné naissance, parce qu'elles serrent avec force leurs tiges et leurs racines.

Dans les étés secs, c'est-à-dire sous l'action de sécheresses prolongées et surtout intempestives qui les durcissent, qui augmentent leur force de ténacité et de cohésion, les instruments glissent parfois à leur surface sans les pénétrer, où, s'ils peuvent agir, ils les retournent, les divisent en grosses mottes que les herses, les rouleaux, même les plus pesants, anéantissent avec peine.

C'est au praticien à choisir le moment opportun pour labourer et diviser les terres argileuses. L'automne et le printemps sont peut-être les deux saisons les plus convenables. Durant l'hiver ou les saisons très-pluvieuses, on est quelquefois obligé d'augmenter le nombre des animaux moteurs; car non-seulement les chevaux, les bœufs, marchent avec peine sur la surface du sol, mais ils perdent une partie considérable de leurs forces.

Les labours exécutés avant l'hiver sont généralement nécessaires. Les terres se trouvant dès lors exposées à l'action des gelées et des dégels, se divisent, s'ameublissent d'une manière bien supérieure à ce que pourraient faire les meilleures opérations de culture.

Quant aux hersages, ils ne peuvent être trop nombreux et trop profonds. Toutefois, il est un point d'ameublissement, de divisibilité, qu'on ne saurait dépasser avec succès. Ainsi, lorsqu'une terre argileuse a été très-ameublie par des façons nombreuses exécutées surtout durant l'été, elle possède le grave inconvénient de se plomber sous l'action des pluies en automne et pendant l'hiver, et de laisser à nu la plupart des collets et des racines des plantes.

Les terres argileuses, toujours très-cohérentes et humides en hiver, absorbent lentement la chaleur solaire, quoique leur couleur soit ordinairement brune. Aussi sont-elles moins hâtives que les terres franches et les terres siliceuses, et est-il nécessaire de chercher à favoriser l'écoulement des eaux pluviales qui ne peuvent les pénétrer. A cet effet, on les dispose en planches plus ou moins étroites, selon l'imperméabilité de la couche inférieure, leur profondeur et l'état physique du climat sous lequel elles résident. C'est à tort qu'on chercherait à les labourer en billons, surtout dans les années sèches, car la terre se soulève par grosses mottes qu'on ne peut diviser facilement avec les herses convexes.

Mais les planches, qui doivent être adoptées de préférence aux billons, eu égard toutefois aux circonstances locales, seront formées de 8, 10 ou 12 bandes de terre, et elles présenteront une convexité assez prononcée. Sur une terre argileuse ainsi disposée, les récoltes souffrent moins des alternatives toujours fâcheuses de l'humidité et de la sécheresse, et les cultures intercalaires racines, si nécessaires sur ces terres à cause des bons effets qu'elles produisent, s'y exécutent avec plus de facilité.

Nonobstant, c'est sur ces terrains que les labours de jachère offrent toujours de très-bons résultats. Ils ont pour avantage principal de diviser et d'ameublir la couche arable, de favoriser la circulation de l'air, la pénétration de la chaleur, l'incorporation des stimulants et des engrais et le nettoiement du sol.

Les terres argileuses exigent, à cause de leur compacité, de leur propriété de retenir avec force l'humidité et de ne se laisser pénétrer que très-difficilement par les pluies, des travaux spéciaux, c'est-à-dire des rigoles ou fossés d'écoulement ou d'assainissement. On pratique à cet égard en Angleterre, et dans quelques contrées de la France, des rigoles souterraines que l'on remplit de pierres ou de bois. Toutefois, ces travaux, qui ont un avantage bien marqué sur les fossés ouverts que l'on exécute aussi en pratique, parce qu'ils ne nuisent nullement à l'opération de la charrue ou de la herse lors des semailles, ne peuvent être exécutés que par l'agriculteur-propriétaire ou le fermier possédant un très-long bail, à cause des capitaux qu'il nécessitent.

Les marnes calcaires ou siliceuses, les sables calcaires, les plâtras, les coquilles et principalement la chaux, sont des stimulants qui produisent toujours des effets remarquables sur les terres argileuses. Ils augmentent leur chaleur, leur perméabilité, et par leurs propriétés alcalines ils réagissent sur la matière organique, non décomposée, mais accumulée au sein de la couche arable, et excitent puissamment les fonctions vitales des plantes.

Quant aux engrais, on emploie de préférence les fumiers pailleux. Ils augmentent la fertilité du sol, en même temps qu'ils le rendent un peu plus perméable aux agents atmosphériques. Mais comme pour se transformer en humus les matières végétales et animales doivent éprouver une fermentation toujours favorisée par la température du sol et de l'atmosphère, il en résulte qu'il faut de préférence leur appliquer des engrais très-chauds, à cause de leur nature toujours froide et humide. Ceux que la pratique regarde comme les plus actifs sont les fumiers de chevaux et de moutons, de colombier, de poulailler et le guano. Cependant, comme les terrains argileux ne permettent pas à l'air un accès toujours libre, qu'ils s'échauffent moins promptement et qu'ils conservent la chaleur moins longtemps, il n'est pas nécessaire que les fumures soient souvent renouvelées. Ces terres sont si peu favorables à la solubilité des matières organiques, qu'elles retardent même la décomposition de l'humus en faveur de la vie des végétaux.

Les plantes culmifères que l'on cultive de préférence sur les terres argileuses sont le froment et l'avoine, quoique ces végétaux soient plus riches en pailles qu'en grains. Mais les prairies peuvent y donner des foins excellents et abondants, et les trèfles, les vesces de printemps, les pois gris, les betteraves, les carottes, le colza, et en général les végétaux à fortes racines peuvent y végéter vigoureusement si le sol est fertile. Les navets et la pomme de terre y prospèrent mal.

Mais si les prairies naturelles peuvent y être fauchées en vert, ou converties en sec plusieurs fois durant l'année, si la superficie de ces terrains est toujours parfaitement gazonnée par le ray-grass, le trèfle blanc, etc., il est fort rare, lorsqu'ils résident sur des sous-sols imperméables, que leur pâturage ne présente pas quelques inconvénients. En effet, pendant les saisons humides, lorsque le sol est détrempé par les pluies, les animaux de forte taille le pétrissent, et augmentent par conséquent sa compacité et sa cohésion. En général, ces terres ne peuvent être pâturées que lorsque la température est sèche.

Les sols argileux conviennent bien aux arbres fruitiers à pepins. Le pommier et le poirier y réussissent parfaitement; et même on peut avancer que les arbres forestiers de toutes sortes d'essences y prospèrent. Toutefois, les bois des arbres qui y vivent sont moins durs, plus mous et généralement plus tardifs. Aussi n'y acquièrent-ils jamais les propriétés de dureté et de finesse qui caractérisent les essences qui croissent sur les terres siliceuses.

Les terres argileuses ont une influence très-sensible sur les propriétés nutritives de la production végétale. Les grains des céréales sont plus petits et possèdent toujours une écorce épaisse et moins de farine. Les plantes des prairies naturelles, telles que carex, joncs, scirpes, etc., etc., sont généralement fibreuses, dures, insipides et peu riches en matières nutritives. Quant aux bonnes plantes, telles que dactyle, poas, fétuques, vulpins, ray-grass, etc., etc., elles n'y acquièrent pas toutes les propriétés qu'elles possèdent sur les fonds d'une nature moins compacte, surtout lorsque la couche arable est habituellement humide.

Ces terrains sont parfois peu favorables à la vie des animaux. C'est que les plantes qui couvrent les surfaces horizontales vivent sans cesse dans l'eau. Alors, elles servent de refuge à une multitude d'êtres organisés qui n'ont qu'une existence éphémère, et qui, par leur décomposition durant les grandes chaleurs, répandent dans l'air des émanations nuisibles. C'est ainsi que le séjour de ces émanations dans les prairies marécageuses, quand elles couvrent d'immenses superficies de terres argileuses, rend les animaux maladifs.

Au sein de tels pâturages, les bêtes à laine y contractent la pourriture; la race chevaline perd ses formes gracieuses, sa tête devient lourde, son ventre volumineux, ses muscles ont moins d'énergie et les cornes s'élargissent; la race bovine perd une grande partie de sa force, sa stature augmente, la lymphe est plus abondante, le sang moins riche et la viande diminue en qualité et en saveur.

Toutes choses étant d'ailleurs égales, la terre argileuse, quelle que soit sa cohésion, sa force de liaison, n'est jamais homogène; elle renferme des matières siliceuses qui peuvent être très-apparentes, comme elles peuvent être aussi très-impalpables. Toutefois, dans les terres argileuses proprement dites, la substance siliceuse n'existe, quel que soit son état, que dans une faible proportion, et elle n'est jamais assez abondante pour modifier ou atténuer les défauts de ces terres.

Mais lorsque ces terrains agraires reposent sur des sous-sols purement siliceux ou quartzeux, ils peuvent perdre une grande partie de leur liaison ou de leur imperméabilité. Ainsi la charrue, par son action, peut mélanger une partie de la couche inférieure avec le sol arable, ou celle-ci peut absorber, soutirer de celui-ci l'humidité qui constitue un de ses principaux défauts.

Dans le cas contraire, c'est-à-dire lorsque la couche inférieure de la terre consiste aussi en une argile très-imperméable, le sol ne peut éprouver aucune modification heureuse. Loin de là, il semble que la force de cohésion ou de liaison et d'imperméabilité soit augmentée par la présence de cette couche terreuse. Pour que de telles terres argileuses ne soient pas de mauvais sols arables, pour que les végétaux y exécutent librement et victorieusement toutes leurs phases de végétation, il faut qu'elles soient très-fertiles, comme celles du marais de Poitou, par exemple.

Dans le premier cas, la couche arable est dite *terre argileuse perméable*.

Dans le second, elle reçoit la dénomination de *terre argileuse imperméable*.

§ 2. TERRES ARGILO - CALCAIRES.

Lorsqu'une terre argileuse contient de 0,20 à 0,30 de carbonate de chaux, on la désigne sous le nom de terre argilo-calcaire. Ce sol, qui est très-répandu, est de couleur blanche et s'échauffe très-difficilement. Il est un peu plus léger, moins tenace, plus perméable que les terres argileuses, et les engrais s'y conservent généralement moins longtemps.

Voici la composition chimique de quelques terres *argilo-calcaires:*

Terre de Paugny, près de Pougues (Nièvre), analysée par M. Berthier:

Argile. 60,8
Calcaire. 18,0
Sable. 5,0
Oxide de fer. 5,0
Eau. 11,0
Perte. 1,2
____
100,0

Terre des environs de Paris analysée par A. Thouin :

Argile. 83,01
Calcaire. 12,58
Silice. 0,60
Fer. 0,02
Terreau. 1,69
Perte. 2,10
____
100,00

Lorsque le carbonate de chaux existe dans une proportion plus faible que celle que nous avons mentionnée, les terres argilo-calcaires doivent être ensemencées dans les premiers jours d'automne. Alors les plantes y végètent parfaitement ; elles prennent assez de force pour résister à l'action des gelées, auxquelles ces terres, très-cohérentes d'ailleurs, sont plus sensibles que les terres argileuses. En général, les semailles hâtives sont les seules qui donnent des résultats favorables. Quant à celles de printemps, elles n'y sont pas toujours possibles, à moins que la température ne soit sèche et élevée pendant les mois de février et de mars.

Les terres argilo-calcaires se comportent sous l'action du soleil comme les précédentes, c'est-à-dire, elles se dessèchent promptement et se durcissent à leur surface. Sous l'action des pluies, elles ne forment plus une pâte aussi cohérente et tenace, mais elles adhèrent davantage aux instruments et aux pieds des hommes et des animaux. Ces terres exigent les mêmes opérations de culture et les mêmes engrais. Cependant, quand le calcaire y est abondant, elles s'ameublissent, se divisent plus aisément, et exigent toujours moins de force de traction. Quant aux stimulants, ils ne sont autres que ceux que l'on applique sur les sols argileux, à cette exception toutefois que les marnes très-calcaires, et surtout la chaux, y produisent peu d'effets lorsque l'élément calcaire qui forme, conjointement avec l'alumine, la base de ces terrains, y est très-dominant.

Quoi qu'il en soit, lorsque ces terrains sont peu fertiles, que le sous-sol sur lequel ils reposent est imperméable, quand il y a impossibilité, pour ainsi dire, de les égoutter, de les assai-nir à cause de leur horizontalité, ils ne produisent généralement que de mauvaises récoltes dans les saisons pluvieuses. Mais, quand ils sont suffisamment pourvus de matières fertilisantes, ils doivent être considérés comme très-productifs à cause des belles récoltes de céréales, de colza, de betteraves, de carottes, de trèfle, de vesces, de maïs, de luzerne même, qu'ils produisent. Lorsque les céréales de printemps y prospèrent, elles y acquièrent des grains très-remarquables.

Nonobstant, ces propriétés ou ces défauts généraux peuvent être modifiés par la nature du *sous-sol*. Si celui-ci est *perméable*, il diminue sensiblement les inconvénients que possèdent les terres argilo-calcaires. Cet amoindrissement est tel que sur un sol de cette nature, mais reposant sur une couche siliceuse, il est peu de végétaux agricoles qui n'y puissent pas prospérer sous l'influence des travaux ordinaires de culture. Lorsque, au contraire, le fond inférieur est une argile très-*imperméable*, et que la couche végétale est peu profonde, la stagnation des eaux durant les saisons pluvieuses, et la dessiccation et la dureté du sol pendant l'été, obligent le cultivateur à restreindre le nombre des plantes commerciales et fourragères, ou le forcent à exécuter des travaux d'améliorations dont la dépense excède parfois celle que ne peut dépasser l'agriculteur-fermier.

§ 3. TERRES ARGILO-SILICEUSES.

Ces terres, qui ne renferment jamais plus de 0,40 de silice, ne doivent pas être regardées comme de bons terrains agricoles. Elles sont moins favorables à la végétation du froment et du trèfle que les sols argilo-calcaires, à moins toutefois qu'elles ne soient arrivées à un très-grand degré de fertilité.

Quelques exemples de composition minérale permettront de saisir avec facilité les terres que l'on désigne sous le nom de sols *argilo-siliceux*.

Terre analysée par M. Oscar Leclerc-Thouin :

Argile. 50
Sable quartzeux. 20
Calcaire, dû en partie à l'usage
  fréquent de la chaux. 16
Terreau. 5
____
100

Terre de la vallée d'Auge, canton de Pont-l'Évêque (Calvados), analysée par M. Dubuc père :

Argile, un peu magnésienne. 40,0
Sable grossier. 25,0
Chaux combinée au terreau. 12,5
Oxide de fer, débris de végé-
    taux.   2,5
Eau. 20,0
                   100,0

Lorsque ces terrains ne résident pas sur des hauteurs, ou qu'ils ne sont pas le résultat de dépôts formés par les fleuves ou les rivières lors des débordements, ils sont toujours humides durant l'hiver et très-secs pendant l'été. Ces défauts résultent de la faible profondeur de la couche arable, et du sous-sol qui est généralement imperméable.

Les terres argilo-siliceuses n'exigent pas une très-grande force motrice. Mais si l'ameublissement de la couche arable a souvent lieu en été sans le concours du rouleau et de la herse, si la charrue, par son action, suffit à cette époque pour la rendre friable, et parfois même trop pulvérulente, ce dernier instrument aratoire ne fonctionne pas toujours librement pendant l'automne, l'hiver et le printemps, alors que les pluies ont détrempé la terre. La terre se lisse si elle est très-humide, et si elle n'est seulement qu'humectée, elle adhère au versoir. Mais ces défauts ne sont pas les seuls que les terres argilo-siliceuses possèdent. Sous l'action des pluies elles s'affaissent sur elles-mêmes, se prennent en boue, et peuvent être entraînées avec facilité et par les pluies et par les eaux courantes. Dans quelques cas encore, les pluies les plombent avec force, et si alors il succède à cette humidité quelques jours de chaleur très-élevée, elles se durcissent et nuisent aux plantes qui commencent à apparaître à la surface de la couche arable. Enfin, dans quelques localités, ces terres ont une propension malheureuse pour le cultivateur à se couvrir de plantes acides vivaces, telles que l'oseille ou vinette (*rumex acetosa L.*), l'agrostide traçante (*agrostis stolonifera L.*), d'une destruction toujours difficile.

Mais si le froment et surtout le trèfle ont une végétation laborieuse sur ces terrains, les choux, les navets, le seigle, l'avoine, la pomme de terre, la spergule, etc., y prospèrent et y donnent de très-beaux produits, si les ensemencements ont été exécutés au milieu de circonstances favorables. Quant aux céréales de printemps, il ne faut guère en espérer à moins que le sol ne soit fertile par lui-même. L'humidité qui force le cultivateur à précipiter les semailles en automne se maintient à une époque trop avancée au printemps pour que la culture du froment et de l'avoine de printemps soit toujours possible. Le bouleau, le pin maritime y croissent avec facilité.

Les terres schisteuses sont formées d'argile, de silice et de débris d'ardoise, et parfois aussi de fragments de quartz. Leur couleur varie du gris au noir, du jaune-fauve au rouge. À l'hiver, elles sont toujours humides, surtout lorsque le schiste, qui en est la base, est très-argileux et qu'il se décompose successivement sous l'action du temps. Durant l'été, elles se comportent comme les terres argilo-siliceuses : elles sont sèches et friables.

Ces terrains, qui résident dans les provinces de Bretagne, de l'Anjou, du Maine, de l'Auvergne, du Limousin, le Lyonnais, l'Autunois les Cévennes, les Vosges, les Ardennes, les Pyrénées, etc., sont généralement froids pendant le printemps et brûlants au sein de l'été lorsqu'ils sont situés horizontalement peu inclinés, et forment des terres souvent bien rebelles à l'action bienfaisante de la charrue. On n'y cultive guère que du seigle, de l'avoine, des navets, des choux, du sarasin, des pommes de terre, etc. Le froment n'y prospère que lorsque le sol est fertile. Mais par contre les fruits à pepins y sont délicieux, les vins très-bons et les bois tels que châtaigniers, chênes, bouleaux, etc., sont vigoureux et sains.

En général, les terres schisteuses participent des défauts des argiles. Et il existe même des contrées en France où ces terrains ont une force de ténacité, de cohésion aussi prononcée que celle qui est le propre des sols très-argileux.

Les terres schisteuses auxquelles on donne le nom de sols hâtifs ou précoces sont celles qui ont une teinte un peu noire, qui reposent sur des rocs schisteux qui se divisent en feuillets parallèles ou lamellaires, lesquels feuillets sont toujours d'une désagrégation facile lorsqu'ils sont en contact avec l'atmosphère. Toutefois les schistes rouges, rougeâtres ou violacés ne forment pas toujours de bons sols arables selon que l'oxide de fer existe en proportions plus ou moins considérables.

Quoi qu'il en soit, les terres schisteuses se comportent mal sous l'action simultanée de la chaleur et des instruments aratoires. Ainsi, durant l'été la charrue et la herse leur donnent trop de divisibilité ; elles les rendent trop poreuses et augmentent leur force d'absorption. Mais sous l'influence de la gelée ces terres se divisent, s'ameublissent et augmentent sensiblement leur puissance. Quant aux hâles, ils dessèchent leur superficie et leur donne, principalement au printemps, une apparence de bonté qu'elles ne possèdent pas, et qui fait croire souvent qu'elles peuvent recevoir et faire germer victorieusement les semences de céréales de printemps ou se couvrir de bons pâturages.

Les stimulants calcaires, quels qu'ils soient, sont des agents puissants pour ces terrains, et il est bien rare qu'on ne puisse par l'emploi de la chaux, obtenir des froments plus remarquables par la grosseur de leurs épis, la bonne qualité des grains, que par l'élévation de leur paille.

C. *Terres dans lesquelles domine la silice.*

§ 1. TERRES SILICEUSES.

Les terrains à base de sable siliceux sont toujours friables et rudes au toucher. Ils ne peuvent retenir une quantité d'eau sensible. Leurs molécules ne forment point cohésion, et l'infiltration des eaux a toujours lieu avec facilité et promptitude, et devient parfois nuisible à certains végétaux.

Si les sols siliceux s'échauffent promptement au printemps, par contre ils deviennent toujours brûlants en été. Aussi résulte-t-il que souvent les plantes qui les recouvrent sont desséchées alors que celles qui ombragent les terres franches ont une végétation luxuriante à cette époque de l'année. Mais si ces terrains profitent peu des bienfaits de la pluie parce qu'ils ne la retiennent pas, il faut reconnaître les avantages qu'ils possèdent dans les saisons humides comparativement aux terres argileuses ; car toujours les cultures céréales souffrent moins dans cette sorte de terre des hivers et des printemps pluvieux.

Les façons culturales de ces terrains sont faciles à exécuter et peu coûteuses. Déjà meubles par eux-mêmes, les instruments les divisent toujours avec succès. Mais comme ils sont exposés à devenir brûlants, il est nécessaire de les disposer à plat. Alors ils conservent une plus grande humidité durant l'été. Les sols siliceux n'exigent pas autant de labours que les terres argileuses parce qu'ils se laissent pénétrer facilement par les agents atmosphériques. Lorsque la couche arable arrive à un état de divisibilité trop apparent et qu'on craint que les plantes ne se fixent pas solidement au sol, on doit donner un ou plusieurs roulages. Ces opérations ont pour but, lorsqu'elles sont données à l'automne, de rapprocher les molécules terreuses les unes des autres, et de pallier au fâcheux effet du déchaussement ; et au printemps d'atténuer un peu les effets défavorables des hâles sur le sol et les plantes, et pendant l'été de concentrer à l'intérieur de la couche arable une humidité plus prononcée.

Les terres siliceuses, à cause de leur grande propriété de se laisser pénétrer par les pluies et de vaporiser ce qu'elles ne peuvent absorber et retenir, ont le grand avantage de favoriser les travaux de récoltes. C'est ainsi que la fenaison, la récolte des fourrages artificiels, la moisson des céréales, y ont lieu plus promptement et avec plus de facilité que sur les terres argileuses.

Les amendements que l'on peut employer sur les terres siliceuses sont les vases d'étang, les limons de rivières, etc. Ces substances leur donnent la force de cohésion et d'absorption qu'elles ne possèdent pas malheureusement à un assez haut degré, et qui leur permettent de s'opposer à l'évaporation des matières organiques et des sels solubles. Toutefois ces substances compactes ne peuvent être incorporées au sol qu'à l'aide de fréquents labours et hersages. Ce mélange possède en outre l'inappréciable avantage de rendre les terres siliceuses moins difficiles pour les végétaux pendant les rigueurs de l'hiver.

Les stimulants ont toujours des effets très-remarquables sur les sols légers. Nonobstant, il importe d'employer de préférence des marnes argileuses. Celles calcaires, le noir animal, les falhuns, lorsqu'ils sont employés à haute dose et que la couche arable n'est pas très-fertile, ne produisent toujours qu'une fécondité factice.

Quant aux engrais proprement dits, il est indispensable qu'ils soient riches, gras, c'est-à-dire décomposés. A cet état ils ont toujours plus de force hygrométrique. Ceux que l'on applique de préférence sur les terres légères siliceuses sont les fumiers d'étable, de bergerie, de porcherie et les engrais végétaux qui se décomposent lentement et qui ont la propriété de conserver pendant plus longtemps leur humidité. Le parcage des moutons leur est aussi avantageux, car il tend sans cesse, par son action, à rapprocher les molécules les unes des autres, et à favoriser par conséquent la concentration de l'humidité. Toutes choses égales d'ailleurs, il est avantageux de rapprocher les fumures ; car tous les terrains siliceux, à cause de leur porosité, de leur facilité à se laisser pénétrer par l'air, s'approprient les engrais avec une très-grande promptitude.

Ces terrains, qui demandent moins de force de trait et de bras que les sols argileux, usent considérablement les instruments aratoires, et sont d'autant plus productifs qu'ils existent dans les pays froids et humides, ou qu'ils peuvent être irrigués dans les climats méridionaux. Les végétaux qui y sont généralement cultivés sont le seigle, la luzerne, les navets, les pommes de terre, le sarrasin, la gaude, la cameline, le lin, les haricots, la spergule, etc. Mais les arbres à pepins, le bouleau, le châtaignier, le chêne, le pin maritime, le pin sylvestre, le cèdre, le peuplier blanc, le hêtre, etc., y acquièrent une force de végétation très-remarquable.

Lorsque les terrains siliceux sont couverts de plantations qui arrêtent les rayons brûlants du soleil et s'opposent à l'action desséchante des vents, les prairies naturelles graminées et légumineuses donnent des foins d'excellente qualité et assez abondants. Lorsqu'au contraire la superficie du sol est nue, ces prairies ne sont réellement productives que dans les années humides.

Les animaux qui vivent sur ces sols agraires sont en général de petite taille, mais ils sont agiles, vigoureux, sanguins et rustiques. C'est que la production herbacée, si elle est peu fertile, peu abondante, est d'excellente qualité et peu humide.

A ces faits généraux, nous ajouterons que les semailles d'automne y peuvent être plus tardives que celles des sols argileux, tandis que celles de printemps doivent y être précoces afin que les plantes aient acquis avant les grandes chaleurs assez de force et de développement.

Lorsque les sols siliceux présentent une très-grande profondeur ou qu'ils reposent sur des sous-sols de même nature, on les désigne sous le nom de *sols siliceux perméables* ; et lorsque la couche sur laquelle ils reposent est argileuse et très-superficielle, ils re-

çoivent la dénomination de *sols siliceux imperméables*.

Ceux-ci sont peu favorables à la vie des plantes. En été ils sont très-secs, et en hiver trop humides. Cette humidité est telle parfois que le sol est acide, ferrugineux, et qu'il disparait sous l'épaisse et sombre végétation des ajoncs et des bruyères.

Les premiers, beaucoup plus propices à l'existence des plantes, ont cependant de graves défauts, ils manquent toujours d'humidité convenable à cause de la trop grande perméabilité.

Les terres sablonneuses dominent et constituent la plus grande partie des terres arables dans les départements de la Mayenne, de la Sarthe, de l'Indre, du Cher, de la Creuse, de la Haute-Vienne ; dans les provinces du Gâtinais, de la Sologne, de la Bourgogne. Les sables siliceux sont parfois très-fertiles dans les îles de la Loire, les plaines de la Flandre française. Parfois aussi ils sont arides comme dans l'intérieur des provinces du Berry, de la Bretagne, de la Guyenne et du Maine.

Les sols graveleux appartiennent aussi à la classe des terrains siliceux. Lorsque les fragments qu'ils renferment sont très-volumineux, ces sols ne peuvent être toujours utilisés par la charrue surtout quand ils sont peu fertiles. On peut les couvrir de bois ou de vignes lorsque leur position est favorable et qu'ils sont situés sous un degré de latitude convenable. Le bouleau, le saule-marceau, les pins, etc., sont des essences qui prennent sur ces terrains un développement très-sensible.

Ces terres graveleuses qui couvrent de grandes étendues de terrains dans les départements de la Nièvre et de l'Allier, produisent cependant encore du seigle, de l'avoine, du sarrasin, du maïs, des pommes de terre, etc. Les pierres qui existent à la surface du sol s'opposent à l'entière évaporation de l'humidité durant les sécheresses prolongées. C'est pour cette raison qu'il est nécessaire, quelle que soit la pureté des substances siliceuses, de ne point épierrer très-sensiblement la superficie du sol, car celui-ci pourrait perdre le peu de force d'absorption et de condensation qu'il possède sous l'action de la chaleur. Ainsi, l'évaporation de l'humidité aurait lieu avec une promptitude très-marquée, et les plantes ne pourraient y accomplir que très-difficilement leurs phases de végétation, si le sol n'était point arrivé à un haut degré de fertilité.

§ 2. TERRES GRANITIQUES.

Ces terrains, plus abondamment répandus que les sols purement siliceux, ne sont pas toujours de bonnes terres arables. Ils sont parfois très-arides, indomptables à cause de leur peu de profondeur. Durant l'hiver les eaux y sont abondantes, mais la température y est plus élevée que celles des terres argileuses, tandis que pendant l'été la couche arable est excessivement sèche.

Le sol granitique, que l'on rencontre en Bretagne, dans le Limousin, l'Auvergne, les Cévennes et dans presque tout l'est de la France, est d'une nature légère, friable, et sa couleur varie du gris au noir. Sa profondeur laisse généralement à désirer; mais il est des localités où elle est très-remarquable et où la couche arable est arrivée à un très-haut degré de fertilité.

Cette nature de terre possède les mêmes défauts, sous le rapport des opérations culturales, que les terres argilo siliceuses. Le vent la déplace durant l'été et les gelées la soulève. Aussi demande-t-elle des engrais très-consommés au printemps et des fumiers pailleux en automne, et réclame-t-elle l'application de stimulants calcaires.

Le sol granitique est peu propre à la culture du froment et du trèfle à moins qu'il n'ait été cultivé par un esprit intelligent pendant un grand nombre d'années. Mais le seigle, les navets, la pomme de terre, les choux, le sarrasin, les haricots, le millet, y prospèrent parfaitement. Sur les situations élevées, les prairies y sont d'un faible rapport quoiqu'elles fournissent de très-bons foins; mais dans les vallées, les prairies se parent d'une riche et verdoyante production lorsque surtout on peut les irriguer, et la culture du lin se marie souvent à celle du chanvre. C'est que ces dernières contrées sont parfois recouvertes d'une couche végétale abondante et fertile.

Quant aux arbres, ceux qui y végètent de préférence sont le chêne, le châtaignier, le hêtre et le genêt.

Les animaux y sont encore petits. Toutefois, ils sont généralement fins et très-ardents. Les bœufs, les moutons, même les volailles, y ont une chair très-savoureuse et excellente.

§ 3. TERRES VOLCANIQUES.

Les terrains volcaniques sont composés de débris de laves, de basaltes, de pouzzolanes, etc.; ils sont très-perméables, et cependant assez humides pour que les plantes puissent y végéter avec succès. Leur couleur est noire, noirâtre, grisâtre et quelquefois rougeâtre.

Ces sols, qui exigent les mêmes travaux de culture que les terres siliceuses, renferment une assez grande quantité de soude et de potasse. Mais pour que ces deux substances conservent leur propriété stimulante, pour qu'elles puissent être regardées comme une source éternelle de fécondité, il est utile de donner à la couche végétale des engrais et de l'humidité surtout sur le sommet des montagnes où les animaux paissent des pâturages excellents, mais fort peu abondants. L'humidité est encore plus nécessaire que les matières organiques, et c'est à elle qu'il faut attribuer en grande partie la fertilité si remarquable de la vallée volcanique que l'on désigne sous le nom de Limagne d'Auvergne.

Quoi qu'il en soit, il est bien rare que les terres volcaniques, malgré leur légèreté, ne constituent pas des localités privilégiées dont l'homme augmente encore la fertilité par son travail. Ainsi, ne voyons-nous pas chaque jour les populations voisines des volcans s'avancer par degrés jusqu'à la base des cratères pour jouir des bienfaits que la nature a créés dans sa force destructive, au risque d'être ensevelis un jour sous des torrents de laves et de débris. Les terres volcaniques résident généralement en France dans la contrée de l'est; on les rencontre dans les départements du Puy-de-Dôme, du Cantal, de la Haute-Loire, de l'Hérault.

§ 4. TERRES SILICO-CALCAIRES.

Ces terres, toujours plus favorables à la vie des végétaux que les sols purement siliceux, sont moins répandues que ces derniers, et elles ont une certaine analogie physique avec les terres franches. Les pluies ne les détrempent pas, et les sécheresses ne leur enlèvent jamais toute leur humidité. Toutefois, si les plantes ne s'y déchaussent point en hiver, les engrais s'y dissolvent plus promptement.

Quoi qu'il en soit, les orges, les avoines, les seigles, les luzernes, les lentilles, les haricots, le colza, le froment même, ainsi que les essences feuillues et résineuses, y végètent d'une manière remarquable selon les degrés de fertilité du sol.

Mais il est nécessaire de distinguer les sols silico-calcaires de l'intérieur des terres de ceux qui existent sur les rivages des mers. Ces derniers, qui sont très-friables, que les vents déplacent facilement et réunissent sous forme de montagnes, constituent ce qu'on appelle des *dunes*. Les côtes sablonneuses de l'Océan offrent des lignes de dunes plus ou moins élevées, plus ou moins agitées, tourmentées, poussées et repoussées par l'agitation tumultueuse de l'air.

Les dunes les plus remarquables sont celles de l'Atlantique entre Bordeaux et Bayonne, et qui occupent près de 30 myriamètres carrés; celles de la mer du Nord entre Dunkerque et Niewport; de la Manche entre Calais et Boulogne. Enfin on en rencontre quelques-unes sur la côte de l'ancienne Armorique, dans le département de la Loire-Inférieure.

Les sables que la mer dépose sur ses rivages sont de natures différentes suivant les plages. Ainsi, les sables de la côte de Normandie sont presque entièrement calcaires, ceux des rives de la Bretagne calcaires et quartzeux, tandis que ceux qui forment les dunes de la la Gascogne sont presque totalement quartzeux.

Ces terrains, qui paraissent rebelles à la culture parce que leur surface est toujours desséchée et par les vents et par le soleil, sont moins arides qu'on ne le suppose. Par un effet d'attraction capillaire, le sable élève et conserve dans ses interstices l'eau qui est à la base des élévations. Ainsi, si on y introduit la main à quelques centimètres, on reconnaît toujours une humidité sensible. C'est à cette humidité constante et aux quelques molécules salines que ces sables renferment, qu'il faut attribuer la belle végétation des pins maritimes, des genévriers, du saule marceau, du peuplier noir, etc., qu'on y rencontre. Ces arbres, indépendamment de l'avantage qu'ils possèdent, celui d'utiliser ces terrains déserts, fixent les molécules siliceuses, c'est-à-dire les rendent moins mobiles.

§ 5. TERRES SILICO-ARGILEUSES.

Ces terres, qui participent aussi des propriétés physiques des terres franches, sont moins cohérentes, moins pâteuses, que les sols argileux, et moins friables que les terrains siliceux.

Voici quelques exemples de composition de terres *silico-argileuses* :

Terre d'Ormesson, près Nemours (Seine-et-Marne), analysée par M. Dubuc père :

Sable quartzeux	56,5
Argile	31,0
Peroxide de fer	4,4
Calcaire	0,5
Eau et terreau	7,0
	100

Terre de Saint-Germain de Laxis près Melun (Seine-et-Marne), analysée par M. J. Girardin :

Sable quartzeux	66,5
Argile	21,0
Peroxide de fer	4,5
Calcaire	2,0
Eau et terreau	6,0
	100

Terre du Parc-Gauthier, près Puiseaux (Loiret), analysée par M. Berthier :

Sable quartzeux	78,5
Alumine	11,0
Calcaire	1,0
Peroxide de fer	3,0
Eau et terreau	6,5
	100

Mais pour que ces sortes de terres puissent posséder réellement ces propriétés, il faut qu'elles soient profondes, c'est-à-dire qu'elles ne reposent pas sur un sous-sol imperméable; car alors elles possèdent tous les défauts des terres granitiques, et reçoivent le nom de *terres silico-argileuses imperméables*. Lorsque ces terres sont très-profondes, qu'elles reposent sur un sous-sol siliceux perméable, on les désigne sous le nom de *terres silico-argileuses perméables*, et si pendant l'été elles conservent un peu de fraîcheur, comme les terres des vallées de la Loire et de l'Authion, elles peuvent être d'une fécondité très-remarquable. Ainsi, les terres de ces vallées produisent alternativement du froment, du chanvre, du lin, du seigle, et sont parfois couvertes de riches et verdoyantes prairies naturelles.

On y cultive encore avec beaucoup de succès les plantes à racines alimentaires, l'orge, le trèfle, la luzerne, etc. Enfin, on y remarque de riches arbres fruitiers à pepins, des châtaigniers, etc., et les saules, les frênes, les ormes, les chênes, les peupliers y prennent un développement très-rapide.

Lorsque ces terrains sont situés sur des élévations ou sur des plateaux, leur fertilité est toujours moins grande. Mais comme ils tiennent le milieu lorsqu'ils sont perméables entre les terres siliceuses et celles argileuses, qu'ils ne possèdent point l'inconvénient de se dessécher aussi facilement que le font les premières, et ne tiennent pas l'eau avec autant de force que les dernières, il en résulte que leur valeur foncière est toujours, à fertilité égale, plus élevée que celle des deux natures de terres auxquelles elles participent, parce qu'elles peuvent arriver promptement à un grand degré de richesse.

Quant à la disposition que le sol doit avoir, elle doit être unie, c'est-à-dire la couche arable doit être labourée en planches et roulée selon les cultures et les saisons. Dans ces sortes de terres, comme dans les sols siliceux, les plombages tendent à rapprocher les molécules qui composent la couche végétale, ce qui leur donne plus de propriété à retenir l'humidité; tandis que sur les terres argileuses le rouleau n'a pas d'autres effets utiles qu'en détruisant ou en ameublissant la partie motteuse du sol. Mais comme les terres silico-argileuses ont beaucoup d'aptitude à devenir pulvérulentes, il résulte qu'il faut éviter les labours fréquents, et que les hersages des céréales doivent être exécutés au printemps avec modération. Si ces dernières opérations étaient énergiques, elles auraient le triste inconvénient de déraciner, de détruire la vie d'un grand nombre de plantes. Enfin, parfois on a recours, pour augmenter l'humidité dans ces sols, aux enfouissements en verts, et surtout aux plantes qui donnent naissance à une production herbacée volumineuse comme le sarrasin, le lupin, le maïs, les navets, etc. Les fumiers d'étable et ceux décomposés sont ceux que l'on doit employer de préférence. Le parcage des moutons y donne de très-bons résultats, parce qu'il a la propriété d'atténuer temporairement l'action desséchante et nuisible de la chaleur.

D. *Terres dans lesquelles domine le calcaire.*

§ 1. TERRES CRAYEUSES.

Les terrains, que l'on désigne sous le nom de *crayeux*, sont des sols dans lesquels le calcaire dépasse 60 à 70 pour 100. Ces terres, comme toutes celles qui appartiennent à cette classe, ne sont jamais acides; elles adhèrent légèrement à la langue et font effervescence avec les acides. Mais ce qui les distingue des autres, c'est leur couleur qui est blanchâtre.

Voici plusieurs analyses de sols crayeux des environs de Rouen, qui ont été faites par M. J. Girardin.

	A	B	C
Carbonate de chaux.	83,40	90,0	96,0
Silice.	10,00	2,40	——
Alumine.	1,50	6,50	1,80
Oxide de fer.	1,50	traces.	traces.
Carbonate de magnésie.	——	——	0,80
Eau.	3,00	1,00	——
Terreau.	0,60	0,10	1,40
	100,00	100,00	100,00

Les terres crayeuses, qui sont toujours douces au toucher, sont sans contredit les plus mauvaises terres, celles qui nécessitent de grands travaux et obligent à de grands sacrifices pour devenir productives. Ainsi, elles absorbent et retiennent l'eau avec force durant l'hiver et sous l'action de l'humidité, elles deviennent boueuses et s'attachent à tous les corps qui les touchent. Les rayons solaires les pénètrent difficilement, et la réverbération, qui a lieu à cause de leur couleur blanche, est souvent nuisible à la vie végétale et au bien-être des hommes et des animaux. Elles possèdent en outre le grave défaut de se durcir et de se crevasser comme les argiles sous l'action du soleil. Par les effets des gelées, elles se soulèvent, se divisent de manière à déchausser presque complétement les racines des plantes annuelles et bisannuelles.

Ces terrains que l'on rencontre dans la Champagne, la Picardie, la Normandie, etc. sont toujours froids et tardifs; et ils décomposent les engrais avec une très-grande rapidité. Cette prompte décomposition est due à la facilité avec laquelle la craie se change en sel soluble. Aussi est-il indispensable de donner à ces terres des fumures peu abondantes, mais fréquentes; de les ensemencer de bonne heure et de n'y exécuter que de légers labours, si on on veut pallier aux effets du déchaussement des plantes.

Quoi qu'il en soit, ces terrains, malgré leur ingratitude qui est due en grande partie à leur nature sèche durant l'été, peuvent être cependant utilisés par la culture du seigle, à moins que le climat ne soit méridional. Ainsi, on obtient dans la Champagne des récoltes encore satisfaisantes, en donnant à la terre des fumures fréquentes et en exécutant les semailles de très-bonne heure. Lorsqu'il n'est pas possible de les utiliser par la culture des céréales, on peut les convertir en pâturages ou en prairies artificielles, ou les couvrir d'essences forestières résineuses, suivant les circonstances et les habitudes. La chicorée sauvage, la pimprenelle, les fétuques, les brômes, etc., y forment d'excellents pâturages, quoiqu'ils y acquièrent peu d'élévation. Le sainfoin y donne aussi des produits assez satisfaisants, quoiqu'il faille souvent les attendre plusieurs années; mais le trèfle, la luzerne, les vesces, etc., ne peuvent y végéter de manière à être fauchables. Quant aux essences résineuses, c'est ordinairement le pin d'Ecosse que l'on choisit pour boiser ces terrains, quoique sa jeunesse soit bien lente. Les semis de pin maritime ne présentent des avantages qu'à de rares intervalles, parce que les jeunes plantes résistent toujours mal au déchaussement. Mais on y plante avec avantage le mérisier, le saule marceau, l'aubépine, le buis, le peuplier de Virginie, le mahaleb, etc., quoiqu'ils y aient toujours peu de vigueur.

Lorsque la couche inférieure du sol est salie par les argiles, qu'elle se présente sous forme de *craie marneuse*, très-rapprochée de la partie superficielle du sol arable, celui-ci est toujours humide en hiver et très-sec en été. La dénomination de *terre crayeuse imperméable*, que la couche supérieure reçoit alors, permet de la regarder comme inféconde pour un grand nombre de végétaux agricoles. Aussi l'utilise-t-on principalement pour les moutons qui y trouvent encore une nourriture suffisante pour exister favorablement. Ce sol qui ne permet que très-difficilement la culture des végétaux annuels à cause de son état boueux au printemps, est toujours très-sec, très-friable ou très-dur en été; et c'est à ce degré de pulvérisation ou de compacité que se rattache l'état stationnaire des plantes fourragères ou alimentaires pour l'homme durant les sécheresses.

Mais les sols crayeux ne reposent pas heureusement partout et toujours sur des couches ou des roches calcaires imperméables très-rapprochées de la surface de la terre. Quelquefois même ils sont mélangés à des molécules siliceuses d'une manière sensible qui permettent toujours à l'humidité de se concentrer souterrainement et d'apparaître aux racines des plantes au fur et à mesure que les forces organiques de ces dernières l'exigent. Ces terrains que l'on désigne sous le nom de *terres crayeuses perméables*, sont plus faciles à améliorer, et ils produisent de l'orge, du seigle, de l'avoine, du sainfoin, de la navette, etc., dont les récoltes sont satisfaisantes, eu égard à leur degré de fécondité.

§ 2. TERRES CALCAIRES-SILICEUSES.

Les terrains que l'on désigne sous ce nom renferment très-peu de molécules argileuses, et le carbonate de chaux domine sur la silice. Voici quelques compositions chimiques de terres calcaires-siliceuses.

Terre de Grignon (Seine-et-Oise) analysée par **M. Caillat.**

Calcaire.	47,44
Silice.	34,08
Argile, oxide de fer, sels divers.	14,32
Terreau.	3,56
	100,09

Terre de la vallée d'Avon, près Salisbury, analysée par Davy.

Calcaire	63 00
Silice.	14,00
Alumine	7,00
Oxide de fer.	2,00
Terreau, sels.	14,00
	100 00

Ces terrains, qui reposent toujours sur un sous-sol calcaire, ne possèdent pas tous les défauts des terrains crayeux et ils constituent généralement des terrains qui leur sont bien supérieurs. Toutefois, ces sols ont aussi une couleur blanchâtre : mais cette teinte est moins blanche, elle est plus jaune-fauve, plus foncée à cause de la matière organique qui y est toujours plus abondante. Sous l'influence des pluies et de l'humidité, ils perdent la couleur qui les caractérise, et sous l'action du soleil ils acquièrent une nuance brune, une teinte foncée. Aussi est-ce à tort que l'on augurerait de leur fertilité à l'inspection seule de leur couleur.

Quoique ces terrains deviennent boueux sous l'action de la pluie, et qu'ils se dessèchent, se durcissent, se fendillent, comme les argiles sous l'influence d'une chaleur élevée et prolongée, ils se pulvérisent avec facilité, et les travaux de culture, les labours, les hersages, peuvent y être exécutés pendant toutes les saisons. Toutefois lorsque les pluies sont abondantes et que la terre est détrempée, celle-ci s'attache aux instruments, aux pieds des hommes et des animaux, et cette adhérence devient un obstacle à la bonne exécution des labours. Ces terrains doivent être labourés entièrement à plat ou en planches de plusieurs mètres de largeur. C'est que les plantes, quelles qu'elles soient, à moins que le sous-sol ne soit marneux et la couche arable peu profonde, n'y souffrent que très-rarement de l'humidité que la couche arable peut absorber pendant l'hiver et le printemps. Quoi qu'il en soit, il est toujours utile de pratiquer, au moyen d'une charrue araire ou d'un butteur, des raies d'écoulement, suivant la déclivité du sol ; car les eaux, durant les saisons éminemment pluvieuses et sous l'action d'une basse température, peuvent nuire à l'existence ou à l'avenir d'un grand nombre de plantes. Et comme ces terrains se soulèvent aussi sous l'influence des gelées, il est indispensable de les ensemencer de bonne heure en automne ; l'expérience constate chaque jour que les céréales, qui

ont pu prendre avant les gelées une force organique très-remarquale, sont celles qui résistent le mieux aux effets déplorables du déchaussement.

Les engrais que l'on doit appliquer de préférence à tous autres sur les terres calcaires-siliceuses, sont les fumiers d'étables et de bergeries. Ces matières organiques qui sont, par leur nature humide, d'une décomposition lente, se fixent mieux à l'intérieur de la couche arable que les fumier d'écurie ; on emploie aussi avec non moins de succès les fumiers mixtes, qui possèdent les avantages des deux premiers sans avoir les inconvénients des seconds. Les poils, les cornes, les chiffons, les os, conviennent également à ces terrains : leurs effets sont très-sensibles, quoique leur décomposition soit peu active. Quant aux engrais pulvérulents, tels que le sang, la poudrette, etc., leur décomposition est trop rapide pour qu'on puisse les y appliquer avec avantage dans une faible proportion. Mais il n'en est pas ainsi des engrais végétaux. Ces corps toujours aqueux, excepté cependant les tourteaux de lin, de colza, etc., ont une action très-remarquable sur la productivité de ces terrains, lorsque surtout ils sont enfouis dans le but de favoriser la végétation d'une plante annuelle pendant l'été.

Les stimulants que l'on peut employer sur ces terres calcaires sont en petit nombre. On y applique seulement des marnes argileuses, du noir animal, des cendres. Les marnes très-calcaires, les falhuns, la chaux, le plâtre n'y produisent de bons effets que dans quelques circonstances spéciales.

Ces terrains conviennent à la plupart des végétaux agricoles lorsqu'ils ne sont pas situés sur des plateaux élevés. Le froment, l'orge y acquièrent des qualités supérieures. Le grain du premier est plus rond, son écorce est plus blanche, sa farine plus abondante et plus belle. On cultive avec un très-grand succès suivant le degré de fertilité de la couche arable, la luzerne, trèfle, sainfoin, lupuline, vesces, pois, pimprenelle, chicorée sauvage, pastel, cardère, topinambourg, colza, pavot, et toutes les cultures printanières céréales. Sur les hauteurs, on ne cultive guère que le seigle, l'orge, la luzerne, le sainfoin, etc., à cause du grand degré de dessication de la terre arable durant le printemps et l'été.

Les arbres fruitiers, qui réussissent de préférence sur les sols calcaires siliceux, sont le noyer, les cerisiers et la vigne, de laquelle on tire des vins fins, légers et spiritueux.

Les arbres forestiers que l'on rencontre le plus communément sur ces terrains, sont l'orme, le merisier, le genévrier, le frêne, l'érable sycomore et plane, l'if, le faux ébénier, le cyprès, etc.

Quant aux animaux domestiques, ceux qui les habitent y vivent parfaitement; et la richesse des prairies artificielles oblige le cultivateur à stabuler une partie du jour les bêtes bovines. Celles-ci y ont une belle stature, et si leurs propriétés lactifères sont moins remarquables, le lait qu'elles donnent est généralement très-butyreux. Les bêtes à laine, qui y prospèrent toujours, sont très-nombreuses, et leur taille est moyenne et leur laine d'une belle finesse. Mais si la race chevaline n'y acquiert pas la taille qui caractérise les chevaux des terres argileuses, elle y vit avec un tempérament sanguin, de la sobriété et de la légèreté.

Toutes les terres calcaires siliceuses ne possèdent pas les propriétés que je viens de signaler; il en existe qui sont très-ingrates, très-infécondes. Ainsi on rencontre dans la plaine de Montargis (Loiret), des terres calcaires siliceuses si mauvaises qu'on ne les laboure pas, et qui servent seulement de pâture aux bêtes à laine. Ces terres sont blanches et reposent sur un calcaire friable.

Voici, d'après M. Henri, la composition chimique de ces terres :

Carbonate de chaux.	69,0
Silice.	18,0
Alumine.	2,0
Sous-carbonate de magnésie.	4,7
Oxide de fer.	2,7
Oxide de manganèse.	traces.
Humidité.	2,0
Terreau soluble.	0,5
Perte, terreau insoluble. . .	1,1
	100,0

Ces terres doivent évidemment leur ingratitude à la magnésie qu'elles contiennent. M. Puvis, dans son remarquable ouvrage sur la Sologne, a décrit les terrains de la vaste plaine de Montargis, et il attribue leur ingratitude à la magnésie que le sol et le sous-sol renferment (1).

§ 3. TERRES CALCAIRES-ARGILEUSES.

Ces terrains, heureusement peu répandus, eu égard à la superficie qu'oc-cupent les terres qui précèdent, ont quelque analogie avec le mélange auquel on a donné le nom de *marne*. Ils sont blanc jaunâtre et quelquefois d'un gris fauve; ils se prennent en boue comme les terres crayeuses, se dessèchent sous l'action de la chaleur et acquièrent une grande dureté.

Voici deux analyses de terres calcaires-argileuses qui ont été faites par M. J. Girardin.

Terres des environs de Péronne (Somme).

Calcaire.	41,1
Argile.	33,3
Sable.	13,2
Carbonate de magnésie. . .	1,6
Eau.	10,8
	100,0

Terre de Vitry (Marne).

Calcaire.	46,5
Argile.	28,5
Sable.	14,5
Carbonate de magnésie. . .	3,5
Oxide de fer	3,0
Eau.	4,0
	100,0

Ces sortes de sols doivent être regardés comme imperméables et très-froids, c'est-à-dire très-tardifs. Ils se plombent sous l'action des pluies avec autant de facilité que les terres crayeuses, lorsqu'ils ont été très-pulvérisés pendant un temps sec; et les céréales d'hiver y redoutent aussi les effets du déchaussement. On les laboure en planches et non en billons comme cela a lieu pour les terres argileuses proprement dites, et on choisit, pour exécuter cette opération, un temps sec. Quant aux semailles, elles doivent avoir lieu de bonne heure par un temps favorable, et doivent être suivies de travaux d'assainissement complet.

Les matières que l'on emploie pour augmenter la fertilité de ces terrains, qui sont généralement ingrats, sont les mêmes que celles que l'on doit employer sur les terres argilo-calcaires. Toutefois, comme ils les consomment précipitamment, il s'ensuit qu'il faut que les fumures soient fréquentes. Les engrais végétaux, quels qu'ils soient, y sont toujours favorables à la culture de la généralité des plantes qui peuvent y croître. Les prairies naturelles et parfois les prairies artificielles, suivant la profondeur de la couche arable, sa situation et son exposition, y donnent des produits remarquables et pour leur qualité et pour leur produit. Le froment, l'avoine, le colza, y végètent souvent avec vigueur.

(1) *De l'Agriculture du Gâtinais*, 1833, p. 52.

E. Terres dans lesquelles domine le terreau.

§ 1. TERRES TOURBEUSES.

Sous ce nom on désigne une variété de terreau ou humus, c'est-à-dire une réunion de parties herbacées qui se sont altérées sous l'eau et qui existent en grande masse à la partie supérieure de la terre. La tourbe diffère du terreau proprement dit, en ce que les parties végétales qui la produisent ne se décomposent pas à l'air, et qu'elle est impropre, à l'état naturel, à la culture et à la vie d'un grand nombre de plantes.

Les terrains tourbeux, qui sont toujours situés dans les vallons ou des vallées, renferment de l'acide ulmique en grande quantité; ils sont élastiques, légers et spongieux : leur couleur est brun-noirâtre, et ils brûlent facilement avec ou sans flamme ; alors ils donnent une fumée épaisse et laissent un résidu très-léger et peu considérable.

La tourbe se présente tantôt compacte, tantôt fibreuse, selon que les débris des végétaux sont plus ou moins décomposés, selon la quantité de matières terreuses qui la pénétrent et qui sont toujours de même nature que les roches qui les avoisinent. Nonobstant, les substances organiques ou inorganiques qui les constituent, existent dans des proportions variables. Ainsi on a trouvé dans les tourbes de :

LIEUX OÙ GITENT LES TOURBES.	Matières organiques.	Matières inorganiques.
Vassy (Marne).	98 8	7,2
Bordeaux (Gironde).	91,5	8,5
Ham (Somme.	88,3	11.7
Château-Landon (Seine-et-Marne).	85,0	15,0
Clermont (Oise).	82,6	17,4
Croy près Meaux (Seine-et-Marne).	81,2	18,8

La tourbe est formée d'un grand nombre de végétaux herbacés, parfois peu décomposés. Les plantes aquatiques qui concourent à la former, sont, suivant les lieux :

Les prêles.	carex.
Iris.	iris.
Conferves.	conferva.
Utriculaires.	utricularia.
Potamots.	potamegeton.
Scirpes	scirpus.
Myriophilles.	myriophyllum.
Ceratophylle.	ceratophyllum.
Calitriches.	calitriche.
Pesse.	hippuris.
Ledon.	ledum.
Lentilles d'eau.	lemna.
Charagne.	chara.
Schoins.	schœnus.
Roseaux.	arundo.
Massette.	typha.
etc., etc.	

Quant aux matières minérales contenues dans les tourbes, elles sont de la silice, de l'argile ; carbonate, sulfate, phosphate de chaux, carbonate de magnésie, phosphate d'alumine et oxide de fer. Quelquefois elles renferment encore des sous-carbonates de soude et de potasse, sulfates de potasse et de soude, hydrochlorates de soude, chaux et potasse en quantités très-appréciables. Ces dernières tourbes sont employées avec succès comme matières fertilisantes.

Les sol tourbeux contiennent encore des débris nombreux d'animaux de sols marécageux et forestiers, de coquilles d'eau douce.

Quoi qu'il en soit, ces terrains sont généralement froids ; cependant sous l'action de la chaleur ils perdent une grande partie de leur poids en se desséchant, et on remarque comme une particularité frappante, qu'ils s'échauffent et se refroidissent lentement, et qu'en hiver leur température est plus élevée que celle des autres natures de terre, tandis que leur fraîcheur est toujours plus grande en été. C'est à cause de ces propriétés que la végétation des plantes qui les recouvrent est sans cesse tardive au printemps quoiqu'elle se continue souvent fort avant en hiver.

Lorsque les tourbières ont une grande profondeur, il est quelquefois difficile et coûteux de les rendre à la culture.

Ce sont les difficultés à vaincre, la rareté et le prix du bois qui permettent de les exploiter pour le combustible qu'elles renferment, lorsque ce dernier est de bonne qualité. Lorsqu'on augure favorablement de leur transformation en terre arable, il faut préalablement les dessécher. Cet assainissement exige parfois des travaux longs et pénibles, car les tourbières se trouvent ordinairement dans des lieux très-peu déclives. En général, ces travaux consistent à créer de larges et profondes rigoles ouvertes et souterraines, à écobuer la couche superficielle de la tourbière et à employer les stimulants calcaires. Car ces terrains, qui au simple aspect semblent renfermer tous les éléments d'une fécondité très-élevée, sont toujours et trop humides et trop acides pour la culture des végétaux, céréales et légumineux : et les fossés et les matières calcaires sont les seuls travaux et les seules substances que l'on puisse créer et appliquer pour neutraliser le principe acide qui s'oppose à la décomposition des substances carbonisées lorsque surtout la tourbe est sans principes alcalins. C'est en incinérant tous les trois ans la superficie des tourbières, que l'on est parvenu, en Hollande, à leur donner la fertilité si remarquable qu'elles possèdent, et qui permet aux plantes d'être si productives chaque année.

Les végétaux que l'on cultive pendant les premières années qui suivent les travaux d'assainissement et d'incinération, sont les pommes de terre, le colza, les choux, les navets, l'avoine et les prairies naturelles ; ces plantes, ou, pour mieux dire, ces cultures, donnent toujours de bons produits. Ce n'est qu'à la quatrième année, et quelquefois même à la sixième, lorsqu'on a appliqué de la chaux, des marnes calcaires, des falhuns, des sables coquilliers ou calcaires dans une proportion sensible, qu'on se livre à la culture des céréales. Mais il faut malheureusement le constater, le froment, le seigle, etc., donnent des grains de qualité inférieure et qui ne sont pas en rapport avec le poids de la paille.

Nonobstant, la conversion des tourbières en prairies naturelles présentera toujours des résultats plus satisfaisants que lorsque ces terrains sont soumis chaque année à l'action de la charrue. Le timothy (*Phleum pratense*), la houlque laineuse (*Holcus lanata*), le vulpin des près (*Alopecurus pratensis*), le fiorin (*Agrostis stolonifera*), le trèfle rouge, trèfle blanc, etc., y

forment le fond d'excellentes prairies. L'objet le plus important, selon sir John Sinclair (1), dans la conversion des terrains tourbeux en prairies fauchables, consiste à laisser pourrir sur le sol la seconde pousse de l'herbe qu'on ne peut souvent convertir en foin qu'avec beaucoup de difficultés, afin d'accroître d'une manière prodigieuse la récolte de foin de l'année suivante, et de convertir ces terrains en prairies naturelles perpétuelles. En Flandre, près d'*Oudenarde*, on abandonne la seconde coupe tous les deux ou trois ans, et l'année suivante la production herbacée arrive à une hauteur extraordinaire : c'est que la pourriture de la seconde coupe opère évidemment, dans ce cas, comme engrais sur la récolte suivante.

Lorsque les terrains tourbeux ne forment pas une masse de terreau très-puissante, la culture, suivant les lieux, exige moins de travaux et de dépenses ; mais il est bien rare qu'ils arrivent, à cause de la grande quantité de sels ferrugineux dont ils sont saturés, à un degré de fécondité aussi élevé que les terres arables, celles calcaires, argileuses et siliceuses, parce qu'ils se dessèchent davantage pendant les grandes chaleurs.

§ 2. TERRES DE BRUYÈRES.

On donne le nom de terres de bruyères à un mélange de sable fin plus ou moins ferrugineux et de débris de végétaux décomposés imparfaitement. Ces terres, qui reposent toujours sur un sous-sol, tantôt argileux, tantôt graveleux ou pierreux, manquent de profondeur et de consistance. Durant l'été, dans les deux cas, elles sont toujours sèches, et, dans le premier, très-humides en hiver. La couleur de ces terres varie du brun-noir au brun-rouge selon la quantité d'oxide de fer et de terreau qui concourt à les former.

Cette terre aurait dû être classée parmi les terres siliceuses ; mais les caractères qu'elle possède sont si différents de ceux des terres sablonneuses proprement dites, que j'ai cru devoir la ranger dans la classe des sols humeux. En effet, la terre de bruyères renferme un principe immédiat qui la rend particulière. Ce tannin a des réactions acides ; il se combine avec des bases et forme des sels incristalli-

---

(1) *Agriculture pratique et raisonnée*. t. 1, p. 46.

sables et en général très-solubles ; on leur donne le nom de *tannates.*

Voici quelques analyses de terres de bruyères :

Terre de bruyères de Meudon (Seine) analysée par M. Payen.

Sable.	62,0
Carbonate de chaux.	0,8
Matière soluble.	1.2
Terreau.	36,0
	100,0

Terre de bruyères des environs de Paris analysée par M. Berthier.

Sable quartzeux et argile.	85,4
Terreau.	14,6
	100,0

Terre de bruyères de Gavre (Loire-Inférieure).

Sable.	66,3
Argile et fer	10,0
Terreau.	23,7
	100,0

Quoique l'analyse constate l'existence d'une quantité de terreau considérable dans les sols de bruyères, proportion qui dépasse parfois 40 pour 100 et qui donne à la terre un aspect favorable, ces terrains néanmoins n'en sont pas moins ingrats et arides à cultiver. C'est que leur surface est généralement plane, leur sous-sol imperméable aux eaux pluviales et aux racines des plantes ; c'est que le terreau, qui est toujours astringent et acide, donne à la terre ses caractères d'acidité et une aptitude très-grande pour la production de certaines plantes. Dans la grande région septentrionale, ces terres sont couvertes de bruyères, de genêts, de fougère, d'ajoncs, etc. ; dans les montagnes des contrées méridionales, la terre de bruyères est ombragée par des rhododendrum, des vaccinum, etc ; et comme il existe entre ces plantes et celles légumineuses une antipathie très-prononcée, il s'ensuit toujours que la production des fourrages fauchables, tels que le trèfle, la luzerne, la vesce, etc., est pour ainsi dire impossible pendant les premières années qui suivent le défrichement.

Cette aridité, due à l'acidité du terreau, peut persister pendant longtemps. On ne peut guère parvenir à modifier les terres de bruyères de ma-

nière à ce qu'elles puissent être regardées comme de bons sols arables, qu'en ayant recours à l'emploi des stimulants calcaires. La chaux a une puissante action sur ces terrains ; elle modifie leurs propriétés nuisibles : elle neutralise en se combinant au tannin, le principe acide qui s'oppose à la décomposition des matières végétales. La marne produit aussi d'excellents effets, le carbonate de chaux et l'argile qu'elle renferme agissent favorablement et sur les propriétés chimiques et sur celles physiques. Ainsi, par les marnages, le terreau perd de son acidité, la terre acquiert plus de consistance et se dessèche plus difficilement.

Mais cette terre si ingrate pour le cultivateur devient très-productive dans les jardins ; elle permet à l'horticulteur de multiplier des plantes spéciales qui contribuent à augmenter nos jouissances et nos plaisirs.

Quoi qu'il en soit, ces terrains, qui sont très-répandus en Bretagne, en Sologne, dans le Berri, la Gascogne, le Poitou, etc., sont plus propres à être convertis en bois qu'à être soumis à la charrue. Le bouleau, le pin maritime, le pin d'Écosse et celui de Riga, le châtaignier même, si le sol a une profondeur moyenne et si sa pente est sensible, couvrent ces terrains d'une belle végétation et les modifient de manière à ce qu'ils puissent être un jour regardés comme de bons terrains agricoles.

Pour que les terres de bruyères soient susceptibles d'être cultivées, il faut que les eaux pluviales ne restent pas stagnantes à la surface du sol. On crée à cet effet des fosses d'assainissement et on dispose la couche arable en billons ; nous ne décrirons pas ici les détails des opérations de culture. Nous traiterons de ces travaux dans la GÉOPONIE, section des *défrichements*, et nous rapporterons, comme exemple, plusieurs exploitations où les défricheurs y ont mis en pratique toute la patience, la prudence, le travail que nécessitent toujours des entreprises de cette nature. Quoi qu'il en soit, on ne cultive que du seigle, du sarrasin, des pommes de terre, des choux, des navets, de l'avoine sur ces terres de landes. Mais si la culture céréale pure et celle alterne s'y établissent difficilement et si elles exigent, pour devenir prospères, des capitaux considérables, il n'en est pas ainsi du système pastorale mixte : celui-ci, loin d'être nuisible, devient indispensable durant les premières années de défrichement, époque à laquelle les fourrages et les fumiers sont toujours insuffisants.

Ce n'est pas sans raison, toutefois, que l'agriculteur praticien doit regarder les terres de landes ou de bruyères comme de mauvais sols agricoles. Les défrichements de ces terres incultes, dit Mathieu de Dombasle, conviennent bien rarement à un fermier, non-seulement parce qu'il pourra s'écouler un temps fort long avant que le terrain soit en pleine valeur, mais aussi parce qu'il est bien difficile d'apprécier d'avance les dépenses et le temps qu'exigera cette amélioration. Il peut en être autrement de l'homme qui, travaillant sur une propriété qui lui appartient et avec des capitaux suffisants, est à peu près assuré de récupérer tôt ou tard les avances qu'ont exigées ces améliorations, pourvu que celles-ci aient été sagement calculées. Il est d'ailleurs une considération qui peut déterminer dans ce cas un propriétaire prévoyant, et qui est entièrement étrangère au fermier : c'est la certitude de profiter par la suite, non-seulement de l'augmentation de valeur fermière que ses opérations donneront au domaine, mais aussi de l'accroissement progressif de valeur que ne peuvent manquer d'acquérir dans les parties du royaume où dominent ces sortes de terre, sur le seul effet de l'amélioration générale des procédés de culture qui est déjà très-sensible dans ces cantons (1).

SECTION IV.

Des propriétés physiques des terrains agricoles.

Indépendamment des caractères agricoles que nous avons étudiés dans la section précédente, les terrains possèdent d'autres propriétés qu'il est indispensable de connaître et de juger, parce qu'elles caractérisent la manière d'être des constituants lorsqu'ils sont mélangés ou combinés ensemble. Ces caractères auxquels on donne le nom de *propriétés physiques*, indiquent à l'agriculteur si une terre arable est forte ou légère, sèche ou humide, froide ou hâtive ; elles permettent d'apprécier à l'avance quel doit être le travail des instruments aratoires, l'action des amendements, des stimulants et des engrais ; la relation de la couche arable avec l'existence végétative des plantes. Les terres primitives, dit Mathieu de Dombasle, ne sont pas, dans le sol, dans un simple état de mélange ; elles sont presque toujours combinées entre elles, et peut-être aussi avec les autres substances qui se trouvent dans le sol ; elles forment ainsi des composés dont nous ne connaissons pas plus les propriétés que les circonstances et les lois qui ont présidé à la réunion de leurs éléments. Les nombreuses variétés qui existent probablement parmi ces composés, le plus ou le moins de ténuité des grains qu'ils forment, la cohésion plus ou moins grande des molécules de ces grains, ou de ces grains eux-mêmes entre eux ; toutes ces circonstances, et peut-être encore d'autres, apportent des différences bien plus considérables dans les propriétés physiques des terrains, que la nature même de leurs principes constituants. C'est là une vérité dont ont pu s'assurer tous ceux qui se sont occupés de la nature de ces terres, sous le rapport agricole.

Les différentes influences qui résultent des propriétés physiques des terres ont toujours préoccupé les agriculteurs : et si les anciens géoponiques n'ont pu les déterminer d'une manière aussi rigoureuse, aussi précise que les recherches scientifiques qui ont eu lieu dans ces dernières années, il faut reconnaître que l'influence qu'elles exercent dans la culture des plantes était déjà comprise des anciens. De nos jours, cette appréciation a été, sans contredit, le sujet d'expériences comparatives les plus remarquables. La France agricole remercie chaque jour le modeste et savant Schübler, qui occupait en 1816 la chaire de chimie à l'Institut d'Hofwill, de ses laborieuses recherches, et elle honore M. de Gasparin, qui le premier a fait connaître ces travaux, et l'utilité qui doit en résulter pour la pratique agricole (1).

Les expériences de Schübler, dont nous allons rapporter les résultats, ont été faites sur treize espèces de terre. Pour que l'intelligence puisse saisir avec facilité tout le parti que l'agriculture peut tirer de ces travaux, nous rappellerons, d'une manière succincte, l'état des terres soumises à l'expérience, en négligeant toutefois le sulfate de chaux (gypse), qu'on ne saurait regarder comme un terrain agricole.

---

(1) *Annales de Roville*, 1832, t. VIII, p. 62.

(1) *Mémoires de la Société centrale d'agriculture*, 1827, t. 1.

1° *Sable siliceux*, séparé des terres qui le contenaient par le moyen de la décantation ;

2° *Sable calcaire*, obtenu aussi par décantation de terres qui contenaient du carbonate de chaux et du sable siliceux ;

3° *Argile pure*, purifiée par des lavages à froid et à chaud de toute la silice qu'elle contenait ;

4° *Carbonate de chaux pulvérulent*, obtenu en le précipitant, par un carbonate, de la dissolution d'un sel de chaux ;

5° *Terreau ou humus*, extrait d'une terre fertile ;

6° *Carbonate de magnésie*, obtenu en le précipitant de la dissolution d'un sel de magnésie ;

7° *Terre argileuse*, ne contenant pas au delà de 5 à 15 pour 100 de sable siliceux fin ;

8° *Argile siliceuse*, dont on a pu séparer de 15 à 30 pour 100 de sable quartzeux fin ;

9° *Argile très-siliceuse*, qui renfermait de 30 à 60 pour 100 de sable quartzeux fin ;

10° *Terre d'Hofwill*, argile siliceuse, renfermant : argile , 61,1 ; sable siliceux , 42,7 ; sable calcaire, 0,4 ; terre calcaire, 2,3 ; terreau, 3,4 ;

11° *Terre du Jura*, silico-argileuse, contenant : sable siliceux, 63,0 ; argile, 33,3 ; sable calcaire, 1,2 ; terre calcaire, 1,2 ; terreau, 1.2 ;

12° *Terre de jardin*, noire, fertile, composée de : argile, 52,4 ; sable quartzeux, 36,5 ; sable calcaire, 1,8 ; terre calcaire, 2,0 ; terreau, 7,2.

Les propriétés physiques des terres qui ont été le sujet des expériences et des études de Schübler se classent comme il suit :

1° Pesanteur ou densité , ou poids spécifique .

2° Ténacité ou consistance ,

3° Cohésion ou adhérence ,

4° Perméabilité ,

5° Absorption et rétention de l'eau .

6° Capillarité ,

7° Diminution de volume par la dessiccation ,

8° Absorption de l'humidité de l'air .

9° Absorption de l'oxygène ,

10° Absorption et rétention du calorique .

§ 1. PESANTEUR OU DENSITÉ , OU POIDS SPÉCIFIQUE.

Sous ces noms , on désigne le rapport du volume d'un corps à son poids, ou , en d'autres termes , le poids d'un volume de terre comparé au même volume d'eau.

Le moyen le plus simple de trouver la densité d'une terre a été indiqué par H. Davy (1). On prend un flacon de verre à large ouverture , contenant plus de 2 litres (la hauteur à laquelle atteindra chaque litre doit être désignée par un cercle gravé au diamant), et on le pèse. On y introduit 1 litre ou 1 kilog. d'eau de pluie à la température ordinaire , et on achève de le remplir avec de la terre séchée à une température de + 40° ou + 50° centigrades, en agitant le mélange de manière à ce qu'il ne reste pas de bulles d'air attachées à la terre ou au vase. Lorsque la terre et l'eau sont arrivées au cercle supérieur, on suspend le remplissage et on pèse le vase. La pesanteur spécifique de la terre est donnée par la formule suivante :

Poids spécifique = Poids du vase plein d'eau et de terre —

Le poids du vase — le poids de l'eau.

Ainsi, supposons que le poids du flacon rempli de terre et d'eau = 3,253 grammes , et que le poids du vase = 500 grammes ; on sait qu'un litre d'eau pèse 1,000 grammes. D'après la formule précédente , il s'ensuit que la

____

(1) *Leçons de chimie agricole*, p. 107. (Édition Roret.)

densité du sable (nous supposons qu'on a employé du sable siliceux) est 2,753 , l'eau étant 1,000 , c'est-à-dire plus de deux fois et demie celle de l'eau.

Voici les résultats obtenus par Schübler, pour les terres précédemment indiquées :

Sable calcaire.	2,822
Sable siliceux.	2,753
Argile très-siliceuse	2,701
Argile siliceuse	2,652
Terre argileuse.	2,603
Argile pure.	2,591
Terre du Jura.	2,526
Carbonate de chaux.	2,468
Terre d'Hofwill.	2,401
Terre de jardin.	2,332
Carbonate de magnésie.	2,232
Terreau ou humus.	1,225

De ces résultats il ressort les conséquences suivantes :

1° Que, de toutes les terres arables, les sols siliceux sont les plus pesants ;

2° Que, moins les argiles contiennent de sable, plus elles sont légères ;

3° Qu'une terre composée de divers éléments sera d'autant plus pesante qu'elle contiendra plus de sable siliceux ou calcaire ;

4° Que cette même terre sera d'autant plus légère qu'elle renfermera plus de calcaire, de magnésie, et surtout plus de terreau ;

5° Que le sol est d'autant plus pesant qu'il est moins riche ;

6° Que les dénominations de *terre légère*, *terre pesante*, qu'emploie chaque jour la pratique agricole, ne caractérisent pas la densité d'un sol arable, mais le plus ou moins de résistance qu'il oppose à l'action des instruments aratoires.

Quoi qu'il en soit, le poids d'un volume quelconque de terre ne peut être obtenu d'une manière rigoureuse, quoique l'on ait déterminé son poids spécifique. M. de Gasparin fait remarquer (1) qu'on arriverait, sans nul doute, à l'obtenir exacte si l'on pouvait mettre les parcelles de la terre en contact parfait ; mais comme elles conservent toujours un certain écartement qui varie selon le degré de tassement qu'elles ont subies, il en résulte une diminution plus ou moins considérable dans le poids du volume de terre. Ainsi, il a constaté qu'un sol ayant une pesanteur spécifique de 2,5 n'a pesé que 1 kilog., le même poids que l'eau, après avoir été placée dans un litre avec légèreté et qu'ayant été fortement tassée dans la mesure, elle a pesé 1 kilog. 39.

Voici quelques résultats obtenus par M. de Gasparin sur ce mode d'expérimentation et de comparaison :

DÉPARTEMENTS.	NOMS DES SUBSTANCES.	Poids spécifique.	Poids d'un metre cube.
		kilog.	kilog.
Drôme.	Argile sablonneuse du Grand-Serre. .	2,47	2103,0
Gard.	Terre siliceuse ocreuse de Bagnols. . .	2,50	1838,5
Camargue.	Terre argilo-calcaire dite forte.	2,60	1683,2
Idem.	Terre argilo-calcaire dite légère. . . .	2,50	1638,6
Drôme.	Terre silico-argileuse de Galaure. . . .	2,38	1374,6
Rhône.	Terre siliceuse des Arnas.	2,60	1370,0
Vaucluse.	Loam riche d'Orange.	2,12	1126,5

§ 2. TÉNACITÉ OU CONSISTANCE.

Cette propriété physique est due à la prédominance de l'argile ; elle se décèle par la propriété que les molécules terreuses possèdent à rester unies et à se séparer difficilement.

M. Payen a indiqué un moyen très-simple pour reconnaître approximativement cette propriété. On forme une boule dure de 0,030 environ de diamètre, après avoir humecté la terre sur laquelle on veut opérer, l'avoir tassée, pressée, roulée entre les mains. On laisse sécher ensuite cette boule soit au soleil, soit sur un poêle, puis on l'examine :

1° Si la boule s'écrase sous une faible pression et même spontanément par

(1) *Cours d'Agriculture*, t. 1, p. 151.

son propre poids, *la terre sera sablonneuse ou légère ;*

2° Si elle résiste plus ou moins à la pression entre les doigts, si elle exige un certain effort, un léger choc pour se réduire en poudre, elle sera *une bonne terre arable ;*

3° Si elle exige le choc d'un corps dur et forme des fragments que l'on ne peut écraser sous les doigts, *la terre sera très-argileuse* (**1**).

Si l'on fait chauffer à la température rouge cerise les boules que l'on veut expérimenter, qu'on les laisse refroidir, puis qu'on les plonge dans l'eau, on reconnaîtra que :

1° Les *terres sablonneuses* se désagrègent à l'instant même ;

2° Les *terres calcaires* se délacynt plus lentement ou même exigent la pression des doigts ;

3° Les *terres argileuses* conservent leurs formes et sont même plus dures qu'avant d'avoir été chauffées.

La méthode employée par Schübler est plus exacte, plus précise. On fait, avec la terre que l'on veut essayer dans son état d'humidité moyenne, un morceau long ou parallélipipède au moyen d'un moule de bois de 0,045 de longueur, et de 0,013 de largeur et autant de hauteur. Lorsque le prisme est parfaitement sec, on le pose sur deux points d'appui éloignés l'un de l'autre de 0,033, puis on le charge de petits poids au moyen d'un plateau de balance suspendu au milieu de la brique de terre, jusqu'à ce qu'il vienne à casser. Les poids qu'a supporté le parallélipipède servent à mesurer la ténacité de la terre.

Voici les résultats que Schübler a obtenus en suivant ce procédé :

	kilog.
Argile pure.	11,100
Terre argileuse.	9,250
Argile siliceuse.	7,640
Argile très-siliceuse.	6,360
Terre d'Hofwill.	3,660
Terre du Jura.	2,440
Carbonate de magnésie.	1,270

(1) *Maison rustique du XIXᵉ siècle*, t. 1, p. 40.

Terreau.	0,970
Terre de jardin.	0,840
Carbonate de chaux.	0,550
Sable siliceux.	0,000
Sable calcaire.	0,000

Les conséquences pratiques de ces résultats sont :

1° Que la ténacité d'une terre est d'autant plus grande qu'elle contient plus d'argile ;

2° Qu'un sol est d'autant plus difficile à labourer, herser, rouler, que la ténacité est plus forte ;

3° Que les terres sableuses, soit siliceuses, soit calcaires, les terres calcaires et les sols fortement imprégnés de terreau, forment des terrains faciles à travailler ;

4° Que les terres sableuses, calcaires et de jardin, très-riches, peuvent être chargées sans être piochées ou fouillées par un temps sec.

§ 3. COHÉSION OU ADHÉRENCE.

La cohésion est la force qui unit les molécules d'un corps, et d'après laquelle ces mêmes molécules s'attachent aux instruments lorsqu'elles sont humides.

Lorsqu'on veut connaître l'adhérence d'une terre aux instruments aratoires, il faut avoir recours au moyen indiqué par Schübler. On prend deux disques de bois de hêtre et de fer d'un décimètre carré. Ces disques sont successivement attachés à un des fléaux d'une balance, en ayant soin que l'équilibre existe entre les deux bras. On les met en contact parfait avec la terre complétement humide, c'est-à-dire lorsqu'elle ne laisse plus filtrer l'eau. L'on charge ensuite le bassin de poids, sans secousse, jusqu'à ce que l'adhésion soit détruite. Les poids employés représentent la force d'adhérence du disque avec la terre.

Voici les résultats obtenus par Schübler par ce procédé d'expérimentation :

NOMS DES SUBSTANCES.	Adhérence du fer.	Adhérence du bois.
	kilog.	kilog.
Argile pure.	1,220	1,320
Terre argileuse	0,780	0,860
Carbonate de chaux.	0,650	0,710
Argile siliceuse.	0,480	0,520
Terreau.	0,400	0,420
Argile très-siliceuse.	0,350	0,400
Terre de jardin.	0,290	0,340
Carbonate de magnésie.	0,260	0,320
Terre d'Hofwill.	0,260	0,280
Terre du Jura.	0,240	0,270
Sable calcaire.	0,190	0,200
Sable siliceux.	0,170	0,190

Il résulte de ce tableau :

1° Que l'adhérence est toujours plus forte à une surface de bois qu'à une surface égale de fer ;

2° Que l'adhérence est d'autant plus forte que les terres sont plus argileuses ;

3° Que les sols siliceux et calcaires ont moins d'adhérence que les terres argileuses ;

4° Que la cohésion des terres argileuses est d'autant moindre qu'elles contiennent plus de sable.

§ 4. perméabilité.

La perméabilité est la faculté que possède une terre de se laisser pénétrer par les eaux pluviales.

Pour déterminer cette propriété, il faut prendre 1 kilog., ou un poids moindre, des terres que l'on veut éprouver, mais à un état complet de dessiccation. Ces terres sont délayées avec un litre d'eau chacune, puis on les place sur des tamis reposant sur des terrines. On arrose ensuite chaque tamis successivement avec deux ou quatre litres d'eau, après avoir fortement pressé et nivelé à chaque fois la surface avec une palette de bois. On note le temps que met l'eau à traverser la couche terreuse, et la vitesse de la filtration indique le degré relatif de la perméabilité. Les deux extrêmes sont le sable et l'argile. Le premier laisse filtrer l'eau aussi vite qu'on la verse ; la seconde ne la laisse écouler que goutte à goutte (1).

La perméabilité a les conséquences pratiques suivantes :

1° Que les sols siliceux ne sont jamais couverts d'humidité stagnante ;

2° Que ces mêmes sols profitent peu des pluies dans les étés brûlants ;

3° Que les terres argileuses se laissent difficilement pénétrer par les eaux pluviales ;

4° Qu'une terre est d'autant plus perméable à l'eau qu'elle contient davantage de sable siliceux ;

5° Que les sols sont d'autant moins perméables qu'ils renferment plus d'argile.

§ 5. absorption ou rétention de l'eau.

Cette propriété, entièrement distincte de la perméabilité, est la faculté que les terres possèdent de pouvoir absorber et retenir une plus ou moins grande quantité d'eau sans la laisser échapper. Cette propriété est une des plus importantes, et elle a une action puissante sur la fertilité et la richesse de terrains.

On apprécie cette propriété de la manière suivante. On prend 25 grammes de la terre que l'on veut expérimenter ; on les dessèche à + 40° ou + 50°, et on les place sur un filtre de papier gris ou Joseph, placé dans un

____

(1) Payen, _Loco citato_, t. 1, p. 42.

entonnoir en verre, et qui, préalablement, a été saturé d'eau et pesé. On jette de l'eau distillée ou de pluie sur le filtre et la terre jusqu'à ce que celle-ci soit parfaitement imbibée. Lorsqu'il ne dégoutte plus d'eau du filtre, on le pèse et son contenu. L'augmentation du poids de la terre résulte de la quantité d'eau absorbée, et indique sa faculté d'absorber et retenir l'eau. Supposons que les 25 grammes de terres aient, après leur sortie du filtre, un poids de 40 grammes, la terre aura retenu 15 grammes d'eau. Si on établit dès lors la proportion suivante :

$$25 : 15 :: 100 : x = 60,$$

on trouve que la faculté de rétention de cette terre serait de 60 pour 100.

Voici, d'après Schübler, la faculté absorbante des différentes terres sur lesquelles il a opéré :

100 parties de	eau
Carbonate de magnésie *retiennent*	456
Terreau.	190
Terre de jardin.	89
Carbonate de chaux.	85
Argile pure.	70
Terre argileuse.	60
Terre d'Hofwill.	52
Argile siliceuse.	50
Terre du Jura.	48
Argile très-siliceuse.	40
Sable calcaire.	29
Sable siliceux.	25

De ce tableau il résulte :

1° Que la magnésie est la terre qui retient le plus d'eau ;

2° Que les terres arables en retiennent d'autant qu'elles contiennent plus de terreau ;

3° Que la terre calcaire absorbe et retient d'autant plus d'eau qu'elle est à l'état de poudre fine ;

4° Que les terres argileuses en retiennent d'autant plus qu'elles contiennent moins de sable ;

5° Que les terres sableuses, soit siliceuses, soit calcaires, retiennent le moins d'eau.

§ 6. CAPILLARITÉ.

La capillarité est l'attraction des molécules les unes sur les autres. C'est ainsi que les corps perméables se pénètrent entièrement d'un liquide lorsqu'ils touchent à ce liquide par un point quelconque de leur masse.

C'est cette propriété ou action capillaire qui dissémine l'humidité dans toute l'étendue ou l'épaisseur de la couche arable ; qui force les substances solubles, mais fixes, à revenir à la surface de la terre lorsque les pluies les ont entraînées profondément, au fur et à mesure que l'eau se vaporise ; qui conduit près des racines l'humidité qui leur est nécessaire, lorsque celle avec laquelle elles étaient en contact a été absorbée par l'acte de la vie ou l'action de la chaleur.

Mais, pour que la capillarité soit utile à la vie des plantes, il ne faut pas que les terrains soient très-perméables. Ainsi les sols siliceux jouissent peu de cette propriété capillaire parce qu'ils sont trop perméables, et dans les terres très-argileuses elle est peu importante parce qu'elles sont trop imperméables. Dans les terres siliceuses, c'est la friabilité qui entrave la force capillaire ; dans les terres argileuses, leur compacité, leur cohésion, s'opposent à la circulation, c'est-à-dire à l'ascension des liquides.

§ 7. DESSICCATION.

Sous ce nom, on désigne la propriété que possèdent tous les terrains de se dessécher à l'air, c'est-à-dire de perdre l'humidité qu'ils avaient absorbée.

Voici comment on expérimente cette propriété d'après Schübler : on imbibe complétement la terre que l'on veut apprécier, et on la laisse égoutter sur un tamis. Lorsqu'elle ne laisse plus échapper d'eau, on en charge un disque de fer-blanc vernis d'un décimètre carré, plat et muni d'un rebord. On pèse le disque ainsi chargé et on note son poids, puis on le place dans une étuve ou dans un local où la température reste sans cesse à $+ 18°75$. Après 4 heures de séjour du disque, on le pèse de nouveau et on note son poids. La différence de poids entre les deux pesées indique la quantité d'eau évaporée. On fait ensuite dessécher entièrement la terre, et on pèse et on note le poids afin de connaître la quantité d'eau qu'elle contenait avant l'expérience.

Supposons que le poids de la terre humide $= 350$, que le poids de la même terre après 4 heures de séjour au sein d'une température $+ 18° 75$ centig. $= 300$; le poids de l'eau évaporée $= 50$. Supposons encore que le poids de la terre parfaitement sèche $= 250$; le poids total de l'eau $= 100$. Si on fait alors la proportion suivante :

$$100 : 50 : 100 : x = 50,0,$$

on reconnaît que la terre évaporait 50 pour 100 de l'eau qu'elle renfermait.

Voici les résultats obtenus par Schübler :

	100 parties d'eau perdent en 4 heures :
Sable siliceux	88,4
Sable calcaire	75,9
Argile très-siliceuse	52,0
Argile siliceuse	45,7
Terre du Jura	40,1
Terre argileuse	34,9
Terre d'Hofwill	32,0
Argile pure	31,9
Carbonate de chaux	28,0
Terre de jardin	24,3
Terreau	20,5
Carbonate de magnésie	10,8

Les conséquences que l'on peut déduire de ce tableau sont :

1° Que les sols sableux se dessèchent plus facilement et perdent le plus d'eau dans le même temps ;

2° Que l'argile se dessèche d'autant plus promptement qu'elle renferme plus de sable ;

3° Que le carbonate de chaux pulvérulent retient plus d'eau que le sable calcaire ;

4° Que cette même terre retient plus d'humidité que les argiles ;

5° Que le terreau retient plus d'eau que tous les éléments ordinaires des terrains ;

6° Que la magnésie est l'élément qui en laisse évaporer le moins ;

7° Que les terrains magnésieux, argileux, calcaires, pulvérulents, sont toujours froids et humides ;

8° Que les sols siliceux ou sableux calcaires sont des terres chaudes et sèches.

§ 8. DIMINUTION DE VOLUME PAR LA DESSICCATION.

C'est cette propriété que possèdent les terres de prendre du retrait par la dessiccation, et qui caractérise à un haut degré les terres argileuses. On sait, en effet, que ces sols, sous l'action de la chaleur solaire, se durcissent, s'affaissent sur eux-mêmes en se fendillant, se crevassant de manière à détruire, à briser le chevelu des racines des plantes, et arrêter l'essor de la vie d'un grand nombre de végétaux.

Le moyen de mesurer cette propriété consiste, d'après Schübler, à former des prismes cubiques de 0,022 de hauteur, longueur et largeur, avec les différentes terres également humides ; on les fait dessécher à une température de + 15° à + 18° centig., et après plusieurs semaines d'exposition, lorsqu'ils ne perdent plus de leur poids, on détermine leur volume.

Voici les résultats que Schübler a obtenus par ce procédé :

	1000 parties perdent de leur volume.
Terreau	200
Argile pure	183
Carbonate de magnésie	154
Terre de jardin	149
Terre d'Hofwill	120
Terre argileuse	114
Terre du Jura	95
Argile siliceuse	89
Argile très-siliceuse	60
Chaux carbonatée	50
Sable siliceux. / Sable calcaire.	Ces deux terres ne perdent, pour ainsi dire, pas de leur volume.

De ce tableau il résulte :

1° Que le terreau est l'élément qui prend le plus de retrait ; il est égal au cinquième de leur volume. Cette grande diminution de volume explique l'abaissement et l'exhaussement considérable des sols tourbeux sous l'action de la chaleur et de l'humidité ;

2° Qu'entre toutes les terres qui ne contiennent pas de terreau, l'argile, la magnésie, sont celles qui perdent le plus de volume par la dessiccation ;

3° Que la chaux carbonatée, qui absorbe et retient beaucoup d'eau, ne prend pas un retrait très-sensible ;

4° Que le sable diminue considérablement cette propriété, quel que soit le principal élément constituant des terres qui contiennent du sable.

§ 9. ABSORPTION DE L'HUMIDITÉ DE L'ATMOSPHÈRE.

Cette propriété est la faculté que les terres possèdent de pouvoir absorber durant les temps secs l'humidité atmosphérique, afin de pouvoir compenser par l'absorption durant la nuit la grande évaporation qui a lieu pendant le jour, et qui est toujours nuisible à la vie des plantes.

Schübler propose d'essayer cette propriété de la manière suivante : on couvre des plateaux de verre des terres que l'on veut éprouver, après les avoir desséchées à + 40° ou + 50°, et réduites en poudre fine. Puis on expose ces plateaux à une température humide, sous une cloche en verre fermée en bas par de l'eau, dont la température doit varier entre + 15° à + 18°, après les avoir pesés et coté leur poids. Après 12, 24, 48, 72 heures de séjour sous les cloches, les plaques et les terres sont pesées ; l'augmentation de poids indique la quantité d'eau absorbée par chaque espèce de terre.

Voici quels ont été les résultats obtenus par Schübler sur 5 grammes de terre étendus sur une surface de 1,300 millim. carrés :

NOMS DES SUBSTANCES.	ABSORPTION PENDANT			
	12 heures.	24 heures.	48 heures.	72 heures.
Terreau.	40,0	48,5	55,0	60,0
Carbonate de magnésie.	34,5	38,0	40,0	41,0
Argile pure.	18,5	21,0	24,0	24,5
Terre de jardin.	17,5	22,5	25,0	26,0
Terre argileuse.	15,0	18,0	20,0	20,5
Chaux carbonatée.	13,0	15,5	17,5	17,5
Argile siliceuse.	12,5	15,0	17,0	17,5
Argile très-siliceuse.	10,5	13,0	14,0	14,0
Terre d'Hofwill.	8,0	11,0	11,5	11,5
Terre du Jura.	7,0	9,5	10,0	10,0
Sable calcaire.	1,0	1,5	1,5	1,5
Sable siliceux.	0,0	0,0	0,0	0,0

Il résulte de ce tableau :

1° Que le terreau enlève à l'air le plus d'humidité, et surpasse même pour cette propriété le carbonate de magnésie ;

2° Que les argiles absorbent d'autant plus d'humidité qu'elles renferment moins de sable ;

3° Que les sables, soit siliceux, soit calcaires, n'absorbent pas, pour ainsi dire, l'humidité ; aussi ces terrains sont-ils toujours secs, arides, brûlants, au sein de l'été ;

4° Que les terres arables absorbent d'autant plus l'humidité qu'elles contiennent plus d'humus ;

5° Que l'argile pure, qui ne contient aucun atome de terreau, absorbe plus d'humidité que les terres qui contiennent jusqu'à 7,2 de terreau ;

6° Que cette propriété d'absorber l'humidité de l'atmosphère ne doit pas être regardée, ainsi que M. Davy le pensait, comme un indice de la fertilité des terres arables ;

7° Que les terrains absorbent davantage pendant les premières heures, et que l'absorption diminue et cesse bientôt lorsqu'ils sont complétement saturés d'eau.

§ 10. ABSORPTION DE L'OXYGÈNE.

Cette propriété des terres d'absorber le gaz oxygène du fluide atmosphérique n'a lieu qu'à l'état humide. La terre n'absorbe point lorsqu'elle est sèche. Cette faculté d'absorption est évidemment une des plus importantes, car elle augmente l'oxygène au sein de la couche arable, et favorise par conséquent le développement des parties organiques des plantes. Nous développerons l'action de ce corps sur les végétaux en parlant de *l'influence des agents atmosphériques sur les végétaux*, dans la deuxième partie de ce cours.

On détermine cette propriété en mettant 54^{gr},253 de chacune des terres que l'on veut éprouver à l'état parfaitement humide dans des flacons de verre, bouchés à l'émeri et placés sous l'eau. Après plusieurs semaines, on retire les flacons et on analyse l'air qu'ils contiennent.

Schübler a constaté que 54^{gr}253 des terres suivantes, mais humides, mises en contact avec 297 centim. cubes d'air, ont absorbé en 30 jours les quantités d'oxygène suivantes :

NOMS DES SUBSTANCES.	Centimètres cubes.	Milligrammes.	Absorption en poids pour 100 du poids de la terre.
Terreau.	60,192	6,33	20,3
Terre de jardin.	51,480	5,23	18,0
Carbonate de magnésie.	51,084	5,34	17,0
Terre d'Hofwill.	48,114	5,31	16,2
Argile pure.	45,342	5,15	15,3
Terre du Jura.	45,144	5,04	15,2
Terre argileuse.	40,392	4,55	13,6
Argile siliceuse.	31,680	3,72	11,0
Chaux carbonatée.	32,076	3,67	10,8
Argile très-siliceuse.	17,522	3,14	9,3
Sable calcaire.	16,632	1,85	5,6
Sable siliceux.	4,752	0,53	1,6

De ces résultats il ressort les conséquences suivantes :

1° Que le terreau est de tous les éléments celui qui absorbe le plus d'oxygène ;

2° Que les sols absorbent d'autant moins ce corps qu'ils contiennent davantage de silice ;

3° Que cette absorption est d'autant plus grande que l'oxide de fer existe dans une plus forte proportion ;

4° Que la magnésie est une terre qui fait exception à ces règles ;

5° Que les sols calcaires absorbent moins d'oxygène que les argiles et les terres huméfiées.

§ 11. ABSORPTION ET RÉTENTION DU CALORIQUE.

Cette propriété, la plus importante des sols arables, a une très-grande influence sur la germination et la végétation des plantes, surtout au printemps et en automne. C'est sur cette faculté qu'est fondée la dénomination de *sol froid* ou de *sol chaud* que l'on donne aux terrains.

Schübler appréciait cette propriété en chauffant les terres qu'il expérimentait à $+ 62°\,5$ dans des vases de 594 centim. cubes de capacité, et en y plongeant des thermomètres. Il observait alors le temps que chacune d'elles mettait à se refroidir à $+ 21°\,2$, la température de l'atmosphère étant à $+ 16°\,2$. Voici les résultats qu'il a obtenus :

	Faculté de retenir la chaleur	pour 100 en poids.
Sable calcaire.	3 h. 30 m.	100,0
Sable siliceux.	3 27	95,6
Argile très-siliceuse	2 41	76,9
Terre du Jura.	2 36	74,3
Argile siliceuse.	2 30	71,1
Terre d'Hofwill.	2 27	70,1
Terre argileuse.	2 24	68,4
Argile pure.	2 19	66,7
Terre de jardin.	2 16	64,8
Chaux carbonatée.	2 10	61,8
Terreau.	1 43	49,0
Carbonate de magnésie.	1 20	38,0

Les conclusions de ce tableau sont :

1° Que les sables siliceux et calcaires possèdent au plus haut degré la faculté d'absorber la chaleur, c'est-à-dire ils conservent plus longtemps celle qu'ils ont acquise ;

2° Que le terreau et la magnésie ont la moindre faculté a retenir la chaleur si on compare des volumes égaux et non des poids ;

3° Que les terrains argileux et crayeux se refroidissent très-promptement ;

4° Que cette propriété est presque en rapport direct avec la pesanteur spécifique.

Toutes choses égales d'ailleurs, l'humidité dont le sol est imprégné naturellement influe sensiblement sur l'échauffement des terres par les rayons calorifiques. On sait , en effet , que les sols humides au printemps sont toujours plus tardifs, parce que l'eau interposée entre les molécules terreuses exige toujours , pour pouvoir se vaporiser, une grande partie du calorique qui se concentre à l'intérieur de la couche arable, ce qui diminue sensiblement la température du sol. Mais il importe toutefois de ne pas supposer comme *froides* toutes les terres qui ont une aptitude à absorber et retenir l'eau et à se dessécher très-lentement. La couleur naturelle influe considérablement sur l'échauffement. On sait , en effet, que les surfaces noires s'échauffent plus promptement, et qu'elles abandonnent la chaleur qu'elles ont absorbée avec plus de difficulté que les surfaces blanches. Voici quels ont été les résultats des expériences de Schübler, la température de l'air étant à $+ 25°$ centigrades :

NOMS DES SUBSTANCES.	COULEURS des substances.	Terre humide.	Terre seche.	Différence
		deg.	deg.	deg.
Terreau.	gris noir.	39.75	47,37	7.62
Terre de jardin.	gris noir clair.	37,50	45,25	7,75
Argile.	gris bleuâtre.	37,50	45,00	7.50
Terre argileuse.	gris jaunâtre.	37,38	44,62	7.24
Sable calcaire.	gris blanchâtre.	37,38	44,50	7,12
Argile siliceuse.	. . . .	37,25	44,50	7,25
Sable de quartz.	gris jaunâtre clair.	37,25	44,75	7,50
Terre d'Hofwill.	grise.	36,88	44,25	7.37
Argile très-siliceuse. . . .	jaunâtre.	36,75	44,12	7.37
Chaux carbonatée.	blanche.	35,63	43,00	7,37
Terre du Jura.	grise.	36,50	43,75	7,25
Carbonate de magnésie. . .	blanc de neige.	35,13	42,62	7,49

De ce tableau il résulte :

1° Que la température des terres humides est toujours moindre que celle des terres sèches ;

2° Que cette différence varie entre 7° 12 et 7° 50 ;

3° Que les terres de couleur foncée s'échauffent davantage que les sols de couleur blanche ou claire.

4° Que la faculté d'absorber la chaleur n'est pas en raison inverse de la propriété d'absorption de l'eau.

J'arrêterai ici ce qu'il importait de connaître des propriétés physiques des terrains. Si nous avons suivi pas à pas le travail de Schübler, c'est que nous étions convaincus qu'une description , quelque complète qu'elle puisse être , ne pourrait mieux faire apprécier l'importance de l'étude de ces propriétés , ressortir les caractères particuliers que chaque nature de terre possède , et démontrer les conséquences qui doivent résulter pour la culture de la variété infinie des terrains qui , tous , ont des propriétés physiques assez dissemblables , que toute la série d'expériences que nous avons rappelées. Loin de moi, toutefois , la pensée d'engager le cultivateur dans des expériences de ce genre. De tels travaux ne peuvent être le partage de l'homme des champs. Cette étude appartient à la science, qui possède tout ce qu'on doit avoir pour apprécier rigoureusement les résultats d'expérimentations aussi longues, aussi difficiles. Quoi qu'il en soit, les travaux du docteur Schübler feront connaître au jeune agriculteur tout ce que la pratique a de difficile, tous les obstacles qu'elle présente et que l'on doit chercher à vaincre avec la prudence, la crainte et le doute qui caractérisent le cultivateur qui a vieilli dans l'exercice de sa profession. Dans la suite de ce cours, nous aurons plusieurs fois occasion de rappeler toute l'utilité qui résulte, pour l'agriculteur commençant, de l'étude des diverses propriétés physiques des sols, c'est-à-dire l'influence de la ténacité, de la cohésion, de la perméabilité, etc., dans les opérations agricoles et la culture des plantes.

SECTION V.

Des causes qui modifient les propriétés physiques des terrains agricoles.

Les propriétés physiques des terrains, que nous avons rappelées dans la section précédente, éprouvent des modifications parfois très-sensibles sous l'action des abris, des labours, des engrais, etc.; mais ces changements, quelque grands qu'ils puissent être, ne sont jamais tellement invariables qu'on puisse les regarder comme pouvant se perpétuer avec les caractères chimiques et agricoles des terrains. Dès que l'une des causes qui amoindrissent défavorablement ou heureusement les propriétés physiques d'un sol cesse d'exister, la terre reprend ses caractères physiques primitifs, et se présente au cultivateur comme un bon ou mauvais terrain agricole.

Les causes qui apportent des modifications dans les propriétés physiques des terres arables sont :

1° L'exposition,
2° L'inclinaison,
3° Les agents atmosphériques,
4° Les façons culturales.
5° Les amendements, les stimulants et les engrais,
6° Les abris.

1° L'exposition a une action puissante sur l'état de sécheresse et d'humidité des terrains. Ainsi, une terre argileuse est-elle exposée au midi, elle absorbera et retiendra moins d'humidité que celle qui sera exposée au nord, et elle sera moins froide, moins tar-

dive au printemps. Cette exposition, toutefois, peut avoir pour conséquence des modifications fâcheuses : elle peut précipiter la dessiccation de cette terre argileuse à tel point que sa dureté soit extrême sous l'action de la chaleur de l'été. S'agit-il d'une terre siliceuse exposée au nord : celle-ci sera moins brûlante en été, et pourra, dans un grand nombre de circonstances, être regardée comme un bon sol arable, eu égard toutefois à sa profondeur et son degré de fertilité. Tandis que, si cette même terre a une exposition sud, son aptitude à se sécher, à perdre l'humidité qu'elle peut retenir, influera beaucoup et d'une manière nuisible sur la vie des plantes.

2° Quant à l'inclinaison, il est bien évident qu'elle peut augmenter ou détruire les défauts ou les propriétés de tous les terrains. Lorsque la surface d'une terre arable est plane, les rayons calorifiques tombent perpendiculairement à midi, et ils ont une obliquité plus prononcée le matin et le soir. Dès lors la couche arable est promptement échauffée et pendant plus longtemps. Il n'en est point ainsi d'une surface oblique : celle-ci ne reçoit jamais autant de calorique, et une terre argileuse ne peut posséder, quelle que soit la couleur et la latitude sous laquelle elle réside, autant d'aptitude à l'échauffement que si elle était située horizontalement. Quant aux sols siliceux, ils éprouvent, lorsqu'ils sont inclinés, des modifications toujours heureuses. La direction moins vive des rayons solaires et le manque de chaleur du matin et du soir, permettent à l'humidité de s'évaporer plus lentement et plus difficilement.

3° On peut juger de l'influence des gelées sur les propriétés physiques des terres par la friabilité des terres argileuses après un hiver rigoureux. Toutes les mottes qui existaient avant cette saison sur la surface de terre ont été réduites en poussière par l'action des gels et des dégels. Aussi est-ce souvent par le concours des gelées que ces terrains perdent assez de leur cohésion, pour que le cultivateur puisse les ensemencer en céréales de printemps, trèfle, betterave, etc., avec l'espérance de résultats favorables.

Les vents n'ont pas toujours une influence heureuse sur la manière d'être des terres arables : s'ils vaporisent l'humidité surabondante des sols imperméables, lorsqu'ils soufflent de l'est dans le nord, et du sud dans le midi, dans la première région ils augmentent la froidure de la terre et durcissent sa surface , et dans la seconde ils augmentent son degré calorifique , et la dessèchent souvent à une très-grande profondeur.

4° Les labours , qui ont pour but l'ameublissement de la couche arable , ainsi que les hersages , peuvent diminuer la cohésion des terrains, lorsque surtout ils sont appropriés à la nature de la terre ; mais cette modification , comme celle due aux agents atmosphériques, n'est que temporaire. Il ne faut pas croire , toutefois , que ces opérations mécaniques ne comportent pas avec elles des conséquences graves dans quelques cas. En effet , la divisibilité des terres argileuses ne doit pas dépasser certaines limites. Lorsque , par des labours nombreux , elles deviennent très - pulvérulentes lors des semailles d'automne , cette pulvérisation, au lieu de diminuer leur force de cohésion , augmente leur force de rétention pour l'humidité. Mais si les labours tendent parfois à augmenter la ténacité de quelques sols argileux , il n'est pas sans exemple qu'ils contribuent à rendre les sols siliceux , mais principalement ceux de nature très-calcaire , plus friables en été.' Les roulages ont une action bien différente sur ces derniers terrains ; ils plombent la couche arable et les rendent moins secs sous l'action de la chaleur.

5° Lorsqu'une terre argileuse reçoit l'application d'une marne calcaire ou siliceuse , que les fumures qu'on y applique sont très-peu décomposées , et que les matières organiques s'accumulent au sein du sol arable, celui-ci perd de sa ténacité , de sa froidure , et reste moins imperméable durant les saisons pluvieuses. Si on applique , au contraire , sur des terrains siliceux ou légers des marnes argileuses, de la chaux, des engrais très - décomposés et végétaux , la terre possède moins de friabilité , de perméabilité , et prend plus de consistance ; elle absorbe et retient l'eau plus facilement, et son échauffement par le calorique est moins prononcé.

6° Les abris et les clôtures , si nécessaires dans les pays où le système pastoral est en usage , rendent une contrée humide et la terre plus fraîche. Lorsque la couche arable est argileuse , ces abris modifient ses propriétés d'une manière presque toujours défavorable. Ainsi ils augmentent son imperméabilité , sa ténacité , son humidité , mais ils diminuent sa faculté de s'échauffer. Si , au contraire , la terre est siliceuse ,

les abris fixent au sein de la couche arable l'humidité qu'elle ne peut retenir naturellement , et amoindrissent son aptitude à absorber et retenir la chaleur solaire. On conçoit , dès lors , qu'une terre légère ainsi abritée doit être plus favorable à la vie des plantes annuelles que lorsque la superficie est découverte ou nue.

Ces causes, que nous n'avons qu'effleurées dans cette leçon , terminent ce qu'il était utile de connaître des propriétés agricoles et physiques des sols agraires. Ces généralités seront nécessairement complétées lorsque nous aborderons la géographie , la météorologie, la coprologie et la géoponie. Nous ne pouvions , quant à présent, signaler d'une manière complexe toutes les modifications que subissent ces propriétés sans nous engager dans une fausse voie. C'est qu'il importait, avant de rappeler toutes les métamorphoses que subissent les terrains sous l'intelligence du laboureur, d'étudier le soussol , les différentes formations géologiques , l'influence du sol sur la végétation , et d'apprécier les divers degrés de fertilité de la terre. Toutes ces études nous initieront avec la glossologie agricole , en même temps qu'elles nous feront connaître la puissance de l'homme et celle de la nature quant à la pratique de l'agriculture.

SECTION VI.

Du sous-sol.

Sous le nom de *sous-sol* , on désigne la couche terreuse placée au-dessous de la terre arable. Cette couche se divise :

1° En sous-sol actif ,
2° En sous-sol inerte.

Le *sous-sol actif* est celui qui , quoique de même composition minérale que la couche superficielle , n'est point entamé par les instruments aratoires , n'est pas soumis à l'action des agents atmosphériques , et qui n'est pas mêlé de substances organiques animales ou végétales. Mais cette couche, quoique placée au-dessous du sol , peut être pénétrée par les racines des plantes et des arbres , quelle que soit sa friabilité ou sa cohérence. C'est ainsi que la vigne projette parfois profondément, au sein d'un sous-sol sablonneux ou dans les fissures des roches calcaires ou schisteuses, ses racines longues et fibreuses, afin de puiser l'humidité qui leur est si nécessaire durant l'été, et que le sol arable ne possède pas. C'est ainsi encore que les longues racines de la luzerne et du sainfoin pénètrent à une profondeur de plusieurs mètres dans un sous-sol perméable, s'insinuent entre les pierres, et persistent pendant plusieurs années dans de telles situations, quoique souvent la couche supérieure soit peu fertile.

Le *sous-sol inerte* est la couche qui, quelle que soit sa nature, n'est point pénétrée par les eaux, et au sein de laquelle les racines des végétaux ne peuvent s'y frayer un passage. Le sous-sol inerte varie de situation, tantôt il réside immédiatement au-dessous de la couche arable, tantôt il repose au dessous du sous-sol actif. Dans ce dernier cas, il ne peut pas être considéré comme nuisible, si la profondeur du sous-sol actif est de 1 mètre au moins. Dans la première situation, au contraire, il a une très-grande influence sur la vie des plantes et la manière d'être des terrains agraires. La figure 1 montre cette dernière situation. A, est la terre arable argilo-siliceuse ;

fig. 1.

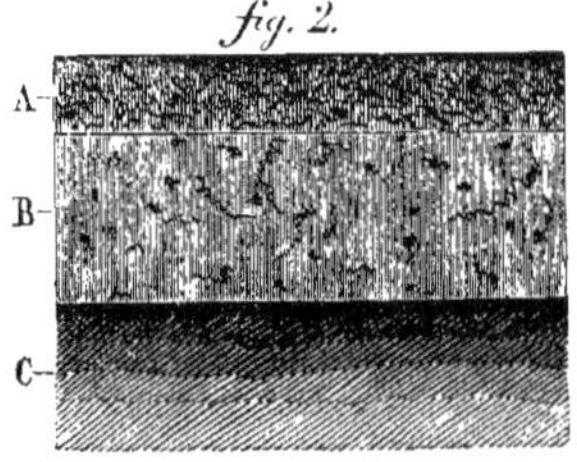

B, une couche imperméable argileuse à laquelle on donne le nom de sous-sol inerte. La couche superficielle a 0,30 de profondeur ; celle inférieure a une épaisseur indéterminée.

fig. 2.

La figure 2 représente les trois couches que le cultivateur doit étudier. A, est la couche végétale silico-argi-

leuse ; **B**, le sous-sol actif siliceux ; **C**, le sous-sol inerte marneux. La première couche a une profondeur de 0,33, la seconde a une épaisseur de 1m10 (1).

(1) La division de la partie superficielle de la terre, adoptée par M. de Gasparin, *Cours d'agriculture*, t. 1, p. 253, embrasse deux divisions principales : *les couches perméables à l'eau, les couches imperméables*. Les premières comprennent : 1° le *sol*, ou la couche supérieure du terrain jusqu'à la profondeur où elle conserve la même nature minérale ; 2° le *sous-sol*, ou couche de composition minérale différente, située au-dessous du sol, et qui peut être formée de plusieurs couches variables aussi dans leur composition jusqu'à ce qu'on atteigne dans la profondeur la couche imperméable. Le sol a été divisé en *sol actif*, qui est mêlé au terreau, qui reçoit les impressions de l'atmosphère, les sels solubles, dans lequel se passent les phénomènes de la végétation, et qui est atteint par les labours : en *sol inerte*, qui est la couche située au-dessous de la première de même composition minérale si le sol est profond ; cette seconde couche n'est pas entamée par les cultures. Si le sol est placé immédiatement sur la couche imperméable, il n'y a pas de sous-sol.

On voit combien la division que j'ai établie s'éloigne de celle de l'honorable M. de Gasparin. J'aurais voulu pouvoir me dispenser d'une telle innovation, mais il m'était impossible d'approuver la théorie de ce savant auteur, et d'admettre directement au-dessous du sol une couche de même nature minérale, qui pût être, dans toutes les circonstances, considérée comme *inerte*. Je ne pouvais pas non plus supposer qu'il existât des *terres sans sous-sol* ; l'admission d'une telle division aurait forcé le praticien à changer complètement son langage. D'ailleurs, il m'est impossible de supposer un seul moment l'existence de racines conservant toute leur force organique au sein d'une *couche inerte*. Cette dernière expression, qui caractérise parfaitement l'inactivité d'une couche minérale, s'alliait mal avec la végétation de la luzerne, du blé, qui peuvent étendre parfois leurs racines, comme le dit M. de Gasparin, à 3 mètres de profondeur ; ainsi, en admettant cette dénomination, on aurait dit : la luzerne végète sur un sol actif calcaire siliceux, et ses racines pénètrent à 2 mètres de profondeur dans le sol inerte qui est de même nature. Un tel langage eût été un crime de lèse-agriculture. Non-seulement le mot *inerte* appliqué au sol nous a paru un affreux barbarisme pour l'avenir des études agricoles, mais le mot *actif* ne nous a point semblé heureux lorsqu'il a été accolé au mot *sol* comme qualificatif ! Quelle que soit l'ingratitude de la couche végétale ou supérieure, celle-ci est toujours active, et il n'est pas d'exemple en agriculture où elle ne soit pas recouverte par quelques végétaux ; mais on comprend que cette activité sera plus ou moins prononcée selon le climat, la nature du sol et ses propriétés physiques. Il nous semble donc qu'il est tout à fait inutile de métamorphoser les expressions reçues de temps immémorial et admises par la pratique, et qu'il est impossible de dire avec M. de Gasparin : je cultive un sol argilo-siliceux dont la profondeur du sol actif est de 2 mètres. Si cette expression pouvait être reçue, elle serait vraie encore pour les alluvions de la Loire, dont la profondeur excède 20 mètres. Mais cela ne peut pas être, ou alors ce langage serait en contradiction manifeste avec les idées reçues en agriculture.

§ 1. DU SOUS-SOL ACTIF.

Le sous-sol actif acquiert souvent une très-grande importance, suivant sa nature, sa profondeur, le climat sous lequel il réside, les végétaux que l'on cultive au sein de la terre arable. Ce sous-sol peut être :

    1° Friable ou pulvérulent,
    2° Cohérent ou rocheux.

1° Lorsque le sous-sol actif est siliceux, graveleux ou filtrant, il favorise la croissance et la durée des plantes ou végétaux vivaces à longues racines pivotantes. C'est sur les terrains à sous-sols actifs perméables que les châtaigniers, les chênes, les noyers, les mûriers, les pommiers, prennent un très-grand accroissement ; que les luzernes, les sainfoins, les genêts, sont remarquables par le développement de leurs tiges, leurs feuilles et leur longévité ; que les prairies naturelles, sans cesse irrigables, ou situées dans le fond de profondes vallées, ou le long des fleuves ou rivières, sont toujours regainables si les plantes qui tapissent la superficie de la terre sont en harmonie avec sa nature et sa situation. Toutefois, considéré sous un autre point de vue pratique, ce sous-sol présente de très-graves défauts s'il réside sous une couche arable de nature sablonneuse. Le sol, à cause de la friabilité du sous-sol actif, de la facilité avec laquelle cette seconde couche se laisse pénétrer par les eaux pluviales, est alors très-sujet à souffrir des longues sécheresses, quel que soit son degré de fertilité, et dans les contrées du midi il rend la culture des plantes annuelles à racines fibreuses et traçantes parfois très-difficile.

Cette nature de sous-sol actif est néanmoins très-avantageuse pour les terres argileuses. En ramenant à la superficie de la terre, au moyen de la charrue, si la profondeur de la couche arable n'excède pas 0,30 à 0,40, une certaine quantité de sable ou de gravier, on corrige sans aucun déboursé la texture du sol. Ainsi, par l'incorporation intime d'une certaine quantité de silice, on diminue la compacité, la cohésion de la couche végétale, et on la rend plus perméable à l'eau et aux agents atmosphériques.

2° Lorsque le sous-sol actif est de pierre calcaire ou de schiste, c'est-à-dire qu'il n'existe entre la couche arable et ce sous-sol aucune couche terreuse intermédiaire, il peut être de la plus haute importance dans la culture de certains végétaux, quoique le sol soit peu profond. Mais, pour que les plantes vivaces puissent introduire leurs racines ou leur pivot au sein d'une roche, il est nécessaire que celle-ci présente des fissures et des crevasses, ou qu'elle soit d'une désagrégation facile. Lorsque la roche qui forme ce sous-sol est excessivement cohérente, comme certaines roches granitiques, par exemple, ce fond inférieur n'est utile à la vie végétale qu'à de rares intervalles. Dans le Limousin, l'Auvergne, où le granit se décompose et se désagrège aisément sous l'action des agents de l'atmosphère et l'action prépondérante de la vie végétale, les chênes, les châtaigniers, y acquièrent tout le développement qu'ils sont susceptibles de prendre dans les meilleures situations agraires, et dans le Dauphiné, la vigne y produit les vins si agréables de l'*Ermitage*. Il n'en est pas ainsi des granits des Alpes et de la Bretagne, ceux-ci éprouvent à peine une altération apparente. Aussi résulte-t-il de cette désagrégation difficile qu'il existe encore dans ces contrées des parties montueuses que le cultivateur doit regarder comme inaccessibles à la culture des végétaux ligneux à racines pivotantes, et dont la roche inférieure doit appartenir au sous-sol inerte.

Le sous-sol actif rocheux de nature calcaire et schisteuse a autant d'influence sur la culture de quelques végétaux que le sous-sol actif de granit d'une altération sensible. La vigne se complaît au sein de tels sous-sols; ainsi elle implante ses racines à travers le sous-sol calcaire de la Champagne, elle croît dans les schistes en Anjou, et dans le Lyonnais, où elle fournit l'excellent vin nommé *Côte-Rôtie*. Et dans quelques lieux, l'orme, le buis, les fruits à noyaux, y ont une opulente végétation, ou se chargent, pour ainsi dire, chaque année de récoltes abondantes.

Ce court exposé suffira, nous le pensons, pour faire comprendre l'action puissante du sous-sol actif dans la culture des plantes et l'appréciation de la valeur foncière des terrains. Il est vrai qu'un sous-sol actif rocheux peut réagir défavorablement sur les propriétés physiques du sol végétal. En effet, quand la couche arable est argileuse.

il augmente son humidité durant les saisons pluvieuses, et augmente sa dureté durant l'été s'il réside très-près de la surface de la terre. Si, au contraire, le sol est siliceux, il rend ce dernier très-brûlant en été et peu favorable à la culture des plantes annuelles. Mais on conçoit que toutes les modifications que nous avons rappelées doivent s'effacer de l'esprit du praticien lorsqu'il s'agit d'établir une mureraie, un vignoble, une plantation ou une luzernière. Si l'expérience ou les faits démontrent que dans tels sols et telles situations ou configurations, la couche arable, malgré ses défauts physiques, peut encore victorieusement se couvrir de tel ou tel végétal, parce que cet individu trouvera au sein du sous-sol actif toutes les conditions nécessaires à son existence, il est évident que le cultivateur doit sans crainte se consacrer à la culture de cette plante, et donner au sol sur lequel il agit une valeur foncière plus élevée que celle qu'il possède naturellement.

§ 2. DU SOUS-SOL INERTE.

Le sous-sol inerte, que l'on trouve tantôt au-dessous de la terre arable, tantôt immédiatement après le sous-sol actif, est de différentes natures. Nous n'examinerons pas quelle peut être son influence sur la manière d'être du sol lorsqu'il est situé sous le sous-sol actif. Pour qu'il puisse réagir défavorablement ou avantageusement, il faut que la première sous-couche ait une épaisseur très-faible. Ce cas est excessivement rare. Dans la généralité des stratifications où le sous-sol actif existe, ce dernier a une profondeur assez prononcée pour que la couche arable n'éprouve pas les influences du sous-sol inerte. Nous n'étudierons cette couche inférieure que lorsqu'elle réside directement sous le sol arable. Ce sous-sol inerte se présente avec des caractères distinctifs très-différents. Il peut être composé :

1° D'argile compacte,
2° De sable pur ou gravier,
3° De calcaire ou marne,
4° De cailloux agglutinés ou de roches,

et recevoir la dénomination de

1° Sous-sol inerte perméable,
2° Sous-sol inerte imperméable.

1° Lorsque le sous-sol inerte est composé d'argile pure, il est plus compacte, cohérent, que la couche arable, et il se laisse difficilement pénétrer par les eaux. Cette imperméabilité est très-nuisible à la couche arable. Durant les saisons pluviales, l'eau séjourne à la surface de la terre lorsque la couche arable en est complétement imbibée, que sa profondeur est peu sensible et que sa surface est très-peu déclive, et cette humidité surabondante nuit considérablement à la vie des plantes agricoles qui existent à la surface de la terre, si celle-ci est aussi de nature argileuse, et rend les opérations de culture très-difficiles à exécuter durant l'automne et l'hiver, et parfois même pendant le printemps. Cette rétention de l'eau et l'imperméabilité du sous-sol inerte sont toutefois moins graves lorsque la couche arable est perméable, c'est-à-dire siliceuse, et que son épaisseur est au moins de 0,30. L'humidité n'est jamais aussi abondante ou nuisible, alors les labours, les hersages, s'y exécutent librement dans toutes les saisons, et le pâturage et le pacage des bêtes à laine ne présentent jamais d'inconvénients. La situation d'un sous-sol inerte imperméable sous une couche supérieure siliceuse ou perméable peu épaisse, a encore un avantage. On peut modifier favorablement la texture de la couche supérieure en mélangeant quelque peu de la sous-couche argileuse avec le sable. Mais, pour que cette mixtion soit un véritable avantage pour le praticien, il faut agir avec prudence, et n'opérer ce mélange que graduellement, c'est-à-dire, au fur et à mesure que la production des matières fertilisantes, au sein de la ferme, permettra ce mélange.

2° Quand le sous-sol inerte est siliceux ou perméable, et qu'il repose sous une terre arable de nature sablonneuse sur laquelle on ne cultive que des végétaux à racines fibreuses et traçantes, tels que le froment, le seigle, le sarrasin, les haricots, etc., ou des plantes à racines alimentaires telles que la betterave, la pomme de terre, etc., ou encore des plantes industrielles comme le colza, le pavot, la cameline, etc., selon sa fertilité, il influe beaucoup sur les caractères physiques du sol, et ne peut pas être considéré comme sous-sol actif. Il absorbe sans cesse l'humidité ou la fraîcheur de la terre arable, et rend celle-ci plus sèche en été. Mais si ce sous-sol inerte expose les plantes à la sécheresse, il ne faut pas oublier qu'il est toujours favorable à la couche arable quand les pluies sont fréquentes, et qu'il contribue aussi à une prompte germination des semences de seigle , d'avoine , de froment en automne et au printemps , soit que les semis aient été exécutés tardivement dans le premier cas et prématurément dans le second.

Si ce sous-sol inerte graveleux repose sous une terre arable argileuse , il ne peut avoir d'aussi graves effets. Les propriétés qui le caractérisent , et qui sont tout à fait opposées aux défauts des terrains argileux compactes , rendent toujours la couche végétale moins humide et moins froide. On peut encore , sous un autre rapport , considérer cette sous - couche comme utile lorsque la profondeur du sol n'excède pas celle d'un bon labour. Ainsi, par le moyen des labours profonds , on ramène du sous - sol à la surface de la terre , et son incorporation avec celle-ci la rend plus légère , plus perméable. Il est rare qu'une terre agileuse ainsi modifiée souffre d'une humidité prolongée et d'une sécheresse excessive.

3° Un sous-sol inerte calcaire peut aussi contribuer à corriger les défauts de la terre , si celle - ci n'est pas de même nature , je veux dire si elle ne renferme que quelques centièmes de carbonate de chaux. Mais lorsque les couches , superposées l'une à l'autre , sont de même nature , il est bien rare que celle supérieure puisse éprouver d'heureuses modifications. On ne peut augmenter sa profondeur que par des labours profonds , et modifier ses caractères que par les engrais. Nonobstant ce sous - sol inerte marneux peut exercer une très-grande influence sur les terrains siliceux et argileux lorsque leur épaisseur n'est pas extraordinaire. Mélangées aux premiers , les marnes calcaires augmentent la cohésion de la terre par l'interposition de leurs molécules entre celles siliceuses, et favorisent la concentration d'une plus grande humidité , et incorporées aux secondes , elles augmentent la friabilité et la perméabilité du sol.

4° Lorsque le sous-sol inerte est rocheux ou pierreux, dans un état de cohésion tel que l'eau ne peut le pénétrer, la couche arable, si son épaisseur est très-faible et si sa surface ne présente pas d'écoulement aux eaux , est exposée aux extrèmes de sécheresse et d'humidité. Et comme il est à peu près impossible d'augmenter, sans des dépenses parfois considérables , la profondeur de la couche supérieure , il s'ensuit que celle-ci doit être regardée comme un mauvais terrain agricole. Il

n'en est pas ainsi , toutefois, si la profondeur de la terre a plus de 0,50 à 1 m.; l'influence de la couche rocheuse sur le sol est si faible , que les défauts ou les propriétés de ce dernier n'éprouvent aucune modification. Mais le sous-sol inerte rocheux n'est pas toujours de granit, de calcaire, de schiste, de grès; quelquefois il est formé de cailloux agglutinés ferrugineux , auxquels on donne le nom de poudingues : ces agglomérations n'ont souvent qu'une faible épaisseur ; et. quoiqu'ils recouvrent parfois des couches inférieures sablonneuses, ils doivent être regardés sous un mauvais point de vue , puisqu'ils diminuent toujours la valeur des terrains lorsqu'ils sont situés près de la surface , et que leur extraction nécessiterait des travaux et dépenses hors de ceux que peut exécuter le cultivateur travaillant pour vivre. Enfin , si la roche qui forme le sous - sol inerte se délite . se désagrège avec facilité . comme quelques sous – sols schisteux de l'Anjou , il y a alors avantage et possibilité d'en ramener une partie à la surface de la terre , soit pour augmenter sa profondeur, soit pour la rendre moins sèche ou moins humide.

SECTION VII.

Étude géognostique des terrains agricoles.

Les terrains qui constituent l'écorce solide du globe sont formés de roches distribuées d'une manière irrégulière. Mais, quelle que soit leur disposition , ces roches ne se mêlent point, elles ne se confondent point ensemble ; dans toutes les formations , elles sont disposées au-dessus et à côté les unes des autres, suivant qu'elles sont horizontales ou plus ou moins verticales et obliques. L'ensemble des couches, c'est-à-dire l'association de plusieurs roches , constitue ce qu'on appelle un terrain, et chaque terrain prend le nom de la roche qui y est prédominante ou de la formation.

Les terrains, par rapport à la nature, à la manière d'être des roches qui les composent, ont été divisés en deux classes :

1° Les terrains non stratifiés ;
2° Les terrains stratifiés.

La première classe comprend tous les terrains formés par le feu et composés de roches cristallines susceptibles d'entrer en fusion. Ces roches, qui sont remarquables par l'élévation de leur saillie, l'âpreté de leur forme ou leur contour, sont aussi désignées sous le nom de *terrains plutoniens* ou *d'origine ignée*. Les terrains non stratifiés ne renferment aucune trace de débris organiques; aussi ont-ils reçu la dénomination de *terrains non fossilifères*.

Les roches qui appartiennent à la seconde classe ont été *formées sous l'eau* et par son concours. Ces terrains, que l'on appelle ordinairement *terrains neptuniens*, sont caractérisés par la stratification distincte des couches, qui conservent une épaisseur assez régulière sur une grande étendue. Les géologues ont donné à ces roches le nom de *terrains fossilifères*, à cause des divers animaux et végétaux fossiles qu'on y rencontre, et ils les ont divisées en quatre groupes désignés sous les noms suivants : 1° terrains de transition ; 2° terrains secondaires; 3° terrains tertiaires; 4° terrains d'alluvion. Ces stratifications correspondent à des interruptions dans le dépôt des formations qui couvrent les terrains primordiaux.

Il résulte donc de ces divisions que l'écorce solide du globe comprend cinq grandes classes, qui sont ainsi superposées, si on les examine par la plus voisine de la masse en fusion ou partie centrale.

1° Terrains primitifs,
2° ——— de transition ou intermédiaires,
3° ——— secondaires,
4° ——— tertiaires,
5° ——— modernes.

L'examen que nous nous proposons de faire de ces divers terrains n'est point une étude approfondie des caractères géognostiques de tous ces groupes. La connaissance de l'ordre de superposition des terrains, des directions, de leurs relevés, des règles qui déterminent leur étendue, leur puissance, etc., appartient à la géologie. Ce que nous nous proposons, c'est de rechercher avec les principaux géologistes les rapports qui peuvent exister entre les diverses contrées de la France et les divers systèmes de culture, etc.

§ 1. TERRAINS PRIMITIFS.

Les roches qui forment les terrains primordiaux sont, ainsi que nous l'avons dit, de nature ignée, presque toutes cristallines, et jamais elles ne sont arénacées et poreuses ; elles sont sorties à diverses époques du centre du globe, à travers les couches de formation plus

récente sur lesquelles elles se sont parfois renversées, et il est hors de doute que, si elles ne sont pas toujours visibles, c'est qu'elles sont recouvertes par des terrains de périodes postérieures. Les roches de ces terrains sont assez nombreuses, mais celles qui constituent les terrains les plus étendus sont le granit, le gneiss, la basalte, la lave, sur lesquelles les gelées, l'humidité, etc., ont plus ou moins d'influence.

1° Le *terrain granitique*, que l'on rencontre principalement au centre de la France, près de Limoges, de Mende, dans les Vosges, dans les Pyrénées et la Bretagne, n'offre que bien rarement des plaines de quelque étendue. Il constitue tantôt des montagnes peu élevées, arrondies et séparées par des vallées resserrées, tantôt il forme des terrains escarpés, élevés, nus, déchirés dans toutes les directions. Les terrains hérissés de pointes et décharnés doivent être regardés comme abruptes parce que la terre s'y laisse travailler par la charrue avec de très-grandes difficultés. Cependant, malgré l'aridité du sol, l'aspect triste et sauvage des lieux, la terre se couvre çà et là chaque année de productions herbacées très-variées au sein des vallons et sur quelques sommets des montagnes. Ici, des chênes d'une végétation vigoureuse se mêlent aux arbres verts, aux châtaigniers, et décorent les pentes des coteaux; là, les prairies naturelles disputent la terre aux céréales ou se couvrent d'une verdoyante parure durant tout le temps que la neige laisse à nu la surface de la terre. Plus loin, quelques ares en pâturages, fertilisés sans cesse par l'industrie et l'activité du montagnard, nourrissent, depuis le printemps jusqu'en automne, de beaux et nombreux troupeaux de vaches.

Dans les vallées de ces terrains où le sol est généralement morcelé, il est bien rare que les populations ne cultivent pas tout ce qui peut l'être. Le sol de ces lieux est trop fertile, ou peut arriver trop promptement à un haut degré de richesse pour qu'on puisse l'abandonner à cause des eaux qui parcourent ces lieux. Souvent même le cultivateur des lieux arides s'éloigne pour quelques heures de son habitation, gravit le flanc des coteaux par des sentiers tortueux et difficiles, pour seconder la nature sur quelques portions de terrain à surface plus horizontale et susceptible de retenir les quelques débris organiques que les pluies, les vents enlèvent des parties supérieures. Alors, si l'exposition est favorable, la couche végétale assez profonde, il y cultive une plante alimentaire qui devient sous sa main laborieuse une véritable richesse. C'est ainsi que l'on rencontre dans les montagnes des Vosges, des Pyrénées, des villages populeux qui trouvent leur nourriture sur des parties de terre situées dans les gorges, sur quelques petits plateaux des versants des montagnes qui ne sauraient suffire, dans les plaines de la Brie, de la Picardie et même de la Beauce, à l'existence d'un fermier et de sa famille. Cette grande fécondité ou richesse a pour cause principale l'industrie et le travail manuel des populations. En Bretagne, il existe aussi des terrains granitiques : mais là il est bien rare, à moins de contrées spéciales, que l'homme implante quelques arbres dans les anfractuosités des élévations, et que leurs sommets soient toujours ombragés par des cultures. C'est que la nature aride de ces terrains, ainsi que l'a dit M. Michelet, s'allie d'une manière inséparable avec la nonchalance, l'abrutissement des populations de cette partie de la France.

Il faut, toutefois, considérer la matière du granit pour avoir une idée exacte des obstacles qui s'opposent à l'amélioration de certaines contrées granitiques. Le feldspath qui entre dans la composition de cette roche est susceptible de se décomposer. Alors il augmente l'imperméabilité de la terre et son infertilité, à cause de la grande proportion de potasse ou de soude que présente la désagrégation de cette roche ; néanmoins il faut, pour que cette infertilité soit très-apparente, que les graviers quartzeux soient excessivement abondants, comme dans la Corrèze et les Cévennes. Lorsque, au contraire, la roche granitique feldspathique se désagrége avec lenteur, mais sans cesse sous l'action de l'atmosphère, qu'elle donne une terre assez ténue, elle augmente l'épaisseur de sa couche arable ; et celle-ci devient promptement fertile par le travail du Vosgien, et la végétation y déploie toute la vigueur possible et rivalise avec celle de quelques localités privilégiées situées au nord de Pompadour. Néanmoins, lorsque la roche granitique est d'une désagrégation facile, elle s'altère à une très-grande profondeur. Alors les pluies pénètrent facilement la couche arable et se soustraient à l'action des spongioles, des racines, des plantes. Aussi de tels terrains souffrent toujours des sécheresses, et les rosées ne sont que bien rarement assez puissantes pour humecter suffisamment

la terre et diminuer la langueur des végétaux.

2° *Les terrains de gneiss* se trouvent ordinairement superposés aux roches granitiques, avec lesquelles ils participent et se lient quelquefois d'une manière très-intime. Parfois aussi cette roche passe au micaschiste et est recouverte de grès, de schistes micacés.

Ces terrains, que l'on rencontre, en France, dans la Bretagne, le Maine, le Limousin, l'Ardèche, les Cévennes, etc., forment des montagnes arrondies, de petits plateaux et des gorges plutôt que des vallées. Lorsque la roche se montre à la surface du globe, elle constitue généralement de mauvais terrains agricoles très-micacés et siliceux. La production herbacée y naît avec difficulté : aussi est-il toujours plus favorable de les couvrir d'essences résineuses ou feuillues. Ce n'est que dans quelques parties des Alpes et des Vosges que ce sol se couvre de prairies et de champs en culture, favorables à la vie animale et végétale. Lorsque la roche gneissique passe complètement au micaschiste, les terrains qu'elle forme en se résolvant participent des inconvénients ou défauts des terrains schisteux. Ces terrains, au reste, reçoivent quelquefois en pratique le nom de *granitiques schisteux.*

3° *Les terrains porphyriques,* que l'on rencontre dans les terrains primitifs et qui enveloppent ordinairement les autres roches, recouvrent rarement en France des contrées étendues. Ils présentent généralement des élévations coniques, des mamelons émoussés. Lorsque la roche porphyroïde, quelle qu'elle soit, est abondante, elle donne au sol aride, qui ne peut être utilisé que par le concours des semis d'arbres ou des plantations, un aspect de désolation et de tristesse peu ordinaire. Ces terrains se rencontrent en France dans les Vosges, mais principalement vers la partie supérieure de l'Yonne, dans les environs d'Autun et d'Avallon et des deux côtés de la Loire, dans l'espace qui s'étend entre Lyon et Clermont.

4° *Les terrains basaltiques, trachytiques et laviques* existent, pour ainsi dire, dans les mêmes lieux, et ils ont une telle ressemblance entre eux qu'il est souvent très-difficile de les distinguer.

A. Les terrains basaltiques forment des masses ou des coulées plus ou moins puissantes sur le sommet des plateaux, sur la pente des montagnes, au fond des vallées, qui tous se rattachent à des cônes volcaniques. Ces terrains se trouvent en relation avec presque tous les terrains, mais ils existent principalement dans le terrain granitique, comme dans l'Auvergne par exemple. On trouve aussi des basaltes reposant, dans cette partie de la France, sur des terrains de formation d'eau douce appartenant à la période tertiaire.

Ces terrains se trouvent, en France, depuis la partie septentrionale de l'Auvergne jusqu'au delà de Montpellier, sur les bords de la Méditerranée, et envahissent une partie du Velay et du Vivarais, et ils affectent la forme de masses, de culots, de plateaux. Les nappes ou les plateaux les plus étendus et les plus remarquables sont ceux de la Planèse dans l'Auvergne, soumis à la charrue et très-fertiles en céréales, et de Mirabelle dans les coyrons du Vivarais. On remarque aussi des nappes très-inclinées en beaucoup de lieux, mais principalement au Cantal, au Mont-Dore dans le nord de l'Auvergne. Quant à la disposition en filons, on la rencontre sur les bords de la rivière du Volants entre Vals et Entraigues, près du hameau du Pal dans le Vivarais.

B. Les terrains trachytiques couvrent parfois des étendues considérables. Ces terrains, qui forment aussi des montagnes très-élevées, des vallées très-irrégulières, des gorges à pentes escarpées, sont très-caractérisés dans le nord de l'Auvergne, près de Clermont, où ils constituent le Puy-de-Dôme, le Cantal, les Monts-Dores, dans le Velay et le Vivarais, où ils constituent le Mézenc et le Mégal.

C. Les terrains laviques auxquels quelques géologues ont donné le nom de terrains volcaniques, sont bien moins étendus que les précédents. Ces roches sont tantôt en masses étroites, tantôt en coulées allongées, plus ou moins puissantes et ordinairement disposées par groupes, par chaînes, présentant tous les accidents des laves que l'homme ne se souvient pas d'avoir vu en fusion en France. La chaîne la plus remarquable est celle qui se dirige sur une ligne à peu près du nord au sud de l'Auvergne en passant par Clermont. On remarque encore, sur quelques points de la partie occidentale du Velay, dans le haut et le bas Vivarais, de véritables coulées se dirigeant dans les vallées ou s'arrêtant sur le flanc des montagnes.

Toutes ces roches, qui composent les terrains que l'agriculture désigne sous le nom de *terrains volcaniques*, et qui forment cinq massifs principaux près de Clermont, près de Murat, près d'Espalion, au-dessus de Rhodez et près de Privas, ne se décomposent que très-lentement, et quelquefois aussi elles se désagrégent avec une grande facilité sous l'action de l'humidité ; mais elles ont le grave défaut de ne pas retenir les eaux. Toutefois, quelque dures que soient ces roches, il arrive un moment où elles forment, par suite de leur décomposition, des terres arables profondes, surtout dans les vallées, au fond des gorges, où les eaux amènent sans cesse des débris fins tantôt argileux, tantôt siliceux. Quant aux sommets des masses, des élévations, ils sont presque toujours rebelles à la culture et à l'intelligence du montagnard, à cause de l'apparition de la roche volcanique à la partie supérieure de la terre, et surtout de la grande quantité de neige qui tombe pendant six mois au moins de l'année. Mais il ne suffit pas que les eaux qui tombent sur les parties élevées entraînent dans les vallées, sur les versants et sur les plateaux, des matières limoneuses noirâtres qui amoindrissent la légèreté et la perméabilité de la terre ; il est nécessaire d'avoir recours aux arrosements, et surtout aux parties calcaires. La vallée de l'Allier est formée, entre Brossac et Moulins, de calcaire d'eau douce et de débris de roches volcaniques, et sa fertilité, qui est excessivement remarquable, est due évidemment à la présence des parties calcaires et à l'humidité qu'elle reçoit et qu'elle conserve durant l'été. En général, les terrains volcaniques en pente s'assimilent difficilement les parties organiques, et il faut que les roches aient un nombre de siècles incommensurable d'existence pour qu'elles puissent en contenir une quantité un peu apparente.

Cependant, malgré leur ingratitude, ces parties, lorsqu'elles sont ondulées, se couvrent souvent de pâturages et de prairies qui nourrrissent des animaux de la race bovine remarquables par tous leurs produits. Ces pacages et ces prairies doivent leur richesse à de petits filets d'eau qui descendent des parties élevées après s'être chargés, surtout durant l'automne, de matières organiques que les animaux y ont déposées depuis le 25 mai jusqu'au 15 septembre, époque durant laquelle ils parquent et pâturent sur le sommet des montagnes. Ces lieux agricoles sont généralement situés au-dessous de forêts de hêtres et de sapins remarquables par leur hauteur et leur développement, quoiqu'ils végètent fréquemment et directement sur la roche volcanique. Au-dessus de ces lieux boisés, existent les pâturages si utiles au montagnard.

et au sein desquels existent les *bu-rons* ou fromageries. Dans le fond des vallées et à la partie inférieure des collines, on remarque des frênes, des ormes d'une vigueur et d'une végétation très-remarquable, et le peuplier se plaît de préférence dans les bas-fonds que traversent continuellement des cours d'eau bienfaisants.

§ 2. TERRAINS DE TRANSITION OU INTERMÉDIAIRES.

Les terrains de transition sont formés de roches qui peuvent être confondues avec celles des terrains primitifs et les terrains secondaires; c'est dans ce groupe que commencent à apparaître les roches neptuniennes. Les roches qui composent ces terrains sont assez nombreuses, et comme elles ont éprouvé des changements de texture et de structure par le voisinage des roches formées par le feu, on leur a donné le nom de *roches métamorphiques.* On trouve le vieux grès rouge (*old red sandstone* des Anglais), l'anthracite, la houille, les schistes argileux (*système cambrien*), les schistes ardoisés, le grès quartzite (*système silurien*), le calcaire marbre.

1° *Les roches schisteuses*, qui forment la base du *terrain ardoisier*, recouvrent les terrains primitifs, et elles sont antérieures à l'époque où la mer a déposé sur le continent les plus anciennes coquilles qu'on y rencontre. Ces roches, qui abondent en Bretagne, dans le Cotentin, l'Anjou, les Ardennes, les Pyrénées, les Hautes-Alpes, forment tantôt des plateaux entamés par des vallées plus ou moins profondes, plus ou moins élargies; tantôt des couches d'une inclinaison très-prononcée, c'est-à-dire des montagnes élevées, abruptes et escarpées, presque toujours inaccessibles à la charrue. Ces roches, qui sont hygroscopiques, se décomposent en une terre légère, mais plutôt argileuse que siliceuse, et sont généralement couvertes de landes, de bois ou de pâturages.

La couche supérieure des terrains de schistes est généralement peu profonde. Cependant il existe des roches schisteuses qui alternent avec des roches quartzeuses divisées et qui, quoiqu'elles présentent de grands feuillets schisteux et résistent assez facilement aux influences météoriques, constituent des sols susceptibles d'être couverts par des végétaux agricoles à racines pivotantes. On trouve aussi des schistes ardoisés qui forment par leur décom-position, comme dans les environs d'Angers et sur quelques points du plateau des Ardennes, des terres légères que l'homme rend fertiles avec assez de promptitude sans des déboursés considérables, et qui peuvent produire de belles récoltes de froment, de chanvre, de lin, de vesce, etc.

Ces terrains, qui renferment une plus ou moins grande quantité d'oxyde de fer, présentent des schistes de couleurs très-variables. Mais les plus rebelles à la culture sont sans contredit les schistes rouges ou violacés, qui se résolvent toujours en une argile assez tenace. La roche schisteuse ou ardoisée n'apparaît pas toujours à la superficie de la terre. Lorsqu'elle existe inférieurement, il est bien rare que la terre ne soit point formée, dans le fond des vallées, par des argiles siliceuses quelquefois magnésiennes, et empâtant tantôt des fragments de quartz, tantôt des poudingues quartzeux d'une très-grande infertilité.

Mais si les élévations schisteuses se couvrent difficilement de bons pâturages, de céréales, parce que la chaux n'existe pas toujours au sein des terrains, et si elles ne produisent pas toujours des *vins de Côte-Rôtie* (Rhône), *de la coulée de Sérant* (Maine-et-Loire), il faut reconnaître que les parties inférieures des cimes élevées, les vallées larges et profondes, offrent en général la végétation la plus brillante, et que la terre de ces lieux, qui est souvent subdivisée par des enclos, a une valeur foncière souvent élevée.

2° *Les grès* de cette période n'ont pas en général un avantage bien marqué sur le terrain schisteux ou granitique. Ils se résolvent facilement en une terre arénacée de couleur rouge brique, jaune rougeâtre, blanchâtre, grisâtre, etc. Ces terrains sont toujours supérieurs soit au granit, soit aux schistes et quelquefois même au terrain houiller. Ils constituent des élévations parfois assez prononcées, ou forment des plateaux à la partie supérieure de petites collines, mais peu étendus.

Les grès renferment des couches argileuses de diverses colorations, des fragments de quartz parfois en très-grand nombre et des poudingues; alors la couche arable manque toujours de profondeur; et quoiqu'elle appartienne à la classe des terrains silico-argileux, les débris organiques s'y accumulent difficilement, les végétaux agricoles n'y prospèrent point durant l'été et l'humidité les imbibe pendant l'hiver. Mais tous les terrains de grès ne reposent pas sur des argiles imperméables ou ne sont point pénétrés d'une certaine quantité d'alumine. Il existe des grès qui forment à la surface de la terre des dépôts considérables dont la nature est parfaitement caractérisée. Ces couches sont légères et fortement colorées en rouge par l'oxyde ou l'hydrate d'oxyde de fer, et, malgré leur ingratitude, le cultivateur y obtient des chênes et châtaigniers remarquables et des pins maritimes d'une végétation admirable. Ainsi on rencontre dans la Bretagne un sable rouge-jaunâtre qui passe du grès au poudingue et que l'on désigne sous le nom de *terre à fer*. Ces sables qui occupent heureusement dans cette partie de la France une petite étendue sont de mauvais terrains agricoles et ne peuvent être utilisés que par la culture forestière. Il existe toutefois çà et là, au-dessus des terrains primitifs, des masses grésiformes, meubles assez fertiles pour constituer des terrains agricoles assez favorables à la végétation du seigle, du sarrasin, de la luzerne, etc., malgré leur couleur ferrugineuse.

3° *Le calcaire* que l'on rencontre dans les terrains de transition est généralement dur, compacte et saccharoïde, de couleur variable. Il accompagne ordinairement les schistes et ne modifie en aucune manière la couche arable; et il est bien rare que l'on rencontre cette roche calcifère à l'état pulvérulent. Mais si les calcaires de cette zone métamorphique sont pour ainsi dire inaltérables, et s'ils ne peuvent augmenter ou détruire les défauts de la partie supérieure du globe, il faut reconnaître qu'ils ont une très-grande importance comme pierres à chaux; et il semble que la providence a fait naître cette roche, ainsi que la houille, au sein des schistes et non loin des terrains primordiaux afin que le cultivateur puisse donner au sol qu'il cultive dans ces zones un élément nouveau et puissant, de fécondité. On sait en effet que l'agriculture de la Mayenne et du Bas-Anjou doit sa prospérité au fréquent usage de la chaux, véritable substance stimulatrice de la terre et de la vie végétale.

§ 3. TERRAINS SECONDAIRES.

Sous ce nom, on désigne les terrains formés d'un très-grand nombre de couches de natures différentes et d'âges variables. La stratification de ces couches est tantôt inclinée et tantôt horizontale, quelquefois même contournée. On y rencontre beaucoup de roches arénacées, de calcaires et de débris organiques fossiles.

Ce terrain a été divisé en deux groupes :

1° Terrain secondaire inférieur,
2° Terrain secondaire supérieur.

A. Le terrain secondaire inférieur est formé de calcaire magnésien, grès bigarré, lias, calcaires oolitique et jurassique, etc.

1° Les terrains *jurassique* et *liasique* occupent une très-grande surface du sol de France. Ce grand groupe apparaît au nord en Normandie et envahit une grande partie du Calvados, se dirige en une bande assez étroite vers Angers et sépare, pour ainsi dire, le terrain primitif du terrain secondaire supérieur; cette bande se développe dans le Poitou et se divise en deux branches. L'une d'elles se dirige vers la Corrèze et les Pyrénées, et s'arrête près d'Alby (Tarn); l'autre, beaucoup plus apparente, se prolonge dans le Berry, le Nivernais, et, arrivée en Bourgogne, elle se subdivise de nouveau, et s'étend d'un côté dans la Lorraine et s'arrête près de Mézières (Ardennes), et de l'autre, elle s'unit à la chaîne du Jura, qui se dirige vers le sud et s'arrête à la Tour-du-Pin (Isère). Enfin ces terrains envahissent les Alpes, et enveloppent, pour ainsi dire, les montagnes des Cévennes.

Le terrain jurassique, qui doit son nom au rôle important qu'il joue dans la constitution géologique du Jura, est ordinairement en couches à peu près horizontales dans la Basse-Normandie, le Poitou, le Berry, la Bourgogne, la Lorraine, tandis qu'il présente des élévations souvent très-apparentes dans le Jura, les Alpes et les Cévennes, entrecoupées par des vallées plus ou moins larges. Il est composé de calcaire compacte, d'oolite, qui sont recouverts par des alternatives de sable, d'argile, de marne et de calcaire. On a donné à ce groupe le nom de *grande oolite*, à cause des globules qui forment généralement les roches calcaires. Ces dernières sont tantôt blanchâtres, quelquefois grisâtres, d'autres fois rougeâtres ou jaunâtres. Les fossiles les plus ordinaires sont des bélemnites, des ammonites, des térébratules, des ampullaires, etc.

Il est des localités où l'oolite est beaucoup plus puissante que le calcaire et où elle est suivie par des marnes très-argileuses. Dans d'autres circonstances, elle est recouverte de terre meuble empâtant des silex plus ou moins divisés. Enfin on rencontre sur d'autres points des oolites de nature ferrugineuse qui donnent à la couche superficielle une teinte rougeâtre assez prononcée. Les marnes de ce terrain sont très-variables dans leur couleur ; tantôt elles sont bleuâtres ou grisâtres ; quelquefois elles passent du jaunâtre au blanchâtre et sont carac érisées par des huîtres, des peignes et des pyrites très-ferrugineux. Ces marnes, lorsqu'elles sont calcaires ou argileuses, concourent puissamment à rendre le sol très-fertile.

Le terrain liasique, qui a pour type des roches calcaires à gryphites, est aussi composé de dépôts alternatifs d'argile plus ou moins sablonneuse ou calcaire, et des calcaires aussi oolites, a été désigné sous le nom d'*oolite*. Il ressemble au terrain jurassique, avec lequel il se mêle d'une manière plus ou moins sensible, et se trouve souvent à la suite, c'est à dire à la partie inférieure des massifs jurassiques. Ainsi, dans la chaîne du Jura, ce terrain réside généralement dans la partie inférieure des élévations dont les parties supérieures sont formées de calcaire jurassique.

Le terrain liasique ne donne pas de marbre, et la roche qui le caractérise est une variété de calcaire compacte argileux à *gryphée arquée* ; et il repose parfois sur les roches quartzeuses et schisteuses des terrains primitifs et secondaires. On trouve dans ce terrain des marnes et des calcaires argileux bleuâtres et parfois noirâtres, passant souvent au calschiste qui donnent d'excellente chaux hydraulique. Les calcaires de ce terrain sont très-riches en coquilles fossiles ; on y rencontre des bélemnites, des ammonites, des térébratules, des plagiostomes. Mais le fossile le plus caractéristique est la gryphée arquée, espèce d'huître courbée en forme d'arc, qui n'a jamais été trouvée dans d'autres terrains.

L'agriculture de ces deux groupes est très-variable suivant les localités. Dans les lieux où le sol est entrecoupé par des vallées et recouvert de dépôts modernes, la couche arable est argileuse, fraîche, humide et fertile. C'est là que l'on rencontre les plus riches prairies d'embouche, au sein desquelles on élève de très-belles races d'animaux domestiques. Ainsi dans le Bessin, le Cotentin, le pays d'Auge en Normandie, où les herbages sont d'une grande fertilité, dans le Charollais, *le terrain classique de l'herbe*, et le Nivernais, où les pâturages sont très-abondants, la pratique

de l'engraissement à l'herbe durant la belle saison et l'élevage des bêtes bovines en liberté sont des spéculations très-lucratives pour le tenancier et le fermier ; tandis qu'elles doivent être regardées comme impossibles sur la plupart des terrains agricoles qui appartiennent aux terrains primitifs et intermédiaires ou de transition.

Les terres arables des terrains jurassique et liasique ne présentent pas à beaucoup près les mêmes avantages et la même fertilité. Cependant, malgré leur aridité et leur état de sécheresse durant l'été, les pays plats sont en général des localités granifères. Mais pour que la culture céréale soit réellement lucrative, il importe que la couche arable ait une certaine épaisseur, qu'elle soit imprégnée d'une certaine quantité de sable siliceux, que la roche calcaire soit d'une décomposition difficile et peu absorbante et qu'elle offre des ondulations prononcées par rapport à l'écoulement des eaux. Il existe un nombre de localités où ces terrains géologiques présentent de véritables plages désertes. La terre y est fortement argileuse et ferrugineuse ; elle adhère aux instruments avec force, et nécessite un très-grand nombre de bêtes de travail pour être travaillée. Cette terre arable, qui repose sur un sous sol inerte, est imperméable, et les eaux qui séjournent depuis l'automne jusqu'au printemps sur la surface de la terre, contribuent à rendre la contrée très-malsaine, comme dans l'arrondissement du Blanc (Indre), par exemple, où les fièvres intermitentes et gastro-bilieuses sont regardées comme endémiques. Ces terres arables, qui sont blanches à l'état sec et noires à l'état humide, reposent tantôt sur la roche, tantôt sur des couches marneuses.

Mais, à côté de ces terres brûlantes en été et humides ou boueuses en hiver, l'œil découvre des terres silico-argileuses, profondes, riches, meubles, où la fougère et la ronce croissent avec une vigueur remarquable, et que l'agriculteur intelligent transforme promptement en très-bonnes terres végétales, et sur lesquelles il obtient de riches récoltes de froment, de colza, de trèfle et de betterave, lorsque surtout le sol cultivable ne recèle pas une trop grande quantité de débris de roches calcaires.

Les élévations, comme celles du Jura et de la Franche-Comté, ne sont que très-accidentellement effleurées par la charrue et dans la généralité des localités les sommités sont couvertes de bois et de pâturages. Ces derniers constituent des lieux spéciaux, et ils ne reçoivent les troupeaux que pendant les quatre mois où la neige les laisse à nu, depuis le commencement de juin jusqu'au 8 octobre, qui y arrivent des vallées voisines, accompagnés de pâtres dont le cœur est rempli de bonheur et de véritables jouissances champêtres.

Là, on élève et on entretient des vaches pour la production du lait et du fromage ; ailleurs on se livre à l'éducation des poulains et à l'engraissement des bêtes ovines. Ces spéculations résultent de l'élévation des lieux et de l'infertilité ou de l'ingratitude du sol, et des coutumes des populations.

Mais si le groupe jurassique et liasique est parfois peu favorable à la culture pastorale pure, et si on rencontre souvent des terres couvertes de bruyères et d'ajoncs, il faut reconnaître que certains végétaux ligneux y acquièrent des dimensions considérables. Ainsi l'orme, le noyer, les pins et les sapins y croissent avec une très-grande facilité, et la vigne y donne des produits remarquables par leur goût et leur finesse. C'est ce terrain qui fournit en Bourgogne les *vins fins de Volnay*, *Pomard*, *Vougeot*, etc., et, dans la Franche-Comté, le pétillant *vin blanc d'Arbois*.

2° La formation du *grès bigarré*, qui offre des zones grisâtres, verdâtres, rougeâtres dont la coloration est due à l'argile qui les enveloppe, forme, avec les *marnes irisées* que l'on comprend sous le nom de *formation keuprique*, et le *calcaire coquillier* ou madréporique, auquel on donne la dénomination de *muschelkalk*, le terrain de la Lorraine, de la Basse-Alsace, de la partie nord-est du département de la Haute-Saône, etc.

Ces terrains, que l'on trouve parfois recouverts de dépôts de matière argileuse, variée de couleur, de matière siliceuse et de lits de calcaire pur ou magnésien, constituent tantôt des plaines, tantôt des élévations à base de calcaire conchylien. Lorsque ces terrains ne sont pas recouverts d'alluvion et que la formation géognostique est peu éloignée de la surface de la terre, les terres sont en général médiocres. Ainsi on rencontre quelquefois des sols quartzeux à grain fin et le plus souvent rouge ; d'autres fois des terres argileuses, marneuses, très-compactes et d'une culture difficile, mais se couvrant ordinairement d'assez belles prairies ; ainsi il faut parcourir le Cotentin, les environs d'Isigny, quelques vallées des Vosges, pour en acquérir la certitude. Quoi qu'il en soit, ces terrains, que l'on retrouve aussi dans l'Aveyron, mais sur une plus petite étendue, ne constituent pas moins pour cela, sur un grand nombre de points, de très-bonnes terres à froment susceptibles de produire au sein des plaines de très-belles récoltes de fourrages, racines, l'orme et le chène.

B. Le *terrain supérieur*, auquel on a donné le nom de *terrain crétacé*, est formé de grès vert, de craie et d'autres roches, telles que du tuffeau, du sable ferrugineux, des argiles et des marnes ; enfin il contient un très-grand nombre de coquilles fossiles.

Ce terrain se montre d'abord en Normandie, dans la Flandre française, et en Picardie, où il se bifurque pour s'étendre d'un côté par la Beauce, le Perche, la Touraine, la partie nord du Berry. Après avoir envahi la portion est de l'Anjou, il s'arrête pour reparaître dans la partie sud-ouest de la Saintonge, envahit une partie du Périgord, où il s'arrête de nouveau pour reparaître encore dans les Pyrénées, puis dans le bas Languedoc, la basse et haute Provence, le haut et le bas-Dauphiné. L'autre bifurcation de la Picardie dans l'Artois, la Champagne, l'Auxerrois.

Le terrain supérieur est généralement répandu par couches horizontales ; il ne présente pas de grandes inégalités et ce n'est qu'accidentellement qu'il forme des collines élevées. La craie qui se montre à nu sur plusieurs points de la France, a souvent une épaisseur considérable, donne naissance à de petits mamelons et à des plaines étendues, tantôt fertiles, tantôt très-arides. Si l'on jette un coup d'œil sur les parties qu'occupe la craie, on reconnaît que, dans la Champagne, elle est remarquable par sa pureté et la petite quantité de silex qu'elle renferme. Malheureusement cette roche, qui n'est recouverte par aucun dépôt alluvionnel dans le département de la Marne, entre Sézanne et Vitry, forme une immense plaine aride et sèche à laquelle on a donné le nom de *Champagne pouilleuse*, où on ne voit que de chétives récoltes de seigle. Mais la craie n'est pas aussi infertile dans toute cette partie de la France. La vigne s'implante avec succès à *Aï*, à *Epernay*, où elle constitue d'excellents vignobles. Ailleurs, dans la Puysaie, le sol est composé de craie, de silex, de sable et d'argile. Cette partie du département de l'Yonne est fertile ; elle est recouverte d'arbres, de haies, de verdoyantes prairies. C'est qu'il suffit d'extraire la marne du sein de la terre et de l'appliquer sur la couche arable pour que celle-ci soit toujours recouverte de végétaux d'une riche végétation. La Sologne est loin d'être aussi favorisée que la Puysaie. La couche sablonneuse qui recouvre la roche calcaire, qui passe souvent à la craie marneuse, rend cette province en général aride et marécageuse. Quelques parties du Perche sont aussi et peut-être plus mal favorisées que la Sologne. Les sables que l'on rencontre à la partie supérieure de la roche crétacée, et qui passent au grès et au poudingue, donnent naissance à des localités bien arides. Ces sables, qui ont une couleur rougeâtre, brun-rougeâtre, sont désignés dans le pays sous le nom de *roussard* et ne peuvent être soumis avantageusement à la charrue. C'est par la culture du pin maritime que dans le Maine on utilise ces terrains. La Touraine présente aussi des plateaux calcaires et siliceux peu fertiles, des parties couvertes de bruyères; mais à côté de cette aridité existent des vallées couvertes de dépôts modernes et d'une fertilité remarquable qui justifie chaque jour le nom de *Jardin de la France*, que l'on a donné à cette province.

Quant à la Picardie, la craie y domine encore, mais elle renferme une plus grande quantité de silex, et elle existe sous des dépôts meubles modernes, qui rendent cette contrée un véritable pays granifère. Toutefois, pour bien saisir les ressources que peuvent offrir les terrains de l'étage supérieur, il faut avant toute chose examiner l'aspect physique des silex que la craie empâte. Dans la Picardie, la partie sud-ouest de la plaine de Chartres, la partie calcaire de la Touraine, les silex sont toujours blonds ou offrent une couleur pâle; alors la craie est blanche, à grain fin, assez friable et favorable à la culture du froment et des légumineuses, tandis que celle à silex noir est plus grossière et plus cohérente.

La craie du bassin de la Saintonge et du Périgord est plus blanche, mais généralement plus dure que celle des localités précitées, et elle renferme des silex noirs; aussi quoiqu'elle soit recouverte çà et là par un calcaire argileux assez friable, constitue-t-elle des sols arables de qualité secondaire. Le massif des Pyrénées a une certaine analogie avec le terrain crétacé de ces deux provinces; mais il diffère complétement des dépôts calcaires et marneux qui reposent sur les terrains jurassiques dans la Franche-Comté, et auxquels on a donné le nom de *terrain Jura-crétacé*.

Ainsi donc, le terrain crétacé offre des sols arables très-variables; néanmoins on ne doit les regarder comme peu favorables à la vie des végétaux agricoles que lorsque la craie se montre à la surface de la terre, qu'elle passe à la marne ou qu'elle est très-compacte ou très-fendillée et que la couche silice use qui la recouvre est peu épaisse. Lorsque la craie est couverte par des dépôts modernes de nature siliceuse et argileuse, comme cela a lieu dans la Flandre française, la couche arable peut arriver à un haut degré de fertilité.

§ 4   TERRAINS TERTIAIRES.

Ces terrains auxquels on a donné le nom de *terrains supra-crétacés* parce qu'ils sont supérieurs à la craie, sont formés de dépôts opérés par les eaux, et ces couches sont alternativement de formations marines qui constituent le *terrain tritonien* et de formation d'eau douce qui caractérisent le *terrain nymphéen*, et ils remplissent en partie les deux grands bassins traversés par la Seine et la Garonne.

Ce groupe, qui constitue des plaines, de petites collines très-arrondies, a été divisé en trois étages par MM. Dufrénoy et Élie de Beaumont:

1° Terrain tertiaire inférieur,
2° Terrain tertiaire moyen,
3° Terrain tertiaire supérieur.

A. Le terrain inférieur est formé de marne, de calcaire tendre, d'argile plastique de formation d'eau douce, et de calcaire grossier très-coquillier de formation marine.

B. Le terrain moyen est composé de calcaire siliceux, de marne, de gypse de formation d'eau douce, de molasse coquillière, de sables ou grès marin, de marnes à coquilles marines ou faluns de formation marine, de calcaire d'eau douce avec meulière.

C. Le terrain supérieur est formé de sable des Landes.

A. *Formations marines.*

1₀ Les *sables* et les *grès marins* de ces formations présentent de petites élévations au sommet desquelles on remarque des petits plateaux. Ces sables et ces grès sont sans coquilles entières à la partie inférieure. Les premiers qui forment parfois des dépôts puissants, sont colorés par l'hydroxide de fer; les seconds sont blancs et passent quelquefois au grisâtre, au jaunâtre; ils sont généralement friables et ne recèlent qu'accidentellement des blocs qui servent au pavage.

Ces parties arénacées que l'on rencontre à la partie supérieure de la terre, constituent des sols siliceux en général peu fertiles, mais qui permettent comme les terrains du grès vert de l'étage supérieur du terrain secondaire, la culture de la luzerne, du seigle, lorsqu'ils sont cultivés par un homme éclairé. Cependant, il faut reconnaître qu'il en existe de si ingrats et si infertiles, qu'il est plus avantageux de les couvrir de pins silvestres, que de les soumettre à la charrue. Ainsi on rencontre dans la forêt de Fontainebleau des sables très-arides, que recouvrent des futaies d'essences résineuses très-remarquables quant à leur élévation et leur développement.

Ces terrains qui constituent d'excellents sols arables, lorsqu'ils ne sont pas ferrugineux et qu'ils sont arrivés à une période de fertilité assez avancée, sont généralement profonds. Il est bien rare que les couches de marne et d'argile, sur lesquelles ils reposent, influent puissamment sur leurs propriétés physiques. Lorsque ces stratifications sont très-près de la surface de la terre, elles rendent la couche arable peu favorable à la vie végétale. Mais ce cas est assez rare, surtout dans l'étage moyen. En général ces terrains sont arides à cause de la présence du fer, de leur manque d'humidité au sein des sécheresses, et de la difficulté avec laquelle ils accumulent les matières organiques.

2₀ Il est assez rare que l'on rencontre dans les formations marines des *argiles pures* à la surface du sol. Elles sont toujours recouvertes par des dépôts plus modernes, d'une assez grande fertilité. Lorsqu'elles apparaissent à nu à la superficie de la terre, elles sont généralement infertiles. Les *marnes* qui dominent dans ces stratifications sont de couleurs variées; celles que l'on rencontre le plus ordinairement sont de couleur verte, et elles renferment beaucoup de petites huîtres, quelquefois de très-grandes. On les emploie à l'amélioration des terres arables avec un très-grand succès.

3° Le *calcaire* de formation marine constitue ordinairement des coteaux, et tantôt il est très-près de la surface du sol, tantôt il est recouvert par des dépôts arénacés. Cette roche est sans influence sur les produits du sol. Cependant c'est dans ce calcaire grossier qu'existent les excellents *vignobles de Saint-Émilion*. Il n'en est point ainsi des calcaires auxquels on donne le nom de *faluns*. Ces sables quartzeux calcaires qni contiennent une très-grande quantité de coquilles marines, souvent à l'état fragmentaire, et que l'on trouve à Louans, à Manthelan (Indre-et-Loire), Grignon (Seine-et-Oise), Gradignan, Saucats (Gironde), Courtagnon (Marne), où ils sont exploités parfois comme substance marneuse, n'ont pas une très-grande épaisseur, et ils n'occupent pas un emplacement considérable.

Les formations marines du terrain tertiaire sont généralement caractérisées par les fossiles suivants : *Cérithes, Pétoncles, Turritelles, Natices, Ampullaires, Fuseaux, Lucines, Oursins,* etc.

B. *Formations d'eau douce.*

1° Les *sables* des formations d'eau douce sont caractérisés par des pierres meulières ou silex cariés et leurs grains sont très-distinctifs. Ils forment des couches épaisses et parfois très-étendues, et sont plus ou moins *souillés* par des argiles ou des marnes ferrugineuses. La couleur de ces sables varie du blond au rouge, et il faut les marner et les fumer abondamment, pour qu'ils puissent être regardés comme de bons sols à froment. Dans la généralité des cas ils sont très-secs en été et humides en hiver, et ils ne produisent que du seigle, des prairies naturelles, ou pour mieux dire des pâturages; mais ils déterminent souvent l'existence de riches contrées forestières. Lorsque le sable présente une couche assez puissante sans argiles, la luzerne y croit avec vigueur.

2° Le *calcaire* de ce groupe que l'on désigne parfois sous le nom de *calcaire siliceux*, parce qu'il est mélangé d'une assez grande partie de silice, forme des amas terreux, tantôt cohérents, tantôt friables. Cette roche de couleur blanche dans la partie méridionale de la Beauce, dans l'Orléanais, dans la Brie, etc., est souvent recouverte de dépôts de meulière imprégnés d'argile, qui rend sa couche arable, tenace et humide. Ce calcaire que l'on appelle aussi *crayon* dans le bassin de Paris, est employé à la culture des terres; on l'applique sur le sol comme les marnes, il devient promptement friable sous l'action de l'air, agit plus précipitamment que la marne proprement dite, mais il dure moins longtemps. Ce calcaire est un puissant auxiliaire dans la culture des plantes céréales et légumineuses.

3° Les *marnes*, qui accompagnent le calcaire des formations d'eau douce, sont ordinairement blanches-grisâtres et elles renferment, comme la roche calcarifère, des silex parfois en très-grand nombre, passant au pyromaque, au jaspe et de couleurs très-variables. Ces marnes comme celles qui accompagnent le gypse ou *sulfate de chaux*, sont disposées par bancs, et elles sont ou argileuses ou calcaires et sont employées dans la culture des terres.

Les fossiles qui caractérisent les formations d'eau douce du terrain tertiaire, sont les *lymnées, planorbes, hélices, néritimes, moules d'eau douce, graines de chara*, etc.

Toutes choses égales d'ailleurs et quelle que soit la prédominance de l'une des formations qui caractérisent les terrains tertiaires, la couche supérieure constitue généralement une terre arable que l'homme peut utiliser avec fruit par un travail intelligent et rendre fertile. Il est vrai que le calcaire marneux et les calcaires compactes que l'on remarque sur les pentes et à la partie supérieure des élévations nécessitent souvent l'emploie simultané de la charrue, du rouleau et de la herse, pour se diviser et être cultivés avec succès, et que parfois le banc de pierre calcaire est peu éloigné de la superficie du sol, ce qui rend la couche végétale souvent très-sèche au printemps et durant l'été. Mais si l'on considère les produits en grains et herbacés du froment, de l'avoine, du trèfle, du sainfoin, des vesces, et la végétation du seigle, des pommes de terre, de la luzerne, du châtaignier sur les terres siliceuses ou siliceuses calcaires, on reconnaîtra que les terrains tertiaires procurent en général aux populations qui les cultivent, plus de jouissances vraies et plus de bien-être matériel que la majeure partie des terrains primitifs et de transition. Les terrains tertiaires, a dit avec raison M. Boubée, couvrent de grandes contrées peuplées et fertiles, et ils se trouvent presque toujours favorablement constitués pour la végétation : c'est que ces terrains résultent du mélange d'un grand nombre d'éléments divers, empruntés à tous les terrains plus anciens qu'eux et dont les terrains entraînés par les eaux ont été déposés par elles et mêlés ensemble soit dans les lacs, soit dans le fond des mers.

C. *Terrain tertiaire supérieur.*

Les matières qui constituent l'étage supérieur du terrain tertiaire appartiennent à une formation marine et couvrent de très-grandes parties terrestres dans les départements des Landes, de la Gironde et de Lot-et-Garonne.

La partie superficielle de cette grande alluvion marine présente des parties d'une affreuse nudité. La terre arable est formée d'un sable siliceux ou quartzeux d'une finesse et d'une pureté parfois désolante; cet élément est mêlé à quelques parties argileuses, de l'oxide de fer et des débris de joncs et de bruyères. M. Petit-Lafitte, qui a beaucoup étudié et analysé ces terrains des Landes, n'a pu constater que quelques millièmes de parties calcaires. Dans quelques localités malheureusement, dit-il, sur les cours d'eau un peu importants, l'argile vient se mêler au sable en quantité assez notable pour se transformer en une terre très-favorable à sa culture. Partout ailleurs l'*alios*, sorte de poudingue ou grès ferrugineux, se trouve au-dessous du sable des Landes et constitue le sous-sol. Cet alios est le résultat de l'infiltration des eaux qui en traversant le sable supérieur, se sont chargées, ont dissous l'oxide de fer dont il est imprégné; il est excessivement dur et colore les terres, surtout celles de marais.

Ces terrains de landes constituent, ailleurs que sur les bords des petites rivières, de très-mauvais sols agricoles sur lesquels les froments n'ont que très-rarement une végétation vigoureuse

Mais si ces terres ne peuvent pas être partout et toujours soumises à l'action de la charrue, soit que le fer soit trop abondant, soit qu'une humidité abondante couvre le sol durant l'hiver, ou que l'alios soit très-près de la surface du sol, il faut s'empresser de reconnaître que, par les essences résineuses, on peut avec succès utiliser les plaines arides qui caractérisent les landes de la Guyenne, et augmenter par le concours de ces végétaux la fertilité de la terre arable.

§ 5. TERRAINS MODERNES OU DE TRANSPORT.

La géologie comprend sous cette dénomination toutes les stratifications plus ou moins superficielles, caractérisées par la présence de corps organiques semblables à ceux qui vivent de nos jours. Ces terrains forment deux grandes classes :

1° Les alluvions anciennes ou terrains diluviens,
2° Les alluvions modernes ou terrains alluviens.

A. Les alluvions anciennes ont été formées par des forces qui ont cessé d'agir, et qui étaient plus puissantes que celles que nous observons aujourd'hui. Ces terrains auxquels on a donné le nom de diluviens doivent leurs formations au grand cataclysme, que l'on désigne sous le nom de déluge, et dont le récit est donné par la *Genèse*; ils constituent des dépôts considérables qui s'étendent sur des niveaux que les cours d'eau actuels ne peuvent parcourir et au sein desquels on rencontre des débris des animaux qui ont péri dans la catastrophe qui bouleversa la surface du globe, et ils se distinguent des terrains tertiaires en ce qu'ils ne contiennent que peu de couches cohérentes, qu'ils donnent naissance tantôt à des couches étendues, tantôt à des amas, des filons d'une épaisseur très-irrégulière, et qu'ils se rencontrent dans les vallées et les plaines qui avoisinent les plateaux élevés et les montagnes. Si l'on considère le terrain diluvien sous le rapport de sa texture, on y trouve des couches limoneuses, du sable, des cailloux et des blocs sans stratification régulière.

Les *dépôts meubles* de ce terrain sont très-répandus et parfaitement caractérisés; ils forment généralement une couche d'une épaisseur variable de sables et de graviers, et souvent même de cailloux roulés mêlés ensemble et résidant au-dessous de la couche végétale avec laquelle elle se confond parfois; et ce n'est qu'accidentellement que l'on y rencontre des masses conglomérées. Les matières qui constituent ces dépôts, qui sont secs et très-ingrats lorsqu'ils sont pour ainsi dire privés de calcaire et d'argile, sont de nature très-différente suivant les lieux. Ainsi on rencontre sur le sol de Paris non-seulement le calcaire siliceux et le grès du bassin parisien, le calcaire jurassique de la Bourgogne, mais encore des fragments de granit, de siénites semblables aux roches qui forment le fond du sol du Morvan et qui font remonter de proche en proche ces dépôts de débris jusqu'aux vallées qui sillonnent le *diluvium* de la Bresse. Tout le Dauphiné, dit M. Beudant, toute la vallée du Rhône, depuis Lyon jusqu'à la mer, présentent des débris qui n'ont pu être chariés par le fleuve actuel; ils entrent dans toutes les vallées latérales, se lient à toutes les terrasses qu'on y observe sur les dépôts de terrains plus anciens, et offrent dans le haut les témoins d'une vaste nappe qui, partout où rien ne s'y est opposé, a recouvert les dernières pentes des Alpes, et ces dépôts se prolongent sans interruption jusqu'aux plaines de la Camargue et de la Crau, dont on suit la route directe dans la vallée de la Durance jusqu'au centre des Alpes qui les a fournis.

M. Puvis, qui a rendu d'importants services à l'agriculture dans l'étude qu'il a faite des sols siliceux de la Bourgogne, de la vallée du Rhône, du Gâtinais, de la Sologne et du Berry, a observé que les formations argilo-siliceuses du bassin de la Méditerranée et de celui de l'Océan se confondent entre elles et qu'il n'existe pas de nuances qui distinguent parfaitement les dépôts de cette formation; toutefois, dit-il, l'alluvion du bassin du Rhône est plus argileuse, propriété qu'elle partage avec toutes les couches diverses de la surface du sol de ce bassin, et il faut en attribuer la cause aux nombreuses formations d'argile grise qui se trouvent dans ce bassin, et à ce que le fleuve qui en occupe le fond a beaucoup plus de pente que ceux qui versent à l'Océan. Mais, comme le fait remarquer M. Puvis, les dépôts argilo-siliceux que l'on observe jusque sur le premier échelon des montagnes de l'Autunois, qui couvrent les granits d'une partie du Haut-Charollais, des montagnes du Forez, qui s'élèvent à des hauteurs à peu près égales sur les deux croupes de ces montagnes qui versent d'un côté à la Loire et de l'autre au Rhône, augmentent de consistance à mesure qu'ils approchent de la mer : ainsi dans le bassin de la Loire, les sables de la Sologne sont plus légers que les plateaux de même nature de la Sarthe; ainsi, encore dans le bassin de la Seine, les plateaux du Gâtinais, de la forêt de Fontainebleau, offrent moins de consistance que ceux analogues de l'arrondissement de Bernay, que ceux de la forêt du Pont-de-l'Arche en Normandie. On conçoit la raison qui a amené cet état de choses, dit ce géologue agricole, c'est que les parties sablonneuses ont dû se déposer les premières et former les alluvions des parties les plus élevées des bassins : les eaux, en se retirant, les ont laissées à découvert successivement, et les parties ténues et argileuses restées les dernières en suspension ont été graduellement plus nombreuses dans les dépôts en rapprochant de la mer, et par conséquent ont rendu les alluvions plus consistantes, plus argileuses. Ainsi, le sol du littoral de la Seine qui souvent offre peu de consistance à Paris, en acquiert à mesure qu'il s'approche de la mer; ainsi encore, le sol littoral des trois rivières, le Rhône, la Saône et l'Ain, est plus léger avant leur confluent que celui du Rhône dans le Comtat, et celui du Comtat est moins argileux que celui de la grande plaine d'Arles.

Indépendamment des couches d'argiles ferrugineuses et des conglomérats calcaires et argileux ou poudingiformes et grésiformes que l'on rencontre au-dessous ou mélangés aux dépôts argilo-siliceux qui ne permettent qu'accidentellement aux eaux de pénétrer dans l'intérieur de la terre, on constate, ainsi que nous l'avons dit, des dépôts considérables de cailloux qui ont perdu leurs arêtes et leurs angles. Ces débris ont été arrachés aux élévations et transportés à des distances plus ou moins éloignées, selon la force des eaux. La nature de ces roches, que l'on désigne sous le nom de *blocs erratiques*, est très-variée; mais, en général, ils appartiennent aux roches des terrains non stratifiés. On trouve ces blocs dans le haut des vallées du sud-est de la France où les alluvions de la Durance et des affluents du Rhône commencent à apparaître, sur divers points des Alpes et du Jura à 600 ou 800 mètres de hauteur au-dessus de la vallée qui sépare ces chaînes de montagnes. Les cailloux dits roulés sont beaucoup plus petits

que les blocs erratiques et en plus grand nombre, et ils ont des effets agricoles moins défavorables qu'on pourrait le supposer. Ainsi, M. de Gasparin démontre que dans l'axe et à l'embouchure de la vallée du Rhône, qui va du nord au midi, le diluvium est caractérisé par une énorme quantité de *cailloux roulés* que l'on trouve parfois dans des positions assez élevées (160 mètres au-dessus du Rhône, sur le plateau de Villeneuve d'Avignon) et repose aussi sur un poudingue et sur un lit de marne; et que dans le midi, là où la couche de terre est peu épaisse, ce terrain ne sert qu'au pâturage, mais que là où elle est profonde, il vient d'excellents vignobles (Saint-Gilles) et des plantations de mûriers; enfin que quand les cailloux sont peu nombreux, le diluvium forme de beaux terrains à sainfoin. Il est vrai que lorsque les cailloux roulés existent en très-grand nombre et que l'épaisseur de la couche qu'ils forment est un peu prononcée, les instruments aratoires fonctionnent plus difficilement, et qu'il est toujours nécessaire d'épierrer les terrains qu'ils recouvrent, afin de pouvoir y cultiver des plantes fourragères fauchables; mais si l'on considère l'humidité bienfaisante que ces cailloux concentrent à l'intérieur de la couche arable et autour des racines des plantes durant l'été, on reconnaîtra que cet enlèvement doit être fait avec une très-grande circonspection, car il est des terrains d'alluvions sur lesquels un épierrement complet amoindrirait considérablement les facultés productives.

Toutefois, les dépôts du diluvium sont le plus ordinairement des masses friables aréneuses, mélangées d'une certaine quantité d'argile marneuse ou ferrugineuse qui rend la couche arable très-humide en hiver et très-sèche en été. Pour que le sol ne présente pas ces défauts, il faut que la couche supérieure soit profonde et limoneuse. Dans la plupart des cas, le sol est peu fertile et même souvent très-ingrat, et son imperméabilité rend l'air insalubre et détermine de nombreuses fièvres intermittentes et endémiques. La Sologne, la Brenne et la Bresse doivent leur insalubrité à l'humidité incessante dont le sol et l'atmosphère sont imprégnés

Les fossiles que l'on rencontre dans le terrain diluvien et qui le caractérisent sont très-nombreux; mais la plupart appartiennent à la classe des mammifères. Les plus caractéristiques et les plus remarquables appartiennent aux genres *cheval, bœuf, éléphant, rhinocéros, ours*, *chat*, *chien*, *hippopotame*, *mastodonte*, etc.

B. Les alluvions modernes, qui correspondent aux *terrains post-diluviens*, sont formées par des causes ou des forces qui agissent chaque jour, et elles ne remontent pas au delà des temps historiques. Ces dépôts peuvent être divisés en deux séries :

1° Les dépôts d'eau douce ou fluviatiles,
2° Les dépôts marins.

Ces dépôts, comme ceux qui appartiennent à la formation diluvienne, sont généralement meubles; mais ils diffèrent de ces derniers en ce qu'ils nous sont contemporains, qu'ils renferment un grand nombre de débris de l'industrie humaine, et qu'ils sont tout à fait superficiels.

1° Les dépôts fluviatiles des alluvions modernes sont formés par les eaux des rivières, des fleuves, les débâcles des lacs et les eaux pluviales qui tombent sur la terre et qui s'accumulent dans le fond des vallées, et ces eaux sont à la fois destructives et créatrices. Ainsi elles contribuent à la désagrégation et à la dégradation des roches et des dépôts meubles; elles les amollissent, les divisent, les dissolvent, et entraînent et concentrent leurs débris sur certains points terrestres où ils constituent des couches nouvelles plus ou moins favorables à la vie des végétaux agricoles, atterrissements que l'on doit regarder comme des dépôts réparateurs des érosions que ces mêmes eaux ont pu commettre ailleurs.

Les matières qui forment ces dépôts *limoneux* toujours friables, sont plus ou moins sablonneuses, plus ou moins argileuses, et ces débris sont transportés en plus ou moins grande quantité et à des distances plus ou moins considérables, selon la rapidité et le parcours des fleuves et des rivières. Quant à la richesse de ces dépôts, elle résulte toujours de la nature des matières qui les composent et du plus ou moins grand nombre de débris organiques qu'ils renferment. Lorsque les rivières ont un cours très-rapide, que leur vitesse dépasse 2 à 3 mètres par seconde, elles dégradent les terres qui les limitent, forment des amas terreux au milieu du fleuve, ou sur l'un ou l'autre de ses bords; et sous l'action d'une pente prononcée et d'une vitesse très-sensible, les eaux des grands fleuves ne déposent généralement que des cailloux roulés, des fragments de roches, de gros gra-

viers qui peuvent, dans un grand nombre de circonstances, stériliser à jamais les couches sur lesquelles ils reposent. Quand le courant a un long parcours, que les eaux perdent de leur vitesse au fur et à mesure qu'elles se rapprochent de la mer ou que la pente du lit n'est pas très-forte, les rivières ne déposent guère que du sable fin, de l'argile, du carbonate de chaux, et ces matières sont d'autant plus fines qu'elles sont déposées dans le voisinage de la mer, ou sur des points où les eaux diminuent de vitesse et s'éclaircissent.

On conçoit dès-lors quels bienfaits on peut espérer, dans quelques contrées, des débordements des fleuves et des rivières, lorsque les eaux grossissent graduellement, qu'elles prennent une teinte jaune foncé, qu'elles envahissent lentement les prairies qui limitent ces cours d'eau, et que ces inondations n'ont pas lieu quand la végétation ombrage complétement la couche arable.

Tous les cours d'eau charrient et déposent des matières; mais les débris qu'ils roulent dans leurs ondes sont de nature très-variable. La Loire, dont le cours n'est pas très-rapide, entraîne une très-grande quantité de matières siliceuses à l'état sableux, et ce sable, qui est de couleur jaunâtre, fin et mélangé à quelques parties alumineuses et à des fragments appartenant aux règnes organiques, constitue les *varennes de la Touraine* et *alluvions de l'Anjou*. Ces dépôts qui ont peu de cohésion produisent du chanvre, du froment, du lin, etc., d'une végétation vigoureuse incessante, et ont une épaisseur qui dépasse sur certains points plus de 20 mètres sans mélange de pierres. Mais toutes les alluvions du bassin de la Loire, quoique d'une puissance aussi prononcée que celle qui vient d'être signalée, ne sont pas toujours très-favorables à la vie végétale. D'après **M.** Leclerc-Thouin, les terres de l'Authion, par suite de leur origine marécageuse, ont une couleur noirâtre qui dénote à la première vue la présence de substances organiques, et lorsqu'on les fouille à une certaine profondeur, elles sont grasses et tourbeuses sur beaucoup de points; elles contiennent, en entier ou par fragments, les divers coquillages d'eau douce qui ont été successivement recouverts, après leur mort, par des dépôts limoneux ou végéto-limoneux, et pour devenir productives, elles veulent être quelque temps exposées au contact de l'air, mais elles acquièrent alors une fécondité plus grande encore que les alluvions de la Loire.

Le Rhône, la Garonne, le Rhin, etc., offrent aussi des alluvions d'une très-grande fertilité. Mais les dépôts formés par ces fleuves se distinguent les uns des autres par leur composition minérale. Alors que l'analyse chimique ne constate dans les alluvions de la Loire que quelques traces de chaux carbonatée, M. Plagniol de Nîmes a trouvé que le limon déposé par le Rhône renfermait de 0,25 à 0,39 de carbonate de chaux suivant la hauteur des eaux. D'un autre côté on observe sur les rives du Rhône des couches de graviers, de cailloux roulés, de galets interposés entre des couches argilo-siliceuses et siliceuses beaucoup plus puissantes et nombreuses que celles qui existent sur les rives de la Seine, de la Dordogne, de la Gironde, quoique les alluvions de ces fleuves soient aussi d'une très-grande richesse.

Les matières que les cours d'eau tiennent en suspension varient suivant la composition géologique des lieux qu'ils parcourent et les points où ils ont leur source. Ainsi la Loire roule dans ses eaux des laves, des trachites des terrains de l'Auvergne, des blocs erratiques de granit et même de porphyre du Lyonnais; la Garonne entraîne avec elle des galets granitiques des Pyrénées; la Dordogne charrie des débris volcaniques du Mont-d'Or: le Rhône transporte des débris de roches alpines et des roches volcaniques de l'Ardèche, etc., etc

Les alluvions formées par les crues, les torrents, les cours d'eau ordinaires, s'enrichissent généralement des débris de l'industrie humaine que l'eau abandonne, et ces objets témoignent que ces dépôts s'élèvent successivement et que leur formation est moderne. Des fouilles faites à Rouen, à Marseille, ont amené la découverte de constructions, de médailles, de poteries qui ont été créées par les Romains, et chaque jour l'homme trouve au sein d'anciens lits de cours d'eau des outils, des armes, des fragments de bateaux, des monnaies, etc.

Quelque torrentielle que puisse être l'eau d'un fleuve ou d'une rivière, il existe beaucoup de points en France où elle peut être considérée comme éminemment utile, lorsqu'elle déborde lentement et qu'elle couvre les terres arables depuis l'automne jusqu'au printemps. Il n'en est point ainsi, si la force du courant est considérable, et si les eaux s'élèvent à une très-grande hauteur; les rivières causent des désastres quelquefois terribles, et ces malheurs sont plus grands encore si elles viennent à rompre les digues qui les contiennent. Mais, dit M. de Gasparin, comment se fait-il que, par une erreur que l'on ne peut trop déplorer, les efforts des riverains aient souvent tendu à diguer ces rivières bienfaisantes de manière à prévenir tout débordement de leurs eaux sur les terres? Ne devrait-on pas se borner à prévenir leur abord direct qui, par la vitesse du courant, leur amène des sables et des graviers, et ne devrait-on pas continuer à les recevoir à reculons, en laissant leurs digues ouvertes à la partie la plus basse? C'est ainsi que l'on a agi dans la plaine qui borde le Rhône d'Orange à Donzère, et elle est restée fertile. Partout où l'on a fermé tout accès à l'eau, l'appauvrissement n'a pas tardé à se faire sentir. Ainsi, plus de nouveau principe fertilisant, plus de nouveau terreau amené par les crues annuelles, et dès lors nécessité de consacrer à la culture des quantités toujours croissantes d'engrais. En élevant ces digues, l'homme a voulu, comme l'observe encore M. de Gasparin, resserrer les eaux dans un canal étroit afin que les crues, qui ont lieu quelquefois à la fin du printemps et en été, n'enlevassent pas le produit du labeur humain au moment où il pouvait être récolté. Mais ces digues, que l'on doit successivement exhausser, nécessitent chaque jour de nombreux travaux d'entretien; elles forcent le courant à combler son lit et à transporter à la mer les matières fertilisantes dont il est chargé. Ces richesses perdues sont incalculables, et l'homme doit employer tous les moyens que la Providence a mis à sa disposition pour les utiliser à son profit. Ce fut une belle idée, dit M. Sismonde de Sismondi, que celle de forcer les rivières à déposer sur les plaines qu'elles peuvent détremper, le limon qui gêne leur cours et à réparer elles-mêmes le dommage qu'elles doivent faire! N'est-ce pas là, en effet, ce que l'agriculture offre de plus grand, de plus remarquable?

Indépendamment des *couches terreuses* superficielles mélangées de terreau que les eaux pluviales accumulent chaque jour à la partie inférieure des élévations et qui prennent souvent un caractère acide ou au fond des *étangs* et des *marais*, il se forme dans les lieux marécageux des dépôts de résidus de substances végétales et animales. Ces amas, auxquels on a donné le nom de *tourbières*, forment, ainsi que nous nous l'avons dit précédemment, une masse homogène dans toute son épaisseur. Cette tourbe forme des amas parfois très-puissants, surtout dans les vallées où les eaux ne sont pas courantes et où le sol est imperméable, et tantôt elle est recouverte par les eaux, tantôt elle disparaît sous une végétation de plantes et d'arbrisseaux. Elle est fort commune dans la vallée de la Somme, entre Amiens et Abbeville, et dans la partie basse du département de la Loire-Inférieure.

Les tourbières renferment un très-grand nombre de débris de plantes, d'arbres, de coquilles d'eau douce et terrestres, et l'homme y découvre parfois des ossements de bœuf, de cheval, de bois de cerf, de chevreuil, des débris d'arts humains, qui attestent une formation récente. Ces dépôts, ainsi que le fait remarquer M. d'Omalius d'Halloy, présentent trois modifications principales : la première n'est presque qu'un tissu ou espèce de feutre spongieux formé de racines, de fibres de parties végétales encore très-reconnaissables ; la seconde modification présente une matière d'un brun plus foncé où l'on ne distingue plus que des filaments végétaux ; la troisième n'offre qu'une substance noire, homogène, habituellement molle, et qui a une certaine ressemblance avec les lignites et les bitumes. Cette dernière tourbe est la plus estimée comme combustible, mais sa conversion en terre arable présente souvent de très-grandes difficultés.

La tourbe se forme aussi sur les plateaux et dans les montagnes. Mais cette substance est moins fibreuse et peu puissante ; elle se compose de mousses, de lichens, de graminées, et n'occupe, comme sur les plateaux les plus élevés des Alpes, des Cévennes et des Vosges, que quelques mètres de superficie. Ces dépôts n'offrent aucun intérêt à l'agriculteur, mais ils peuvent être exploités comme combustible.

2° La mer, comme les fleuves et les rivières, dépose sur ses rives des dépôts meubles ; mais la plupart de ces *atterrissements* ne se forment que lentement, et ils n'existent que dans les anses ou sur les points où se dirigent les courants et où les vents manifestent leur action avec violence. Les matières qui constituent ces dépôts sont poussées par les vagues qui dégradent continuellement certains points des continents, ou mises en contact avec les courants par les fleuves et les rivières qui les tiennent en suspension. Cette action de la mer présente des effets très-divers. Ici des sables purs, arides, envahissent graduellement des terres remarquables par leur fertilité ; là des alluvions tritoniennes comblent des baies, des anses, et forment d'excellents terrains agricoles pour l'avenir. Plus loin, ce sont des amas de gros cailloux roulés que l'on appelle *galets*, qui s'amoncèlent sur du sable, du gravier. Enfin, sur quelques points des côtes, il se forme des dépôts de *coquilles*, plus ou moins brisées, ou des amas de *coraux* ou de madrépores. Ces dépôts coquilliers et madréporiques sont assez abondants sur la côte ouest de la Bretagne où ils sont employés sur quelques points à la culture des terres ou à faire de la chaux.

Les sables fins transportés par les vagues restent souvent sur la plage en quantité considérable. Alors le soleil les dessèche, et le vent les met en mouvement, les soulève, les pousse et les accumule le long de la côte en forme de petites collines que l'on nomme des *dunes*. Ces buttes de sables offrent une multitude de rides parallèles les unes aux autres, et elles ont quelquefois depuis 10 jusqu'à 50 et même jusqu'à 100 mètres de hauteur. Chaque jour l'action combinée des vagues de la mer et des vents les accroît en arrière de telle sorte que le sable est sans cesse refoulé vers l'intérieur des terres où ils enfouissent des plantations, des habitations et quelquefois même des villages entiers, comme on le voit dans les deux départements des Landes et de la Loire-Inférieure.

Les dunes ont une marche souvent très-rapide. On a calculé qu'elles avancent de 5 à 20 mètres par année sur les points où elles ne sont point fixées ; heureusement on parvient aujourd'hui à arrêter la mobilité de ces masses de sable en les plantant d'*arundo arenaria*, de pins maritimes (*pinus maritima*), de genêts à balai (*genista scoparia*). C'est à Brémontier que l'on doit l'heureuse idée de cette fixation ; sans de telles précautions, les dunes des Landes de Gascogne eussent, un jour, menacé l'existence de Bordeaux. Ces dunes une fois fixées, quoique arides à leur surface, se couvrent facilement de végétaux. De Candolle dit avoir herborisé toute une journée dans les forêts semées par Brémontier dans le but de dérober le sable à la violence des vents, et sur lesquelles, avant ces belles créations, on apercevait à peine quelque apparence de végétation. Il ajoute même avoir vu au hameau de Latann, entre Dunkerque et Furnes, village qui a été bâti au milieu des dunes, quelques hectares de terres où le seigle vient à merveille et où la pomme de terre, la carotte sont savoureuses. La plantation des dunes de Gascogne se continue chaque année; depuis 1787 à 1832, 7,851 hectares avaient été fertilisés par le procédé de Brémontier. Nous décrirons cette opération, qui est aussi simple qu'ingénieuse, en traitant de l'Hydrogésie.

Il est d'autres dépôts arénacés marins qui offrent non moins d'intérêt que la mobilité des dunes. Ces alluvions existent à l'embouchure des rivières, sur les grèves, dans les baies qui reçoivent des eaux courantes. Ainsi on rencontre au fond de l'anse du Mont-Saint-Michel, où débouchent plusieurs rivières, un composé terreux, plus ou moins mélangé de sel et de détritus marins, auquel on donne le nom de *tangue*; cette substance est évidemment un produit mixte. Le sable qui le compose est dû aux apports des ruisseaux et des rivières; les débris de coquillages et les sels appartiennent à la mer. C'est principalement sur les plages où se dégorgent de légers cours d'eau que l'on rencontre cette tangue en grande abondance et caractérisée par une friabilité et une ténuité très-prononcées. Sur les points où débouchent de fortes rivières, elle offre plus de compacité et plus de parties alumineuses, et reçoit alors la dénomination de vase. Ces deux variétés de tangue sont employées à la fécondation des terrains, mais dans des circonstances différentes, et il est peu de localités sur le rivage de la mer où elles existent, où l'agriculture ne les utilise pas avec succès.

SECTION VIII.

De l'influence du sol sur la végétation naturelle.

Les terrains jouent un rôle important dans l'existence, le développement, la distribution des végétaux naturels ou sauvages; et cette influence peut, jusqu'à un certain point, permettre de déterminer la composition et les propriétés physiques de la couche arable que recouvrent les plantes que l'on observe. C'est que le sol ne concourt favorablement à l'existence des végétaux qu'autant qu'il leur fournit en abondance les principes qui assurent leur vitalité, et qu'il les entoure de corps minéraux qui, par leur manière d'être et les modifications qu'ils éprouvent sous l'action des agents atmosphériques, permettent aux racines de se fixer et de se développer au sein du sol en conservant toute leur activité.

Ainsi les terres argileuses, siliceuses ou calcaires se couvrent naturellement de végétaux herbacés ou ligneux qui sont propres à chacune d'elles. Malheureusement ces plantes sont très-peu nombreuses et elles ne peuvent être regardées comme caractéristiques que lorsqu'elles croissent en grand nombre. Il est bien rare qu'une plante qui végète isolément, quand bien même son développement serait très-remarquable, puisse servir à déterminer rigoureusement la composition géologique du sol et ses propriétés physiques.

Si tous les végétaux s'appropriaient les mêmes substances nutritives et en quantité identique, et si les matières végéto-organiques ou minérales existaient dans tous les terrains dans des proportions équivalentes, les sols granitiques comporteraient les mêmes plantes indigènes que les terres calcaires; et ces végétaux ne différeraient entre eux que par un développement herbacé qu'il faudrait attribuer à la fertilité ou à l'ingratitude de la terre et à la situation géographique ou climatérique. Il en est autrement : les divers végétaux que l'homme observe ou cultive sur la terre, ne présentent pas, dans leurs organes ou tissus, les mêmes corps minéraux. De là résulte que l'absence naturelle, à l'intérieur de la couche végétale d'une substance propre à entretenir l'organisme, peut parfois arrêter la croissance et la multiplication d'un grand nombre de plantes, comme la présence de celles qui sont en rapport avec l'organisation végétale doit agir victorieusement sur certaines productions. Néanmoins il existe, parmi les plantes qui composent le règne végétal, un grand nombre d'entre elles qui vivent sur des sols de composition différente. De Decandolle dit qu'on trouverait à peine quelque plante du Jura, lequel est tout calcaire, qui, selon les circonstances, ne se trouvât ou dans les Vosges, qui sont toutes granitiques, ou dans la partie granitique des Alpes; et il ajoute qu'il a trouvé le buis, qui est très-commun dans les terrains calcaires, en assez grande quantité dans un terrain schisteux, près de Gèdres (Hautes-Pyrénées), et dans un sol granitique, près de Vannes (Morbihan); qu'on trouve aussi le châtaignier, qui se plaît particulièrement dans les terrains argilo-quartzeux, dans le pied du Jura, qui est calcaire, et dans les terrains volcaniques de l'Etna; et que l'olivier croît dans les parties primitives et basaltiques de la Provence, dans le terrain schisteux du pied des Apennins, tout aussi vigoureux que dans les pays calcaires (1). Mais ces végétaux, quoique ayant le même port, les mêmes signes organiques, se distinguent les uns des autres par leur composition minérale, qui est analogue à celle des terrains sur lesquels ils ont pris naissance. C'est ainsi que Théodore de Saussure a constaté que les plantes qui végètent sur un terreau provenant d'une montagne siliceuse, fournissent des cendres qui contiennent moins de chaux et plus de silice que celles qui ont cru sur un terreau calcaire. Il a trouvé, dans l'analyse des cendres de feuilles de pin (*pinus abies*), qu'il avait recueillies sur le Jura, 2,5 de silice, 43,5 de carbonate terreux; tandis que celles des feuilles du même arbre, qui avait végété sur le Bréven, dont le sol est granitique, renfermaient 19,0 de silice et 29,0 seulement de carbonate terreux. Le sol de cette dernière montagne, dit-il, sur laquelle j'ai fait les récoltes siliceuses, était beaucoup plus chargé d'oxide de fer que celui de la montagne calcaire du Reculey (Jura); la même différence s'observait dans les cendres. Toutes les plantes avaient été récoltées dans la même saison; cependant la végétation était un peu plus retardée sur le sol siliceux, et cette circonstance tendait à diminuer la proportion de la silice, de l'oxide de fer dans les cendres des plantes qui croissaient sur ce sol (2).

Mais si quelques espèces croissent naturellement sur des terres de nature très-différente et dans plusieurs localités à la fois, il existe certaines plantes, dit de Decandolle, qu'on ne trouve sauvages, au moins en abondance, que dans certains terrains. Ainsi on rencontre le plus ordinairement sur les terres calcaires, la *Potentilla rupestris*, et *caulescens*, le *Polypodium calcareum*, la *Gentiana cruciata*, l'*Asclepias vincetoxicum*, le *Cyclamen*

Europæum, le *Trifolium montanum*, l'*Adonis vernalis*, plusieurs espèces des genres *Orchis, Buplevrum, Sedum, Lichens*, etc. ; et, sur les terres plus ou moins siliceuses, le *Digitalis purpurea*, le *Sedum villosum*, le *Pteris crispa*, le *Polystichum oreopteris*, le *Saxifraga stellaris*, l'*Achillea moschata*, le *Carex Pyrenaica*, etc. (3). On doit regretter que cette nomenclature ne soit pas plus complète. La plupart de ces plantes sont trop peu répandues pour qu'elles puissent être utiles à l'agriculteur dans toutes les régions et sur tous les terrains. Le botaniste, sans cesse au milieu des végétaux ou penché sur son herbier, peut, avec facilité, reconnaître une plante ou juger promptement si elle végète sur le terrain qu'il parcourt; mais il n'en est pas ainsi du cultivateur : préoccupé à chaque instant du jour des obstacles qu'il doit vaincre, des opérations qui s'exécutent ou qu'il doit déterminer, il oublie promptement la synonimie scientifique des plantes qu'il a pu connaître, et il arrive bientôt un moment où ses souvenirs ne lui permettent de reconnaître et de désigner que les plantes qui croissent avec profusion sous ses pas, et ayant des caractères particuliers. Ce sont ces plantes, de préférence à celles qui appartiennent à la science, qu'il importe au jeune agriculteur de connaître et d'étudier avec soin; car, indépendamment de leurs propriétés de caractériser et la composition minérale et les propriétés physiques des terrains, elles lui permettent bien souvent de déterminer avec certitude les végétaux agricoles que le sol produit ou ceux que l'on peut y cultiver, eu égard toutefois au degré de fertilité de la terre, et à l'influence de la température.

A. Les plantes les plus communes parmi celles qui croissent spontanément au milieu des terres arables et dont la station indique une TERRE SILICEUSE, sont :

Avoine à chapelets.	*avena bulbosa.*
Spergule, spargoule.	*spergula arvensis.*
Sabline rouge.	*arenaria rubra.*
— à feuilles menues.	— *tenuifolia.*
Géranium sanguin.	*geranium sanguineum.*
Véronique à épis.	*veronica spicata.*
Bouleau commun.	*betula alba.*

(1) *Nouveau Cours complet d'Agriculture*, 1826, t. 7, p. 311.
(2) *Recherches chimiques sur la végétation*, 1804, p. 282.
(3) *Physiologie végétale*, p. 1239.

Réséda jaune.	*reseda lutea.*
Plantain corne de cerf..	*plantago coronopus.*
Oseille petite, vinette.	*rumex acetosella.*
Alysse calicinale.	*alyssum calicinum.*
Drave printanière.	*draba verna.*
Jasione de montagne.	*jasione montana.*
Statice, gazon d'Espagne.	*statice ameria.*
Canche cariophylle.	*aira cariophyllea.*
Carline vulgaire.	*carlina vulgaris.*
Flouve odorante.	*anthoxanthum odoratum.*
OEillet prolifer.	*dianthus prolifer.*
— amérie.	— *ameria.*
Saxifrage granulé.	*saxifraga granulata.*
Fétuque rouge.	*festuca rubra.*
Agrostis épi du vent.	*agrostis spica venti.*
Épervière piloselle.	*hieracium pilosella.*
Conche printanière.	*aira precox.*
Ajonc marin.	*ulex europœus.*
Campanule à feuilles rondes.	*campanula rotundifolia.*
Fougère femelle.	*pteris aquilina.*
Caille-lait jaune.	*gallium verum.*
Bruyère commune.	*erica vulgaris.*
— cendrée..	— *cinerea.*

B. Parmi les plantes indigènes qui caractérisent les TERRES CALCAIRES, on remarque comme les plus communes les espèces suivantes :

Brunelle à grandes fleurs..	*prunella grandiflora.*
Mélampyre rouge.	*melampyrum arvense.*
Lupuline.	*medicago lupulina.*
Pavot coquelicot.	*papaver rhœas.*
Bugrame épineuse.	*ononis spinosa.*
— des champs.	— *arvensis.*
Germandrée petit chêne.	*teucrium chamœdrys.*
Sauge des prés.	*salvia pratensis.*
— fétide.	— *sclarea.*
Bugle germandrée.	*ajuga teucrium (teuc. chamœpitys).*
Ophrys mouche..	*ophrys myodes.*
— abeille.	— *apifera.*
— araignée.	— *arachnites.*
Cucubale renflée.	*cucubalus behen (silene inflata).*
Hélianthème vulgaire..	*cistus helianthemum.*
Thym calament..	*calamintha acinos.*
Seslerie bleuâtre.	*sesleria cœrulea.*
Globulaire vulgaire.	*globularia vulgaris.*
Scabieuse colombaire.	*scabiosa columbaria.*
Muscari lilas de terre.	*muscari comosum.*
Buglose à grandes fleurs.	*anchusa italica.*
Euphorbe de Gérard.	*euphorbia Gerardiana.*
Cirse laineux.	*carduus eriophorum.*
— sans tige.	— *acaule.*
Centaurée scabieuse.	*centaurea scabiosa.*
Fumeterre de Vaillant.	*fumaria Vaillantii.*
— à petites fleurs..	— *parviflora.*
Caille-lait tricorne.	*gallium tricorne.*

C. Les plantes indicatives des TERRAINS ARGILEUX sont bien moins nombreuses que celles qui sont propres aux sols siliceux et calcaires; parmi elles on distingue :

Agrostis traçante.	*agrostis stolonifera.*
Vulpin genouillé.	*alopecurus geniculatus.*
Orobe tubéreux	*orobus tuberosus.*
Prèle, queue de cheval.	*equisetum arvense.*
Sureau yèble.	*sambucus ebulus.*
Chicorée sauvage.	*chicorium intybus.*
Laitue vireuse.	*lactuca virosa.*
Tormentille rampante.	*tormentilla reptans.*
Tussilage pas-d'âne.	*tussilago farfara.*
Tussilage pétasiste..	*tussilago petasites.*
Lotier cornicule.	*lotus corniculatus.*

Chiendent.	*triticum repens.*
Potentille anserine.	*potentilla anserina.*
Saponaire officinale.	*saponaria officinalis.*
Dactyle pelotonné.	*dactylis glomerata.*
Mélique bleue.	*melica cœrulea.*
Aunée dysenterie.	*inula dysenterica.*

D. Les sols argileux sont quelquefois recouverts par des eaux stagnantes durant l'hiver, et cette humidité abondante favorise la végétation des plantes particulières. Celles qui caractérisent les TERRAINS TRÈS-HUMIDES OU AQUATIQUES, sont :

Renoncule langue.	*ranunculus lingua.*
— flammette.	— *flammula.*
Poa aquatique.	*poa aquatica.*
Fétuque flottante.	*festuca fluitans.*
Fluteau plantain.	*alisma plantago.*
Triglochin des marais.	*triglochin palustre.*
Linaigrette.	*eriophorum polystachion.*
Cresson des prés.	*cardamine pratensis.*
Scirpe des marais.	*scirpus palustris.*
Jonc congloméré.	*juncus conglomeratus.*
— de crapaud.	— *bufonius.*
Lychnide des prés.	*lychnis flos cuculi.*
Pédiculaire des marais.	*pedicularis palustris.*
Caille-lait des marais.	*galium palustre.*
Grassette commune.	*pinguicula vulgaris.*
Gratiole officinale.	*gratiola officinalis.*
Menthe aquatique.	*mentha aquatica.*
Scrophulaire aquatique.	*scrophularia aquatica.*
Cirse des marais.	*cirsium palustre.*
Épiaire des marais.	*stachys palustris.*
Fougère royale	*osmunda regalis.*
Renouée amphibie.	*polygonum amphibium.*
— curage.	— *hydropiper.*
Cresson de chien.	*veronica beccabunga.*
Bruyère grisâtre.	*erica tretralix.*
Lotier siliqueux.	*lotus siliquosus.*

E. D'autres espèces de plantes, dites marines, indiquent les TERRAINS SALÉS et les VASES DE MER qui sont toujours imprégnés de chlorure de sodium ; telles sont :

Salicorne ligneuse.	*salicornia fruticosa.*
— herbacée.	— *herbacea.*
Soude ou salicote.	*salsola soda (S. tragus).*
— couchée.	— *prostrata.*
Armoise maritime.	*artemisia maritima.*
Bette maritime.	*beta maritima.*
Arroche des rivages.	*atriplex littoralis.*
Triglochin maritime.	*triglochin maritima.*
Panicaut maritime.	*eryngium maritimum.*
Soude kali.	*salsola kali.*
Vulpin bulbeux.	*alopecurus bulbosus.*
Calamagrostis des sables.	*calamagrostis maritima.*
Poa maritime.	*poa maritima.*
Elyme des sables.	*elymus arenarius.*
Froment-jonc.	*triticum junceum.*
Jonc maritime.	*joncus maritimus.*
Statice à feuilles de lychnide.	*statice lychnidifolia.*
— des marais.	— *limonium.*
Percepierre.	*crithmum maritimum.*
Polypogon de Montpellier.	*polypogon Monspeliensis.*
— maritime.	— *maritimus.*
Tamarin.	*tamarix gallica.*
Aunée à feuilles d'orge.	*inula crithmoïdes.*

Il me serait facile d'ajouter quelques plantes aux listes que je viens de former ; mais j'ai pensé que le dénombrement devait suffire pour indiquer l'action prépondérante que possèdent les terrains agricoles sur l'existence des plantes sauvages ou indigènes. Les rapports, il est vrai, de la constitution géologique des sols avec leurs productions végétales naturelles, ont été mis en doute par quelques auteurs agricoles et plusieurs botanistes; et ceux-ci ont prétendu que loin d'éclairer le cultivateur praticien, la statistique des plantes indigènes l'égarait complètement ou qu'elle ne lui permettait pas de constater aucun rapport certain et véridique dans toutes les localités. Loin de moi la pensée de vouloir prétendre qu'une plante ou plusieurs espèces puissent permettre au cultivateur de déterminer, sans examen préalable de la terre et à la seule inspection des végétaux qui la recouvrent, si elle ne renferme point de carbonate de chaux. Cette détermination ne peut être faite que par le concours de la science. Mais ces plantes, soit herbacées ou ligneuses, soit annuelles ou vivaces, caractérisent suffisamment l'ensemble des éléments minéraux du sol et les propriétés physiques de la couche végétale, et il est bien peu de circonstances où elles n'aient pas une très-grande influence dans la détermination générale de la nature géoscopique d'une contrée. Il est utile, toutefois, de ne pas oublier que la végétation naturelle d'un terrain offre parfois des différences très-sensibles dans deux sols différents à latitude et à altitude égales, si l'un repose sur une sous-couche de même nature, et si l'autre est situé sur un sous-sol de composition chimique entièrement différente de celle qui le caractérise. Ainsi un sol siliceux peu profond, à sous-sol, imperméable ou argileux, ne présentera jamais les végétations qui couvrent une terre siliceuse, reposant sur un sous-sol de même nature, et la plupart des plantes qui croîtront sur un tel terrain, se rencontreront bien plus souvent dans les terres argileuses ou dans les sols humides que sur les sols sablonneux.

En général, les végétaux que nous avons classés dans le tableau A, indiquent un sol siliceux, léger, friable,

sec, dépourvu de molécules calcaires, les plantes du tableau B annoncent un sol qui est abondamment pourvu de carbonate de chaux ou qui repose ou sur une sous-couche calcaire ou crayeuse, ou sur une couche argilo-calcaire ; celles du tableau C caractérisent un sol humide durant l'hiver, c'est-à-dire une terre argileuse compacte ou un sol très-argilo-siliceux à sous-sol imperméable. Quant aux plantes classées dans les deux derniers tableaux, elles indiquent des terres spéciales ; celles de la liste D ne se rencontrent pas ordinairement sur les sols secs et perméables, et celles du tableau E n'existent que sur le rivage des mers ou à l'intérieur des terres, là où des sources salifères arrosent la couche arable.

Il ne faut pas croire que les plantes signalées dans le tableau A ne se rencontrent jamais sur les sols silico-argileux à sous-sol inerte ou imperméable. L'humidité qui imbibe ces terres arables, comme elle détrempe certains sols granitiques et schisteux, et l'état de dessiccation et de sécheresse de ces terrains durant l'été, métamorphosent entièrement les végétations qui sont propres aux terrres sablonneuses, à tel point que souvent les plantes des sols siliceux et des terrains argileux se marient ensemble sur ces sols plutoniques et cristallisés. C'est ainsi que l'œil distingue, dans bien des circonstances, sur les terres schisteuses, l'avoine à chapelets, la flouve odorante, la bruyère cendrée, la spergule, etc., des sols purement siliceux, à côté de l'agrostis traçante, le lotier carniculé, l'aunée dysenterie, la potentille ansérine, etc., des terres argileuses. De là il résulte que les listes A et C ne peuvent être regardées comme rigoureuses, et qu'elles ne seront utiles au cultivateur qu'autant qu'il en déduira des inductions générales ou qu'il aura égard à la manière d'être du sous-sol.

CHAPITRE II.

GÉOGRAPHIE AGRICOLE.

Sous le nom de *géographie agricole*, nous comprenons l'étude de la géographie proprement dite dans ses rapports avec l'agriculture. Comme toutes les sciences humaines, la géographie pure se lie intimement à la science agricole ; et négliger son application à la pratique, c'est vouloir douter des lois de la nature. Cette étude de la géographie

est très-sévère ; elle est digne du cultivateur qui veut suivre avec profit la marche de l'art, et saisir avec discernement ce qu'un système nouveau peut avoir de défectueux ou d'applicable pour telle ou telle localité. C'est elle qui détermine le rôle important que les divers climats physiques jouent dans la distribution et l'existence des végétaux et des animaux, les distinctions qui existent entre les différentes régions agricoles qui constituent l'ensemble cultural de la France; c'est elle enfin qui permet à l'agriculteur, concurremment avec la météorologie, de prévoir à l'avance les avantages et les inconvénients que présentent l'acclimatation ou la culture de telle ou telle plante, l'éducation ou la multiplication de tels ou tels animaux dans une région qui ne doit être pour eux qu'une seconde patrie.

SECTION PREMIÈRE.

De la situation astronomique de la France.

La France est située dans la partie occidentale de l'Europe, et appartient à la zone tempérée; elle est comprise entre 5° 36′ longitude orientale et 7° 9′ longitude occidentale, méridien de Paris, et entre 42° 21′ et 51° 5′ latitude nord.

Ce royaume a pour limites : au *nord*, la Manche, le Pas-de-Calais, la Belgique, le Luxembourg, la Prusse et la Bavière; à l'*est*, le grand-duché de Bade, la Confédération Suisse et la Sardaigne; au *sud*, les Pyrénées ou l'Espagne, la Méditerranée ou le golfe de Lyon, et celui de Gênes; à l'*ouest*, l'océan Atlantique ou le golfe de Gascogne, et la Manche.

Les îles voisines dépendantes de la France et situées sur la côte de la Méditerranée, sont la Corse, la Camargue, née des alluvions du Rhône, les groupes d'Hyères et de Lérins, appartenant au département du Var. Celles situées sur la côte de l'Océan sont : les îles de Ré et Oléron, dans la Charente-Inférieure; de Noirmoutiers et Dieu, dans la Vendée; de Belle-Ile et Groaix, dans le Morbihan; d'Ouessant et Sein, dans le Finistère.

La France actuelle est divisée en 86 départements.

Le tableau suivant indique les latitudes de ces départements, et les anciennes provinces avec lesquelles ils correspondent.

DÉPARTEMENTS.	CHEFS-LIEUX.	ANCIENNES PROVINCES.	LATIT.
			deg. min.
Ain	Bourg	Bourgogne, Bresse, Bugey, Dombes	46 12
Aisne	Laon	Ile-de-France, Picardie, Champagne, Brie	49 34
Allier	Moulins	Bourbonnais	46 34
Alpes (Basses-)	Digne	Haute-Provence	44 5
Alpes (Hautes-)	Gap	Haut-Dauphiné et Provence	44 34
Ardèche	Privas	Languedoc, Vivarais	44 43
Ardennes	Mézières	Champagne, Rethelois, Rémois	49 46
Ariége	Foix	Comté de Foix, Gascogne, Conserans	42 58
Aube	Troyes	Champagne, Bourgogne	48 18
Aude	Carcassonne	Bas-Languedoc	43 13
Aveyron	Rodez	Guyenne, Rouergue	44 21
B.-du-Rhône	Marseille	Basse-Provence	43 18
Calvados	Caen	Basse-Normandie, Bessin, Bocage	49 11
Cantal	Aurillac	Haute-Auvergne	44 56
Charente	Angoulême	Angoumois, Saintonge, Poitou	45 39
Charente-Infér.	La Rochelle	Aunis, Saintonge	46 9
Cher	Bourges	Haut-Berry, Bas-Bourbonnais	47 5
Corrèze	Tulle	Bas-Limousin	45 16
Corse (île)	Ajaccio	Ile de Corse	41 55
Côte-d'Or	Dijon	Bourgogne, Dijonnais, Auxerrois	47 19
Côtes-du-Nord	Saint-Brieux	Haute-Bretagne	48 31
Creuse	Guéret	Marche, Haute-Marche	46 10

DÉPARTEMENTS.	CHEFS-LIEUX.	ANCIENNES PROVINCES.	LATIT.
			deg. min.
Dordogne....	Périgueux.....	Guienne, Périgord...........	45 11
Doubs......	Besançon......	Franche-Comté, comté de Montbéliard..	47 14
Drôme.....	Valence.......	Bas-Dauphiné...............	47 39
Eure......	Évreux.......	Haute-Normandie, Pays d'Évreux, Vexin Normand.................	48 55
Eure-et-Loir..	Chartres......	Orléanais, Pays Chartrain, Perche, Beauce.................	48 27
Finistère....	Quimper......	Basse-Bretagne.............	47 58
Gard......	Nîmes........	Bas-Languedoc.............	43 50
Garonne....	Toulouse......	Haut-Languedoc, Gascogne, Comminge.	43 36
Gers......	Auch........	Gascogne, Armagnac, Astarac......	43 39
Gironde....	Bordeaux......	Guienne, Bordelais, Médoc......	44 50
Hérault....	Montpellier....	Bas-Languedoc.............	43 36
Ille-et-Vilaine.	Rennes......	Haute-Bretagne.............	48 7
Indre......	Châteauroux....	Bas-Berry, Touraine.........	46 49
Indre-et-Loire.	Tours........	Touraine, Anjou, Orléanais, Poitou...	47 23
Isère......	Grenoble......	Haut-Dauphiné, Graisivaudan, Bas-Dauphiné, Viennois.............	45 12
Jura......	Lons-le-Saulnier...	Franche-Comté.............	46 40
Landes....	Mont-de-Marsan...	Gascogne, Pays des Landes, Chalosse..	43 55
Loir-et-Cher.	Blois........	Orléanais, Blaisois, Beauce.......	47 14
Loire......	Montbrison.....	Lyonnais, Forez, Beaujolais......	45 37
Loire (Haute-).	Le Puy.......	Languedoc, Velay, Auvergne......	45 3
Loire-Inférieure	Nantes........	Haute-Bretagne.............	47 13
Loiret.....	Orléans.......	Orléanais, Sologne, Gâtinais......	47 54
Lot.....	Cahors.......	Guienne, Quercy...........	44 26
Lot-et-Garonne.	Agen........	Guienne, Agénois, Gascogne.......	44 12
Lozère....	Mende.......	Languedoc, Gévaudan.........	44 31
Maine-et-Loire.	Angers.......	Haut et Bas-Anjou...........	47 28
Manche....	Saint-Lô......	Basse-Normandie, Cotentin, Avranchin.	49 7
Marne.....	Châlons-sur-Marne.	Campagne, Brie Champenoise, Perthois.	48 57
Marne (Haute-).	Chaumont......	Champagne, Bassigny, Vallage.....	48 6
Mayenne....	Laval........	Haut-Maine et Haut-Anjou........	48 4
Meurthe....	Nancy.......	Lorraine, Toulois...........	48 42
Meuse.....	Bar-le-Duc....	Lorraine, duché de Bar, Verdunois...	48 50
Morbihan...	Vannes.......	Basse-Bretagne.............	47 39
Moselle....	Metz........	Lorraine, Messin, Pays Allemands....	49 7
Nièvre.....	Nevers.......	Nivernais, Orléanais, Bourgogne....	46 59
Nord......	Lille........	Flandre Wallone, Hainaut, Cambrésis..	50 38
Oise......	Beauvais......	Ile-de-France, Beauvoisis, Vexin, Picardie.................	49 26
Orne......	Alençon.......	Normandie, les Marches, Maine, Perche.	48 26
Pas-de-Calais..	Arras........	Artois, Picardie, Boulonnais, Calaisis..	50 18
Puy-de-Dôme..	Clermont-Ferrand..	Basse-Auvergne, Limagne.......	45 47
Pyrénées (Bes-).	Pau........	Béarn, Basse-Navarre, Gascogne, Pays Basques.................	43 18
Pyrénées (Hes-).	Tarbes.......	Gascogne, Bigorre, les quatre Vallées..	43 11

DÉPARTEMENTS.	CHEFS - LIEUX.	ANCIENNES PROVINCES.	LATIT.
			deg. min.
Pyrénées - Or. .	Perpignan.	Roussillon, Bas-Languedoc, Cerdagne. .	42 42
Rhin (Bas-). . .	Strasbourg.	Basse-Alsace, Lorraine.	48 35
Rhin (Haut-). .	Colmar.	Haute-Alsace.	48 5
Rhône.	Lyon.	Lyonnais, Beaujolais.	45 46
Saône (Haute-).	Vesoul.	Franche-Comté, bailliage d'Amont. . . .	47 38
Saône-et-Loire.	Mâcon.	Bourgogne, Mâconnais, Charolais. . . .	46 18
Sarthe.	Le Mans.	Bas-Maine, Haut-Anjou.	48 •
Seine.	Paris.	Ile-de-France.	48 50
Seine-et-Marne.	Melun.	Ile-de-France, Brie, Gâtinais, Champagne.	48 32
Seine-et-Oise. .	Versailles.	Ile-de-France, Mantois, Vexin Français.	48 48
Seine-Inférieure	Rouen.	Haute-Normandie, Pays de Caux et de Bray.	49 26
Sèvres (Deux-).	Niort.	Haut-Poitou.	46 20
Somme. . . .	Amiens.	Haute et Basse-Picardie.	49 54
Tarn.	Alby.	Haut-Languedoc, Albigeois.	43 56
Tarn-et-Garn°. .	Montauban.	Guienne, Gascogne, Languedoc. . . .	44 1
Var.	Draguignan.	Basse-Provence.	43 32
Vaucluse. . . .	Avignon.	Comtat d'Avignon et Venaissin, principauté d'Orange, Haute-Provence. . . .	43 57
Vendée.	Bourbon - Vendée. .	Bas-Poitou.	46 37
Vienne.	Poitiers.	Haut-Poitou.	46 35
Vienne (Haute-).	Limoges.	Haut-Limousin, Basse-Marche	45 50
Vosges.	Épinal.	Lorraine, Pays des Vosges.	48 11
Yonne.	Auxerre.	Bourgogne, Auxerrois, Champagne, Sénonais.	47 48

Cette division de la France en départements a été déterminée par la politique et non par la nature; et elle reste sans influence sur les systèmes de culture en usage et tous les animaux domestiques que l'homme multiplie dans cette vaste contrée. Sans doute, quelques-unes de ces circonscriptions sont reliées l'une à l'autre par une espèce d'identité ou de similitude de constitution géologique ou de configuration du sol; mais, si l'on considère l'ensemble des pratiques agricoles, et les végétaux qui recouvrent la terre en les comparant avec d'autres faits recueillis dans la même contrée géographique, on arrive bientôt à reconnaître qu'il existe d'autres causes modifiantes que la volonté, l'activité ou l'incurie de l'homme, et qui établissent des différences dans la nature des conditions agricoles. Les anciennes provinces offrent évidemment plus de rapprochements dans les pratiques culturales, et il est plus facile, dans beaucoup de cas, de rattacher ces divisions à des considérations naturelles ou géognostiques. Il est vrai que ces provinces n'ont plus aujourd'hui de délimitations officielles, mais elles sont encore connues d'une manière générale, et leur nom est chaque jour conservé par l'usage, surtout dans le langage agricole. On peut et on doit même, en économie politique et en économie rurale, adopter les dénominations politiques, les noms des départements, et rejeter les anciennes divisions provinciales, dont l'incertitude des délimitations pourrait conduire à de graves erreurs. En agriculture, on agit contradictoirement, et cela doit être. La région politique n'est généralement pas assez caractérisée, pour que le cultivateur puisse se rappeler et les pratiques et les usages de cette contrée. Ainsi, le mot *Eure-et-Loir* n'indique rien de ce que la pratique connaît, il ne précise nullement les conditions agricoles et locales ; chacun sait, au contraire, que, par la dénomination de *Beauce*, on désigne l'une des provinces les plus fertiles de la France en céréales, et que le *Nivernais* et le *Charolais* sont deux contrées très-favorables à l'éducation de l'espèce bovine. Pris sous un autre point de vue, les départements offrent encore moins d'intérêt que les anciennes provinces. Ainsi, il est très-difficile de comparer entre elles leurs pratiques culturales, et d'en déduire des conséquences utiles ; et il est presque impossible, dans cette comparaison, de rappeler d'une manière générale, mais vraie, leur état productif en végétaux et en animaux domestiques. Les circonscriptions provinciales offrent un sujet d'étude bien différent lorsqu'on les met en parallèle les unes avec les autres. Il est évident, en effet, qu'il existe une analogie frappante entre les conditions agricoles et locales de la Brie et celles de la Picardie : entre la culture du Dijonnais, du Mâconnais et celle de la Haute-Alsace : entre la Basse-Bretagne et le Haut-Limousin, entre la plaine du Poitou et celle du Haut-Berry, etc. ; et ces similitudes, loin d'être hypothétiques et sans résultats utiles pour le cultivateur, lui rappellent la différence des systèmes de cultures et les équivalents agricoles qu'offre la France, et l'influence des éléments combinés et des circonscriptions déterminées par la nature non sujettes à varier et revêtues du caractère secret de la vérité. C'est qu'il est indispensable, avant d'introduire un système général ou spécial de culture dans une localité donnée, de connaître les influences astronomiques, et les effets naturels des lois éternelles qui régissent les corps organiques et les phénomènes géogéniques de la contrée que l'on habite et de celle à laquelle on fait quelques emprunts.

La latitude qui détermine la situation astronomique des départements et des anciennes provinces, indique aussi la limite de végétation d'un grand nombre de plantes et des zones climatologiques. Toutefois, ces limites astronomiques ne peuvent être regardées comme fixes et invariables ; un grand nombre de circonstances physiques, les altitudes, les abris, la constitution géoscopique, modifient d'une manière sensible la distribution des végétaux. Mais, quelque varié que soit le climat, quelque grande que puisse être l'action des vents et du calorique, on ne peut nier l'influence des latitudes sur le nombre, la variabilité, la physionomie des végétaux de toutes les contrées. Néanmoins, la végétation offre, dans une vaste contrée, comme la France, par exemple, trop de différences, les plantes sont trop distinctes les unes des autres pour qu'on refuse d'admettre l'existence de divisions géographiques naturelles, et de un ou plusieurs centres de végétation primitive, d'où les plantes se sont répandues dans les diverses localités qui les possèdent, modifiées successivement par les influences astronomiques et météoriques, se dirigeant de l'équateur vers les poles. Ce point de départ, que Linné a proposé, n'a pas été partagé par Buffon. Ce grand naturaliste pensait que toutes les plantes étaient sorties d'une partie terrestre située sous les poles, et qu'elles s'étaient dirigées vers l'équateur. Nous ne chercherons pas à établir ici les faits qui ont été allégués en faveur de ces idées, et à distinguer celle des deux qui se rapproche le plus de la vérité, ou qui est plus en rapport avec les faits botaniques et géographiques observés dans ces derniers temps. Il nous suffit que ces centres de végétation n'aient pu être révoqués en doute, et que la science admette l'existence d'un point de départ ou d'un point d'arrêt qui circonscrit des zones botaniques ou végétatives bien marquées, que les latitudes indiquent d'une manière assez sensible, quant aux arbres forestiers et aux principales plantes cultivées. Quelques mots sur la distribution des végétaux agricoles en Europe détermineront assez exactement la station de ces plantes sur le sol de France, et les avantages que notre patrie possède sur les contrées qui l'environnent. Nous empruntons la plupart des détails qui suivent à la géographie des plantes de M. Schouw (1).

1° LIMITES DES DIFFÉRENTES ESPÈCES D'ARBRES FORESTIERS.

A. La zone la plus méridionale de l'Europe est caractérisée par l'existence d'un grand nombre d'arbres à feuillage toujours vert ou à feuilles persistantes. Tels sont le chêne-liège (*quercus suber*), le chêne vert (*quercus ilex*), le laurier rose (*nerium oleander*), l'arbousier (*arbustus unedo*), le

---

(1) *Europa, physisch-geographische Schilderung.*

myrte (*myrtus communis*), le laurier franc (*laurus nobilis*), le pin pignon (*pinus pinea*), le pin d'Alep (*pinus Alepensis*), le palmier nain (*chamærops humilis*), l'agave d'Amérique (*agave Americana*), les aloës (*aloe ..... *), la bruyère en arbre (*erica arborea*), le genêt d'Espagne (*spartium junceum*), le filaria à large feuille (*phyllyrea angustifolia*), le laurier - tin (*viburnum tinus*), etc. La ligne qui limite cette région au nord passe sur le versant septentrional des Pyrénées, sous 44°, après avoir suivi les côtes de la Biscaye, embrasse la plaine du Languedoc, celle d'Orange, s'élève vers la côte des Apennins, qu'elle abandonne à Pietra - Santa, sous le 43° degré 55′ environ, contourne le golfe Adriatique, redescend le long des montagnes de la Dalmatie, traverse la Grèce, et s'arrête à Constantinople, situé sous 41°.

B. La zone du châtaignier (*castanea vulgaris*) commence au nord du comté de Cornwall, en Angleterre, sous 51°, passe à Boulogne, en France, et vient se terminer sous 49°, près de Carlsruhe, après avoir traversé la Lorraine. John Sainclair rapporte qu'il existe dans le comté de Kent, au delà de 51°, quelques vergers plantés de châtaigniers d'Espagne, dont le produit est extrêmement incertain, quoique très-considérable dans les bonnes années.

C. la limite du hêtre (*fagus sylvatica*) s'arrête au nord, d'un côté, à Édimbourg, en Écosse, au 56° parallèle, et de l'autre elle se termine dans la presqu'île Scandinave, un peu au nord de Christiania, traverse la Suède au nord du lac Wettern, coupe la côte allemande au niveau de Kœnigsberg; puis elle descend vers le sud, en suivant les frontières de la Pologne et de la Lithuanie, et s'arrête près de la mer Caspienne, sous 43° de latitude. Le 60° deg. doit donc être regardé comme le dernier point où peut végéter le hêtre. M. Ch. Martins l'a vu naître à Elfkarleby, près d'Upsal, sous 60° 35′, et porter des fruits.

D. Le chêne (*quercus robur*) s'étend dans les îles Britanniques jusqu'au golfe de Murray, sous 58°; il s'élève ensuite dans la presqu'île Scandinave, au nord de Drontheim, jusqu'au 66° deg. environ; puis il s'abaisse en Suède en coupant la côte orientale de la presqu'île, sous 61° environ, puis il traverse le 60° deg. au niveau de Pétersbourg, et se termine au 59°, dans la Russie d'Europe, près de la Sibérie.

D'après les données de M. Lindholm, la limite moyenne du chêne à l'état sauvage s'arrête à 60° 57′.

E. La limite du noisetier (*corylus avellana*) cesse en Norwége, vers le 63° deg., sur la côte orientale, et par 65° 30′, seulement sur la côte occidentale.

F. Le sapin épicea (*pinus abies*) s'avance sur la côte occidentale de la Suède, jusqu'au cap Kunnen, par 67° latitude. M. Ch. Martins en a trouvé sur les bords du Muonioelv, au sud de Karasuando, par 68° 15′ environ.

G. Le pin sylvestre (*pinus sylvestris*) va jusqu'au nord de l'Écosse, s'élève en Scandinavie jusqu'au 70° degré, mais dans l'intérieur de la Russie et en Sibérie, il ne dépasse pas le 65° parallèle.

H. La zone du bouleau (*betula alba*) est bornée au nord par une ligne qui passe par le nord de l'Islande, s'élève en Scandinavie jusqu'à 70° 40′, à Kammerfert, puis s'abaisse vers l'est, et se termine près de l'Obi, en Sibérie, au niveau du 67° deg. Au delà de ces limites, au cap Nord, sous 71° parallèle, on ne trouve plus que le bouleau nain (*betula nana*), et quelques espèces de saules (*salix*).

<h3>2° LIMITES DES DIFFÉRENTS VÉGÉTAUX CULTIVÉS.</h3>

A. La zone de l'oranger (*citrus aurantium*) commence à la côte ouest de la Galice, près de El Padron, par 42° 40′ environ, traverse l'Espagne, et aboutit à la côte est vers Barcelone, coupe le golfe de Lyon, apparaît aux environs de Toulon et d'Hyères, longe la côte jusqu'à Sarzane (Sardaigne), arrive en Italie, où elle ne dépasse pas la latitude 44° 30′, traverse la mer Adriatique, tombe à la pointe de Raguse, coupe la Grèce, et se perd en Orient, où on ne la trouve guère au delà de 40°.

B. La zone de l'olivier (*olea europæa*) est limitée par une ligne qui longe les côtes de la Biscaye, pénètre en France par Bayonne, se réunit à celle tracée par Arthur Young, de Carcassonne à Montélimart, se prolonge au sud des Apennins, des Grandes-Alpes, s'élève un peu au nord de l'Adriatique, enveloppe la Dalmatie, se dirige vers le nord de la Grèce, et s'arrête dans le voisinage de Constantinople.

C. La culture du maïs (*zea maïs*) est limitée en France par la ligne traćée par Arthur Young, qui commence près de l'embouchure de la Gironde, sous 45° 40′ environ, passe à Bourges, se dirige sur Nancy, vers 48° 40′ environ, se relève ensuite en Allemagne, et s'étend vers l'orient en embrassant la Hongrie.

D. La limite de la vigne (*vitis vinifera*) part du nord de l'embouchure de la Loire, sous 47° 20′, s'élève en passant un peu au nord de Paris (49°), et de Soissons jusqu'à Bonn, sur les rives du Rhin, et Dresde, où elle atteint son point le plus boréal, 51° latitude ; de là elle redescend au sud du 50ᵉ parallèle, et se termine près de la mer Caspienne, sous 45° environ. Cette limite, quant à la France, suit encore celle tracée par Arthur Young.

E. La zone des *arbres fruitiers* est limitée par le 63ᵉ deg. latitude, en Suède. M. Ch. Martins a remarqué, sur les bords du golfe de Bothnie, à Sundwall, sous 63° 23′, que les derniers arbres fruitiers dans les jardins etaient les pommiers (*pyrus malus*) d'Astracan (variété tardive dite transparente de Moscovie) et de Calville, des poiriers (*pyrus communis*), des bigarreautiers (*cerasus bigarella*). En Norwége, à Drontheim, les cerises, les pommes, les prunes, mûrissent parfaitement. Lessing observe que les poires provenant du *pyrus piraster*, à chair dure, se trouvent à Christiania, mais que celles qui appartiennent au *pyrus achras*, à chair molle, ne peuvent réussir en Norwége.

F. La zone des *céréales* a pour limite en Écosse le 58° latitude, et s'étend ensuite dans la presqu'île scandinave jusqu'au 70°, puis elle redescend dans l'est, vers le golfe de Bothnie et se termine à l'ouest vers le 60°, et plus à l'est vers le 55°, en Sibérie. C'est l'*orge* (*hordeum vulgare*) qui mûrit jusqu'à cette limite, c'est-à-dire au delà du cercle polaire, à Elfbaken, village situé sous le 70° dans la Laponie norwégienne, dont s'approche aussi l'*avoine* (*avena sativa*), mais à laquelle la récolte est loin d'être assurée, et ne réussit quelquefois qu'une année sur plusieurs. Plus au midi, on voit s'y associer la culture du *seigle* (*secale cereale*), qui du reste monte aussi loin que celle de l'avoine dans la Scandinavie. C'est elle qui domine dans cette partie de la zone tempérée froide que forme le sud de la Suède et de la Norwége, le Danemark, presque tous les pays riverains de la Baltique, le nord de l'Allemagne et une portion de la Sibérie. On commence à y rencontrer aussi le blé (*triticum sativum*), et l'on ne cultive plus guère l'avoine que pour la nourriture des chevaux, l'orge, que pour la fabrication de la bière. Puis commence une grande zone où le blé est cultivé presque à l'exclusion du seigle, et qui comprend le sud de l'Écosse, l'Angleterre, la France, une partie de l'Allemagne, la Hongrie, la Crimée et le Caucase. Le froment s'étend bien plus au sud, mais là on y associe communément la culture du riz (*oriza sativa*) ou du maïs. C'est ce qui a lieu dans la péninsule espagnole, une partie de la France, l'Italie, la Grèce, etc.

Les limites extrêmes de ces différentes végétations, lignes géographiques toujours sinueuses ou brisées, prouvent d'une manière évidente que le nombre absolu des espèces va toujours en diminuant progressivement de l'équateur aux pôles, où la vie végétale cesse d'exister. Cette plus petite proportion s'identifie d'une manière parfaite avec l'ensemble physique des individus et leur caractère d'organisation et d'existence. Ainsi le nombre des plantes ligneuses, comparé aux espèces herbacées, suit une progression ascendante à mesure que l'on s'approche davantage de la ligne. On a constaté, en effet, qu'en Laponie le nombre des arbres forme environ la centième partie de toute la végétation ; en France, il constitue la quatre-vingtième partie, et à la Guiane, la cinquième partie ; et tandis que la flore laponienne compte un peu moins de 1,100 espèces pour 297 genres, celle suédoise en comporte un peu plus de 2,300 espèces pour 566 genres, et celle française plus de 7,000 espèces réparties dans plus de 1,100 genres. Le nombre des espèces, par rapport à celui des genres, est donc représenté par un chiffre d'autant plus élevé que la latitude se rapproche de l'équateur. Ainsi en Laponie ce nombre est de 3,6 ; en Suède de 4,1 ; en France de 6. D'un autre côté, on a reconnu que la hauteur à laquelle parviennent les végétaux, c'est-à-dire la taille, suit la même progression ascendante des pôles vers l'équateur, et que le nombre des espèces annuelles ou bisannuelles suit une proportion tout à fait opposée, surtout dans la zone tempérée. Ces plantes sont très-peu nombreuses dans les régions qui avoisinent le pôle, et même, dans beaucoup de cas, elles sont remplacées en presque totalité par des espèces sous-frutescentes ou vivaces de taille très-petite.

Les zones astronomiques ont aussi

une grande influence dans les proportions relatives des individus composant les trois grandes classes du règne végétal. Le nombre des plantes acotylédonées ou cryptogames est proportionnellement plus considérable dans les contrées septentrionales que dans celles équatoriales. Les plantes monocotylédonées et dicotylédonées, beaucoup plus intéressantes pour le cultivateur que les cryptogames, sont aussi distribuées d'après des lois générales. Si l'on compare ces deux classes entre elles, on voit, d'après les données recueillies par la science botanique, que les végétaux monocotylédonés sont d'autant plus nombreux que l'on se rapproche des pôles. Quant aux plantes dicotylédonées, leur proportion est inverse et elles augmentent en nombre à mesure qu'on s'approche de l'équateur.

Si maintenant nous cherchons à appliquer ces faits physiologiques au territoire continental de la France, nous pouvons en déduire les conséquences suivantes :

1° Que les végétaux ligneux agricoles sont beaucoup plus nombreux et les espèces plus variées dans les provinces du midi que dans celles du nord. On cultive en effet dans les contrées méridionales l'olivier, le jujubier, le grenadier, le câprier, l'oranger, la vigne, le mûrier, le chêne-liège, le chêne vert, etc., qui ne peuvent s'identifier avec les latitudes septentrionales, et on ne peut rappeler aucune plante ligneuse de la région du nord qui ne végète pas dans celle du midi. A. Thouin rappelle que le nombre des espèces indigènes ligneuses qui croissent en France et qui s'élèvent depuis moins de 5 jusqu'à plus de 39 mètres, est de quatre-vingt-deux non compris les variétés. Parmi elles, vingt-deux ne végètent naturellement que dans nos départements méridionaux ; les soixante autres viennent indifféremment (du moins la plupart) dans les diverses parties du nord et du sud de notre patrie (1).

2° Que les végétaux de la zone méridionale sont beaucoup plus grands que ceux de la région du nord. La vigne dans la Provence, le Languedoc, le Dauphiné, parvient souvent à une hauteur de 3, 4 et même 5 mètres à laquelle elle mûrit facilement ses raisins ; le mûrier forme un arbre de plein vent dans toute la région du midi ; le maïs s'y élève à 2 et 3 mètres ; le figuier y atteint 6, 7 et 8 mètres de hauteur ; tandis que plus au nord, ces végétaux restent nains ou doivent y être cultivés petits. Cette différence de stature se constate aussi dans la plupart des espèces ou des individus qui croissent naturellement dans ces deux grandes régions.

3° Que les plantes annuelles ou bisannuelles existent en plus grand nombre dans la zone du nord que dans celle du midi, surtout parmi les espèces indigènes.

4° Que l'agriculture cultive dans la zone septentrionale les plantes graminées ou céréales sur une plus grande superficie terrestre que dans celle méridionale, et que le nombre des espèces y est plus considérable.

5° Que l'agriculture du nord comporte moins d'espèces dicotylédonées que celle du midi.

Il est indispensable toutefois de considérer l'augmentation de certaines familles et la diminution de certaines autres, si l'on veut avoir une idée des espèces qui dominent dans les deux zones astronomiques qui partagent la France. Nous empruntons à M. de Humboldt le tableau suivant, qui indique la proportion de quelques-unes des familles le plus généralement répandues et les plus importantes par leur nombre et leur espèce dans la zone tempérée, comprise entre le 45° et le 52° degré de latitude.

1° FAMILLES DONT LA PROPORTION VA EN AUGMENTANT DU MIDI AU NORD.

Les joncées sont à la masse des phanérogames.	:: 1 : 90
Les cypéracées.	1 : 20
Les graminées.	1 : 12
Les amentacées.	1 : 45
Les éricinées.	1 : 100
Les crucifères.	1 : 18

---

(1) *Cours de culture et de naturalisation des végétaux*, t. III, p. 359.

2ᵒ FAMILLES DONT LA PROPORTION VA EN AUGMENTANT DU NORD AU MIDI.

Les euphorbiacées sont à la masse des phanérogames. ∷ 1 : 80

Les rubiacées. . . . . 1 : 60

Les légumineuses. . . . . 1 : 18

Les malvacées. . . . . , ... 1 : 100

Les labiées. 1 : 25

Les ombellifères. . . . . 1 : 40

Les composées. . . . . 1 : 8

Ces proportions concordent parfaitement avec les faits que l'observation pratique constate chaque jour. Ainsi, le colza, la navette, la cameline, qui appartiennent à la famille des *crucifères*, sont cultivées avec succès dans la partie de la France comprise entre le 52ᵉ et le 46ᵉ, et leur culture est regardée comme difficile, sinon impossible, au delà de cette dernière limite géographique. Mais si l'avoine, de la famille des *graminées*, le lin, la spergule, de celle des *caryophyllées*, les pommiers qui appartiennent aux *rosacées*, ont plus d'aptitude dans la zone septentrionale, il faut reconnaître que la luzerne, le lupin, les vesces, le sainfoin, de la famille des *légumineuses*, la garance des *rubiacées*, le buis des *euphorbiacées*, le fenouil, la coriandre, l'anis, des *ombellifères*, le thym, la lavande, la marjolaine, des *labiées*, occcupent une surface terrestre beaucoup plus grande dans la *zone méridionale*, comprise entre le 46ᵉ et 42ᵉ parallèle que dans la *zone septentrionale*.

SECTION II.

Du relief de la surface de la France.

L'écorce solide de la terre offre généralement une surface très-accidentée. Les inégalités plus ou moins prononcées, selon les lieux où on les observe, résultant des soulèvements et des affaissements, et de l'action érosive des eaux qui ont eu lieu soit avant, soit pendant, soit après la catastrophe du déluge, et qui se produisent encore de nos jours. Les inégalités qui ont une action puissante sur l'existence des corps organisés et des agents de l'atmosphère, et que nous devons étudier dans leur rapport avec l'agriculture, sont au nombre de trois : 1ᵒ les montagnes, 2ᵒ les vallées, 3ᵒ les plaines.

§ 1. DES MONTAGNES.

La France présente deux régions distinctes. Celle du nord renferme des contrées planes plus ou moins accidentées; celle du midi se compose de contrées montagneuses entrecoupées de parties basses plus ou moins étendues; et ces élévations la limitent à l'est et au sud, et l'envahissent à son centre.

Les principales montagnes de la partie centrale de la zone méridionale font partie de la ligne de chaines dont les Cévennes paraissent être le point commun. Ces élévations s'étendent au nord de la Garonne et du canal du Midi; à l'ouest du Rhône au-dessous de Lyon, de la Saône au-dessous de Châlons, du Doubs au-dessous de Montbéliard, et du Rhin au-dessous de Bâle.

La chaîne principale, que l'on nomme *Cévennes*, se dirige plus particulièrement, et peut-être d'une manière moins variable, du sud-sud-ouest au nord-nord-est. Dans les départements de l'Aube et de l'Hérault, elle reçoit la dénomination de *montagnes noires*; entre les départements du Tarn, de l'Aveyron et de l'Hérault, celle de *montagnes d'Epinouse*; dans l'Aveyron et le Gard, de *Garrigues*; dans la Lozère, du *Gévaudan* ou de Cévennes proprement dites; dans l'Ardèche, du *Vivarais*; dans le Rhône, du *Lyonnais*; dans Saône-et Loire, du *Charolais* et Mâconnais. Les hauteurs de la *Côte-d'Or*, dans le département qui lui donne ce nom; le *plateau de Langres*, dans la Haute-Marne; et les *monts Faucilles*, dans les Vosges, forment la jonction des Cévennes avec la chaîne dite *des Vosges* Cette dernière chaîne, ou, pour mieux dire, ce plateau, sépare l'Alsace de la Lorraine.

Dans le département de la Lozère, les *montagnes de la Margeride* se détachent des Cévennes, se dirigent dans une direction nord-nord-ouest, et vont se réunir aux *montagnes de l'Auvergne*, qui s'étendent dans les départements du Cantal et du Puy-de-Dôme. A l'ouest du groupe qui forme les *Monts-Dor*, et qui appartient à ces dernières montagnes, quelques ramifications assez élevées se détachent et s'étendent dans les départements de la Corrèze, Creuse, Haute-Vienne, Charente, des Deux-Sèvres, Vendée et de la Loire-Inférieure.

Au sud du Puy, à Saint-Rambert, les montagnes du Vivarais envoient une nouvelle chaîne à laquelle on donne le nom de *montagnes du Forez*. Celles-ci traversent le département de la Haute-Loire, passent à Thiers, dans le Puy-de-Dôme, et se perdent au delà de Saint - Pierre - le - Moutier dans la Nièvre.

C'est à l'extrémité est du plateau de Langres que part la chaîne dite *des Ardennes*, et qui s'étend dans les départements de la Meuse, des Ardennes et de la Moselle.

Enfin une dernière chaîne, qui paraît être dépendante des Cévennes, et être le prolongement de la série de hauteurs qui disparaît, pour ainsi dire, dans le département de la Loire-Inférieure, se divise au delà de Rennes, pour se diriger d'un côté, ouest-ouest-nord sur les départements des Côtes-du-Nord, Finistère et Morbihan, où elle reçoit les noms de *montagnes d'Arrée, monts Menez, montagnes Noires*; de l'autre, nord-nord-est, sur les départements de la Manche, d'Eure-et-Loire et de l'Orne.

Toutes les montagnes situées au sud de la Garonne, du canal du Midi et de l'Aube, appartiennent à la *chaîne Pyrénéenne*, qui sépare la France de la péninsule Ibérique. Cette chaîne est unie à celle des Cévennes par une série de hauteurs qui passent à Castelnaudary.

Les montagnes qui se trouvent à l'est du Rhône appartiennent à la chaîne des *Alpes*, qui sépare la France de la Savoie.

Enfin, le *Jura* se détache des Alpes, s'étend est-sud-sud jusqu'au-dessous de Bellay, dans le département de l'Ain, et se joint aux Vosges au delà de Belfort, dans le Haut-Rhin.

Quoi qu'il en soit, ces diverses chaînes ne sont pas indépendantes les unes des autres. Ainsi on considère les Alpes et les Pyrénées comme liées entre elles par les Cévennes et le Forez; les Alpes et les Vosges, par le Jura.

Ainsi donc, la région des montagnes est parfaitement caractérisée et limitée; elle occupe toutes les séries de chaînes qui constituent les Alpes, les Pyrénées, les Cévennes, les Vosges, le Jura. Ces parties terrestres présentent des sommités plus ou moins élevées. Dans les Cévennes, le *Pic montant* des montagnes noires a une élévation de 1,162 mètres; la *Lozère*, dans les Cévennes proprement dites, de 1,679; le *Mont-Mézenc*, dans les montagnes du Vivarais, 1,774; le *Mont-Pilet*, 1,232. Dans la chaîne des Vosges, le *Tasselot*, point culminant de la Côte-d'Or, atteint la hauteur de 614 mètres; le *Mont-Afrique*, point culminant du plateau de Langres, celle de 513; les *Fourches*, point le plus élevé des monts Faucilles, s'élève à 404 mètres seulement; et le *ballon de Guebwiller*, dans les Vosges proprement dites, à 1,403 mètres. Dans les montagnes de l'Auvergne, le *Puy-de-Sancy*, des Monts-Dor, a une élévation de 1,884 mètres; le *Plomb du Cantal*, de 1,858; le *Puy-de-Dôme*, de 1,465. Dans la chaîne de l'Armorique, le point le plus élevé est de 384 mètres; et dans celle du Jura, le point le plus haut, le *Reculet*, est à 1,760 mètres.

Les principaux sommets de la chaîne de montagnes des Pyrénées, sont la *Maladetta* ou *Pic de Nethou*, élevé de 3,312 mètres; le *Pic de Vignemale*, de 3,444; le *Pic-Posets*, de 3,367; le *Mont-Perdu*, de 2,350; le *Pic du Midi de Bigorre*, de 3,012; le *Canigou*, de 2,785. Ceux des montagnes des Alpes sont : le *Mont-Viso*, élevé de 3.845 mètres; le *Mont-Ventoux*, de 1,909; le *Grand-Rubren*, de 3,342; le *Grand-Pelvoux*, de 3.934.

Les montagnes ont une très-grande influence dans le système physique du monde par l'action qu'elles exercent sur le climat d'une contrée, soit en fixant les nuages, soit en abaissant la température. Ces élévations donnent naissance aux nombreux cours d'eau qui arrosent et fécondent nos campagnes; et elles ont une influence sensible sur la vie végétale, et les localités qu'elles dominent, en ce sens qu'elles les protègent des vents impétueux qui passent par-dessus leur crête ou qui enveloppent leurs sommets.

Au fur et à mesure que le sol s'élève, les plantes n'ont plus la même manière d'être que celles qui habitent les parties inférieures des lieux élevés. Celles-ci caractérisent la latitude sous laquelle elles végètent, tandis que les végétaux des parties supérieures ont toujours des rapports assez sensibles avec les individus qui croissent dans une contrée plus septentrionale. Sur une élévation très - prononcée, l'air devient rare; et comme l'atmosphère est généralement moins dense, il en résulte que l'action de la lumière a une plus grande intensité. C'est ainsi que les végétaux de zone des montagnes ont des couleurs plus vives, plus éclatantes, des parfums plus prononcés, que ceux qui croissent au sein des plaines. Cependant, il paraît certain qu'ils doivent avoir besoin d'une moindre quantité de gaz oxygène pendant la nuit, à cause de la légèreté de l'air.

Lorsqu'on gravit un lieu très-élevé, l'air devient froid, et l'humidité de l'atmosphère diminue progressivement. Il s'ensuit que l'aspect physique des plantes des montagnes est tout à fait différent de celui des végétaux des plaines, où l'air est moins sec, et que les plantes sont généralement moins grandes, moins variées, moins nombreuses sur les hauteurs. Enfin, il arrive un point, une hauteur, où la végétation s'arrête, parce que les végétaux n'y trouvent point associées les conditions nécessaires à leur existence.

Au pied des Apennins, sous la 42ᵉ parallèle, on trouve l'olivier jusqu'à une hauteur de 500 mètres. Au-dessus de cette zone, on rencontre la vigne, le châtaignier, le chêne-rouvre, jusqu'à 1,000 mètres ; immédiatement au-dessus de cette limite, se trouve la zone du hêtre, qui se marie au pin sylvestre, à l'if, au noisetier, jusqu'à 1.900 mètres ; au-dessus de cette dernière zone, on ne trouve plus que des plantes alpines ou polaires. M. Ch. Martins a trouvé sur le Mont-Ventoux, en Provence, sous 44° 10′ latitude, les limites suivantes : sur le versant méridional, le pin d'Alep cessait de croître à 400 mètres, l'olivier à 486, le chêne vert à 540, le thym, lavande, à 1,150, le hêtre à 1.660, le *pinus uncinata* à 1,800 ; sur le versant septentrional, le chêne vert s'élevait jusqu'à 620 mètres, le noyer à 800, et le hêtre à 1,380 mètres seulement.

Sur les Alpes helvétiques, sous la latitude moyenne de 46°, la vigne et le châtaignier s'élèvent jusqu'à 800 mètres environ. Au-dessus de cette limite, on trouve des forêts de hêtres et de chênes qui s'arrêtent vers 1,300, sur le versant nord, et montent jusqu'à 1,500 sur le versant sud. A cette zone succède celle des arbres verts, qui s'élèvent au sud au-dessus de 2,000 mètres, et ne dépassent pas 1,800 sur le versant septentrional. Au-dessus des pins, des sapins et des mélèzes, on ne voit plus que l'aulne vert, des saules herbacés, le rhododendrum, et des pâturages que la neige ensevelit pendant 7 à 8 mois de l'année, et qui nourrissent durant la belle saison de nombreux troupeaux d'animaux. Enfin, au-dessus de cette dernière zone végétale, à 2,500 mètres au-dessus du niveau de la mer, réside la région des glaces et des neiges perpétuelles.

Les végétaux agricoles cessent aussi de végéter à certaines élévations. Le froment, qui refuse de croître sous 54° de latitude, au-dessus de 200 mètres, végète et mûrit encore sous le 44ᵉ parallèle, à 1,600 mètres d'élévation. M. A. Massot a trouvé que 1,640 mètres de hauteur sur le versant occidental du Canigou, dans les Pyrénées, est la limite supérieure de la culture des pommes de terre et du seigle. L'orge croît encore à une plus grande élévation que cette céréale. M. Ch. Martins l'a trouvée sur les versants septentrionaux du Saint-Bernard, du Mont-Cervin, à 1.984 mètres, par conséquent au-dessus de la végétation de l'épicea, dont Wahlenberg fixe la limite moyenne à 1,800 mètres, et de celle du bouleau, qui ne dépasse pas une hauteur moyenne de 1,975 mètres dans les Hautes-Alpes.

Ces limites altitudinales ne peuvent être regardées comme des lieux véritablement agricoles. La parfaite maturité des céréales que l'on peut cultiver sur des plateaux aussi élevés est toujours très-tardive, et les habitants des Alpes et des Pyrénées s'estiment heureux lorsque à ces hauteurs, ils ont pu moissonner le seigle, ou l'orge, ou l'avoine, suivant la constitution géologique de la terre, avant le mois d'octobre, et lorsque le produit ne se borne pas à la paille. Cette époque de récolte s'identifie parfaitement avec une latitude plus hyperboréenne. Lessing rapporte que, sur la côte occidentale du Finmark, près du village d'Elvkakken, situé par 69° 57′ de latitude, la moisson de l'orge ne se fait que vers le 15 septembre, quoique cette localité soit privilégiée par la situation. A Scia et à Gèdre, dans les Hautes-Pyrénées, l'orge semée en mai se récolte en septembre.

Mais si les montagnes abaissent progressivement la température en s'élevant dans l'atmosphère, si elles jouent un grand rôle dans le sens des courants électriques et dans la cause dominante des vents, et si elles se couvrent toujours de diverses zones végétales plus ou moins caractéristiques, selon la latitude sous lesquelles elles existent, végétation tantôt propre à la région méridionale, tantôt semblable à celle qui couvre le sol des climats tempérés ou des régions polaires, ces élévations ont sans cesse une influence prépondérante sur les localités qui les avoisinent et elles diversifient leurs cultures. C'est que, quelles que soit leurs altitudes, elles servent d'abri aux vallées qu'elles dominent, aux plantes qui croissent à leur base et rendent le climat de ces lieux ou plus humide, ou plus sec; et on comprend que cette sécheresse ou cette humidité atmosphérique continuelle doit déterminer des systèmes spéciaux de culture. Ainsi, dans les environs de Grenoble, le seigle se sème dans la plaine vers la fin de septembre et pendant le mois d'octobre, tandis que dans la haute montagne on commence les semailles vers la fin de juillet et dans la première quinzaine d'août. Il faut suivre, pour avoir un exemple frappant de la différence que les montagnes établissent dans la température des régions qui les avoisinent, la ligne qui s'étend du bassin du Luz au Cirque de Gavarnie (Hautes-Pyrénées). Ainsi, les cultures de la plaine de Tarbes, qui consistent en 1° froment, suivi de trèfle incarnat ou farouche; 2° maïs, avec haricots, prospèrent aux environs de Sainte-Marie; mais, à peine a-t-on fait quelques pas hors de l'enceinte du vallon, l'orge, l'avoine, le sarrasin, occupent les coteaux de la vallée du Bastan; à Sassis, lieu abrité des vents du nord, on sème encore du maïs, et Esquièze et Serre cultivent le froment; mais à Scia, à Pragnères, la culture est presque exclusivement pastorale, et Gèdre ne possède plus que l'orge, le seigle et les pommes de terre, cultures qui sont dominées par des pâturages qui s'étendent jusqu'à la limite des neiges éternelles. Il en est de même dans les vallées d'Argelès, de Cauterets, de Bagnères. Dans la vallée de Campan, le sol de cette dépression produit du blé, du maïs, de l'orge, mais le coteau qui regarde le nord se couvre de riches prairies, tandis que celui qui reçoit les rayons du midi est frappé d'une complète stérilité (1) Dans les plaines d'Orange, le vent du nord, qui franchit les montagnes du Dauphiné, vient fouetter les terres sous un angle de 15° environ, d'où il suit qu'une hauteur de 200 mètres préserve un espace de 2,160 mètres, lisière toujours consacrée aux récoltes les plus précieuses, et qui craignent le plus le froid. Sous l'influence d'un pareil abri, la température moyenne de l'année s'élève à plus de 1° (1).

L'inclinaison du sol des montagnes présente non moins d'intérêt d'étude que les limites altitudinales, où cessent de croître les végétaux qui appartiennent au domaine de la pratique de l'agriculture; elle modifie les transports et le travail du cultivateur, et l'oblige à une activité sans cesse renaissante, s'il veut obtenir de la terre des produits en rapport avec les travaux pénibles qu'il s'est imposés en habitant ces lieux. Lorsque les pentes d'une montagne ou d'un coteau sont très-abruptes, ou que les accidents du sol sont prononcés et très-variés, il est bien rare qu'elles ne soient pas entièrement dévolues au pâturage et à la multiplication des animaux domestiques. Une déclivité très-sensible rejette loin d'elle la charrue et la culture des plantes annuelles ou bisannuelles. Cet instrument a pour inconvénient, lorsqu'il fonctionne, de détruire toujours l'adhérence, la cohésion des parties constitutives de la couche arable entre elles, et cette friabilité permet aux eaux pluviales qui tombent sur la terre ou qui descendent du sommet des élévations d'entraîner chaque année dans les vallées de grandes masses de terre. Le gazon des pâturages, et quelquefois celui des prairies, diminuent à un haut degré l'entraînement des terres des pentes rapides dans les vallées, et il est même rare que, par sa permanence, il ne force pas une partie des eaux pluviales ou des sources à s'infiltrer en partie au sein de la couche végétale, quelque petite qu'elle soit.

Lorsque la pente d'une montagne est moins rapide, que l'angle qu'elle forme avec l'horizon ne dépasse pas 5 à 6 degrés, on peut travailler le sol à la charrue. Mais, ici, les labours ne s'exécutent plus suivant la pente du terrain. Cette inclinaison, qui représente une pente de 10 à 11 centimètres par mètre, force le cultivateur à diriger les billons en travers, comme elle l'oblige d'exécuter l'enfouissement instantané des engrais. Si la charrue fonctionnait en descendant et en montant, elle tracerait sur la surface de la pente des sillons qui augmenteraient inévitablement la rapidité de l'écoulement des eaux, et qui forceraient celles-ci à raviner la couche arable. Quand la pente est plus forte que 6 à 8 degrés, le sol n'est plus

---

(1) Mauny de Mornay, *Agriculture des Hautes-Pyrénées*, p. 26.

(1) Gasparin, *Cours d'Agriculture*, t. I, p. 218.

travaillé par les instruments aratoires, et il est le partage presque exclusif de la petite culture qui le façonne à la bêche, à la pioche, à la houe, et qui le dispose parfois en *terrasses* horizontales, comme dans les Vosges, le Jura, les Cévennes, etc., pour le convertir en pâturages, en prairies, ou le couvrir de vignes.

Les montagnes, par leur hauteur respective, modifient la distribution de la lumière au sein des gorges et des vallées auxquelles elles donnent naissance. Ainsi, alors que le sommet des hautes montagnes est fortement éclairé pendant la plus grande partie du jour, leur base est plongée dans l'ombre. Il s'ensuit, surtout dans les vallées étroites, que cette interception des rayons du soleil retarde le jour et avance la nuit, et nuit beaucoup à la maturation, à la composition des tissus des végétaux. De là l'humidité constante les plantes qui végètent à la base des hautes montagnes et leur vertu nutritive moins prononcée. Nous avons dit précédemment que l'herbe qui couvre le sommet des montagnes était toujours sapide, fine, aromatique et très-alimentaire, l'air et la lumière circulant toujours librement.

Les montagnes modifient également l'espèce d'animaux de trait : ici, le mulet, l'âne, sont préférables au cheval sur les pentes rocailleuses, à cause de leur solidité et de leur aptitude à résister à la fatigue permanente des montées et des descentes ; là, le bœuf est presque exclusivement affecté aux opérations de la culture du sol, ce dernier étant calcaire ou granitique et moins abrupte et ondulé. Plus loin, ces deux animaux exécutent concurremment les transports et les labours, les hersages, et sont quelquefois accompagnés du cheval, surtout sur des plateaux et à des altitudes peu sensibles. Mais, pour que le bœuf et le cheval puissent exécuter avec succès tous les travaux de culture sur des terrains très-accidentés et montagneux, il est nécessaire qu'ils aient été élevés dans la contrée qu'ils habitent, et qu'ils soient très-forts et peu élevés sur leurs membres. De tels animaux sont en général plus rustiques, plus robustes à résister aux alternatives du froid et de la chaleur, de la sécheresse et de l'humidité, que des individus de haute stature et élevés au sein des plaines ou de profondes et larges vallées.

En général, dans la plus grande partie de la France, 200 mètres d'élévation au-dessus du niveau de la mer équivalent à près de un degré de plus vers le nord. En Angleterre, cette même distance est représentée par une élévation perpendiculaire de 56 mètres. Cette différence explique la réussite incertaine du froment, surtout dans les années humides et les saisons tardives à 200 mètres d'élévation dans cette contrée européenne.

§ 2. DES VALLÉES.

Les vallées sont nombreuses en France. Les plus remarquables sont sans contredit celles de la région méridionale. C'est là que l'on rencontre les belles vallées des Hautes et Basses-Alpes, des Pyrénées-Orientales, des Cévennes, du Dauphiné, décorées par l'olivier, le figuier, le jujubier, et d'une foule de plantes sauvages au feuillage élégant et aux fleurs les plus odoriférantes et les plus riches cultures du Midi. Après ces riches et riantes vallées, viennent celles de la Haute-Garonne, de l'Ariége, des Hautes et Basses-Pyrénées, celles de la Limagne, du Charolais, de la Bourgogne, de la Franche-Comté, du Rhin, des Vosges, de la Loire, et la vallée d'Auge, non moins riches, non moins remarquables sous d'autres rapports agricoles.

Au sein de ces dépressions plus ou moins longues, plus ou moins étroites, la végétation a lieu à l'abri des orages des vents : la chaleur y est plus grande que sur les montagnes, l'air y est plus calme : et, comme les brouillards y sont plus fréquents, plus denses, qu'ils nuisent souvent à l'action bienfaisante de la lumière, il en résulte que le fond de ces lieux est le plus ordinairement couvert de riches pâturages, ou de prairies dites naturelles. On y rencontre aussi de belles cultures de chanvre, de lin, de beaux animaux domestiques, et de magnifiques arbres fruitiers en plein vent qui se couvrent, pour ainsi dire, chaque année de récoltes abondantes en tous genres. Cependant parfois, à cause de la différence sensible entre la température du jour et celle de la nuit, les fleurs et les fruits y accomplissent plus difficilement leurs phases de végétation.

Il est nécessaire, toutefois, pour bien comprendre les avantages des vallées, de considérer leur position géographique. Lorsqu'une vallée est dirigée au sud, elle reçoit directement les rayons du soleil, et, comme elle est abritée des vents de l'est et de l'ouest, elle acquiert un degré de chaleur bien supérieur à celui des plaines et des montagnes de la même zone astronomique. Ces vallées se remarquent surtout dans les Cévennes et les Alpes maritimes, sur la limite de région des oliviers et des figuiers, dans le Limousin, la Franche-Comté, etc. Les vallées qui sont tournées au nord sont toujours froides, parce qu'elles ne reçoivent la chaleur solaire que lorsque le soleil est très-élevé sur l'horizon. Au sein de ces vallées que l'on rencontre dans les Pyrénées, dans le Morvan, dans la Champagne, au nord du plateau de Langres, dans les Vosges, dans le pays de Caux et le Cottentin, etc., les gelées blanches sont plus intenses, les gelées ordinaires plus prolongées et surtout plus tardives; les vents y arrivent toujours secs et chargés de froid durant l'hiver, le printemps et l'automne, et la neige couvre le sol pendant plus longtemps. Aussi, ne peut-on pas y cultiver la vigne, le mûrier, avec autant de succès que dans des vallées dirigées au sud ou à l'est. Quelquefois même ces cultures y sont impossibles.

Les vallées qui ont leur ouverture à l'est reçoivent les rayons solaires dès l'aurore et durant une grande partie de la journée. Mais cette chaleur ne réjouit pas également les deux versants. L'un d'eux, celui du sud, recevra pendant une assez grande partie du jour quelques rayons d'une température très-élevée et sera *éclairé*, tandis que l'autre, celui exposé au nord, en sera presque privé et comme plongé dans *l'ombre*. Cependant, comme les vents de l'est sont toujours froids et secs, ces vallées, dans la région septentrionale, ne sont guère plus chaudes que celles dirigées au nord. Quant aux vallées exposées à l'ouest, elles sont toujours froides, humides, à moins qu'elles ne soient situées très-près du rivage de l'océan Atlantique. Le soleil ne réchauffe, pour ainsi dire, que le côté nord, si surtout la vallée est étroite et dominée par de grandes élévations. Lorsque la vallée est fort large, elle jouit davantage des rayons du soleil, et sa température est toujours moins froide que celle des vallées dirigées au nord.

La vie végétale n'est pas dans toutes les vallées, quelle que soit la zone astronomique sous laquelle elles résident, toujours identique. D'un côté à l'autre, on voit souvent des productions très-différentes. Ces phénomènes ont pour cause la direction de la vallée ou l'abri de hautes montagnes. Dans les vallées dirigées à l'ouest et l'est, le coteau nord est parfois couvert de vigne, de mûrier, de pêcher, d'olivier, etc., à cause de la température du sol qui est plus élevée, tandis que le versant sud est couvert de prairies, de pâturages d'essences forestières, de céréales, ou d'arbres fruitiers tels que pommier, poirier, prunier, noyer, châtaignier, etc. Il n'en est pas ainsi dans les vallées qui ont leur ouverture au nord ou au sud, et au milieu desquelles le degré de chaleur est toujours constant. On cultive sur les deux versants les mêmes végétaux, à moins que l'un des deux versants n'ait une plus grande inclinaison, et que le sol ne soit de nature différente et très-opposée.

Mais, si les vallées sont, sous plusieurs rapports, de véritables séjours de bonheur, elles ont parfois de graves inconvénients. Ici, la grêle, l'orage, qu'occasionne le voisinage des hautes montagnes, dépouillent la terre de ses plus belles productions; ils anéantissent, en quelques heures, des richesses obtenues par un travail rude et opiniâtre. Là, les pluies ravinent les coteaux, entraînent d'énormes masses de terre sur les cultures, sur les prairies, qui font l'ornement de ces lieux. Plus loin, des pluies abondantes ont fait renaître les ruisseaux, et ceux-ci ont grossi le cours d'eau qui vivifie la vallée. Ce dernier a envahi le fond de cette dépression et couvre les cultures... Mais bientôt ce fleuve éphémère est rentré dans ses limites, comme l'homme se retira dans lui-même à la vue du spectacle triste et solennel que la nature offrait à son regard. Hélas! les eaux ont témoigné de leur rapide passage et de leur crue intempestive. La disparition des richesses végétales qui réjouissaient le cœur du laboureur et le rendaient heureux hier encore, a rendu ses pensées tristes et sombres. C'est qu'on eût dit, à l'aspect du ravage de la couche de gravier qui couvrait la terre, que la nature avait toujours été stérile dans ces vallées fleuries!

M. de Gasparin rapporte que, par l'inondation de 1827, une partie du domaine du Bordelet, au confluent de l'Ardèche et du Rhône, qui était composé d'excellent limon, fut enterrée sous des couches de gravier de 1 mètre d'épaisseur. Toutefois, il fit planter ce nouveau sol en mûrier; tant que leurs racines étaient encore dans la couche de gravier et de sable, les arbres languissaient, mais aujourd'hui que les racines ont atteint l'ancienne couche arable, les arbres présentent une véritable forêt.

§ 3. DES PLAINES.

La France possède peu de plaines au sommet des montagnes et auxquelles on donne le nom de *plateau*. Les plus remarquables de ces masses horizontales et saillantes, sont ceux de la *Planèze*, en Auvergne, du *Jura*, et du centre de la France. Le premier est élevé de 720 mètres au-dessus du niveau de la mer, le second de 540 à 600 mètres, et le *plateau de Langres* de 513 mètres.

Ces plaines élevées sont généralement fertiles, et forment d'excellentes localités granifères. Les productions en céréales y sont remarquables par leur qualité, mais elles sont moins abondantes que celles des parties qu'elles dominent à cause des vents qui y ont toujours une très-grande action. Il faut, toutefois, que ces localités soient de nature calcaire ou volcanique pour que la culture des céréales y soit toujours favorable. Dans les montagnes granitiques, les plateaux sont peu fertiles, comme, par exemple, le *plateau de Gatine* (Vendée et Deux-Sèvres), élevé de 284 mètres au-dessus du niveau de la mer. Le *plateau d'Orléans*, qui est de nature calcaire et élevé de 166 mètres, est, au contraire, une excellente plaine granifère.

Les plaines proprement dites, quoique plus sombres et plus tristes, d'un séjour grave et sévère, offrent à l'homme des champs, sinon moins de jouissances, du moins autant de bonheur que les vallées et les montagnes. Les plaines de la Flandre, de la Picardie, de l'Alsace, de la Brie, de la Beauce, sont de riches localités agricoles. A ces plaines, il faut ajouter celles du Poitou, du Roussillon, du Bas-Languedoc, du Berry, du Bourbonnais, de la Sologne, de la Gascogne, de la Crau, etc., etc., remarquables par leur étendue, leur fertilité ou leur aspect triste et sauvage.

Les plaines ne sont réellement agricoles que lorsqu'elles sont profondes et riches. Toutefois, ces immenses étendues, à l'horizon desquelles disparaissent les bâtiments d'exploitation, où l'œil n'aperçoit souvent que le ciel et la terre, où les vagues d'or des céréales manquent souvent de bois et d'eau; parfois aussi, semblables aux vastes plaines de la Champagne, de la Bourgogne, qui sont brûlées durant l'été par un soleil ardent, et, pendant le printemps, elles sont desséchées par les vents d'est et du nord. Par contre, si elles sont trop basses, elles restent humides et marécageuses.

Le climat des plaines est généralement moins âpre, moins varié que celui des montagnes. L'air y est plus raréfié et moins humide, mais le froid y sévit avec plus de force que dans les vallées, et, pendant l'été, on y compte quelques degrés de chaleur de plus que dans cette dernière configuration à hauteur égale. Les gelées, au printemps, y sont moins tardives en général qu'au sein des vallées.

Les hautes montagnes servent souvent d'abris à la culture des plaines, et ces élevations, sur plusieurs points de notre patrie, sont éminemment favorables à la vie et au développement des végétaux. Ainsi, la plaine de l'Alsace est abritée d'un côté par les Vosges, de l'autre la chaîne de montagnes de la Forêt-Noire, et, durant l'été, la température est plus élevée et l'air moins agité. Ainsi, la plaine de Toulouse est abritée des vents du sud; la plaine de la Bresse, des vents de l'ouest et de l'est; celle du Jura, des vents nord-ouest et sud-est; etc., etc. Cependant, ces plaines possèdent quelques inconvénients. Les pluies, au printemps, y sont assez fréquentes, et favorisent la végétation des céréales et des fourrages, mais les récoltes granifères restent toujours exposées aux orages, qui y sont assez fréquents, et les grêles leur causent souvent de grands dégâts.

De la distribution des eaux sur la surface de la France.

La France possède 21 fleuves, 109 rivières navigables, et plus de 5,000 petites rivières ou ruisseaux, qui la coupent dans toutes les directions, l'arrosent et la fécondent. Les cours des principaux fleuves ont permis de diviser la France en cinq grands bassins.

1° Le premier prend son nom de la GIRONDE, formée par la jonction de la *Garonne* et de la *Dordogne*. La Garonne prend sa source en Espagne; elle reçoit l'*Ariége*, le *Tarn*, que viennent grossir l'*Aveyron*, le *Lot* et le *Gers*. La Dordogne, qui a sa source au Mont-Dor, reçoit la *Vézère* grossie par la *Corrèze*, l'*Isle* grossie par la *Dronne* et la *Cère*.

Les bassins secondaires de ce grand

bassin sont : la CHARENTE, qui reçoit la *Boutonne*; l'ADOUR, qui prend sa source dans les Hautes-Pyrénées, et qui reçoit la *Midouze*, le *Gave de Pau* et le *Gave d'Oléron*, la SÈVRE-NIORTAISE.

2° Le second bassin prend son nom de la LOIRE, qui a sa source au Mont-Gerbier, dans les Cévennes, et reçoit l'*Arroux*, la *Nièvre*, la *Mayenne* grossie par la *Sarthe*, qui reçoit le *Loir*, l'*Allier*, le *Loiret*, le *Cher* grossi par l'*Auron*, l'*Indre*, la *Vienne* grossie par la *Creuse* et le *Clain*, la *Sèvre-Nantaise*. Les bassins secondaires du bassin de la Loire sont : la VILAINE grossie par l'*Affe*, l'AULNE, le BLAVET.

3° Le troisième bassin reçoit son nom de la SEINE, qui prend sa source dans le plateau de Langres; elle reçoit l'*Aube*, l'*Oise* qui reçoit l'*Aisne*, l'*Yonne*, l'*Eure* grossie par la *Rille*, et la *Marne*. Les bassins secondaires sont : l'ORNE, la DIVE, le CALVADOS, la VIRE, la RANCE et la SOMME.

4° Le quatrième bassin prend son nom du RHIN, qui a sa source dans les Alpes Léponticnnes, et qui forme à la fois une barrière et un moyen de communication entre notre patrie et l'Allemagne. Ce fleuve a pour affluents en France, l'*Ill*, la *Moselle* qui reçoit la *Meurthe*, la *Meuse*, qui prend sa source dans le département de la Haute-Marne et est grossie par le *Chiers*, la *Sambre*. Ce bassin n'a en France qu'un seul bassin secondaire, l'ESCAUT, qui a sa source dans le département de l'Aisne et qui reçoit la *Scarpe*, le *Lys* et la *Deule*.

5° Le dernier bassin est celui du Rhône, qui a sa source au Mont-Saint Gothard en Suisse, et qui reçoit en France l'*Ain*, la *Saône*, dans laquelle se jette le *Doubs* et l'*Oignon*; l'*Isère*, qui vient de la Savoie; la *Drôme*, l'*Ardèche*, le *Gardon* ou *Gard*, la *Durance*, qui a sa source au Mont-Genèvre. Les bassins secondaires sont : l'ARGENS, qui a sa source dans les monts Esterel, dans le département du Var; l'HÉRAULT, qui vient des Cévennes, l'*Arbuly*. Le premier et le second de ces grands bassins se jettent dans l'océan Atlantique, le troisième dans la Manche, le quatrième dans la mer du Nord, le dernier dans la Méditerranée. Les principaux canaux qui sillonnent la France sont : 1° le canal du *Rhône au Rhin*, qui joint la Saône au Rhin; 2° celui de la *Bourgogne*, qui forme la jonction entre l'Yonne et la Saône; 3° du *Centre* ou du *Charolais*, destiné à établir une communication entre la Loire et la Saône; 4° le canal de *Briare*, qui joint la Loire au Loing; 5° d'*Orléans*, qui forme une seconde communication entre ces deux cours d'eau; 6° du *Nivernais*, qui joint la Loire à l'Yonne; 7° du *Berry*; 8° de *Saint-Quentin*, qui forme la jonction entre l'Escaut et l'Oise; 9° de la *Somme*, qui joint le précédent à la Manche; 10° de l'*Ourcq*; 11° d'*Ille-et-Rance*, qui établit une communication entre la Rance et la Vilaine; 12° de *Bretagne* ou de *Nantes à Brest*; 13° enfin le canal du *Midi* ou du *Languedoc*, qui réunit l'Océan à la Méditerranée.

Les étangs les plus importants sont ceux de *Carcans* et *Certes*, dans le département de la Gironde; de *Sanguinet* ou de *Biscarosse*, dans les Landes; de *Leucate*, dans les Pyrénées-Orientales; de *Sigean*, dans l'Aude; de *Thau*, dans l'Hérault; de la *Camargue* et de *Berre*, dans les Bouches-du-Rhône; de *Bigalia*, sur la côte orientale de la Corse. Les provinces qui renferment le plus d'étangs sont : la Sologne, le Berry, la Bresse et la Brenne.

L'eau, qui fut, à une époque très-éloignée de nous, considérée comme barrière insurmontable entre les populations, est aujourd'hui une de nos premières sources de richesses. Elle est un des éléments principaux de la civilisation et des progrès de l'agriculture et de l'industrie. Mais, pour que les eaux, qui courent à la surface de la terre, puissent toujours être regardées comme favorables à la vie des plantes et qu'elles fécondent nos campagnes, il faut qu'elles soient dirigées avec précaution. Abandonnées à elles-mêmes, elles ravinent la terre et détruisent souvent sa fécondité au lieu de l'accroitre. Si elles restent stagnantes à la surface du sol, elles appauvrissent encore la couche arable au lieu de l'enrichir; elles rendent les terres argileuses trop froides, trop humides, et favorisent au sein des prairies la croissance d'un grand nombre de plantes nuisibles au détriment des bonnes plantes fourragères.

Il est bien peu de localités où les cours d'eau ne soient point regardés comme éminemment utiles à la pratique de l'agriculture. Si le cours d'eau est navigable, il sert à l'exploitation des produits du sol, et à alimenter les lieux qui le limitent de fumier, d'engrais pulvérulents, de stimulants, etc. Ainsi, les fumiers de la ville de Dunkerque sont expédiés par voie de communication humide jusqu'à une distance de 28 kilomètres, et les cultivateurs des arrondissements de Dunkerque et d'Hazebrouck font venir, des environs de Saint-Omer, des stimulants calcaires qu'ils appliquent avec un succès remarquable à leurs terres argileuses. Si la rivière n'est ni navigable, ni flottable, elle met en mouvement des usines, elle permet la création d'étangs, de réservoirs, de canaux, destinés à fournir l'eau nécessaire à la pratique des irrigations. Enfin, le cours d'eau entretient une humidité ou une fraîcheur toujours utile à la vie végétale à une très-grande distance de ses bords, quoique son lit soit au-dessous du niveau du sol. C'est à l'infiltration des eaux de la Loire, durant l'été, au sein des terres siliceuses de la vallée que parcourt ce grand fleuve, que sont dues les belles récoltes de chanvre que l'on y obtient chaque année, plutôt qu'à la fertilité de la terre et à la préparation qu'elle reçoit. C'est à la même cause qu'il faut attribuer les riches productions en chanvre que produisent annuellement les alluvions formées par l'Isère dans la vallée du Grésivaudan.

La multiplicité des sources, des ruisseaux, des rivières, dans une localité plane, est un indice de fertilité, d'abondance de prairies naturelles et d'animaux domestiques, et elle indique une surface sillonnée, accidentée ou dominée par des élévations voisines et couverte de plantations.

Les cours d'eau, si utiles en général à l'agriculture, augmentent de volume, de rapidité, chaque année et à des époques très-variables. Cette augmentation, que l'on appelle *débordement* ou *inondation*, cause souvent de très-grands désastres dans les vallées où elle se manifeste, comme elle favorise parfois la végétation des prairies et l'augmentation de la fertilité de la terre. Lorsqu'une rivière déborde par suite de pluies abondantes et prolongées, et que sa masse d'eau s'épanche sur des terres couvertes de prairies et qu'elle y séjourne pendant un certain temps, elle dépose sur le gazon un limon réparateur de la richesse que la végétation a pu détruire. Mais une telle inondation ne peut être regardée comme favorable que lorsqu'elle a lieu à certaines époques de l'année. Les débordements qui ont lieu pendant l'hiver et durant le printemps sur les prairies sont toujours utiles; et il faut que la masse d'eau soit considérable et qu'elle séjourne quelque temps sur la terre, pour que ces inondations nuisent à la végétation des prairies, ou à l'existence du froment d'hiver. Un débordement lent et de quelques jours altère peu les champs ensemencés, si la température du sol ne descend pas au-dessous de zéro, si les eaux se retirent facilement, et si celles-ci n'y restent pas stagnantes, si la terre, par sa disposition et sa nature, reste très-humide, et s'il survient des gelées très-fortes pendant qu'elle est ainsi saturée d'humidité, les racines pourrissent, les feuilles jaunissent et les plantes disparaissent. Le cultivateur, voisin d'une rivière, ne saurait, lors des ensemencements d'automne, prendre trop de précautions, créer trop de rigoles ou fossés d'écoulement. Ces travaux, lorsqu'ils ont été parfaitement exécutés, contribuent toujours à diminuer l'action nuisible des inondations d'hiver et de printemps.

Les débordements qui ont lieu dans le mois de mai, de juin et de juillet, sont presque toujours nuisibles. D'une part, ils renversent sur le sol la production des céréales et des prairies, et peuvent l'anéantir complètement; de l'autre, ils ensablent, si les eaux sont limoneuses, les tiges, les feuilles des plantes, et les rendent d'un usage dangereux pour les animaux domestiques. On peut cependant atténuer ce fâcheux effet en soumettant le foin, aussitôt la récolte, à l'action des batteurs d'une machine à battre. L'herbe, ainsi travaillée, abandonne les particules de limon, ou d'argile et de sable qui la recouvrent, et peut être consommée encore par la race bovine avec succès lorsque celle-ci reçoit, pendant la saison hivernale, des racines ou des tubercules, ou autres substances humides, mais nutritives. Les inondations nuisent encore, à cette époque de l'année, à la culture des arbres fruitiers. Lorsque l'eau couvre un terrain garni de pommiers, de poiriers, pruniers, etc., etc., alors que ces arbres sont en fleurs, elle s'oppose à la fécondation de celles-ci, ou précipite la chute des fruits déjà formés. C'est que les racines, existant au sein d'une humidité abondante, mais froide, augmentent par une nouvelle force de vitalité les parties aqueuses de la sève qui arrive en trop grande abondance aux placentas des organes floraux, ou aux extrémités des ramifications qui supportent les fruits.

A côté de ces effets défavorables, se rangent les dommages qui résultent des rivières qui roulent avec rapidité de très-grands volume d'eau. Ces crues, toujours nuisibles, ont pour cause les *torrents*, qui prennent naissance dans les hautes montagnes. Ces courants, tantôt momentanés, tantôt permanents, deviennent d'autant plus redoutables que les pluies sont plus abondantes, que la fonte des neiges est accélérée par la température de l'atmosphère, et que le sol qu'ils parcourent présente une pente rapide. Ici, ils entraînent les terres des coteaux sur les plateaux, des plateaux dans les vallées, des vallées dans les plaines, des plaines dans les fleuves. Plus loin, ils dégradent la cime des montagnes, le sommet des coteaux, et roulent dans les vallées une immense quantité de cailloux ou de sable. Ainsi, toutes les vallées des Alpes, des Pyrénées, etc., en sont formées et recouvertes, et là ils servent à construire, à élever des *mergers*, des *terrasses*, espèces de digues qui modifient favorablement l'action des torrents. Mais ces cailloux ne restent pas toujours dans le fond des vallées. Parfois les torrents poursuivent leurs cours au milieu des fleuves, et, épanchant leurs eaux rugissantes dans d'immenses vallées, dans des plaines profondes, ils se livrent à de nouveaux désastres ; les digues sont rompues, les terres couvertes de cailloux, les arbres déracinés, les habitations détruites, les récoltes anéanties !

L'homme reste sans influence sur les causes des inondations, mais il peut, jusqu'à un certain point, les rendre moins impétueuses, et diminuer leurs inconvénients. Les débordements ont pour causes générales les pluies qui tombent des hautes montagnes, l'accumulation et la fonte des neiges, le déboisement des parties supérieures de ces élevations. La chute des neiges et des pluies sont des effets naturels qu'il n'est pas permis à l'homme d'arrêter. Il n'en est pas ainsi des forêts, qui exercent une très-grande influence sur les météores, les orages, les pluies, les neiges, il peut les faire naître ou les détruire.

On ne peut aujourd'hui douter des effets favorables des forêts au sommet des montagnes, comme moyens de combattre les progrès des inondations. En effet, l'origine de ce mal, qui produit chaque année tant de ravages dans notre patrie, c'est le déboisement des montagnes, qu'une cupidité aveugle ou une incurie humiliante exécute ou laisse exécuter chaque jour. Partout où il y a des torrents, il n'y a point de forêts, et, partout où l'on déboise, il s'en forme de nouveaux. Ce principe est vrai pour toutes les zones astronomiques, et vouloir douter de son application, c'est nier qu'il existe un équilibre permanent entre les conditions naturelles du sol et du climat.

Une montagne boisée modère toujours la violence des vents ; elle attire et arrête les nuages qui se changent en pluie ou se résolvent en neige, si la température de l'atmosphère est froide ou glaciale. Une élévation dénuée de bois laisse aux eaux toute leur action dévastatrice. Celles-ci ravinent le sol que les racines des arbres ne consolident pas ; elles glissent avec rapidité sur le roc qu'elles ont mis à nu ; elles se précipitent en torrents au fond des vallées riches et peuplées qu'elles changent en lieux sauvages. Si le sommet de la montagne est en pâturage ou en friche, au lieu d'être couvert de bois, les eaux s'infiltrent difficilement à travers le sol, et cette augmentation des eaux superficielles diminue les sources, et rend la végétation plus laborieuse et surtout pénible sur les rochers décharnés et noirâtres et les sables arides qui les recouvrent. Lorsqu'une chaîne de montagne est ombragée par des forêts, la température qui enveloppe ces bois est toujours moins basse, les neiges qui s'amoncellent durant l'hiver glissent plus difficilement le long des pentes lorsque leur fonte commence à avoir lieu, le sol se dégrade plus lentement et abandonne moins de débris.

Donc, il résulte que la destruction des forêts favorise la formation des torrents, les débordements des fleuves, qui descendent leurs ondes du sommet des Alpes, des Pyrénées, des Cévennes et des Vosges, et que l'existence des arbres sur le sommet de ces élévations rend les cours d'eau moins nombreux, moins rapides, et les inondations au sein des vallées et des praines moins désastreuses. C'est que les arbres, les arbustes, les broussailles, opposent continuellement à l'action des petits courants des obstacles accidentés, et recouvrent le sol d'une sorte d'armure qui le retient, et absorbe une très-grande partie des eaux pluviales. Ainsi, la nature, en plaçant les forêts sur les montagnes, place le remède à côté du mal ; elle combat la force active des eaux par d'autres forces actives ; aux envahissements des torrents, elle oppose les conquêtes de la végétation. Le peu de consistance des calcaires qui s'oppose à la fixation des terres et y attire les torrents, est précisément ce qui les rend favorables à la végétation. La cause qui multiplie les torrents, multiplie donc aussi les moyens naturels de défense. Les terres les plus mobiles sont en même temps les plus riches, et les plus durs rochers, sur lesquels la végétation n'a pas de prise, bravent l'effort de la destruction. Les eaux activent la végétation ; elles préservent ainsi le sol contre leurs propres attaques, et, plus elles ont de force pour détruire, plus elles en font naître pour conserver. Cet équilibre naturel, si admirablement organisé. l'imprévoyance des hommes l'a détruit, et la nature se vengera de cette violence tant que son action sera contrariée (1).

Deux causes favorisent le déboisement des montagnes : le défrichement, et la dépaissance du sol par les moutons et les chèvres.

Le défrichement des forêts des montagnes a pour conséquences fâcheuses de dégarnir le sol et de le rendre mobile, état qui permet aux pluies de le pénétrer et de l'entraîner sur les pentes, les plateaux et dans le fond des vallées. Une fois bannies du sommet des hautes montagnes, les forêts n'y reparaissent jamais. Heureusement la loi protège cette dévastation, ce mal à jamais irréparable en forçant le destructeur à demander au pouvoir l'autorisation de défricher. Cette disposition législative est-elle contraire au régime de liberté qui nous régit? L'intérêt privé peut-il être sacrifié à l'intérêt général de la société? Ces deux questions ont leur solution dans l'histoire législative qui constate l'intérêt que l'on attachait à la conservation des forêts sur la cime des montagnes. Ainsi, une ordonnance de Louis XIV, rendue en 1669 pour la Provence, prononçait contre ceux qui défrichaient des terrains en pente une amende de 3,000 francs. Une ordonnance du 12 octobre 1750, rendue par Louis XV, sur la demande des États du Languedoc, défendait tout défrichement sur les montagnes et les collines, à peine de 50 francs par arpent, et de la confiscation de tout ce qui aurait été la suite du défrichement. Un arrêt du parlement du Dauphiné, du 21 mai 1718, portait la même défense pour le penchant des montagnes, à peine de 30 francs d'amende par arpent et de

confiscation des fruits provenant des fonds défrichés. La loi du 29 septembre 1791 leva cette interdiction. Cette liberté de défricher sans réserve eut des conséquences très-graves, les défrichements s'opérèrent sur tous les points de la France avec une véritable fureur, et l'intérêt privé se trouva en contradiction avec l'intérêt général. C'est alors qu'intervint, sur la demande des conseils généraux, et principalement de ceux des départements qui comprennent les Alpes et les Pyrénées, la loi du 9 floréal an XI (29 avril 1803) portant prohibition, pendant 20 ans, de défricher sans l'autorisation du gouvernement. Cette prohibition a été prorogée jusqu'en 1847. Cette loi n'a eu qu'un seul effet, celui d'empêcher la destruction des bois et de protéger leur conservation. Il faut regretter, toutefois, qu'elle ne contienne pas de dispositions particulières pour les forêts des montagnes par lesquelles on pourrait concilier l'intérêt privé et l'intérêt général, prévenir les résultats d'un aveugle égoïsme ou lutter contre l'avidité imprévoyante des propriétaires.

Le gouvernement use sagement de la disposition de la loi de 1803. Les défrichements qu'il autorise chaque année dans les montagnes des Alpes et des Pyrénées, ont lieu sur une très-petite échelle. Pendant une période de neuf années, de 1827 à 1836, l'étendue défrichée, avec autorisation, dans ces contrées, s'élève seulement à 2,581 hectares, et elle se répartit entre les départements auxquels appartiennent ces montagnes, ainsi qu'il suit :

	hectares.
Alpes (Hautes-)	»
Alpes (Basses-	748
Isère	769
Ain	618
Jura	108
Pyrénées – Orientales	160
Ariége	6
Pyrénées (Hautes-)	87
Pyrénées (Basses	85

L'étendue défrichée chaque année a donc été pour ces neuf départements de 286 hectares 77 ares, ce qui revient à 31 hectares 77 ares par département.

L'étendue en bois et forêts que possèdent les communes et les particuliers dans ces circonscriptions, s'élève à 835,453 hectares. Cette étendue se divise ainsi :

---

(1) Surell, *Étude sur les torrents des Hautes-Alpes.*

	hectares.
Alpes (Hautes).	74,292
Alpes (Basses-).	100,790
Isère.	199,722
Ain.	107,689
Jura.	122,457
Pyrénées-Orientales.	44,444
Ariége.	48,110
Pyrénées (Hautes-).	66,440
Pyrénées (Basses-).	109,688

De là il résulte que si l'on compare l'étendue totale des défrichements accordées depuis 1827 à 1836, à la superficie forestière dont nous venons de parler, les bois défrichés sont aux bois existants dans le rapport de 1 : 323. Cette comparaison est très-favorable si on la met en parallèle avec les défrichements opérés pendant la même période sur d'autres points de la France. Ainsi, il a été défriché dans le département de Saône-et-Loire 2,664 hectares de bois, et dans celui de la Meurthe 2,486, ce qui donne pour étendue totale 5,150 hectares. L'étendue en bois que possède l'intérêt privé est de 151,429 hectares dans le département de Saône-et-Loire, et de 115,261 dans la Meurthe, ce qui représente une superficie totale de 266,690 hectares. Le rapport des défrichements aux forêts est donc comme 1 : 51.

Il faut chercher ailleurs que dans le défrichement des forêts des montagnes la principale cause des torrents qui sillonnent, dégradent et stérilisent à jamais les escarpements, les plateaux, les berges, les coteaux, les ravins, de ces parties élevées. La *dépaissance des troupeaux* cause un mal bien plus apparent que les défrichements, et il est certain aujourd'hui que la *mise en défens* des biens communaux des régions alpines a eu des effets très-favorables sur les orages. Ces terrains abandonnés sans cesse au libre parcours des troupeaux de moutons et de chèvres, se présentent sous le plus mauvais aspect : l'herbe disparaît, les broussailles, les plantes buissonneuses s'anéantissent, et dès lors la surface de la terre s'écroule aux moindres pluies et laisse le roc à nu. Lorsqu'au contraire le sol, sans être boisé par des arbres élevés, est tapissé d'arbustes, de plantes ligneuses, d'herbes, la terre résiste à l'action érosive des eaux courantes et des pluies, étreinte et raffermie comme elle est par les racines de ces végétaux. Cette armure favorise aussi, d'un autre côté, la pénétration des eaux maîtrisées des torrents qui descendent dans les vallées, et permet quelquefois d'éteindre quelques eaux de ces derniers.

C'est à l'administration forestière à arrêter la dépaissance des montagnes et à mettre en défens toutes les parties qui peuvent se couvrir de broussailles ou d'arbustes. Quelques communes des Alpes ayant à souffrir continuellement des ravages qui sont le résultat du déboisement ou de la dépaissance des troupeaux, ont déjà pris le parti de mettre leurs montagnes à *la réserve* pour éviter qu'elles soient dégradées. Dans le département des Basses-Alpes, le syndicat chargé de l'administration et de la surveillance des biens communaux des sept communes formant l'ancien canton de Barcelonette, a obtenu, en provoquant la mise en défens de ses biens et en les plaçant sous la surveillance de l'agent forestier du cantonnement, des résultats remarquables qui frappent en ce moment l'attention de la localité, et engagent les communes voisines à suivre la même voie de réussite.

Il existe sur le sol de France de nombreuses localités marécageuses. La Sologne, la Bresse, le Berry, le Bas-Poitou, etc., sont de mauvaises contrées agricoles. Les *étangs* ou les *marais* qui caractérisent ces provinces émettent généralement dans l'atmosphère des substances délétères pour la vie humaine et animale. Ces émanations que la science médicale désigne sous le nom d'*effluves*, sont produites en plus ou moins grande quantité, selon le degré de la température ambiante, l'état hygrométrique de l'air, la nature et la situation des étangs et des marais par la décomposition des matières organiques végétales et animales. C'est durant les grandes chaleurs, lorsque l'air est vivement agité, que les effluves sont réellement morbides, c'est-à-dire influent le plus sur la santé des habitants. Les populations qui vivent au sein de cette atmosphère qui répand la contagion, le marasme et la mort, ont généralement un tempérament lymphatique, un teint hâve et livide, et elles y sont affectées de fièvres, de rhumatisme, d'hydropisie et de lésions organiques. En Sologne, dit M. Puvis, comme dans presque tous ceux qui présentent des plateaux silico-argileux à sous-sol imperméable, la population est rare et maladive; les hommes surtout, qui prennent plus de peine, sont pâles et défaits; mais c'est sur les enfants que le climat semble avoir la plus fâcheuse influence : la plupart y ont le ventre gros et les chairs infiltrées; c'est à cet âge qu'ils succombent le plus, et la population y est consommée avant d'avoir pu être utile (1). Il faut parcourir les environs du Blanc et de la vallée de la Creuse dans le Berry et même toute la Dombes pour avoir une idée des émanations pernicieuses qui s'échappent durant l'été de la surface de la terre. Celle-ci, toujours couverte d'eau stagnante pendant l'hiver, se sèche pendant les mois de juillet et août; et c'est cette évaporation marécageuse et délétère qui expose les habitants des campagnes à l'influence toujours fâcheuse des fièvres intermittentes. Mais cette insalubrité, quoique éminemment nuisible à la vie de l'homme de ces contrées marécageuses, offre moins d'inconvénient que le climat et la circonscription de la Vendée ou du Bas-Poitou à laquelle on donne le nom de marais. Dès le commencement de l'été, il s'y manifeste beaucoup de fièvres intermittentes-bilieuses auxquelles succèdent, depuis l'automne jusqu'au printemps, les fièvres catarrhales pulmonaires. La fièvre putride - maligne, l'angine, les érysipèles, les fluxions au visage, la sciatique, les rhumatismes chroniques, sont aussi très - communs. Aux fièvres succèdent souvent les obstructions aux viscères abdominaux, et le scorbut est tellement naturalisé dans ces contrées, que l'on est presque forcé de ne pas le considérer comme une maladie, quoiqu'il complique toutes les autres, et qu'il en rende le traitement plus difficile (2).

En traitant de l'hydrogésie, nous étudierons les procédés d'opérations auxquels le cultivateur peut avoir recours pour opérer le dessèchement des terres marécageuses sans cesse nuisibles et pernicieuses à l'existence humaine et animale, et à la plupart des plantes céréales et commerciales.

CHAPITRE III.

PHYSIQUE AGRICOLE.

La *physique agricole* a pour objet l'étude des corps atmosphériques, leurs actions réciproques et leurs effets sur les végétaux et les animaux. Ainsi, elle expose les phénomènes de ces actions et de la relation qui existe entre eux, et en établissant des lois qui servent à expliquer les phénomènes de la MÉTÉOROLOGIE, elle rappelle les modifications que les corps organisés subissent sous l'action des divers fluides qui composent l'atmosphère et qui la traversent pour arriver jusqu'à nous, et auxquels on donne les noms de *corps pondérables* et *corps impondérables*.

SECTION PREMIÈRE.

Des corps pondérables.

§ 1. DE L'AIR ATMOSPHÉRIQUE.

L'atmosphère se compose d'air, de vapeur d'eau et de quelques autres gaz; elle enveloppe le globe, et elle fournit aux hommes, aux animaux et aux végétaux le fluide nécessaire à leur existence.

Ce fluide atmosphérique est formé de deux principes, d'azote ou nitrogène et d'oxygène. Ces corps sont - ils combinés, ou existent-ils à l'état de mélange? La science a émis, dans ces dernières années, diverses hypothèses en faveur et contre ces opinions, qu'il ne m'appartient pas ici de discuter. Toujours est-il qu'il faut encore considérer l'air atmosphérique comme existant à l'état d'un simple mélange, et reconnaître que si les deux principes très-différents qui forment l'air étaient combinés, l'acte de la vie de tous les corps organisés ne pourrait avoir lieu quels que soient les saisons et les lieux.

L'air en lui-même, c'est-à-dire sans avoir égard aux gaz qui le composent, est compressible et pesant. Cette dernière propriété physique a une influence directe sur les animaux et les végétaux; elle équilibre les fluides intérieurs, et nul être organisé n'éprouve aucune altération de son poids, quoiqu'il soit souvent considérable. En outre, la lumière le traverse sans l'altérer; la chaleur le dilate et l'abaissement de température le condense.

L'atmosphère est, dans toute l'étendue de son épaisseur, pure et inodore.

---

(1) *De l'Agriculture du Gâtinais, de la Sologne et du Berry*, 1833, p. 98.

(2) Cavoleau, *Description du Département de la Vendée*, 1818, p. 124.

Cependant il arrive parfois qu'elle est chargée dans sa partie inférieure de substances animales, végétales et minérales, à l'état vésiculaire. Ces vapeurs ou corpuscules organiques ou inorganiques que l'on désigne sous le nom de *miasmes*, sont dus à la décomposition des corps, et rendent l'air plus ou moins respirable, et deviennent souvent la cause des maladies qui affectent les hommes et les animaux exposés à leur action.

Cet état de l'air n'est pas le seul qui soit nuisible à l'existence des êtres vivants. Lorsque l'air devient plus léger, ou que les excès de température se manifestent pendant longtemps, il en résulte souvent une altération des organes des végétaux et même des animaux. Ainsi Duhamel a remarqué que les plantes languissaient, et que leur végétation était retardée lorsque la légèreté considérable du fluide atmosphérique se conservait pendant un certain temps. En effet, jamais la végétation n'est plus active, plus prononcée que lorsque l'air est *lourd*, que dans les jours où il doit y avoir de l'orage et du tonnerre. Veut-on une démonstration plus frappante de cette vérité? Que l'on gravisse une montagne, on s'apercevra facilement qu'à mesure que l'on parviendra vers le sommet, que, par conséquent, la hauteur du fluide atmosphérique diminuera et que la colonne d'air deviendra plus légère, la végétation sera languissante; et, à une certaine élévation, on ne rencontrera plus que des arbres rabougris, des plantes avortées, des herbes minces et rampantes. Mais, si l'on ne remarque à une certaine hauteur que des plantes d'une faible élévation, il faut reconnaître que les couleurs de ces végétaux sont p us vives, plus éclatantes, que leurs odeurs sont plus prononcées, et cela parce que la rareté de l'air laisse un passage plus libre aux rayons lumineux.

Les principes qui forment l'air atmosphérique existent dans des proportions très-inégales. Mais, d'après MM. Dumas et Boussingault, les proportions de ces deux gaz sont constantes à toutes les hauteurs, et il résulte de leurs recherches que l'oxygène représente en volume 20,81, et l'azote 79,19; et en poids l'oxygène 23,01, et l'azote 76,99.

L'air contient d'autres éléments accidentels dans des proportions variables. Ainsi la quantité d'acide carbonique peut s'élever jusqu'à 0,08, suivant les saisons et l'heure du jour, mais l'hydro-gène découvert dans l'atmosphère par MM. Dalton, de Humbolt, etc., et l'acide chlorhydrique constaté dans ce fluide par M. Baruel, etc., n'existent que dans des proportions très-minimes.

§ 2. DE L'OXYGÈNE.

L'oxygène est un des gaz atmosphériques les plus importants : il préside à l'acte de la germination des semences, à l'entretien de la vie végétale et animale. Sous l'action de la lumière solaire, les végétaux l'exhalent après s'être appropriés le carbone de l'acide carbonique. Durant la nuit, au contraire, ils absorbent l'oxygène et exhalent ce dernier. Dans l'acte de la vie animale, une certaine quantité de ce gaz est absorbée par le carbone du sang, et il rend celui-ci plus rouge, veineux, plus consistant et fibreux; et, après avoir été converti en un volume d'acide carbonique semblable ou égal à la quantité d'oxygène absorbée, il est chassé des bronches et se répand dans l'atmosphère.

Il résulte de ce phénomène de la respiration des animaux, qu'une certaine quantité d'oxygène est sans cesse enlevée à l'atmosphère, volume qui doit être regardé comme indispensable à la vie animale. Cet amoindrissement ne doit faire naître aucune crainte. Il existe dans la nature une harmonie admirable : le Créateur a donné aux végétaux le pouvoir de régénérer perpétuellement l'oxygène de l'air dont les animaux ont constamment besoin, en même temps qu'il a voulu que l'homme exhale sans cesse de ses organes l'acide carbonique nécessaire à l'acte de la vie végétale.

Lorsque l'oxygène est en excès dans un végétal, il constitue la base des acides végétaux : acides citrique, malique, tartrique, etc. Quand ce gaz est à l'état de pureté, il devient nuisible à la vie animale et végétale; mais il est certain, d'un autre côté, que les êtres organisés, quels qu'ils soient, périssent aussitôt qu'ils sont plongés dans des gaz privés d'oxygène.

§ 3. DE L'AZOTE.

L'azote est un corps nécessaire à la vie des animaux, quoiqu'il soit impropre à la respiration lorsqu'il est pur. Mais il abonde dans tous les végétaux et dans la plupart des semences, et les plantes et les graines qui en contiennent davantage sont regardées comme les plus nutritives , les substances les plus propres à l'alimentation des animaux. Enfin , ce corps gazeux entre pour beaucoup dans la composition des animaux, et il est une des parties constituantes de l'ammoniaque. C'est à la présence de ce corps que la chair musculaire , le sang, les excréments humains , les cornes , etc. , doivent leurs principales propriétés fertilisantes.

Pendant longtemps, on avait pensé que l'azote ne pouvait servir à la vie végétale, et on se demandait les causes pour lesquelles il existait dans une proportion aussi considérable dans l'atmosphère. Cette opinion est aujourd'hui détruite , et les belles expériences de **M.** Boussingault ont prouvé qu'il concourait à l'existence des végétaux, et que la plus grande partie de ce corps était soutirée du sol par les racines des végétaux , et qu'il existait quelques plantes seulement qui s'appropriaient cet azote dans l'atmosphère. Ainsi , les Graminées ne puisent rien dans l'atmosphère, tandis que les légumineuses en prennent une quantité assez sensible.

Néanmoins l'azote est distribué inégalement dans les différentes parties d'une même plante. En général, les semences en fournissent davantage que les tiges , et celles-ci davantage que les feuilles. D'un autre côté, il est aujourd'hui démontré que lorsque ce corps gazeux est, pour ainsi dire, à l'état de pureté , il détruit la faculté germinative des semences avec lesquelles il est en contact, et que , par sa présence dans l'atmosphère, il tempère l'action de l'oxygène, qui, à l'état de pureté , perd les caractères d'utilité qu'il possède et que nous avons signalés. De Saussure a prouvé, toutefois, que les graines , pendant leur germination dans l'air, absorbent une petite quantité d'azote, et que cette absorption pouvait ne pas être attribuée à l'effet d'une imbibition de la porosité (1). Enfin , l'azote, uni à du carbone , forme une base à laquelle la chimie a donné le nom de *cyanogène*, qui s'unit à l'hydrogène dans un rapport pour former l'acide hydrocyanique ou prussique que l'on trouve dans les feuilles du laurier cerise, les fleurs du pêcher, les feuilles du laurier rose, etc.,et joint à l'oxygène, l'hydrogène et au carbone, il constitue

le gluten , qui est plus abondant dans les froments de la région du midi que dans ceux de celle du nord.

§ 4. DE L'ACIDE CARBONIQUE.

L'acide carbonique se forme journellement dans l'atmosphère par suite de la fermentation , de la putréfaction et de la décomposition , et il est aussi le produit de la combustion des corps organisés qui contiennent du carbone.

Ce fluide aériforme a une densité plus grande que l'oxygène et l'azote , et il se trouve dans l'air ordinairement dans la proportion de 4 à 6/10,000e.

Il résulte des expériences de Théodore de Saussure, que la quantité de gaz acide carbonique que l'air contient à l'état libre, varie selon l'humidité ou l'état de sécheresse de la couche superficielle de la terre, mais qu'elle est toujours plus grande pendant la nuit que durant le milieu du jour ; et que le vent augmente la proportion de ce gaz dans les couches inférieures de l'atmosphère.

L'acide carbonique à l'état de pureté est impropre à la respiration,et lorsqu'il surabonde dans l'air ou dans un bâtiment, il cause l'asphyxie. Mais , si ce gaz est nuisible à la vie animale, il a une action favorable sur tout ce qui appartient au règne végétal. Il concourt à la germination et favorise puissamment la végétation. Sous l'action du soleil, il est inspiré et décomposé par les organes foliacés qui retiennent son carbone et exhalent son oxygène. L'eau, à la température ordinaire , le dissout assez facilement , et dès lors les végétaux l'absorbent encore , soit par leurs racines , soit par leurs feuilles.

§ 5. DE L'HYDROGÈNE.

Ainsi que nous l'avons dit précédemment , l'hydrogène à l'état pur n'existe dans l'air que dans une faible proportion , mais on le trouve tantôt combiné avec le soufre, tantôt avec le carbone.

L'hydrogène en état d'isolement n'est pas absorbé par les plantes, et paraît même nuire à l'action vitale de ces corps organisés ; enfin il est impropre à la combustion et à la respiration.

Ce corps abonde dans l'air des lieux malsains, et il est d'autant plus abondant et redoutable que les eaux croupissent à la surface de la terre que celle-ci est transformée en marais, que

(1) *Annales des Sciences naturelles* , t. II, p. 273.

la chaleur de l'atmosphère est plus élevée et que les plantes en pleine fleur
sont odoriférantes.

Combiné avec le soufre et le carbone,
l'hydrogène forme l'hydrogène sulfuré
et l'hydrogène carboné. Ces gaz sont
nuisibles à la vie humaine. Ils se dégagent, pour ainsi dire, continuellement des étangs, des marais, et ils
constituent ce qu'on appelle vulgairement des *miasmes*, ou *émanations
marécageuses*.

L'hydrogène se combinant avec l'a-
zote, forme l'*ammoniaque* ou l'*alcali
volatil*. Ce gaz est aussi répandu dans
l'atmosphère, mais dans une faible proportion. D'après M. Becquerel, l'ammoniaque se produit dès que l'eau est en
contact avec une substance oxydable.
Alors, il y a décomposition de l'air
et de l'eau : et l'oxygène s'unit au
corps oxydable, et l'hydrogène de l'eau
à l'azote de l'atmosphère.

L'eau de pluie, comme les eaux de
neige, contiennent de l'ammoniaque.
Il est certain aujourd'hui que ce corps
contribue beaucoup à les rendre plus
assimilables et nutritives, et qu'il concourt à la formation du gluten, de l'albumine végétal, des huiles, des téré-
benthines, des résines, etc., et de
quelques principes colorants de certaines plantes.

§ 6. DE LA VAPEUR D'EAU.

L'air contient de l'eau réduite à l'é-
tat de vapeur en quantité très-variable,
selon les latitudes et la température de
l'atmosphère. Cette humidité atmosphérique qui diminue proportionnellement l'intensité de la lumière, diminue en allant de l'équateur au pôle, et
c'est en janvier qu'elle existe dans l'atmosphère dans la plus petite proportion. Cette quantité augmente en février, et arrive à son maximum en
juillet. Alors les molécules de vapeur
vont en décroissant jusqu'au mois de
décembre ; enfin, cette humidité diminue au fur et à mesure qu'on s'élève
dans l'atmosphère. C'est pourquoi l'air
est généralement plus sec dans les régions élevées, et l'atmosphère qui
enveloppe le sommet des montagnes,
quoique ces lieux soient entourés de
nuages, est plus sèche que celle qui
couvre les plaines et les vallées.

D'après Kaemtz, c'est au lever du
soleil que la quantité de vapeur d'eau
est la plus petite dans l'air ; mais,
la température étant fort basse, l'air est
très-humide. A mesure que le soleil
s'élève, l'air devient plus sec, quoiqu'il
se charge toujours de nouvelles molécules de vapeur. En hiver, c'est dans
l'après-midi qu'elle atteint son maximum. On sait qu'à cette heure du jour,
durant cette saison, la vapeur se condense à l'état liquide autour des corps
froids. En été, la quantité de vapeur
augmente dans la matinée, elle atteint
son maximum un peu avant midi, ou
un peu plus tard suivant les mois. Puis
elle diminue pendant toute l'après-midi
jusqu'au moment du maximum de la
température, et, à partir de cet instant,
elle augmente de nouveau et atteint
son maximum vers le coucher du soleil, pour diminuer ensuite assez régulièrement jusqu'au lever du soleil (1).

Les molécules de vapeur tenues en
suspension dans l'air sont élastiques,
et cette propriété est démontrée par la
pression qu'elles exercent sur une colonne barométrique. Ainsi, quand ces
molécules sont très-dilatées par la chaleur qu'elles sont très-divisées dans
l'espace, elles sont toujours moins pe-
santes que les couches d'air ; et dès lors
celles-ci exercent une pression plus
forte, plus prononcée. Lorsque, au contraire, ces mêmes molécules existent
dans l'atmosphère à un état vésiculaire
plus apparent, et qu'elles sont en très-
grand nombre, les couches d'air perdent une partie de leur action de pression et rendent généralement l'air plus
léger ; ces causes font que, suivant son
état, l'air est dit ou *sec* ou *humide*, ou
lourd ou *léger*.

La quantité de vapeur qui peut être
mêlée à l'air influe beaucoup sur la manière d'être des plantes et la nature
des climats. En Normandie, en Picardie, en Bretagne, etc., où l'air est naturellement humide, les plantes graminées fourragères, les prairies naturelles, le trèfle ordinaire, le colza, les
choux, etc., végètent avec une grande
facilité, mais la vigne et le maïs y mûrissent difficilement leurs fruits Dans
la Provence, le Dauphiné, le Languedoc ces derniers végétaux, ainsi que
l'olivier, réussissent au contraire parfaitement, tandis que les premiers,
surtout le colza et les choux, refusent,
pour ainsi dire, d'y croître comme végétaux agricoles. C'est que la tempéra-
rature de la région méridionale étant
beaucoup plus élevée que celle de la
région nord de la France, ne permet
pas à l'air d'abandonner ou de déposer

(1) *Météorologie*, traduction de **Martins**,
p. 80.

sur la surface de la terre ou sur les plantes une aussi grande quantité d'eau que celle déposée par l'atmosphère dans la région septentrionale, quoique l'air de la région du midi en contienne une plus grande quantité. Ce fait démontre combien les irrigations et les arrosements sont nécessaires et indispensables dans cette dernière contrée.

SECTION II.

Des corps impondérables.

§ 1. DU CALORIQUE.

Le calorique, dont la cause nous est encore inconnue quant à son essence, est abondamment répandu dans l'atmosphère ; il émane directement du soleil ; son action est sans cesse permanente, et, quoique ses rayons soient invisibles, nous apprécions facilement leurs effets, en ce sens qu'ils nous échauffent et augmentent la chaleur de tous les corps sur lesquels ils agissent.

Tous les corps éprouvent des modifications sous l'action de cet agent atmosphérique. C'est lui, en effet, qui les dilate, liquefie, les gazéfie et les decompose ; et ces modifications sont plus ou moins promptes, plus ou moins sensibles selon la nature ou l'état de ces corps.

La chaleur, en traversant l'air atmosphérique, n'échauffe pas cette atmosphère, quoiqu'elle rayonne comme la lumière. L'atmosphère n'est échauffée qu'à une certaine distance de la terre, et cela parce qu'elle est continuellement en contact avec les corps échauffés. Cette particularité explique parfaitement pourquoi le sommet des hautes montagnes et les régions élevées de l'atmosphère sont toujours très-froides, quoiqu'elles soient plus rapprochées du soleil que les plaines et les vallées, ou les causes qui font que la chaleur décroit au fur et à mesure qu'on s'élève au-dessus du niveau de la mer. Ainsi, à mesure qu'on s'élève sur une montagne, la température baisse, et cette décroissance varie à chaque heure du jour et dans chaque saison. Il résulte d'observations faites par De Saussure, sur le col du Géant, à 3,430 mètres d'élévation au-dessus du niveau de la mer, et de celle de Kaemtz sur le Rigi, que la décroissance de la chaleur est beaucoup plus rapide le jour que la nuit, et que c'est vers 5 heures du soir qu'elle atteint son maximum, et qu'elle arrive à son minimum au lever du soleil. De plus, on a constaté que ce décroissement était plus rapide en hiver qu'en été, et que la différence de température entre ces deux saisons va toujours en diminuant à mesure qu'on s'élève au-dessus du niveau de la mer. Ainsi, d'après De Saussure, pour constater un décroissement seulement d'un degré entre Genève et le mont Saint-Bernard, il faut s'élever :

	mètres.	
Au printemps de	179	»
En été	185	»
En automne	210	»
En hiver	232	»

En France, la température est moins décroissante. M. Martins a constaté sur le mont Ventoux, en Provence, que cette décroissance est égale, en été, à 129 m., et en hiver à 188. La moyenne de ces observations est donc 144, alors qu'elle s'élève pour les mêmes saisons sur le plateau centrale de la Suisse au chiffre 208. Selon M Martins, on doit admettre pour notre patrie, en moyenne, le nombre 160 pour 1°.

Le résultat d'autres observations a prouvé que la température est à son minimum quelques instants (30 minutes environ) avant le lever du soleil, et qu'elle est à son maximum vers 2 heures de l'après-midi : en été un peu plus tôt, en hiver un peu plus tard. Selon Kaemtz, lorsque le soleil est au-dessus de l'horizon, il échauffe la terre et les couches d'air qui sont en contact avec elle. Une partie de cette chaleur pénètre dans le sol, l'autre rayonne vers les espaces célestes. Tant que le soleil n'a pas dépassé le méridien, la terre reçoit à chaque instant une quantité de chaleur supérieure à celle qu'elle perd par le rayonnement, et la température augmente même après que le soleil a passé sur le méridien ; mais, quand cet astre commence à se rapprocher de l'horizon, alors la quantité de chaleur perdue par le rayonnement est supérieure à celle qu'elle reçoit, la terre se refroidit. Dès que le soleil est couché, la source calorifique n'agissant plus, la terre rayonne vers les espaces planétaires, la température baisse jusqu'à ce que le matin ramène le soleil sur l'horizon.

La température diminue en allant de l'équateur au pôle d'une manière assez régulière, si l'on considère seulement un seul et même méridien. C'est en janvier qu'elle atteint son minimum. Depuis le milieu de ce mois, elle augmente d'abord lentement en février, puis avec rapidité en avril et mai, et arrive à son minimum vers la fin de juillet. Dès lors elle diminue, d'abord insensiblement, puis plus promptement en septembre et octobre, et assez régulièrement en novembre et décembre. Mais la température moyenne la plus basse de l'atmosphère, dit M. de Gasparin, n'a pas lieu le jour du solstice d'hiver, ni la plus élevée le jour du solstice d'été, parce qu'elle résulte non-seulement des effets des rayons solaires, quoiqu'ils soient, à ces deux époques, à leur minimum et à leur maximum, mais encore du rayonnement de la terre, qui, au solstice d'hiver, n'a pas encore perdu tout le calorique accumulé pendant les longs jours de l'été et au solstice d'été, n'a pas encore récupéré tout celui qu'elle avait rayonné pendant les longues nuits de l'hiver (1).

Le décroissement de la température s'explique par le mouvement de la terre autour du soleil. Après l'équinoxe de printemps, la terre passant au solstice d'été, les jours l'emportent quant à leur longueur sur les nuits, et le soleil se rapprochant davantage du zénith, les rayons solaires sont plus perpendiculaires à l'horizon, et la température augmente d'une manière sensible. Après l'équinoxe d'automne, la terre passe au solstice d'hiver, et le soleil atteint sa moindre hauteur pour toutes les contrées de l'hémisphère boréale. Dès lors les jours diminuent rapidement en longueur, ainsi que la chaleur ou la température. Cette décroissance des jours a lieu depuis le 21 septembre jusqu'au 21 décembre : et leur croissance commence de ∙ cette dernière époque jusqu'au 21 mars. A l'équinoxe de printemps et à l'équinoxe d'automne, c'est-à-dire, au 21 mars et 21 septembre, la longueur des jours est égale à celle des nuits.

La température d'un jour ou d'une année est la moyenne des degrés constatés par des observations faites pendant 24 heures, ou 365 jours. Pour avoir la température moyenne d'un jour, il n'est pas nécessaire d'observer d'heure en heure. Kaemtz a montré qu'il suffit de noter la température à 4 heures du matin et du soir, et à 10 heures de ces deux époques. La moyenne de ces quatre observations diffère peu de la moyenne réelle de 24 heures. On peut aussi choisir les heures de 6 heures du soir, 2 heures de l'après-midi et 10

heures du soir, ou enfin prendre la moyenne de deux heures homonymes du matin et du soir. La demi-somme de ces degrés constate, avec assez d'exactitude, la température moyenne de la journée.

La chaleur, provenant de l'irradiation du soleil, est reçue et condensée très-inégalement par la surface de la terre et l'atmosphère, et cette différence d'absorption entraîne des modifications dans les opérations de culture et l'existence des plantes, et dans les climats.

Il est un principe établi par la physique, et que l'agriculteur ne peut méconnaitre, c'est que les corps noirs s'échauffent plus rapidement et davantage au soleil que les corps blancs. Il résulte de là que les terres noires absorbent davantage de calorique que les terres blanches, les grises plus que celles de couleurs jaunes, et que si les terres sablonneuses ou quartzeuses sont si actives, c'est qu'elles ne perdent que très-lentement la chaleur qu'elles ont accumulée. Selon Chaptal, lorsque l'argile ou la marne alumineuse prédominent dans les terres blanches, celles-ci sont presque toujours humides, et elles retiennent peu de chaleur; les terres crayeuses, calcaires et blanches, prennent difficilement la chaleur, mais elles la perdent moins vite (1). Davy a observé que les terres noires, contenant près d'un quart de matières végétales, se laissent échauffer très-facilement par le soleil et par l'air, et que leur température peut s'élever de 18° à 31° centigrades, par leur exposition pendant une heure à l'action des rayons calorifiques ; tandis que, dans les mêmes circonstances, la température d'un sol crayeux ne s'élève qu'à 16° centig. Le terreau étant reporté à l'ombre, où la température n'était que de 16°, le thermomètre descendit de 8° en une demi-heure, mais le terrain crayeux ne perdit dans le même temps et à la même exposition que 2° (2). On conçoit dès lors combien les terres sèches de couleur brune doivent avoir d'influence sur la vitalié des plantes, et l'action de cette chaleur accumulée au sein de ces terrains sur la décomposition de la matière organique et les propriétés physiques et chimiques de la couche arable.

Cette affinité des terres de couleur foncée ou de corps noirs d'absorber ou

---

(1) *Cours d'Agriculture*, t. 11, 83.

(1) *Chimie appliquée à l'Agriculture*, t. p. 135.
(2) *Chimie agricole*, p. 120.

retenir la chaleur est utilisée journellement en horticulture et en agriculture. Ainsi à Montreuil, près Paris, par exemple, on noircit les murs des espaliers afin de hâter la maturité des fruits. Cette coloration force la surface à absorber la chaleur solaire pendant le jour, pour la rayonner la nuit sur les ramifications de l'arbre et les fruits. Cette modification de la couleur de la surface des murs d'espalier, est la seule par laquelle on peut prévenir l'insolation des fruits. Dans la vallée de Chamouni, suivant l'observation de De Saussure, les habitants du village du Tour répandent de la poussière de schistes noires ou de la suie sur la neige. Ces substances noires, ayant une très-grande affinité par le calorique, s'échauffent promptement sous l'action des rayons solaires, et hâtent par conséquent la fusion de cette neige d'une ou deux semaines.

Les terres blanches, par opposition, sont toujours plus tardives, et ne permettent pas à la neige de fondre aussi promptement que sur les sols fertiles ou de couleur noire. Les murs blancs se comportent aussi en raison inverse des murs noirs. Toutefois, à cause de l'obliquité des rayons solaires que les murs blancs rayonnent sans cesse sur le sol en formant un angle d'incidence égal à l'angle de réflexion, la partie terrestre sur laquelle le calorique est réfléchi, est échauffée par deux foyers ou deux sources. Cette plus grande intensité calorifique permet l'établissement d'excellentes costières, ou plates-bandes, destinées à des cultures printanières ou hâtives.

Les terres de couleur rouge éprouvent aussi des modifications sous l'action de la chaleur. Les terrains fortement colorés par l'oxyde de fer sont toujours plus précoces que les sols blancs, et il est certain qu'ils ont une puissance spéciale sur la légèreté et la délicatesse des vins. M. Creuzé-Latouche a observé, sur les coteaux du Cher, de la Creuse, de l'Indre, depuis Châtellerault jusqu'à l'embouchure de cette rivière dans la Loire, et jusqu'aux environs de Tours et de Saumur, qui ont pour base une espèce particulière de pierre blanche calcaire, des intervalles plus ou moins longs où la substance calcaire se trouve à une plus grande profondeur sous la terre végétale ; cette terre n'est plus blanche, sa couleur est assez ordinairement nuancée de jaune et de rouge. C'est par ces indications que peuvent se distinguer très-aisément dans ces contrées les terres à vins rouges et celles à vins blancs. Quelquefois les veines rouges et blanches alternent de proche en proche, et alors on voit des vignobles à vins rouges et des vignobles à vins blancs également alternés ; tels sont les environs de Tours et les coteaux de la Vienne. Ailleurs, on ne voit que des terres blanches, et tel est l'aspect que présentent constamment les coteaux de Saumur, sur cette pierre calcaire où l'on ne récolte le plus communément que des vins blancs. Mais, dans d'autres parties de ce même banc calcaire, où l'on cultive indistinctement des raisins noirs et des raisins blancs sur la terre blanche, il est constant que les vins rouges qui s'y récoltent sont petits, faibles, décolorés, de peu de durée, et dans le même état d'infériorité et d'imperfection que les vins rouges du département de la Marne. Les vins rouges, au contraire, qui, dans d'autres parties de ces mêmes cantons et souvent dans le même domaine, se récoltent sur la terre rouge ou rougeâtre, ont une intensité de couleur, une fermeté et une qualité tout opposée (1).

La température est nécessaire à la vie animale et végétale. Sans l'action simultanée de la chaleur, de l'air atmosphérique et de l'humidité, nous ne pouvons concevoir la vie des corps organisés. Et même, si l'un de ces trois éléments venait à diminuer ou à augmenter d'une manière très-apparente, l'organisme des corps éprouverait de fâcheuses modifications, et quelques-uns de ces derniers pourraient s'anéantir. Adanson a prouvé que, hors de certaines limites thermométriques, la germination ne pouvait avoir lieu. Ainsi, au delà de 35° centig., la vie de l'embryon est détruite si la chaleur est sèche, et au-dessous de 0° elle ne se manifeste pas. Toutefois, à cette dernière température, elle n'est pas anéantie, elle persiste et se conserve intacte.

Les plantes, en général, demandent un certain nombre de degrés de chaleur pour accomplir toutes leurs phases de végétations, c'est-à-dire pour croire, fleurir et fructifier ; et cette température, qui varie selon chaque espèce de plantes, ne doit être ni trop sèche ni trop humide. Lorsque la température s'élève, qu'elle arrive à un certain maximum et qu'elle se maintient sèche, il en résulte toujours une espèce d'altération ou de désorganisa-

____

(1) *Mémoires de la Société d'Agriculture de la Seine*, t. III, p. 206.

tion parmi les tissus des végétaux. Ceux-ci, sous l'influence d'une température très-élevée, exhalent beaucoup, s'épuisent, et parfois se dessèchent. Il n'en est pas ainsi si la chaleur ne s'élève que successivement, et si elle ne dépasse pas le degré qu'elle atteint ordinairement ; elle accélère la force vitale, elle réveille la vie et favorise plus directement les sécrétions et l'élaboration des liquides, si l'eau ne manque pas aux organes souterrains, ou si elle n'est pas trop abondante. C'est généralement lorsqu'une température très-élevée se prolonge, qu'il en résulte pour les végétaux un état d'atonie et de faiblesse occasionnée par l'évaporation. Cependant lorsqu'une plante végète dans des sols profonds et riches, et qu'elle ombrage la partie superficielle de la terre, que la couche arable est chargée et recouverte de petites pierres, l'évaporation sous l'action d'une chaleur très-intense est toujours moins redoutable. Les racines des plantes trouvant au sein de la terre une humidité suffisante, semblent rétablir sans cesse, sous l'influence de cette forte température, l'équilibre dans le mouvement des liquides. Mais ces conditions ne se rencontrent que passagèrement à la surface de la terre, et il est des cultures qui, quoique placées dans des situations semblables à celles-ci, demandent que les arrosements soient continuellement renouvelés. Ce qui est surtout nécessaire, c'est que le degré de chaleur de l'atmosphère soit en harmonie avec le degré d'humidité de la terre. Ce principe de physiologie végétale coordonne parfaitement l'importance des irrigations, pendant l'été, dans la région méridionale. C'est que la chaleur et l'humidité, les arrosages et les feux perpendiculaires du soleil, prédisposent dans cette contrée et d'une manière particulière les plantes à un nouvel essor de fécondité.

L'abaissement de la chaleur constitue le *froid*, qui est plus ou moins intense, selon les moments de l'année et les limites astronomiques. C'est cette variation de température qui constitue les saisons que nous étudierons en météorologie.

Le froid, si nécessaire à la vie des végétaux, en ce sens qu'il suspend ou ralentit la circulation des fluides, est tantôt sec, tantôt humide. Le premier donne lieu à une abondante transpiration et devient utile aux végétaux ; le second anéantit parfois l'existence végétale ou favorise les avortements lors de floraison. Cette cause de stérilité est toujours plus sensible sur les végétaux qui appartiennent à la zone méridionale, et que l'on cultive dans les pays du nord. C'est ainsi que souvent l'abricotier, le pêcher, le maïs, la vigne, etc., se trouvent saisis, dans les contrées septentrionales, par les premiers effets du décroissement de la chaleur en automne, ou lorsque la température s'abaisse au moment de l'épanouissement des boutons à fruits.

Ce n'est pas, toutefois, sur le tissu végétal ou la masse solide que le froid exerce son action, mais bien, comme l'a dit De Candolle, sur les liquides en les évaporant et en les congelant. Ainsi, les couches extérieures d'un arbre, qui sont généralement peu humides, résistent très-bien à l'abaissement de la température, tandis que les couches ligneuses (l'aubier et le liber) éprouvent une altération sensible sous l'influence de cette même température. Ainsi, toutes les semences dures arrivées à parfaite maturité supportent une température très-basse, tandis qu'elles sont facilement altérées avant leur maturation complète, alors qu'elles renferment encore une certaine quantité d'eau de végétation. Ainsi encore, les jeunes pousses, les feuilles, les fleurs, les fruits charnus, qui comportent plus ou moins d'eau, subissent des modifications plus sensibles et plus fâcheuses que les mêmes organes d'une nature moins aqueuse.

Ce sont ces faits que la pratique agricole peut constater chaque année qui ont conduit De Candolle à établir cette loi de physique végétale : *La faculté de chaque plante et de chaque partie de la plante pour résister aux extrêmes de la température, est en raison inverse de la quantité d'eau qu'elle contient* (1). Je puis citer, à l'appui de ce principe, l'action sensible et nuisible des fortes chaleurs et surtout des gelées d'automne dans la contrée de l'ouest sur le sarrasin ou blé noir, qui contient beaucoup de matière aqueuse ou séve dans tous ses organes. D'un autre côté, chacun sait que les gelées de printemps sont toujours plus funestes pour les végétaux ligneux que celles d'automne, parce que, à cette dernière époque, les plantes ou du moins les pousses de l'année contiennent moins d'eau et qu'elles sont *aoûtées*. On sait encore que les jeunes pousses du chêne résistent avec succès à une température de quelques degrés au-dessous de 0°, tandis

---

(1) *Flore française*, 1805, t. I, p. 201.

que cette même température détruit presque toujours les pousses du châtaignier, du mûrier, etc., etc., qui sont plus herbacées, plus aqueuses.

La nature a pourvu certains arbres d'une enveloppe épaisse afin qu'ils résistent plus facilement au froid en conservant mieux l'air intérieur. Rumfort et Leslie ont prouvé que l'air ne transmet pas le calorique de molécule à molécule, mais seulement sur le mouvement des molécules échauffées, et que l'air captif est la meilleure enveloppe qui empêche le passage du calorique. Or, plus les végétaux présentent de couches superposées, plus ils résisteront à l'influence de la température extérieure (1). De ce principe, De Candolle a conclu cette loi que, toutes choses étant d'ailleurs égales, la *faculté des végétaux pour résister aux extrêmes de la température est en raison directe de la quantité d'air captif que la structure de leurs organes leur donne le moyen de retenir près des parties délicates.* Comme exemple de ce principe, je puis rappeler le bouleau, qui s'élève le plus haut dans les Alpes, et qui croît en Scandinavie jusqu'à 70° 40'; le platane, qui appartient à l'Orient et qui végète, depuis 1764, dans toute la France; le marronnier, originaire de l'Asie, qui s'avance jusqu'en Suède où il brave les froid les plus rigoureux; le faux acacia, originaire de l'Amérique septentrionale et que l'on multiplie, depuis le commencement du XVII° siècle, dans le midi et le nord de la France. Il faut reconnaître que si ces arbres résistent à la température de la formation de la glace, c'est qu'ils ont un grand nombre d'épidermes et que leurs bourgeons sont enveloppés d'écailles sèches ou qu'ils sont recouverts par les bords repliés des pétioles.

Dans toutes les zones botaniques et astronomiques, la plupart des arbres qui durant l'hiver perdent leurs feuilles résistent bien aux froids s'ils végètent dans leur patrie originaire, ou si ils vivent dans une région où ils ont été naturalisés et acclimatés. Il n'en est pas ainsi des arbres qui conservent leurs feuilles; ils sont ordinairement délicats. Ainsi le chêne-liége, le magnolia, le laurier, etc., ne peuvent croître en pleine terre dans les contrées du nord et de l'est, tandis qu'ils résistent aux gelées ordinaires de l'hiver dans le midi de la France.

D'après le principe établi par **Blagden** et **Rumford** que les liquides sont d'autant plus mauvais conducteurs du calorique qu'ils sont plus visqueux et que ces derniers s'évaporent difficilement, De Candolle a conclu que, toutes choses égales d'ailleurs, *la faculté des végétaux pour résister aux extrêmes de la température est en raison directe de la viscosité de leurs sucs.* Donc, si les arbres résineux, les pins, les sapins, les mélèzes, etc., végètent au milieu des neiges et des glaces des Alpes, des Vosges ou des Pyrénées, c'est qu'ils sont pourvus de sucs résineux qui atténuent toujours et entièrement l'action d'un froid rigoureux.

Quant aux plantes dont la tige est annuelle et la racine vivace, elles résistent mieux aux froids que celles qui présentent et des tiges et des racines pérennes. Nonobstant, les faits prouvent chaque jour que les plantes à racines profondes, très-pivotantes, résistent mieux au froid de l'hiver et même aux grandes chaleurs de l'été, que les végétaux à racines traçantes ou superficielles. On conçoit, en effet, que ces organes se trouvent d'une part au-dessous de la profondeur de la gelée en terre, de l'autre hors de la partie de la couche arable que la chaleur peut dessécher. Flaugergues a constaté, pendant neuf années, depuis 1766 à 1789, années où le thermomètre a été à 6, 8, 10, 11, 12 et 18 degrés au-dessous de zéro, que le minimum de la profondeur de la terre gelée était de 238 millim., le maximum de 585 et la moyenne de 323 millimètres (1). Cette épaisseur de la terre glacée ne peut nullement nuire à l'existence de certaines plantes, celles qui, comme la luzerne, le sainfoin, la garance, etc., projettent leurs racines à une profondeur beaucoup plus sensible. Il n'en est pas de même des plantes dont les racines trouvent leur nourriture superficiellement, beaucoup d'entre elles périssent durant l'hiver par l'effet de la décroissance de la température. Il résulte de ces faits que *la faculté des végétaux pour résister aux extrêmes de la température est en raison directe où se trouvent les racines d'absorber une sève moins exposée à l'influence extérieure de l'atmosphère.*

Quoi qu'il en soit de ces principes, l'intensité de la chaleur détermine des

---

(1) *Physiologie végétale*, p. 1105.

(1) *Journal de Physique*, p. 1820, t. I, p. 143.

régions agricoles caractérisées par la culture des plantes spéciales et des systèmes généraux d'agriculture et qui appartiennent à la climatologie ; si toutes les plantes demandaient la même somme de degrés de chaleur, et si cette somme de chaleur moyenne pouvait être constatée sous toutes les latitudes, le cultivateur aurait moins d'obstacles à vaincre, et il est évident que la carrière des champs présenterait moins de déceptions. Malheureusement il n'en est pas ainsi, et chaque plante exige, pour ainsi dire, un climat particulier, ou, pour mieux dire, une somme de chaleur moyenne donnée, soit pour fleurir, soit pour fructifier, et même il est des plantes qui demandent pour végéter, qu'elles soient à l'abri de l'action directe de la lumière et de la chaleur ; tandis que d'autres veulent éprouver entièrement toute l'intensité de ces deux agents. Enfin, il est des plantes qui doivent être continuellement situées sous des latitudes où la chaleur est sans cesse vivifiante, comme il en est un certain nombre qui peuvent croître dans les pays froids.

Néanmoins dans la zone du midi, comme dans celle du nord, la température doit décroître d'une manière apparente lorsque les champs sont dépouillés de leur parure. Dans toutes les zones la nature a besoin de repos, et durant cet arrêt providentiel elle répare ses forces ; elle élabore ses liquides et prédispose les arbres fruitiers, les végétaux des forêts, les plantes des champs à se couvrir de nouveau de feuilles, de fleurs et un jour de fruits. Mais à côté de ces bienfaits se rangent les désastres qui résultent d'une température trop froide, et qui sont plus ou moins graves selon la manière d'être des végétaux. Ainsi les oliviers gèlent entre 2 et 9° au-dessous de zéro : les pistachiers entre 4 et 7° ; le laurier entre 2 et 11° : tandis que le chêne peut supporter sans périr jusqu'à 25° et le bouleau jusqu'à 32°. Ainsi encore l'orme, qui résiste par ses fleurs et son bois à des froids prononcés, a des racines excessivement sensibles, et il n'est pas extraordinaire en France de voir les racines du pêcher, de l'amandier, du prunier, du coignassier, etc., être détruites par les hivers rigoureux.

§ 2. DE LA LUMIÈRE.

La lumière, comme le calorique, émane du soleil ou des corps enflammés ; elle se propage dans tous les sens avec une rapidité plus ou moins prononcée, selon l'état de pureté de l'atmosphère, et elle se répartit inégalement comme la chaleur suivant les heures du jour, les zones astronomiques et les saisons.

La lumière a une influence sur la vie de tous les êtres animés. C'est elle qui colore les végétaux en une couleur verte plus ou moins prononcée en opérant la décomposition de l'acide carbonique dans les feuilles, les tiges, etc., qui force les végétaux à acquérir de la dureté, de la résistance et à mûrir leurs fruits. Considérée sous un autre point de vue, l'action de la lumière est non moins importante à connaître. Elle favorise la succion et la transpiration des plantes ; elle accélère la formation des huiles essentielles qui les rendent aromatiques ; elle concourt à l'existence des parties huileuses, alcooliques, résineuses qui sont pour l'agriculteur d'autres richesses non moins précieuses ; enfin elle augmente la qualité et la solidité des bois et fait naître, dans certains organes des végétaux, les racines et les fruits, une plus grande abondance de principes sucrés, de fécule, de matières colorantes, etc.

Lorsque les végétaux sont privés, pour ainsi dire, de l'action directe de la lumière, ils éprouvent toujours des modifications défavorables. Les tiges restent molles, le tissu des organes est lâche et aqueux. Les feuilles sont petites et leur coloration est vert pâle. C'est à cause de ces altérations que les plantes, qui doivent arriver à maturité complète et que l'on cultive principalement pour leurs semences, ne doivent pas être entassées les unes contre les autres d'une manière très-apparente. Lorsque les arbres, les céréales, le colza, le sarrasin, etc., se pressent sur un champ, état qui résulte de ce que les semences ont été répandues dans une proportion trop forte, ils ont une tendance très-prononcée à végéter verticalement, c'est-à-dire à s'élever vers les rayons lumineux. Cet allongement des tiges arrête toujours le développement des ramifications, des fleurs et des fruits, et il est bien rare que les plantes puissent être regardées comme très-sapides et nutritives et qu'elles supportent, sans éprouver d'altération aucune, l'action d'une température élevée et de la chaleur décroissante.

Quand une plante végète à l'abri de l'action de la lumière, la quantité d'eau qui se trouve dans les cellules est considérable, et comme ses parties ne peuvent s'assimiler le carbone de l'acide carbonique, il en résulte un état de souffrance auquel on a donné le nom d'*étiolement*. Dès lors les tiges sont longues, flexibles, molles, humides et de couleur blanche, jaune ou blanc-verdâtre. Ce changement de coloration s'explique si on admet ce principe, que plongées dans l'ombre les plantes exhalent du carbone et s'assimilent seulement l'oxygène, et convertissent difficilement les substances liquides et aériformes en fibres ligneuses, organes desquels résulte en partie la solidité qui les caractérise lorsqu'elles existent dans des conditions tout à fait normales.

Cette décarbonisation ne présente pas dans toutes les circonstances des effets défavorables, et il est des cas où, en horticulture, elle est d'une certaine importance. Ainsi, c'est en enterrant les tiges du cardon, du céleri, en couvrant d'une certaine couche de terre les jeunes pousses de l'asperge, en privant de l'action de la lumière les pousses du crambé maritime ou chou marin, et les feuilles centrales de la laitue, de la chicorée, etc., qu'on arrive à pouvoir considérer ces parties comme des substances alimentaires. Sans cette privation de la lumière, ces plantes continueraient de s'accroître ; elles ne s'oxygèneraient pas et leurs tiges et leurs feuilles resteraient vertes et solides, et elles n'acquerraient pas les qualités particulières qui les caractérisent sous l'influence d'une obscurité complète, et qui sont causes qu'elles ont plus de saveur et qu'elles sont plus tendres.

L'absence de lumière est aussi nécessaire pour que les racines de certains végétaux puissent être regardées comme parfaites. En effet, il importe que les racines de la betterave, de la carotte végètent, pour ainsi dire, à l'abri de l'action de la lumière, pour qu'elles renferment la plus grande quantité de matières saccharines possible ; il faut que les tubercules de la pomme de terre végètent et grossissent sous terre, c'est à dire qu'ils soient sans cesse exposés à l'action d'une lumière faible pour que leur vertu nutritive soit très-grande. Si ces racines et ces tubercules végétaient à la surface de la terre et si elles étaient en contact continuel avec la lumière solaire, elles verdiraient, se carboniseraient et perdraient une partie des qualités qui les rendent si propres à être mangées. Cette modification qu'éprouvent

les tubercules de la pomme de terre exposés à la lumière, force le cultivateur à opérer le buttage des variétés qui produisent leurs tubercules à la surface de la terre et à rentrer en cave ou en silos ces tubercules aussitôt que possible après leur arrachage, c'est-à-dire dès qu'ils sont secs.

Une lumière très-vive produit aussi des effets souvent défavorables. Longtemps exposés à l'action d'une lumière très-intense au sein d'un sol sec, les végétaux possèdent des caractères spéciaux. Les tiges restent plus basses, plus rabougries ; les feuilles plus petites. Ainsi toutes les plantes qui croissent sur les sommets des montagnes sur lesquels la lumière agit plus longtemps et avec plus d'intensité ont une coloration plus apparente et leurs odeurs plus prononcées ; tandis que celles qui végètent dans le fond de vallées étroites dominées par des élévations qui retardent le jour et avancent la nuit en interceptant les rayons du soleil, sont grêles, hautes et presque sans odeur.

Si la lumière est nécessaire aux plantes, elle reste sans effet sur la germination des semences. Celles-ci ne demandent pour accomplir cette phase de la végétation, que la chaleur obscure et l'humidité. C'est que la graine absorbe l'oxygène et exhale de l'acide carbonique pendant tout le temps que dure le développement du germe. Si pour germer les semences exigeaient du carbone, elles décomposeraient l'acide carbonique de l'air et il faudrait les mettre en contact avec la lumière. Mais comme elles ne jouissent généralement pas de cette dernière propriété ; qu'elles dégagent, même à la lumière, de l'acide carbonique, et absorbent l'oxygène lors de leur germination, il en résulte qu'il faut qu'elles soient placées au sein de l'obscurité. Pour remplir cette condition, on les recouvre de terre, et l'épaisseur de la couche varie suivant leur volume et la force organique du germe.

Toutes choses égales d'ailleurs, cette loi comporte quelques exceptions. Il est des époques et certaines graines qui permettent au cultivateur de ne point recouvrir les semences de terre et de les laisser exposées à l'action de la lumière solaire sur la couche arable. Ainsi, pendant l'automne et au printemps on peut semer des graines de trèfle, de luzerne, de foin de prairies naturelles sans les recouvrir. Les pluies qui sont assez fréquentes à ces époques jointes à l'humidité de la terre, suffisent toujours pour que la germination des semences puisse avoir lieu. C'est qu'il est rare que sous l'action des pluies, alors que la terre est meuble, ces graines ne soient pas suffisamment enterrées et privées de l'influence de la lumière. J'ai semé, à diverses reprises, des semences de seigle dans le mois d'octobre, sans les enterrer par un hersage, et ces semailles, exécutés sur plusieurs hectares, ont donné des résultats satisfaisants. Loin de moi la pensée de proclamer cette pratique comme parfaite : mais il est en agriculture des circonstances, alors surtout que le sol et l'atmosphère sont très-humides, où il y a nécessité à déroger aux procédés ordinaires. Enfin, il est des semences qui germent parfaitement lorsqu'elles sont répandues sur la terre avec leur enveloppe. Le trèfle incarnat est au nombre de ces semences, et je dirai que par un temps sec, il est préférable d'employer des graines en bourre ou non mondées que celles dépouillées de leur enveloppe parce qu'elles profitent davantage de l'humidité de la terre et de celle condensée chaque nuit par les rosées.

Quant aux fruits qui naissent sur les arbres fruitiers, ils se colorent mal à l'obscurité et acquièrent peu de saveur et de qualité. Il faut, c'est une nécessité pour le fruit, qu'il termine ses phases de végétation sous l'action des rayons lumineux. C'est dans le but de les exposer à la lumière et d'activer la maturation, que, lors des premiers jours d'automne, on enlève dans les jardins, les vergers et les vignobles de la région septentrionale, toutes les feuilles qui placent les fruits dans l'obscurité. Cette opération est délicate : exécutée par une main inhabile, elle peut avoir des conséquences graves. Si les fruits sont trop découverts, ils se flétrissent et souvent mûrissent trop promptement.

§ 3. DE L'ÉLECTRICITÉ.

L'électricité est un fluide universellement répandu dans tous les corps de la nature, qui réagit d'une manière prononcée entre les substances organiques et les corps organisés.

Un très-grand nombre de corps deviennent électriques par le frottement, et on admet par hypothèse qu'il existe deux espèces d'électricités. L'une, produite par le frottement d'un corps résineux avec de la laine, que l'on a appelée électricité résineuse ; l'autre, produite sur le verre frotté aussi avec la laine et à laquelle on a donné le nom d'électricité vitrée. Mais comme les électricités de même nom se repoussent, et que celles de noms contraires s'attirent et que leur combinaison constitue le fluide neutre qu'on suppose exister en quantité indéfinie dans tous les corps lorsqu'ils sont à l'état naturel, on a donné au fluide résineux le nom d'électricité négative, et à celui vitré la dénomination d'électricité positive.

On a beaucoup cherché à expliquer l'origine de l'électricité atmosphérique : les uns ont cru que la cause était dans l'évaporation de l'eau, dans la végétation, dans les compressions, les dilatations de l'air, dans le frottement de ce fluide contre le sol : d'autres ont regardé la terre comme une vaste pile voltaïque ou comme un vaste appareil thermo électrique, etc.

Voici l'opinion qui paraît être en physique la plus probable : il faut admettre qu'en vertu de toutes les actions qui se passent dans l'intérieur du globe et à sa surface, diverses positions de sa masse prennent un excès d'électricité négative. Dans cet état de choses, l'électricité se porte à la surface de la terre pour se répandre dans l'atmosphère. Il y a alors équilibre électrique entre chaque partie de ce sol et la partie correspondante de l'atmosphère. Or, bientôt il arrive quelque perturbation dans les causes qui développent l'électricité, et celle-ci se dispose ou tend à se disposer d'une autre manière. Un pareil changement s'effectue assez promptement dans l'intérieur du globe, en raison de la conductibilité des matières qui le composent ; mais dans l'atmosphère, l'électricité ne peut se déplacer aussi promptement, l'air est mauvais conducteur. Cet air paraît alors électrisé, et son électricité fait effort pour rentrer dans le sol. Une telle rentrée s'exécute sans secousse, si l'atmosphère est saturée de vapeurs ; mais si, comme il arrive presque toujours et principalement en été, les couches d'air inférieures sont très-éloignées de leur point de saturation, l'électricité atmosphérique restera dans la région des nuages, où elle se disposera en couches parallèles et d'autant plus intenses que l'air sera plus humide. C'est au moment où cette communication entre le ciel et la terre s'établit qu'apparaissent des étincelles ou des jets électriques.

Dans l'état ordinaire des choses, c'est-à-dire lorsque le temps est calme et le ciel pur, la terre à laquelle on donne le nom de réservoir commun, parce qu'elle absorbe complétement et rend insensible tout le fluide électrique développé, est toujours pourvue d'électricité négative et l'atmosphère d'électricité positive. Ce dernier fluide électrique va continuellement en augmentant avec la hauteur de l'atmosphère.

M. Peltier a cherché à expliquer cette distribution en admettant que cette électricité positive peut être de l'électricité terrestre entraînée par la vapeur d'eau lors de son ascension. Selon M. Becquerel, cette distribution suit celle de la chaleur. Ainsi la partie supérieure de l'atmosphère étant plus froide que la couche supérieure du globe, celui-ci doit être électrisé négativement; tandis que l'air est d'autant plus électrisé positivement qu'on s'élève davantage dans l'atmosphère et que la distribution de la chaleur n'est pas intervertie (1). Cette électricité positive varie en quantité suivant les heures du jour et les saisons, et en général elle suit une marche qui est en raison inverse de celle de l'humidité atmosphérique. Ainsi elle est faible au lever du soleil et augmente à mesure qu'il s'élève jusqu'à six et sept heures du matin en été, et dix à douze heures du matin en hiver, puis elle diminue jusqu'au coucher du soleil, où elle commence de nouveau à s'accroître.

D'après M. de Gasparin, si la vapeur se transforme en vapeur vésiculaire et en nuages, on a des nuages résineux qui exercent sur la terre une action répulsive; l'électricité cesse d'être disséminée dans un grand espace, elle est réunie à la surface des vésicules d'abord comme corps isolés les uns des autres et ensuite à la surface du nuage, celle-ci coerçant l'électricité des vésicules par son action répulsive et les empêchant de se disperser. Mais alors la tension du nuage électrique peut devenir si forte qu'elle l'emporte sur la terre. Dans ce cas la surface supérieure du nuage sera plus chargée d'électricité négative que la partie inférieure par l'influence de la terre qui amène dans le nuage une répartition de ces deux électricités semblable à celle que l'on observe dans un conducteur placé en présence d'un autre conducteur électrisé; et si l'évaporation de la surface supérieure amène la formation d'autres nuages, ils seront électrisés négativement par

rapport aux nuages inférieurs. Il y aura donc alors deux couches de nuages électrisés en sens contraire. La présence des nuages électrisés positivement accroît aussi beaucoup l'évaporation. Ainsi s'expliquent les grandes différences que l'on constate dans l'évaporation des temps nuageux comparativement à celle des temps sereins où l'électricité positive est moins condensée (1).

Le fluide électrique a une puissante action sur la végétation: il accélère la succion, l'évaporation et la circulation des fluides; il précipite la germination des semences, l'épanouissement des boutons, le développement des feuilles et des fleurs. Il est vrai que cette influence a été souvent mise en doute et que quelques faits permettent de croire jusqu'à un certain point que le fluide électrique n'a aucune influence sur la végétation. Aujourd'hui il n'est plus permis de partager les idées de Sennebier, d'Ingenhousz, qui ont nié l'accélération de la végétation par l'électricité. Les observations de Nollet, Davy, Duhamel, Dutrochet, etc., ont prouvé que le fluide électrique produisait une espèce d'excitation sur les organes des végétaux. On observe, en effet, que dans les temps orageux la végétation est plus active que dans les jours où l'air est sec et la température élevée. On avait pensé que cette surexcitation résultait de l'humidité de l'atmosphère ou des alternatives de la chaleur solaire et de la pluie. Ce fait peut être vrai sous un rapport; mais il est évident que chaque fois que le fluide électrique a une très-grande intensité, il est éminemment favorable à l'existence de toutes les plantes, et que cette action est sensible aux yeux de tout le monde.

Mais le fluide électrique agit-il sur les plantes par l'intermédiaire du sol ou son action est-elle directe? La science a encore à résoudre cette question. Cependant, si l'on en croit M. Pelletier, l'action de l'électricité opérerait au sein de la terre des transformations, des décompositions, des combinaisons qui deviendraient, pour les végétaux en général, de nouveaux éléments de nutrition. Dans un mélange de silice, d'alumine et de chaux, dit ce chimiste, il existe une force qui doit tendre à combiner ces substances. Le silice et l'alumine sont, par rapport à la chaux, des corps électro-né-

____

(1) *Annales de Chimie*, t. XLI, p. 371.

(1) *Cours d'Agriculture*, t. II, p. 162.

gatifs, et, en leur présence, la chaux doit prendre une électricité contraire. D'après cela, suivant que les mouvements extérieurs, des causes étrangères placeront les molécules à plus ou moins de distance, les grouperont de diverses manières, il s'établira des piles électriques, les tensions varieront, des décharges auront lieu, et la terre se trouvera, pour ainsi dire, animée. Le fluide électrique qui la parcourra excitera les stomates radicellaires, et l'absorption des fluides propres à la nourriture du végétal aura lieu Les fibres radicellaires, imprégnées d'humidité, deviendront des conducteurs chargés de transmettre l'électricité à la plante, électricité certainement aussi nécessaire à la vie que la lumière et le calorique (1).

L'action de l'électricité sur l'économie animale est mieux connue et appréciée et jusqu'à ce jour personne ne l'a révoquée en doute. Ce fluide augmente l'agilité des animaux et concourt puissamment parfois à la guérison de certaines affections rhumatismales. Nonobstant il est certain qu'il excite dans le système nerveux de quelques animaux de violentes commotions; qu'il occasionne des douleurs souvent très-vives aux personnes qui ont eu des luxations ou des fractures.

CHAPITRE IV.

MÉTÉOROLOGIE AGRICOLE.

La *météorologie agricole* s'occupe spécialement des divers phénomènes naturels qui ont pour principe le calorique, et qui se passent incessamment dans l'atmosphère. Ces phénomènes n'ont point une marche fixe et régulière, mais ils ont une action puissante sur la vie des plantes et les travaux du cultivateur, et, sous ce rapport, il importe de les étudier sous tous leurs points de vue.

SECTION PREMIÈRE.

Des météores aériens.

DES VENTS.

Lorsque la densité de l'air n'est plus égale partout, que l'équilibre est rompu, l'air se met en mouvement avec plus ou moins de rapidité. Ainsi, s'il devient plus léger dans une partie de l'atmosphère que dans une autre, les couches plus denses se précipitant avec plus ou moins de violence pour remplir le vide formé, donnent naissance à des courants auxquels on a donné le nom de *vents*.

Les vents ont des causes nombreuses; mais il en est deux sur lesquelles il ne peut y avoir de doutes :

1° Lorsqu'il existe une différence de température sur deux points du globe, il y a un vent inférieur qui va des parties plus froides vers le point échauffé, et un courant supérieur qui se dirige du point échauffé vers les parties plus froides;

2° Lorsque la vapeur d'eau de l'atmosphère se condense sous forme de nuages, ceux-ci, ayant un plus grand volume, chassent l'air en le comprimant et font naître des courants.

Le même vent ne règne pas dans toute la hauteur de l'atmosphère. Il existe un très-grand nombre de courants dans les diverses parties de l'étendue atmosphérique. Les girouettes indiquent la direction des vents de terre; les nuages, celle des courants supérieurs. Les vents n'ont pas partout la même vitesse. Dans les pays de montagnes, ils sont toujours plus violents que dans les pays à surface unie; et les vents qui viennent de la mer ont toujours une marche plus régulière que ceux qui viennent de terre.

Les vents sont tantôt secs, tantôt humides, tantôt chauds, tantôt froids, suivant leurs directions; c'est-à-dire, selon que les contrées qu'ils traversent sont sèches, humides, tempérées ou glaciales. Ainsi, si les vents passent sur des montagnes couvertes de neige, ils acquièrent une froidure prononcée, qu'ils communiquent parfois à une très-grande distance du point où ils se sont ainsi modifiés. Si, au contraire, ils

(1) *Compte rendu de l'Académie des Sciences*, 1837, p. 596.

passent sur des lieux secs, ils prennent une certaine chaleur, et produisent sur les objets qu'ils frappent une évaporation, ou augmentent le calorique de ces corps.

Il est des vents qui soufflent dans une direction pendant six mois, et six mois dans une direction différente. Il en est d'autres qui soufflent alternativement de tous les points de l'horizon. MM. Schouw et Kæmtz ont trouvé, pour l'Europe, les résultats suivants : 1° en hiver, la direction du vent est plus méridionale que dans les autres saisons ; 2° les vents d'est se font sentir en mars et en avril ; 3° en été, les vents soufflent principalement de l'ouest et tournent souvent au nord ; 4° en automne, les vents du sud deviennent dominants, surtout en octobre.

Ainsi que nous l'avons dit, la direction des vents de terre se reconnaît par une girouette placée sur un lieu élevé. Cet instrument n'est pas le seul qui indique la direction ou la provenance d'un courant. Tous les vents agissent sur la colonne barométrique, soit en l'abaissant, soit en l'élevant. Les vents les plus froids, par exemple ceux du nord et nord-est, exercent sur le mercure une très-forte pression ; les vents les plus chauds, au contraire, comme ceux du sud et sud-est, n'ont que très-peu d'action. La faible pression exercée par les vents de l'ouest, du sud-ouest, sur le baromètre s'explique, si on admet que ces vents sont habituellement humides.

L'agitation excessive et brusque de l'atmosphère rend toujours une contrée difficilement agricole. Les vents violents déracinent les arbres, bouleversent les récoltes, renversent les habitations ; et si leur impétuosité est parfois impuissante pour exercer de si cruels ravages, il est juste de dire qu'ils nuisent aussi, mais sous d'autres rapports, à la vie végétale des lieux exposés à leur influence. Ainsi ils brisent les ramifications des arbres, détachent les feuilles des végétaux en général, détruisent leurs fleurs, font tomber leurs fruits, et impriment aux branches une flexion qui nuit toujours à la beauté d'un arbre.

Les vents ordinaires ou modérés, loin d'être nuisibles à la végétation, sont toujours favorables à la santé des plantes : ils augmentent leur force, fortifient leurs fibres, et secondent puissamment l'acte de la fécondation en disséminant le pollen.

Lorsque le vent est sec et froid, sec et chaud, ses effets se nomment *hâles*. Ces vents dessèchent le sol, altèrent le tissu et l'écorce des arbres, fanent les feuilles et fleurs, favorisent la chute des feuilles et anéantissent la vie chez une multitude de végétaux. Les vents qui constituent les hâles les plus redoutables varient suivant les lieux et les latitudes. Ainsi, dans la contrée parisienne, ce sont ceux de l'est et du nord-est qui ont déposé leur humidité sur les hautes montagnes des Alpes, ou sur les plaines arides de la Champagne ; tandis que dans le Bas-Languedoc, les hâles les plus nuisibles viennent du nord et de l'ouest.

Les hâles de printemps sont généralement ceux qui nuisent davantage aux cultures. Ainsi, ils dessèchent et durcissent les terres argileuses, argilo-siliceuses, etc., arrêtent la végétation et le tallement des avoines et du froment d'hiver ; ils retardent la croissance des plantes des prairies, et rougissent ordinairement la surface de celles-ci ; ils nuisent à la fécondation des arbres fruitiers ; ils s'opposent à la germination des semences.

Les hâles d'été sont non moins redoutables que ceux de printemps : ils augmentent la chaleur de la terre, précipitent la maturation des semences, arrêtent la végétation du maïs, du sarrasin, des jeunes plants de colza, etc.

C'est dans le but de diminuer les effets défavorables des hâles que les cultivateurs et les pépiniéristes répandent au printemps, et parfois aussi en été, des débris de paille, de feuilles, etc., sur les semis. Cette couverture a pour but de concentrer au sein de la terre une plus grande humidité, et d'empêcher que les jeunes plantes ne soient détruites par ces vents desséchants.

Mais le cultivateur ne subit pas partout et toujours les accidents trop évidents de l'agitation tumultueuse de l'atmosphère. La Providence a créé des abris dans les accidents de la surface terrestre et en favorisant la culture des bois. C'est ainsi que l'oranger végète en pleine terre à Hyère, abrité par les hautes montagnes qui dominent ce lieu ; que l'olivier et l'amandier croissent dans les vallées du midi, sous l'abri protecteur des montagnes des Alpes et des Cévennes ; que le laurier-thym végète sous le climat du nord de la France, abrité par des arbustes moins délicats ; que le pêcher, le figuier, mûrissent leurs fruits sous la zône de Paris, protégés par les espaliers des vents du nord et de l'ouest.

SECTION II.

Des météores aqueux.

§ 1. DES NUAGES.

L'eau qui existe sur la terre se vaporise sans cesse sous l'influence de la chaleur, et elle se soutient dans l'atmosphère sous forme de fluide élastique ou de *vésicules*; mais elle ne s'élève pas à une très grande hauteur. Lorsque la température de l'air diminue, la vapeur d'eau se condense d'abord en nuages, ensuite en pluie. De là, la circulation continuelle par laquelle l'eau passe de la terre dans l'atmosphère, et de l'atmosphère sur la terre.

Les nuages sont formés d'eau à l'état vésiculaire et tenus en suspension dans l'atmosphère. Cette humidité se maintient à une certaine élévation, quoique son poids spécifique soit plus grand que celui de l'air, sous l'influence de l'agitation continuelle des couches atmosphériques, et sous l'action électrique d'un courant qui, suivant M. Peltier, règne dans tout le haut de l'atmosphère.

Les nuages ont des formes et des caractères très-variables. Luke Howard les a classés en trois grandes divisions principales, selon leur degré d'élévation et leur forme.

1° Le STRATUS (*couche étendue*), est un nuage en ligne horizontale continue, grise, brune ou vivement colorée. Les stratus se montrent ordinairement le matin et le soir, au lever et au coucher du soleil et près de l'horizon.

2° Le CUMULUS (*amas, monceau, blale de coton*), sont de gros nuages coniques, arrondis ou mamelonnés. Ces nuages qui simulent des montagnes, dont les sommets couverts de neige seraient fortement éclairés par des rayons lumineux, ne se résolvent que très-rarement en pluie, mais ils sont un présage de temps variable. Les cumulus sont toujours des nuages d'été, et ils se forment sous l'influence de courants d'air chaud saturé d'humidité dans les parties les plus élevées et les plus froides de l'atmosphère, quelques heures après le lever du soleil.

3° Le CIRRUS (*chevelu, queue de chat*), se compose de fibres parallèles, ou de filaments plus ou moins irréguliers, s'étendant parfois dans un grand nombre de directions. Ces nuages, qui ressemblent à des masses floconneuses plus ou moins ondoyantes et allongées, annoncent ordinairement la pluie en été, mais, durant l'hiver, si le temps est doux, ils indiquent au contraire de la gelée, ou du dégel si l'air est très-froid.

De ces trois grandes divisions, on a formé les subdivisions suivantes :

1° Le *cirro-stratus* est formé de petites bandes de stratus séparées les unes des autres. Ces nuages ont la forme des cirrus, mais ils sont presque impénétrables aux rayons du calorique. Le cirro-stratus est presque toujours un signe certain de pluie.

2° Le *cirro-cumulus* se compose de masses arrondies, bien déterminées. Ces nuages, qui font dire que *le ciel est pommelé ou moutonné*, sont très-transparents, et ils annoncent en général la chaleur et le beau temps.

3° Le *cumulo-stratus* n'est qu'une transformation des cumulus; c'est-à-dire, ceux-ci sont en plus grand nombre, ils sont plus épais, et apparaissent noirs ou bleuâtres vers l'horizon. Ces nuages produisent ordinairement des pluies et des orages.

4° Le *nimbus* est un nuage à teinte uniforme grisâtre, dont les formes des bords sont souvent analogues à celles des cumulus. Les nimbus, qui n'offrent en général qu'une masse sombre, sans caractère bien marqué, se résolvent ordinairement en pluie. On les désigne quelquefois sous le nom de nuages orageux.

Les nuages, quels qu'ils soient, n'ont d'importance pour l'agriculteur que comme réservoirs ou avant-coureurs de la pluie, et en ce qu'ils diminuent les effets de l'évaporation, qu'ils contrarient le rayonnement de la terre vers l'espace, qu'ils nuisent à l'action du calorique, et qu'ils rendent les contrées, où ils existent, pour ainsi dire, continuellement, plus favorables à la création des prairies et des pâturages.

§ 2. DES BROUILLARDS.

Lorsque la vapeur d'eau en suspension dans l'atmosphère, à l'état invisible, se condense et devient visible à la surface de la terre, elle forme ce qu'on appelle le *brouillard*. Cette vapeur, qui s'élève à une hauteur plus ou moins grande dans l'atmosphère, retombe parfois sur la terre sous forme de pluie très-fine; et dans d'autres cas, elle s'élève vers les hautes régions de l'atmosphère, où elle se dissipe.

Les brouillards se composent d'un très-grand nombre de petites sphères, que l'on croit être creuses, vide qui a engagé de Saussure à donner à ces sphérules le nom de *vapeur vésiculaire*. Selon les observations de Kœmtz, leur diamètre est deux fois plus grand en hiver qu'en été, et c'est pendant le beau temps qu'il est le plus petit.

Quelle que soit l'intensité de cette vapeur, il faut l'attribuer à la chaleur de l'air et à la froidure des couches inférieures de l'atmosphère. D'après Davy, cette formation a lieu par le mélange de deux couches saturées de vapeur, et ayant des températures inégales. Ainsi, l'air a une température trop basse pour vaporiser la vapeur que comportent ces deux couches, et alors une partie de la vapeur qu'elles renferment se précipite sous forme de vésicules. Ce phénomène avait été confirmé, il y a déjà bien longtemps, par l'opinion d'un grand nombre d'hommes instruits. La masse de chaleur, dit Rozier, que le soleil a produite dans l'atmosphère, celle qu'il a imprimée à la surface de la terre, occasionne une évaporation considérable; les molécules aqueuses, raréfiées et chassées par la vapeur qui s'échappe du globe, s'élèvent et se dispersent dans l'air, jusqu'à ce que rencontrant une zone froide, elles se condensent et deviennent visibles en s'épaississant. Leur réunion forme alors un corps fluide, pénétrable et continu, et susceptible de tous les mouvements que les vents peuvent lui imprimer.

Les brouillards, toujours moins néfastes que les grêles, nuisent cependant à la végétation; et il n'est pas de saison, de zone astronomique, où l'on ne subisse pas l'influence de ces météores. Pendant l'hiver, saison où le soleil a moins d'intensité, et durant laquelle les nuages sont plus abondants et continuels, les brouillards sont ordinairement plus intenses et plus humides que durant l'été. Mais les époques auxquelles ces vapeurs sont plus fréquentes, sont le printemps et l'automne, à cause des températures inégales des jours et des nuits.

Les moments de la journée où les brouillards sont plus apparents sont le matin et le soir. Le soir, dit Rozier,

après que la terre a été échauffée par les rayons du soleil, l'air venant à se refroidir tout à coup au coucher de cet astre, les vapeurs qui avaient été échauffées s'élèvent dans l'air ainsi refroidi, parce que, dans leur état de raréfaction, elles sont plus légères que l'air condensé. Le matin, lorsque le soleil se lève, l'air se trouve échauffé par les rayons beaucoup plus tôt que les vapeurs qui y sont suspendues; et, comme ces vapeurs sont alors d'une plus grande pesanteur spécifique que l'air, elles retombent vers la terre.

Les heures du jour où règnent les brouillards a donné lieu à quelques pronostics.

Lorsque les brouillards du matin sont peu intenses, pendant la saison d'été, c'est presque toujours un signe certain qu'il fera beau pendant toute la journée. Si le brouillard, au lieu de se condenser sur la terre, se relève et se dissipe dans l'atmosphère, cette disparition annonce communément de la pluie. Si le brouillard persiste pendant plusieurs jours de suite, il est bien rare que le temps ne tourne pas à la pluie. Les brouillards qui apparaissent après le coucher du soleil présagent toujours le beau temps.

Les brouillards épais et abondants diminuent l'intensité des rayons calorifiques. Alors, ils favorisent l'existence de riches prairies et pâturages, et contribuent beaucoup à rendre la culture pastorale mixte favorable et nécessaire. C'est à la présence intempestive et prolongée des brouillards que la Normandie, la Bretagne, doivent leur doux climat, et que quelques contrées de l'Allemagne et de l'Angleterre peuvent conserver les pâturages qui font la base de leur richesse agricole.

En automne, les brouillards sont favorables à la maturation des raisins, des châtaignes, et d'un grand nombre de fruits charnus; et il est certain que, pour l'agriculteur praticien, ils contribuent par leur humidité à la germination des semences. Les effets de ces météores ne sont pas aussi favorables s'ils surviennent et règnent durant plusieurs jours pendant la floraison des plantes, ou au moment de la maturité des semences. L'humidité qui se dépose sur les anthères en gouttelettes d'eau, dit De Candolle, altère le pollen, empêche la fécondation, et est une des causes de stérilité que les cultivateurs désignent sous le nom de *ventaison*. Lorsque ces vapeurs règnent, par exemple, pendant la maturation des céréales, des épis, en plus ou moins grand

I

nombre, selon les espèces et les variétés, selon la nature de la terre et le climat, perdent promptement leur couleur verdâtre, ils jaunissent très-promptement et restent ordinairement blancs. Cette maturité précipitée est toujours préjudiciable à la production ; les épis *échaudés* donnent peu de grain, et encore celui-ci est-il souvent rabougri, maigre, état que l'on désigne sous le nom de *retrait*. Cette action fâcheuse des *brouillards secs* n'est pas la seule que le cultivateur redoute. Lorsque ces vapeurs se manifestent au printemps, alors que les feuilles des céréales sont encore vertes, et qu'elles sont accompagnées, comme le fait remarquer M. de Gasparin, d'une grande activité d'évaporation, elles font naître une maladie que l'on nomme *rouille*, et qui n'est autre qu'une altération cryptogamique qui apparaît sur l'épiderme des feuilles et des tiges, sous la forme de pustules jaunes-rousses. Ces brouillards secs sont plus rares, et leur cause n'est pas bien connue.

C'est sur les sols marécageux et aquatiques, les bas-fonds, les étangs et les rivières, lieux où l'évaporation est toujours très-abondante, où le sol est humide et chaud, l'air humide et froid, que les brouillards humides sont plus continuels et plus denses. Mais, ici, ces vapeurs sont souvent accompagnées d'une odeur infecte qui réagit défavorablement sur l'existence animale.

§ 3. DE LA ROSÉE.

Mais si les brouillards contribuent au refroidissement de l'air, et si leur présence est plus nuisible qu'avantageuse, il est un autre phénomène atmosphérique qui semble découler de ces météores, et qui concilie toujours les intérêts généraux de l'agriculture. Ce phénomène est la *rosée*, à laquelle on donne le nom de *bienfaisante*, et que l'on observe dans tous les lieux et les saisons.

La rosée n'est qu'un dépôt de la vapeur en suspension dans l'air qui a lieu pendant la nuit. Ainsi, lorsque le ciel est serein, la terre est en communication directe avec les espaces planétaires. Dans cette circonstance, la terre, comme tous les corps qui ne sont point en contact avec elle, perd beaucoup de chaleur par le rayonnement. Les couches d'air, qui sont en contact avec le sol refroidi, participent par communication directe à ce refroidissement. Il s'ensuit, de là, que la vapeur arrive à son maximum de densité, et, ne pouvant plus être dissoute, se liquéfie, et se dépose sur les plantes, la terre, les toits des habitations, les pierres, etc. Ainsi donc, la principale cause de la rosée est le rayonnement du calorique vers les espaces élevés.

Ce météore, qui ne se précipite que dans la seconde partie de la nuit, et le matin avant le lever du soleil, est plus ou moins abondant selon les saisons et les lieux. Ainsi, elle est plus fréquente, plus abondante au printemps et en automne que pendant l'hiver et l'été. Il est évident que cette différence résulte de ce que la température du jour est très-considérable, comparativement à celle nocturne de ces saisons. Néanmoins, plus le ciel sera pur et l'atmosphère humide, plus il y aura de vapeur déposée en gouttelettes sur le sol et les plantes. C'est pour cette raison que les rosées sont plus abondantes dans les contrées froides et humides, dans les pays voisins de la mer, que dans les pays secs et chauds, dans les localités incultes que dans les lieux cultivés, mais les vallons, les larges vallées, en offrent davantage que les montagnes et les plaines.

Un très-léger mouvement dans l'air précipite sensiblement la rosée ; c'est que les couches d'air en contact avec la surface de la terre, après qu'elles ont abandonné la vapeur qu'elles tenaient en suspension, sont alors remplacées par de nouvelles couches ayant une température plus élevée, qui éprouvent aussi un refroidissement très-apparent aussitôt qu'elles touchent la terre. Ces couches, dès lors, suffisamment refroidies, déposent une partie de la vapeur qu'elles contiennent. Toutefois, si le vent était violent, ce phénomène aurait lieu difficilement ; l'air, trop fréquemment renouvelé à la surface du sol, empêcherait ce dernier de perdre un assez grand nombre de degrés de chaleur pour que la vapeur pût être liquéfiée et déposée sous forme de rosée. Les nuages s'opposent aussi à la production de la rosée ; ils interceptent le rayonnement des rayons calorifères du sol vers les espaces planétaires, et s'opposent, par conséquent, au refroidissement de la surface de la terre. Il s'ensuit, de là, qu'il suffit d'abriter le sol pour qu'il ne s'y dépose pas de rosée.

La rosée est favorable et utile à tous les végétaux, elle leur rend la vigueur, et seconde puissamment leur existence au sein des sécheresses. Toutefois, les contrées du midi profitent davantag ses effets bienfaisants de ce météore que celles du nord, où la chaleur est toujours moins élevée, où les plantes ont généralement moins besoin d'eau. C'est dans le but de mieux profiter des effets favorables des rosées que la nature a pourvu les plantes qui croissent dans les lieux secs et arides, d'un plus grand nombre de poils que celles qui vivent dans les lieux humides.

Certains organes des végétaux éprouvent, sous l'influence des rosées, des modifications défavorables, auxquelles on a donné le nom de *brûlures*. Ainsi, les feuilles du mûrier, les fleurs du pêcher, par exemple, qui sont des organes d'une organisation délicate, disparaissent parfois dans la région septentrionale lors de leur première apparition. Ce mal résulte de l'évaporation très-rapide des perles de la rosée, qui produit un froid assez sensible pour interrompre les fonctions vitales, c'est-à-dire la transpiration, et produire une espèce d'ulcération sur ces parties végétales.

Lorsque la rosée est abondante, par un temps calme et un ciel clair, c'est un pronostic assuré de beau temps. Si, au contraire, ce météore, dans les mêmes circonstances, ne se manifeste pas, c'est un signe certain de pluie.

Lorsque la rosée tombe le soir, au moment où le soleil quitte l'horizon, on lui donne le nom de *serein*. Cette sorte de rosée a des effets aussi sensibles sur les végétaux que celle qui se produit le matin. Tombant dans les saisons où la température du jour est toujours très-élevée, elle rafraîchit les plantes, et répare leur état de langueur due à l'action trop vive des rayons calorifiques.

§ 4. DE LA PLUIE.

La pluie est une suite de gouttes d'eau plus ou moins grosses qui se précipitent de l'atmosphère sur la surface de la terre, lorsque des masses d'air saturées de vapeur en quantité considérable, et ayant des températures inégales, viennent à se confondre.

Les montagnes les plus élevées sont celles sur lesquelles il tombe annuellement une plus grande quantité d'eau. Celles de France, qui ont le plus d'influence sur la pluie, sont les Alpes, les Pyrénées, les Cévennes, le Cantal, le Puy-de-Dôme et les Vosges. Après l'élévation, les bois ont une influence marquée sur la direction des nuages, la précipitation de vapeurs, à cause du mouvement de leurs feuilles. Aussi les localités boisées reçoivent-elles une quantité d'eau généralement plus considérable que les contrées qui comportent peu d'étendues en forêts ou en bois. Mais ces deux causes ne sont pas les seules qui augmentent ou diminuent la quantité d'eau de pluie. On a constaté, d'une part, que la pluie est rare sous une direction constante de vent, mais qu'il pleut fréquemment par un changement de vent; de l'autre, que la précipitation est d'autant plus considérable que la température est élevée. Mais, ainsi que le fait remarquer M. de Gasparin, l'arrivée d'un air plus froid qui se mêle à un air chaud saturé, ou presque saturé de vapeurs, est aussi une cause très-fréquente de pluie. On ne peut l'observer nulle part plus souvent que dans la vallée du Rhône. Il suffit, en effet, de remarquer que les vents secs et froids du nord, qui, après avoir soufflé quelques jours, amènent constamment un ciel serein, produisent la précipitation de vapeurs quand ils succèdent à des vents chauds et humides du sud. C'est au point que, à Orange, il tombe $0^m,204$ de pluie par le vent du nord, contre 0,219 par le vent du sud (1).

Nonobstant, la quantité de pluie varie avec les latitudes; elle est plus grande à l'équateur que dans les climats tempérés, et plus grande dans ces derniers que près des pôles, quoique les pluies soient généralement moins fréquentes vers l'équateur que dans les zones tempérées. En France, il pleut ordinairement plus fréquemment dans la contrée septentrionale, et plus abondamment dans la région méridionale. Ainsi, alors que dans les départements de l'Orne, l'Eure, la Seine, la quantité d'eau qui tombe annuellement sur le sol est représentée par les chiffres 55, 55, 53, cette pluie, dans les départements du Rhône, de l'Isère, de l'Hérault, est représentée par les nombres 89, 87, 77.

La quantité d'eau qui se précipite sous forme de pluie, à la surface de la terre, diminue aussi à mesure qu'on s'avance dans l'intérieur des continents. Sur la côte de France, elle est de 67 centimètres par an; à l'intérieur, de 65. Le nombre de jours de pluie est de 152 dans la France occidentale, et de 147 dans le centre. On a cherché à connaître la quantité relative de pluie qui tombe sur ces deux zones dans les diverses saisons, et on est arrivé à

____

(1) Gasparin, *Cours d'Agriculture*, t. II, p. 139.

constater les chiffres suivants , en exprimant par 100 la quantité totale de | pluie qui tombe dans le cours d'une année :

LIEUX.	Hiver.	Printemps.	Été.	Automne.
France occidentale.	23,4	18,3	25,1	23,3
France orientale.	19,5	23,4	29,8	27,3

Les vents augmentent ou diminuent la quantité d'eau qui tombe sous forme de pluie, suivant leur direction et les lieux où ils se manifestent. Quand , dans le midi de la France, un courant froid rencontre un vent chaud et humide , celui - ci abandonne facilement la vapeur invisible et transparente dont il est saturé, et celle-ci se précipite en abondance. Il résulte , de là, que les vents froids, en général, favorisent la condensation de la vapeur. C'est donc à tort que l'on regarderait les vents du nord comme des vents plus pluvieux que ceux d'autres directions ; ces courants, au contraire, sont ordinairement secs et froids. Dans l'ouest de la France , comme dans la contrée parisienne , les vents les plus pluvieux sont ceux du sud - ouest et de l'ouest, qui se sont chargés de vapeur en traversant l'Océan ; en Provence, d'après les observations de M. de Gasparin, le vent du sud est pluvieux , parce qu'en traversant les montagnes des Alpes , il y a trouvé une cause de réfrigération ; dans la vallée de la Garonne , le vent ouest-nord-ouest est pluvieux , parce que , venant de l'Océan et suivant la direction de la vallée, il éprouve une réfrigération des courants d'air latéraux venant des montagnes des Pyrénées. Les courants qui frappent ou s'arrêtent sur les élévations ont aussi une influence sur la quantité d'eau qui tombe dans les montagnes. Ainsi , sur les flancs méridionaux des montagnes de la chaîne des Alpes , la précipitation de la vapeur est plus abondante que sur les flancs opposés, parce que les courants d'air humide de la Méditerranée éprouvent une réfrigération puissante. Sur les flancs nord , la pluie est toujours moins abondante, parce que les vents qui viennent s'y arrêter sont ordinairement secs et froids. On sait que la direction d'un courant peu saturé d'humidité et froid , contre des élévations ayant une très - faible température, force l'air, pour ainsi dire ,

à conserver la vapeur qu'il tient en suspension.

Les pluies ont une très-grande influence sur la végétation. Lorsqu'elles sont fines , peu abondantes, et qu'elles tombent dans le courant de septembre et octobre, elles concourent directement à la maturation des fruits , et elles favorisent la pratique des semailles. Mais si , durant ces époques , il succède à ces pluies bienfaisantes des pluies abondantes et prolongées , les fruits perdent bientôt de leur qualité, de leur saveur, et sont généralement d'une conservation plus difficile. Ce sont de telles intempéries qui empêchent la vigne , dans les régions de l'ouest et du nord, de mûrir librement ses fruits. A côté de cette influence si fâcheuse , se rangent les inconvénients qui en résultent pour les travaux de culture sur les terres argileuses ou argilo-siliceuses. Le sol devient humide, les labours s'exécutent difficilement, et la germination des semences-céréales est très-laborieuse.

Les pluies de printemps , comme celles d'été, lorsqu'elles sont douces et légères , n'ont que des effets utiles. Les premières favorisent les labours, si nombreux aux mois de mars et d'avril ; elles précipitent la germination des semences, la végétation des prairies naturelles et artificielles , et le tallement et l'épiaison des céréales. Les secondes secondent puissamment la végétation des céréales de printemps , celle de la luzerne , du trèfle comme seconde coupe , celle du maïs, du sarrasin , etc. , et elles influent très-favorablement sur la maturation du froment, de l'orge, seigle et avoine.

Les pluies d'hiver sont toujours moins fâcheuses, lorsqu'elles sont abondantes, que celles d'automne et de printemps. Cependant quand elles sont surabondantes, elles nuisent aux céréales, lorsque celles-ci végètent sur des sols argileux , sur les terres peu profondes à sous - sols imperméables. Les pluies d'été , lorsqu'elles tombent abondamment et pendant longtemps, sont aussi défavorables aux travaux de cultures et à la végétation des plantes que celles d'hiver, d'automne et de printemps. En général, elles nuisent à la récolte des fourrages naturels et artificiels fauchables ; elles détériorent les semences des céréales qui germent quelquefois sur pied et sur le sol malgré la puissance et l'habileté du cultivateur ; elles retardent les travaux de moisson et diminuent la qualité nutritive des pailles des céréales. Nonobstant, les années pluvieuses sont de mauvaises années pour le cultivateur, à moins qu'il ne cultive que des terres sablonneuses, et les observations de chaque jour prouvent qu'il faut plutôt avoir à se plaindre d'une grande sécheresse que d'une année très-humide. C'est que si les années sèches sont peu abondantes, elles sont toujours supérieures à celles pluvieuses : les productions, en général, sont plus hâtives et toujours de parfaite qualité.

C'est surtout lorsque les pluies sont très-abondantes et très-prolongées qu'elles nuisent à la prospérité future d'un pays ; elles grossissent les cours d'eau et les fleuves, et ceux-ci, devenant des torrents indomptés, ensablent parfois la couche arable de graviers, enlèvent les récoltes, déracinent les arbres et servent parfois de tombeau aux populations qui cultivent leurs rivages ordinairement si fertiles. C'est au gouvernement qu'il appartient d'éviter que des débordements semblables à ceux de 580, 1570, 1608, 1840, etc., qui désolèrent les rives de la Loire, du Rhône, de la Saône, etc., se présentent encore à nos yeux et nous plongent dans la même impression morale dans laquelle se sont trouvées les populations témoins de ces tristes désastres !

SECTION III.

Météores calorifiques.

§ 1. DE LA GELÉE BLANCHE

La gelée blanche n'est qu'une rosée glacée par l'effet de la température froide de la nuit. Ainsi, lorsque par suite du rayonnement nocturne la température de l'atmosphère descend au-dessous de zéro, la vapeur se condense sur la terre et sur les plantes sous forme de rosée proprement dite, et se transforme en petits cristaux.

La gelée blanche se forme difficilement lorsque l'air est très-agité ; par contre, elle est abondante dans les lieux abrités des courants atmosphériques et lorsque le ciel est pur. Elle se forme aussi, comme le fait observer M. Ch. Martins, lorsqu'à la suite d'une longue série de jours très-froids, un vent plus chaud élève la température de l'air presque jusqu'à zéro. Alors les édifices en pierre qui ne sont point encore réchauffés, se couvrent de gelée blanche.

Ce météore n'a des effets défavorables sur les végétaux que pendant le printemps. Si pendant cette saison de l'année la gelée blanche se fixe sur les jeunes pousses de végétaux délicats, sur les fleurs des arbres fruitiers, elle les désorganise, les brûle et les dessèche sous l'influence des premiers rayons du soleil. On prévient ces fâcheux effets, en horticulture, en couvrant les espaliers ou les plantes délicates d'une toile légère ou de paillassons, ou en produisant, avant le lever du soleil, une fumée épaisse sous les arbres que l'on veut protéger de l'action de ces gelées. Cette fumée, lorsqu'elle est abondante, empêche la cristallisation de se former, et préserve dès lors les jeunes pousses ou les fleurs, ou les bourgeons tendres de l'action trop immédiate des rayons du soleil. Les gelées blanches d'automne sont moins fortes, moins redoutables que celles de printemps. Elles ne nuisent généralement qu'aux jeunes pousses qui ne se sont pas parfaitement aoûtées.

§ 2. DU GIVRE.

Le givre qui se produit lorsque la température de l'air est inférieure à zéro, et qui provient, comme la gelée blanche, du rayonnement nocturne vers les espaces planétaires, a une très-grande similitude avec ce dernier météore, et il se forme lorsque la vapeur atmosphérique se précipite.

Le givre est souvent bien funeste à la vie végétale ; il brise les branches, déchire les rameaux, et quand il séjourne plusieurs jours, il paralyse les boutons à bois et à fruits des arbres des vergers, etc. Bosc a constaté que les pertes que les cultivateurs sont susceptibles d'éprouver dans leurs jardins ou leurs vergers, par le givre, deviennent quelquefois considérables ; il peut même réduire à leurs seules grosses branches des arbres entiers. Le seul moyen, dit-il, de prévenir les désastres qu'il produit, c'est lorsqu'on s'aperçoit qu'il fait plier les branches d'une certaine force et qu'on peut craindre leur rupture, de le faire tomber en secouant la branche, ou et la frappant avec une perche, ou d'allumer de bonne heure, le matin, un feu de paille sous l'arbre.

§ 3. DE LA GELÉE A GLACE.

Ainsi que je l'ai dit, en parlant du *calorique* (chap. III, sect. 11), le froid est dû à la diminution d'intensité des rayons caloriques à la surface de la terre. Ainsi, lorsque, par suite du rayonnement de la terre vers les régions élevées et de l'éloignement du soleil, la température descend à zéro, l'eau change d'état, elle devient solide et augmente de volume.

La gelée à glace a des effets favorables et des effets nuisibles, selon qu'elle se produit par un temps sec ou un temps humide, et suivant son degré d'intensité. Les gelées augmentent en allant de l'équateur au cercle polaire, où il gèle une très-grande, partie de l'année, et elles sont d'autant plus intenses, qu'on s'élève vers les espaces planétaires. On sait que le sommet des hautes montagnes est presque toujours couvert de glace. Le vent qui a le plus d'action sur la gelée est le vent du nord, qui nous arrive des régions polaires.

L'épaisseur de la terre gelée est très-variable : elle est toujours en rapport avec l'intensité et la durée du froid ; mais Flaugergues a constaté que la gelée pénètre plus vite en terre les premiers jours que les jours suivants. Ainsi, en 1776, la gelée a duré 7 jours, et la profondeur de la gelée, par jour, était de 0,034 ; en 1767, la gelée dura 13 jours, et sa profondeur fut de 19,7 par jour ; enfin, en 1784, le nombre de jours de gelée a été de 21, et la profondeur de la gelée, par jour de gelée, de 14 millimètres 2.

La gelée à glace a des effets d'autant plus favorables sur les plantes, que celles-ci végètent dans un sol sec. Si la terre est humide, l'eau, en se congelant, soulève le sol, et comme celui-ci, sous l'action du dégel, reprend sa position primitive, il en résulte que les racines des céréales sont mises à nu ou déchaussées, et qu'un grand nombre d'entre elles périssent. Les gelées ont une action puissante sur les terres argileuses ou fortes, en ce qu'elles ameublissent parfaitement celles qui ont été labourées avant les premiers froids. L'expansion de l'eau, au moment où elle se congèle, dit Davy, l'augmentation de son volume, le resserrement de sa masse pendant le dégel, tendent à

pulvériser le sol, à en séparer les parties les unes des autres, et à le faire devenir plus perméable aux influences de l'air (1). Sur tous les terrains, la gelée produit un effet très-utile, en détruisant beaucoup de larves d'insectes, d'animaux nuisibles, en anéantissant la vie d'une foule de plantes parasites, et en retardant la végétation des plantes de manière à ce qu'elles ne prennent un développement sensible que lorsque les gelées ne sont plus à craindre.

Les *dégels*, lorsqu'ils ont lieu régulièrement et avec lenteur, n'amènent pas ordinairement des désastres sensibles. Il n'en est point ainsi, si l'élévation de température de l'atmosphère met avec rapidité un terme à la durée de la glace. Cette transition trop subite, trop brusque, entre un froid très-vif et une température modérée, impressionne vivement les plantes, et en désorganise quelques-unes. Ce mal est surtout apparent lorsque, après un dégel accompagné de pluie, le froid revient avec une grande intensité. Ces faux dégels entraînent toujours la mortalité d'un grand nombre de plantes, dont les racines, les collets, sont placés entre deux glaces. Il est de toute importance, pour éviter de tels désastres, qui sont parfois incalculables, de disposer la terre, lors des ensemencements ou plantations d'automne, de manière à ce que l'humidité s'écoule avec une grande facilité, que le sol abandonne promptement les eaux pluviales, qui ont pu le pénétrer pendant les dégels humides. En général, les dégels sont toujours moins redoutables sur les terres légères, siliceuses, perméables, que dans les terres calcaires et celles argileuses ou imperméables.

Les *glaciers*, qui n'existent en France que dans les Alpes et sur quelques points des Pyrénées, occasionnent sans cesse des variétés de température dans l'atmosphère. Non-seulement ils nuisent à la végétation des vallées qu'ils dominent, mais ils refroidissent encore les vents qui les traversent. Aussi est-ce à cette cause que les vents est-nord-est doivent la froidure qui les rend si nuisibles, pour certains végétaux et animaux, dans un grand nombre de nos provinces.

Toutefois, ces masses considérables de glace, qui couvrent le sommet des hautes montagnes depuis un nombre de siècles incommensurable, et qui

---

(1) *Chimie agricole*, édition Roret.

ont une action néfaste si puissante sur la vie des êtres organisés, se modifient sans cesse, c'est-à-dire ils sont doués d'un mouvement de progression qui fait continuellement avancer leur extrémité inférieure. Durant l'hiver, ces glaciers fondent par-dessous par suite de la chaleur de la terre, et pendant l'été, ils diminuent de volume en dessus par l'effet des pluies et des vents chauds du sud, ce qui établit un équilibre assez régulier entre la fusion et la progression. Néanmoins, il résulte de cette fonte qu'à tous les instants de l'année, ces masses présentent de nombreuses crevasses plus ou moins larges, des sillons plus ou moins sensibles, forment ces avalanches dont la chute terrible répand l'épouvante au sein des vallées, déversent dans les dépressions des torrents d'eau glaciale, qui alimentent les fleuves du Rhône et du Rhin, et occasionnent les débordements torrentiels de nos cours d'eau.

§ 4. DE LA NEIGE.

La neige provient de gouttes d'eau gelées dans les hautes régions de l'atmosphère, ou lorsque, durant leur chute, elles rencontrent un courant d'air refroidi. La cristallisation des gouttes d'eau affecte une forme assez régulière, et les cristaux auxquels elle donne naissance sont en forme d'aiguille d'une finesse très-prononcée. Par un temps calme, ces cristaux se groupent en flocons légers offrant les plus belles cristallisations ; tandis que, lorsque l'air est agité, ces flocons sont très-irréguliers. C'est par un temps calme et sans brouillard, dit Kaemtz, qu'on pourra les admirer dans toute leur beauté : avec la brume, les cristaux sont ordinairement inégaux, opaques, et il semble qu'un grand nombre de vésicules se soient modifiées à leur surface sans avoir eu le temps de s'unir entièrement aux molécules cristallines ; par le vent, les cristaux sont brisés et irréguliers ; on trouve alors des grains arrondis composés de rayons inégaux. La neige tombe rarement lorsque le froid est très-intense ; elle ne se produit que lorsque la température de l'air est à zéro, ou un peu au-dessous ou au-dessus. Dans les contrées du sud et de l'ouest, les neiges sont peu abondantes, et elles ne restent pas longtemps sur la terre sans se fondre. Plus une contrée est rapprochée des pôles, ou plus un point est élevé, plus les neiges sont abondantes et plus elles y persistent.

Les neiges, beaucoup plus communes et plus riantes que les glaciers, apparaissent sur la terre en remplissant le cœur de l'homme des champs de douces jouissances et d'un véritable bonheur. En effet, la neige est le présage de récoltes céréales abondantes. Ombrageant la terre pendant plusieurs jours, plusieurs semaines, pendant même plusieurs mois dans les régions du nord et de l'est, elles garantissent les plantes de l'action des gelées, défendent les semences, les végétaux, des ravages des animaux nuisibles. Cela est si vrai, que les céréales de ces contrées ont toujours, lors des premiers jours du printemps, une végétation plus sensible, plus favorable, que les mêmes plantes des contrées où la neige fond en tombant ; que les pépiniéristes des Vosges et de l'Alsace, provinces où la neige garde son blanc manteau une partie de l'hiver, se dispensent de couvrir les jeunes semis de feuilles d'arbres, si nécessaires dans d'autres régions pour garantir les plantes de l'action désastreuse des gelées d'hiver. C'est que, lorsque la couche de neige qui couvre la terre est épaisse, les froids violents ne peuvent la pénétrer. Rozier a constaté la différence d'intensité du froid en plongeant un thermomètre jusqu'au fond de la couche, et en plaçant un autre instrument à sa superficie. Si la couche de neige est très-forte, dit-il, le froid intérieur sera le même que celui qui existait dans la terre au moment où la neige est tombée ; quelques jours après, le froid de la couche supérieure de la terre sera mis à peu près en équilibre avec celui de la couche inférieure de la neige, et souvent on trouvera comme une espèce de voûte sous cette couche de neige, si le froid de la terre était peu considérable au moment de sa chute. M. Boussingault a observé attentivement les avantages de la protection que la neige offre à la végétation qu'elle abrite. Il a constaté que le froid, en pénétrant dans le sol, détruirait souvent les champs ensemencés en automne, si, dans les hautes latitudes, la neige qui recouvre la terre n'était pas un puissant obstacle au refroidissement, en agissant à la fois comme une enveloppe et comme un écran. Ainsi la neige est une des substances les moins conductrices, une de celles qui, pour une épaisseur donnée, s'oppose le plus au passage de la chaleur, et par conséquent elle est un obstacle à peu près insurmontable à ce que la terre qui la supporte se mette en équilibre de température avec l'atmosphère. Ainsi encore, elle abrite le sol, elle le soustrait au refroidissement qu'il ne manquerait pas d'éprouver dans les nuits sereines, en rayonnant vers les cieux (1). Il résulte donc de là que les couvertures de neige en hiver doivent toujours être favorables aux céréales d'automne, et que leur long séjour sur la terre est un présage heureux d'une bonne récolte.

Pendant longtemps, on a cru que la neige apportait sur la terre des sels, et qu'elle contenait plus d'oxigène que l'atmosphère. De là, on concluait que *la neige engraisse la terre*. Aujourd'hui ce proverbe n'a aucune importance. On a reconnu que l'air que la neige contient dans ses pores, a la même composition que l'air ambiant, et que l'eau qui résulte de sa fonte est entièrement identique à l'eau atmosphérique.

Toutes choses égales d'ailleurs, la région des neiges éternelles va graduellement en s'abaissant de l'équateur aux pôles. La limite inférieure de ces neiges est de 4,800 mètres au-dessus de l'Océan sous l'équateur; de 2,800 dans les Pyrénées; de 2,500 dans les Alpes, et de 300 mètres seulement sous le 78° latitude nord. La température moyenne, correspondante à la limite inférieure de ces champs continus de neige, est de $+ 1° 5$ sous l'équateur, de $— 3° 5$ dans les Pyrénées, de $— 4°$ dans les Alpes et de $— 6°$ dans la Laponie, contrée où les neiges persistent à une latitude de 1,700 mètres. A de telles élévations la neige a des inconvénients. Dans les montagnes des Alpes et des Pyrénées, des masses de neiges se détachent des points où elles sont éternelles, roulent sur les pentes rapides des élévations, acquièrent parfois un volume considérable, et tombent dans les vallées, où elles arrêtent les cours d'eau, où elles engloutissent des villages entiers. Ces accidents sans nombre sont des malheurs inhérents à ces belles et riantes contrées. C'est que rien n'est plus beau, plus grandiose, que les régions aériennes des Alpes ou des Pyrénées. Là, le chalet solitaire a pour socle un rocher, pour couronne les glaces et les neiges éternelles, pour draperies le vert foncé des sapins, pour tapis les prairies des vallées émaillées d'une multitude de fleurs. Ici, jaillissent les fleuves et les rivières qui arrosent et fécondent la France; plus loin, les plantes alpines répandent des parfums délicieux au sein des lieux où les troupeaux paissent sous l'égide du robuste vacher et de sa gaie et fidèle compagne.

La neige, au-dessous de la limite inférieure des neiges perpétuelles, couvre ordinairement toutes les hauteurs depuis le mois de novembre, quelquefois même depuis octobre jusqu'en mai. Alors tant que celle-ci n'a pas cédé à l'action du soleil, le froid qu'elle projette par rayonnement se fait sentir jusqu'à une assez grande distance dans les vallées et les plaines et ralentit la marche de la végétation (1). Quoi qu'il en soit, les cultivateurs de ces pittoresques localités, habitant la haute région des vallées, s'estiment heureux lorsqu'ils peuvent jouir de quatre à cinq mois d'été. Et pour hâter leurs jouissances et leurs travaux, ils sèment au printemps, sur la neige, des terres noires, de la suie, de la poussière de charbon pour accélérer sa fonte; car quiconque peut obtenir un jour de moins de neige, obtient alors une victorieuse conquête sur la nature!

§ 5. DE LA GRÊLE.

Sous ce nom on désigne des petits glaçons plus ou moins gros qui se forment dans l'atmosphère et qui tombent sur la terre avec plus ou moins de violence. La forme de ces globules de glace est en général sphérique, anguleuse ou irrégulière; et au centre de ces glaçons, on trouve assez souvent un noyau blanc poreux, environné de couches concentriques d'une glace transparente ou d'un blanc opaque, ou bien alternativement transparente et opaque. Ces grêlons ont parfois des poids considérables; on en a vu avoir un poids de 100 et même 200 grammes.

Les causes qui font naître ce météore ne sont pas encore parfaitement connues. Quelques physiciens ont pensé que la rencontre de deux courants, l'un chaud et humide, l'autre sec et froid, pouvait être la congélation de la vapeur aqueuse du premier courant; Volta a donné une autre explication de ce phénomène, et son opinion est encore celle qui a le plus de partisans; elle consiste à supposer que les grêlons sont ballottés entre deux nuages d'électricités différentes, et qu'en rencontrant sur leur passage la vapeur aqueuse contenue dans l'air, ils la condensent, et peuvent ainsi s'accroître par succession des couches. M. Arago doute de

---

(1) *Économie rurale*, t. II, p. 683.

(1) *Agriculture des Hautes - Pyrénées*, page 35.

cette théorie ; il ne croit pas que les grêlons obéissent à l'attraction électrique et se demande comment les vésicules du nuage inférieur ne s'en détachent pas pour se réunir au nuage supérieur. Les nuages chargés de grêle, dit ce savant physicien, semblent avoir beaucoup de profondeur, et se distinguent des autres nuages orageux par une nuance cendrée très-remarquable. Leurs bords offrent des déchirures multipliées ; leur surface présente çà et là d'immenses protubérances irrégulières : elle semble gonflée. Ces nuages sont généralement très-peu élevés, et comme il grêle rarement sans tonnerre, il est naturel d'admettre que ces météores se forment à la même distance de la terre : or, durant des orages accompagnés de grêle, il ne s'écoule souvent qu'une ou deux secondes entre l'apparition de l'éclair et l'arrivée du bruit, ce qui suppose, d'après la vitesse du son, une distance de 3 à 700 mètres. On a vu plus d'une fois des nuages d'où la grêle devait quelques minutes plus tard s'échapper par torrents, couvrir comme un voile épais toute l'étendue d'une vallée, pendant que les collines voisines jouissaient à la fois d'un ciel pur et d'une douce température. Il suffit de suivre quelques instants la marche d'un électromètre atmosphérique aux approches de la grêle, pour reconnaître que l'électricité change alors très-fréquemment, non-seulement d'intensité, mais encore de nature ; il n'est pas rare dans ces circonstances de voir les passages du positif au négatif et du négatif au positif se répéter jusqu'à dix ou douze fois par minute(1). M. Peltier admet une autre hypothèse ; il suppose des nuages diversement électrisés, qui, non-seulement se surmontent, mais qui viennent à la rencontre les uns des autres. Alors une partie de leur électricité est réunie à leur périphérie, et les parties vésiculaires conservent chacune une atmosphère électrique qui leur est propre ; et comme des décharges ont lieu entre les nuages, il s'ensuit une évaporation et une production de froid ; par conséquent formation instantanée de petites particules de neige, qui, pourvues de la même électricité que les vésicules dont elles émanent, se repoussent vivement dans l'espace que la disparition des vésicules a laissé libre. De ces actions réciproques et mêlées naît le mouvement giratoire de tourbillonnement qui anime

les particules, et pendant lequel se réunissent et se congèlent à leur surface de nouvelles couches de vapeur (1).

Il grêle rarement la nuit. C'est au printemps, mais principalement en été, au moment de la plus grande chaleur diurne, que la grêle se forme le plus abondamment. Ce météore précède ordinairement les pluies d'orage, mais rarement il les suit, surtout quand les pluies ont une certaine durée ; et il est toujours plus fréquent, plus terrible dans les plaines, que sur les montagnes et les plateaux. Lorsque la grêle tombe les vents soufflent toujours avec violence et changent fréquemment de direction ; les nuages arrivent de plusieurs points de l'atmosphère, s'accumulent et donnent lieu à une immense masse nuageuse qui produit une obscurité alarmante.

Ce fléau a ordinairement une vitesse très-grande. Tessier, dans la relation qu'il fit en 1790, de l'orage de 1788, qui traversa en quelques heures toute la longueur du royaume et s'étendit ensuite dans les Pays-Bas et en Hollande, sur deux bandes parallèles dirigées du sud-ouest au nord-est, rapporte que cet orage parcourait 66 kilomètres à l'heure. Sur la bande de l'ouest, longue de 700 kilomètres, il grêlait en Touraine, près de Loches, à 6 heures et demie du matin ; auprès de Chartres, à 7 heures et demie ; à Rambouillet, à 8 heures ; à Pontoise, à 8 heures et demie ; à Clermont en Beauvoisis, à 9 heures ; à Douai, à 11 heures ; à Courtray, à midi et demi ; à Flessingue, à 1 heure et demie. Dans la bande de l'est, qui avait une longueur de 400 kilomètres, l'orage atteignit Artenay, près d'Orléans, à 7 heures et demie du matin ; Audonville en Beauce, à 8 heures ; le faubourg Saint-Antoine de Paris, à 8 heures et demie, Crespy en Valois, à 9 heures et demie ; Château-Cambrésis, à 11 h., et Utrecht, à 2 heures et demie. Dans chaque lieu, la grêle ne tomba que pendant 7 à 8 minutes, mais l'intervalle compris entre ces deux bandes, qui était de 20 kilomètres, ne fut pas grêlé ; il reçut seulement une pluie très-abondante.

Les pays qui souffrent davantage en France de ce triste fléau, résident sur le revers occidental de la chaîne de montagnes de Langres à Lyon par Dijon, Beaune, Châlons et Mâcon. Après ces lieux viennent les plaines du Berry, de la Touraine, du Haut-Poitou et de Beauce dépourvues pour ainsi dire de

---

(1) Annuaire du Bureau des Longitudes, 1838

(1) Des Trombes, p. 109

bois. Le cultivateur a-t-il à sa disposition quelques moyens pour prévenir ce météore, qui fait naître parfois des jours de désespoir et de deuil, qui plonge, comme en 1839, des familles agricoles dans la tristesse et la misère, qui ravagea en 1788 1,039 communes et occasionna à l'agriculture pour 24,962,000 fr. de dégâts? Quelques personnes ont prôné les avantages des paragrêles que quelques sociétés d'agriculture considéraient comme propres à combattre le danger. Des expériences, des essais ont eu lieu dans un grand nombre de communes; mais, malgré les perches qui couvraient le sol, la grêle a détruit les récoltes et a prouvé aux cultivateurs que les paragrêles proposés étaient tout à fait inutiles. Les compagnies d'assurances mutuelles ou à primes, convenablement graduées suivant les localités, est le meilleur préservatif assuré contre les ravages de la grêle, et tout cultivateur qui habite une contrée où la grêle est à craindre, ne doit pas hésiter un seul instant à s'adresser à ces compagnies. La cotisation exigée est si faible, comparativement aux désastres qu'on peut éprouver, qu'on ne saurait excuser un cultivateur qui s'abandonnerait au hasard. La grêle a une action vive, instantanée, et elle détruit parfois en quelques minutes le travail ou les espérances d'une année entière!

En nous occupant de la culture des plantes dans la troisième partie de ce cours, nous signalerons les végétaux qui peuvent succéder aux récoltes anéanties par la grêle, et les opérations qu'il faut exécuter aux plantes dont les feuilles, les rameaux, les branches, l'écorce, ont éprouvé des déchirures, des meurtrissures, des fractures et des plaies.

Lorsque les grêlons sont très-petits, et qu'ils tombent au commencement du printemps, on les désigne sous le nom de *grésil*. Ces globules ont une forme ordinairement sphérique, se rapprochant beaucoup de la neige pour la couleur. Le grésil, que l'on appelle généralement *giboulées de mars*, ne séjourne pas au delà de vingt-quatre heures sur la terre. Ce météore n'a point d'effets dangereux; mais il refroidit momentanément l'atmosphère et le sol, et retarde par conséquent la végétation des plantes.

De l'influence de la lune sur la végétation.

La lune a-t-elle des effets favorables ou nuisibles sur la vie des plantes et leur production? Si l'on en croit les habitants des campagnes, la lune aurait une influence sensible sur la réussite des opérations agricoles. Cette croyance populaire n'est qu'une ancienne superstition qui s'est transmise d'âge en âge jusqu'à nous, sans être appuyée par l'examen, l'observation et le raisonnement. Si ces idées superstitieuses reposaient sur des observations pratiques; si l'influence de la lune, suivant sa position à l'égard de l'équateur, avait été confirmée par des expériences faites sur diverses plantes et sous différentes latitudes, il faudrait respecter l'opinion de ceux qui croient à l'influence de cet astre. Malheureusement les prétendues remarques faites par ceux qui propagent cette erreur, n'ont pu être constatées par des hommes éclairés; et, sous ce rapport, il est permis de regarder les idées généralement répandues dans les campagnes, comme le résultat d'un préjugé, d'une erreur ou de l'ignorance.

On dit chaque jour que les semailles de navets, de lin, etc., ou la plantation d'un arbre, d'un poirier, d'un pommier, etc., ne peuvent avoir lieu aujourd'hui, parce que la lune est dans le *décours* (lune décroissante), et qu'il faudra exécuter ces travaux à une autre époque lunaire, par exemple, à la pointe du croissant, ou *vice versâ*. Ce préjugé est fort ancien. Pline prescrit de semer les fèves à la pleine lune, et les lentilles à la nouvelle; Varron recommande d'exécuter la moisson pendant la croissance de la lune et non sur son déclin; Palladius affirme qu'il faut toujours semer pendant que la lune croît, et couper ou cueillir quand elle décroît. Nul ne pouvait mieux détruire ces préjugés que de La Quintinie, ce célèbre jardinier auquel Louis XIV avait confié la création et la direction des jardins potagers de Versailles. « Je proteste de bonne foi, dit-il, que, pendant plus de trente ans, j'ai eu des applications infinies pour remarquer au vrai si toutes les lunaisons devaient être de quelque considération en jardinage, mais qu'au bout du compte, tout ce que j'ai appris, par ces observations longues et fréquentes, exactes et sincères, a été que ces décours ne sont que de vieux discours de jardiniers malhabiles.... Greffez en quelque temps que ce soit, pourvu que vous le fassiez adroitement et dans les saisons propres à la greffe, et sur des sujets convenables à chaque sorte de fruits, et qu'enfin le plan soit bon et bien disposé, en sorte qu'il n'ait ni trop de sève ni trop peu, vous réussirez certainement.... Et tout de même, semez et plantez toute sorte de graines et de plantes, en quelque quartier de la lune que ce soit, je vous réponds d'un égal succès, pourvu que votre terre soit bonne, bien préparée, que vos plants et semences ne soient pas défectueux, et que la saison ne s'y oppose pas (1). » Cette dernière observation avait été déjà signalée par Olivier de Serres : « Le poinct de la lune n'est observable en cest endroit, estant bon de planter ces arbres-ci (arbres fruitiers), et en croissant et en décours, en l'un et l'autre terme se pratiquant heureusement, pourveu que la terre et le ciel soyent bien disposés.» En effet, il est de toute importance, pour que ces plantations et les semailles aient pour conséquence des résultats heureux, favorables, que ces opérations soient exécutées alors que la terre n'est ni trop sèche ni trop humide, et que l'état du ciel soit en rapport avec l'état physique de la terre, et la manière d'être des semences et des arbres ou des opérations que l'on exécute. Si le sol est desséché ou trop imbibé d'eau, une semaille ou une plantation, faite dans ces milieux, peut souffrir et ne donner que de mauvais résultats. Ainsi donc, pour que le praticien eût égard à l'une des positions de la lune, il faudrait que celle-ci eût une action particulière sur l'un ou plusieurs des agents pondérables ou impondérables de l'atmosphère, et qu'elle gouvernât, pour ainsi dire, le temps. La science météorologique a cherché à reconnaître si la lune concourait à la production des météores atmosphériques ; mais toutes les observations qu'on a pu faire ont pleinement renversé jusqu'à ce jour les assertions populaires qui attribuent à la lune une influence relative aux variations de l'atmosphère.

On dit aussi que les arbres forestiers ne doivent être abattus qu'en lune décroissante, parce que le bois, coupé en lune croissante, ne se conserve pas, et qu'il est sujet à être attaqué par des vers, ou à être atteint de la pourriture humide ou sèche. Cette opinion est toute problématique, et malgré les belles expériences de Duhamel (1), elle est encore à résoudre, et demande des expériences plus variées, plus nombreuses que celles faites par ce savant agriculteur. Pour qu'on puisse croire à l'influence de la lune sur la manière d'être du bois abattu, il faut que la science confirme si le bois, coupé au décours de la lune, contient plus de parties aqueuses que celui coupé en lune croissante. Si on parvient à constater un tel fait, c'est alors, mais alors seulement, qu'on admettra que la lune a une influence marquée sur la marche de la sève, et que les assertions des ouvriers de nos forêts pourront être considérées comme fondées sur l'observation et la pratique.

« Donques le bon mesnager sans s'amuser d'attendre par trop les lunes, les signes, les mois, ne les jours, expédiera ses affaires lorsque, par bon tempérament le ciel et la terre s'accorderont par ensemble ; prenant par les cheveux l'occasion venant des bonnes saisons, qui n'estans de longue durée, ne vous donnent tous-jours loisir de parachever à l'aise vos affaires : à ceste fin le munissant de diligence, comme du plus secourable outil duquel l'homme se puisse servir en toutes actions. Si d'aventure le poinct de la lune s'accorde au temps, selon vos expériences, tant mieux ; ce que toutes-fois ne tiendrés que pour accessoire. Et ne soyés si mal avisé de prendre occasion de délayer vos ouvrages, sur ce que quelques-fois les avancés trompent : car il est bien encores plus rare d'avoir bonne cueillète des reculés ; mesme des tardives semences, tant rejettées des bons mesnagers, qu'ils tiennent les blés en provenans, quoi-qu'en abondance, devoir estre bruslés : de peur que l'exemple de leur fertilité ne nous rende paresseux avec perte et honte (2). » Ces conseils ont une grande valeur, et nous semblent infiniment plus judicieux que tous les arguments qu'on peut faire valoir en faveur des influences lunaires, ou contre la croyance des populations des campagnes, qui ne porte préjudice qu'à elles-mêmes, et que le cultivateur praticien doit souvent respecter, de peur de blesser l'amour-propre de ceux qui l'aident dans ses travaux ou qui l'environnent.

Mais si l'influence de la lune sur les

____

(1) *Instruction pour les jardins fruitiers et potagers*, 1690, t. II, p. 355.

(1) *De l'Exploitation des bois*, 1764, t. 1, p. 374.
(2) Olivier de Serres, *Théâtre d'Agriculture*, 1611, t. I. Premier lieu, chap. VII.

phénomènes de la végétation n'est pas parfaitement démontrée, l'influence de celle qui commence son cours en avril, qui devient pleine, soit vers la fin de mois, soit dans le courant de mai, et que l'on désigne sous le nom de *lune rousse*, est-elle mieux connue, mieux appréciée, ou doit-on aussi la ranger parmi les préjugés populaires? Dans presque toutes les campagnes cette lune est jugée défavorablement ; on dit que, sous son influence, les feuilles, les bourgeons, les jeunes pousses, gèlent lorsque le ciel est serein ou sans nuages, quoique le thermomètre, dans l'atmosphère, se maintienne à plusieurs degrés au-dessus de zéro. Les physiciens refusent d'admettre ce fait, se fondant sur ce que ce satellite n'est doué d'aucune vertu frigorifique. M. Arago rejette l'opinion de la science et partage celle des agriculteurs. Il s'appuie sur la belle découverte faite par M. Wells, qui démontre clairement que les corps terrestres, sauf le cas d'une évaporation prompte, ont le pouvoir d'acquérir la nuit une température différente de celle de l'atmosphère dont ils sont entourés, et qu'il ne faut pas juger du froid qu'un corps a éprouvé la nuit par les seules indications d'un thermomètre suspendu dans l'atmosphère.

D'après l'opinion de M. Arago, dans les mois d'avril et de mai, la température de l'atmosphère n'est souvent que de 4, de 5 ou de 6 degrés centigrades au-dessus de zéro. Quand cela arrive, les plantes exposées à la lumière de la lune, c'est-à-dire *à un ciel serein*, peuvent se geler, nonobstant l'indication du thermomètre. Si la lune, au contraire, ne brille pas, si le ciel est couvert, la température des plantes ne descend pas au-dessous de celle de l'atmosphère ; il n'y aura pas de gelée, à moins que le thermomètre n'ait marqué zéro. Il est donc vrai, comme les jardiniers le prétendent, que, avec des circonstances thermométriques toutes pareilles, une plante pourra être gelée ou ne l'être pas, suivant que la lune sera visible ou cachée derrière les nuages ; *s'ils se trompent, c'est seulement dans la conclusion : c'est en attribuant l'effet à la lumière de l'astre.* La lumière lunaire n'est ici que l'indice d'une atmosphère sereine ; c'est *par suite de la pureté du ciel que la congélation nocturne des plantes s'opère ;* la lune n'y contribue aucunement ; qu'elle soit couchée ou sur l'horizon, le phénomène a également lieu. L'observation des jardiniers est incomplète ; c'est à tort qu'on la supposerait fausse (1).

CHAPITRE V.

FERTILISATION.

Considérations générales.

Sous le nom de *fertilisation*, nous comprendrons l'étude de tous les corps inorganiques et organiques qui concourent à rendre la terre plus fertile et conséquemment plus productive. M. de Gasparin avait donné à cette étude, ou pour mieux dire, à la science des engrais, le nom de *coprologie*, mais depuis il a renoncé à ce mot, qui caractérisait mal toutes les substances propres à servir de nourriture aux plantes, et il lui a substitué le mot *alimentation végétale*. Cette dénomination est plus vraie que celle de coprologie, qui signifie discours sur les excréments, mais nous ne l'adopterons pas. C'est qu'il ne suffit pas d'incorporer au sol des substances qui concourent au développement des racines, des tiges, des feuilles, des fruits et des semences des végétaux agricoles,

il faut aussi penser que par ce mélange on doit tendre à augmenter la fertilité de la terre. Le cultivateur qui oublie d'assurer, d'accroître la fertilité du sol qu'il cultive, commet une faute grave, et il s'impose l'impossibilité d'exiger, avec le temps, de la terre des produits plus abondants que ceux qu'il obtient.

Dans le langage ordinaire, mais pratique, on désigne sous le nom générique d'*engrais* les substances qui concourent à la fécondité du sol et à la végétation des plantes. Cette dénomination ne peut plus servir aujourd'hui pour désigner tous les corps dont se nourrissent les plantes et toutes les substances qui augmentent ou diminuent la puissance d'une terre. M. de Magny a proposé, dans ces derniers temps, de substituer au mot engrais celui d'*euphoride*, qui exprimerait, dit-il, sans périphrase, les substances qui amendent, stimulent et engraissent le sol. Cette qualification, qui peut avoir quelque chose de réel, de vrai, ne me paraît pas répondre heureuse

---

(1) *Annuaire du Bureau des Longitudes*, 1833.

ment au but que **M**. de Magny s'était proposé d'atteindre. C'est que le mot euphoride désigne, sous toutes les acceptions, les substances que l'agriculteur applique sur son sol, soit pour modifier sa nature, soit pour accroître sa richesse. Ainsi les engrais, les stimulants, comme les amendements, seraient tous des corps euphoridants; et fumer un sol ou chauler un champ, c'est euphorider une terre. Je pense donc qu'il faut conserver et accepter les mots *amendement*, *stimulant*, *engrais*, pour désigner et classer les corps qui favorisent la végétation ou qui modifient la couche arable de manière à ce qu'elle soit plus apte à la vie des plantes, et que le nom d'euphoride ne précise et ne caractérise rien, et qu'il a tous les défauts du mot engrais, employé pour désigner les corps avec lesquels on rend un sol plus fertile ou plus favorable à la vie végétale.

Plusieurs de ceux qui ont écrit sur la fertilisation n'admettent pas trois divisions. Les uns rejettent le mot stimulant, et ne s'occupent conséquemment que des amendements et des engrais; les autres refusent de reconnaître le mot amendement, et classent les substances propres à l'existence des végétaux en deux classes, les stimulants et les engrais.

Voici l'ordre adopté par les principaux auteurs qui ont écrit sur ce sujet.

Chaptal distinguait les engrais en deux classes :

I. ENGRAIS NUTRITIFS qui fournissent des sucs ou des aliments aux plantes. . . . . . .

- Fumier.
- Urine.
- Os.
- Cornes.
- Débris de laine.
- Suint.
- Guano.
- Colombine.
- Excréments humains.
- Engrais végétaux.
- Composts.

II. ENGRAIS NUTRITIFS qui ne font qu'exciter les organes de la digestion. . . . .

- Chaux.
- Plâtre.
- Cendres.
- Charrée.
- Sel.

A. Thouin divisait les matières des trois règnes employées pour préparer le sol, l'amender, le fumer, le rendre propre à la culture et à la conservation de ses produits, en quatre grandes divisions comportant chacune plusieurs subdivisions.

I. SUBSTANCES MINÉRALES.

- 1° *Composés calcaires.* .
  - Chaux.
  - Marnes.
  - Plâtre, etc.
- 2° *Composés siliceux.* . .
  - Cailloux.
  - Sable.
  - Grès, etc.
- 3° *Composés alumineux.*
  - Argile.
  - Briques pilées.
- 4° *Composés divers.* . . .
  - Laves poreuses.
  - Gravier.
  - Mâchefer.

II. SUBSTANCES VÉGÉTALES.

- 1° *Tiges de végétaux herbacés :* pailles.
- 2° *Rameaux de végétaux ligneux :* if, buis, etc.
- 3° *Écorces :* tilleul, bouleau, chêne, etc.
- 4° *Feuilles :* arbres, fougères, etc.
- 5° *Graines :* lupin blanc.
- 6° *Plantes entières :* légumineuses, céréales, marines.
- 7° *Marcs de fruits :* fruits, raisins, olives, etc.
- 8° *Huiles.*
- 9° *Charbon de bois :* charbon, suie.
- 10° *Bois en décomposition :* chêne, sciure, etc.
- 11° *Terreau végétal :* mousse, tourbe.

<table>
<tr><td rowspan="8">III. **Substances animales.**</td><td>1° *Animaux en putréfact.*</td><td>Cadavres de chevaux.
Poisson pourrissant.
Ergots de porcs, etc.</td></tr>
<tr><td rowspan="3">2° *Substances diverses.*</td><td>Rognures de cornes.</td></tr>
<tr><td>Coquilles.</td></tr>
<tr><td>Laine, etc.</td></tr>
<tr><td rowspan="3">3° *Fumiers.* . . . .</td><td>de porcs,</td></tr>
<tr><td>de vache,</td></tr>
<tr><td>de cheval, etc.</td></tr>
</table>

<table>
<tr><td rowspan="5">IV. **Substances mixtes.** .</td><td>1° *Terreaux :* bruyère, feuilles d'arbres, etc.</td></tr>
<tr><td>2° *Urate.*</td></tr>
<tr><td>3° *Balayures :* rues, chantiers de bois.</td></tr>
<tr><td>4° *Cendres :* tourbe, bois, charrée, etc.</td></tr>
<tr><td>5° *Terres :* de jardin, potager, composées, etc.</td></tr>
</table>

Thaër a adopté une division qui se rapproche beaucoup de celle de Thouin. Ainsi, il a divisé les substances qui augmentent la fécondité du sol en lui incorporant des sucs nutritifs, ou en développant ceux qu'il contient en trois classes, et il range tous ces corps sous le titre : *Des engrais* ou *de l'amendement des terres.*

<table>
<tr><td rowspan="11">I. **Engrais animaux.** . . . .</td><td>Excréments animaux.</td></tr>
<tr><td>Urine.</td></tr>
<tr><td>Fumiers.</td></tr>
<tr><td>Excréments humains.</td></tr>
<tr><td>Composts.</td></tr>
<tr><td>Litière.</td></tr>
<tr><td>Engrais liquides.</td></tr>
<tr><td>Dépouilles d'animaux.</td></tr>
<tr><td>Poissons, cornes, sabots, etc.</td></tr>
</table>

<table>
<tr><td rowspan="4">II. **Engrais végétaux.** . . . .</td><td>Récoltes enterrées en vert.</td></tr>
<tr><td>Dépouilles de végétaux.</td></tr>
<tr><td>Terreaux.</td></tr>
<tr><td>Tourbe.</td></tr>
</table>

<table>
<tr><td rowspan="7">III. **Engrais minéraux.** . . . .</td><td>Sable.</td></tr>
<tr><td>Chaux.</td></tr>
<tr><td>Marne.</td></tr>
<tr><td>Plâtre.</td></tr>
<tr><td>Sels.</td></tr>
<tr><td>Acides.</td></tr>
<tr><td>Cendres, etc.</td></tr>
</table>

La division adoptée par Schwertz est plus complète que la précédente, et elle lui est bien supérieure sous tous les rapports. Cette nomenclature forme le tableau suivant, et elle comporte sept classes principales.

I. **Engrais atmosphériques :** air, eau.

<table>
<tr><td rowspan="3">II. **Engrais animaux.** . . .</td><td>1° Charogne.</td></tr>
<tr><td>2° Débris de fabrique.</td></tr>
<tr><td>3° Os.</td></tr>
</table>

<table>
<tr><td rowspan="7">III. **Engrais végétaux.** . .</td><td>1° *Mauvaises herbes :* herbes des jachères, chaumes, etc.</td></tr>
<tr><td>2° *Gazons :* prés, prairies artificielles, marais, etc.</td></tr>
<tr><td>3° *Plantes semées exprès :* lupin, vesce, spergule, etc.</td></tr>
<tr><td>4° *Restes de plantes :* éteules, fanes, déchets, etc.</td></tr>
<tr><td>5° *Plantes sauvages :* genêt, sciure, feuillages, etc.</td></tr>
<tr><td>6° *Plantes aquatiques :* roseaux, varech, tourbe, etc.</td></tr>
<tr><td>7° *Débris de végét. empl.* tourteaux, suie, cendres, tan, etc.</td></tr>
</table>

<table>
<tr><td rowspan="4">IV. **Engrais vég. et anim.**</td><td>1° *Fumiers :* bêtes à cornes, mouton, cheval, etc.</td></tr>
<tr><td>2° *Excréments humains.*</td></tr>
<tr><td>3° *Fumier de pigeons.*</td></tr>
<tr><td>4° *Engrais de parcages.*</td></tr>
</table>

<table>
<tr><td rowspan="2">V. **Litières.** . . . .</td><td>1° *Litières à la fois absorbantes et fertilisantes.*</td><td>Pailles.
Feuilles.
Fougère.
Tourbe.
Bruyère, etc.</td></tr>
<tr><td>2° *Litières absorbantes.*</td><td>Terre.
Sable.
Eau.</td></tr>
</table>

<table>
<tr><td>VI. Engrais liquides. . .</td><td>{</td><td>Eau.
Urine.
Mare.
Gelée.</td></tr>
<tr><td>VII. Eng. min. ou terreux.</td><td>{</td><td>Chaux.
Craie.
Marne.
Plâtre.
Débris salins.
Terre.</td></tr>
</table>

John Sinclair a substitué au mot générique d'engrais celui d'*amendement*, et il divise toutes les substances qui, appliquées artificiellement au sol, ou mélangées avec lui, ont été reconnues par l'expérience comme propres à animer, à conserver sa fertilité, et à le rendre, sous quelque rapport que ce soit, plus favorable à la végétation, en six grandes classes :

<table>
<tr><td>I. Engrais putrescents. . . . .</td><td>{</td><td>Fumier des quadrupèdes.
Excréments des oiseaux.
Boues des villes.
Vidanges des fosses d'aisances.
Urine.
Débris d'animaux terrestres
Poissons.</td></tr>
<tr><td>II. Amendements calcaires. . . . .</td><td>{</td><td>Chaux calcinée.
Chaux pulvérisée.
Gravier calcaire.
Craie.
Marne.
Coquilles maritimes.
Résidus de savonneries.
Plâtre.</td></tr>
<tr><td>III. Amendements terreux. . . . .</td><td>{</td><td>Terre.
Tourbe.
Argile, sable.
Argile calcinée.
Limon de la mer.
Poussière des routes.</td></tr>
<tr><td>IV. Engrais végétaux. . . . .</td><td>{</td><td>Herbes marines.
Herbes d'eau douce.
Touraillons.
Tourteaux d'huile.
Écorce des tanneurs.
Récoltes enterrées en vert.
Produits des végétaux brûlés.
Substances végétales sèches.</td></tr>
<tr><td>V. Amendements divers. . . . .</td><td>{</td><td>Sel.
Suie.
Résidus des manufactures
Débris des mines de houille.
Résidus des fours à chaux.
Engrais en couverture.</td></tr>
</table>

VI. Composts.

De Candolle, qui a étudié les substances qui servent à favoriser la vie végétale sous un point de vue plutôt physiologique qu'agricole, n'admet, comme J. Sinclair, que les amendements et les engrais. Voici l'ordre qu'il a adopté :

<table>
<tr><td>I. Amendements.</td><td>{</td><td>Pierres.
Sable.
Argile.
Marne.
Chaux.
Muriates de soude et de chaux.
Cendres.
Plâtre.
Écobuage.</td></tr>
</table>

II. ENGRAIS.

1° Animaux.
- Excréments animaux à sang chaud : fumiers.
- Fientes des animaux à sang froid.
- Engrais liquides.
- Chairs et débris d'animaux.
- Poils, cornes, cuirs, etc.
- Os, coquilles.

2° Végétaux.
- Plantes enfouies ou enterrées vivantes : lupins, etc.
- Id. mortes : feuilles, etc.
- Parties ligneuses enfouies : tan, sciure.
- Résidus d'opérations : tourteaux, marcs, etc.
- Résidus de combustions : suie, charbon.

3° Mixtes.
- Boues des villes et routes.
- Vase d'étangs, limon des rivières.
- Composts ou mélanges artificiels.

M. Martin a complété la classification adoptée par Chaptal. Voici la division qu'il a adoptée :

I. AMENDEMENTS.
- Marne.
- Argile, sable, craie.
- Ecobuage.
- Labours.
- Irrigations.

II. ENGRAIS

1° Engrais animaux.
- Chairs animales putréfiées
- Restes de boucheries.
- Poissons
- Débris de laine.
- Suint.
- Os.
- Substances diverses.

2° Matières stercorées.
- Déjections humaines.
- Fiente de pigeons, volailles.
- Fiente de lapins.
- Fiente de moutons.
- Fiente de cochons.
- Fiente de chevaux.
- Fiente de bêtes à cornes.
- Urine.

3° Parcage.

4° Engrais mixtes.
- Fumiers d'animaux.
- Balayures des rues et des routes.
- Vase de fossés et d'étangs.

5° Engrais végétaux.
- Tourteaux de graines oléagineuses.
- Paille.
- Tan.
- Tourbe.
- Charbon.
- Bruyères, genêts.
- Plantes marines et fluviales.
- Récoltes vertes enfouies.

III. ENGRAIS inorganiques ou stimulants.

1° Engrais inorganiques simples.
- Plâtre.
- Phosphate de chaux.
- Carbonate de chaux.
- Nitrate de chaux.
- Hydrochlorate de chaux.
- Sulfate de soude.
- Sel marin, salpêtre.
- Soude et potasse.
- Suie.

2° Engrais inorganiques composés.
- Cendres.
- Lessive de buanderies.
- Vase marine.
- Démolitions et décombres.

M. Caillat a adopté une classification qui diffère des précédentes, et il a donné à toutes les substances qui concourent à l'acte de la végétation le nom d'*amendement*. Voici l'ordre de la nomenclature qu'il a proposée :

I. AMENDEMENTS MINÉRAUX.
- 1° Sable, argile calcinée et non calcinée, marnes.
- 2° Plâtre, chaux, cendres, sol, chlorhydrates, nitrates.

II. AMENDEMENTS ORGANIQUES.
- **1° *Engrais animaux*** — Sang, chair, boyauderies, excréments d'hommes et d'animaux, urine, purin, lisier, laines, cornes, crins, poils, os.
- **2° *Engrais végétaux*** — Spergule, lupin, sarrasin, seigle, vesce, tourteaux, touraillons, plantes marines, etc.
- **3° *Engrais mixtes*** — Fumiers de bêtes à cornes, de chevaux, de moutons, de porcs.

III. AMENDEM. MINÉRO-ORGANIQUES. *Humo-stimulants.* — Noir animal, noir sang, noir animalisé, poudrettes, vases diverses, boues des rues, composts, engrais Lainé, Jauffret, etc.

M. de Gasparin, dans l'ordre qu'il a adopté pour l'étude des aliments nécessaires aux végétaux, comprend les engrais, les amendements et les stimulants, mais il ne se sert point de ces mots pour caractériser les classes auxquelles appartiennent les substances qui reçoivent ordinairement ces divers noms. La classification qu'il a adoptée forme le tableau suivant :

I. ALIMENTS des végétaux considérés comme contenant de l'azote.
- **1° *Sels*** — Nitrates. Sels ammoniacaux.
- **2° *Débris d'animaux*** — Chair musculaire. Poissons. Sang. Os. Pain de creton. Suint. Chiffons.
- **3° *Matières excrétées*** — Urine. Excréments humains. Engrais désinfectés. Excréments des bêtes à laine. Excréments des oiseaux. Colombine. Excréments des poissons. Excréments des insectes.
- **4° *Engrais végétaux*** — Végétaux transportés pour être enfouis. Engrais verts cultivés sur place. Débris de végétaux. Produit de la combustion des végétaux. Ecobuage. Substances minérales : tangue, merle, etc.
- **5° *Engrais composés*** — Engrais solides : fumiers. Engrais liquides. Engrais flamand. Engrais Jauffret.

II. ALIMENTS DES VÉGÉTAUX considérés comme contenant du carbone : tourbe, etc.

III. ALIMENTS des végétaux considérés comme contenant des alcalis minér.
- Sels de potasse. — Potasse du commerce. Cendres.
- Soude.

IV. ALIMENTS des végétaux considérés comme contenant des sulfates. — Cendres pyriteuses. Sulfate de fer.

V. ALIMENTS des végétaux contenant de la chaux. — Chaux. Marne.

M. Boussingault se refusant à partager les idées de ceux qui ont divisé les engrais en fumiers d'origine animale et en engrais minéraux salins ou alcalins, parce qu'une telle distinction, dit-il, n'est réellement pas fondée, et que rien ne montre autant combien nos connaissances sur les engrais étaient alors peu avancées, et voulant rapprocher continuellement la nutrition végé-

Cours d'Agricult.

tale de l'alimentation animale, range les substances fertilisantes en deux grandes classes de la manière suivante :

I. ENGRAIS. . . . .
- Excréments des animaux.
- Pailles, fanes, feuilles, etc.
- Engrais verts.
- Semences, tourteaux, marcs, etc.
- Résidus : noir animal, pulpe, etc.
- Débris des animaux.
- Coquilles, vases de mer et de rivières.
- Suie de bois, de houille, cendres pyriteuses.
- Fumiers de bêtes à cornes, cheval, etc.
- Fiente d'oiseaux : colombine, guano, etc.
- Déjections de l'homme.
- Engrais flamand.
- Poudrette.

II. ENGRAIS MINÉRAUX ou amendements. . . .
- *Engrais calcaires.* . . . . . .
  - Chaux.
  - Marnes.
  - Cendres diverses.
- *Sels alcalins.* . . — Nitrate de soude.
- Sulfate de chaux.
- *Sels ammoniacaux.* . . . . .
  - Chlorhydrate d'ammoniaque.
  - Phosphate d'ammoniaque.
  - Sulfate d'ammoniaque.
  - Carbonate d'ammoniaque.
- Eau.

Bien que quelques-unes des nomenclatures que nous venons de rapporter puissent être regardées comme parfaitement coordonnées, nous avons cru devoir suivre un nouvel ordre pour l'étude que nous nous proposons de faire des substances ayant une action prépondérante sur la terre ou sur les organes souterrains des plantes. Nous avons pensé que cette nomenclature satisferait à toutes les conditions que nous nous sommes imposé de remplir et qu'elle faciliterait beaucoup nos études. Voici la classification que nous avons adoptée :

I. AMENDEMENTS.
- 1° *Moyens d'augmenter la cohésion d'une terre.* Argile.
- 2° *Moyens d'augmenter la perméabilité du sol.* . . . .
  - Pierres.
  - Sable.
  - Argile calcinée.
  - Schistes.
  - Laitiers.
- 3° *Moyens d'augmenter l'humidité d'un terrain.* . . . .
  - Cailloux.
  - Plombage.
  - Irrigations.
  - Plantations.
  - Rigoles.
- 4° *Moyens de diminuer l'humidité de la couche arable.* . . . .
  - Labours.
  - Ameublement sous sol.
  - Colmatage.

STIMULANTS. .
- 1° *Stimulants d'origine minérale.* . . . .
  - Calcaires carbonatés. . .
    - Chaux.
    - Marnes.
    - Terres calcaires.
    - Faluns.
    - Tangue.
    - Merle.
    - Coquillages.
  - Minéraux sulfureux. . .
    - Plâtre.
    - Cendres pyriteuses.
    - Sulfate de fer.
  - Minéraux alcalins. . . . .
    - Sels de potasse.
    - Sels de soude.
    - Sel (chlorure de sod.).
  - Minéraux ammoniacaux.
    - Carbonate d'ammon.
    - Sulfate d'ammoniaq.
- 2° *Stimulants d'origine végétale.* . . . .
  - Produit de la combustion des végétaux : suie de bois.
  - Produit de l'incinération des végétaux. . . . . .
    - Cendres.
    - Charrée.
  - Produit de la combustion des minéraux : suie de houille.

III. Engrais.	1° *Engrais animaux.*	Substances excrétées.	Excréments.
			Urine.
			Colombine.
			Guano.
			Fiente.
		Débris animaux.	Chair musculaire.
			Sang.
			Poissons.
			Pain de cretons.
			Suint.
			Chiffons de laine.
			Cornes.
			Crins.
			Poils et plumes.
	2° *Engrais végéto-animaux.*	Litières.	Pailles.
			Écailles.
			Fougères.
			Tourbe.
			Bruyère.
			Roseaux.
			Tan.
			Sciure de bois.
			Terre.
			Sable.
			Marne.
		Fumiers.	de cheval.
			de moutons.
			de bêtes à cornes.
			de porcs.
			de lapins.
	3° *Engrais animaux minéralisés.*	Résidus d'opérations : noir animal.	
		Parties solides animales : os.	
	4° *Engrais végétaux.*	Végétaux verts.	Récoltes enterrées en vert.
			Plantes marines.
			Plantes aquatiques.
			Gazons.
			Mauvaises herbes.
			Prairies artificielles.
		Végétaux secs.	Tourteaux.
			Tan.
			Marcs.
			Pulpe.
			Étenies.
			Fanes.
			Déchets.
	5° *Engrais liquides.*	animaux	Urine.
			Purin.
			Engrais flamand.
		végétaux.	Eaux de féculeries.
	6° *Engrais composés.*	terrestres.	Boues des villes.
			Poussière des routes.
			Engrais Jauffret.
			Engrais Laine.
			Composts.
		fluviaux.	Vase d'étangs.
			Limon de rivières.
			Vase marine.

Ainsi donc, la fertilisation comprendra trois grandes classes : 1° les amendements ; 2° les stimulants ; 3° les engrais. Les esprits agricoles ne sont pas tous d'accord sur le sens que l'on doit donner à ces mots. Nous ne rappellerons pas ici toutes les opinions émises à ce sujet, mais nous chercherons à bien définir ces trois expressions que l'on confond toujours.

Sous le nom d'AMENDEMENTS ou de MODIFIANTS, nous comprendrons toutes les substances inorganiques qui ne se décomposent pas d'elles-mêmes par une simple fermentation ou sous l'action de l'air, et tous les travaux de culture dont la principale fonction, dont le but capital est d'améliorer le fond, de diviser ou augmenter la compacité de la couche arable, de diminuer ou accroître l'humidité du sol. Ainsi donc, amender une terre arable, c'est modifier sa constitution première, c'est augmenter ou diminuer certaines propriétés physiques, afin que les végétaux projettent au sein du sol leurs racines plus aisément et plus solidement, c'est rendre un sol plus perméable aux agents atmosphériques lorsqu'il est cohérent, compacte, c'est le rendre plus compacte s'il est pulvérulent, léger ou friable; enfin, amender un sol, c'est accroître sa *puissance* sans en augmenter la richesse.

Sous le nom de STIMULANTS ou d'EXCITANTS, nous désignerons tous les corps composés appartenant au règne inorganique ou organique, mais incapables d'une décomposition spontanée, et dont les principales fonctions sont de réagir sur les organes des plantes et sur les matières organiques végétales et animales susceptibles d'entrer en décomposition. Les stimulants, comme l'a dit Leclerc-Thouin, n'agissent ni comme de véritables engrais, ni comme de simples stimulants. En effet, les stimulants, qui sont en général acides ou alcalins, n'agissent, pour ainsi dire, que comme dissolvants et seulement sur la masse humique du sol. Agents préparateurs, ces substances rendent les matières organiques plus assimilables aux végétaux, et excitent et stimulent la force vitale des plantes. Il est vrai que quelques-uns de leurs principes constituants doivent être regardés comme de véritables aliments pour les végétaux; mais si ces éléments sont amenés dans la végétation, si plusieurs d'entre eux concourent directement à l'acte de la vie et augmentent la solidité des tissus, il faut reconnaître que la plupart ne modifient point d'une manière durable la disposition moléculaire organique du sol, et qu'ils ne font que métamorphoser et la texture et les propriétés physiques et les substances organiques accumulées depuis longtemps au sein de la couche arable ou incorporées récemment. Ainsi les stimulants agissent à la fois et sur la *puissance* et sur la *richesse*, mais n'augmentent pas cette dernière propriété.

Sous le nom d'ENGRAIS, nous entendrons les débris d'animaux ou de végétaux qui, par leur décomposition, fournissent des produits liquides ou gazeux propres et indispensables à la vie des plantes et la formation des tissus. Ainsi, tous les engrais sont des substances que l'on doit regarder comme impérissables et qui renferment tous les principes dont sont composés les êtres vivants de même nature, mais qui diffèrent entre eux par leur provenance, leur action plus ou moins active, leur décomposition plus ou moins lente. L'emploi des engrais ne présente pas les mêmes dangers que l'application des stimulants. Ceux-ci peuvent, s'il y a abus dans leur emploi, diminuer la fertilité du sol et même l'épuiser. Il n'en est point ainsi des engrais. Si ces matières sont appliquées dans une trop grande proportion, elles pourront favoriser la vie végétale d'une manière défavorable, si surtout il est question de récolter des semences ou des tiges fourragères, mais elles tendent toujours à accroître la *richesse* du sol et ne diminueront nullement sa *puissance*.

Avant d'aborder l'étude de ces trois grandes classes, nous préciserons la valeur que l'on attache aux mots: puissance, richesse et fertilité, bien que nous nous proposons de revenir sur ces dénominations lorsque nous nous occuperons de déterminer la valeur relative de fertilisation des terrains agricoles.

Sous le nom de PUISSANCE, **M.** de Voght a désigné les éléments essentiels qui composent la couche arable modifiés par la sécheresse, l'humidité naturelle, la profondeur du sol, la divisibilité acquise par la culture ou celle naturelle des molécules constituantes, l'influence favorable ou défavorable du sous-sol; la faculté d'absorption, de retenir l'humidité, de conserver la chaleur, l'exposition, etc.

Quelques écrivains, qui se sont beaucoup occupés du système agronomométrique, ont rejeté le mot *puissance*. Ainsi **M.** de Gasparin l'avait remplacé par le mot *activité*, et **M.** Briaune par celui de *force*. Quoi qu'il en soit, ces trois expressions caractérisent l'influence que le sol paraît exercer sur le principe vital des végétaux lorsqu'il est modifié favorablement ou défavorablement par les diverses causes que nous venons de signaler.

Sous celui de RICHESSE, on comprend toutes les matières animales ou végétales qui, soumises aux lois des affinités chimiques, sont décomposées ou transformées dans le sol, quel que soit le degré de modification qu'elles aient éprouvé.

Sous le nom de FERTILITÉ ou de FÉCONDITÉ, on entend le résultat de la *puissance* et de la *richesse* dans la progression combinée de ces deux termes. C'est de la fertilité ou de la fécondité que dépend la force végétative des plantes, suivant que le résultat des deux facteurs est plus ou moins élevé. La fertilité d'une terre doit donc être regardée comme la source de toute production végétale, et cette faculté de produire est toujours en proportion de la nature, des propriétés physiques du sol et des engrais, c'est-à-dire que le sol est plus ou moins riche, plus ou moins préparé, et que, par sa nature, il répond d'autant plus aux exigences des plantes, aux circonstances atmosphériques et à l'exposition où il est situé.

PREMIÈRE CLASSE.

DES AMENDEMENTS.

L'emploi des amendements, pour modifier la texture des terrains agricoles, et les améliorer, remonte à une époque très-ancienne. Ainsi, Columelle fait connaître qu'on peut mêler de l'argile aux terres sablonneuses et du sable aux sols argileux, dans le but d'augmenter les propriétés des terres labourables et de rendre les vignobles meilleurs (1). Olivier de Serres considère l'application de ces substances comme un très-bon préparatif au labourage. « Par l'emploi de l'argile ou du sable, le terroir, dit-il, de difficile culture et presque infructueux, se rend aisé à labourer, à conserver, à rejetter convenablement les humidités, et par conséquent, de raisonnable fertilité. Et tels remèdes estans perpétuels (par ces amendemens-ci ne se consumer) ne sera en peine le père de famille de les réitérer, comme il est contraint faire de toute sorte de fumiers, qui se dissolvent bien tost dans la terre (2). » Cet estimable auteur se préoccupe, comme Columelle, des soins qu'il faut donner aux terres arables pour leur enlever l'humidité qui les rend nuisibles à la culture des plantes, et il traite de l'épierrement et de l'écobuage. C'est donc à tort que l'on regarde l'usage des amendements qui font le sujet de cette leçon, comme un fait nouveau et appartenant à l'époque moderne. Celle-ci n'a fait que poursuivre l'œuvre commencée par nos pères et compléter le cadre qu'ils avaient tracé.

SECTION PREMIÈRE.

Des moyens d'augmenter la cohésion d'une terre.

DE L'ARGILE (1).

Lorsque la couche arable est peu fertile, très-profonde, très-légère et très-meuble, il y a avantage à y mêler de l'argile. Cette substance donnera à la terre du liant, elle la rendra moins légère, plus imperméable, et elle favorisera la concentration d'une plus grande quantité d'humidité. Si la terre arable repose sur une couche sablonneuse et que celle-ci soit proche de la surface de la terre, on pourra aussi exécuter un labour tel que par sa profondeur on attaque le sous-sol pour lui enlever une certaine quantité de sable et la ramener à la superficie.

Les transports de terre, et surtout d'argile qui a un poids de 16 à 1,700 kilog. le mètre cube, ne sont pas toujours praticables à cause des déboursés qu'ils nécessitent. Pour qu'on puisse les exécuter avec succès, il faut être certain avant de pratiquer cette opération que le sol sera parfaitement modifié et que la plus-value qui résultera dans sa valeur foncière couvrira un jour largement les dépenses. Il faut en outre que le lieu qui fournira le correctif soit peu éloigné, que les chemins, les abords de la partie qu'on veut amender soient d'un accès facile, que les transports puissent être exécutés durant les moments ou les saisons pendant lesquels les travaux des attelages sont peu nombreux et peu importants.

Avant de commencer les transports, il faut s'assurer de la nature de l'argile que l'on veut transporter.

Toutes les argiles ne se mélangent pas facilement à la couche arable, et il est des époques où elles sont ou très-

---

(1) *M. Columellam patruum meum doctissimum et diligentissimum agricolam sæpe numero usurpasse memoria repeto, ut subulosis locis cretam ingereret : cretosis ac nimium densis sabulum : atque ita non solum segetes lætas excitaret, verum etiam pulcherrimas vineas efficeret.* (De re rustica, lib. II, cap. XV.)

(2) *Théâtre d'Agriculture*, 1804, t. I, p. 101.

(1) Voir chap. I, section III, § 1 et suivants.

humides ou très-dures, cohérentes. Les argiles plastiques, les glaises résistent facilement à l'action des météores, elles se divisent difficilement sous l'action de la chaleur et s'incorporent mal avec le sol ou demandent de fréquents labours. Celles qui se divisent le plus aisément sont les argiles siliceuses si on les expose à l'action des agents de l'atmosphère durant l'hiver, le printemps et l'automne, et si on les mélange avant qu'elles soient complétement desséchées par l'action de la chaleur solaire.

Lorsqu'on connaît la nature de l'argile et celle du sol que l'on doit amender, on détermine dans quelle proportion l'argile sera mélangée à la couche arable. Si le sol est riche et si on a la certitude que, par l'addition de l'amendement, il en résultera une véritable amélioration, on peut employer l'argile à une plus haute dose. Si, au contraire, la couche arable est pauvre, il faudra mélanger l'argile au sol dans une faible proportion. De telles opérations diminuent toujours la fertilité du sol à moins que la substance amélioratrice ne soit riche. Ainsi, si la fécondité de la terre est de 100 degrés, et si le correctif, dont la fécondité $= 0$, est ajouté à la couche végétale dans la proportion de 10 pour 0/0 de son volume, la fécondité de la terre sera diminuée d'autant plus que son degré de puissance aura été augmenté. On voit avec quelle prudence on doit exécuter une telle opération, et combien doivent être puissantes les considérations qui peuvent engager les cultivateurs à amender une terre arable en effectuant le transport de la substance modifiante.

Lorsque la terre argileuse a été conduite et répandue ou éparpillée sur le champ où elle doit être enfouie, il faut donner un hersage énergique avant de la mélanger à la couche végétale et n'exécuter cette opération et le labour d'enfouissement que par un beau temps, et aussitôt que possible. Si le labour est donné alors que l'argile est humide, chargée d'une très-grande quantité d'eau, elle se mélangera difficilement au sol. Il en sera ainsi si elle est en mottes et si celles-ci ont été enfouies alors qu'elles présentaient une très-grande dureté. Quand, par des circonstances fortuites, indépendantes de la volonté de l'opérateur, l'argile offre une très-grande résistance à l'action des dents en fer d'une herse, on donne un coup de rouleau pesant, mais ordinairement on a recours à un rouleau brise-mottes, et on herse de nouveau afin de diviser encore les parties argileuses qui auraient résisté au roulage, ou qui auraient pénétré, sans se diviser, au sein de la couche siliceuse. Si un seul roulage était insuffisant, pour ameublir l'argile, il faudrait rouler une seconde fois avant de commencer l'incorporation par les labours. Comme ceux-ci doivent être ordinairement nombreux, il s'ensuit qu'il y a avantage à laisser la terre en jachère depuis le moment où l'amendement a été mélangé au sol, jusqu'à l'époque où doivent être exécutées les semailles d'automne, et à profiter du second ou du quatrième labour pour enfouir la fumure qui doit toujours suivre une telle opération.

Les argiles très-alumineuses ne doivent point être employées aussitôt leur extraction ; leur incorporation présenterait de grandes difficultés et exigerait des dépenses plus considérables. Il faut agir dans leur emploi avec beaucoup de lenteur, et ne les appliquer et les mêler à la couche arable que quand elles sont restées une ou deux années exposées à l'action de l'air, de la chaleur, des gels et dégels, et quand, pendant ce temps, on a fait exécuter un ou plusieurs remuements dans toute la masse qu'elles présentent après leur extraction.

L'addition d'une certaine quantité d'argile comme moyen d'amender un sol friable, siliceux ou calcaire, ne peut et ne doit avoir lieu que quand le cultivateur n'a point de marne à sa disposition, et qu'il est propriétaire du fond qu'il veut modifier, ou qu'il est fermier moyennant un très-long bail. Ce sont en général les dépenses qui empêchent de tels travaux d'amélioration de s'exécuter communément. En effet, avant de les entreprendre, il faut prévoir à l'avance quelles pourront être les dépenses, calculer au préalable les frais d'extraction, de manipulation, de chargement, de transport, d'épandage, de division et d'enfouissement. Si les circonstances ne permettaient point d'obtenir un ensemble d'approximation favorable et réel, il faut, comme le fait remarquer Thaër, faire un essai, et d'après cette tentative exécutée sur une petite échelle, on pourra asseoir des calculs d'une manière précise.

Lorsque le sous-sol est argileux, et que la couche supérieure siliceuse a peu d'épaisseur, on peut obtenir des résultats aussi satisfaisants avec moins de dépenses. Il suffit pour cela de labourer un peu plus profondément que de coutume chaque fois que les rotations se renouvellent, qu'on applique la fumure principale, et que le sol doit supporter une culture fourragère, racine ou une sole crucifère, comme choux, colza, etc. Ce labour plus profond exige une très-grande attention. Si le sous-sol inerte est attaqué profondément et ramené abondamment au milieu de la couche arable, et si on ne peut fumer plus fortement que de coutume, il en résultera un amoindrissement sensible dans la fertilité du sol arable, et les produits en céréales et en fourrages pourront péricliter pendant un certain nombre d'années, à moins qu'on ne puisse exécuter le chaulage de la terre végétale immédiatement après l'application de l'amendement. Le cultivateur qui entreprend une telle amélioration engage donc un capital plus ou moins considérable selon les circonstances, et il ne doit pas espérer le réaliser en quelques années seulement.

SECTION II.

Des moyens d'augmenter la perméabilité du sol.

§ 1. DES PIERRES.

Les pierres ont une action favorable lorsqu'elles sont mêlées aux terres argileuses. Elles les rendent toujours moins compactes, moins froides et moins humides ; elles facilitent la pénétration des pluies et les agents atmosphériques. Ces pierres ne sont pas d'une application facile. D'abord elles sont coûteuses à recueillir, et leurs transports s'exécutent assez difficilement. On ne les emploie avec avantage que sur des fonds très-argileux, que l'on transforme en prairies, ou sur des sols tourbeux d'un dessèchement peu facile et sur lesquels on ne peut faire exécuter des travaux par l'intermédiaire d'animaux de travail.

Lorsqu'une exploitation possède des terres caillouteuses et des terres argileuses très-compactes, très-humides, ou des sols tourbeux, on peut améliorer les premières en exécutant de temps à autre un léger épierrement, et modifier favorablement les autres en y conduisant les pierres que l'on a fait ramasser par des femmes ou des enfants. Pour que cette conduite nécessite le moins de dépenses possible, il faut que les transports soient exécutés pendant le printemps et l'été alors que la terre est sèche. Si, après plusieurs années, la terre argileuse comporte une quantité notable de petits cailloux, elle devra

être regardée comme supérieure sous tous les rapports à ce qu'elle était lorsque les travaux d'amélioration ont été commencés, et on pourra tenter la culture de végétaux tout autres que ceux que l'on cultivait précédemment, parce que les pierres auront soulevé, ameubli, modifié favorablement la cohésion, la ténacité de la terre argileuse. Il est vrai que, pour obtenir de tels résultats, il faut un temps assez considérable et de grands déboursés. Mais on avouera que dans le cas où il y a nécessité d'exécuter l'épierrement d'une ou plusieurs pièces de terre, et de transporter hors des champs les pierres ramassées, la dépense est toujours bien moindre que s'il fallait les recueillir hors et loin de l'exploitation, pour les conduire et les mêler à une terre argileuse. C'est en général dans cette seule occurrence qu'il peut y avoir un avantage certain à amender un sol par des pierres siliceuses, dont le mètre cube pèse de 1,400 à 1,500 kil., ou par des pierres calcaires, compactes ou jurassiques, qui ont un poids de 1,300 à 1,400 kilog., à moins que le terrain ne soit tout à fait inaccessible à la charrue.

§ 2. DU SABLE.

Le sable siliceux corrige aussi un sol argileux lorsqu'il est mélangé avec lui dans une proportion assez sensible. Le sable que l'on doit employer ne doit être ni ferrugineux, c'est-à-dire rougeâtre, ni très-blanc et très-fin comme le sablon. Si le sable est très-fin, il tendra continuellement à arriver à la partie inférieure de la couche arable sous l'action des pluies et des labours. Le sable que l'on doit préférer est celui dont les grains sont grossiers, parce qu'il divise mieux l'argile, augmente sa faculté absorbante et la rend plus perméable, et il faut l'appliquer dans une grande proportion.

Le sable, qu'on ne doit employer comme amendement dans les terres argileuses que lorsque l'application des stimulants est impossible, est d'une incorporation difficile. On doit le conduire durant l'été, pendant que la terre est sèche et qu'il contient moins d'eau. Un mètre cube (10 hectolitres) de sable ordinaire pèse de 1,400 à 1,500 kilog. Avant d'exécuter les transports, on exécute un ou deux labours afin que la terre soit aussi meuble que possible. Quand le sable a été conduit sur le champ d'après une proportion qui varie suivant la quantité d'argile qu'il contient et la nature de la terre avec laquelle il doit être mélangé, on le fait répandre, on herse afin de commencer son incorporation et on laboure. Il faut éviter de le répandre sur une terre argileuse gazonnée, ou lorsque la surface est durcie et qu'elle peut, lors du labourage, se soulever par plaques ou par mottes. On comprend que le sable, adhérant imparfaitement à la terre, tombera en partie au fond de la raie et se mêlera, par la suite, difficilement à la couche arable. Le moyen le plus favorable de mélanger cet amendement au sol, est d'appliquer, immédiatement après l'éparpillement du sable, une fumure. Celle-ci, par l'humidité qu'elle contient si elle est formée de fumier bien traité, se réunira au sable et empêchera qu'il ne descende au-dessous de la couche arable.

On évite de tels travaux, toujours très-dispendieux, lorsque la couche supérieure repose sur un sous-sol siliceux, et qu'on peut, à cause de la faible épaisseur de la première, ramener une certaine quantité de sable au sein de la couche arable. Ce mélange présente moins d'inconvénients que le mélange de l'argile avec un sol siliceux. C'est qu'en général le sable est moins ingrat que l'argile du sous-sol, si surtout elle n'est point calcaire; c'est que le sable comporte ordinairement une plus grande variété dans les plantes que les argiles; c'est que le sable se durcit moins, est plus perméable à l'air, à l'eau et à la chaleur que les argiles pures. Toutes choses égales d'ailleurs, il faut agir progressivement et éviter d'attaquer fortement le sous-sol lors du premier labour de défoncement. On ne doit augmenter la profondeur de la raie que chaque fois qu'on applique des fumiers et qu'on peut augmenter la force de la fumure.

§ 3. DE L'ARGILE BRULÉE.

Lorsque la couche arable argileuse que l'on veut modifier est profonde, ou qu'elle ne repose pas sur une sous-couche sablonneuse, et qu'on ne peut ni chauler, ni marner, on peut brûler la superficie du sol cultivable. Ce brûlement n'est pas ce qu'on appelle écobuage, et ses effets sont tout à fait différents.

La calcination de l'argile a pris naissance en Angleterre dans les premières années du XVIIIe siècle, et c'est le comte d'Halifax qui en a été l'inventeur et qui l'a mis pour la première fois en pratique dans le comté de Sus-sex. Depuis cette époque, ce mode d'amélioration s'est répandu sur plusieurs points des îles Britanniques, et il a été plusieurs fois mis en pratique en France. Toutefois, on est en droit d'admettre que la découverte du brûlement de l'argile n'appartient pas à l'Angleterre, si l'on prend en considération ces quelques mots qu'Olivier de Serres écrivait en parlant de l'écobuage: «Nonobstant les imaginations de plusieurs, *mesme de ceux qui ajoustent de l'argille*, comme en Piedmond, sans estre besoin s'en donner autre peine, que ce que j'en ai dict, ainsi *l'ayant plusieurs fois heureusement pratiqué chés moi.*» Ainsi, les Anglais doivent seulement revendiquer le mérite de la calcination isolée de la pratique de l'écobuage, et laisser au patriarche de l'agriculture française l'honneur d'avoir fait connaître, pour la première fois, que l'argile brûlée pouvait servir à modifier la puissance du sol.

On a beaucoup écrit depuis le commencement de ce siècle, en faveur de l'emploi de l'argile brûlée à l'amendement des terres, mais il n'est pas encore bien prouvé que ce brûlement produise les effets qu'on s'est plu à lui attribuer. Suivant Stephan Switzer, qui écrivait en 1732, une terre épuisée par la culture peut produire une excellente récolte de turneps, si, après avoir été labourée deux ou trois fois, on y mélange de l'argile calcinée, et d'après plusieurs expériences, faites alors en Ecosse, cet amendement aurait de meilleurs résultats que la chaux et le fumier. En 1814, Graigg chercha a attirer l'attention publique sur ce procédé qui avait été très-prôné par Ellis, J. Arbuthnot, White, etc., vers la fin du dernier siècle, mais qu'on avait abandonné sur plusieurs points, à cause des dépenses qu'il occasionnait; et plus tard Beatson, Curven de Wallace, Cartwright, etc., excitèrent de nouveau l'attention du monde agricole sur cet amendement en publiant les résultats qu'ils avaient obtenus.

D'après Loudon, l'auteur de l'*Encyclopedia of Agriculture*, le procédé le plus ordinaire de brûler l'argile est simple, mais il demande de l'intelligence et de la pratique. Voici comment on procède: On construit un fourneau ayant la forme d'un carré, long de 5 mètres et large de 3m33, et qu'on élève à la hauteur de 1m16 à 1m33 au moyen de plaques de gazon levées nouvellement. A l'intérieur de cette construction, on dirige diagonalement des conduits d'air qui communiquent à des ouvertures pratiquées à chaque angle du fourneau ; ces conduits sont formés de plaques de gazon, placées sur champ et éloignées les unes des autres de manière à ce que d'autres plaques gazonnées, posées horizontalement, recouvrent facilement les intervalles qui les séparent.

Dans les quatre intervalles qui existent entre les conduits et les murs d'élévation, on place du bois et des plaques gazonnées très-sèches, on allume alors le feu ; et lorsque ce dernier est vif, ardent, on remplit la partie supérieure de la cavité avec d'autres gazons secs. Lorsque toute la masse est très-incandescente, ce qui a lieu promptement à cause de l'état sec des gazons, on jette de l'argile à plusieurs reprises, mais en petite quantité et aussi fréquemment que l'exige l'intensité de la combustion. Au fur et à mesure que le brûlement s'opère, que le fourneau se remplit d'argile, on élève les murs au moyen de nouveaux gazons de manière à ce qu'ils dépassent l'argile de 0,27 afin d'empêcher le vent d'agir sur les parties incandescentes. Il est inutile de faire préalablement sécher l'argile. Malgré l'humidité, l'ignition s'opère facilement.

Les conduits d'air ne sont utiles que dans le début du brûlement, car la combustion les anéantit promptement. Les ouvertures de ces conduits ne doivent point toutes être laissées ouvertes ; on ne laisse ouverte que celle qui se trouve dans la direction du vent. Si pendant l'opération le vent venait à changer, on boucherait l'ouverture laissée ouverte, et on déboucherait celle placée sous le vent. Il est nécessaire de surveiller attentivement l'opération. Si l'un des murs formés de gazons qui doivent être parfaitement appliqués les uns sur les autres, venait à être détruit, ou si la flamme se faisait jour sur quelque point de leur étendue, il faudrait promptement construire un nouveau mur parallèle à celui qui aurait éprouvé des détériorations, afin d'éviter qu'il soit promptement réduit en cendres, et que la calcination devienne trop active sous l'action du vent. Parfois on peut éviter d'élever un nouveau mur, lorsque celui attaqué par la combustion n'offre des brèches ou des ouvertures qu'à sa partie supérieure.

Le procédé suivi par Cartwright est différent de celui que je viens de rapporter. Cet agriculteur construisait un four oblong en creusant une tranchée de 1 mètre de profondeur et de largeur, sur une longueur de 6 mètres 66 centimètres qu'il recouvrait d'une voûte en brique maçonnée avec de l'argile, et percée de trous nombreux pour laisser passer la flamme ; et la partie antérieure de la voûte repose sur un mur en maçonnerie de 0,66 d'épaisseur, qui dépasse la voûte de 0,33.

Lorsqu'on procède à la calcination, on recouvre la partie supérieure de la voûte de mottes d'argiles d'une épaisseur de 0,66, et on élève ensuite, au bord de l'argile et à 0,66 de chacun des côtés de la voûte, des murs en plaques argileuses gazonnées, que l'on monte à 1 mètre, 1,33 de hauteur. Quand ces travaux sont exécutés, on charge la partie inférieure de la voûte de combustible, et on allume le feu. A mesure que les mottes d'argile commencent à prendre la couleur rouge, on les recouvre de nouvelles mottes jusqu'à ce que la masse d'argile soit arrivée à la hauteur de 1m33 à 1m66.

Cartwright fit une expérience comparative sur un terrain argileux et froid. Voici quels furent les résultats par hectare. Cet essai avait eu lieu sur quatres acres anglais (1 hect. 60 ares.)

SUBSTANCES COMPARÉES.	QUANTITÉ appliquée par hectare.	PRODUITS OBTENUS.		
		Choux.	Pommes de terre.	Rutabagas.
	hectol.	kilog.	hectol	kilog.
Argile brûlée.	352 $^{80}/_{100}$	17.365 »	428 $^{27}/_{100}$	25,460 »
Cendres de bois.	88 $^{20}/_{100}$	12,300 »	383 $^{92}/_{100}$	16,844 »
Suie.	44 $^{10}/_{100}$	10,887 »	406 $^{65}/_{100}$	24,923 »
Rien.	» »	9,885 »	303 $^{35}/_{100}$	10,292 »

L'argile brûlée a donc eu l'avantage sur les cendres de bois et la suie, puisque les produits qu'elle a fait naître sont supérieurs à ceux obtenus par le concours des stimulants. Il est fâcheux que le prix de revient des cendres et de la suie soit inconnu. il aurait été intéressant de connaître si l'argile brûlée l'emporte aussi, sous le point de vue économique, sur les autres substances.

Le brûlement de l'argile n'a point lieu quand elle est sèche, parce qu'elle se durcit considérablement, qu'elle passe à l'état de brique et qu'elle pulvérise très-difficilement. C'est à l'état humide qu'elle doit être calcinée. C'est alors qu'elle reste en mottes poreuses que le mouvement, que le moindre choc réduisent aisément en poussière. Pendant l'opération, l'argile n'éprouve aucune modification chimique. mais elle subit une altération telle qu'il lui est désormais impossible de conserver les propriétés physiques qu'elle possédait avant le brûlement. Ainsi, elle perd la faculté d'absorber et retenir l'eau, elle change d'aspect et de couleur ; et son poids est d'environ 100 kil. l'hectolitre, ou 1,000 kil. le mètre cube.

L'emploi de l'argile brûlée n'a pas eu de plus zélés partisans en Angleterre que le major Beatson, et en France que M. Puvis. Examinons les écrits de ces agriculteurs praticiens.

C'est en 1815 que Beatson commença ses expériences sur l'argile brûlée, et voici comment il fut amené à adopter cet amendement. Après son retour de Sainte-Hélène, en 1813, il se livra à l'exercice de l'agriculture sur une propriété qu'il possédait dans le comté de Sussex. Le sol était très-argileux, très-compacte et peu perméable ; il ne donnait d'assez bons produits que par le concours de la jachère qui y était en usage dans la contrée, et l'emploi de la chaux. Mais la distance de 36 kilom. qui séparait la propriété de Beatson et le lieu où la chaux était produite rendait les transports difficiles et coûteux ; et comme le chaulage se renouvelait tous les quatre ans sur la jachère dans la proportion de 90 hectolitres par hectare, quantité qui nécessitait une dépense de 475 fr., la préparation du froment. dans chaque rotation de quatre années, s'élevait à près de 1,000 fr. par hectare. Convaincu de l'énormité de ces dépenses, Beatson prit la résolution de chercher un moyen qui lui permît de supprimer la jachère et l'emploi de la chaux et du fumier. Il fit brûler de la marne, et il

obtint des récoltes brillantes : mais il fut obligé de renoncer à ce procédé, parce que la marne est difficile à brûler et qu'elle se réduit trop facilement en poudre. C'est alors qu'il eut la pensée d'introduire sur son exploitation l'emploi de l'argile brûlée que les expériences faites par Craigg, en Écosse, venaient de remettre à l'ordre du jour. Il essaya cet amendement pendant plusieurs années, à diverses doses et sur diverses cultures, et ayant obtenu des résultats favorable, il le substitua sur toute sa propriété à l'emploi de la chaux.

Beatson employait l'argile brûlée une fois par rotation, c'est-à-dire tous les quatre ou cinq ans, et il l'appliquait dans la proportion de 27 à 28 mètres cubes par hectare, et chaque mètre cube lui revenait à 1 fr. 75 cent. environ. La dépense par chaque hectare amendé s'élevait donc à près de 50 fr. Lorsque, dans les rotations de culture, le froment succédait au froment à cause de la propriété du sol, il appliquait de nouveau 13 à 14 mètres cubes d'argile brûlée.

Le mètre cube d'argile brûlée revenait à Craigg à 1 fr. 25. c., et il en appliquait par hectare de 70 à 75. W. Cobbett, qui a employé l'argile brûlée lorsqu'il habitait les États-Unis, la mélangeait à la terre dans la culture des rutabagas, dans la proportion de 50,000 kil. à l'hectare, et pour celle du sarrasin à la dose de 75,000 kil. ; appliquee dans cette proportion, dit-il, l'argile produisait de très-grands effets.

Cette pratique si simple en apparence, et pour laquelle on peut se dispenser de l application des stimulants et des engrais selon Beatson, présente des difficultés que la pratique seule peut éclairer. En effet, Mathieu de Dombasle a éprouvé quelque embarras pour déterminer le point auquel il convenait d'arrêter la calcination. parce que Beatson ne donne dans ses récits aucune indication précise à ce sujet. On doit regretter que les données manquent, et que personne n'ait encore songé à déterminer le degré de calcination où devait s'arrêter le brûlement de l'argile eu égard à sa nature. De Dombasle, qui a fait calciner de l'argile dans un cylindre en fonte, de 0,50 de diamètre sur 1 mètre de hauteur, entièrement découvert à la partie supérieure, et muni d'une grille à la partie inférieure, a maintenu le feu pendant six et huit heures sous le fourneau ; mais, quoique l'argile fût, après le refroidissement, fractionnée en trois portions égales : 1° celle de la partie inférieure, qui avait éprouvé le plus haut degré de chaleur ; 2° celle de la partie moyenne du cylindre, dont la calcination était un peu moins avancée ; 3° enfin celle de la partie supérieure, et quoiqu'il fît brûler des argiles calcaires et non calcaires, et qu'il expérimentât sur le froment, l'escourgeon, le colza, le maïs et la luzerne, les résultats ont été partout uniformes, et il fut impossible de découvrir aucune différence dans les résultats obtenus par cet amendement, quoiqu'il fût appliqué dans une proportion un peu supérieure à celle qu'indique Beatson. Le savant expérimentateur de Roville pense que, pour donner à l'argile calcinée une efficacité réelle, il faudrait probablement l'employer en quantité tellement considérable, que la dépense l'emporterait beaucoup sur les avantages que l'on pourrait en espérer.

M. Puvis est loin de partager cette opinion : il croit à une efficacité complète et il regarde l'emploi de l'argile brûlée comme le complément du système général des stimulants et de leur application à tous les sols. Ainsi, sur les sols calcaires, où la plupart des stimulants ne sont pas applicables, le brûlement serait le seul amendement pour cette nature de terre, le seul moyen d'y faire produire un effet analogue à celui de la chaux sur les autres sols. La terre calcaire, dit-il, y trouvera des moyens d'amélioration plus puissants, plus durables que dans les engrais animaux eux-mêmes (1). Je ne puis croire à de tels résultats, et il est difficile d'admettre que l'argile calcinée puisse, dans les sols calcaires, suppléer complétement aux engrais. Sans doute cet amendement peut avoir de grands effets sur les propriétés des terres argileuses très-compactes, et modifier favorablement leur puissance et agir par conséquent d'une manière heureuse sur la vie des plantes, mais il me paraît impossible, d'après ce que j'ai vu, que l'argile calcinée imprime à la terre sur laquelle elle est appliquée une modification, une impulsion de fécondité aussi sensibles que celles qui résulteraient de l'emploi de la chaux ou de la marne, si ces stimulants peuvent y être appliqués.

Bosc et Chaptal ont aussi proclamé les avantages que le cultivateur, exploitant un sol argileux, peut espérer de l'emploi de l'argile brûlée, mais ce qu'ils ont avancé ou écrit sur ce procédé est insuffisant pour convaincre ceux qui doutent de la réalité des faits qui ont été proclamés par ceux qui ne voient de salut possible, dans les terres argileuses, que par l'application de cet amendement. D'ailleurs la question ne me paraît pas encore parfaitement éclairée. Pour qu'on puisse se prononcer d'une manière positive sur cette intéressante question, il faut qu'on expérimente de nouveau et que les essais soient faits, comme ceux de Cartwright, à des doses différentes et dans des circonstances très-diverses, et qu'on précise bien le degré de calcination qu'il est nécessaire d'atteindre d'après la composition chimique de l'argile que l'on brûle et celle du sol que l'on veut amender.

On a cherché à expliquer les effets de l'argile calcinée. Quelques observateurs ont pensé que cet amendement agissait par l'oxide de fer qu'il contient. De Dombasle admet comme probable que, par le brûlement, l'argile peut absorber et retenir dans un état de condensation les gaz qui se présentent à elle dans un contact immédiat et à l'état naissant, mais que cette absorption n'a lieu qu'en très-petite quantité et seulement à la surface des fragments de l'argile, et il partage en cela l'opinion de Darwin. W. Johnston admet cette théorie, mais il lui donne une interprétation particulière, mais dubitative. On suppose, dit-il, que l'argile brûlée, quand elle est mélangée au sol, fournit constamment de l'air aux matières végétales en putréfaction, tandis qu'elle en puise incessamment une nouvelle quantité dans l'atmosphère, et, par là, rend de grands services aux plantes, en satisfaisant à leurs besoins pendant les premiers temps de leur croissance. On suppose aussi qu'elle absorbe les vapeurs d'ammoniaque et d'acide nitrique qui sont en suspension dans l'air, et l'on a essayé d'expliquer les propriétés fertilisantes attribuées à l'argile brûlée, par l'action bienfaisante des substances que l'on croit qu'elle communique au sol. S'il se trouve dans l'argile une grande quantité d'oxide rouge de fer, la matière végétale contenue dans l'argile le transformera pendant le brûlis en oxide noir. Par le contact de l'oxide noir avec l'air et l'eau, il se formera de l'ammoniaque pendant le refroidissement. On a calculé qu'il peut se former 1 kilog. d'ammoniaque pour chaque dizaine de kil. d'oxide de fer qui se trouve dans le sol, et c'est là, dès lors, une des rai-

---

(1) *Des différents moyens d'amender le sol*, 1837, p. 178.

sons pour lesquelles certaines espèces d'argile brûlée agissent d'une manière plus efficace que d'autres. Si l'argile contient beaucoup de chaux, le brûlis fera agir cette chaux sur les silicates qui peuvent se trouver dans l'argile, de manière à les rendre plus solubles et d'une décomposition plus facile au moyen de l'acide carbonique contenu dans l'air ; enfin elle rendra la potasse du sol plus propre à nourrir la plante. C'est là encore une raison pour que toutes les argiles brûlées n'aient pas la même efficacité (1).

L'argile calcinée n'est pas d'une application facile. Avant de la répandre sur le sol, il faut la réduire en poudre, division qui s'exécute aisément comme je l'ai dit précédemment, si l'argile était humide lorsqu'on a exécuté sa calcination, et donner au sol un ou plusieurs labours et hersages selon l'état de la couche arable. Quand ces travaux ont été opérés, on conduit l'argile et on la répand aussi uniformément que possible sur toute la surface de la terre, et on l'enterre par le labour qui précède la semaille. Si l'argile doit être utilisée dans un défrichement de prairies artificielles ou naturelles, on la conduit avant d'exécuter le labour, c'est-à-dire on la répand directement sur le gazon.

Quels que soient les avantages qu'on soit en droit d'attendre de l'emploi de cet amendement, on ne peut guère y avoir recours que dans les localités où les stimulants calcaires sont inconnus, là où il y a impossibilité de les employer avantageusement et économiquement, et où le bois est à bon marché, où l'on peut se procurer avec facilité des bruyères, des ajoncs, des ramilles d'arbres résineux ou de la tourbe comme combustibles. D'un autre côté il faut reconnaître que les effets de l'argile brûlée sur la terre arable seront d'autant plus sensibles et favorables aux plantes agricoles, qu'on diminuera moins l'épaisseur du sol. Comme le fait observer G. Maurice, le brûlement ne convient pas sur les terres de peu de fond. Ces terrains, dans leur état naturel, contiennent peu de principes nécessaires à la végétation. Si donc l'on brûle une partie de la terre, le sol se trouve appauvri des principes qui déjà y étaient en trop petite quantité (2). Il est préférable sous tous les rapports, ainsi que le propose Bosc, de brûler l'argile qui

est au-dessous du sol, parce qu'on ne diminue en rien l'épaisseur et la fertilité de la terre. Pour exécuter alors le brûlement, on fait des fouilles de distance en distance, en rejetant sur le bord la terre du sol, et on comble, lorsque l'opération est terminée, toutes les cavités par tous les moyens que suggèrera le local (1). Cette opinion était aussi celle de W. Cobbett ; il recommande de ne pas brûler la terre que l'on veut cultiver, mais une autre terre dont on répandra les cendres sur celle que l'on cultivera.

Quoi qu'il en soit, il est important d'alterner l'emploi de la terre brûlée par des fumures aussi abondantes que possibles. Si, comme l'annonce Beatson, dit M. Puvis, et nous le croyons, son sol n'a point perdu de fécondité par six années continues de culture sans engrais, nous pensons cependant qu'il eût produit encore davantage s'il y en eût ajouté : d'ailleurs le fait de la nécessité des engrais avec l'emploi de la terre brûlée est tellement prouvé par l'expérience des pays où l'écobuage, les cendres rouges et les cendres de tourbe sont en usage, que nous regardons comme tout à fait certain que l'emploi de l'argile brûlée, sans y ajouter aucun engrais, finirait, au bout de quelques années, par donner de grands mécomptes. Cette observation de M. Puvis est très-judicieuse, et elle ne doit point être méconnue de ceux qui auront recours à cet amendement pour diminuer l'adhérence d'une terre trop compacte et la rendre par conséquent

------

(1) *Nouveau Cours complet d'Agriculture du dix-neuvième siècle* (édition Déterville), t. 1, p. 443.

Cette belle publication, qui se vend *à la librairie encyclopédique de Korel*, rue Hautefeuille, 10 *bis*, contient la théorie et la pratique de la grande et de la petite culture, l'économie rurale et domestique, la médecine vétérinaire, etc. — Rédigée sur le plan de celle de Rosier, duquel on a conservé les articles dont la bonté a été prouvée par l'expérience : par les membres de la section d'agriculture de l'Institut royal de France, etc. ; MM. *Thouin, Tessier, Huzard, Sylvestre, Bosc, Yvart, Parmentier, Chassiron, Chaptal, Lacroix, de Perthuis, de Candolle, Dufour, Duchesne, Féburier, Brebisson*, etc., la plupart membres de l'Institut, du Conseil d'Agriculture établi près le ministre de l'intérieur, de la Société d'Agriculture de Paris, et de propriétaires-cultivateurs. — 16 gros volumes in-8° (ensemble de plus de 8.800 pages), ornés d'un grand nombre de planches. — Prix : 56 fr., au lieu de 120 fr. — Cet ouvrage, le meilleur en ce genre, édité par M. Déterville, ne doit pas être confondu avec des publications mercantiles où quelques bons articles sont confondus avec des vieilleries décousues qui pourraient induire le cultivateur en erreur.

------

(1) *Éléments de Chimie agricole*, traduits par M. Exschaw, 1846, p. 229.
(2) *Traité des Engrais*, 1806, p. 239.

plus perméable ou pour faire quelques essais.

§ 4. DES SCHISTES.

Les schistes sont peu employés comme amendement, et jusqu'à ce jour ils ont été peu étudiés. On ne les emploie guère que dans le département de Maine-et-Loire, bien que Bosc ait observé en Italie et en Suisse qu'ils modifiaient très-favorablement les terres calcaires.

L'emploi des schistes rouges dans l'Anjou ne remonte guère au delà des premières années de ce siècle, et c'est dans la culture des vignobles qu'ils sont en usage. On les applique de préférence aux engrais, parce qu'on est persuadé que ceux-ci détérioreraient la qualité du vin. Ces schistes forment le sous-sol et tantôt ils se montrent nus, tantôt ils sont recouverts par la couche végétale. Cet amendement est appliqué en quantité considérable, mais très-variable, entre les rangs de ceps, et sous l'action des façons que l'on donne au sol, la roche se mélange peu à peu à la terre cultivable. J'en ai vu, dit Leclerc-Thouin, déposer autant de demi-charges de cheval, de 1 hectol. 50 à la charge entière, qu'il existait de souches dans chaque rangée. La première année, on prendrait la masse labourable plutôt pour un débris de carrière que pour un sol cultivé, et cependant, dès lors, la vigne acquiert une nouvelle vigueur. Selon que les schistes sont plus ou moins durs, et conséquemment d'une décomposition plus ou moins lente, on les applique, autant que possible, à des terres de natures différentes. Les premiers conviennent aux argiles les plus tenaces, leurs effets sont très-durables; les autres, aux terrains de peu de profondeur, ils ajoutent plus promptement à l'épaisseur de la couche terreuse..... Par leurs fragments aplatis, irrégulièrement entremêlés, ils divisent l'argile, la rendent poreuse, permettent à l'air de pénétrer et empêchent une trop rapide évaporation. L'expérience a complétement démontré que, les années suivantes, les sarments acquièrent plus de volume, plus de longueur, se couvrent de pampres d'une verdure plus intense, et donnent enfin des grappes plus volumineuses (1).

L'application de cet amendement nécessite des dépenses assez élevées, et on est porté à croire qu'elle est onéreuse pour celui qui la met en pratique. J'avais cette opinion avant d'avoir vu les résultats qu'on peut espérer et que l'on obtient à Chalonnes-sur-Loire, mais je crois aujourd'hui qu'il n'y a rien d'exagéré ni dans les dépenses, ni dans les résultats de cette pratique. Lorsque le sol est en pente, ajoute le savant auteur que je viens de citer, on ne peut transporter ces schistes que par des hotteurs : or, ceux-ci sont le plus souvent des enfants de douze à quinze ans, dont les hottes contiennent à peine ce qu'on ferait tenir avec précaution sur une pelle un peu large ; cependant ils exigent un salaire de 75 cent. à 1 fr. Quand le terrain est accessible aux chevaux et la distance à parcourir un peu grande, il est plus économique de recourir à ces animaux, quoique leur passage dans les vignes soit parfois marqué par des dégâts de plus d'une sorte. Si leur guide n'est pas constamment attentif, ils brisent des ceps entiers, et à moins qu'on ne leur mette des muselières en osier et en filets, ils mangent avec avidité les sarments, lors même que l'hiver les a dépouillés de leurs feuilles. Aussi est-il indispensable d'achever l'opération avant de tailler, afin de se ménager quelques ressources, si les rameaux sur lesquels on comptait venaient à être détruits.

Les dépenses, on le conçoit déjà, varieront suivant les difficultés que présentera l'extraction ou l'enlèvement des schistes et la distance à parcourir. D'après Leclerc-Thouin, si le roc est facile à bêcher et si le transport a lieu sur place, la charge de cheval revient à 15 cent., et comme on ne peut guère, pour un *hottage* moyen, mettre moins de 30 charges à l'are ou 3.000 à l'hectare, les dépenses générales s'élèvent à 450 fr. Cette somme, qui est le plus souvent un minimum, démontre l'importance de cet amendement dans de telles circonstances.

§ 5. DES LAITIERS.

On donne le nom de laitier à un mélange de silice, d'alumine et de chaux, que l'on obtient en procédant à la réduction du minerai de fer. Ce produit a l'aspect du verre, il se brise avec facilité sous un léger choc, et on doit le regarder comme peu altérable. Cette substance vitrifiée a reçu aussi le nom de *scorie*.

Les laitiers ne sont pas employés ordinairement à l'amélioration du sol,

---

(1) *Agriculture de Maine-et-Loire*, 1843, p. 201.

et cependant ils ont une action aussi favorable sur les terrains argileux que l'argile calcinée. Suivant Bosc, lorsqu'on couvre le laitier de quelques centimètres de terre, les plantes acquièrent, dans ces conditions, la plus vigoureuse végétation et un développement très-hâtif. J'ai vu, sur des monticules de laitiers, des pins maritimes et des chênes d'une beauté vraiment remarquable, et je suis resté convaincu que ces scories n'avaient aucune action nuisible sur la vie des plantes, et qu'elles pouvaient être employées avec avantage à l'amendement des sols tenaces. En effet, des laitiers mélangés à une terre argileuse très-compacte ont modifié heureusement sa ténacité et augmenté sa perméabilité. Avant d'appliquer ces scories, je les ai fait réduire en fragments assez petits au moyen de l'instrument dit *demoiselle*, qu'emploient les ouvriers paveurs, et depuis quatre années le sol est resté moins humide, et la végétation a été plus victorieuse qu'avant l'application de cet amendement.

La quantité qu'il faut employer me paraît être considérable pour que la puissance de la terre soit modifiée d'une manière sensible. Il ne faut guère penser appliquer le laitier, comme modifiant, dans une proportion plus faible que 50 mètres cubes par hectare. Dans l'expérience que je viens de citer, ces scories ont été employées à la dose de 75 mètres cube : cette quantité ne m'a paru ni trop forte ni trop faible. Chaque mètre cube de laitier pèse de 1,400 à 1,500 kilog.

Les laitiers, malgré leur couleur souvent très-foncée, ne contribuent en aucune manière à l'accumulation de la chaleur solaire au sein de la terre. On sait, en effet, que les parties vitrifiées sont de très-mauvais conducteurs du calorique. Et comme ces scories ne se décomposent qu'avec une extrême lenteur, et que la quantité de chaux qu'elles comportent est très-faible, il en résulte que leur action, sur les terres argileuses, les sols tenaces, est toute mécanique, et par conséquent seulement modifiante.

Cet amendement n'est pas applicable partout. Ce n'est guère que dans les localités environnantes des hauts fourneaux qu'il peut être employé avec avantage. Il serait à souhaiter qu'on fît des essais, et qu'on cherchât à constater, par des observations rigoureuses, si réellement l'agriculture peut utiliser les laitiers, qui forment parfois des monticules très-élevés près des hauts fourneaux, à l'amendement des sols compacts. C'est que les faits que nous avons constatés ne peuvent, pris isolément, éclairer complètement la question, et nous permettre de nous prononcer, d'une manière affirmative, en faveur de ce nouvel amendement.

SECTION III.
Des moyens d'augmenter l'humidité
de la couche arable.

§ 1. DES CAILLOUX.

Les pierres ont une action favorable lorsqu'elles sont communes à la surface du sol siliceux profond. Par leur poids elles plombent la couche arable, empêchent l'humidité de disparaître entièrement sous l'action d'une chaleur élevée et prolongée, et elles favorisent particulièrement la vie des plantes au sein de l'été.

On ne conduit pas ordinairement des pierres, des cailloux siliceux sur les terres arables d'une extrême légèreté ou friabilité, malgré tous les avantages qu'elles peuvent avoir, à cause des frais de transport, de chargement et d'éparpillement qui sont considérables, et parce que ces pierres nuisent toujours à l'action de la faux dans les récoltes fourragères si elles sont nombreuses et volumineuses à la superficie de la terre. Nonobstant, si on ne transporte pas ces matériaux sur les terrains agricoles afin d'augmenter leur humidité, parce que les dépenses sont rarement couvertes par les effets qui résultent de leur emploi, on doit éviter d'épierrer à fond les terrains siliceux, graveleux ou calcaires, si ces sols ne sont pas trop fertiles. Si cet enlèvement avait lieu dans des limites irrationnelles, si on enlevait chaque année, soit au printemps, soit en hiver, toutes les pierres qui sont à la surface du sol, la terre arable deviendrait inévitablement plus légère, plus friable, elle diminuerait en fécondité, et l'évaporation de l'humidité aurait lieu plus promptement au printemps et durant l'été.

Quand une terre est couverte de pierres et que sa fertilité n'est pas très-prononcée, on ne doit enlever les cailloux qui la recouvrent que graduellement, c'est-à-dire au fur et à mesure que le sol augmente en fécondité. Alors on commence toujours par enlever celles qui, par leur volume, leur longueur, nuisent à la marche des instruments de division et de récolte, et à la projection des racines des plantes cultivées. Les petites pierres, les cailloux roulés d'un faible volume, ne nuisent aucunement à la végétation du seigle, du froment, du trèfle, du sainfoin, des pommes de terre, de la navette, etc. ; et même la pratique constate qu'elles sont utiles, nécessaires dans quelques terres arables, dans les vignobles de la région septentrionale, en ce qu'elles tendent sans cesse à absorber et à conserver plus longtemps la chaleur solaire. En Provence, la plaine de Crau est couverte de pierres, et c'est à l'ombre des cailloux que les plantes végètent durant l'hiver. Cela est si vrai, que les moutons qui parcourent cette vaste plaine déplacent avec leur museau les pierres pour consommer les plantes qui croissent sous cette ombre protectrice et sous l'influence d'une humidité plus favorable. L'horticulteur profite des pierres dans un sens analogue, lorsque, dans les pays chauds et secs, il pave le pied des espaliers pour y conserver l'humidité (1). Convaincu des excellents résultats qu'on peut obtenir par le concours des pierres, Rozier avait fait paver ses vignes, près Béziers, et les produits ont été supérieurs à ce qu'ils étaient avant l'opération. D'ailleurs, ne voit-on pas chaque jour, dans les cours pavées, des vignes, des poiriers en espalier, porter des fruits de parfaite qualité et très-nombreux ? Mais, on le comprend, ce moyen, quelque avantageux qu'il soit, ne peut être utilisé en grande culture à cause des déboursés considérables qu'il nécessite.

Chaptal rapporte qu'un propriétaire possédait à Paris un enclos dont le sol était si sec et si maigre, que, malgré tous ses soins, il n'avait pu parvenir à y faire prospérer des arbres à fruits. Il le couvrit d'abord d'une couche de bonne terre, qu'il mêla avec les sables arides qui formaient le sol, ce qui lui donna un peu de fertilité ; mais les chaleurs desséchaient toujours les plantations, qu'on ne pouvait garantir et conserver que par des arrosages fréquents et ruineux : il se décida alors à recouvrir toute la surface du terrain d'une couche de cailloux, et dès ce moment les arbres y ont prospéré (2).

§ 2. DU PLOMBAGE.

Le plombage des terres consiste à comprimer la couche arable par le concours d'un rouleau soit en bois, soit en pierre, soit en fonte. Cette opération a pour but de rapprocher les molécules du sol les unes des autres, de manière à ce qu'il conserve son humidité durant les sécheresses ou les époques pendant lesquelles la chaleur est très élevée. On l'exécute de préférence sur les terres siliceuses ou les sables calcaires qui perdent promptement, sous l'action du soleil, l'humidité qui est si nécessaire à la vie des plantes qu'ils doivent nourrir.

Le plombage n'est pas une opération bien connue, et cependant ses effets dans les terres perméables, dans les sols qui ne se durcissent pas sous l'action des pluies battantes, ne peuvent être que très-favorables à la végétation. C'est surtout après les semailles de printemps ou d'été que le plombage présente les plus grands avantages. Parfois, faute d'exécuter cette opération, la réussite des semis est très-défavorable : les semences germant dans un milieu desséché par le soleil ou au sein de cavités formées par l'éloignement des molécules les unes des autres, ne peuvent nourrir parfaitement le corps radiculaire, et ce dernier ne tarde pas à se dessécher sur un grand nombre de semences.

Le plombage, quel que soit le rouleau avec lequel on l'exécute, ne peut avoir lieu que sur les sols labourés à plat ou en larges planches convexes. Dans les terrains disposés en petits billons, on ne peut le pratiquer qu'avec le dos du râteau. Aussi n'est-ce qu'en horticulture que ce moyen est mis en usage.

Il est utile de ne pratiquer le plombage du sol, dans le but de concentrer la plus grande humidité possible, que par un temps sec, que lorsque la terre ne peut plus s'attacher au rouleau. Si ce tassement avait lieu quand le sol est humide et aussitôt les semailles, la terre, en adhérant à l'instrument dont on se sert, pourrait désencemencer le terrain ou découvrir une partie des graines, celles qui ne sont pas profondément enterrées. Cette opération n'est pas exécutée en automne. A cette saison de l'année la terre est toujours assez humide ainsi que l'atmosphère pour que les semences puissent germer victorieusement. Si quelquefois il peut être avantageux de la pratiquer, ce n'est guère que sur les terres très-siliceuses, très-meubles, et alors que la terre ne comporte pas l'humidité nécessaire à une prompte germination. On doit éviter, autant que cela est possible, d'y avoir recours lorsque la terre est très-argileuse et humide. Un plombage exécuté sur un sol de cette nature

---

(1) De Candolle, *Physiologie végétale*, 1832, t. III, p. 1255.
(2) *Chimie appliquée à l'Agriculture*, 1829, t. I, p. 310.

et aussitôt les semailles de septembre ou d'octobre pourrait avoir pour conséquence des effets très-défavorables à l'avenir des plantes. En effet, les terres compactes doivent, durant l'hiver, présenter une surface couverte de mottes, afin que les pluies augmentent le moins possible la ténacité de la terre en la plombant, et que ces mottes protégent les plantes contre une humidité abondante et des gelées très-intenses.

§ 3. DES IRRIGATIONS.

Lorsque la couche supérieure ne comporte pas assez d'humidité pour que les plantes agricoles offrent une végétation favorable soit au printemps, soit en été, on doit avoir recours aux arrosements par irrigations si celles-ci sont praticables. Arroser un terrain durant l'été, lui donner au sein des sécheresses l'humidité qui lui manque et dont les végétaux ont besoin pour développer la plus grande masse herbacée possible, ou pour mûrir complétement leurs fruits ou leurs graines, c'est modifier sa puissance, c'est, en un mot, l'amender de la manière la plus favorable. Ainsi, ce sont les irrigations qui assurent, dans la région méridionale, la production des prairies permanentes et artificielles, etc. ; ce sont elles qui, en Lombardie, en Italie, etc., permettent aux récoltes de maïs, de froment, etc., d'être prospères et riches en produits abondants. C'est que là, comme dans les provinces du midi de la France, les irrigations d'été n'ont plus le même but, la même action que celles que l'on pratique en Normandie, en Angleterre et au nord de l'Allemagne. Dans ces contrées, les arrosements artificiels ont lieu de préférence en automne, en hiver et au printemps, et alors *l'eau est considérée comme un véhicule*, puisqu'elle doit déposer, lors de son parcours sur un terrain engazonné, les substances qu'elle tient en dissolution ou en suspension. On comprend que de tels arrosements doivent, tout en humectant le sol et le gazon, contribuer beaucoup à l'augmentation de la richesse, de la fécondité des prairies, et qu'ils sont éminemment propres à favoriser sous tous les rapports la vie des plantes. Dans les contrées du Midi, les irrigations n'ont plus lieu pour les mêmes causes et aux mêmes époques, comme je l'ai dit précédemment. En effet, l'eau n'est plus et ne peut pas être généralement, pour l'habitant du Midi, un moyen de fertilisation. Celle-ci est ici moins nécessaire, à cause de la puissance fécondante et permanente de la chaleur. Or il découle de ce principe que pour obtenir du sol, quelle que soit sa nature, les plus brillantes productions, il est indispensable de prévenir ces sécheresses qui désolent parfois le cultivateur du Midi, et qui forcent souvent ce dernier à considérer une terre riche et féconde comme l'égale d'un sable aride, d'un terrain rebelle à la vie des plantes. Certes, le seul moyen dont l'homme de ces contrées puisse disposer pour éviter que des chaleurs insolites viennent détruire les espérances qu'il avait conçues d'un travail rude et opiniâtre, d'un labeur d'une année entière, est tout entier dans la concentration d'une quantité d'eau donnée dans un réservoir spécial, dans le droit qu'il possède d'exécuter une prise d'eau dans un canal ou une rivière destinée à l'arrosement de ses cultures, ou dans le forage de puits dits artésiens. Jouissant d'un volume d'eau en rapport avec l'étendue qu'il doit irriguer, le cultivateur ne s'inquiétera plus de l'action nuisible de la chaleur sur le sol et les plantes ; il ne redoutera plus les effets défavorables qui résultent des sécheresses intempestives ; *il considérera l'eau, non plus comme un véhicule, mais comme un agent nécessaire et indispensable pour donner à la terre une puissance surnaturelle*; et par des irrigations bien combinées, des arrosements pratiqués en temps opportun et utile, et renouvelés à des époques qui varieront selon la nature de la terre et les plantes chez lesquelles il doit surexciter l'action vitale, il réalisera presque toujours des produits constants et réguliers. C'est cette régularité permanente dans les productions agricoles, quelles qu'elles soient, qui distinguent encore l'agriculture des régions du Nord de celle des contrées du Midi. On ne saurait donc trop se préoccuper des irrigations, chercher à propager les effets favorables qu'elles possèdent, diriger les regards de ceux qui, sans exécuter de très-grandes dépenses, des déboursés qui ne seraient pas en rapport avec la valeur du fonds et sa plus-value, peuvent se procurer l'eau nécessaire à l'irrigation de leurs prairies ou de leurs champs, et doubler et tripler même, par conséquent, les produits qu'ils demandent à la terre chaque année.

L'amendement des terres par les irrigations présente donc un degré d'importance tel qu'il n'est pas permis de ne point blâmer le cultivateur qui n'utilise en aucune manière l'eau qui prend naissance sur son exploitation et qui la traverse sous forme de ruisseau, de rivières ou de fleuves, lorsque les circonstances locales permettent de les élever à une faible hauteur. On possède aujourd'hui des machines puissantes destinées à élever les eaux d'un cours d'eau, lorsque le niveau de celui-ci est inférieur de plusieurs mètres à celui du terrain que l'on veut arroser ; et ces machines, à l'exception des appareils à vapeur, des moulins hollandais et de quelques autres machines, n'entraînent pas dans des dépenses considérables. Ah ! combien de richesses n'y a-t-il pas encore à réaliser par l'intermédiaire de ces machines ! Combien de ruisseaux, de rivières et même de sources qui pourraient être utilisés si on comprenait l'importance de l'eau ! Combien de milliers de kilogrammes de foin n'obtiendrait-t-on pas si les idées de l'époque s'identifiant davantage avec les progrès, les découvertes, les améliorations qui s'exécutent, se réalisent de part et d'autre ! Espérons que les esprits provoqueront bientôt une ovation nouvelle en facilitant de tous côtés par des travaux spéciaux la pratique des arrosements durant l'été, soit au nord, soit au midi de la France. C'est par les irrigations que nous parviendrons partout à augmenter nos transactions commerciales et nos richesses numéraires. C'est que les arrosements nous permettront d'augmenter le nombre de nos animaux domestiques et conséquemment les engrais et les productions céréales, industrielles et économiques. AVEC UNE GOUTTE D'EAU, UN RAYON DE CHALEUR ET UN POINT D'APPUI, ON FAIT NAÎTRE UNE PLANTE ! Or, si l'on considère la surface de notre patrie et les eaux qui s'écoulent chaque jour à la mer, on avouera que si le sol de France n'est pas couvert chaque année de produits agricoles plus nombreux, c'est que nous ne le voulons pas. Le jour où nous comprendrons que l'eau est une source inépuisable de fécondité, et que cette richesse gratuite ne peut être méconnue par l'homme des champs et le gouvernement, notre patrie pourra être regardée comme le plus beau et le plus riche si ses libertés nationales sont respectées !

§ 4. DES PLANTATIONS.

Lorsque la terre est siliceuse et trop sèche durant l'été, on peut augmenter l'humidité qui lui manque et qui est si nécessaire aux plantes, en exécutant des plantations. Celles-ci, si elles sont en rapport quant à leur nombre avec la nature du sol, projetteront, par le concours de leurs branches et de leurs feuilles, un ombrage protecteur sur la terre, elles modifieront heureusement l'action des vents et du soleil, et elles contrarieront le desséchement du sol. C'est à la présence des arbres, c'est à l'existence des haies vives que la Bretagne, la Vendée, le Maine, quelques parties du Berri, du Nivernais, etc., doivent les pâturages qui les caractérisent, et qu'elles peuvent se livrer avec tant de succès à la multiplication de la race bovine. Si les haies, les arbres venaient à disparaître de ces contrées, les vents, le soleil, favoriseraient d'une manière pour ainsi dire complète l'évaporation de l'humidité que le sol, à cause de sa nature schisteuse, granitique ou siliceuse, retient en faible quantité pendant l'été, et les plantes n'auraient plus la même végétation et les systèmes de culture devraient être changés ainsi que les spéculations sur les animaux domestiques. C'est l'absence de plantations, de haies vives, qui rend les plaines siliceuses d'une fertilité peu prononcée, peu favorable aux productions agricoles. Je suis donc convaincu, ainsi que l'expérience le démontre chaque jour, que tout propriétaire doit planter sur des terres légères qui manquent d'humidité depuis le printemps jusqu'à la fin de l'été, parce que des plantations parfaitement exécutées doivent modifier un jour la puissance du sol d'une manière heureuse et contribuer beaucoup à l'augmentation de la valeur foncière, et conséquemment de la valeur locative. Les essences qu'il faudra planter ne seront pas les mêmes partout. Ici c'est le chêne que l'on adoptera à cause de la valeur qu'il possède et de la profondeur de la couche arable ; là, on choisira le peuplier parce que cet arbre croît vite ; ailleurs, on optera pour le châtaignier à cause de l'utilité de ses fruits, etc. La plupart des arbres que l'on plantera fourniront du fagot, du bois de chauffage, et ils faciliteront sous ce rapport l'exploitation des terres, si difficile ordinairement lorsque le sol est peu fertile et entièrement découvert.

SECTION IV.

Des moyens de diminuer l'humidité d'un terrain.

§ 1. DU DESSÉCHEMENT.

Une fraîcheur constante au sein de la terre arable est utile et même nécessaire à la végétation ; mais une humidité surabondante lui est toujours nuisible. Lorsque l'eau séjourne à la superficie de la terre, elle contrarie l'action des rayons solaires, elle fait périr les racines d'un grand nombre de plantes, elle fait disparaître une partie des meilleures plantes dans les prairies, elle diminue les effets des stimulants, des engrais, et retarde les opérations de culture. L'opération principale à exécuter, avant de vouloir augmenter la richesse du sol par les substances calcaires, organiques, végétales et animales, est donc de l'assainir, de faciliter l'écoulement des eaux par des travaux spéciaux. Lorsqu'on parvient à enlever l'humidité surabondante d'un sol, les travaux de culture s'exécutent toujours avec moins de dépenses et plus de célérité, la germination des semences est plus victorieuse, et les produits meilleurs et plus abondants. Aussi est-ce avec raison que le maréchal de Vauban a dit : *Nous ferons de la France le plus beau et le meilleur pays du monde, non pas en y élevant des citadelles, mais en y joignant l'arrosement et le dessèchement du sol.*

Le dessèchement des terrains agricoles n'a pas lieu partout de la même manière. Les travaux à exécuter, le système à adopter, varient suivant la configuration du terrain, sa composition géologique et les causes qui produisent une surabondance d'eau.

Lorsque les eaux en stagnation sur la terre proviennent des pluies ou de la fonte des neiges, que le sol sur lequel elles séjournent est argileux ou à sous-sol imperméable, et que sa pente est un peu sensible, on doit labourer la terre en billons avant d'exécuter les ensemencements. Cette disposition, qui est très-ancienne et qui caractérise une foule de localités en France, peut être regardée comme un véritable dessèchement, comme un amendement. La *pente factice* que l'on donne au sol suivant sa pente naturelle, les rigoles qui séparent les billons, les *raies d'écoulement* que l'on dirige obliquement et transversalement, la direction des ados, permettent facilement aux eaux de s'écouler et de ne point séjourner sur la partie ensemencée ou cultivée. La largeur et la hauteur du billon sont très-variables. Dans beaucoup de localités le billonnage est formé par quatre bandes de terre, comme en Anjou, dans le Poitou, la Bretagne ; ailleurs, en Brie, en Picardie, par exemple, les billons ont l'aspect d'une planche et ils sont formés avec dix, douze bandes, et quelquefois davantage. Ces derniers billons sont préférables aux premiers. Ainsi, dans le *billonnage ancien*, l'ados présente toujours la même convexité ou la même hauteur, et si l'eau vient à séjourner dans les sillons qui limitent les billons, elle détrempe ces derniers à cause de leur faible élévation et peut nuire beaucoup à la vie des plantes. Le *billonnage anglais*, qui comporte une élévation double, triple, quadruple même du précédent, ne présente pas cet inconvénient, et je suis certain, d'après des faits observés dans ma culture depuis plusieurs années, qu'au printemps le soleil qui a moins d'eau à évaporer réchauffe plus tôt la terre si les conditions locales et terrestres sont identiques pour les deux genres de billonnage. Je reste donc convaincu que, dans les sols imperméables et humides, on peut avec succès augmenter la largeur et la hauteur du billon dans le but d'augmenter le dessèchement de la terre.

On amende aussi un terrain en l'entourant de *fossés de clôture* ou en le divisant en plusieurs parties par d'autres fossés. Mais pour que ces fossés servent heureusement à l'égouttement de la couche arable, il est nécessaire qu'ils soient créés sur les parties du champ que l'on veut assainir, où les eaux restent ordinairement stagnantes, où il existe des sources, et il faut que leur direction soit parallèle ou perpendiculaire oblique à la pente du sol. La relevée des fossés ne peut pas être placée arbitrairement soit à gauche, soit à droite de la tranchée. Pour que la partie de la pièce comprise entre l'endroit où existe le fossé et un autre point quelconque puisse être desséchée aussi parfaitement que possible, il faut que la terre de déblai soit accumulée, sous forme de rejet, en deçà de la tranchée du fossé, c'est-à-dire du côté de la partie inférieure du champ. Si le jet était placé de l'autre côté de la rigole, je veux dire du côté de la partie supérieure de la pièce, les eaux pluviales, celles qui sourdent et qui coulent à la surface du sol, pourraient rester stagnantes contre l'ados et nuire beaucoup aux cultures.

Toutefois, pour que la rigole du fossé ne soit point promptement comblée par les terres que les eaux enlèvent à la couche arable et déposent en parcourant ou en séjournant dans le fossé, il faut établir aux abords de la rigole, je veux dire sur la partie labourée, de petites rigoles qui diminueront la vitesse que les eaux ont pu acquérir. Ces raies, auxquelles A. Thouin donne le nom de *rigoles ostensibles*, peuvent être pratiquées à la pelle ou au moyen d'un buttoir semblable à celui que représente la figure suivante.

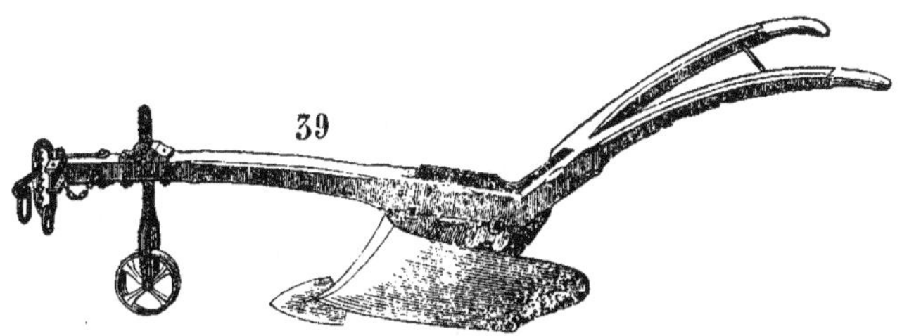

Ces rigoles sont créées obliquement à la direction des dérayures, et elles doivent être d'autant plus nombreuses que les eaux courantes ou stagnantes sont abondantes et que la pente du sol est sensible. Si toutes les dérayures aboutissaient dans le fossé, si la pente des terres supérieures était très-forte et les eaux qui sourdent et celles pluviales très-abondantes, le fossé serait dégradé, et bientôt rempli par les terres de la berge et les alluvions déposées par les eaux.

Pour que les fossés contribuent le plus possible à l'assainissement d'une pièce, d'un champ, il faut que la largeur de la rigole, sa pente et sa profondeur soient en rapport avec le volume des eaux qu'elle doit recevoir et la profondeur de la couche végétale des parties qui la limitent. Si la rigole n'est pas assez grande pour contenir toutes les eaux qui s'écouleront de la partie supérieure, elles pourront rester stagnantes sur plusieurs points du champ et s'infiltrer dans la terre arable de la partie inférieure, et augmenter l'humidité du champ. Lorsqu'un fossé ne peut présenter qu'une faible pente et que le courant est considérable, on doit augmenter sa largeur et diminuer sa profondeur, à moins qu'il ne soit avantageux de recueillir le limon que les eaux entraîneront. Enfin, je dirai que dans les sols très-peu déclives le fond du fossé sera aussi profond que le permettra le point où il aboutira, afin que le niveau des eaux soit toujours en contre-bas de la partie inférieure de la terre arable, et que celles-ci ne puissent s'infiltrer à travers cette dernière.

Les fossés sont aussi créés parallèlement à la pente des champs qu'ils enclosent. Alors, pour les faire servir au desséchement du champ qu'ils limitent, il est nécessaire de pratiquer après les semailles, et avant la germination des semences, des rigoles superficielles dont le nombre est toujours déterminé par les circonstances. Ces raies d'écoulement ont une direction oblique, c'est-à-dire transversale à celle des fossés, et elles versent les eaux qui les parcourent dans ce dernier. Ce mode d'assainissement est très-employé en France, et il est rare qu'il ne détermine pas l'écoulement complet des eaux surabondantes des champs, si les rigoles sont bien construites et leur direction bien déterminée.

Les fossés et les rigoles ouvertes, malgré tous les avantages qu'ils possèdent, ne suffisent pas partout et toujours pour dessécher complétement les sols que les eaux pluviales et les sources rendent humides, et il est souvent utile de pratiquer des *rigoles souterraines* ou *cachées*, semblables à celle représentée par la figure ci-après.

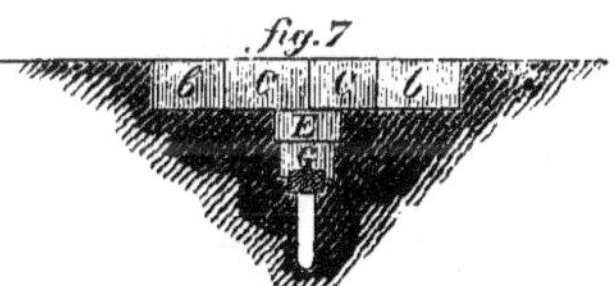

Ces tranchées, pour produire les meilleurs effets possibles, doivent être créées dans un milieu un peu perméable. Si la couche arable était très-compacte, et si elle reposait sur une sous-couche très-tenace et aussi imperméable, des fossés recouverts contribueraient bien peu à l'assainissement de la couche supérieure, et il serait préférable d'avoir recours aux fossés ouverts ou de donner à la couche arable une pente factice très-prononcée. Les rigoles souterraines ne sont donc réellement utiles que lorsque les eaux pénètrent la couche arable et qu'elles séjournent au-dessous d'elle.

Ces fossés couverts ont des avantages que ne possèdent pas les fossés ou les raies d'écoulement. Ainsi ils ne laissent aucun point de la couche arable qu'on ne puisse labourer et ensemencer, et ils n'ont pas les inconvénients qui particularisent les raies d'égouttement, ceux de laisser sur la partie supérieure des traces qu'on ne peut pas facilement effacer par le concours du travail des instruments aratoires. La création de ces rigoles, il est vrai, nécessite des dépenses parfois considérables; mais si l'on prend en considération, d'une part, leur durée qui peut, dans certains cas, durer pour ainsi dire éternellement, et, de l'autre, l'augmentation des produits, et de la valeur foncière et locative du sol, on reconnaîtra que tout propriétaire ou fermier ayant un très-long bail peut entreprendre la création de tels travaux avec la certitude de réaliser promptement les capitaux consacrés à l'application de ces rigoles. Les avantages qui résultent des tranchées souterraines étaient aussi bien appréciés autrefois qu'ils le sont de nos jours. Ainsi, les Romains distinguaient les terrains dans lesquels ils sont nécessaires en leur donnant une valeur foncière moins grande, et Olivier de Serres proclame avec force leur utilité, et dit qu'ils sont recherchables de tous mesnagers. Ces fossés couverts sont aujourd'hui très-multipliés en Angleterre, et leur usage commence à se répandre en France dans la région septentrionale comme il l'était autrefois dans celle méridionale. Thaër cite un propriétaire qui les adopta avec un grand succès. Ces rigoles, qui coûtèrent par hectare 30 fr. 80 cent., augmentèrent dès l'année suivante la récolte de froment de 1 hectolitre 35 litres.

Les fossés souterrains ont ordinairement une direction transversale, et ils présentent une pente suffisante à l'écoulement des eaux. Leur nombre est variable selon la nature de la terre, l'inclinaison de celle-ci et les causes qui rendent le sol trop humide; et leur tranchée est remplie de pierres, de cailloux, de branches d'arbres, etc., ou parmentée d'une rangée de briques.

Nous étudierons d'une manière pratique, en parlant de l'hydrogésie, les divers moyens de dessécher une terre arable dont nous venons de dire quelques mots. Nous ne pouvions aujourd'hui que signaler les avantages qu'ils présentent soit au propriétaire, soit au fermier.

§ 2. DES LABOURS PROFONDS.

Les labours de défoncement contribuent largement à améliorer la couche arable, et, sous ce rapport, ils doivent être regardés comme un amendement. Ces labours permettent à l'eau de s'infiltrer plus profondément, à l'air d'arriver jusqu'au sous-sol soit actif, soit inerte, aux racines de s'étendre avec plus de facilité au sein de la couche arable et à une profondeur plus sensible.

Les labours de défoncement constituent une opération délicate et qu'on ne peut pratiquer que dans des circonstances spéciales et bien déterminées. Ainsi, ces labours ne doivent être exécutés que quand la couche arable manque de profondeur, quand il y a nécessité d'augmenter la perméabilité d'un terrain. Et comme, en attaquant le sous-sol, on ramène à la partie supérieure de la couche arable une certaine quantité de terre infertile, une portion de la sous-couche qui n'a jamais été modifiée par les agents de l'atmosphère, il ne faut pas se hâter de multiplier ces travaux. Si chaque année on réitérait ces labours, le sol cultivable diminuerait chaque fois que la profondeur de la couche arable serait augmentée, d'un certain nombre de degrés de fécondité, et il arriverait bientôt un moment où la terre végétale, loin d'être améliorée, serait pour ainsi dire inféconde.

Pour que l'agriculteur ait la certitude que les labours de défoncement pratiqués dans le but de favoriser l'infiltration des eaux pluviales à une plus grande profondeur que celle de la couche supérieure, c'est-à-dire le point où s'arrêtent les racines des végétaux qu'il cultive lui seront avantageux, il faut qu'il attaque le sous-sol par gradation et n'opère ce travail que lorsqu'il pourra appliquer une nouvelle fumure. C'est ordinairement à chaque rotation d'assolement que la charrue peut pénétrer plus avant, parce que c'est le moment où on effectue ou les marnages ou les chaulages, et où la terre reçoit une forte quantité de fumier. Je dis que les labours profonds peuvent avoir lieu chaque fois que l'assolement se renouvelle ; il ne faut pas croire qu'il soit question ici d'assolement à court terme , comme les assolements triennaux, quadriennaux , etc. Pour augmenter la profondeur de la couche supérieure tous les trois ou quatre ans , il faut pouvoir se procurer des engrais autres que ceux que la ferme produit annuellement. On comprend dès lors qu'il est question de capitaux autres que ceux nécessaires pour faire marcher l'entreprise. Comme , par ces labours profonds , le sol acquiert une valeur plus grande, il faut , pour se décider à faire de telles avances à la terre, être propriétaire du fonds ou avoir la jouissance du sol pour un temps considérable. Le fermier qui aurait un bail de six ou neuf ans, et qui pratiquerait, durant l'une ou l'autre période , deux défoncements , retirerait difficilement du sol, par l'intermédiaire des produits, les capitaux ou les dépenses qu'il aurait faites. Thaër dit qu'il ne convient de labourer profondément un sol que tous les sept ans , et qu'il faut se contenter dans l'intervalle de labours moins profonds. Cette observation est vraie, et même je dirai que quand le sous-sol est composé d'une argile compacte de couleur blanche ou jaunâtre, mais ne contenant point de calcaire, cet intervalle est trop court, et que le cultivateur trouvera toujours un grand avantage à n'exécuter les labours de défoncement que tous les dix ou quinze ans , si la couche supérieure n'est pas encore arrivée à un haut degré de fertilité, et si l'exploitation n'a pas d'ailleurs, des fourrages et des pailles en abondance.

Dans le plus grand nombre de cas où l'on voudra labourer à une profondeur plus grande que celle qui avait lieu auparavant, il conviendra de ne pas porter au delà de 55 millimètres la plus grande épaisseur qu'on ajoute à la couche végétale (1). Cette profondeur paraîtra faible aux yeux des personnes étrangères à la pratique de l'agriculture , et beaucoup s'imagineront que la charrue peut pénétrer à une profondeur double. Ce raisonnement, qui est

le partage de ceux qui se livrent à la carrière agricole sans avoir appris préalablement les connaissances que tout succès exige, a conduit certains hommes à de bien grandes déceptions et à la ruine de plusieurs d'entre eux. Si l'on compare, dit Burger, le poids de la nouvelle terre ramenée à la surface et celui de l'humus que demande sa fertilisation, on verra que la quantité d'engrais nécessaire est toujours considérable. 55 millimètres de sous-sol pèsent, terme moyen , par hectare , 250,000 kilogrammes. Pour y ajouter 3 pour 100 d'humus, il faut au moins 12 pour 100, c'est-à-dire 30,000 kilog. de fumier humide et à moitié consommé par hectare. On remarquera en outre que cette quantité d'engrais n'est destinée qu'à contre-balancer, pour ainsi dire, la terre infertile , et qu'elle est indépendante de sa fumure ordinaire, qui sera, il est vrai, suffisante par la suite (2). C'est donc à tort qu'on penserait augmenter la richesse d'un sol en mélangeant une partie du sous-sol avec la couche arable. Les effets des labours de défoncement sont tout à fait opposés à ce résultat, et on ne doit pas oublier un seul instant que si par leur concours on augmente la puissance de la profondeur de la terre, la pénétration des eaux à une profondeur où elles sont moins nuisibles, on diminue la fécondité de la couche arable. Donc, pour maintenir celle-ci au même degré de fertilité ou la ramener au point où elle était , il faut faire suivre les défoncements de fumures plus abondantes que celle qu'on appliquait avant l'exécution de cette opération.

§ 3. DE L'AMEUBLISSEMENT DU SOUS-SOL.

Ce n'est que depuis quelques années seulement que l'on a compris que l'ameublissement du sous-sol pouvait seconder avantageusement les opérations exécutées dans le but de dessécher la couche arable. Cet ameublissement s'exécute au moyen de charrues dites à sous-sol.

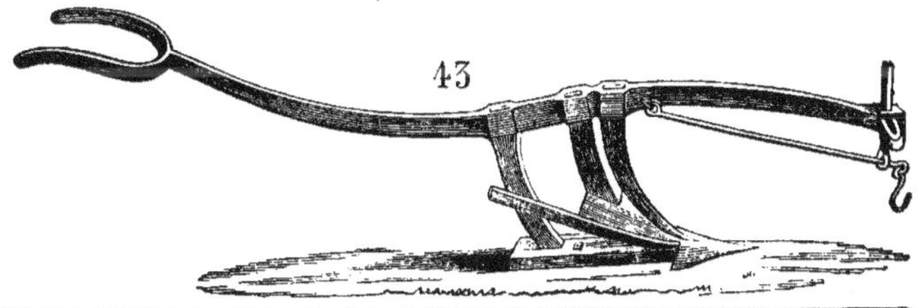

<hr>

(1) Thaër. *Principes raisonnés d'Agriculture, t. 1831, t. III . p 148*

(2) *Cours d'Économie rurale , p 110.*

Cette charrue, qui a été inventée en Angleterre par M. Smith, suit une charrue ordinaire qui remue ou attaque la couche arable dans toute son épaisseur, et elle divise, ameublit la couche qui compose le sous-sol jusqu'à une profondeur de $0^m,16$ ou $0^m,20$ et quelquefois davantage. Comme cet instrument n'est point armé d'un versoir et que celui-ci est remplacé par un éperon destiné à diviser, à désagréger la partie du sous-sol que la charrue a soulevée, il s'en suit que l'argile ou la couche imperméable n'est nullement mélangée à la terre arable, et qu'il peut en résulter dès lors des effets plus favorables que ceux que l'on peut espérer des labours profonds.

Les charrues à sous-sol de Smith ou de Charlbury tracent, lorsqu'elles sont dirigées par des hommes habitués à les conduire, des rigoles au sein du sous-sol; et ces coulisses, que l'infiltration et la circulation intérieure des eaux comblent ou ferment assez difficilement, ont cela d'avantageux qu'elles permettent aux eaux surabondantes de s'éloigner de la pièce, si elles communiquent à des fossés ouverts ou des rigoles souterraines.

Ces charrues, qui doivent être entièrement en fer à cause des obstacles qu'elles ont à vaincre, telles que pierres, ténacité du sous-sol, etc., ne peuvent être adoptées que sur des exploitations dirigées par un fermier ayant un fort capital de roulement ou par le propriétaire du fonds, car le prix de ces instruments est élevé et le travail assez dispendieux. Nonobstant, les charrues à sous-sol sont des instruments utiles pour la culture des terres humides, froides, d'une faible profondeur et reposant sur une argile imperméable, et elles pourront suppléer avec avantage, dans beaucoup de cas, aux labours de défoncement, si elles fonctionnent à de rares intervalles, c'est-à-dire une fois pendant la durée d'une rotation, et si avant d'y avoir recours on opère le dessèchement de la terre. M. Smith recommande de ne jamais se servir de la charrue à sous-sol qu'un an après que le terrain a été parfaitement égoutté. Dans bien des cas, dit W. Johnston, cet espace de temps sera une garantie suffisante, l'argile aura eu le temps de se sécher: dans d'autres circonstances, il ne serait peut-être pas trop d'attendre deux années entières. Quelques personnes ont négligé cette précaution, et, comme l'opération ne leur a pas réussi, elles ont attribué ce manque de succès à la nature de leur sol, tandis que la véritable cause est l'oubli d'une précaution si essentielle (1).

L'emploi de la charrue à sous-sol, qui a un poids considérable, nécessite de très-forts animaux moteurs, et, par rapport au peu de fixité ou d'aplomb que cet instrument conserve quand il fonctionne, il est nécessaire que le laboureur ne renonce pas à le diriger aux premières difficultés qu'il rencontrera. Avec de la patience et de l'habitude, on parvient promptement à le maintenir dans un équilibre favorable, et à le diriger de manière qu'il fonctionne régulièrement et continuellement. Pour que l'ameublissement du sous-sol exécuté avec une charrue à sous-sol puisse parfaitement assécher la couche supérieure, il est indispensable que le premier labour soit dirigé parallèlement à la pente du sol ou transversalement aux rigoles ou aux fossés d'assainissement.

§ 4. DU COLMATAGE.

Sous le nom de *colmatage* on désigne une opération au moyen de laquelle on élève le niveau d'un sol marécageux de manière à ce qu'il puisse être regardé comme un terrain agricole. Cet exhaussement s'exécute en introduisant sur le sol que l'on veut modifier des eaux limoneuses pendant l'époque des crues, et en arrêtant et le cours et le mouvement de ces eaux. Lorsque les eaux sont devenues limpides, qu'elles ont déposé les matières terreuses qu'elles tenaient en suspension sous l'action de leur cours rapide, il faut s'occuper de l'écoulement de l'eau. Cette dernière opération n'a pas toujours lieu suivant le désir et la volonté de l'homme. Pour que ce dernier puisse expulser l'eau du terrain qu'il veut atterrir, il faut que le sol soit entouré d'une levée de terre ou d'une digue. Dans les circonstances ordinaires, l'écoulement des eaux a lieu quand les eaux du fleuve, de la rivière ou du ruisseau qui ont fourni le cours torrentiel qui a envahi les terres qui le limitaient est rentré dans ses limites habituelles.

Cette manière d'exhausser la superficie des bas-fonds au moyen de terres que les eaux charrient lors des crues et de leurs débordements est donc simple et facile, et à cause de ses résultats, elle doit être regardée comme une des opérations agricoles les plus importantes. Toutefois, comme l'ex-

____

(1) *Éléments de Chimie agricole*, p. 148.

haussement de la surface du sol par le colmatage est lent et peu sensible chaque année si l'opération a lieu sur une petite masse d'eau, il s'ensuit qu'il faut bien connaître, avant d'exécuter les levées nécessaires pour arrêter le cours et le mouvement des eaux, les écluses d'évacuation, les canaux et les fossés d'écoulement, la fréquence des crues, leur durée et la quantité de matières terreuses que les eaux transportent. Il est des rivières en France, celles qui ont un cours peu étendu et peu rapide, et qui sont sujettes à des crues très-faibles et peu nombreuses, qui ne conviennent nullement à l'opération du colmatage. Un propriétaire commettrait une faute grave si, dans de telles circonstances, il exécutait des constructions d'ouvrages avec l'espérance de modifier un terrain, d'exhausser son niveau et de le rendre par conséquent moins humide, moins marécageux. Cette espérance ne peut être conçue que par ceux dont les propriétés limitent des cours d'eau entraînant beaucoup de limon lors des crues et des débordements.

Ce genre d'amendement, malgré les avantages immenses qu'il peut avoir, ne peut être regardé comme une opération appartenant au domaine de l'agriculture pratique. Le colmatage nécessite l'emploi de capitaux parfois considérables, et il ne doit être mis à exécution que par des propriétaires ou des compagnies financières. Les fermiers, dans les circonstances ordinaires, ont des baux trop courts et des capitaux trop faibles pour pouvoir espérer retirer de cette opération des avantages analogues à ceux qui ont été obtenus, dans le midi de la France, sur les bords de l'Aude, de l'Ouvèze, du Vidourle, etc.

Nonobstant, le colmatage pourra permettre parfois au cultivateur de recueillir du sable ou du limon qui pourra être employé à modifier la ténacité des terres argileuses. On pratique à cet effet des fossés çà et là sur les terres couvertes durant l'automne, l'hiver et le printemps, par les eaux pendant les inondations. Ces fossés sont remplis en quelques années de sable, et leur curage procure le limon dont je viens de parler. C'est par ce moyen que certains cultivateurs des rives de la Loire modifient la compacité des terrains trop argileux pour être cultivés à bras, et supporter de riches récoltes de lin ou de chanvre. La création de ces fossés ne peut être regardée comme une opération particulière et onéreuse; ces rigoles précipitent le retrait des eaux de la surface du sol ou de la prairie lorsque la rivière ou le fleuve rentre dans ses limites ordinaires, et par conséquent elles deviennent dès lors des fossés d'écoulement favorables à la production herbacée de la prairie (1).

DEUXIÈME CLASSE.

DES STIMULANTS.

I.

STIMULANTS D'ORIGINE MINÉRALE.

SECTION PREMIÈRE.

Calcaires carbonatés.

Les minéraux qui appartiennent à cette division sont solubles avec effervescence dans l'acide chlorhydrique, nitrique, sulfurique, etc.; ils sont presque insolubles dans l'eau. A la chaleur rouge, ils se décomposent, perdent tout leur acide carbonique et donnent pour résidu de la *chaux vive*. Tous les calcaires carbonatés se dissolvent dans un excès d'acide carbonique.

§ 1. DE LA CHAUX.

L'usage de la chaux en agriculture est fort ancien. Son emploi en France remonte au commencement du XVIe siècle. Bernard de Palissy parle de son emploi dans les Ardennes, et il en propose l'emploi en compost dans les sols argileux. A la même date, Olivier de Serres la recommande comme un moyen efficace de réchauffer la terre, détruire les insectes et les racines des plantes nuisibles, et il ajoute que depuis longtemps on en faisait usage dans les provinces de Gueldres et de Juliers (2). Depuis cette époque les chaulages se sont répandus, et, partout où ils ont pu être appliqués, l'agriculture a fait des progrès sensibles. C'est à l'emploi de la chaux que la Bresse, la Mayenne, l'Anjou, etc., doivent le changement si remarquable

(1) *Voir* chapitre 1, section VII, § 5.
(2) *Théâtre d'agriculture.* t. 1 p. 197

qui s'est opéré depuis près d'un demi-siècle dans leurs procédés agricoles, et qu'elles ont pu rendre à la culture des terrains immenses qui jusqu'alors avaient été regardés comme tout à fait stériles.

1. *Nature et variétés de chaux.*

La chaux que l'on emploie en agriculture est à l'état de *protoxide de calcium.* Alors elle est caustique, vive et jouit de la propriété d'attirer l'humidité de l'air, de fuser, de tomber en poussière, de fixer l'acide carbonique, gaz qu'elle a perdu par la calcination, et de se transformer de nouveau en carbonate ou en hydrate de chaux.

La calcination de la chaux s'opère en exposant les pierres calcaires carbonatées à la chaleur rouge dans des fours dont la forme varie selon les localités et le combustible qu'on y emploie. Selon Vicat, chaque mètre cube de chaux, dans un four de 60 à 75 mètres cubes de capacité, dont le feu dure de 100 à 150 heures, consomme 1^m,66 de bois de cordes, 22 mètres de fagots et 30 mètres cubes de fascines de genêt et de bruyère. Lorsqu'on emploie de la houille, on compte ordinairement sur 1 mètre cube au moins de combustible pour 3 mètres cubes de chaux.

La chaux calcinée ou caustique est faiblement soluble dans l'eau. Il faut environ 1,000 parties d'eau pour en dissoudre une partie. Toutefois, on a constaté qu'elle était plus soluble à froid qu'à chaud. Ainsi, à froid, la solubilité de la chaux est de 1/630; à 15°5, de 1/778; à 54°4, de 1/972; à 100°, de 1/1270.

La chaux bien calcinée présente un phénomène particulier lorsqu'on la plonge dans l'eau. Ainsi, il se produit presque instantanément une sorte d'effervescence et des bulles de gaz se dégagent. Ces bulles ne sont autre chose que de l'air logé dans les interstices qu'occupait primitivement l'acide carbonique du carbonate avant sa calcination. Ce dégagement de bulles d'air est suivi d'un autre phénomène. L'eau absorbée rapidement par la chaux se vaporise par suite d'une élévation de température de près de 300°. Pendant cette action, la chaux éprouve diverses modifications physiques. De compacte qu'elle était, elle devient pulvérulente et acquiert une teinte blanche très-remarquable. Dans cet état, elle est moins caustique, mais elle conserve néanmoins ses propriétés alcalines; on lui donne le nom de *chaux éteinte.*

Selon que la pierre calcaire que l'on soumet à la calcination est pure, ou qu'elle contient des matières étrangères, on obtient des chaux qui possèdent des qualités différentes.

Lorsque la chaux provient d'un carbonate calcaire pur, on lui donne le nom de *chaux pure, chaux grasse, chaux chaude.* Cette chaux foisonne beaucoup, c'est-à-dire elle augmente considérablement de volume par l'extinction; elle produit plus d'effet sous un moindre volume; elle est la plus active, la plus énergique. M. Puvis dit que cette chaux semble faire produire plus de grains. Cette opinion est très-vraie. En Bretagne, où il existe çà et là des fours qui calcinent des pierres calcaires impures, on remarque toujours que la chaux grasse des rives de la Loire a toujours une énergie fécondante plus grande et que les froments sont toujours plus productifs que lorsqu'on emploie de la chaux maigre.

Voici la composition de quelques chaux grasses :

Calcaire de Château-Landon (Seine-et-Marne) :

Carbonate de chaux. . . .	96,40
Argile.	1,80
Carbonate de magnésie. .	1,80
	100

Calcaire grossier de Vaugirard (Seine) :

Carbonate de chaux. . . .	97.20
Argile.	2,80
	100

Marbre de carrière :

Carbonate de chaux. . . .	100

Dans ce dernier cas, la pierre est composée de :

Oxide de calcium.	56,3
Acide carbonique.	43,7
	100

Lorsque la chaux contient du sable, des parties ferrugineuses, etc., elle reçoit la dénomination de *chaux maigre.* Celle-ci foisonne peu et dégage très-peu de chaleur à l'extinction; elle est moins énergique, moins active et doit être employée en plus grande quantité. Cette chaux ne se comporte pas, sous l'action des acides, comme la chaux grasse. Celle-ci se dissout sans précipité dans l'acide nitrique; la chaux maigre, au contraire, y laisse un résidu sablonneux et parfois ferrugineux.

Voici l'analyse d'une chaux maigre :

Calcaire de Calviac (Dordogne) :

Carbonate de chaux. . . .	72,00
Argile.	3,25
Silice ou sable.	24,75
	100

La chaux qui contient beaucoup d'argile est connue sous les noms de *chaux hydraulique*, *chaux douce*. Cette sorte de chaux se durcit dans l'eau au lieu de s'y dissoudre, et elle s'emploie à plus haute dose que les précédentes. Des observations ont permis de constater qu'elle tend moins à diminuer les forces productrices de la terre que la chaux grasse. M. Puvis a constaté en outre qu'elle est plus favorable que les deux espèces que nous venons d'examiner aux prairies et à la croissance de la paille.

Vicat a constaté, par l'analyse chimique, que les chaux hydrauliques étaient composées ainsi qu'il suit :

Calcaire de Champvert (Nièvre) :

Carbonate de chaux. . . .	82,63
Argile.	17,00
Oxide de fer.	0,37
	100

Calcaire de Senonches :

Carbonate de chaux. . . .	70,0
Argile.	29,0
Carbonate de magnésie. .	1,0
	100

Lorsque la chaux contient de la magnésie dans une grande proportion, on lui donne le nom de *chaux magnésienne*. Cette chaux est très-énergique et elle réclame, sous ce rapport, l'application de forte fumure sur les sols où on l'applique. Si on l'emploie sans la faire précéder ou suivre d'engrais abondants, elle épuise la terre et peut détruire complétement ses forces productives. Cela est si vrai, qu'il existe en Angleterre des contrées où le sol a été épuisé parce qu'on a prodigué l'emploi de la chaux magnésienne. Il est facile de se rendre compte de l'action nuisible de la magnésie sur la vé-gétation, si on se rappelle que les terrains magnésiens sont toujours très-peu fertiles. Ainsi, la plaine calcaire des Barres, près Nogent-sur-Vernisson (Loiret), est presque stérile, et on ne doit attribuer cette infertilité qu'à la magnésie qu'elle renferme. Diverses analyses de terres magnésiennes ont permis à M. Puvis de constater une proportion d'humus insoluble plus forte que dans les bons sols. Le carbonate de chaux et sous-carbonate de magnésie doivent être bien actifs sur la fertilisation, puisque 16 millièmes de carbonate de chaux joints à 2 millièmes de carbonate de magnésie ont suffi pour changer absolument la nature et les produits de la terre (1).

Davy a admis aussi que la chaux magnésienne était nuisible aux récoltes quand on l'employait en quantité considérable, à moins que le sol sur lequel on l'applique ne soit très-riche en matières végétales. Selon lui, la magnésie a pour l'acide carbonique une plus faible attraction que la chaux ; elle reste d'ailleurs à l'état de magnésie caustique ou calcinée pendant plusieurs mois quoique exposée à l'air. Tant qu'il reste de la chaux caustique, la magnésie ne peut se combiner avec l'acide carbonique de la magnésie (2). Chaptal fait observer que la magnésie a moins d'affinité avec l'acide carbonique que n'en a la chaux, que, par conséquent, lorsque ces deux substances sont mêlées ensemble, la magnésie conserve sa causticité jusqu'à ce que la chaux soit saturée d'acide carbonique et ramenée à l'état de pierre à chaux : d'où il suit que la magnésie peut conserver longtemps sa vertu caustique et exercer son action délétère sur les végétaux (3). Thaër ne partage pas cette opinion ; il oppose aux observations de Tennant les conclusions de Bergmann, de Lampadius et celles de Einoff qui a analysé une marne très-fécondante, qui contenait 20 pour 100 de magnésie (4). M. Puvis a remarqué que lorsqu'un sol calcaire contenait de la magnésie, le mélange magnésien ôte au sol tous les caractères de sol calcaire, le prive de tous les avantages qui accompagnent toujours

---

(1) *Agriculture du Gâtinais, de la Sologne et du Berry*, 1833, p. 55.

(2) *Chimie agricole* (éd. Roret), p. 208.

(3) *Chimie appliquée à l'agriculture*, t. I, p. 215.

(4) *Principes raisonnés d'agriculture*, t. II, p. 167.

le mélange non altéré du principe calcaire, et lui donne un caractère qui lui est propre, qui se distingue, soit par son mode d'agir sur la végétation, soit par les végétaux qu'il produit spontanément à l'exclusion de ceux que produisait le sol calcaire. Bien plus, il semblerait que la magnésie ôte au carbonate de chaux la propriété qui distingue éminemment la chaux et tous ses composés, de rendre l'humus soluble, et qu'il tend au contraire à rendre insoluble l'humus à mesure que la culture l'accumule dans le sol (1). Cette observation corrobore, sous tous les rapports, l'opinion de Davy. Mais, en supposant qu'on ne puisse admettre l'explication donnée par M. Puvis, qui s'est préoccupé de l'action de la magnésie à l'état de carbonate et en mélange avec le carbonate de chaux au sein de la terre végétale, parce que la magnésie que contient la chaux calcinée est à l'état d'oxide de magnésium et que ce dernier corps ne se présente pas dans la nature, on ne doit point oublier que la magnésie absorbe et retient plus de quatre fois son poids d'eau, qu'elle est très-peu soluble dans l'eau, qu'il en faut, à 15° 5,142 parties pour en dissoudre une de magnésie, qu'elle ne peut être dissoute par l'eau que lorsque celle-ci est saturée de gaz acide carbonique. Toutes ces propriétés, qui ne sont, sous aucun rapport, favorables à la végétation, engageront évidemment le cultivateur à agir avec beaucoup de prudence dans l'emploi des chaux magnésiennes ; elles lui rappelleront que s'il existe dans le Languedoc des terres végétales remarquables par leur fécondité quoiqu'elles contiennent de 0,07 à 0,12 de carbonate de magnésie, on rencontre dans les départements du Gard et de Seine-et-Oise des sols formés de débris de calcaires magnésiens ou dolomitiques tout à fait stériles.

On reconnaît que la chaux contient de la magnésie en traitant l'eau de lavage par le phosphate d'ammoniaque avec excès de base. Sous l'action de ce réactif, la magnésie est précipitée à l'état de phosphate double d'ammoniaque et de magnésie. Ce sel étant calciné se transforme en phosphate neutre de magnésie.

Voici quelques analyses de chaux magnésiennes :

Calcaire de Quilly (Loire-Inférieure) :

Carbonate de chaux. . . .	74,60
Alumine.	3,10
Silice.	4,90
Carbonate de magnésie. .	17,40
	100

Calcaire de Villefranche (Aveyron) :

Carbonate de chaux. . . .	60.00
Oxide de fer.	13,80
Carbonate de magnésie. .	26,20
	100

Calcaire des environs de Paris :

Carbonate de chaux. . . .	78
Argile.	2
Carbonate de magnésie.	20
	100

La chaux magnésienne provient presque toujours de pierres calcaires colorées en jaune pâle, jaune verdâtre, jaune brun.

2. *Sols qui doivent être chaulés.*

Les terrains auxquels la chaux convient sont ceux qui manquent de principes calcaires. Ainsi, on l'emploie sur les sols argileux, les terrains siliceux, les terres tourbeuses, les terres de bruyères, les terrains de landes, les sols schisteux et granitiques, et tous ceux qui sont chargés de fer et de terreau acides. Dans les terres humides, les sols marécageux, elle produit très-peu d'effets utiles.

Ordinairement, on dit que les chaulages ne sont pas utiles sur les sols calcaires, et que même ils sont nuisibles aux terres qui contiennent l'élément calcaire dans une proportion très-sensible. Cette opinion est-elle vraie ? La pratique a-t-elle confirmé l'action nuisible de la chaux sur les sols qui surabondent en carbonate calcaire ? Les sols dans lesquels l'élément calcaire existe naturellement peuvent-ils gagner en puissance et en richesse par une addition de chaux comme stimulant ? Si on étudie l'action du carbonate de chaux à l'intérieur de la couche végétale, il est facile de reconnaître qu'il est des terrains où la chaux existe dans une proportion convenable, dans un rapport tel, qu'il suffit d'incorporer à la couche végétale d'abondantes fumures pour obtenir des récoltes brillantes. Si,

---

(1) *Loco citato*, p. 57.

au lieu d'accumuler au sein de la terre des matières organiques ou d'accroître la richesse , on augmentait les particules calcaires, la couche arable, par le fait de cette augmentation , perdrait une partie de sa fécondité. Quels sont les défauts principaux des terres crayeuses, des sols calcaires siliceux, calcaires argileux peu fertiles? N'est-ce pas , d'une part, le peu de matières organiques qu'ils contiennent, et, de l'autre, la trop grande abondance de principes calcaires? On pensera peut-être qu'il est impossible d'augmenter par les chaulages les particules calcaires du sol. Cette opinion est tout à fait fausse. La chaux appliquée à un sol n'est pas entièrement absorbée par la végétation ; une certaine quantité se fixe à la terre et y persévère longtemps si on renouvelle les chaulages de temps à autre et si la dose de chaux est toujours la même.

Cette théorie , toutefois, semblerait être détruite complétement en présence des résultats obtenus dans ces derniers temps par des chaulages exécutés sur des sols calcaires Ainsi, M. de Latour a chaulé des terres à base calcaire situées à Marcigny (Saône-et-Loire), et les résultats qu'il a obtenus , tant en froment qu'en colza , sont très-remarquables (1). D'un autre côté , on a constaté que la chaux produit d'excellents effets sur les terrains de transition et les calcaires ferrugineux (2). Ces faits sont-ils bien exacts? La couche arable ou superficielle contenait-elle réellement du calcaire? Les fumures avaient-elles été appliquées dans les mêmes proportions ? Telles sont les questions qu'il est indispensable de poser et de résoudre avant d'admettre l'action favorable de la chaux sur les sols calcaires. Si ces faits pouvaient être confirmés, il est évident qu'un grand nombre de localités trouveraient dans la chaux un nouvel élément de prospérité.

Toutes choses égales d'ailleurs , la chaux ne doit être encore regardée comme productrice de forces végétatives plus puissantes que dans les terrains où la fougère , le genêt, la bruyère, l'épine noire , l'agrostis se marient à l'oseille-vinette, la digitale, la petite matricaire , les joncs , les laiches et le chiendent. Les terrains où croissent les chardons , la chicorée sauvage , le coquelicot, le mélampyre, l'arrête-bœuf, le sainfoin, le noyer ne seront chaulés qu'autant que des faits bien constatés démontreront que l'application de la chaux peut être très-favorable à l'existence des plantes sur les sols calcaires.

3. *Procédés d'application.*

La manière d'appliquer la chaux sur le sol résulte des coutumes des contrées.

1° Dans quelques localités , on emploie la chaux après l'avoir laissée s'éteindre sous des hangars ou sur le sol si la température le permet. Quand la chaux est éteinte, qu'elle a perdu sa causticité en absorbant l'humidité de l'atmosphère, qu'elle est bien réduite en poussière , on la conduit sur le champ où elle doit agir et on la répand aussi uniformément que possible par un temps calme et sec. Cette méthode, que l'on emploie très-rarement, possède plusieurs inconvénients. Outre l'emplacement qu'elle nécessite si la fusion de la chaux a lieu à la ferme, le chargement et les transports qui sont très-difficiles si elle est bien éteinte, on en perd une notable quantité par l'action du vent. Ce procédé n'est réellement avantageux que lorsque la chaux doit être appliquée en couverture au pritemps sur des céréales, sur des pois, des vesces. des prairies naturelles, afin d'activer le développement des parties herbacées.

On peut aussi obtenir de la chaux ne poussière en la plongeant dans l'eau pendant quelques secondes ou en jetant un peu d'eau sur les pierres. Ce moyen, qui exige un peu plus de travail, a l'avantage sur le précédent de permettre d'employer la chaux très-promptement. La chaux en poudre doit toujours être répandue par un temps calme.

Par le premier procédé, un volume de chaux grasse vive donne de 1,50 à 1,66 de poudre éteinte. Par le second, le même volume de chaux vive donne 3,52 de poussière. L'avantage est donc au dernier moyen d'extinction.

2° Le second procédé consiste à conduire la chaux sur le champ où elle doit être enfouie et à la disposer par tas de 20 à 30 décimètres cubes éloignés les uns des autres de 6 à 7 mètres. Quand la chaux est réduite en pous-

(1) *Annales de Roville*, supplément, p. 156.
(2) *Annuaire de l'Association normande* , 1843, p. 707.

sière, par suite de son exposition à l'air, on la répand sur la couche arable aussi uniformément que possible. Cette opération se fait au moyen de pelles et par un temps calme et une belle journée.

3° Le troisième moyen a une similitude avec le précédent. On dispose encore la chaux sur le sol en petits tas de 20 à 30 décimètres cubes à la distance de 6 à 7 mètres chacun, et on recouvre chaque tas d'une couche de terre de 16 à 33 centimètres d'épaisseur. Quand la chaux commence à fuser, qu'elle augmente de volume, on a soin de faire surveiller les tas et de faire boucher les crevasses, les fentes qui se font dans la terre qui recouvre la chaux. Lorsque celle-ci est délitée, qu'elle est en poussière, on la mélange avec la terre qui l'enveloppe, puis on reforme de nouveau les tas en ayant le soin de bien couvrir la chaux et on les abandonne. Huit ou quinze jours après cette opération, selon que les travaux forcent le cultivateur à accélérer l'hydratation et que la température le permet, on remanie de nouveau les tas et on les étend sur le champ. Cet épandage doit être exécuté avec soin; il faut que le sol soit entièrement couvert de particules de chaux et que celles-ci soient régulièrement réparties. Il importe beaucoup, pour que la chaux puisse manifester librement son action, que cet éparpillement ait lieu par un temps sec.

4° Le troisième procédé consiste à faire des composts de chaux et de terre, de terre, de chaux et de fumier.

Voici comment on exécute les composts de chaux et de terre dans les départements de la Mayenne et de la Sarthe.

Durant l'hiver on rassemble sur l'un des côtés du champ qui doit être chaulé c'est-à-dire sur la partie que l'on nomme *ceinture*, *cheintre* ou *fourrière*, la terre que la charrue a poussée sur cet endroit lors des labours. Cette terre est très-convenable; elle est toujours de bonne qualité; et son enlèvement contribue beaucoup à l'assainissement du champ. On lui ajoute souvent des gazons, des curures de fossés et de mares, des débris de végétaux, des boues de cours. Lorsque le cheintre a été pioché, quand le gazon qui couvrait le sol a été divisé, que les boues, les diverses curures sont sèches, on mélange ces diverses parties, si cela est possible, et on les dispose en forme de prisme ou de *tombe*.

On laisse ces terres dans cet état jusqu'au mois de février afin qu'elles puissent se *mûrir*.

C'est pendant les mois de février ou de mars que l'on procède à l'extinction de la chaux qui est destinée aux semailles de printemps. Celle que l'on incorpore au sol pour les semailles d'automne, est préparée depuis la Saint-Jean jusqu'à la fin de septembre. Lorsque le moment d'éteindre la chaux est arrivé, on pioche de nouveau la tombe afin de mieux diviser les gazons et émietter la terre. Cette opération s'exécute au moyen d'une bêche ou d'une pelle en fer. Au fur et à mesure que les ouvriers remuent le prisme, ils doivent reformer la tombe, mais il faut qu'ils ménagent à la partie supérieure une tranchée ou rigole jusqu'aux deux tiers de l'épaisseur du tas. Ce large sillon est destiné à recevoir la chaux vive.

Lorsque la chaux est amenée sur le champ où le prisme de terre a été préparé, on la dépose dans la tranchée de la tombe, et on la recouvre aussitôt de 15 à 20 centimètres de terre en donnant à la partie supérieure du prisme une forme bombée. Cette disposition est nécessaire pour empêcher que les eaux pluviales pénètrent jusqu'à la chaux. Quatre ou cinq jours après, selon que la terre est plus ou moins humide, on remue le tas, c'est-à-dire on mélange la chaux à la terre en commençant par un bout, et en suivant jusqu'à l'autre extrémité. La chaux est alors éteinte et en poussière. Le mélange doit être très-intime; l'action du compost dépend beaucoup de la manière dont a été opérée la mixtion. Lorsque le mélange est terminé et que le prisme est formé de nouveau, on l'abandonne pour le remuer une seconde fois et le reformer encore quinze ou vingt jours plus tard. Cette opération est ordinairement la dernière que l'on fait subir au compost. En général le mélange est d'autant plus puissant qu'il a été remué souvent et que sa préparation a été faite longtemps avant son emploi.

Les procédés d'application que l'on suit dans la Sarthe et la Mayenne, éprouvent, dans quelques localités et sur certaines exploitations, des modifications assez sensibles quoique les résultats soient tout à fait identiques dans les deux cas. Ainsi, au lieu de disposer la terre des cheintres ou des têtes de champs en forme de prisme au milieu duquel on place la chaux, on place sur un endroit du champ préalablement choisi, toute la terre qui doit servir à la confection du compost en un large monceau. Lorsque cette terre est *mûre*, qu'elle est bien divisée et que le moment de commencer l'extinction de la chaux est arrivé, on place sur le sol une couche de cette terre de 0,20 à 0,25 d'épaisseur que l'on recouvre d'un lit de chaux vive. Sur cette chaux on place une seconde couche de terre, puis un second lit de chaux et ainsi de suite jusqu'à ce que la terre et la chaux soient stratifiés. Au bout de trois ou quatre jours la chaux est éteinte; alors on remue le tas en ayant le soin de bien mêler la terre au terreau. Ordinairement on remanie le compost dix jours après cette opération; quelquefois même on le remue une troisième fois.

Cette méthode est celle que l'on pratique en Normandie, en Flandre et en Belgique où les chaulages tendent sans cesse à accroître la fécondité du sol.

Les composts dans lesquels on fait entrer du fumier se confectionnent comme les précédents. Toutefois lorsque le compost est préparé, quand le mélange de la terre et de la chaux est très-intime, on incorpore le fumier. Dans l'Anjou cette incorporation n'a lieu qu'en septembre et octobre, quelques semaines avant de répandre le mélange sur la surface du champ, c'est-à-dire quelques jours avant l'époque des semailles. Ainsi, il s'écoule ordinairement quatre à cinq mois entre le moment où la chaux est mélangée à la terre et celui où on incorpore le fumier au compost. Nonobstant, ce procédé est long et dispendieux ; il demande beaucoup de main-d'œuvre et des charrois nombreux ; il précipite la décomposition des matières animales et végétales; il facilite l'évaporation d'une partie considérable des principes constituants des corps organisés. Dans la Mayenne on regarde aujourd'hui les composts de chaux, de terre et de fumier, comme nuisibles aux intérêts des cultivateurs. La perte qui résulte de cette pratique est si vraie que les composts ne présentent pas la moindre apparence de fumier, si les manipulations ont été faites avec soin (1). En Anjou, on considère ce mélange comme très-actif, très-puissant, et on l'applique partout où on peut *aller à la chaux*. C'est que l'observation a démontré que les composts améliorent le sol physiquement et chimiquement, et que, si le prix de revient est un peu plus considérable, l'effet produit contribue doublement aussi à augmenter la valeur foncière du sol (1). Quoi qu'il en soit, ce mélange convient particulièrement aux prairies naturelles et à celles artificielles.

La quantité de terre que l'on mélange à la chaux dans la formation des composts varie selon les localités et les circonstances. En Anjou, la chaux est à la terre dans les rapports de 3 : 60, 5 : 75, 12 : 150, 17 : 150, selon la facilité avec laquelle les cultivateurs se procurent de la chaux et la quantité de terre qu'ils peuvent enlever des cheintres ou recueillir dans les fossés; ailleurs, la chaux est mélangée avec cinq à six fois son volume de terre. Cette variabilité existera toujours: en effet, le cultivateur ne multipliera pas ses dépenses et ses travaux si la quantité de terre qu'il peut enlever des cheintres est très-faible pour en chercher ailleurs. Si la terre ne lui permet pas d'élever une tombe sur l'une des fourrières, il aura recours à l'application directe et que j'ai décrite n° 3. C'est à tort que l'on attacherait une grande valeur aux chiffres que certains auteurs ont donnés ; les rapports que l'on indiquera seront toujours des nombres théoriques. Le cultivateur ne doit les prendre en considération que lorsqu'il lui est possible de se procurer facilement des vases d'étangs, des curures de fossés, des raclages et des balayages de routes.

Quel que soit le procédé mis en usage, que le compost se compose de terre et de chaux ou de fumier de chaux et de terre, on conduit le mélange sur le champ au moyen de véhicules et le dispose en petits tas régulièrement espacés les uns des autres. Le volume de ces tas et la distance qui les sépare varient beaucoup; ces données sont toujours en rapport avec la quantité de chaux appliquée par hectare, et le volume de terre avec laquelle elle a été mélangée.

4. *Conditions de réussite.*

Pour que la chaux puisse produire les effets qu'elle manifeste ordinaire-

---

(1) Jamet, *Agriculture de l'Ouest*, t. IV, p. 259.

(1) Leclerc-Thouin, *Agriculture de Maine-et-Loire*, 1843, p. 210.

ment, il faut que son application ait lieu sur un sol sec ou préalablement assaini et par un beau temps. Si le chaulage a lieu par un temps pluvieux ou humide, la chaux forme pâte ou se granule. Cet état d'hydratation est tout à fait nuisible, et peut paralyser l'action toujours favorable de la chaux dans les sols qui ne contiennent pas de calcaire. L'hydrate de chaux a aussi l'inconvénient de ne pouvoir être conduit avec autant de facilité et de promptitude, et de se mélanger fort mal avec la couche arable. Par la même raison, il faut éviter, autant que possible, que la chaux soit répandue sur le sol plusieurs jours avant de l'enterrer si le temps est pluvieux; cet inconvénient n'existe pas s'il fait beau. Selon **M. Puvis**, il y a avantage à la laisser pendant un jour au soleil éparpillée sur la terre; il semble que son action est augmentée (1). L'emploi des composts présente, sous ce rapport, de grands avantages. Quand la chaux s'est bien délitée et que son mélange avec la terre a été bien fait, le compost, qui a l'aspect d'une poudre grise, n'éprouve aucune modification défavorable sous l'action des pluies, il ne peut pas se pelotonner en grumeaux.

La chaux ou le compost terreux, après avoir été répandu sur la terre préalablement hersée, afin que sa superficie soit plus régulière, doit être incorporée, c'est-à-dire mélangée à la couche arable; cet enfouissement doit être parfaitement exécuté. Les bons effets de la chaux dépendent souvent de cette opération; un hersage seul ne saurait suffire. Si le sol a été convenablement préparé, le mélange peut avoir lieu sous l'action de l'extirpateur ou du scarificateur; hors de cette circonstance particulière il faut avoir recours à la charrue : toutefois, le labour doit être superficiel. Si le labour est profond l'action de la chaux demeure bornée à une moindre quantité de terre, et elle peut être hors de la portée des racines des plantes. Lorsqu'on commet la grande faute de l'enterrer par un seul labour à toute profondeur, il se forme au-dessous de la couche remuée une croûte calcaire qui nuit tellement à l'action de la charrue que la couche de terre végétale en est considérable-

ment diminuée (1), **M. Puvis** a présenté toute une théorie sur ces inconvénients; un labour plus profond que 0,7 à 0,09, dit-il, éloigne la chaux de la couche qui fournit le plus à la végétation; un second labour la ramène ensuite en partie à la surface et l'autre partie reste au-dessous de la couche labourée ; pendant qu'enterrée par un labour peu profond, les labours suivants de profondeur ordinaire la mèlent à la couche végétale, sans l'enterrer trop profondément ni la ramener à la surface : les molécules ténues de la chaux tendent naturellement à s'enfoncer en glissant entre les molécules sablonneuses jusqu'à ce qu'elles arrivent à la couche non remuée où elles s'arrêtent; lorsque la chaux vient à s'y trouver en quelque abondance elle satisfait à ses affinités pour la silice, se prend en une espèce de mortier et forme un plancher qui résiste à l'action de la charrue et au passage des eaux surabondantes (2).

Ainsi, il est nécessaire que la chaux soit enterrée peu profondément et qu'elle le soit par plusieurs labours ; il est évident qu'on ne peut mettre en doute l'action favorable de ces opérations que lorsque la couche arable a été bien remuée par de fréquents labours de jachères. En donnant au sol plusieurs labours, le mélange intime du sol et de la chaux, ou du sol et du compost est plus complet. Cela est si vrai, que **M.** Jamet reconnaît qu'il est plus avantageux de faire le chaulage avec l'avant-dernier labour et de ne semer qu'après un hersage énergique, au lieu de répandre le compost sur le sol et l'enfouir par le dernier labour en même temps que la semence, lorsque celle-ci est recouverte à la charrue. En agissant ainsi, le stimulant, dit-il, serait mieux réparti dans l'épaisseur de la couche arable, et il ne nuirait pas à la germination, comme cela se voit dans les automnes secs. La jachère, sous ce rapport, offre des avantages que ne peuvent comporter les terres qui doivent être chaulées entre une récolte de fourrages verts et une semaille de céréales. En Angleterre, on répand la chaux sur la jachère et on l'incorpore au sol par deux ou trois labours et plusieurs hersages. La pratique a démontré que la chaux ainsi incorporée avec la terre produit son

---

(1) *De l'emploi de la chaux en agriculture*, 1835, p. 90.

(1) Thaër, *Principes raisonnés d'agriculture*, t. II, p. 395.
(2) *Loco citato*, p. 89.

effet dès la première année. Si on la répand lors du dernier labour, et sans hersage, il y a un grand nombre de particules du sol qui ne se trouvent point en contact avec la chaux, et celle-ci peut séjourner longtemps au sein de la terre sans produire beaucoup d'effet, et même être perdue en partie pour la végétation. C'est que souvent il se trouve un certain nombre de parties de chaux entraînées par les pluies à une profondeur qui les rend inutiles. Lorsqu'on laboure une seule fois, le mélange s'opère mal, les semences se trouvent en partie en contact immédiat avec la chaux, et il en résulte qu'à moins que la saison ne soit extrêmement humide, une partie de la semence ne végète pas et que les plantes qui végètent faiblement languissent et sèchent sur pied s'il survient des chaleurs (1).

5. *Quantité de chaux à employer.*

La quantité de chaux que l'on applique par hectare est très-variable. Ce *quantum* résulte toujours de la nature de la chaux, de la texture du sol, de l'épaisseur de la couche arable, de la nature du sous-sol, de la fertilité de la terre, de la force de la fumure qui suit ou précède le chaulage, enfin du temps pendant le lequel la chaux doit agir.

Voici les quantités que l'on emploie en France et à l'étranger dans les localités où la chaux est abondante.

1° Chaulages de Normandie.

La quantité de chaux que l'on répand par hectare, dans l'ancienne Normandie, est de 40 hectol. Au temps de Duhamel les chaulages étaient plus forts : on appliquait 80 hectol. ou 100 livres par perche carrée de 0,34 ares. Dans les terres fortes, les sols argileux, on chaule à chaque reprise de la rotation de l'assolement. Dans les sols légers on chaule tous les 9 ans. On emploie donc dans le premier cas de 8 à 10 hectol. par hectare et par an, et dans le second de 3 à 4. Dans le Calvados, on n'applique, sur les terres légères, que 20 à 30 hectol. de chaux par hectare.

2° Chaulages de la Flandre.

Dans l'arrondissement d'Hazebrouck (Nord), on emploie de 100 à 116 hectolitres de chaux par hectare, et les chaulages sont renouvelés tous les 9 ans. C'est donc de 12 à 13 hectol. par hectare et par an. Dans l'arrondissement de Dunkerque, on met dix voitures de chaux pesant chacune 2 à 3,500 kilogrammes par mesure de 44 ares 4 centiares, soit 250 à 430 hectolitres par hectare. Les chaulages se répètent tous les 9 ou 10 ans (1). On applique donc 27 à 35 hectol. de chaux par hectare et par an. Dans l'arrondissement d'Avesnes, chaque hectare reçoit tous les 10 ou 12 ans 40 hectol. de chaux. Ce qui donne de 3 à 4 hectol. par hectare et par an.

3° Chaulages du département de l'Ain.

Dans le département de l'Ain, les chaulages s'élèvent à 50 et même 100 hectol. par hectare. On les renouvelle tous les 12 ou 15 ans. On répand donc de 4 à 6 hectol. de chaux par hectare et par an.

4° Chaulages de la Mayenne.

Dans les départements de la Mayenne et de la Sarthe, la dose de chaux est de 16 à 32 hectol. On renouvelle les chaulages tous les 4, 5 ou 6 ans. On applique donc de 3 à 5 hectol. par hectare et par an.

5° Chaulages allemands.

Le long du Rhin, au-dessous de Dusseldorf, on répand de 53 à 63 hectolitres de chaux par hectare tous les 6 à 8 ans. On emploie donc de 8 à 9 hectol. par hectare et par an (2).

6° Chaulages anglais.

On répand en Angleterre, sur les terres argileuses, de 275 à 270 hectol. par hectare, et sur les sols légers de 130 à 170 (3). Suivant Arthur Young, on répand dans le Derbyshire, sur les étangs et les marais desséchés, jusqu'à 850 hectol. par hectare. M. le comte de Gourcy cite un cultivateur de Dilston, qui emploie habituellement tous les 7 ans 20,000 kilog. de chaux par hectare, soit 250 hectol. (4). La quantité appliquée par hectare et par an est donc de 35 hectolitres.

Ces quelques chiffres doivent suffire pour reconnaître que la quantité de chaux à employer est très-variable, et que cette variabilité doit vivement

<hr>

(1) Pictet, *Cours d'Agriculture anglaise*, 1808, t. IV, p. 416 et suiv.

(1) Rendu, *Agriculture du département du Nord*, p. 124.
(2) Schwertz, *Préceptes d'agriculture pratique*, 1839, p. 289.
(3) John Sinclair, *Agriculture pratique et raisonnée*, t. 1, p. 420.
(4) *Excursion agronomique en Angleterre et en Écosse*, 1840, p. 123.

préoccuper le praticien. En général, il faut répandre d'autant plus de chaux que celle-ci est impure ou siliceuse, que le sol est plus compacte ou plus argileux, que la couche arable est plus profonde, que le sous-sol est perméable, que la terre est plus fertile, que la fumure qui suit ou précède l'application de la chaux est plus considérable, que la durée du chaulage est plus longue.

On commettrait une faute très-grande si on répandait sur un sol peu profond, léger ou siliceux et peu fertile, une grande quantité de chaux. Il en serait de même si ce stimulant était appliqué dans une grande proportion sur les terres mouillées, des sols humides. Dans ces deux cas les chaulages doivent être faibles ; d'abord pour que la fertilité de la terre ne soit pas diminuée ; ensuite pour que la chaux ne perde pas son action, et que l'opération ne soit pas une véritable dépense onéreuse pour l'agriculteur.

Dans les terres argileuses où il existe toujours une certaine quantité de matières végétales non décomposées, dans les terres siliceuses riches en terreau, enfin dans les sols tourbeux et de bruyères qui sont aussi abondamment pourvus de détritus de plantes à l'état acide la chaux peut être et doit être appliquée dans une assez grande proportion pour qu'elle puisse forcer la terre à développer toutes ses forces productrices. Si la chaux, sur ces derniers terrains, était répandue en petite quantité, et si surtout les chaulages n'étaient pas fréquemment renouvelés, il serait difficile d'espérer retirer de l'emploi de ce calcaire de grands avantages.

Si la quantité de chaux à employer est difficile à déterminer mathématiquement, il faut reconnaître qu'on ne peut l'indiquer qu'après avoir examiné la nature, la profondeur et la fertilité de la terre qui doit recevoir la chaux, et la quantité de fumier qu'il est possible d'appliquer avant ou après cette opération. Dans cette occurrence la pratique de la localité que l'on habite est un guide sûr et certain. Nonobstant, un chaulage exécuté dans une proportion plus faible que celle que réclame le sol est une opération vicieuse. Un tel chaulage, dit Schwertz, reste presque toujours sans effet, à moins qu'on ait préalablement mélangé la chaux avec d'autres substances fertilisantes, ce qui revient alors à l'application d'un compost ; un chaulage suffisant a d'ailleurs l'avantage qu'on n'est pas obligé d'y revenir fréquemment, et qu'il suffit, dans la plupart des cas, pour toute la durée d'un bail ordinaire (1). C'est dans ce but que l'on opère en Normandie quand on exécute un chaulage foncier.

Toutes choses égales d'ailleurs, en France les chaulages ont lieu dans la proportion de 3 à 5 hectolitres par hectare et par an, selon les circonstances locales. Il résulte de ces chiffres qu'on détermine aisément la quantité de chaux à appliquer sur une étendue de terrain donnée en multipliant l'étendue à chauler par la durée du chaulage et le chiffre qui représente la quantité de chaux à appliquer par hectare et par an.

Ainsi, supposons un champ d'une étendue de 4 hectares et admettons que la durée du chaulage soit de cinq années. Supposons ensuite que la chaux doive être répandue dans la proportion de 3 hectolitres par hectare et par an, nous aurons à effectuer l'opération suivante :

$$4 \times 5 \times 3 = 60.$$

Ce produit représente donc le nombre d'hectolitres qu'il faudra répandre sur la superficie du terrain à chauler.

6. *Renouvellement des chaulages.*

Les effets de la chaux diminuent chaque année au sein de la terre, et il arrive bientôt un moment où le cultivateur doit chauler de nouveau. Cette disposition a deux causes. En premier lieu une certaine quantité de chaux est consommée par la végétation. Cette quantité, il est vrai, est bien faible, mais quelque petite qu'elle soit, et quand bien même elle ne serait, comme M. Puvis l'avance, que le sixième de la chaux appliquée, il est certain que la dose qui reste encore au sein de la couche arable, car on doit admettre qu'un certaine quantité s'y accumule ou se combine avec plusieurs des éléments constituants de la couche arable pour former quelques combinaisons utiles ou peu favorables à la vie végétale, n'est plus en quantité assez forte pour que les produits soient aussi élevés qu'ils l'étaient pendant les premières années qui ont suivi l'application de la chaux. En second lieu, les pluies qui tombent sur la terre et qui contiennent une certaine quantité d'acide carbonique qu'elles ont soutiré à l'air atmosphérique, dissolvent une certaine quantité de chaux et peuvent l'entraîner en dehors du champ, si

____

(1) *Ouvrage cité*, p. 288.

elles courent à la surface de la terre ou dans les couches inférieures du sol, et hors la portée des racines si la couche arable et le sous-sol sont perméables.

C'est donc lorsqu'une grande portion de la chaux contenue dans le sol a disparu que le moment est arrivé de procéder à un nouveau chaulage. On reconnaît toujours ce moment aux produits qui sont plus faibles, aux grains, qui sont moins remarquables, et à l'apparition presque subite de certaines plantes indigènes qui avaient pour ainsi dire disparu sous l'influence des effets de la chaux. Mais alors la dose de chaux à appliquer sera-t-elle semblable à la première ou aux précédentes? Le cultivateur peut-il espérer obtenir des produits plus satisfaisants que ceux déjà obtenus en augmentant la dose première? N'est-il pas prudent de maintenir la quantité appliquée précédemment et d'augmenter de préférence la force de la fumure?

Dans les contrées où les chaulages ont lieu à hautes doses, comme en Flandre, en Normandie, il n'est pas prudent de les répéter aux mêmes doses. Il faut des circonstances bien impérieuses pour que le cultivateur se décide à appliquer de nouveau un chaulage foncier ou d'assolement. D'ailleurs, les chaulages à haute dose nécessitent de fortes dépenses et il y a nécessité que les fumures qui les suivent ou les précèdent soient en rapport direct avec la quantité de chaux appliquée. C'est dans cette circonstance surtout que le cultivateur doit éviter de porter la dose à un chiffre supérieur, car la fécondité de la terre pourrait en être diminuée. Les chaulages qui ont lieu tous les quatre, cinq ou six ans sont les seuls qui, dans quelques cas, peuvent être augmentés. Mais ici les chaulages ont lieu en compost, comme ceux qui sont en usage dans la Mayenne et ceux que l'on pratique en Flandre et en Belgique après l'application des chaulages fonciers, et ils ont pour but de reculer l'époque où ces derniers chaulages peuvent et doivent être exécutés de nouveau.

Il n'y a que l'Angleterre qui puisse renouveler fréquemment les chaulages à très-hautes doses. Dans la Sarthe, on obtient, il est vrai, des résultats remarquables en renouvelant très-souvent les chaulages, mais ces succès tiennent à des causes qui n'existent pas partout et que le cultivateur ne peut faire naître du jour au lendemain. Ainsi, la quantité de chaux répandue par hectare et par an est très-faible, et toujours

son application est suivie d'une fumure si le fumier n'entre pas dans le compost. Enfin, le sol, durant la durée du chaulage, est occupé pendant quelques années par le trèfle. Sans ces conditions, il est évident que depuis long temps les chaulages nouveaux y auraient produit des effets beaucoup moins sensibles. Schwertz remarque que lorsqu'on répète plus fois le chaulage sans donner de fumure ordinaire ou sans laisser reposer le sol par une culture de plante fourragère à demeure, on l'épuise à tel point que la répétition des plus fortes fumures suffit à peine pour le relever. Cette observation pratique s'identifie complètement avec celle de M. Jamet. Sous l'Empire et au commencement de la Restauration, le prix des grains, dit-il, fut toujours en hausse; les cultivateurs étendirent autant que possible la superficie de leurs emblavures. Le canton de Bierné (Mayenne), dont les terres à blé sont excellentes et qui chaulait dès cette époque, en récolta des quantités considérables. La spéculation fit porter exclusivement les engrais et la chaux vers cette branche de l'agriculture, les plantes fourragères furent négligées. Lorsque les circonstances qui avaient rendu si fructueuse la culture des céréales vinrent à cesser, l'habitude, cette plaie des campagnes, fit continuer le même système, il s'ensuivit une diminution de force productive, qui sera peut-être longue à rétablir. Si les cultivateurs de Bierné veulent reprendre le rang qu'ils occupaient autrefois, il faut qu'ils changent de méthode; les terres sont suffisamment saturées de chaux, elles exigent aujourd'hui d'abondantes fumures. Leur sol est de meilleure qualité que celui du canton de Craon, qui est riche en prairies artificielles; qu'ils étendent leurs cultures fourragères, ils verront bientôt augmenter le produit des grains (1).

7. *Modifications du sol par la chaux.*

La chaux introduite dans un sol change-t-elle ses propriétés physiques? Ce changement, en admettant qu'il ait lieu, est-il permanent ou temporaire? Ordinairement on dit que les terres légères, sous l'action de la chaux, acquièrent de la consistance, et que celles argileuses perdent une partie de leur ténacité, et qu'elles sont toujours plus meubles. Mais ces effets sont-ils réels?

---

(1) *Agriculture de l'Ouest*, t. IV, p. 264.

Est il bien vrai que la chaux diminue la compacité du sol, l'échauffe ou le rend plus perméable aux racines des plantes et plus propres à absorber la rosée? M. Puvis, qui reconnaît ces diverses actions, admet que, dans ces deux circonstances, la chaux transmet au sol compacte et à la terre légère les propriétés qui distinguent tous les sols calcaires, de se déliter et de s'ameublir spontanément aux divers changements atmosphériques. Cette théorie n'est pas malheureusement confirmée par l'observation. Si la chaux agissait comme on le pense généralement, il faudrait admettre alors que l'action de ce stimulant est permanent et que ses effets sont durables. Ce qui prouve clairement que la chaux ne peut pas agir comme on se plaît à le supposer, c'est qu'elle disparaît du sol d'année en année, et que, d'un autre côté, il faudrait, pour qu'elle pût modifier d'une manière sensible et durable les propriétés physiques d'un terrain, la répandre en quantité considérable.

Si un sol chaulé subit des modifications avec le temps, c'est que la fécondité de la terre augmente presque toujours. Cet accroissement de richesse a pour cause, d'une part, la culture de plantes fourragères vivaces et bisannuelles appartenant à la classe des plantes légumineuses; et, de l'autre, l'application de fumures plus abondantes. Sous l'influence de ces deux causes les matières organiques s'accumulent au sein de la terre, la fertilité s'accroît et les propriétés physiques sont modifiées.

En France, comme je l'ai dit précédemment, la chaux est appliquée dans la proportion de 3 à 5 hectolitres par hectare et par an, et il existe bien peu de contrées où les doses dépassent celles en usage en Normandie et en Flandre. Or, ces quantités sont-elles assez considérables pour changer d'une manière apparente la constitution de la couche arable? Je ne le pense pas. Pour que la couche soit modifiée sensiblement, il faut lui incorporer au moins 100 mètres cubes d'une substance peu soluble dans l'eau, comme du sable, de l'argile, substances qui appartient à la classe des amendements. La différence qui existe entre cette dernière quantité et celle de la chaux appliquée dans les chaulages est si grande qu'elle ne permet pas un seul instant de considérer cette question comme entièrement résolue. Ainsi, par un chaulage qui serait appliqué à un sol qui aurait seulement 16 centim. de profondeur, dans la proportion de 34 ou 68 hectol. de chaux, celle-ci ne s'élèverait pas à plus de 25/100 ou 50/100 pour 100 du volume de la terre arable. Il est donc évident, d'après cela, qu'il est impossible d'admettre, avec M. de Gasparin, que, par les chaulages ordinaires, on puisse espérer modifier favorablement la compacité d'une terre argileuse ou la friabilité d'un sol siliceux.

8. *Action fertilisante de la chaux sur le sol.*

Si la pratique ne confirme pas les théories avancées dans le but de prouver que la chaux modifie la texture des sols où on l'applique, il lui est impossible de nier ses effets chimiques quand elle est employée sur des sols secs ou sur des terres argileuses bien égouttées. Toutefois, ici se présentent deux questions : Quelle est la théorie qu'il faut regarder comme vraie? La question de l'action chimique de la chaux est-elle aujourd'hui résolue?

Thaër attribue à la chaux deux actions chimiques. D'abord, elle agit sur la masse humique ou le terreau du sol, accélère sa décomposition, la dissout, et dépouille l'humus acide de son acidité. D'un autre côté, la chaux absorbe dans l'atmosphère l'acide carbonique qu'elle a perdu par la calcination, surtout lorsqu'elle est réduite en poudre et mêlée à la couche arable, et fournit dès lors aux plantes une nourriture réelle. Alors elle en attire de nouveau à elle, et ainsi il s'établit une communication permanente de cet acide carbonique entre la chaux, les racines et l'atmosphère (1).

Cette manière d'agir de la chaux a quelque chose de vrai. En effet, il est démontré que cette transformation de la chaux vive en carbonate n'est pas aussi nulle qu'on le pense généralement, car le carbonate de chaux des marnes, des sables calcaires, favorise aussi le développement des plantes. En second lieu, il est bien évident que la chaux à l'état caustique agit sur le terreau acide qui lui fournit de l'acide carbonique, et qu'elle provoque la décomposition des matières organiques végétales et animales. Si ces actions n'avaient pas lieu, si cette hypothèse était fausse, la pratique ne constaterait pas chaque jour, et cela dans des circonstances très-diverses, les heu-

---

(1) *Principes raisonnés d'agriculture.* t. II p. 387.

reux effets de la chaux calcinée appliquée sur des terres de landes, de bruyères et tourbeuses, et elle ne remarquerait pas une coloration plus prononcée, plus intense, plus vert noir sur les feuilles et les tiges des végétaux qui croissent sous l'influence de ce stimulant.

M. Puvis expose une théorie toute différente. D'après cet agronome l'humus du sol serait insoluble, mais il pourrait le devenir s'il se transformait en acide humique, composé remarquable par la quantité d'eau qu'il absorbe. Ce corps se combinerait alors avec la chaux incorporée au sol pour former l'*humate de chaux*, qui n'est soluble que dans 2,000 fois son poids d'eau, propriété précieuse pour les plantes puisqu'elles n'absorbent à la fois qu'une très-petite quantité d'humus. C'est cette affinité réciproque de l'acide humique et de la chaux, et le secours que porte aux plantes cette combinaison, qui expliquerait pourquoi l'alliance de la chaux avec le fumier, ou les terres chargées d'humus, qui produisent immédiatement l'humate de chaux, est si puissant sur la végétation; pourquoi la chaux terreautée, qui présente l'humate de chaux tout fabriqué, est beaucoup plus féconde que celle qu'on applique au sol immédiatement; comment il se fait qu'un compost de chaux fait à l'avance, et auquel on a laissé aux affinités le temps et les moyens de s'exercer, est plus fécond que celui qui se fait au moment de le répandre; comment enfin un chaulage est souvent moins fécondant à la première année qu'à la seconde (1).

Cette hypothèse n'est pas assez certaine pour qu'on puisse l'admettre *à priori*. La science met en doute l'existence de l'acide humique, et par conséquent celle de l'humate de chaux. Selon Liebig, cet acide n'existe pas. Certes, dit-il, si l'humus était réellement contenu dans le sol à l'état d'acide humique, on trouverait dans peu d'endroits une réunion aussi complète de toutes les conditions nécessaires à la production de l'humate de chaux que celle que l'on remarque aux grottes de stalactites dans la Franconie, près de Baireuth et de Streitberg. Ces grottes sont recouvertes d'un terrain rempli de végétaux en pourriture qui dégagent incessamment de l'acide carbonique qui se dissout dans les eaux de pluies, lesquelles s'infiltrent à travers le calcaire poreux qui forme les parois et la voûte de ces grottes, et dissolvent dans leur passage une quantité proportionnée de carbonate de chaux Or, en présence des végétaux pourris, il y a de l'eau et de la chaux dissoute ; et pourtant les stalactites ne renferment aucune trace de matière végétale, elles sont, au contraire, parfaitement blanches ou jaunes, en partie transparentes, comme le spath calcaire, et peuvent être chauffées sans noircir ; elles ne contiennent donc pas d'acide humique (1).

D'un autre côté, il résulte d'expériences faites par Liebig, par MM. E. Lucas et Th. Hartig, que les végétaux n'absorbent de la couche arable pour leur nutrition ni matières extractives, ni humus dissous, ni humates de chaux, d'ammoniaque, de soude et de potasse. Les plantes végéteraient en absorbant des gaz dans l'atmosphère qu'ils décomposent dans leurs tissus, et en puisant dans le sol par leurs racines d'autres gaz qui subiraient une modification semblable à celle qu'éprouvent ceux puisés dans l'atmosphère et des solutions de sels très-nombreux. Si cette hypothèse est vraie, elle confirme la théorie admise en second lieu par M. Puvis, qui consiste à considérer la chaux comme un agent producteur qui détermine la formation de sels qui n'existaient pas dans le sol avant l'application de cet alcali. Les substances salines, dit-il, ne préexistent pas toutes formées dans le sol cultivé et non cultivé ; ces sels fixes se forment de toutes pièces dans le sol, et cette puissance créatrice appartient plus particulièrement à la chaux. Ainsi s'explique la supériorité des sols calcaires sur ceux qui ne le sont pas ; les sols calcaires, toujours en travail, préparent, forment par leurs propres forces les sels fixes, nécessaires aux végétaux ; ils produisent encore sans fumier, pendant qu'un autre sol sans engrais double à peine sa semence ; ainsi encore le fumier qu'on donne à cette nature de sol est plus fécondant que sur les sols siliceux, parce qu'il y exerce une réaction réciproque avec la chaux qui détermine une formation plus active de sels fixes, et par suite une plus grande absorption des principes volatils atmosphériques ; car, on doit bien remarquer que l'effet des substances salines

---

(1) *De l'emploi de la chaux*, p. 121.

(1) *Chimie appliquée à l'agriculture*, p. 137.

sur le sol s'exprime spécialement comme celui de la chaux , par l'accroissement d'énergie de la force d'absorption du sol et des plantes sur l'atmosphère (1).

Si l'humus peut être regardé comme source d'acide carbonique , et si la chaux est le véritable agent producteur de sels fixes , il est aisé de comprendre l'importance des chaulages dans les sols non calcaires et ceux chargés de débris végétaux. Mais il est évident que M. Puvis a accordé à la chaux une puissance qu'elle n'a pas. Ainsi , quoique les faits prouvent que la formation des nitrates de potasse et de chaux , des muriates de soude et de chaux , est souvent déterminée par la présence de la chaux , il est difficile de supposer que ce stimulant peut constituer de toutes pièces des bases qui n'existaient pas dans le sol. Les réactions qui ont lieu au sein de la terre sont toutes occultes et mystérieuses , et nous ne pouvons admettre que des probabilités. Si la chaux avait cette faculté prodigieuse de créer des produits nouveaux , des substances nouvelles fixes , salines ou terreuses , utiles à la vie végétale , le cultivateur pourrait se dispenser, dans bien des cas , de faire suivre ou précéder les chaulages par d'abondantes fumures ; et, sous un autre point de vue , la constitution des terres arables lui indiquerait si la chaux doit être appliquée dans une grande ou une petite proportion , et si les chaulages doivent être fréquemment renouvelés.

W. Johnston a admis une hypothèse qui a une certaine similitude avec cette théorie. Selon ce chimiste, la chaux appliquée à l'état caustique se combinerait immédiatement avec toutes les matières acides contenues dans le sol , et , par-là , elle l'adoucirait. Quelques-uns des corps formés par cette combinaison étant solubles dans l'eau, s'introduiraient dans les racines , et fourniraient aux plantes de la chaux et des principes organiques, ou bien ils seraient emportés par l'eau des sources et des pluies, tandis que d'autres composés insolubles séjourneraient plus longtemps dans le sol ; de plus, une portion de la chaux décomposerait les sels de fer, de magnésie , d'alumine , qui se forment naturellement dans le sol, et préviendrait ainsi leur action nuisible sur la végétation. La chaux exercerait une action analogue sur certains composés de potasse , de soude et

d'ammoniaque , s'il s'en trouve dans le sol ; par là ces substances seraient mises en liberté et placées à la portée des plantes (1).

Pour compléter l'examen des théories sur la chaux , je rappellerai celle proposée par H. Davy. Selon ce chimiste , la chaux , si elle est appliquée sur des sols fertiles ou conjointement avec des fumiers , formerait avec les matières huileuses une espèce de savon insoluble ; elle les décomposerait graduellement par la séparation de leur carbone et de leur oxigène ; elle se combinerait aussi avec les acides animaux ; elle aiderait à leur décomposition en leur enlevant la matière carbonacée avec l'oxigène, et par conséquent elle les rendrait moins nutritives ; elle diminuerait également les facultés nutritives de l'albumine par la même raison ; elle détruirait toujours, jusqu'à certain point , l'efficacité des fumiers animaux , soit en se combinant avec quelques-uns de leurs éléments , soit en leur procurant de nouveaux arrangements. La chaux ne devrait jamais être employée avec les engrais animaux , à moins qu'ils ne soient trop riches , ou bien pour prévenir des miasmes nuisibles, et elle serait nuisible quand on la mêle avec du fumier ordinaire, et tendrait à rendre la matière extractive insoluble (2). Cette explication n'est pas satisfaisante , et les faits pratiques sont loin de confirmer l'action défavorable de la chaux sur les sols riches en matières organiques , ou lorsque son application est suivie ou précédée d'une fumure. Si l'on admettait cette théorie, l'action de la chaux n'exigerait pas l'application d'une fumure , et ses effets seraient d'autant plus remarquables que la terre renfermerait moins de parties végétales et animales.

Nonobstant ces diverses hypothèses, et bien que l'action , ou , pour mieux dire , l'influence qu'exercent les substances inorganiques à l'égard de la production des matières organiques , comme l'a dit Berzelius, soit encore fort obscure, on peut considérer la chaux comme agissant :

1° En attaquant la matière organique qui constitue le terreau et en accélérant sa décomposition ;

2° En absorbant l'acide carbonique de l'air et du sol , se transformant ainsi en carbonate ;

---

(1) *Ouvrage cité*, p. 169.

(1) *Éléments de Chimie agricole*, p. 214.
(2) *Chimie agricole*. p. 206.

3° En séparant l'azote des matières organiques, et donnant par là naissance à du carbonate d'ammoniaque ;

4° En fournissant aux plantes de l'acide carbonique ;

5° En mettant en liberté les bases de certains composés de potasse et de soude ;

6° En décomposant certains sels de fer, de magnésie, de manganèse, prévenant par là leur influence nuisible sur la vie des plantes ;

7° En jouissant de la propriété d'être soluble dans l'eau froide ;

8° En se combinant avec l'acide nitrique qui prend naissance pendant la décomposition des matières organiques, formant ainsi du nitrate de chaux ;

9° En se combinant avec les acides organiques libres (acides tannique, gallique, etc.) contenus dans les débris organiques des terres tourbeuses et des terres de bruyères, neutralisant par là leur acidité ;

10° En détruisant, par sa causticité, certains œufs et certaines larves d'insectes nuisibles, et une certaine quantité de semences de mauvaises plantes.

9. Cultures auxquelles il faut appliquer la chaux.

La chaux vive appliquée sur un sol sec ou parfaitement assaini a une action stimulante particulière sur les céréales et les légumineuses.

Les froments qui végètent sur des terrains chaulés produisent des grains plus lourds, plus ronds, plus fins, qui donnent moins de son et plus de farine que ceux qui proviennent des terres schisteuses, argileuses et siliceuses. En outre, les blés sont moins sujets à verser, ils tallent davantage, et leur production est bien supérieure à celle de ces derniers terrains. M. Puvis dit que la carie et la rouille sont plus rares, moins fréquentes, parce que, d'une part, la chaux est l'un des spécifiques destructeurs du germe qui la propage, et que, de l'autre, elle diminue l'humidité qui la favorise et donne plus de vigueur aux plantes qui en sont beaucoup moins endommagées. Ces effets ne sont pas bien prouvés. Il est beaucoup de contrées granitiques et siliceuses en France où la carie et la rouille sont moins communes que dans les localités où la terre végétale est de nature calcaire, et où les chaulages sont en usage. L'avoine et l'orge réussissent très-bien après un chaulage.

Les vesces, les pois, acquièrent un développement remarquable sur les terres chaulées. Mais cette influence, quelque favorable qu'elle soit, est souvent moins sensible que l'action qui a lieu sur le trèfle. Il n'est aucune plante, parmi toutes celles des légumineuses, sur laquelle la chaux ait des effets aussi énergiques. Sous son action le trèfle a une végétation plus vigoureuse, ses feuilles prennent un plus grand développement, et sa réussite est plus assurée, plus certaine et son existence plus longue. D'après Schwertz, on peut admettre que la chaux a plus d'action que le plâtre sur le trèfle qui croît dans les sols serrés et froids, et que le plâtre agit plus que la chaux sur les terrains chauds meubles.

Les pommes de terre s'accommodent très-bien aussi des terres chaulées. Lorsqu'on chaule des pommes de terre, ajoute Schwertz, dans une jachère retournée, on en obtient non-seulement un produit considérable, mais encore les pommes de terres sont d'une qualité supérieure et contiennent une plus grande proportion d'amidon. Toutefois, il est indispensable que la chaux soit appliquée longtemps avant l'époque de la plantation, ou qu'elle soit bien éteinte. Lorsqu'on l'emploie dans son état caustique sur une récolte de pommes de terre, elle attaque les tubercules de semence, et les plantes sont sujettes à la frisolée, ou à produire des tubercules galeux (1).

Les plantes crucifères, le colza, la navette, réussissent très-bien sur les terres chaulées. On a observé que la culture des navets, des turneps, était plus favorable sur les sols chaulés, et que leur existence y était toujours plus assurée.

La chaux répandue sur des prairies naturelles a très-peu d'action, à moins que le sol soit sec et qu'elle soit mêlée à de la terre. C'est à tort que l'on pense que la chaux agit favorablement sur les prairies humides ou marécageuses. En général, ce stimulant n'agit sur les plantes de mauvaises qualités, les plantes aigres, les joncs et les laiches, que quand le gazon a été convenablement assaini, que les plus fortes plantes nuisibles à la qualité du foin ont été arrachées, que la chaux a été répandue par un temps sec, dans une forte proportion et mêlée à des composts terreux. Ainsi appliquée, la chaux force certaines plantes inutiles et nuisibles à disparaître ; elle favorise la végétation

____

(1) John Sinclair, *Agriculture pratique et raisonnée*, t. 1, p. 425.

du trèfle rouge, du trèfle jaune, du trèfle blanc, de la luzerne maculée, du ray-grass, etc., plantes qui fournissent davantage sous la faux, et qui constituent un foin de parfaite qualité. On est tout étonné, à la suite de cette opération, de voir très-souvent le jonc ou la mousse céder la place aux trèfles qui croissent naturellement avec abondance et vigueur, sans avoir été semés exprès, dans des lieux où à peine on pouvait en découvrir quelques brins (1). Nonobstant, le chaulage des prairies qui ne peuvent pas être labourées est une opération qui appartient plutôt au propriétaire qu'au fermier, parce que l'amélioration, sous le rapport de la quantité du fourrage, n'est pas en proportion de la dépense, et à moins que le fermier n'ait un long bail, il est impossible qu'il y trouve son compte. Il faut toujours se souvenir qu'un fermier ne met de l'argent en améliorations que lorsqu'il a une espérance raisonnable, non-seulement d'être payé en principal et en intérêts, mais encore de trouver dans les produits un profit proportionné aux risques qu'il court et aux travaux qu'il exécute (2).

10. *Quantité de chaux absorbée par la végétation.*

J'ai dit, au nº 6, que **M.** Puvis pensait que la quantité de chaux consommée par la végétation, chaque année, était le sixième de la dose appliquée. Voici les points lesquels cette hypothèse est basée. Il admet, d'après **Th.** de Saussure (3), que 1,000 kilog. des différents produits végétaux secs, graines de froment, orge, avoine et leurs pailles, pois, fèves, maïs, grains et pailles, produisent en moyenne 86 kilog. de cendres; les 10,000 kilog. pesant de

substances végétales sèches produites par hectare, dans les deux années de l'assolement de la terre de qualité moyenne chaulée, donneraient donc 430 kilog. de cendres. Mais comme ces produits, à l'exception de l'orge, ont végété sur des graviers siliceux ou sur un sol siliceux, et qu'ils ne contiennent guère que moitié de la chaux de ceux qui croissent sur des sols calcaires ou devenus tels par l'application de stimulants carbonatés, et qu'il est question ici de terres chaulées, **M.** Puvis admet, au lieu des 10 pour 100 de chaux de Saussure, les 20 pour 100 que les analyses spéciales de Sprengel (1) ont trouvés, en moyenne, dans les cendres des pailles de 12 des principales espèces de végétaux cultivés. De là il résulte que les plantes qui ont végété dans les deux années de l'assolement contiennent 86 kilog. de chaux qu'elles ont prise dans le sol, ou, dans chaque produit annuel, 43 kilog., qui correspondent, selon **M.** Puvis, à un demi-hectolitre. Donc, si on applique par hectare et par an 3 hectol. de chaux, la végétation en absorbera environ le sixième. Les cinq autres sixièmes se mêleront au sol, se dissolveront, concourront à la formation de certains principes salins, etc.

M. de Gasparin n'admet pas ce résultat (2). Il suppose, d'après **M.** Berthier, que la paille de froment renferme 6 centièmes de chaux dans ses cendres, ou 0,044 de son poids, ou 0,263 pour 100, et que les pois en contiennent 2.73 pour 100. En supposant donc, dit-il, un assolement combiné de blé et de légumineuses, nous avons pour deux ans (une année céréale, une année légumineuse), avec une récolte de 20 hectol. de froment et de 80 quint. mét. de trèfle, la quantité de chaux suivante :

	kilog.
2,800 kilog. de paille.	73,540
8,000 kilog. de trèfle.	218,400
	291,940 (3)

C'est donc environ 2$^{hect.}$,4 de chaux pure en poudre qu'il faut donner aux terres pour la durée de cet assolement, ou 1$^{hect.}$,2 par année moyenne. Si on se bornait aux récoltes de céréales, les

6/10 d'un hectol. devraient suffire pour chaque récolte. **M.** de Gasparin suppose l'hectolitre de chaux pesant environ 120 kilog.

Ces résultats théoriques concordent

---

(1) de Morogue, *Des moyens d'améliorer l'agriculture en France.* t. 1, liv. 7, ch. 1.

(2) G. Maurice, *Traité des Engrais.* 1806. p. 152.

(3) *Recherches sur la végétation.* 1804. tables des analyses.

(1) *Annales de Roville*, 8ᵉ livraison. p. 195.

(2) *Cours d'Agriculture*, t. 1, p. 666.

(3) Ces chiffres diffèrent de ceux publiés par M. de Gasparin. La différence provient d'erreurs dans les calculs.

mieux avec les faits pratiques que les probabilités admises par M. Puvis. D'après ces calculs, la végétation absorberait chaque année plus des 2,6 de de la chaux appliquée. Nonobstant, il existe une différence bien grande entre ces résultats et ceux admis par M. Boussingault (1). D'après ses propres observations analytiques, ce savant chimiste a constaté que sur la superficie d'un hectare ·

		kilog.
La récolte de trèfle enlève.		76,3 de chaux
La récolte de froment. . . { par le grain. · 0,8 / par la paille. . 16,7 }		17,4
La récolte d'avoine. . . . . { par le grain. . 1,6 / par la paille. . 5,4 }		7,0
La récolte de pommes de terre.		2,2
La récolte de pois.		3,1
La récolte de betteraves.		14,0

Or, un assolement biennal qui comporterait une récolte de froment et une autre de trèfle, et pour lequel on appliquerait, lors de la première ou de la seconde récolte, 3 hectol., ou 360 kilogrammes de chaux, n'emprunterait au sol chaque année que 46 kilog. environ de chaux. Ce chiffre est presque identique à celui constaté par M. Puvis. Je dois dire, toutefois, que M. Boussingault admet que la production sèche est, par hectare, pour le trèfle, de 4,029 kilog. pour le froment : grain 1,148 kilog., paille 2,790 kilog.

Toutes choses égales d'ailleurs, il est naturel de penser que la quantité de chaux absorbée par la végétation variera toujours suivant les terrains et les climats, et qu'il n'est pas possible de considérer l'un de ces résultats théoriques comme rigoureux ; la science agricole n'a pas encore dit son dernier mot. Mais ces chiffres auront cet avantage qu'ils obligeront le cultivateur à suivre les errements de la pratique, et à appliquer ce stimulant au minimum de 3 hectol. par hectare et par an. Un chaulage qui aurait lieu dans la proportion de 1 hectol. à 1 hectol. 50 serait évidemment un mauvais chaulage, et la pratique en justifierait difficilement l'application.

11. *Épuisement du sol par la chaux.*

La chaux, qui est peut-être de tous les stimulants celui qui produit plus d'effets favorables lorsqu'il est convenablement appliqué, précipite parfois l'épuisement de la fécondité de la terre. Ce résultat a toujours pour cause l'emploi mal entendu de la chaux, l'absence de fumure après le chaulage, le renouvellement trop fréquent des chaulages, l'application de doses plus fortes que celles que peut supporter la terre, eu égard à sa nature et sa fécondité.

L'emploi de la chaux ne dispense pas de l'application des engrais. Si la chaux est la seule substance destinée à maintenir ou à augmenter la fertilité du sol, il n'est pas possible de penser que la terre conserve sa même force de production. Pendant les premières années, les récoltes pourront être plus abondantes, parce que la chaux imprimera au sol un élan de fécondité, mais ces récoltes extraordinaires ou abondantes seront produites au détriment de la fertilité. Celle-ci périclitera d'année en année, et il arrivera bientôt ce que l'on remarque chaque jour dans les localités où l'on abuse des effets de la chaux, que les produits du sol ne seront plus ni aussi abondants, ni aussi remarquables. Cet épuisement, cette stérilisation, a pour cause l'action de la chaux sur la matière organique du sol.

La chaux n'est pas un engrais. Si ce stimulant avait une action semblable à celle des corps organisés végétaux et animaux, son emploi ne présenterait pas autant de dangers, et son usage serait plus grand encore qu'il ne l'est. Mais la chaux ne peut être regardée que comme un excitant. Si, d'après R. Brown, la chaux était un engrais, elle serait propre à enrichir le sol, ou à rendre la fertilité à une terre épuisée par une longue succession de récoltes ; mais, comme un sol épuisé ne peut être ramené à l'état de fertilité par l'application de la chaux seule, on est en droit de considérer la chaux comme une substance très-convenable pour mettre en action certains principes de la fer

---

(1) *Économie rurale*, t. II. p. 22.

tilité existants déjà dans le sol (1). Il est nécessaire de coordonner l'emploi de cette substance à la fertilité de la terre arable et aux fumiers que l'exploitation fabrique ou à ceux qu'elle peut acheter. Ce principe est si vrai que la chaux peut réduire un terrain en quelques années seulement au dernier degré d'épuisement si on l'applique sans fumer sur un sol pauvre en matières organiques. Thaër raconte que des gens qui ne savaient pas apercevoir la cause de l'action de la chaux, ont donné à cette substance la préférence sur les fumiers, et ont cru pouvoir se passer entièrement de ceux-ci, mais l'épuisement dont le sol donna, plus ou moins tôt, des signes effrayants, jeta dans l'extrême opposé, et l'on crut voir toujours du danger à l'emploi de la chaux sur les terres. L'homme éclairé s'aperçut bientôt que l'usage de la chaux ne dispensait point de celui du fumier, mais qu'il donnait plus d'intensité à l'action de cette dernière espèce d'engrais ; ainsi il profita de la fécondité que la chaux avait donnée à la première récolte pour se procurer d'autant plus de substances propres à produire des fumiers, afin de pouvoir rendre au sol, en engrais d'étable, ce que la chaux lui avait enlevé en forçant la végétation des récoltes auxquelles elle avait été appliquée (2). Le cultivateur ne doit donc pas oublier que si la chaux peut augmenter les produits de ses récoltes, elle peut aussi les diminuer et épuiser la terre si on l'applique sans avoir réfléchi à ses effets défavorables, et sans la faire suivre ou précéder par une fumure si le sol n'est pas très-riche en terreau doux ou acide.

§ 2. DE LA MARNE.

L'emploi de la marne est beaucoup plus ancien que l'usage de la chaux. Pline parle de son emploi dans les Gaules et la Grande-Bretagne, et il dit qu'on la tirait de puits de plus de trente mètres de profondeur (3) ; Varron fait connaître que les habitants des bords du Rhin s'en servaient pour fertiliser leurs champs. C'est encore à Bernard de Palissy, qui vivait sous Charles IX, qu'était réservée la tâche d'appeler l'attention des agriculteurs de notre patrie sur les avantages que possède ce stimu-

lant. A cette époque, les marnages étaient en usage en France, mais ils étaient dévolus à quelques localités seulement. Olivier de Serres dit que la marne était « fort cogneue en l'Isle-de-France, en la Beausse, Picardie, Normandie et autres provinces de ces contrées-là (1) ; » mais tout porte à croire, d'après ce que cet auteur dit de son emploi, que son application était encore mal comprise.

Aujourd'hui, cette substance est employée dans presque toutes les localités où elle est abondante et où le cultivateur peut l'appliquer avec avantage. C'est qu'elle est un des éléments les plus puissants de fécondité ; c'est qu'elle favorise d'une manière remarquable la production des fourrages légumineux et des céréales destinées à la nourriture de la société. Toutefois, si la marne peut accroître les forces productives du sol ; si, sous son action, la terre peut augmenter en puissance et en fertilité, il faut reconnaître qu'elle peut aussi précipiter la stérilisation quand elle est mal appliquée. C'est cette conséquence dangereuse pour l'avenir d'une terre qui a donné lieu à ce vieux proverbe : *la marne enrichit les pères et ruine les enfants !* Nous verrons bientôt quelle confiance on doit accorder à cet ancien adage.

1 *Nature et variétés de marne.*

La marne existe naturellement au sein de la terre et elle est très-abondante dans les terrains de formation secondaire et tertiaire. Ainsi, elle est commune dans les terrains jurassiques, liasique, crétacé et supra-crétacé. Toufois, elle n'existe pas au sein des terrains primitifs et secondaires. (Voir chap. 1, sect. VII).

Cette substance, dont la texture est quelquefois feuilletée à la manière des schistes, est un mélange intime d'argile, de carbonate de chaux, de sable et de quelques autres substances minérales. Quelques auteurs, Thaër et M. Petit-Laffitte, regardent la marne comme une combinaison du calcaire avec l'argile. Cette manière de considérer ce stimulant est tout à fait fausse. Si ce stimulant était le résultat d'une combinaison de ces deux éléments, la chimie aurait découvert depuis longtemps le moyen de le former. On ne

---

(1) *Annales de Roville,* 5e livraison. p. 232.
(2) *Loco citato,* p. 397.
(3) *Historia naturalis.* lib. 17, cap. 7

2) *Ménage des champs,* t. 1, p. 129

peut considérer la marne comme une combinaison que lorsqu'on donne le nom de marne au *crayon* que l'on emploie dans la Beauce ; car, à vrai dire, cette substance n'est pas une marne, c'est une véritable craie, c'est un calcaire-crayon pulvérulent ou ayant la propriété de se déliter à la manière des marnes.

On doit donc regarder la marne comme un produit de la nature qu'il est impossible d'imiter, car la liaison des éléments constituants nous est inconnue. Il nous est facile de mélanger du calcaire, de l'argile, de la silice, de l'oxyde de fer, des sels de magnésie, mais nous ne pourrons jamais former une substance où l'œil ne pourra distinguer les particules de calcaire de celles de l'argile. Le composé qui résultera de ce procédé mécanique sera tellement imparfait, sera si dissemblant de la marne formée par la nature, qu'il ne possédera aucune des propriétés qui caractérisent celle-ci. Dans la marne naturelle, les principaux éléments constituants, le calcaire et l'argile, sont juxtaposés molécule à molécule, et l'objectif du microscope est impuissant pour les distinguer l'un de l'autre. Cette particularité n'existe pas pour la marne artificielle. Au moyen du microscope on reconnaît que les particules de calcaire ne sont pas unies intimement à l'argile, qu'au contraire, elles en sont séparées par une distance très-sensible.

La marne présente des caractères particuliers qu'il importe au cultivateur de bien connaître. Ces signes distinctifs sont :

1° D'affecter souvent une cassure conchoïde et toujours terne ;

2° De happer à la langue à la manière des argiles lorsqu'elle est sèche :

3° D'être onctueuse au toucher ;

4° De faire une vive effervescence avec les acides ;

5° De se déliter à l'air ;

6° De former avec l'eau plutôt une bouillie qu'une pâte.

La couleur des marnes varie à l'infini. Quelquefois elles sont verdâtres, jaunes ou blanches ; souvent elles sont brunes, rouges, grisâtres, bleuâtres ou noirâtres. Ces diverses colorations résultent toujours de l'oxyde de fer ou de la magnésie qui sont contenus dans les marnes et de la plus ou moins grande quantité de calcaire, de sables et d'argile qu'elles renferment. La couleur est donc un signe équivoque, et, dans aucune circonstance, elle ne pourra servir à déterminer la qualité de la marne.

Les marnes se présentent sous divers aspects, suivant l'état, la manière d'être de leurs diverses parties constituantes.

1° On donne le nom de *marnes calcaires* à celles qui contiennent beaucoup de carbonate de chaux, peu d'argile et encore moins de sable. Ces marnes, qui renferment de 50 à 90 et quelquefois 95 pour cent de calcaire, sont celles qui produisent les plus grands effets ; elles sont ordinairement blanches, jaunâtres ou grises et se délitent le plus promptement.

2° Les marnes qui comportent beaucoup de sable, peu d'argile et une faible quantité de calcaire, ont reçu la dénomination de *marnes siliceuses*. L'action chimique de ces marnes n'est pas remarquable. Par contre, leur action mécanique est très-sensible, car elles renferment de 25 à 75 pour cent de sable. Ces marnes ont peu de consistance.

3° On désigne sous le nom de *marnes argileuses* celles qui contiennent plus d'argile que de calcaire et de sable. Ces marnes offrent une certaine cohésion et plus d'onctuosité que les autres ; elles renferment de 50 à 70 pour cent d'argile. La coloration est généralement un peu foncée et très-variée.

Cette division des marnes n'est pas très-positive, elle est un peu vague : mais elle a cet avantage, qu'elle est pratique et que sous ce rapport elle s'harmonise très-bien avec le langage de l'agriculteur.

Toutes les marnes n'ont pas l'aspect d'une substance terreuse. Il en est plusieurs qui sont très-dures et en rognons, d'autres qui ont l'apparence et la solidité d'une pierre, quelques-unes qui sont sous la forme de grumeaux qui ont un aspect pulvérulent. En général, les marnes ne se délitent pas de la même manière. Ainsi, certaines se fondent dans l'eau avec une grande promptitude en une poudre homogène sans laisser de noyaux ; d'autres, au contraire, ne se délitent qu'en partie et laissent des rognons calcaires plus ou moins volumineux que les agents atmosphériques parviennent difficilement à diviser. On conçoit, d'après cela, l'immense avantage que présentent les marnes qui se fondent complétement dans l'eau, sur celles qui laissent des noyaux solides lorsqu'elles se délitent dans l'eau ou à l'air.

Nonobstant, quand le carbonate de chaux contenu dans une marne dépasse 70 pour cent, celle-ci se durcit et commence à devenir pierreuse. Passé 80 pour cent dit M. Puvis, elle cesse d'être une marne, appartient à une formation différente et ne se trouve plus sous une couche argilo-siliceuse; elle se délite alors plus difficilement et devient une pierre calcaire marneuse, bonne pour faire de la chaux hydraulique, mais qui fuse quelquefois trop difficilement, et qu'on est obligé de briser pour pouvoir utilement l'employer dans le sol (1).

2. *De l'extraction de la marne.*

L'action bienfaisante de la marne sur le sol et les plantes impose au cultivateur l'obligation d'examiner avec attention le sol qu'il cultive et les terres qui environnent son exploitation, afin de savoir si cette substance existe.

Les marnes forment des couches parallèles horizontales ou un peu inclinées, d'une épaisseur plus ou moins grande, et elles existent tantôt à la superficie de la terre, sous le sol ou au-dessous du sous-sol, tantôt à une grande profondeur au-dessous de ce dernier.

Lorsque la marne forme des couches qui affleurent la surface de la terre, la couche arable est généralement recouverte par des plantes naturelles particulières. Ces plantes indicatives sont : l'ononis des champs (*ononis arvensis*), la sauge-verveine (*salvia verbenacea*), la sauge sclarée (*salvia sclarea*), le tussilage pas d'âne (*tussilago farfara*), la ronce (*rubus fruticosus*), la lupuline (*medicago lupulina*), etc. Quand aucun indice n'indique que le sol comporte de la marne, le cultivateur doit sonder la terre avec une tarière dont la longeur variera suivant les circonstances. Cette opération, qui est très-simple et facile à exécuter, surtout lorsque la sonde ne pénètre pas dans le sol au delà de 4 à 5 mètres de profondeur, est toujours plus économique que les recherches qui ont lieu à l'aide de la pelle et de la pioche, et elle est aussi plausible dans ses résultats que le sont celles-ci.

Les marnes qui sont rapprochées de la surface de la terre arable et que l'on rencontre plus particulièrement sur les pentes des ondulations du sol, sont d'une extraction facile. Toutefois, ces marnières à ciel ouvert ne peuvent être exploitées à toutes les époques de l'année, car, lorsque l'eau abonde, le travail est pénible et parfois même impossible, et il peut survenir des éboulements.

Lorsque on a reconnu, à l'aide de la tarière des mineurs, la présence de la marne, l'épaisseur de la couche ou de plusieurs bancs, et celle des lits pierreux qui alternent souvent avec les stratifications marneuses, on enlève la terre végétale qui recouvre le point où existera la marnière. Quand la marne affleure la terre et que la couche est très-faible, et que, par conséquent, l'excavation doit être peu profonde, on n'exécute le déblai de couche terreuse superficielle qu'au fur et à mesure de l'enlèvement de la marne. En agissant ainsi on diminue toujours les dépenses, puisque les terres qui proviennent du déblayement sont employées à remblayer la cavité où la marne a été précédemment extraite. Après avoir enlevé la terre végétale, on déblaye aussi les terres sableuses ou les couches pierreuses qui peuvent exister entre la couche de marne et la couche arable. Cette opération doit être parfaitement exécutée. Il importe beaucoup que la marne soit mise tout à fait à découvert, afin de ne point extraire et conduire des substances qui n'auraient aucune des qualités de la marne. En général, les couches marneuses qui sont situées très-près de la surface du sol, ne sont pas celles que le cultivateur doit considérer comme les plus stimulantes.

Quand la marne a été mise à nu, il faut s'occuper de son extraction. Cette opération peut avoir lieu à l'aide d'ouvriers à la journée ou à la tâche. Il est certain que dans cette circonstance le travail à la tâche a une supériorité prononcée sur celui qui est exécuté à la journée. L'extraction ne peut réellement avoir lieu à l'aide de journaliers que lorsque la marnière est située très près du corps de ferme et que la surveillance des ouvriers est très-facile. Lorsque la marnière est située au milieu d'une surface plane, que la couche marneuse est peu épaisse et située à une faible profondeur, un ou plusieurs ouvriers peuvent piocher la marne, et celle-ci peut être transportée directement dans une charrette ou un tombereau par d'autres travailleurs, à condition, toutefois, que la sortie de la marnière sera facile. Si la circulation des véhicules était difficile, si le travail des animaux moteurs était pénible, et que le cultivateur se trouvât dans l'indispensable nécessité de posséder un grand nombre d'animaux de travail, il faudrait renoncer à cette manière d'opérer. Alors des hommes armés de pelles conduiraient, au moyen de brouettes, la marne piochée hors l'ex

---

(1) *Des différents moyens d'amender le sol,* p. 51.

cavation. Pour que cette sortie ait lieu facilement, il faut établir deux petits chemins de bois au moyen de légers madriers ou de fortes planches. Ces voies facilitent beaucoup la circulation des brouettes lors de la sortie de la marnière et du retour.

Si l'extraction de la marne ne pouvait avoir lieu au moyen de brouettes parce que la sortie serait difficile, il faudrait, si les circonstances le permettaient, la faire jeter à la pelle en dehors de la marnière, en ayant soin que les ouvriers la placent à une certaine distance du bord de l'excavation. Si la marne était placée près du bord de l'ouverture, elle pourrait, par son poids qui est considérable, charger fortement les parois de la marnière et occasionner des éboulements. Pour que la marne, jetée hors la fosse, soit placée à une distance convenable, il faut la faire enlever à la pelle par d'autres ouvriers qui auront pour mission de la jeter aussi loin que possible des bords de l'ouverture. Dans cette circonstance, la marne peut rester en tas pendant longtemps, c'est-à-dire jusqu'au moment où elle sera conduite sur le champ où elle doit être appliquée, ou elle peut être immédiatement transportée sur le lieu où elle doit agir.

Lorsqu'une marnière est située sur une pente sensible ou à la base de lieux montagneux, son extraction est plus simple, plus facile. Cette extraction n'est difficile que lorsque la marne est située profondément et que les charrois sont rendus pénibles par une montée. Ainsi, si la marnière est située dans le fond d'un vallon, à la base d'un coteau, et si les terres à marner existent sur un plateau situé au sommet de la montée, le transport de la marne ne pourra avoir lieu souvent que durant la belle saison et au moyen de véhicules légers et d'une faible capacité. Dans le cas contraire, le transport de la marne s'effectue facilement ainsi que le chargement des tombereaux ou des charrettes.

Il est des cas où l'extraction de la marne a lieu avec moins de dépenses et plus facilement que dans les circonstances que je viens de signaler. Ainsi, lorsque la marne existe directement au-dessous de la couche végétale que l'on veut marner, il n'est pas toujours nécessaire d'avoir recours aux attelages et aux voitures. Des ouvriers pratiquant alors çà et là, sur le champ, de petites excavations, exécutent l'extraction de la marne et conduisent celle-ci sur la surface du champ. Quand la quantité de marne nécessaire au marnage de la couche arable est extraite et répartie sur le sol, on exécute le remblayement au moyen de terres enlevées sur les parties du champ qui le permettent. Ordinairement ces terres sont prises sur la partie basse du champ que l'on appelle *cheintre*, *ceinture*, *forrière*, *coulasse*, etc., suivant les localités, parce que cet endroit comporte toujours une très-grande quantité de parties terreuses. On sait que ces terres ont été enlevées au champ par les eaux pluviales courantes ou entraînées par les charrues, et qu'elles nuisent toujours à l'égouttement des terres argileuses ou imperméables. Malheureusement de telles opérations sont peu communes. Dans la plupart des cas l'application de la marne entraîne des travaux plus compliqués et des dépenses beaucoup plus fortes.

Lorsque la marne est située profondément, il est impossible de l'extraire sans percer un puits. Cette extraction de la marne à une très-grande profondeur remonte à une époque très-éloignée de nous. Pline dit que sur quelques points de la Gaule on tirait la marne de puits de plus de 33 mètres de profondeur et ayant des galeries comme ceux des mines. En France, dans l'arrondissement de Lisieux, il existe des marnières qui ont une profondeur bien plus grande encore.

La marne que l'on extrait des marnières aussi profondes n'est pas celle qui a le moins d'action. Ordinairement elle est plus homogène, plus calcaire. L'extraction des marnes à l'aide de puits profonds ne doit avoir lieu que lorsqu'on est dans la nécessité d'envoyer les chercher à des distances considérables. Il vaut mieux, selon M. de Gasparin, tirer la marne de 15 mètres que de l'aller chercher à 2 ou 3 myriamètres. Néanmoins, cette opération ne peut être exécutée que par des hommes habitués aux carrières ou par des marneurs bien exercés à ce genre d'extraction. C'est qu'il est indispensable pour éviter des malheurs qui auraient pour cause des éboulements ou des pleurs d'eau, de placer de distance en distance à l'intérieur du puits des étais destinés à maintenir les terres et d'y établir une petite pompe pour vider l'eau. A défaut de cette machine, on peut se servir de seaux que l'on montera et descendra par un moulinet. En outre il est bien utile que les galeries ne soient abandonnées que lorsqu'elles sont tout à fait épuisées et qu'elles soient construites avec beaucoup d'habileté.

On opère l'élévation de la marne du fond du puits au moyen d'un treuil simple. Cette machine se compose de deux croix de Saint-André placées à 0,30 ou 0,40 de chaque côté de l'ouverture et qui supportent un rouleau à l'une des extrémités duquel existe une manivelle. Au milieu de ce rouleau est fixée une corde dont un bout descend un panier ou un baquet vide et dont l'autre monte un autre panier ou baquet rempli de marne. Quelquefois, lorsque les puits sont profonds et la marne abondante, on remplace le treuil par un manége à cheval ou à bœuf.

Il est certain que l'eau peut empêcher l'extraction de la marne, soit que la marnière soit à ciel ouvert, soit que son exploitation ait lieu par le moyen de puits. Le cultivateur ne doit négliger aucun moyen pour s'en débarrasser. Cette opération ne constitue pas une dépense ; au contraire, elle a pour but de rendre les travaux plus faciles à exécuter, et en outre elle permet l'extraction à fond. Lorsque les marnières sont situées à mi-côte, on se débarrasse aisément des eaux qui résultent des pluies ou de sources en creusant une tranchée profonde sur les côtés de l'entrée de la fosse et en lui donnant une forte pente, de manière à ce que les eaux arrivent à la partie inférieure de la colline.

3. Essai et analyse de la marne.

Aussitôt que le cultivateur a reconnu, par des recherches faites à l'aide de la pelle ou de la sonde, une substance terreuse qu'il considère comme étant de la marne, il doit la traiter par l'acide chlorhydrique ou l'acide nitrique ; à défaut de ces acides on peut employer du vinaigre très-fort. A cet effet, on jette dans un verre dans lequel on a mis préalablement une certaine quantité d'eau un peu de la terre que l'on soupçonne être de la marne, et, lorsqu'elle s'est bien délitée, ce qui a lieu assez promptement si l'on agite l'eau avec une baguette de bois, on verse dans le verre un peu d'un acide ou vinaigre. Si, sous l'action de l'un de ces corps, il se produit une effervescence qui sera plus ou moins vive, selon la quantité de carbonate de chaux que contiendra la substance soumise à l'essai et la quantité d'acide employée, on aura la certitude que la terre comporte du calcaire. Lorsque cet élément n'existe pas dans la substance terreuse sur laquelle on agit, il ne se produit aucune effervescence.

Nonobstant, cette opération ne suffit pas toujours pour qu'on puisse être certain que la terre calcaire puisse recevoir la dénomination de marne. Lorsqu'on soupçonne qu'une terre calcaire est une marne, il faut, d'après Mathieu de Dombasle, en faire sécher un morceau, soit devant le feu, soit sur un poêle, sans cependant lui faire prendre un trop fort degré de chaleur ; on en met ensuite dans un verre un petit morceau gros comme une noisette, ou un peu plus, puis on verse dans le verre assez d'eau pour que le morceau y baigne à moitié ou aux trois quarts. Quelques espèces de marne absorbent très-rapidement l'eau, et en peu d'instants tombent en bouillie au fond du verre ; d'autres ne produisent cet effet que plus lentement ; mais toutes se délitent ainsi dans l'eau sans qu'on les touche, en sorte que toute substance qui ne produit pas cet effet n'est pas de la marne. Souvent les marnes en pierre ne se délitent que très-lentement et successivement. La première fois qu'on les humecte, le morceau se divise seulement en plusieurs parties ; si on les laisse ensuite se sécher et qu'on les humecte de nouveau, chacune des parties se divise encore, et ainsi successivement, jusqu'à ce que le morceau qui paraissait une pierre se réduise en poudre fine. De l'argile traitée ainsi absorbe l'eau et s'y détrempe ; mais elle ne tombe pas en bouillie et ne se réduit en pâte qu'en la pétrissant (1).

Lorsque par le concours de ces deux opérations on a la certitude que la substance sur laquelle on a opéré est une marne, il faut s'occuper de doser le carbonate de chaux. Cette dernière opération est aussi nécessaire que la précédente ; c'est toujours de la proportion de carbonate de chaux que résulte le nombre de mètres cubes de marne que l'on doit appliquer par hectare. Cette opération, il est vrai, est minutieuse ; mais elle n'est pas très-difficile, et tout cultivateur peut s'y livrer pour peu qu'il possède quelques notions de chimie. Voici comment on doit procéder : On dessèche une certaine quantité de la marne que l'on veut analyser et on en pèse 25 grammes que l'on réduit en poudre fine et que l'on dépose dans un verre ordinaire dans lequel on a mis un peu d'eau de pluie. On verse ensuite un peu d'acide chlorhydrique ou nitrique. Il faut avoir l'attention de laisser tomber le réactif goutte à goutte, afin

____

(1) *Calendrier du Bon cultivateur*, 1846, p. 172.

qu'il ne se produise pas une trop forte effervescence et que l'écume ne sorte pas du verre. Quand cette première effervescence s'est produite et que l'écume a disparu, on verse de nouveau quelques gouttes d'acide et l'on continue ainsi jusqu'à ce que le réactif ne produise aucune effervescence. Lorsque l'acide a enlevé ou dissous tout le calcaire ou le carbonate de chaux, on décante avec précaution, et on ajoute ensuite une nouvelle portion d'eau, on agite de nouveau le mélange et on laisse déposer de nouveau. Aussitôt que l'eau est limpide, qu'elle ne tient aucune des parties terreuses en suspension, on déverse la partie liquide, et on exécute un nouveau lavage. On continue ainsi jusqu'à ce que l'eau sorte du verre sans aucune saveur acide. Ces divers lavages ont pour but d'enlever le calcaire qui est devenu soluble dans l'eau, sous l'action du réactif, en se transformant soit en chlorhydrate, soit en nitrate de chaux. Lorsque l'eau n'a plus aucune saveur, qui rappelle celle de l'acide employé, on décante pour la dernière fois, on fait sécher de nouveau le dépôt qui est au fond du vase, on le pèse et on note son poids.

Si le résidu pèse 7 grammes, il est sensible que 25 parties de marne ne renferment que 18 parties de carbonate de chaux. Or, en établissant la proportion suivante :

$$18 : 25 :: x : 100 = 72,$$

est la proportion de carbonate de chaux renfermée dans 100 parties de marne.

Cette analyse n'est pas très-rigoureuse, mais elle suffit toujours aux cultivateurs. Les autres procédés auxquels on pourrait avoir recours ne sont pas à la portée du praticien et ils exigent une balance très-sensible et des opérations minutieuses.

Si l'on voulait connaître la proportion d'alumine que contient le dépôt, il faudrait introduire les 7 grammes de parties terreuses dans une fiole à médecine, y verser un peu d'eau et moitié de celle-ci d'acide sulfurique concentré et la placer sur le feu en ayant la précaution de chauffer graduellement. Après une heure environ d'ébullition, on retire la fiole, on la laisse refroidir et on y verse une nouvelle quantité d'eau. Alors on filtre pour recueillir le résidu et on pèse ce dernier avec soin après l'avoir desséché et détaché du filtre.

Si ce nouveau résidu pèse 3 grammes, il est évident que les 7 grammes for-

mant le dépôt sur lequel on a opéré, contiennent 4 parties d'alumine. Or, d'après la proportion suivante :

$$4 : 25 :: x : 100 = 16,$$

est l'alumine contenue dans 100 parties de marne.

En effectuant ensuite le calcul suivant :

$$100 - (72 + 16) = 12,$$

représente la proportion de sable contenue dans 100 parties de marne.

Quelques personnes refusent de croire à l'utilité des essais ou analyses chimiques. C'est une erreur que de penser ainsi. Sans le secours de la chimie on peut souvent appliquer de l'argile au lieu de marne, et quelquefois ne pas savoir si les couches inférieures de la terre recèlent cette substance. Le grand Frédéric, rapporte Thaër, fit venir, dans les années 1750 à 1760, plusieurs ouvriers habitués à l'extraction de la marne, et leur fit parcourir les Marches pour y chercher cette substance ; mais, de toutes parts, il reçut l'information que malgré les recherches les plus exactes, on n'en n'avait point rencontré. Cependant, il y a, dans ces pays, de la marne en abondance, et précisément de l'espèce qui convient le mieux au sol. Le préjugé qui voulait qu'on ne pût pas en trouver était tellement établi, qu'on se moqua presque de moi lorsque, pour la première fois, je manifestai une opinion contraire. Les ouvriers qu'on avait envoyés à la recherche de la marne, venant des pays de montagnes, ne connaissaient que la marne pierreuse, et sans doute on ne trouve cette espèce que dans les contrées montueuses. Ailleurs, on ne connaissait que la marne blanche terreuse, qui n'existe que dans les bas-fonds et seulement en couches d'une petite épaisseur. La marne-glaise qui, le plus souvent, est étendue en couches dans les plaines, était presque entièrement inconnue, et là où le hasard avait appris à en faire usage, comme dans la prévôté de Pretz, en Holstein, on croyait que c'était de la glaise qui produisait ces bons effets ; de sorte que quelquefois on employait, pour amender les terres, de la glaise non marneuse ; mais, comme on l'imagine, sans obtenir les succès qu'on en avait attendus. C'est la chimie qui nous a donné la solution de ces faits, qui semblaient en contradiction les uns avec les autres (1). Ces erreurs ont encore lieu de nos jours. M. Héricart de Thury a fait connaître dans ces derniers temps que les cultivateurs du canton de Tilleul, arrondissement de Mortain (Manche) emploient depuis des siècles des sables silico-argileux ou silico-feldspathiques qu'ils appellent *marne*, quoiqu'ils ne contiennent pas un atome de carbonate de chaux. Ce sable, que l'on doit regarder comme un amendement destiné à ameublir des sols argileux, résulte de la décomposition des blocs de granites, d'eurites, de porphyres, de mélaphyres, de diorites qui remplissent les filons des schistes phyllades de la forêt de Passay, entre les Louvellières et Mantilly.

4. *Sols qui doivent être marnés.*

La marne convient à tous les sols qui ne sont pas calcaires. Lorsqu'on l'emploie sur des terrains qui contiennent naturellement du carbonate de chaux, elle est plus souvent nuisible que favorable. C'est que ce stimulant agit chimiquement par le calcaire qu'il renferme, et qu'appliquer une marne sur un sol calcaire, c'est mettre calcaire sur calcaire.

La marne ne s'emploie que sur les terres argileuses et celles siliceuses. Il est rare qu'elle soit appliquée sur des terres schisteuses et granitiques, car elle n'existe qu'accidentellement au sein de ces formations primitives et secondaires. Cette substance convient encore aux terres acides, aux sols de landes et aux terrains tourbeux, auxquels elle donne une grande énergie.

Toutes les marnes ne conviennent pas à tous les terrains. La marne argileuse doit être donnée de préférence aux terres légères, aux sols graveleux et sablonneux ; la marne siliceuse convient spécialement aux sols argileux, aux terres généralement compactes, froides et humides ; la marne calcaire, qui est la plus riche en carbonate de chaux et la plus employée, convient à tous les sols ; mais il est de toute évidence qu'elle convient mieux à ceux qui contiennent le moins de calcaire naturel. Schwertz fait observer avec raison que ces propriétés respectives, tant de la marne que du terrain, commandent une grande prudence dans l'opération du marnage, et qu'un sol

---

(1) *Principes raisonnés d'agriculture*, t. II, p. 402.

peut d'autant plus facilement être détérioré en le surmarnant, qu'il y a une plus grande analogie constitutive entre lui et la marne employée. Le cultivateur doit agir de manière à ne point appliquer argile sur argile, ou sable sur sable. Lorsque, par défaut de connaissances pratiques et théoriques, on applique une marne dont la texture est presque identique à celle du sol, le but du marnage est manqué, et on augmente les défauts que la terre arable possède et qu'il importait sinon de détruire, du moins de modifier.

5. *Procédés d'application.*

Ordinairement on conduit la marne sur les champs aussitôt que les semailles d'automne sont terminées : à cette époque les attelages ont peu d'occupation.

Ces charrois, à cause du grand poids de la marne, que Genieys évalue de 1571 à 1642 kilogr. le mètre cube, ne peuvent avoir lieu que par un temps sec ou une gelée, si surtout le sol est argileux et humide. Lorsque la terre a été détrempée par des pluies abondantes, la circulation des voitures est souvent difficile, et la couche arable est pétrie par les pieds des hommes et des animaux. Quand, au contraire, la marne est charriée lorsque la gelée a pénétré la terre, son application a toujours lieu plus rapidement, et les animaux et les hommes éprouvent moins de fatigue. Sur les sols siliceux, les charrois ont lieu en tout temps.

Lorsque l'humidité du sol ne permet pas le charroi de la marne, et qu'il y a nécessité à ce qu'elle soit conduite avant les fortes gelées, parce qu'elle se délite difficilement, il faut recourir aux bêtes de somme, soit aux chevaux, soit aux mulets et aux ânes. Sur divers points du Berry, le transport de la marne sur les champs s'effectue ordinairement par le moyen de mulets qu'on loue à cet usage ; et dans le Vexin, quelques cultivateurs exécutent le transport avec des ânes sur lesquels on place des sacs remplis de marne. On peut remplacer les sacs par des paniers dont le fond est mobile, et qui sont fixés au bât que porte l'animal. Ces paniers ont un grand avantage sur les sacs quand la marne, après son extraction, existe sur le sol, près de l'ouverture de la marnière ; leur chargement et déchargement ont toujours lieu plus facilement et promptement. Quand l'extraction a lieu au moyen de puits, il faut préférer les sacs aux paniers. C'est que ces sacs sont remplis dans les galeries du puits, qu'ils arrivent pleins à la surface du sol et qu'ils peuvent être placés immédiatement sur les animaux de somme. En agissant ainsi, on évite un déchargement et un remplissage. L'homme qui tourne la manivelle du treuil, au moyen duquel on élève la marne, suffit toujours pour aider au conducteur des animaux à charger les sacs. Un homme peut aisément conduire six à huit animaux et vider les sacs sur le champ où a lieu le marnage. Pour que ce genre de charroi offre le moins d'inconvénients possible, il est nécessaire d'avoir un nombre de sacs triple de celui que peuvent transporter les animaux en un seul voyage, et il faut en outre qu'ils aient une capacité déterminée, qu'ils soient tous semblables, et que les ouvriers aient soin de bien les remplir dans les galeries.

On choisit de préférence les mois de novembre et de décembre pour appliquer la marne, parce que les gelées la divisent et la délitent; et il est d'autant plus important d'exécuter les transports de très-bonne heure que la marne se réduit difficilement en miettes. Les marnes qui se pulvérisent aisément peuvent être conduites plus tardivement en hiver. La marne pierreuse que l'on charroie à une époque très-tardive est rarement assez divisée pour pouvoir la mêler intimement avec la terre. Le cultivateur doit donc commencer les transports aussitôt que les gelées d'automne ou d'hiver ont raffermi les chemins et les champs; il est bien utile que la marne soit conduite avant les grands froids, puisque sous leur action elle se délite plus complétement.

Dans plusieurs localités de la France et de l'Angleterre, on conduit les marnes au printemps et en été; alors elles restent étendues sur le sol pendant plusieurs mois à l'action des rayons calorifiques et de l'air atmosphérique. Ainsi, dans la Beauce, la Picardie et le Haut-Languedoc, il est beaucoup de contrées où les marnages s'effectuent dans les mois de juin, juillet et quelquefois août, sur des terres préalablement ameublies par des labours et des hersages. Lorsque le sol est marné à ces époques ou au printemps, il est généralement ensemencé l'automne suivant en froment ou en seigle.

Lorsque les marnes sont conduites en automne ou en hiver, on sème ordinairement au printemps suivant de l'avoine, du maïs, de l'orge, des féverolles, des pois, des vesces, etc.

Au fur et à mesure que les transports s'exécutent, on dispose la marne sur le sol en petits tas égaux. Pour que les *marnons* se trouvent à distance égale en tous sens, on trace sur la surface du champ, au moyen de la charrue ou du rayonneur, des raies parallèles éloignées les unes des autres de 5 à 6 mètres. Lorsque la pièce que l'on destine au marnage a été ainsi rayonnée dans le sens de sa longueur et de sa largeur, on dispose la marne par tas qui doivent être situés à chaque jonction des lignes. Si l'on veut connaître le nombre de marnons qu'il faudra appliquer par hectare ainsi que leur volume, on multipliera la superficie à marner par 10,000, et on divisera le résultat par la superficie carrée que doit couvrir chaque marnon, soit 36 mètres carrés; le produit indiquera le nombre de petits tas de marne qu'il faudra former sur le sol; en divisant le nombre de mètres cubes de marne à appliquer sur la superficie totale à marner appelée x, par le chiffre représentant le nombre de marnons, on conclut le volume que doivent avoir ces petits tas.

Ainsi, soit un champ de 3 hectares 60 ares de superficie à marner; chaque marnon doit occuper 25 mètres carrés; la dose de marne à appliquer par hectare est de 102 mètres cubes. Le nombre des marnons sera

$$\frac{3,60 \times 10,000}{25} = 1.440.$$

Le volume de chaque marnon est donc

$$\frac{102 \times 3,60}{1,440} = 0.25 \text{ centièmes}$$

de mètre cube.

Le sol sur lequel on applique la marne doit-il toujours avoir été divisé par un ou plusieurs labours? Cette condition n'est pas rigoureuse. Dans la Flandre, l'ancienne Bigorre, le Vexin normand, etc., la marne est conduite sur les chaumes des céréales, avoine ou froment, que la charrue n'a pas encore rompus. Ce genre d'application ne peut être suivi avec avantage que sur les sols faciles à diviser, comme les sols siliceux et graveleux, que l'on dispose presque toujours à plat; mais sur les terres argileuses, il comporte souvent plus d'inconvénients que d'avantages. Ainsi, le sol qui n'a reçu aucune façon d'ameublissement depuis la récolte de la dernière céréale et que les eaux pluviales ont détrempé pendant l'hiver, est souvent très-dur au printemps ou se divise difficilement sous l'action du versoir de la charrue qui opère l'enfouissement de la marne. Cette cohésion permet bien rarement l'incorporation complète de la marne avec le sol. Cette raison n'est pas la seule qui doit, dans un grand nombre de cas, engager à ne pas appliquer la marne sur les chaumes, comme cela a lieu dans le Dauphiné, le Haut-Languedoc, etc., sans donner un labour à la terre. Lorsque le sol est disposé en petits billons ou en petites planches convexes de 2 à 3 mètres de largeur, la circulation des véhicules sur la surface des champs est difficile, et, sous un autre rapport, les dérayures qui sont nombreuses et très-rapprochées les unes des autres, nuisent à l'épandage de la marne.

Avant d'exécuter les transports et lorsque le sol a été labouré en billons pour la céréale après laquelle on répand la marne, on donne à la terre un labour et on fait suivre cette opération par un hersage. Ces façons ont pour but l'ameublissement et le nivellement du sol. Quand le sol est labouré à plat ou en planches très-peu convexes de 4 à 5 mètres de largeur, et qu'il est siliceux ou sablo-argileux, on peut conduire la marne sans donner un labour à la couche arable. Il en est de même pour les sols qui sont d'une nature très-spongieuse, on peut se dispenser de cette opération : une terre tourbeuse ou un sol argilo-siliceux peu profond, à sous-sol imperméable, résiste toujours mieux, durant l'hiver, à l'action des véhicules, lorsqu'il est sous chaume ou sous gazon, que lorsqu'il a été ameubli par la charrue.

Lors donc que le chaume a été détruit et que la couche superficielle du sol a été labourée ou que l'on a reconnu qu'il était nécessaire de laisser le sol intact avant l'exécution des charrois, on conduit la marne sur les champs à marner et on la dépose en petits tas. Au printemps suivant, quand la marne est bien délitée, qu'elle est friable, on la répand à la pelle le plus uniformément possible sur toute la surface des champs. Après cette opération, on donne à la terre un ou deux hersages très-énergiques. Lorsque la marne est de nature pierreuse ou qu'il existe sur le sol, après que la herse a fonctionné, de gros morceaux de marne, on fait suivre la herse par le rouleau. Par l'emploi de ces deux instruments, on arrive souvent à bien diviser la marne, si surtout on opère par un temps sec, une belle journée.

Pour enfouir la marne, c'est-à-dire la mélanger à la terre, on donne un ou plusieurs labours, si ce stimulant a été conduit sur un chaume. Lorsque la terre a reçu, avant l'application de la marne, un ou deux labours, l'enfouissement peut avoir lieu au scarificateur ou à l'extirpateur. Il est bien important que le labour qui précède ou suit l'un de ces instruments fonctionne à une faible profondeur. Si le labour, exécuté dans le but de mélanger la marne à la terre, est profond, et si surtout le sol est humide, la marne ne produira jamais les effets qu'elle peut produire ; d'ailleurs, un premier labour superficiel la mélange toujours mieux au sol qu'un labour exécuté à une grande profondeur.

Lorsque la marne est conduite et appliquée sur des jachères pendant le printemps et l'été, la terre doit recevoir préalablement une bonne préparation. Les labours ont ici deux avantages ; ils nettoient le sol en même temps qu'ils l'ameublissent. Au mois d'août, et quelquefois septembre, on l'incorpore avec le sol par deux ou trois labours, selon la nature du sol et ses propriétés physiques, et on a encore recours à l'action de la herse et du rouleau si la marne n'est pas parfaitement délitée à l'époque où l'on exécute son enfouissement. De ce genre d'application on ne saurait trop multiplier les façons de nettoiement et d'ameublissement avant l'exécution des transports. Selon Thaër, une jachère morte et bien soignée est absolument nécessaire pour que la marne produise promptement son effet. Le premier labour d'incorporation doit être encore très-superficiel ; ceux qui succèdent à celui-ci sont toujours de plus en plus profonds.

6. *Conditions de réussite.*

Une des premières conditions de réussite dans les marnages, c'est que le sol soit préalablement bien assaini. Si les eaux de la surface de la terre sont abondantes, la marne ne pourrait exercer sur le sol et les plantes tous les effets qu'elle peut produire. Il faut en outre ne l'enfouir que lorsqu'elle est tout à fait en poussière et n'exécuter cet enfouissement que par un *beau temps*. Si la marne est incorporée avec la terre par les pluies, elle reprend promptement sa cohérence et se distribue fort mal au sein de la terre. Sous l'action de l'humidité la marne se perd en grumeaux qui persistent longtemps dans le sol sans produire de grands effets.

M. **Puvis** dit qu'il est à propos, dans les sols humides, de faire précéder le marnage par un labour profond, parce que la terre offre alors à l'eau une couche plus épaisse à pénétrer, qu'elle craindra moins l'humidité, et que la couche améliorée et ameublie par la marne sera plus épaisse. Cette observation est pratique et elle est judicieuse ; mais il est bien important que la profondeur de ce labour soit en rapport avec l'épaisseur de la couche végétale et la nature du sous-sol. (*Voir* chap. 5, sect. 4, § 2, les avantages et les inconvénients qui sont la conséquence des labours profonds.)

7. *Quantité de marne à appliquer.*

La dose de marne que l'on doit employer par hectare varie toujours suivant les circonstances. En général, elle est en raison directe de la constitution du sol, de la profondeur du labour et de la quantité de carbonate de chaux que contient la marne. Ainsi, une terre compacte, humide, peut supporter un marnage plus fort qu'une terre légère, si surtout la marne est calcaire ou siliceuse ; une terre riche en principes organiques peut recevoir un dosage plus élevé qu'une terre pauvre. Néanmoins, dans les dosages, il faut avoir égard au temps qui s'écoule entre deux marnages successifs et agir avec prudence, car on peut surmarner ; une trop forte dose de marne fait toujours disparaître en pure perte la plupart des parties organiques qui sont la base de la fertilisation du sol.

Voici les doses que l'on applique en France, en Allemagne et en Angleterre.

Marnages de la Flandre.

D'après M. **Puvis**, les arrondissements de Dunkerque et de Hasebrouck (Nord) appliquent tous les 20 ou 30 ans vingt-deux voitures à deux chevaux d'une marne pierreuse très-riche ; cette dose équivaut à peu près à 17 mètres cubes par hectare, couvre le sol de 0.0017 et forme un centième de la couche arable. Ce marnage coûte trois fois autant que le chaulage sur des fonds tout à fait analogues, c'est-à-dire de 4 à 6 fr. par hectare et par an en moyenne, tandis que le chaulage ne revient que de 1 fr. 50 à 2 fr. Chaque voiture de marne, qu'on va souvent prendre à plusieurs lieues, coûte de 4 à 6 fr. Les faits constatés par M. Ren-

Cours d'Agricult.

du (1) ne concordent pas avec ces explications. Selon cet observateur, les marnages de ces localités seraient renouvelés tous les 15 ans sur les terres fortes et tous les 9 ans sur les sols qui n'ont que peu de profondeur. Dans le premier cas, on applique 47 mètres cubes de marne par hectare et dans le second 17 seulement.

Marnages de la Normandie.

En Normandie, les marnages sont très-anciens. La marne que l'on emploie dans cette province est très-riche : c'est presque une craie. Elle contient de 60 à 80 pour cent de carbonate de chaux. Dans l'arrondissement de Lisieux, la couche de marne est très-puissante ; celle que l'on emploie s'exploite à 25 ou 30 mètres de profondeur. Les marnages sont renouvelés tous les 16 ans sur les terres argileuses, les sols humides, et tous les 27 ans sur les terres sèches. La marne s'emploie à la dose de 16 mètres cubes à 32 mètres cubes par hectare, ce qui représente une couche sur le sol arable de 0.0016 à 0,0032 d'épaisseur. Dans cette contrée, l'extraction revient de 90 cent. à 1 fr. le mètre cube ; elle est aux frais du propriétaire, mais le fermier est chargé du transport (2). Dans l'arrondissement de Rouen, on renouvelle les marnages tous les 27 ans. Dans la contrée environnante de Boos, on applique 40 mètres cubes par hectare, et dans celles de Cailly et de Buchy la dose s'élève à 80 mètres cubes. Quand la profondeur du puits ne dépasse pas 33 mètres, les 100 mètres cubes de marne coûtent, dans tout le pays de Caux, sur le bord du puits, 50 fr., ce qui fait 2 fr. par mètre cube. Pour ce prix, les ouvriers sont tenus en outre de charger les voitures qui transportent la marne dans les champs et de répandre celle-ci (3). M. **Puvis** a remarqué que sur les points où on n'a pu arriver à la couche de marne pierreuse ou blanche, on se contente de la marne terreuse grise, dont les doses sont plus fortes et se répètent plus souvent.

Marnages de la Puisaye.

Les marnages de cette contrée ont

---

(1) *Agriculture du département du Nord*, p. 131.

(2) *Annuaire de l'association normande*, 1858, t. IV, p. 9.

(3) Moll, *Excursion agricole dans quelques départements du Nord*, 1855, p. 13.

été étudiés avec beaucoup de soin par M. Puvis. Ils ont lieu sur un plateau argilo-siliceux humide, auquel on donne le nom même du pays, avec une marne blanche pierreuse qui contient 90 pour 100 de carbonate de chaux. La dose moyenne est de 80 à 100 tombereaux de 51 à 61 centièmes de mètre cube par arpent de 51 ares ou 81 à 122 mèt. cubes par hectare. ce qui fait sur le sol une couche de 0,008 à 0,012 d'épaisseur. Sur les terrains sablonneux, la dose ne s'élève pas au delà de 50 à 60 tombereaux, ou 51 à 73 mètres cubes. Les environs de Leugny, près Auxerre, dit M. Puvis, ont, sous leurs prairies, un lit de marne de toute épaisseur : c'est une espèce de tuf calcaire et léger, composé de petits grumeaux dans quelques-uns desquels on croit apercevoir des formes semblables, qui annonceraient que cette marne devrait sa naissance à des corps organisés. Ces grumeaux sont liés entre eux par un ciment argileux qui se fond sur-le-champ, dans l'eau, avec plus de promptitude que la chaux. Cette marne contient 80 pour 100 de carbonate de chaux ; le ciment qui lie ses parties offre cela de remarquable, que dans le dégagement de l'acide carbonique, il rend visqueux le liquide : les bulles s'élèvent sans crever et font, si l'on n'y prend pas garde, extravaser le liquide. Cette marne, qu'on emploie dans le pays de temps immémorial, paraît produire encore plus d'effet que la marne pierreuse et on l'applique à la dose de 20 à 25 mètres cubes par hectare. Cette marne est en grande réputation : on la vient chercher à plus d'une lieue (1).

M. de Gasparin, dont l'attention avait été fixée par cette observation, a voulu connaître si cette marne ne renfermait pas, comme l'avait supposé M. Puvis, des parties végétales ou animales, et il l'a soumise, ainsi que M. Payen, à une analyse rigoureuse. Il résulte de leurs travaux que cette marne contient environ 0,002 d'azote. Cette faible quantité suffit-elle pour expliquer les effets particuliers de la marne de Leugny ? La faible dose que l'on applique par hectare, comparativement à celle employée dans la Puisaye, résulte-t-elle de ce que cette marne comporte quelques débris de corps organisés ? Nous aurons bientôt l'occasion d'approfondir ces points hypothétiques.

<hr>

(1) *Essai sur la marne*, 1826, p. 50.

Marnages de la Sologne.

Suivant M. Royer, la meilleure marne de l'arrondissement de Montargis est celle qu'on trouve aux environs de la Chapelle ; elle est en pierres qui ont la consistance, la couleur et la composition de la craie ; elle a besoin d'être longtemps exposée à l'air pour se réduire en poussière et il est rare qu'elle soit employée deux fois sur le même champ (1). La marne d'Aubigny a donné à M. Puvis 40 pour 100 seulement de carbonate de chaux ; celle de la Chapelle d'Angillon, entre Aubigny et Bourges, semble n'en pas différer pour la richesse. On emploie cette marne argileuse à la dose de 8 mètres cubes 22 à 10 m. c 28 par hectare. Cette faible quantité suffit pour 10 ans, et quoique la couche de marne n'ait point une épaisseur plus grande que celle d'un millimètre, le froment paraît sur ces terres, qui n'ont jamais produit que du seigle, et le trèfle surtout y réussit. Cette faible dose a pour cause l'abus qu'on a fait de la marne sur les lieux où elle était à portée (2).

Marnages du Dauphiné.

La marne n'est employée que dans les arrondissements de Vienne et de la Tour-du-Pin ; en général, on l'applique sur un sol graveleux reposant sur une couche de gravier dur. Dans le canton de Meizieux, la marne est très-riche en calcaire. La première année que l'on commença le marnage des terres de la plaine de Meizieux, on employa 150 mètres cubes de marne par hectare ; les effets en furent désastreux. Depuis qu'on n'emploie plus que 50 mètres cubes, les effets de ce stimulant sont remarquables. Sur les coteaux de nature argileuse, on marne dans la proportion de 100 mètres cubes par hectare et l'on s'en trouve très-bien (3). Dans le canton de Saint-Jean-de-Bournay, la marne est calcaire et sablonneuse : on l'applique dans la proportion de 140 mètres cubes par hectare, et l'on répète les marnages, qui sont surtout pratiqués sur les coteaux, tous les 6 ou 8 ans. Dans celui de Crémieux, les cultivateurs employent 125 mèt. cubes par hect. Par le marnage on couvre donc le

<hr>

(1) *Agriculture du département de l'Isère* p. 121.

(2) *Catéchisme des cultivateurs de l'arrondissement de Montargis*, 1839, p. 82.

(3) *De l'agriculture du Gâtinais, de la Sologne et du Berri*, 1833, p. 119.

sol d'une couche de marne qui varie de 12 à 15 millimètres d'épaisseur. Les localités où la marne est appliquée dans la proportion de 20 à 25 mètres cubes par hectare tous les 6 ou 8 ans sont peu nombreuses. La marne que l'on emploie dans cette contrée, dit M. Puvis, est placée dans le sol à peu de profondeur ; celle qui est généralement préférée est la sablonneuse. Cette marne renferme très-peu d'argile ; sa couleur est gris bleuâtre, et elle contient près de 70 pour 100 de carbonate de chaux. Les marnes de Saint-Priest sont moins riches, elles ne contiennent que 35 pour 100 de calcaire ; celles de Pusignan en comportent 60 pour 100.

Marnages de la Picardie.

La marne, dans cette province, n'existe pas sous la couche arable ; on l'extrait de puits de 7 à 10 mètres de profondeur. La marne est ordinairement pierreuse ; c'est une espèce de craie friable. La quantité que l'on applique, tous les 18 à 20 ans, varie entre 40 à 50 mètres cubes par hectare. L'extraction et l'épandage s'élèvent de 40 à 60 fr. par hectare. Dans les environs de Montreuil, la marne couvre le sol de 0,002 d'épaisseur seulement, et chaque marnage revient à 20 fr. par hectare.

Marnages du Berri.

D'après M. Moll, la marne dont on se sert dans le département de l'Indre est un calcaire crayeux, quelquefois très-friable ; d'autres fois, et ce cas se voit sur les collines de la Creuse, il est en masse compacte et ne se décompose qu'à la longue et par l'effet de gelées et dégels successifs. Le premier agit dès la deuxième année, mais aussi ne dure que 18 à 20 ans ; le calcaire compacte, au contraire, ne se fait sentir qu'à la quatrième année ; en revanche, son action se prolonge jusqu'à la quarantième et la cinquantième. On rencontre, sur la commune de Rosnay et dans plusieurs autres localités environnantes, une couche épaisse de calcaire crayeux très-friable qui se trouve presque à fleur de terre. Il passe pour la meilleure marne du pays. On en met de 30 à 40 mètres cubes par hectare. Il se délite et se mêle promptement au sol. Le calcaire des coteaux de la Creuse s'emploie à raison de 90 à 120 mètres cubes par hectare. Les frais de marnage reviennent de 75 à 120 fr. par hectare. Le transport s'effectue ordinairement par le moyen de mulets qu'on loue à cette fin. On paye de 14 à 20 fr. les 100 pochées (charge d'un mulet, environ 150 kilog.), lorsque la distance est de 4 à 8 kilomètres (1).

Marnages de la Bresse.

Les marnes que l'on emploie sur le sol argilo-siliceux qui couvre le grand plateau de Bresse qui s'avance dans l'arrondissement de Louhans (Saône-et-Loire) contiennent, d'après les observations de M. Puvis, de 30 à 40 pour 100 de carbonate de chaux. Les marnages ont commencé par être d'une couche de 0,030 à 0 036 sur toute l'étendue, quantité égale à celle de la terre qu'on a coutume de charrier sur le sol ; cette dose a été réduite d'abord d'un tiers, puis de moitié, quantité encore énorme, puisque, dans ce pays où les labours ne sont que de 0,081 au plus, un pareil marnage forme un quart, le tiers même de la couche arable (2).

Marnages du Haut-Languedoc.

L'usage de la marne ne remonte guère au delà des premières années de ce siècle dans le département du Tarn. Les doses que l'on applique par hectare sont variables et souvent très-élevées. A Cadalen et Técou, on emploie 1,500 tombereaux de 0,40 centièmes de mètre cube (3), soit 600 mètres cubes de marne calcaire par hectare. Entre Montans et Parisot, M. de La Combe répand 520 mètres cubes, et M. Gardès en met 720 mètres cubes. A Florentin, M. Dussap n'emploie que 256 mètres cubes par hectare, tandis que près de lui les habitants de la Grave en appliquent 400 à 480 sur la même étendue de terrain. M. Pons, à Lugan, sur une terre forte, emploie la marne calcaire dans la proportion de 240 mètres cubes par hectare. A Réalmont, les petits propriétaires répandent de 4 à 500 mètres cubes de marne par hectare. Transportée à une distance de 600 mètres, la marne revient, chez plusieurs propriétaires, à 63 centimes ; chez d'autres à 88 centimes le mètre cube. A Florentin, M. Dussap le paye 1 fr. 08 cent., y compris les frais de transport et d'ex-

---

(1) *Journal d'agriculture pratique*, tome II, p. 15.

(2) *Différents moyens d'amender le sol*, p. 65.

(3) Le texte porte : *centimètres cubes*, c'est une erreur ! Autrement la quantité de marne appliquée par hectare serait de 60 *litres*

traction : dans ce dernier cas, le marnage d'un hectare lui revient à 352 fr. A Réalmont, il ne coûte que 250 fr. Les effets de la marne se font sentir pendant 20 à 25 ans (1).

Marnages de la Bigorre.

Les marnages que l'on pratique dans le département des Hautes-Pyrénées produisent d'excellents effets. Dans le canton de Rabastens, on marne dans la proportion de 400 à 500 mètres cubes par hectare. L'opération, dans un rayon de 4 kilomètres à partir de la marnière, ne coûte pas plus de 200 fr. en moyenne ; l'extraction se paye à raison de 10 cent. le mètre cube ; le transport au champ coûte 60 cent. Entre la Cassagne et Saint-Sever, on emploie sur les terres fortes une marne très-riche en calcaire, dans la proportion de 240 mètres cubes par hectare. A Mauléon-Magnoac, on met 54 mètres cubes ; les frais de l'opération ne dépassent pas 42 fr. quand on n'est pas trop éloigné de la marnière. La marne employée est extraite à Laren et elle est coquillière. Dans la plaine de Tarbes, on met 13$^{met\ cub}$,50 de marne par hectare ; sur les coteaux on emploie le double. Les frais de marnage reviennent à 68 fr. dans les plaines où le sol est léger, et à 113 fr. 50 cent. sur les coteaux, dont la terre arable est une *boulbène* (argilo-siliceuse) forte. A Ibos et à Ossun, on marne tous les 10 ans dans la proportion de 113,000 kilog. ou 70 mètres cubes par hectare (2).

Marnages allemands.

D'après Thaër, on considère un marnage de 20 à 25 voitures de 61 centièmes de mètre cube par journal de Berlin (25 ares) ou 48 à 61 mètres cubes par hectare, comme assez abondant si la marne contient au moins 60 pour 100 de carbonate de chaux et si l'opération a lieu sur un sol argileux. Si la marne est argileuse et si elle est appliquée sur un sol sablonneux, on donne à la terre, sur toute l'étendue du champ, la quan-

tité de 0,029 d'épaisseur ; ce qui fait, hectare 480 chariots ou 293 mètres cubes. Au bout de 12 à 16 ans on recommence le marnage.

Marnages anglais.

Les quantités employées en Angleterre, en Écosse et en Irlande varient à l'infini, et en général elles sont mal indiquées. Ordinairement les premiers marnages offrent une couche sur le sol de 0,009 à 0 012 d'épaisseur, et les seconds de 0,002 à 0,005 ; ils sont renouvelés tous les 15 à 20 ans. Suivant M. de Gourcy, M. Garwood, à Holkham, applique 106 mètres cubes à l'hectare, ce qui représente une couche sur le sol arable de 0,010 d'épaisseur.

Ces données, qu'il importe de connaître parce qu'elles indiquent des faits pratiques, sont insuffisantes au cultivateur pour déterminer la quantité de marne qu'il doit appliquer sur une étendue donnée de terrain. M. Puvis conclut des doses indiquées par Thaër, des observations qu'il a faites dans les localités où le marnage est le plus ancien et le mieux raisonné, et de l'analyse des notes qu'Arthur Young a accumulées dans ses récapitulations sur les marnages des diverses contrées qu'il a visitées, que la proportion de 3 pour 100, en moyenne, de carbonate de chaux est toujours suffisante ; mais comme les marnes sont plus ou moins riches en calcaire et que la profondeur des labours augmente ou diminue l'épaisseur de la couche arable, il faut admettre, comme principe général, que les doses de marne doivent varier suivant la richesse de la marne et la profondeur des labours.

Pour faciliter l'application de cette donnée d'expérience et de raisonnement, M. Puvis a construit un tableau qui renferme tous les éléments du marnage. Ce tableau est établi pour toutes les compositions de marne, depuis 10 pour 100 de carbonate de chaux jusqu'à 90, et pour tous les terrains, depuis 0 08 jusqu'à 0.24 de profondeur. Les mètres cubes de marne sont évalués d'après la capacité des tombereaux, parce que la marne, en se délitant sur la terre arable, prend à peu près autant de volume qu'elle en occupe dans le tombereau au moment de l'extraction.

---

(1) *Agriculture du département du Tarn*, p. 132.

(2) *Agriculture du département des Hautes-Pyrénées*, p 149.

| NOMBRE DE MÈTRES CUBES DE MARNE | | | | | | Lorsque 100 parties de marnes contiennent en carbonate de chaux : |
NÉCESSAIRE A UNE COUCHE LABOURÉE D'UNE ÉPAISSEUR DE :						
0^m.08	0^m,10	0^m,13	0^m,16	0^m,18	0^m,21	
mètres.	mètres.	mètres	mètres.	mètres.	mètres.	
243,57	324,74	405,91	487,14	568,31	649,48	10
121,78	162,37	202,95	243,40	284,15	323, 2	20
81,16	108,24	135,20	162,37	189,45	216,49	30
60,87	81,16	98, 3	121,75	142, 4	162.33	40
48,67	64,44	80,55	96,66	112,77	127.51	50
40,34	53,81	67.25	80,68	94,19	107,63	60
34,96	46,61	58,27	69,92	81,57	93.23	70
30,43	40,58	50,73	60.87	71, 2	81.16	80
26, 56	35.37	44,28	53,12	62 »	69,47	90

M. de Gasparin n'admet pas les bases sur lesquelles ce tableau est fondé. Il pense que 1,5 à 2,0 de carbonate de chaux suffisent pour constituer d'excellents sols ; et il fait observer ensuite que s'il est vrai qu'avec une marne moyennement riche , il suffise de donner 3 pour 100 de carbonate de chaux à la terre, il faut défalquer la chaux qui se trouve formée des rognons de silicate de chaux ou de carbonate de chaux , parce que celle-ci ne se mêlera pas au sol et ne contribuera pas à la végétation.

Ce raisonnement repose sur les théories suivantes :

Les marnes de Gaussan possèdent 0,675 de carbonate de chaux et se délitant entièrement, s'emploient à la dose de 25 voitures de 80 centièmes de mètre cube ; la dose est donc de 20 mètres cubes.

Ce fait pratique a servi de base à M. de Gasparin pour déterminer la quantité de mètres cubes de marne qu'il faut appliquer selon les circonstances et la nature de la marne.

Ainsi, si l'on veut connaître la quantité qu'il faudra de marne de Leugny (Yonne) qui contient 80 pour 100 de carbonate de chaux , mais qui laisse 118 millièmes de nœuds calcaires , il faudra, pour connaître la partie agissante de cette marne, déduire 0,118 de 1,000 ; cette partie agissante est donc 0,882. Si l'on établit ensuite la proportion suivante :

1,000 parties de marne : 0.882 de substance agissante :: 0,80 pour 100 de carbonate de chaux que contient la marne : $x = 0,706$

représente la proportion de carbonate de chaux renfermée dans la partie agissante. Effectuant ensuite le calcul suivant :

0,706 : 20 mètres cubes employés à Gaussan :: 0,675 de carbonate de chaux que contient la marne de cette localité : $x = 19,1$

est le nombre de mètres cubes de marne à employer, à peu près le même qu'à Gaussan ; et en effet on emploie aussi 25 voitures de marne à Leugny.

Si l'on voulait estimer une marne ne possédant que 0,35 de carbonate de chaux et ayant 0,50 de son poids en noyaux, on trouverait d'abord que

$$1,000 : 0,350 :: 0,500 : x = 0,175$$

représente la quantité de carbonate de chaux agissant. D'après la proportion suivante :

$$0,175 : 20 :: 0,675 : x = 77$$

sera la quantité de mètres cubes de cette marne qu'il faut appliquer par hectare.

Dans cette évaluation, il n'est pas question de la profondeur de la couche arable. Voici les calculs que M. de Gasparin propose pour résoudre ce problème :

Le mètre cube de la marne de Gaussan, qui renferme 0,675 de carbonate de chaux pulvérulent, et que l'on emploie à la dose de 20 mètres cubes, de celle de Leugny, qui contient 0,706 de ce même carbonate, et que l'on applique à la dose de 19 1 mètres cubes, pèse, à l'état normal, environ 1,400 kilog. C'est donc 28.000 kilog. pour la première et 26,740 kilog. pour la seconde, que l'on transporte sur la superficie d'un hectare contenant, l'une, 18 900 kilog., l'autre, 18,878 kilog. de chaux. Il faut comparer maintenant le poids de la terre à celui du carbonate de chaux. Si l'on suppose que la terre à marner pèse 1,500 kilog. le mètre cube, un labour de 0,16 de profondeur donne par hectare un poids de 2,400,000 kilog. de terre. On voit qu'en divisant 18,900 kil. de chaux par 2,400,000 kilog, cette même chaux représente près de 0.79 p. 100 du poids de la terre (1), au lieu de 3 p. 100 indiqués par M. Puvis.

De ce qui précède, M. de Gasparin conclut cette règle, que pour s'assurer de la quantité de marne à répandre sur un terrain, il faut :

1° Rechercher la quantité de chaux contenue dans la partie pulvérulente de la marne ;

2° Avoir le poids d'un mètre cube de terrain à marner dans son état naturel et non pressé, d'où l'on conclut celui de la terre remuée par les labours sur un hectare ;

3° Multiplier ce poids par 0 79 et le diviser par 100 ; le produit indiquera le poids du carbonate de chaux à donner, d'où il sera facile de conclure le poids de la marne et le nombre de mètres cubes.

Ainsi, soit une marne qui contienne 0,175 de carbonate de chaux à l'état pulvérulent, à appliquer à un terrain que l'on laboure à 0,16 de profondeur et pesant 1,838 kilog. le mètre cube ; le poids de la terre remuée sur un hectare exprimé par $10,000 \times 0,16 \times 1,838 = 2.940,800$ kilog., lesquels, multipliés par 0,79 et divisés par 100, donnent 23.232 kilog. de carbonate de chaux. Maintenant, si la marne pèse 1,400 kil. le mètre cube, chaque mètre n'en contiendra que 245 kilog. ; divisant 23,232 par 245, on obtient 95, nombre de mètres cubes à employer dans les conditions indiquées (1).

La pratique confirmera-t-elle cette théorie, qui conduit à des résultats très-différents des chiffres proposés par M. Puvis ? Les doses indiquées par cet auteur ont pour base des faits pratiques très-nombreux, et elles sont justifiées par les marnages en usage dans un grand nombre de localités de la France et de l'étranger. M. de Gasparin n'a pris en considération qu'une seule expérience, qu'un seul fait, celui de Gaussan. Cette donnée est-elle suffisante pour qu'on puisse accepter le chiffre 0,675 comme base régulatrice de tous les marnages ? Si les faits constatés à Gaussan concordent avec les marnages exécutés à Leugny, ils ne sont nullement en rapport avec ceux que la pratique a sanctionnés dans la Puisaye et, *a fortiori*, avec les marnages exécutés dans le Perche et la Picardie. Si le chiffre proposé par M. de Gasparin pour déterminer la quantité de marne qu'il faut appliquer par hectare est vrai, si cette donnée doit être substituée à celle proposée par M. Puvis et acceptée par la pratique, il y a nécessité à diminuer le nombre de mètres cubes de marne appliqués dans presque toutes les localités de la France. Cela n'est pas admissible, car la quantité adoptée par la pratique depuis un grand nombre d'années est justifiée chaque jour par les succès que l'on obtient.

---

(1) Le texte porte 0,75 pour 100. Cette différence provient d'erreurs dans les calculs. Ainsi, $1,400 \times 20 \times 0,67 = 18,900$ kilog. et non 20 kilog.

---

1 Cours d'agriculture, t. 1. p. 87 et 670.

Nonobstant, quelle que soit la valeur que l'on accorde aux données de M. de Gasparin, il faut savoir gré à ce savant d'avoir signalé à l'attention des cultivateurs l'importance de déduire, dans le dosage du calcaire que contient une marne, les noyaux calcaires qui persistent au sein de la couche végétale et qui n'ont aucune action sur la vie des plantes et la fertilisation du sol. On détermine la quantité de rognons que renferme une marne, en plongeant dans l'eau 1 ou 2 kilog. de la substance que l'on veut essayer. Après une heure ou deux d'imbibition, on agite, on décante, on verse de nouvelle eau, on remue de nouveau, et ainsi de suite, jusqu'à ce que l'eau reste limpide dans le vase ; alors on fait sécher le résidu, qui est composé de rognons calcaires, et on le pèse. Si les nœuds calcaires ont un poids de 0^{kil},216, la partie agissante de la marne sera

$$1,000 - 0,216 = 0,784 \text{ ou } 78 \text{ p. } 100.$$

8. *Renouvellement des marnages.*

Le renouvellement des marnes est une question qui ne peut recevoir de solution favorable que lorsqu'on l'envisage sous un point de vue pratique. C'est que la durée des effets des marnages varie toujours suivant que la marne a été employée à haute ou faible dose, qu'elle est calcaire, ou argileuse, ou siliceuse, qu'elle a été appliquée sur un sol léger ou compacte. En général, la durée de l'action de la marne est beaucoup plus longue que celle de la chaux, et il n'est pas rare qu'elle se prolonge pendant plus de vingt et même trente ans, selon sa nature et la dose à laquelle elle a été employée.

Cette longue action de la marne est un grand avantage pour le fermier ; elle le dispense, dans beaucoup de cas, de marner les champs qu'il cultive plusieurs fois pendant la durée de son bail. Si les marnages exigeaient de la part de ceux qui les pratiquent des déboursés moins considérables, si leur application était aussi simple que celle des chaulages, si, enfin, leur renouvellement comportait moins d'inconvénients, le cultivateur aurait intérêt à appliquer ce stimulant dans une faible proportion. De cette manière, il pourrait agir chaque année sur une plus grande surface, et marner toutes les terres de l'exploitation qui lui a

été confiée pendant la durée de son bail.

Mais chacun sait malheureusement que la plupart des baux sont encore très-courts, et que leur durée, qui n'excède pas en moyenne, plus de neuf à douze années, ne permet au fermier de ne marner, durant le cours de son bail, qu'une partie des terres de son exploitation. Mais cette difficulté d'action doit-elle être regardée comme un fait nuisible aux progrès de l'agriculture? Sous un rapport, c'est un bien que le cultivateur ne puisse renouveler fréquemment les marnages. Ainsi, un fermier de mauvaise foi pourrait, s'il lui était possible, pendant une période de neuf à douze années, de marner plusieurs fois ses champs, abuser de l'emploi de la marne et précipiter la fertilisation de la terre. On a tellement abusé de l'emploi de ce stimulant dans certaines contrées, que la plupart des baux comportent une clause qui empêche les fermiers de remarner les champs qui l'ont été avant telle ou telle époque. Cette période de temps, durant laquelle nul marnage ne peut être pratiqué sur telle ou telle pièce de terre, coïncide toujours avec la durée des effets de la marne appliquée. Dans d'autres localités, la clause concernant les marnages et inscrite dans les baux est toute différente de la précédente. Ici, il est interdit au fermier de marner sans le consentement du propriétaire. C'est dans le but de prévenir des marnages fréquents que les baux de l'arrondissement de Lisieux portent que l'extraction de la marne est aux frais du propriétaire : le fermier est seulement chargé du transport. Ces deux conditions, que l'on est en droit de considérer comme des clauses nuisibles pour le cultivateur honnête et ayant un long bail, garantissent toute détérioration du sol par la marne ; en d'autres termes, ces clauses placent le propriétaire dans une condition de parfaite tranquillité, et elles doivent être regardées, sous un autre point de vue, comme très-favorable pour un fermier entrant, puisqu'elles lui assurent que le cultivateur sortant n'a pu abuser des effets de la marne pour amoindrir la fécondité du sol.

En thèse générale, on marne de nouveau un champ lorsqu'il y a diminution de produits dans les récoltes, lorsque les semences des céréales ont perdu des qualités qu'elles avaient acquises sous l'action de la marne. Ainsi que le fait remarquer M. Puvis, les seconds marnages ne conviennent plus et doivent être longtemps différés là où le premier a été abondant. S'ils n'ont point réussi dans les départements de l'Ain, de l'Isère, de l'Yonne, c'est qu'on a employé, dans les premiers marnages, des doses qui ont fourni au sol 4, 5, 6, 8, 10 pour 100 de carbonate de chaux, proportion beaucoup au-dessus du besoin et souvent même de la convenance, et que le sol en a, avec elle, pour un temps indéfini ; mais dans les lieux où les marnages sont devenus une opération régulière d'agriculture, on peut prendre des points de départ qui éclaireront. Dans des opérations qui se répètent à vingt ou trente ans l'une de l'autre, la vie des hommes est le plus souvent trop courte pour pouvoir suffisamment s'éclairer par des comparaisons, et on a un immense avantage quand on peut asseoir un grand travail, comme le marnage, sur des résumés précis de pratique éclairée et de longue durée (1). Ce raisonnement est évidemment supérieur à toutes les théories qu'on peut vouloir faire prévaloir dans le but de démontrer l'époque à laquelle il faut marner de nouveau.

9. *Modifications du sol par la marne.*

Si les faits pratiques ne permettent pas d'admettre que la chaux modifie les propriétés physiques des terrains sur lesquels on l'applique, il est impossible de nier les effets mécaniques des marnes. Celles-ci, à cause des parties siliceuses ou argileuses qu'elles comportent et des proportions dans lesquelles elles sont appliquées, augmentent ou diminuent la compacité ou la légèreté de la couche arable.

Ainsi, si l'on applique une marne argileuse dans une proportion sensible sur un sol sablonneux ou une terre légère, et si ses parties constituantes sont intimement mélangés à celles du sol, par leur interposition et leurs propriétés chimiques et physiques, ces mêmes parties augmentent la ténacité, la cohésion de la couche arable. Ainsi modifié, le sol est plus apte à la végétation du froment et à celle du trèfle, du colza, de la betterave, etc.; c'est que, durant l'été, la consistance qu'il aura acquise le rendra moins sec et moins brulant en le forçant à concentrer une plus grande quantité d'humidité.

Les marnes siliceuses ou calcaires font éprouver aux sols argileux des effets bien différents. Ces terrains deviennent moins compacts, moins liants, sous l'action des pluies, et par la sécheresse ils ne se durcissent plus autant. Les conséquences de ces modifications sont fort importantes. Une terre argileuse, après un marnage bien appliqué, doit être, abstraction faite de sa fertilité, regardée comme plus favorable à l'existence des plantes agricoles.

Les changements physiques que le sol marné éprouve le rend presque toujours moins propre à la végétation des plantes naturelles qui le recouvraient avant l'emploi de ce stimulant calcaire. Cette moins grande aptitude résulte de ce que les sols argileux ou siliceux qui ont été marnés acquièrent toujours certains caractères qui sont le propre des terres calcaires. Ainsi, sous l'action de la marne, le chiendent (*triticum repens*), la matricaire camomille (*matricaria chamomilla*), la persicaire (*polygonum persicaria*), le chrysanthème jaune (*chrysantemum segetum*), l'oseille sauvage (*rumex acetosa*), etc., languissent d'abord, et la plupart d'entre elles ne tardent pas à disparaître. Toutefois, si les sols marnés sont plus faciles à travailler, plus favorables à la vie des végétaux agricoles, si leurs forces productives sont augmentées, si enfin ils jouissent des principales propriétés des terrains calcaires, il faut reconnaître qu'ils sont souvent très-peuplés de plantes qu'ils n'avaient pas le pouvoir de produire avant le marnage. C'est ainsi qu'ils donnent naissance à la lupuline (*medicago lupulina*), au trèfle jaune (*trifolium filiforme*), au coquelicot (*papaver rheas*), etc., plantes caractéristiques des sols calcaires. Dans quelques cas, ces plantes nuisent par leur végétation, lorsqu'elles sont nombreuses, au développement des céréales ; nonobstant, elles sont d'une destruction plus facile que le chiendent et l'oseille sauvage ; c'est qu'elles sont ou annuelles ou bisannuelles, tandis que ces dernières sont vivaces et à racines traçantes.

10. *Action fertilisante de la marne.*

L'action chimique de la marne a été considérée sous divers points de vue. Je vais examiner les principales théories proposées.

Thaër admet que cette action chimique est due à la chaux qui procure au

---

(1) *Différents moyens d'amender le sol*, p. 71, 74.

sol de nouveaux sucs (1). Ces *sucs* sont-ils des sels solubles très-assimilables? Il est difficile de prononcer sur ce point. Cependant, en présence de cette opinion : la marne change probablement la nature de l'humus (2), on est en droit de conclure que cet agriculteur suppose que la marne a une action chimique presque semblable à celle qu'il attribue à la chaux.

M. Puvis est beaucoup plus explicite que Thaër. Il conclut que dans la marne, comme dans la chaux, le principe calcaire donne aux sols et aux végétaux une plus grande puissance d'absorption sur l'atmosphère pour y puiser les principes volatils, l'hydrogène, l'oxigène, l'azote, le carbone ; que la marne, comme la chaux, accroît encore la faculté qu'a le sol, qu'ont les végétaux de former les principes fixes des plantes, les sels et les terres, soit que ce soit dans l'atmosphère, soit que ce soit dans le sol lui-même ou dans l'un ou l'autre, qu'elles en prennent les éléments : une fois donnée, cette faculté d'absorption serait sans doute l'un des plus grands moyens de fécondation des agents calcaires sur le sol (3). M. Liebig rejette loin de lui cette grande puissance d'absorption du principe calcaire sur l'atmosphère, et voici comment il explique l'action des marnes. Il est évident, dit-il, que dans le mélange d'argile et de chaux toutes les conditions se trouvent réunies pour la désagrégation des silicates d'alumine, et aussi toutes celles nécessaires pour la dissolution des silicates alcalins. La chaux qui se dissout dans l'eau saturée d'acide carbonique agit sur l'argile comme le fait un lait de chaux ; et par là s'explique l'influence favorable qu'une distribution de marne exerce sur la plupart des terrains (4).

M. Boussingault reconnaît que l'action chimique de la marne résulte du carbonate de chaux, et il est porté à penser que ce stimulant agit encore utilement sur le sol en lui portant un principe fertilisant qui appartiendrait par sa nature aux engrais organiques. Il appuie son opinion sur ce qu'une marne de Lenguy (Yonne), recueillie par M. de Gasparin, a donné à l'analyse près de 0.002 d'azote, et qu'une autre variété du département du Bas-

(1) *Des moyens d'amender le sol*, p. 79.
(2) *Lettre sur la chimie*, 21e lettre, p. 291.
(3) *Principes raisonnés d'agriculture*, t. II, p 401.
(4) *Id.*, p. 415.

Rhin en contient plus de 0,001 (1). Cette supposition est-elle admissible? Peut-on admettre que cette faible quantité d'azote puisse avoir une action favorable sur la vie des plantes pendant plusieurs années? Loin de moi la pensée de considérer les principes azotés comme nuisibles ; toutefois, je crois que dans cette circonstance, il est nécessaire, pour avoir une idée aussi exacte que possible de l'action des marnes, de négliger cette faible proportion d'azote.

Il me paraît rationnel, malgré la dissidence qui existe entre les diverses théories proposées, d'admettre que la marne agit chimiquement :

1° En fournissant au sol et aux plantes du calcaire ;

2° Parce que ce carbonate de chaux, en se dissolvant en partie dans l'acide carbonique, passe à l'état de bicarbonate ;

3° Parce que ce bicarbonate de chaux doit être regardé comme ayant et jouissant, quoique plus lentement, de toutes les propriétés et actions de la chaux vive transformée en carbonate.

11. *Cultures auxquelles il faut ajouter la chaux.*

Lorsque les marnages ont été bien appliqués, il est fort peu de végétaux agricoles qui ne croissent ensuite avec une vigueur très-marquée.

L'avoine est une céréale qui prend un grand essor végétatif après un marnage ; elle est même, je puis dire, la seule graminée alimentaire qui puisse être cultivée après l'application de ce stimulant, si ce dernier n'a point été précédé ou suivi d'une fumure et si le sol manque de fécondité. M. Puvis ne partage pas cette idée ; il dit, il est vrai, que l'avoine marnée croît vigoureuse, mais il ajoute qu'elle prolonge sa floraison et grène peu. Cette dernière opinion me paraît peu judicieuse ; Schwertz reconnaît que c'est l'avoine à laquelle la marne donne l'impulsion la plus marquée, et l'expérience confirme cette remarque.

Le froment, sous l'action du calcaire de la marne, produit un grain qui a presque toutes les qualités et les défauts des grains qui ont végété et mûri sur les sols silico-calcaires ou argilo-calcaires. M. Puvis n'accorde pas à la marne une si grande puissance ; selon cet agriculteur, au lieu de grain rond, jaune et à écorce mince, que donne le

(1) *Économie rurale*, t. II, p. 175.

sol chaulé, la marne donne un grain long, grisâtre, lourd cependant, mais qui donne plus de son. Cette observation, heureusement, est détruite par un grand nombre d'observations ; les cultivateurs des localités où les marnages sont en usage constatent chaque année que les sols marnés produisent des grains bien supérieurs en qualité à ceux qui ont été produits par les terrains non marnés ; la qualité du blé récolté en terre marnée, dit Royer, est bien supérieure : sa couleur est claire et dorée et sa farine plus abondante et plus blanche.

L'orge se plaît beaucoup sur les terres marnées lorsque la marne n'a pas été appliquée à haute dose. La première année que l'on commença le marnage des terres situées dans la plaine de Meizieux (Isère), on employa 150 mètres cubes de marne par hectare ; les effets en furent désastreux. Les trèfles ne rendirent plus ; les pommes de terre poussèrent assez bien la première année, mais les années suivantes beaucoup de tubercules se racornissaient, émettaient quelques tiges grêles, qui bientôt jaunissaient et finissaient par périr. Le froment seul se trouvait très-bien de l'application de cette dose ; elle était, au contraire, fatale à l'orge, et nuisait à la végétation de l'avoine (1). D'après Schwertz, il suffit de répandre de la marne sur un terrain pour s'assurer une récolte satisfaisante d'orge.

Le trèfle et en général toutes les légumineuses réussissent très-bien après un marnage. Il existe beaucoup de localités en France, la Picardie par exemple, où l'application des marnes est suivie d'une culture de pois ou de vesces. C'est qu'il est certain, ainsi que le font remarquer M. Puvis, Thaër et Royer, que la marne assure et double presque le produit de ces plantes.

Les pommes de terre peuvent-elles être cultivées sur un sol nouvellement marné ? Cette question n'a pas encore été complètement résolue. Arthur Young a observé que les pommes de terre étaient toujours moins bonnes quand on les cultivait sur un terrain nouvellement marné ; d'autres cultivateurs assurent que cette remarque n'a aucune valeur, et que les pommes de terre, si la marne a été bien incorporée à la couche arable, sont aussi bonnes que la variété, la

nature du sol et les circonstances atmosphériques le permettent.

La marne peut être utilisée pour régénérer ou améliorer les prairies naturelles et artificielles. John Sinclair dit qu'en Angleterre on l'applique généralement sur les terres en herbages, et Bosc ajoute que ses effets sont prompts et sensibles. Pictet ne partage pas cette opinion et il doute de son utilité sur les prairies humides, principalement si l'herbe est rude et mêlée de joncs. Pour la rendre efficace dans de telles situations, il faudrait en mettre une quantité considérable. Il faut remarquer que la partie argileuse de la marne, qui est très-utile sur les terres légères, est perdue sur les prairies basses (1). On comprend dès lors combien il est important d'assainir les prairies humides avant de procéder au marnage, et combien il est avantageux de n'y appliquer que des marnes calcaires ou siliceuses, pour pouvoir espérer, comme le dit Thaër, une pousse vigoureuse et un pâturage abondant. Gilbert a vu de très-belles luzernes marnées dans la subdélégation de Montreau, et spécialement auprès du village de Valence et dans les élections de Coulommiers et de Meaux (2).

Je ne dirai rien des plantes crucifères ; ces végétaux ont toujours une végétation remarquable sur les terrains marnés et fertiles.

12. *Quantité de calcaire absorbé par la végétation.*

Je devrais ici examiner, d'après le principe que j'ai admis au n° 6, quelle est la quantité de calcaire consommé par les plantes, et démontrer que la proportion de 3 p. 100, en moyenne, de carbonate de chaux est toujours suffisante. Je n'aborderai pas cette question ; il me faudrait, pour la résoudre, entrer dans des calculs trop étendus et supposer plusieurs marnages différents entre eux et par la dose appliquée et par la proportion de carbonate de chaux que les marnes pourraient contenir. Je renvoie le lecteur au n° 10 de la chaux, où sont consignés tous les résultats qui doivent servir de base à tous les calculs que l'on peut établir pour résoudre ce problème. Dans de tels calculs, il est nécessaire d'avoir égard à la durée du temps pendant lequel la marne doit

---

(1) *Agriculture du département de l'Isère,* p. 121.

(1) *Cours d'agriculture anglaise,* t. IV, p. 115.

(2) *Traité des prairies artificielles.* 1826, p. 326.

agir si l'on veut arriver à une solution sérieuse et à un résultat réel et utile.

13. *Épuisement du sol par la marne.*

L'emploi de la marne a été souvent la cause de cruelles et bien tristes déceptions. Pendant de longues années, dans plusieurs localités, soit en France, soit en Angleterre, soit en Allemagne, on a cru que la marne pouvait et devait être appliquée à une dose très-forte. Cette grande proportion n'a pas été la seule cause d'une non-réussite ; les cultivateurs qui employaient ainsi la marne croyaient qu'elle les dispensait, pour plusieurs années, de l'application des fumiers. Il est résulté de ces deux erreurs pratiques que la marne, par suite des récoltes abondantes qu'elle faisait produire, a diminué la fécondité de la terre. C'est cette prostration de force qui a donné naissance au proverbe suivant : *La marne enrichit les pères et ruine les enfants*, et qui a engagé certains propriétaires à proscrire son emploi de leurs fermes, ou à déterminer dans les baux les époques, la durée des marnages et la quantité qu'on pouvait employer. Cette clause a-t-elle été nuisible aux progrès de l'agriculture ? Cette mesure n'a pu être que favorable en ce qu'elle a ralenti, en faveur de la fécondité du sol, les esprits qui avaient pensé que la marne pouvait suppléer victorieusement aux matières organiques dans la fertilisation de la terre. Combien, en effet, dit Schwertz, de cultivateurs, éblouis de l'augmentation apparente de fertilité produite par la marne, se sont imaginés que la fosse à marne pouvait remplacer la fosse à fumier ! Combien, alléchés par des produits extraordinaires, ont fait succéder sans interruption les récoltes les plus épuisables ! Et ceux-là ont fait de leur richesse momentanée la source de leur propre ruine ou de celle de leurs enfants (1).

Aujourd'hui, heureusement, les conditions sont presque complétement changées, et il est bien peu de localités où le proverbe : *A pères riches, enfants pauvres*, puisse trouver son application. C'est que l'expérience a dirigé les cultivateurs qui marnent vers une voie nouvelle ; c'est qu'elle a détruit les fausses idées que l'on avait sur les effets de la marne ; c'est que la pratique a prouvé que le marnage des terres ne pouvait être pratiqué qu'avec beaucoup de prudence et une connaissance complète des résultats que l'on est en droit d'espérer. Les cultivateurs qui ont étudié les causes de cet élan de fécondité que la marne donne aux sols sur lesquels on l'applique, ont compris que toutes les marnes ne dispensent pas de l'emploi des fumiers et qu'elles ne peuvent être classées parmi les engrais. Alors, loin d'épuiser le sol, loin de diminuer sa fécondité première, on a maintenu celle-ci si son degré n'a pas été augmenté. Il est résulté de cet emploi judicieux que les produits des récoltes céréales ont été augmentés, qu'on a pu se livrer avec succès à la culture des fourrages artificiels légumineux, qu'enfin la valeur foncière et celle locative des terres soumises au marnage ont été considérablement augmentées. Ces résultats, obtenus sans l'épuisement du sol, ont détruit complétement le vieil adage que j'ai rappelé précédemment, et il est manifeste qu'en ce moment, on doit lui donner la valeur suivante dans les localités où la marne est regardée comme la cause directe de l'augmentation de la fertilité de la couche arable : *La marne a enrichi les pères et assuré la fortune des enfants*.

Nonobstant, nul cultivateur ne peut concevoir l'espérance de voir son sol augmenté progressivement en fertilité par le concours de la marne, que s'il est bien convaincu que les effets de ce stimulant ne se manifestent favorablement que lorsque le sol est riche en bases organiques, et que la quantité de marne employée correspond parfaitement à la richesse de la couche arable et à force des fumures appliquées. Sans l'aide du fumier, la marne appauvrit le sol, elle l'épuise et le stérilise, pour ainsi dire, pour plusieurs années. Lorsque la terre qu'on marne, dit Mathieu de Dombasle, est encore en très-bon état de fertilité, on peut se dispenser de mettre du fumier la première et même la seconde année, mais ensuite il ne faut pas manquer de fumer, aussitôt qu'on s'aperçoit que les récoltes diminuent, et si on le peut, on ne doit pas même attendre cette marque d'appauvrissement. C'est surtout aux sols sablonneux qu'il ne faut pas laisser attendre le fumier après le marnage. Lorsqu'on marne une terre déjà épuisée ou pauvre par sa nature, elle doit être fumée en même temps que marnée, et ensuite entretenue dans le meilleur état de fertilité possible par des engrais, toutes les fois que le besoin s'en fait sentir. Avec ces soins, on obtiendra des terrains marnés, des récoltes beaucoup

---

(1) *Préceptes d'agriculture pratique*, p. 301.

plus considérables qu'on n'aurait pu le faire sans la marne (1).

§ 3. DE LA CRAIE.

Cette terre calcaire, que l'on rencontre abondamment dans les terrains supracrétacés, est employée à la fertilisation des terrains agricoles. En Angleterre et en Allemagne, on l'emploie sur plusieurs points avec beaucoup de succès ; en France, son application est assez limitée, quoiqu'elle soit regardée, dit Bosc, comme supérieure à la marne dans quelques cantons.

1° La craie est un carbonate calcaire un peu consistant, homogène ; sa couleur est blanche, parfois jaunâtre, quelquefois grise. Exposée à l'air, cette terre se délite à peu près comme le font les marnes. En général, les craies contiennent de 80 à 95 pour 100 de carbonate de chaux. Un mètre cube de craie pèse de 12 à 1,300 kilog.

2° Ce stimulant ne peut être employé que sur les sols qui manquent de calcaire, et principalement sur les terres argileuses, les sols compacts. On l'applique très-rarement sur les terres légères, à moins qu'il ne soit mêlé avec de la terre ou du fumier. Appliquée sur des terres siliceuses, la craie a l'inconvénient d'augmenter leurs défauts et leur perméabilité. On ne l'emploie pas non plus sur les sols calcaires ; l'expérience a démontré qu'elle y produisait de mauvais effets.

3° Pour l'appliquer avec succès, il faut la diviser autant que possible après son extraction de la carrière et la répandre sur le champ où elle doit agir. L'époque la plus favorable pour exécuter ces opérations est l'automne. L'été n'est pas une bonne saison et pour son extraction et pour son application. D'après Schwertz et Maurice, lorsqu'on l'extrait en été et qu'elle reste exposée à un air sec et chaud, elle se durcit, ne peut plus être réduite en poudre qu'avec effort, et devient en grande partie inutile. Lorsque, au contraire, on la répand en automne, l'humidité dont l'atmosphère est ordinairement chargée à cette époque est absorbée par la craie ; alors celle-ci se gonfle et se délite aisément. Quelquefois on la laisse passer l'hiver sur le sol ; l'observation a constaté qu'elle se pulvérise toujours très-bien par l'effet des gels et des dégels. Une fois réduite en poudre ou délitée, cette substance calcaire doit être incorporée à la couche arable avec les mêmes soins, les mêmes précautions que ceux que l'on accorde à la chaux et à la marne.

4° Quant à la quantité qu'il faut appliquer, il est évident qu'elle doit varier selon les circonstances. Toutefois, je suis porté à penser, d'après la pratique agricole de l'Angleterre, qu'il est utile de coordonner le *quantum* à celui qu'on pourrait employer s'il était question de marnes. D'après cela, il sera donc toujours facile, en ayant recours au tableau formé par M. Puvis, lorsqu'on connaîtra la quantité de carbonate de chaux que contient la craie que l'on veut appliquer, de savoir le nombre de mètres cubes qu'il faut répandre par hectare. Appliqué en trop grande quantité, ce stimulant pourrait nuire beaucoup à la fécondité du sol.

5° La craie produit des effets favorables quand elle est bien employée, et il est certain qu'elle favorise comme la marne, sur les terres fortes ou argileuses, la croissance des céréales et des légumineuses. Collet fait remarquer qu'il est certain que depuis l'usage de la craie dans le comté d'Essex, les turneps réussissent et le blé et l'orge sont d'une qualité supérieure ; aussi les cultivateurs disent-ils : *Si l'on ne veut plus vendre de blé, il n'y a qu'à ne point acheter de craie.* Il paraît que ce stimulant donne à la paille plus de roideur et de blancheur, et qu'il rend l'écorce du grain plus mince et la farine plus abondante. En Angleterre et en Allemagne, on le fait entrer dans des composts pour l'appliquer sur les prairies ; on assure qu'il y détruit la mousse, les joncs, les carex et toutes les plantes nuisibles ou inutiles qui croissent sur les terres froides.

6° La craie, comme la marne, peut rendre un sol stérile si elle est mal employée. Il est bien important que son application soit précédée ou suivie d'une fumure en rapport avec la dose répandue et la fécondité de la terre. On ne doit pas oublier qu'elle agit à la manière des marnes, et que sous ce rapport elle doit être regardée comme un stimulant pouvant avoir des effets tout à fait défavorables ou nuisibles, et être la source directe de l'épuisement du sol. Bien appliquée, la craie, au contraire, est un excellent stimulant, et elle doit être utilisée partout où la nature la fait naître si la texture de la couche arable le permet.

---

(1) *Calendrier du Bon cultivateur*, 1846, 185.

§ 4. DES FALUNS.

On donne la nom de *faluns* à des dépôts marins tertiaires ou appartenant à l'étage moyen du groupe supracrétacé. Ces dépôts, qui ont été formés évidemment sur une grève battue des eaux, renferment un très-grand nombre de coquilles fossiles, la plupart brisées et usées par le frottement, et ils varient de texture selon les lieux où ils sont situés.

1° Les faluns de la Touraine occupent plus de 2 myriamètres carrés, et ils sont dispersés dans un grand nombre de localités ; leur épaisseur moyenne est en général de 3 à 4 mètres. Ils se composent d'argile, de sable quartzeux et de débris de coquilles. A Louans et Manthelan, ces faluns sont exploités et employés comme substance fertilisante avec un grand succès. Ces dépôts reposent généralement sur une couche argileuse de formation d'eau douce, et ils semblent se prolonger vers Blois d'un côté et vers Angers de l'autre.

En effet, on trouve des fragments à Pont-le-Voy, à Thenay, où l'on constate des mollusques et des polypiers roulés ; et aux environs d'Avrillé, sur la rive gauche de la Sarthe et de Grésille, près Doué, il existe des terrains riches en coquilles fossiles.

Les faluns de la Gironde renferment du sable tantôt argilo-siliceux, tantôt calcaire, des débris de coquilles fossiles et quelquefois des coquilles encore entières ; ils règnent sur une ligne parallèle à la Garonne, depuis Bazas jusqu'à Saint-Médard-en Jalle, et paraissent se diriger vers Dax et Bastennes, où il existe des dépôts bien caractérisés. Voici, d'après M. Blanc-Dutrouilh, les résultats d'une analyse faite avec assez de soin pour être approximative, des faluns de Saucats (Gironde) :

Coquilles en gros fragments ou entières.	40,00
Débris et très-petites coquilles. . . .	30,00
Sable calcaire mêlé d'un sable siliceux très-fin et d'un sable noir ferrugineux.	20,00
Argile marneuse.	10,00
Total.	100,00

Ces dépôts marins existent aussi à Grignon (Seine-et-Oise), aux environs de Mantes (Loire-Inférieure), à Saint-Juvat (Ille-et-Vilaine), etc.

3° Les faluns, qui contiennent beaucoup de carbonate de chaux, ne peuvent être employés que sur les terres non calcaires, les sols argileux, les terrains schisteux. On les a appliqués sur des sols légers, des terrains de bruyères, mais leurs résultats n'ont pas été favorables. On a reconnu que leurs effets étaient d'autant plus sensibles et heureux qu'ils sont employés sur des terres compactes, des sols froids.

2° Les dépôts faluniers étant pour ainsi dire au-dessous de la couche arable, il en résulte que leur extraction est assez facile. Lorsqu'on a reconnu que le falun est près de la surface du sol, on enlève la terre arable et quelquefois le sous-sol dans toute son épaisseur sur une superficie de 10 à 20 mètres carrés. Quand ce premier travail est terminé, on procède à l'extraction du falun. Lorsque ce dernier est à fleur de terre, l'enlèvement a lieu très-aisément. Il n'en est pas ainsi si l'on est obligé de fouiller un peu profondément, le travail est parfois pénible et exige le concours d'un grand nombre de travailleurs. Pour accélérer les travaux et restreindre les dépenses, on creuse les falunières en forme de gradins depuis la partie supérieure jusqu'au fond de l'excavation, afin d'étager les opérateurs. Toutefois, comme la masse coquillière est très-perméable, que les eaux arrivent en abondance dans la falunière, il faut diviser les ouvriers en deux bandes ; ceux de la première étancheront les eaux avec des seaux, et ceux de l'autre enlèveront le falun en se servant de corbeilles. Ces objets, une fois pleins, passent de main en main jusqu'au bord de l'excavation. J'ai dit que les ouvriers devaient être placés sur les gradins. On comprend que les eaux doivent être jetées d'un côté de la falunière et les coquilles fossiles d'un autre. Comme les eaux sourdent ordinairement très-vite, il est bien utile que les ouvriers agissent avec une très-grande célérité. Une falunière une fois abandonnée, on n'y revient plus ; l'expérience démontre journellement qu'il est toujours plus pénible, moins avantageux d'en épuiser les eaux que d'en ouvrir une nouvelle.

Après son extraction, le falun reste près de l'ouverture de la falunière pendant un certain temps. Quand il est égoutté, desséché, on l'enlève et on le conduit sur le champ où il doit être appliqué. On pratique son épandage et son incorporation à la couche arable comme cela se pratique pour la chaux éteinte ou la marne réduite en poussière.

4° La quantité de falun à appliquer par hectare n'a pas encore été bien déterminée. Dans la Lorraine, on l'emploie à la dose de trente à soixante charretées, suivant la texture du sol et l'éloignement des terres à faluner des lieux d'extraction. En Angleterre, on la répand à la dosse de 80 à 100 hectolitres, ou 10 à 12 mètres cubes. Cette moindre dose doit avoir pour cause évidemment une plus grande quantité de calcaire que contiennent les faluns. Les faluns peuvent, avec avantage, entrer dans les composts et être appliqués en couverture sur les céréales d'hiver et de printemps et les prairies naturelles et artificielles.

5° Les effets des faluns ne sont pas aussi prompts que ceux de la chaux, mais ils se prolongent plus que ceux de la marne. La première année cette action est très-peu sensible; ce n'est qu'à partir de la deuxième, quelquefois de la troisième, qu'on peut la constater d'une manière bien évidente. Le falunage se renouvelle tous les dix ou quinze ans. Quant à l'action des débris de coquilles, il est certain qu'elle est presque entièrement due au carbonate de chaux qu'elles renferment. Il est donc rationnel de les comparer aux marnes quant aux effets généraux qu'elles peuvent et doivent même produire. Bosc et M. Puvis ont pensé qu'il pourrait bien être vrai que ces coquillages pussent contenir quelques parties animales qui ajouteraient à l'effet de chaux. Je ne puis nier que les faluns ne contiennent de l'azote, mais je crois pouvoir avancer que ce *caput mortuum* de la matière animale doit être regardé par le cultivateur comme s'il n'existait pas.

6° L'emploi des faluns ne dispense pas de l'application des engrais; c'est même une nécessité d'avoir recours à ces derniers si l'on veut conserver à la terre son degré de fertilité. M. Puvis fait remarquer que dans aucun lieu où on l'emploie le falun n'est accusé d'avoir appauvri le sol. Cette observation ne concorde pas avec les opinions de John Sainclair, David Low, Arthur Young; ces auteurs assurent que lorsque le falun n'est pas suivi ou précédé d'une fumure, ou qu'il est appliqué en trop grande quantité, le sol devient alors plus aride qu'il ne l'était avant qu'on ne l'eût employé.

§ 5. DU MERL

Ce stimulant est en usage depuis fort longtemps sur les côtes de la province de Bretagne; les habitants des environs de Saint-Pol-de-Léon le désignent dans leur dialecte sous le nom de *merl*. M. de Blois a conclu des écrits de Camden et de Gibson que le merl servait aussi à la fertilisation des terres arables dans les comtés de Cornwall et du Devonshire (Angleterre), depuis le treizième siècle. Ce fait est fort douteux. Marshall, il est vrai, rapporte que les cultivateurs de la partie occidentale du Devonshire se servent de temps immémorial du sable de mer (*sea-sand* et non pas *sea-marl*, ainsi que le suppose M. de Blois) comme substance stimulante dans les endroits à portée de la côte; mais il ajoute que ce sable, qui semble être composé presque uniquement de débris de coquillages, a l'apparence du son. John Sainclair a aussi fait mention de coraux, et il a dit que près de Falmouth et à Southend, dans le comté d'Argyle, il existe des bancs de madrépore et de corail que les agriculteurs exploitent et emploient comme substance fertilisante. Aujourd'hui l'agriculture de la partie sud de ce royaume a presque complètement abandonné l'emploi de ce stimulant marin, et elle y a suppléé par l'application de la chaux. Il résulte de là qu'il est permis d'admettre que le sable de mer, en usage dans cette partie de l'Angleterre sous le règne de Henri II, n'était nullement composé de coraux et de madrépores; car, si ces polypiers existaient près des rivages des comtés de Cornwall et du Devonshire, nul doute que les cultivateurs n'auraient pas renoncé à en faire usage :

1° Le merl est un gros sable de forme vermiculaire, composé de coraux, de débris de madrépores plus ou moins volumineux et de coquillages entiers ou brisés. Sa couleur est tantôt jaunâtre, tantôt rougeâtre quand il est humide; lorsqu'il est sec, sa coloration est grise ou blanc sale. Ce stimulant existe sous forme de bancs sur le littoral des départements du Finistère et des Côtes-du-Nord, et particulièrement à l'embouchure des rivières. Ainsi, il en existe des bancs dans la baie de Morlaix, à l'embouchure du Trieux (Côtes-du-Nord), aux environs de l'île de Bréhat, à l'embouchure de la rivière de Quimper, dans la rade de Brest, etc. On avait pensé que les coraux et madrépores vivaient dans les plus grandes profondeurs de l'Océan et qu'ils étaient poussés vers les rivages par des courants sous-marins ; mais **MM.** Quoy et Gaimard ont démontré que ces polypiers ne peuvent vivre qu'à de faibles profondeurs, et qu'au-dessous de 18 à 20 mètres il n'en existe pas de traces pour ainsi dire. Malheureusement, on s'est déjà aperçu de l'épuisement des bancs exploités.

Le merl a pour base principale le carbonate de chaux. Voici le résultat de deux analyses faites par **M.** Drouart ; les échantillons de merl soumis à l'expérimentation différaient entre eux par leur couleur et leur nature.

Merl blanc coquillier.

Matière soluble à l'eau distillée.	2,00
Matière calcaire.	72,00
Gélatine animale.	4,00
Matière insoluble à l'acide, ou silice.	22,00
	100 00

Merl rougeâtre formé de coraux.

Matière soluble à l'eau distillée.	2,00
Matière calcaire.	80,00
Gélatine animale.	10,00
Matière insoluble, ou composé de silice.	8,00
	100,00

MM. Boussingault et Payen ont trouvé 0,42 pour 100 d'azote dans le merl de Morlaix desséché, et 0,40 pour 100 dans celui non desséché. **M.** de Gasparin n'admet pas ce dernier résultat ; il pense, comme le merl doit retenir la moitié de son poids d'eau au moins quand on le prend sur les bords de la mer, qu'il ne doit plus avoir que 0,20 à 0,21 d'azote. Un mètre cube de merl, selon **MM.** de Gasparin et de Blois, pèse 3.500 kilog.; **M.** Even a rectifié cette erreur en disant qu'il pèse à l'état humide environ 1,500 kilog : à l'expérience j'ai obtenu le même poids.

2° L'extraction du merl a lieu au moyen de la drague depuis la mi-mai jusqu'à la mi-octobre, lorsque le temps et la marée permettent cette opération. Ce dragage s'effectue de mi-marée descendante à mi-marée montante par 10 à 20 mètres d'eau. Les grosses gabares, rapporte **M.** de Blois, mouillent leur ancre sur le banc, dans la position et la direction convenables ; elles filent alors beaucoup de leur câble, jettent de l'arrière leur drague, qui est garnie d'un sac de forte toile, et la traînant sur le banc, en tirant sur le câble pour se rapprocher de leur ancre. On lève la drague, quand elle est remplie, pour la vider dans la gabare, et on recommence jusqu'à ce qu'elle ne rapporte plus de merl pur ; alors on change de mouillage et on répète la même manœuvre jusqu'à ce que le bateau soit chargé. Cette opération, comme on le voit, est très-pénible ; ce n'est qu'à force de bras qu'on peut l'exécuter (1). Lorsque l'extraction a lieu dans les rades, elle est toujours plus facile, mais aussi le merl est toujours moins pur, parce qu'on entraîne et mêle avec lui une certaine quantité de vase.

3° On emploie le merl aussitôt qu'il a été extrait de la mer ou après qu'il a séjourné pendant plusieurs semaines, quelquefois pendant plusieurs mois, en tas sur le rivage. Beaucoup de cultivateurs préfèrent l'employer aussitôt son extraction ; **M.** Boussingault dit que, par une exposition prolongée à l'air, il se désagrège et perd une partie de ses qualités. On l'applique sur le sol de deux manières : tantôt on le répand sur le sol au moyen de la main, tantôt on le dépose en petits tas régulièrement espacés les uns des autres, et on le répand ensuite avec la pelle aussi uniformément que possible, après avoir couvert le sol de fumier. Lorsque ces

---

(1) *Agriculture de l'Ouest*, t. III, p. 216.

deux matières fertilisantes ont été appliquées on les incorpore au sol en exécutant un labour.

4° Le merl convient à toutes les terres qui manquent de calcaire ; nonobstant, il convient mieux aux terres fortes, aux sols argileux, qu'aux terrains légers. Lorsqu'on doit l'employer sur des sols siliceux, friables, il faut l'appliquer à une faible dose si on veut qu'il ne soit nuisible au sol. D'après M. Even, le merl le plus fin est réservé pour les terres douces, légères et sablonneuses et celui le plus granulé pour les terres fortes, argileuses et humides.

5° La quantité que l'on emploie varie selon les localités et les circonstances. Dans les environs de Morlaix, on en met par hectare depuis 14,000 jusqu'à 28,000 kilog.; dans les environs de Pontrieux, on l'applique à raison de 20 à 25 mètres cubes. M. Even fait observer que quelquefois, lorsque les transports sont trop coûteux, on n'en applique que 8 à 15, et qu'à cette dose il produit encore d'excellents effets. A Morlaix, le merl, rendu à quai, coûte 1 fr. 10 à 1 fr. 40 cent. les 1,000 kilog.; à Pontrieux, il revient à 1 fr. 75 cent. à 2 fr. le mètre cube.

6° Le temps pendant lequel le merl fait sentir ses effets varie suivant la quantité employée et selon la nature du sol sur lequel il a été appliqué. En général, le merl agit pendant huit à dix années. Quant au renouvellement de l'opération dite *merlage*, il a lieu tous les trois ans si la dose appliquée était faible ; si, au contraire, le merl a été employé à la dose de 20 à 25 mètres cubes, on ne renouvelle l'opération que tous les six à neuf ans. Lorsqu'on fait de nouveau usage du merl sur un terrain, on en répand toujours une dose plus faible que celle qui a été appliquée primitivement.

7° Le merl, comme la marne, a deux actions, l'une mécanique, l'autre chimique. Cette dernière doit être attribuée au carbonate de chaux et peutêtre aussi au chlorure de sodium qui recouvre les polypiers. Toutes choses égales d'ailleurs, il faut remarquer que le merl se décompose promptement, et que sous ce rapport il doit plutôt être comparé à la chaux qu'à la marne. La gélatine animale, ou pour mieux dire l'azote qu'il renferme, peut-il être regardé comme ayant une action aussi sensible que le carbonate de chaux sur les végétaux ? Je ne puis admettre ce fait ; car si cela était, les cultivateurs de Morlaix, comme ceux de Pontrieux, ne seraient pas obligés, chaque fois qu'ils

emploient le merl, de l'accompagner de fumiers ordinaires ou d'engrais animaux et végétaux, afin de tempérer, pour ainsi dire, l'action trop énergique du carbonate de chaux et du sel marin; et ce stimulant pourrait être employé à une dose plus forte que celle appliquée généralement, sans nuire au sol ou le *brûler*, suivant l'expression des habitants du littoral de la Basse-Bretagne.

8° Ce stimulant marin a une remarquable action sur les légumineux : le trèfle et la luzerne : il active puissamment la végétation du froment et des panais. On l'emploie aussi avec succès sur les terrains qui présentent des efflorescence de pyrite de fer et que l'on veut défricher, soit qu'ils soient sous landes ou sous prairies naturelles, soit qu'ils doivent produire des céréales ou des fourrages.

§ 6. DES COQUILLAGES.

1° On rencontre sur le littoral de l'Océan, dans un grand nombre d'anses, de baies, de havres, des coquillages brisés : *huîtres, moules, buccins, pétoncle, triton, natice*, etc., dont les fragments sont plus ou moins petits, selon les lieux. Quelquefois, ces coquilles sont dures, d'autres fois elles sont dans un état de décomposition si avancé qu'elles se pulvérisent aisément lorsqu'on les presse entre les doigts. Leur couleur est très-variable ; ici, elles sont vertes ou bleuâtres : là, leur coloration est rose ou rougeâtre ; ailleurs, elles sont blanchâtres ou grises.

Ce stimulant n'est pas toujours composé exclusivement de débris de coquillages ; il comporte quelquefois une certaine quantité de sable ou silice. Les coquillages contiennent une très-grande quantité de carbonate de chaux ; John Sinclair dit qu'ils renferment souvent aussi une petite quantité de matière animale. MM. Boussingault et Payen ont trouvé dans des coquillages de mer desséchés 0,052 d'azote et dans celles d'huîtres 0,40 pour 100. Ces derniers coquillages doivent être préférés aux autres sous tous les rapports.

Quelquefois il existe à l'intérieur des terres, près du rivage de la mer, des dépôts de coquillages, dépôts qui témoignent du séjour des eaux maritimes à une certaine distance de la côte actuelle. Ainsi, à 600 mètres du bord de la mer, dans la commune de Saint-Michel-en-l'Herm (Vendée), la mer a déposé trois bancs de coquilles d'huîtres presque contigus, qui ont ensemble

700 mètres de longueur sur 300 mètres de largeur à la base, et depuis 10 jusqu'à 15 mètres. Cette masse est étonnante, et cependant elle est bien plus considérable qu'elle ne le paraît, car elle s'enfonce en terre à une profondeur qui n'a pas encore été déterminée (1).

2° C'est sur les grèves, à marée basse, que l'agriculteur recueille ces matières fertilisantes pour les appliquer sur les terres arables. En Angleterre, on les laisse en tas sur la côte jusqu'à ce qu'elles soient sèches avant de les utiliser. En France, on les emploie presque aussitôt ; on dit que laissées en monceaux pendant longtemps, les pluies les privent de la presque totalité des particules salines dont elles sont couvertes.

3° On applique ces coquilles sur les terres argileuses, les sols compactes, les terres marécageuses. On peut aussi les employer dans les terres légères, les sols granitiques et les terrains schisteux, mais à une plus faible dose.

4° La quantité que l'on répand sur les terres tenaces, les sols froids ou humides, ou sur les terrains fertiles, varie entre 30 et 40 mètres cubes par hectare ; celle que l'on répand sur les terres légères, les terrains de médiocre fertilité, ne dépassent guère 12 à 15 mètres cubes. Cette dernière quantité est ordinairement répandue à la main quand les coquilles sont en petits fragments.

5° Les effets de ces coquillages sont presque identiques à ceux des marnes et du merl. Ainsi, ils divisent le sol, diminuent sa cohésion, et par le calcaire qu'ils comportent, ils ont une action stimulante très-favorable ; le sel marin que ces matières contiennent ajoute d'ailleurs à leur propriété fertilisante. Nonobstant, leur effet n'est pas aussi prompt, aussi rapide, aussi puissant même que celui du merl ; la grande dureté qu'ils possèdent quelquefois diminue beaucoup cette action, à moins qu'ils aient été soumis à la calcination. Lorsque les coquilles sont peu brisées, que leurs fragments sont très-gros ou qu'elles sont entières, il faut les broyer ou les piler avant de les employer. Cette division augmente beaucoup leurs effets. Selon John Sainclair, il faut les placer sur l'aire des étables ou bergeries lorsqu'elles sont presque entières ; l'urine des animaux, dit-il, contribue beaucoup à la décomposition. En général, ces coquillages manifestent leur ac-

tion pendant longtemps ; cette longue durée a pour cause leur décomposition, qui a lieu assez lentement. On ne renouvelle guère leur emploi que tous les huit à dix ans, à moins qu'ils n'aient été appliqués à une faible dose et qu'ils ne soient très-divisés et d'une décomposition très-prompte.

6° Ces coquillages peuvent être utilisés avec un grand succès dans la culture du froment, de l'orge et du seigle. On peut aussi les répandre sur les prairies naturelles, les prairies artificielles, sous leur action, le trèfle, la luzerne, croissent avec abondance. Ce stimulant convient encore à la pomme de terre, aux fèves ; ces plantes, sous leur influence, donnent de très-beaux produits.

7° Les cultivateurs qui emploient ces coquillages doivent toujours les appliquer sur des terres fumées soit avec des fumiers d'étables, soit par le moyen de substances végétales. Ce procédé est le seul par lequel on arrive, par le concours de ce stimulant calcaire marin, à augmenter le produit des cultures et par conséquent la valeur foncière du sol, sans amoindrir sa richesse et sa fertilité.

§ 7. DE LA TANGUE OU TREZ.

Il existe, sur les côtes de la Manche et de l'Océan, des grèves qui offrent à l'agriculture des alluvions ayant une très-grande puissance de fertilisation. Ces sables, d'une ténuité extrême, sont très-abondants dans la baie du mont Saint-Michel, dans les anses des côtes de l'arrondissement de Morlaix, dans la baie d'Audierne. Ils ont reçu plusieurs dénominations ; on les appelle : *cendre de mer, tangue, tanque, tangu, trez, treaz,* suivant le dialecte de Saint-Pol-de-Léon).

1° La tangue est un sable très-fin, blanc ou gris, composé de carbonate de chaux, de silice, de sel marin et de matières organiques. Le sable que contient la tangue est d'une si grande ténuité qu'il traverse presque complétement un tamis de soie ordinaire. Ce stimulant contient aussi des fragments de coquillages, mais ces débris sont presque microscopiques.

L'ingénieur des ponts et chaussées qui fut chargée en 1840, de continuer les études du desséchement des grèves du mont Saint-Michel, a analysé ce sable marin. Voici les résultats qu'il a obtenus sur 100 parties. Les échantillons analysés avaient été pris sur différents points de la grève où on les exploite et les matières organiques n'ont pas été dosées.

---

(1) Cavoleau, *Description du département de la Vendée*, 1818, p. 86.

MATIÈRES.	1	2	3	4	5	6	7
Carbonate de chaux.	29, 7	38,37	41,44	30,81	26,58	23.57	22,14
Pyrite alumine oxide de fer. . .	59,68	53,02	51,71	57,32	65,52	68,90	70,81
Chlorure de sodium.	0,14	0,15	0,20	0,55	0.25	0,41	0,94
Sels divers.	2,72	3,42	2,90	3,15	2.87	3,18	2,31
Perte.	7,99	4,99	3,75	8,17	4.78	3,94	3,80
	100,00	100.00	100,00	100,00	100,00	100,00	100,00

Les échantillons avaient été pris :

1° A 3 kilomètres au-dessus de Pontaubault.
2° A Pontaubault.
3° Au Pont-Gilbert.
4° A l'anse de Madrey.
5° A 7 kilomètres au delà du Mont-Saint-Michel.
6° A la pointe du Cancale.
7° A l'embouchure de la Rance.

M. Payen a donné l'analyse de la tangue d'Avranches qui constate la proportion des principes organiques :

Sable et lamelles de mica. 55,00
Carbonate de chaux. 42,15
Matières organiques azotées. 2,10
Chlodure de sodium et de magnésium. 0,60
Sulfate de chaux, de potasse et de soude. 0,15
——————
100,00

MM. Boussingault et Payen ont dosé la matière organique de la tangue de Roscoff et lui ont trouvé, à l'état sec, 0,14 pour 100 d'azote.

La tangue que l'on prend à une certaine distance du rivage ne produit jamais les effets qu'elle manifeste lorsqu'on la tire le plus près possible de la mer, c'est-à-dire des vagues. Quand elle reste longtemps exposée à l'action de l'air, du soleil et des pluies, sa partie calcaire finit par s'y détruire et disparaître entièrement ; alors, on ne constate plus que le sable siliceux micacé qu'elle contenait, et elle ne peut plus être employée comme matière stimulante à la fertilisation des terres arables. Lorsqu'elle a été ainsi modifiée, métamorphosée, que les parties calcaires et les matières organiques ont été affaiblies, on lui donne le nom de *tangue morte* ou *trez mort*. La tangue que l'on extrait des lieux où la mer la produit chaque jour, reçoit la dénomination de *tangue vive* ou *trez vif*.

Selon M. Vitalis, qui a analysé la tangue à ces divers états, elle contient :

	vive.	morte.
Carbonate de chaux.	66,00	47,50
Sable micacé.	20,30	40,80
Argile.	4.00	3,50
Oxide de fer.	0,60	1,10
Matière organique, dosée par calcination.	3,10	4,40
Eau.	6.00	3.50
	100,00	100.00

La présence de ce sable si fin, d'une ténuité si grande, et jeté par la mer au fond d'un grand nombre d'anses ou de plages des côtes de la Normandie et de la Bretagne, a fixé d'une manière particulière l'attention de plusieurs observateurs qui ont émis diverses conjectures sur son origine. La théorie qui doit être regardée comme la plus judicieuse, est évidemment celle exposée par M. Fulgence Girard (1). Selon cet observateur, la cause principale, sinon la cause unique de la tangue, est due aux matières que tient en suspension l'eau des rivières. Qu'on la prenne, dit-il, dans le lit des rivières ou à leur embouchure même, elle se compose d'une poussière si ténue que l'on ne peut y reconnaître que la partie la plus persistante d'une vase lessivée et desséchée. Ce n'est qu'à l'ouvert de la grève que l'on y rencontre la présence du sable marin ; mais alors, si on avance, si on quitte le cours de la rivière pour suivre les développements des côtes, et plus on s'éloigne de son lit, plus on voit le dépôt fluvial décroître devant la prédominance progressive du détritus maritime, qui finit, par gradations, à s'offrir à notre examen dans sa pureté complète.... Les rivières, en s'embouchant dans la mer, y portent plus ou moins loin, selon la force de leur cours, les eaux qu'elles finissent par mélanger avec les vagues. Dans cette confusion, et par l'agitation qui en est la suite, s'opèrent successivement un nombre infini de combinaisons chimiques, au moyen desquelles la mer s'assimile la plus grande partie des substances que lui charrient ces eaux courantes : les flots ne rejettent donc que la partie la plus difficilement soluble des matières que leur versent les rivières les plus fortes. Il n'en est pas de même des ruisseaux, à qui la faiblesse de leur cours ne permet pas de porter leurs eaux bien avant dans la mer, sans qu'ils se confondent avec elle. Le refoulement et le dépôt des matières qu'ils transportent se faisant presque immédiatement et sans qu'elles aient été longtemps ballottées par les lames, l'alluvion se trouve beaucoup moins dépouillée. Aussi trouve-t-on une vase composée d'éléments beaucoup plus nombreux sur les points de la plage où se dégagent les légers cours d'eau, tandis que l'embouchure des rivières offre un dépôt beaucoup plus dense et plus compacte.

Si la tangue, ajoute M. Fulgence Girard, est un dépôt fluvial dépouillé par les flots de ses parties les plus aisément solubles, puis refoulé par eux sur le rivage, mais aussi plus ou moins imprégné de sels et mélangé de sable marin, selon le point de la côte où on en rencontre, n'en résulte-t-il pas que sa vertu fécondatrice varie avec les parties littorales d'où on l'enlève ? Ainsi, dans le lit et sur le bord des rivières, où la tangue est presque exclusivement composée d'un résidu schisteux, légèrement mélangée de sel marin, et des parties les plus persistantes de matières animales et végétales, ses qualités ne sont-elles pas liantes et substantielles ? Les proportions dans lesquelles l'alumine entre dans sa composition, ne la rendent-elles pas très-avantageuse pour la fécondation des terrains légers. La tangue béchée, au contraire, sur les grévages plus ou moins éloignés de l'embouchure des rivières, et par conséquent plus ou moins chargée de sable marin, en raison même de la distance où elle se trouve des cours d'eau, n'est-elle pas exclusivement propre à la culture des terrains froids et argileux, soit comme principe diviseur par ses sables, soit comme principe échauffant à cause de ses sels.

2° La tangue est prise sur le rivage et elle ne coûte, comme toutes les autres matières fertilisantes maritimes, que la peine de l'enlever. On se sert ordinairement d'un tombereau ou d'une voiture garnie de planches. Il importe beaucoup que la caisse du véhicule soit

(1) *Annuaire de l'Association normande*, 1840, t. VI, p. 111.

bien conditionnée, que les planches soient bien jointes. Cette précaution est surtout nécessaire pour la tangue qui a perdu son humidité; car lorsqu'elle est sèche, elle s'échappe facilement, observe M. de Blois, à cause de la finesse de ses particules, à travers les fentes de la caisse, par l'effet des secousses de la voiture. Lorsqu'on ne la peut prendre alors qu'elle est encore humide, il faut se servir de sacs, remplir ceux-ci et les placer sur les voitures. Le remplissage des sacs, quand la tangue est bien sèche, quand elle se présente sous forme de sable fin, s'effectue avec beaucoup de facilité. Quand elle est humide, lorsqu'elle a été humectée par les eaux de mer, elle est plus mate, moins mobile, et elle peut être facilement chargée dans les tombereaux ou autres véhicules garnis soit de planches, soit d'une toile, au moyen d'une pelle de fer.

La tangue mouillée est abandonnée à elle-même sur un endroit déterminé de l'exploitation où elle doit être appliquée, pendant plusieurs semaines. Cette exposition est nécessaire; sans elle la tangue ne pourrait perdre la majeure partie du sel marin qu'elle contient et agir aussi favorablement sur la végétation. Quelquefois on la soumet à un lavage. Par le concours de cette opération on la dépouille très-promptement d'une partie du chlorure de sodium dont elle est imprégnée. Nonobstant, il est nécessaire, lorsqu'on procède à un lavage, de l'appliquer immédiatement. Exposée à l'air pendant un temps trop long, cette substance marine ne peut plus agir que par ses parties calcaires.

3° On doit appliquer la tangue sur des sols compactes, des terrains argileux, sur des terres basses. Ce stimulant ne convient pas très-bien aux sols légers, aux terres siliceuses. Selon M. Fulgence Girard, les cultivateurs des terrains sablonneux de la côte de la Manche deviennent chaque jour plus prudents et plus retenus dans l'emploi de ce sable, dont ils ont à la longue reconnu les désastreux effets. Aussi aujourd'hui, au lieu de déposer la tangue immédiatement dans leurs champs, beaucoup d'entre eux la mélangent avec le terreau de leurs cours, ou la répandent dans les prairies, généralement plus argileuses, plus froides que les terres arables. Dans la basse Bretagne, on l'associe toujours avec des goëmons ou du fumier, et on l'applique particulièrement sur les terres fortes.

4° La quantité que l'on répand par hectare varie selon les circonstances de culture. Sur le littoral de Saint-Pol-de-Léon on applique, lorsqu'on *trèze* pour la première fois, 40.000 kilogr. de tangue; cette dose suffit pour trois ans. Après ce temps, on trèze de nouveau, mais la quantité appliquée alors est toujours plus faible. On ne recommence le *trézage*, c'est-à-dire à répandre 40,000 kilogr. par hectare, que lorsque le sol a perdu de sa fertilité, je veux dire lorsqu'on reconnaît que des doses plus faibles appliquées tous les trois ans sont insuffisantes pour maintenir le sol au degré de fécondité où il était arrivé après le trézage complet.

5° L'action chimique de la tangue est due aux parties calcaires, aux débris organiques et aux particules salines qu'elle contient. Toutefois, comme le carbonate de chaux y existe dans une grande portion, il est évident qu'elle tire sa principale propriété stimulante de ses parties calcaires et non des parties salines qui y sont mélangées. Du reste, celles-ci ne peuvent exister dans une forte proportion. Lorsque le trez est pénétré d'eau de mer, dit M. de Blois, il agit avec trop de violence et brûle la végétation. C'est pourquoi il est nécessaire d'exposer la tangue à l'air pendant un certain temps, ou de la soumettre à un lavage, ou de la faire entrer dans la formation des composts. En agissant ainsi, on prévient son action nuisible et on augmente ses propriétés fertilisantes.

6° Ce sable marin a une action puissante sur les céréales légumineuses, les prairies naturelles, lorsqu'il est appliqué sur des terres fortes et que son emploi a lieu avec des engrais animaux ou végétaux. Ces dernières matières sont indispensables pour maintenir la fertilité du sol qui prend une activité remarquable sous l'action des parties calcaires de ce stimulant; sans elles, la richesse de la terre serait bientôt épuisée.

SECTION II.

Minéraux sulfureux.

Les minéraux de cette classe donnent lieu, dans certaines circonstances, à l'odeur de l'acide sulfureux ou à l'odeur de l'hydrogène sulfuré; ils ne font point effervescence avec les acides et sont tous solubles, mais à divers degrés. Tous ces minéraux sont décomposés par le charbon à l'aide de la chaleur.

§ 1. Du plâtre ou gypse.

Le plâtre est connu depuis fort long-temps, mais il n'a été employé comme matière fertilisante que vers le milieu du dix-huitième siècle. Le premier qui le fit connaître comme stimulant est le pasteur Mayer de Kupferzell, ministre protestant de la principauté de Hohenlohe. Cet agriculteur avait appris à connaître l'usage qu'on en faisait depuis un très-grand nombre d'années à Hehlen en Hanovre, et principalement dans les environs de Niedek près Gœttingen, dans une correspondance qu'il eut avec le comte de Schuhlenbourg (1). C'est en 1765 que Mayer publia le résultat de ses expérimentations, et c'est l'année 1768 que les effets du plâtre furent communiqués à la Société économique de Berne. En Suisse, ce fut Tschiffeli qui popularisa son emploi; en Allemagne, ce fut Schoubart de Kleefeld qui fit connaître l'usage qu'on pouvait en faire. Dès 1771, l'emploi de ce stimulant se répandait en Dauphiné et fixait l'attention publique (2). Depuis il se propagea rapidement en France, spécialement dans les environs de Paris; de là, il passa en Angleterre et aux Etats-Unis. Franklin est celui qui contribua le plus à le propager en Amérique. Pour populariser son emploi et convaincre ses concitoyens, il choisit un champ de trèfle auprès de Washington, et y écrivit, avec la poussière de plâtre, ces mots : *Ceci a été plâtré.* Les effets de cette substance furent si remarquables, la végétation du trèfle plâtré fut si extraordinaire que la phrase tracée ressortit en relief et qu'elle pouvait être aperçue à une très-grande distance. Ce résultat engagea tous les cultivateurs à faire usage de ce stimulant, et cette expérience, qui fut répétée depuis bien des fois, contribua beaucoup à en propager l'emploi dans plusieurs provinces et à convaincre les esprits incrédules.

On a beaucoup écrit sur le plâtre, et on a émis un grand nombre d'opinions sur son emploi et sur son action. Ces nombreux écrits et ces opinions si divers résultent de ce que ce stimulant est le seul, parmi toutes les substances employées à la fertilisation des terres labourables, qui soit aussi variable, aussi capricieux dans ses résultats. Je vais tâcher de coordonner les faits con-statées, les opinions exposées, les théories avancées. Peut être parviendrai-je, en suivant cette voie, à conclure des principes aphoristiques qui jetteront un peu de lumière sur la question, qui permettront de déchirer un peu le voile qui couvre encore le mystère qu'il importe de dévoiler dans l'intérêt de la prospérité de la pratique agricole.

1. *Nature et variétés.*

Le plâtre est un composé d'acide sulfurique et de chaux, et on le désigne en chimie sous le nom de *sulfate de chaux*, et en minéralogie sous celui de *chaux sulfatée*. A l'état naturel, il contient 20.78 pour cent d'eau. Il est composé de

Chaux.	41.83
Acide sulfurique. . . .	58,47
	———
	100,00

Le sulfate de chaux est abondamment répandu dans la nature. On le rencontre en couches puissantes dans les terrains supracrétacés, dans le groupe oolitique, dans les marnes du terrain triasique, et en général dans tous les terrains de sédiment. Il offre en très-grand nombre de variétés qui diffèrent entre elles par leur texture et les substances étrangères qu'elles contiennent. En 1835, on exploitait la pierre à plâtre dans trente-huit départements. La variété la plus commune et à laquelle on donne le nom de *chaux sulfatée cristalisée*, présente des cristaux grenus agglomérés, et elle contient de 4 à 12 pour 100 de carbonate de chaux et d'argile impur, interposés entre les cristaux. En général, la chaux sulfatée est remarquable par sa dureté et son peu de solubilité dans l'eau : celle-ci n'en dissout que 1/460 de son poids.

Sous l'influence d'une température élevée (130°), le sulfate de chaux perd son eau de cristallisation en même temps que sa transparence, et en se refroidissant il devient blanc et assez friable. Dans cet état, on le nomme *plâtre cuit ou calciné.* Ainsi calciné et exposé à l'air, il attire peu à peu la vapeur aqueuse de l'atmosphère et s'hydrate de nouveau, et ne peut plus se prendre en masse par une cristallisation nouvelle. Lorsqu'il a été calciné à une température trop élevée, il devient incapable de s'hydrater et perd consé-

---

(1) Thaër, *Principes raisonnés d'agriculture,* t. II, p. 253.

(2) *Journal de Physique,* t. XVII, p. 267.

quemment la propriété de se solidifier aussitôt après avoir été *gâché*, c'est-à-dire uni à une certaine quantité d'eau.

Nonobstant, il faut éviter que le plâtre, après la calcination, reste exposé longtemps à l'action de l'air, que celui-ci soit sec ou qu'il soit humide. Quand cela arrive, on dit alors que le plâtre est éventé. Cet état lui est tout à fait préjudiciable, car le plâtre alors a perdu presque complétement la faculté qu'il possède et sur laquelle est fondé son emploi dans les arts, celle de se reconstituer à l'état d'hydrate après avoir été déshydraté par une température bien au-dessous de la chaleur rouge. Pour le conserver pendant plusieurs semaines, pendant plusieurs mois, sans qu'il perde cette importante propriété, il faut le placer dans des tonneaux hermétiquement fermés. Les sacs en toile, quelle que soit la finesse de celle-ci, doivent être regardés comme fort mauvais.

D'après Genieys, le poids d'un mètre cube de

Pierre à plâtre est de.	1,899 à 2,299 k log,
Plâtre cuit battu.	1,199 à 1,228
Plâtre cuit tamisé.	1,242 à 1,257

En agriculture, le plâtre est employé soit cru, soit cuit ; toutefois, on ne l'applique que lorsqu'il a été battu, c'est-à-dire que lorsqu'il a été réduit en poudre. Cette pulvérisation a lieu soit au moyen de moulins mus par des animaux, l'eau ou le vent, soit par le concours d'une meule qui est mise en mouvement dans son sens vertical et qui circule dans une auge placée sur le sol, soit enfin au moyen d'un simple battage exécuté par des hommes. Lorsque le plâtre, quel que soit son état, a été broyé ou divisé, on le passe au panier ou au sas, ou au tamis, et on soumet de nouveau à l'écrasement les parties qui sont restées sur le tamis et qui n'étaient pas assez pulvérisées pour être employées avec succès. En général, les effets du plâtre sont d'autant plus grands qu'il est appliqué dans un plus grand état de division.

2. *Sols qui doivent être plâtrés.*

Quels sont les terrains sur lesquels on doit employer le plâtre ? Ce stimulant a-t-il la même action sur tous les sols ? Ces deux questions, les plus graves, sans nul doute, que l'application du plâtre peut faire naître, ont beaucoup occupé et préoccupent encore les esprits qui cherchent à connaître les causes pour lesquelles cette substance fertilisante produit des effets si variables et si peu uniformes. Je vais examiner les faits qui ont été constatés par des hommes dont la bonne foi ne peut être mise en doute, ainsi que les opinions, et je les rapporterai à deux point principaux. Cette division me permettra d'étudier les terrains sous deux points de vue : 1° leurs propriétés physiques ; 2° leurs propriétés chimiques. Cette manière d'agir est la seule, je crois, à suivre pour arriver à la solution des deux questions précitées.

1° Thaër fait observer que le plâtre produit plus d'effet sur les terrains secs que sur les sols humides, et dans les temps secs que dans les temps pluvieux, et il ajoute qu'il ne produit aucun effet sur un terrain épuisé qui ne contient que peu ou point d'humus (1).

D'après Schwertz, le plâtre n'offre que peu d'avantages dans les bas-fonds, anciennement submergés, qui ont un sol compacte, se crevassant par la chaleur et la sécheresse, sur les sols en pente vers le nord, sur les terrains lourds, froids et humides. Ce stimulant, dit-il, exerce sa plus grande action sur un sol léger, sec, chaud, un peu élevé ; il n'agit sur les sols argileux que quand, outre une situation analogue, ils ont encore l'avantage de contenir beaucoup de chaux ou d'humus, ou lorsqu'ils ont été abondamment fumés (2).

Peters a constaté que le plâtre n'agit sur la végétation que lorsqu'il est appliqué sur des terres légères, sèches et sablonneuses, et que ses effets étaient complétement nuls sur les terrains argileux. A l'appui de son oppinion, fondée sur l'expérience, il rapporte que le général Washington a essayé le plâtre aux Etats-Unis, sur des terres tenaces, fortes, à des doses très-différentes, sans aucun succès. L'effet du plâtre, dit-il, n'a pas été plus marqué que si on eût pris la même quantité de terre du champ et qu'on l'eût répandu

---

(1) *Principes raisonnés d'agriculture*, t. II, p. 426.

(2) *Préceptes d'Agriculture pratique*, page 309.

sur sa surface (1). Dans une enquête que fit cet agriculteur à Philadelphie et dans laquelle il posa la question suivante : Quels sont les terrains sur lesquels ce stimulant a le plus d'effet? sur huit opinions émises par des agriculteurs qui employaient le plâtre depuis sept à treize années, il y a eu sept affirmatives en faveur des terres légères, chaudes, sablonneuses (2).

En 1820, le conseil royal d'agriculture provoqua aussi une enquête sur l'emploi et les effets du plâtre. Il résulta des réponses qui lui furent adressées et que Bosc analysa, qu'il y a eu, sur trente opinions émises, vingt affirmatives pour son application sur les sols secs, légers, cailouteux (3).

M. Rendu a pu remarquer dans la Flandre française que la plupart des cultivateurs qui font usage du plâtre n'en ont obtenu aucun résultat sur des bas-fonds et sur des terrains froids; mais que son application, au contraire, a été fort avantageuse aux terres élevées et chaudes qui ne contenaient qu'une faible proportion de calcaire (4).

Toutes ces observations, qui émanent de différents points du globe, n'ont pas besoin de commentaire; elles démontrent clairement que le plâtre ne produit des effets remarquables et ne doit être par conséquent employé que sur des terrains fertiles quelle que soit leur nature, complétement privés d'humidité surabondante. Ces faits, tous concordants malgré les circonstances diverses où ils ont été recueillis, confirment, je suis heureux de le constater, l'opinion qu'avait émise le pasteur Mayer. Sur aucun terrain, dit ce nouvel apôtre, cette substance n'agit plus énergiquement que sur ceux qui sont bien secs, particulièrement les prairies de montagne, bien exposées; elle est sans action sur les terrains ombragés et humides.

Toutes choses égales, d'ailleurs, c'est à tort que l'on conclurait que le plâtre ne doit pas être utilisé dans les localités où les terres sont argileuses parce que ces sortes de terres sont toujours plus humides, plus tenaces, que les sols légers. Il est évident qu'il faut avoir égard, avant de pouvoir conclure soit en faveur, soit contre le

pâturage, à la fertilité de la terre. Les terres argileuses riches ne sont pas du nombre de celles qui sont regardées comme trop mouillées, comme trop compactes. Les sols qui appartiennent à cette classe et qui sont toujours défavorables à la vie des plantes agricoles, sont ceux qui sont très-tenaces et qui résident encore dans une période de fertilité peu avancée. Les terres argilo-siliceuses qui appartiennent à la même division et qui sont généralement situées sur des sous-sols imperméables, présentent les mêmes inconvénients quand ils produisent difficilement des trèfles ou des luzernes. Ordinairement ces terres sont très-humides pendant les mois de mars, d'avril, et durant l'été elles sont comme brûlées par la chaleur solaire. Si Royer a constaté que les terres argileuses sont, de toutes, celles où le plâtre est le plus profitable, où l'on peut en employer le plus, et le répéter chaque année (1); il est certain que cette observation n'a pas été faite sur des sols marécageux, des terrains mouillés, mais bien sur des terres fortes exemptes d'humidité nuisible à la végétation des plantes agricoles et sur lesquelles la luzerne et le trèfle avaient une grande aptitude.

2° Les végétaux qui croissent sur les terrains calcaires peuvent-ils être plâtrés? Les sols qui renferment du carbonate de chaux permettent-ils à cette substance d'agir sur les légumineuses? Ces questions doivent être résolues affirmativement en présence des résultats obtenus dans l'emploi du plâtre sur les terres argilo-calcaires, silico-calcaires, calcaire-argileuses, calcaire-siliceuses et crayeuses.

Thaër avait fait connaître que si le plâtre a fait peu de prosélytes en Angleterre, cela résultait de ce que le sol est rempli soit artificiellement, soit naturellement de parties calcaires dans la plupart des provinces de ce royaume; mais il a reconnu son erreur. Il a pu constater depuis que le plâtre produit également son action lors même que les terrains sur lesquels on l'emploie contiennent des parties calcaires, et que cet effet est également sensible dans les contrées où il y a beaucoup de roches gypseuses, et où, par conséquent, le sol contient, suivant toutes les apparences, beaucoup de particules de sulfate de chaux. Arthur Young avait déjà

---

(1) *Le Cultivateur*, t. VI, p. 259.

(2) Pictet, *Cours d'Agriculture anglaise*, 1808, t. V, p. 138.

(3) *Rapport sur l'emploi du plâtre*, 1823.

(4) *Agriculture du département du Nord*, 1843, p. 133. Chez Roret, rue Hautefeuille, 10 *bis*.

---

(1) *Catéchisme des Cultivateurs*, p. 87.

constaté les effets favorables du plâtre sur les sols calcaires (1).

M. Puvis admet ces faits, et il les confirme par l'observation suivante : Le plâtre, dit-il, agit sur les sols qui contiennent du carbonate de chaux avec autant d'énergie au moins que sur ceux qui n'en contiennent pas (2).

L'opinion de Burges vient corroborer les faits avancés par ces trois écrivains. Il résulte de ses recherches et des remarques qu'il a faites, que c'est sur les sols calcaires que le plâtre montre le plus d'activité (3).

Ces assertions, quoiqu'elles aient été confirmées par les expériences de M. de Brebisson et les remarques de M. de Gasparin qui montrent que le plâtre produit des effets remarquables sur les sols calcaires, même sur ceux qui contiennent jusqu'à 0,20 de carbonate de chaux (4), ont été mises en doute par quelques agriculteurs. Ainsi, il ressort des recherches faites par Rigaud de de l'Isle, que le plâtre n'a d'action que sur les terrains qui contiennent peu de carbonate de chaux (5). M. Boussingault admet cette opinion ; il pense que le plâtre agit utilement sur les prairies artificielles en portant de la chaux dans le sol (6). Ces deux observations appuyées, l'une sur les analyses de terres arables, l'autre sur les résultats d'analyses de cendres de plantes qui avaient végété sur des terrains plâtrés et non plâtrés, sont tout à fait insuffisantes pour détruire l'opinion de ceux qui ont avancé que le plâtre n'était pas applicable sur des sols assez abondants en carbonate de chaux. Il est évident qu'il faut admettre ce fait jusqu'à ce que de nouvelles expériences pratiques viennent le renverser et confirmer l'hypothèse avancée par M. Boussingault, opinion que nous examinerons bientôt dans tous ses détails, que le plâtre équivaudrait au chaulage (7).

On a dit aussi que le plâtre ne produisait aucun effet sur les sols granitiques et schisteux. Cette non-réussite a-t-elle pour cause la trop grande légèreté du sol ou son grand degré de dessiccation depuis le mois de mai jus-

qu'à la fin de septembre ? Le plâtre n'agit-il sur les terres schisteuses qu'à la condition de la présence de l'élément calcaire au sein de la couche arable ? Je ne puis adopter cette dernière hypothèse. Si cette observation est vraie, si le plâtre n'a d'action sur les terres de landes, les sols schisteux qu'à la condition qu'ils contiennent suffisamment de carbonate de chaux, comment expliquera-t-on alors les effets que ce stimulant produit sur les plantes qui croissent sur les terrains dépourvus de particules calcaires ? Je crois qu'il faut chercher ailleurs les causes qui empêchent les effets du plâtre sur ces terres, et je suis porté à croire, d'après quelques expériences que j'ai faites, que le manque de terreau doux, d'une part, que les propriétés physiques, de l'autre, peuvent bien être, avec les influences climatériques, les causes directes de cette non-réussite. Mayer paraît avoir été témoin de semblables faits. Ainsi, il dit que le plâtre n'exerce pas d'action ou qu'il en exerce une nuisible sur les terrains dans lesquels la chaleur arrête la végétation ; dans ce cas, ce sont surtout les terrains noirs. Ces remarques ne s'appliquent-elles pas aux terres de landes et de bruyères sur lesquelles les trèfles et les luzernes ont, dans les circonstances générales, une végétation très-laborieuse ?

De ces explications, il me semble résulter rigoureusement :

1° Que le plâtre agit favorablement sur les sols secs, les terres sablonneuses riches et les terrains argileux perméables et fertiles ;

2° Que ce stimulant doit être appliqué sur les sols calcaires, perméables et abondamment pourvus d'humus ;

3° Que ses effets sont presque nuls lorsqu'on l'emploie sur les sols siliceux, calcaires ou argileux, humides et marécageux.

3. *Procédés d'application.*

Que le plâtre soit employé à l'état cru ou qu'il soit répandu à l'état cuit, il faut que préalablement il ait été réduit en poudre. Sous le premier état, il est difficile à diviser ; sous le second, il se pulvérise aisément.

La cendre de plâtre doit être répandue sur les plantes en végétation, c'est-à-dire lorsque les feuilles et leurs ramifications couvrent la surface de la terre. Telle est la pratique suivie par la plupart des cultivateurs, qui, cha-

(1) *Le Cultivateur anglais*, t. XVI, p. 387.

(2) *Des divers moyens d'amender le sol*, p. 88.

(3) *Économie rurale*, p. 60.

(4) *Cours d'Agriculture*, t. I, p. 89.

(5) *Mémoires de la Société centrale d'agriculture*, 1824, p. 455.

(6) *Économie rurale*, t. II, p. 233.

(7) *Idem*, t. II, p. 229.

que année, font usage du plâtre. Toutefois, plusieurs apriculteurs n'adoptent pas ce procédé dans toute sa rigueur, et quelques-uns même ont avancé qu'il fallait le répandre directement sur le sol. C'est dire évidemment qu'il faut l'appliquer avant que les végétaux ombragent, par leurs feuilles, la superficie du sol ; ou avant, ou pendant, ou après l'exécution des semailles. Ainsi, Rigaud de l'Isle qui enterrait le plâtre par un labour, se félicitait de cette opération (1) ; Schwertz considère son application au sol, avec mélange de fumier, comme favorable, et il ajoute que cette manière d'agir n'est pas inconnue en Allemagne (2) ; Thaës l'a répandu en automne sur une portion d'un terrain ensemencé en seigle, et le trèfle blanc qui fut semé au printemps suivant était vigoureux et épais sur la partie plâtrée, quoique le sol fût assez appauvri (3). Ces résultats sont-ils suffisants pour engager le cultivateur à adopter un autre mode d'application ? Evidemment non. Si ces succès ont été confirmés par les assertions de MM. d'Harcourt et Sageret, si ces expériences démontrent que le plâtre agit aussi sur les organes souterrains des plantes et qu'il est aussi absorbé par les spergioles, il est notoire que les expérimentations faites par ces observateurs n'avaient d'autre but que celui de résoudre un théorème proposé, il est certain que la pratique journalière condamne cette manière d'employer le plâtre, et que les observations de Peters (de Philadelphie), de Lasteyrie et Socquet démontrent positivement qu'il faut le répandre lorsque les plantes ont déjà acquis un certain développement. Cette explication ne peut laisser aucun doute dans les esprits, et sa véracité est confirmée par les préceptes pratiques posés par ceux qui ont reconnu que le plâtre agit sur les racines des plantes. Suivant Thaër, le plâtre ne semble jamais produire plus d'effet que lorsqu'on l'épand sur un trèfle déjà assez avancé dans sa végétation pour que ses feuilles couvrent passablement le sol (4). L'époque précise, dit Royer, est ordinairement celles où les feuilles des trèfles, sain-

foins et luzernes couvrent déjà en partie le sol sans que les tiges aient commencé à monter (1). D'après Mathieu de Dombasle, le moment le plus favorable est celui où la plante est déjà assez développée pour commencer à couvrir la terre (2). Enfin, M. de Gasparin persiste à s'en servir en couverture quand les plantes sont déjà sorties, quoiqu'on ait constaté, observe-t-il, ses bons effets quand il est enterré dans le sol (3).

Doit-on répandre la poussière de plâtre par un temps sec ? Les feuilles doivent-elles être couvertes de rosée ou d'humidité ? Si l'on étudie attentivement les faits que la pratique fait naître chaque année, et les écrits concernant l'emploi du plâtre, on reconnaîtra qu'il ne doit être appliqué que lorsque les feuilles des végétaux sur lesquelles il doit agir sont humides, soit que cette humidité ait été produite par une pluie récente ou par la rosée. Thaër veut que l'on choisisse un jour où la rosée ait été forte et que l'on évite absolument de le répandre si le temps est pluvieux (4) ; Schwertz recommande de choisir un temps gris, une atmosphère humide, le moment où la rosée est encore sur les feuilles, et d'éviter la pluie, et de ne pas plâtrer par un temps sec (5) ; Mathieu de Dombasle conseille de ne pas l'appliquer par un temps sec, de choisir un temps couvert ou de ne le répandre que le soir ou de très-grand matin, ou après une pluie lorsque les feuilles des plantes sont humides (6) ; d'après Royer, l'instant le plus propice pour plâtrer est quand les feuilles sont couvertes de rosée ou humides par une petite pluie qui a cessé de tomber depuis quelques heures (7) Ces principes qui ont aussi pour appui les observations pratiques de Bosc, de Lasteyrie, de MM. Puvis, Payen, Moll, etc., ont été combattus par plusieurs cultivateurs. M. Forestier soutient que son application doit avoir lieu par un temps sec ; il affirme que le plâtre n'a produit des effets chez lui que lorsque ce stimulant tombait en plus grande par-

---

(1) *Mémoires de la Société centrale d'agriculture*, 1814, p. 453.

(2) *Principes raisonnés d'agriculture*, t. II, p. 427.

(3) *Préceptes d'Agriculture pratique*, p. 315.

(4) *Principes raisonnés d'Agriculture*. t. II, p. 429.

(1) *Catéchisme des Cultivateurs*, 1847, p. 86.

(2) *Calendrier du bon cultivateur*, 1846, p. 96. Chez Roret, rue Hautefeuille, 10 *bis*.

(3) *Cours d'agriculture*, t. I, p. 627.

(4) *Ouvrage cité*, p. 429.

(5) *Préceptes d'Agriculture pratique*, p. 312.

(6) *Ouvrage cité*, p. 97.

(7) Ibid, p. 87.

tie sur le sol (1) ; M. de la Villarmois pense que la pratique quelquefois conseillée de mettre la moitié du plâtre avec les semences et de réserver l'autre moitié pour répandre sur les feuilles est préférable à toute autre (2). Doit-on conclure de ces deux opinions qu'il faille renoncer à appliquer le plâtre sur les feuilles, alors que celles-ci sont humides? et est-il juste de recommander de ne l'employer que par un temps sec? Il est impossible de nier les résultats obtenus par ces praticiens, mais il est exact de dire que deux seules expériences ne peuvent détruire des faits sanctionnés par des observations de plus d'un demi-siècle. Du reste, ces résultats n'ont rien d'extraordinaire : chacun sait qu'il n'est aucune autre substance fertilisante dont les effets soient aussi extraordinaires et aussi variables que ceux de la cendre de plâtre. Il reste donc acquis à la pratique, jusqu'à ce que de nouveaux faits plus suffisants soient connus, que le plâtre doit être répandu le matin avant la disparition de la rosée ou à une autre époque du jour, lorsque les feuilles auront été mouillées par une pluie récente.

Le plâtrage doit-il avoir lieu au printemps, ou en été, ou en automne? Les saisons ont-elles une influence favorable ou nuisible sur les effets que doit manifester le plâtre? Il est certain que le plâtrage doit avoir lieu au printemps, dans les mois de mars, d'avril et de mai, alors que les feuilles sont assez développées pour que la presque totalité de ce stimulant soit retenue par elles. On peut plâtrer plus tôt si le climat et le sol sur lequel on veut répandre le plâtre sont secs et brûlants. Royer a remarqué que les plâtrages sur les sols calcaires qui craignent beaucoup la sécheresse doivent avoir lieu un mois plus tôt que dans les terres sableuses ou argileuses humides? Cette observation s'applique-t-elle à toutes les localités? Burger paraît la confirmer. Si les mois d'avril et de mai, dit-il, ont été assez chauds et humides, le plâtre a de l'efficacité même dans les terres sablonneuses; il produit alors des effets extraordinaires dans les terrains marneux et argileux: Le plâtre a généralement peu d'efficacité, surtout dans les terres sablonneuses, si le printemps est sec et chaud, ou sec et

froid, ou humide et froid. Son plus ou moins grand effet dépend aussi de l'époque à laquelle il est répandu. J'ai tout lieu de croire que dans les contrées sèches et froides comme dans les sols siliceux, la fin de l'automne est l'époque la plus favorable pour cette opération ; mais que dans les pays chauds et humides, il vaut mieux le répandre au printemps (1). Je ferai observer, toutefois, qu'il n'est pas encore bien démontré que les plâtrages exécutés avant ou pendant l'hiver soient réellement avantageux. M. Rendu observe que la plupart des cultivateurs du département du Nord qui font usage du plâtre ont reconnu que la gelée, même la plus légère, arrête subitement l'action de ce stimulant et l'empêche d'agir, même lorsque la température redevient favorable (2). Mathieu de Dombasle affirme qu'il faut différer de plâtrer tant qu'on a des gelées à craindre (3). Dans beaucoup d'endroits, dit Schwertz, on regarde comme perdu le plâtre répandu pendant le froid ou sur une gelée blanche ; il doit en être de même lorsque la gelée arrive peu de jours après le plâtrage (4). Ainsi donc, le moment le plus propice pour commencer les plâtrages est le printemps lorsque les gelées ont cessé, lorsque la végétation est un peu avancée. Toutefois, ici on pourra opérer dès le mois de mars, parce que le sol sera naturellement sec et le temps favorable : là, au contraire, on ne devra répandre le plâtre qu'en avril ou en mai, à cause de la trop grande humidité contenue dans le sol et dans l'atmosphère.

Les plâtrages ne s'exécutent pas seulement sur la première coupe ; on peut les répéter sur la seconde et même sur la troisième. Ainsi, on plâtre quelquefois dans les mois de juin ou de juillet, aussitôt que la pousse de la seconde récolte couvre la terre. Thaer observe qu'il arrive souvent que celle-ci produit plus que la première. D'autres fois, on répand de la cendre de plâtre sur les trèfles de l'année, après la moisson, dans le but d'obtenir une coupe au mois d'octobre ; mais il faut, pour que cette production soit abondante, que le mois d'août et surtout le mois de septembre ne soient pas très-pluvieux ; sous l'ac-

---

(1) *Le Cultivateur*, t. III, p. 36.

(2) *Journal d'Agriculture pratique*, t. III, p. 444.

---

(1) *Cours d'économie rurale*, p. 80.

(2) *Agriculture du département du Nord*, p. 134. Chez Roret, rue Hautefeuille, 10 *bis*.

(3) *Annales de Roville*, 4ᵉ livraison, p. 523.

(4) *Loco citato*, p. 213.

tion de pluies abondantes ou d'une température toujours brumeuse, le plâtre perd une grande partie de son action Bosc assure que le plâtrage des trèfles, l'année même de leur semis, est souvent nuisible à leur récolte subséquente (1). Quant aux plâtrages qui ont lieu en automne pour favoriser la première coupe du printemps suivant, ils sont rarement favorables à la végétation. Les cultivateurs qui avaient choisi ce moment de l'année pour répandre le plâtre y ont renoncé pour l'appliquer au mois de mars ou d'avril. Lorsqu'on le répand en automne, dit le juge Peters, et que l'hiver ensuite est sec et froid, la plus grande partie du plâtre est perdue.

Toutes choses égales d'ailleurs, l'application du plâtre ne doit avoir lieu que lorsque l'atmosphère est calme. Répandu par un très-grand vent, il peut être transporté hors du champ sur lequel on veut l'appliquer ou être reporté très-inégalement sur les plantes. Le matin ou le soir est l'époque du jour la plus convenable. A ces moments de la journée, l'atmosphère est rarement agitée et les feuilles des plantes sont ordinairement couvertes d'humidité. Or, rien ne peut contribuer autant à une égale répartition de plâtre, observe M. Boussingault, que le saupoudrage des feuilles humides. Le plâtre qui adhère après elles ne s'en détache que peu à peu, et elles le répandent dans tous les sens à mesure que le vent les agite et les dessèche (2). La poussière de plâtre se répand à la main.

De cette longue relation, je conclus :

1° Que le plâtre ne doit être répandu que lorsque les plantes sont assez développées pour couvrir la terre ;

2° Qu'on ne peut l'employer que quand les feuilles sont couvertes d'humidité ;

3° Que les plâtrages exécutés au printemps sont ceux que l'on doit regarder comme les plus favorables ;

4° Qu'ils ne doivent avoir lieu que quand les gelées ne sont plus à craindre ;

5° Que les plâtrages exécutés en automne et durant l'hiver sont rarement satisfaisants ;

6° Que les sols secs doivent être plâtrés plus tôt que les terrains humides ;

7° Que les plâtrages, dans les climats chauds et secs, devront avoir lieu plus tôt que dans les climats froids et humides ;

8° Que le plâtre ne peut être appliqué que quand l'atmosphère est calme.

4. *Conditions de réussite.*

Le plâtre n'agit avec succès que lorsqu'il a été bien divisé, réduit en poudre, qu'il soit ou non calciné ; si son application a lieu par un temps pluvieux, si on le répand sur un sol marécageux, s'il survient après qu'il a été répandu des pluies violentes et continuelles, ou si on l'applique alors que l'air est violemment agité, ses effets se font faiblement sentir si toutefois ils se manifestent.

Une chaleur très-élevée comme une humidité abondante et un froid violent peuvent empêcher le plâtre de développer toute son énergie. Aussi est-il toujours prudent de ne plâtrer que lorsque les froids ne sont plus à craindre, et d'exécuter cette opération avant l'époque où les grandes chaleurs, les longues sécheresses commencent à se manifester. Pour éviter les grandes pluies du printemps, dans les environs de Marseille (Oise), on préfère n'employer le plâtre qu'après la première coupe (1). Peters ne croit pas que le plâtre ait autant d'effet dans un climat humide que sous une température modérément sèche. Lorsqu'il survient, après son application, des pluies abondantes et prolongées, le plâtre disparaît de sur les feuilles, il tombe sur le sol, forme une pâte et ne tarde pas à se solidifier. Quand au contraire, il se manifeste de grandes chaleurs et que le sol perd l'humidité qui est nécessaire aux plantes pour qu'elles végètent avec vigueur, le plâtre reste sans action pour ainsi dire ; c'est que la vitalité des végétaux n'est pas assez puissante pour que ces derniers s'approprient les éléments qui composent ce stimulant. Ainsi, Gilbert a observé que semé sur la terre sèche, et qui continue de l'être, les effets du plâtre sont nuls (2). La non-réussite des plâtrages dans la région de l'ouest, sur les terres arides de landes ou de bruyères, sur les sols granitiques noires, sur les terres schisteuses, terrains qui sont naturellement froids au printemps, à cause de la grande humidité qu'ils retiennent et qui sont desséchés une grande partie de l'été, trouvent évidemment leur expli-

---

(1) *Cours complet d'agriculture*, t. XII, p. 66, édition Déterville. Chez Roret.

(2) *Économie rurale*, t. II, p. 205.

(1) *Traité des Prairies artificielles*, 1826, p. 331.

(2) *Des différents moyens d'amender le sol* p. 87.

cation dans ces causes. On sait que le climat de cette contrée doit recevoir la dénomination de brumeux depuis le mois de septembre jusqu'au mois de mars ou d'avril.

Pour que le plâtre soit utile à la vie des plantes sur lesquelles on l'applique, il faut qu'il tombe de la pluie pendant toute leur végétation ou au moins pendant les quinze à vingt jours qui suivent son épandage. Tous ceux qui utilisent journellement le plâtre sur les trèfle, luzerne et sainfoin en végétation, ont toujours constaté l'avantage de le répandre après une pluie, par un temps couvert qui présage une pluie fine et douce, et par une température modérée. L'humidité et la chaleur sont les conditions qui développent dans toute son énergie, l'action de cette substance fertilisante, qui, répandue à la surface, ne peut trouver dans le sol aucune assistance contre le froid et la sécheresse (1).

Ces causes ne sont pas les seules qui empêchent parfois le plâtre de manifester une action favorable. Il en est une autre aussi puissante, sans nul doute, je veux parler de la fertilité de la couche arable. Ainsi, ces effets sont d'autant plus remarquables qu'il est appliqué sur des plantes végétant sur des fonds fertiles ou abondamment fumées. Si ce fait était contraire aux principes confirmés par les observatios pratiques, il faudrait alors admettre qu'il suffit de répandre de la cendre de plâtre sur les légumineuses qui végètent sur les sols où le plâtre a une influence sensible sur la végétation, sans se préoccuper un seul instant de la fécondité de la terre arable. Si cela avait lieu ainsi, il est incontestable que le plâtre aurait rendu plus de services que ceux que la pratique est heureuse de constater chaque année, et que son usage serait répandu dans un plus grand nombre de localités. Pour que le trèfle, la luzerne et le sainfoin puissent prendre un développement plus marqué sous l'action du plâtre, il faut que ces plantes végètent avec vigueur, c'est-à-dire qu'elles aient une grande aptitude sur le sol sur lequel elles ont implanté leurs racines. Mathieu de Dombasle n'adopte pas ces préceptes: « En général, dit cet agriculteur, le plâtre a peu d'effet dans les sols riches : c'est surtout dans les sols pauvres qu'il produit des effets miraculeux, non-seulement en produisant une bonne récolte de trèfle, mais en améliorant le sol, par

le moyen de cette récolte, plusieurs années (1). » Je ne puis admettre cette opinion ; les résultats constatés par les observations de Parkinson, Bosc, Peters, Thaer et M. Puvis, me permettant de dire que les effets du plâtre, sur les sols qui lui sont propres, sont toujours en rapport avec le degré de fertilité de la couche arable.

Je conclus des faits relatés ci-dessus les principes suivants :

1° Qu'une température élevée et prolongée, comme une humidité abondante, nuit à l'action du plâtre ;

2° Que le plâtre ne manifeste son énergie que quand l'atmosphère est à la fois chaude et humide ;

3° Que les effets du plâtre sont toujours en raison directe de la fertilité du sol ;

4° Que le plâtre produit peu d'effet dans les terrains pauvres que la chaleur solaire dessèche de bonne heure au printemps.

5. *Quantité de plâtre à employer.*

Il est presque impossible de préciser la quantité de plâtre qu'il faut appliquer par hectare. Cette quantité varie selon les climats, la nature du sol ; elle varie aussi suivant l'état d'après lequel on emploie ce stimulant.

Je vais rapporter ici les quantités proposées et celles qui ont été employées par ceux qui ont fait usage du plâtre :

Chaptal indique.	160 kilog.
Bosc.	250
Thouin	250
Dombasle.	250
Royer.	250
Puvis.	250
Thaër.	270
Peters.	285
Gilbert	287
Moll.	250 à 375
Rendu.	250 à 375
Burger.	300
David Low.	380
John Sinclair.	375 à 625
Gasparin.	500 à 600
Payen.	600 à 700
Schwertz.	600 à 1,000
Fellemberg.	1,000
Lasteyrie.	1,440

Les données indiquées par les trois derniers agriculteurs dépassent sensiblement celles que l'on doit accepter comme usuelles et pratiques, et je ne puis les regarder que comme des exceptions. Les données qui précèdent celles-ci sont en assez grand nombre pour qu'on en puisse tirer des consé-

---

(1) Schwertz, *Préceptes d'agriculture pratique.* 1839, p. 309.

(1) *Annales de Roville,* 4e livraison. p. 526.

quences claires et certaines. Ainsi, il ressort de ces chiffres que la quantité moyenne de plâtre que l'on emploie par hectare est de 328 kilog. Je dois faire remarquer, relativement à cette moyenne, que cette quantité n'est évidemment ni trop faible, ni trop élevée. La plupart des observateurs ont avancé qu'il fallait en répandre une quantité égale en mesure à la quantité de froment employée lors des semailles. Il suit de là, que si, dans une localité donnée, on emploie 2hectol.,30 de froment par hectare, on devra répandre sur les légumineuses 287 kilog. de plâtre ; si, au contraire on ne répand que 2 hectol. de semence, la quantité de plâtre à appliquer ne sera que de 250 kilog. Je crois donc que la moyenne des données, auxquelles j'attache beaucoup d'importance, pourra guider le cultivateur qui fera usage du plâtre pour la première fois, et qui ne pourra pas constater une quantité vraie, réelle, employée avec succès dans la localité qu'il habite. Toutefois, il ne devra pas regarder ce *quantum*, 328 kilog., comme maximum ; il est des circonstances où la pratique est obligée de le dépasser, comme il en existe d'autres où il est indispensable de ne pas l'atteindre. Ainsi, Royer rapporte que des expériences, faites sur du trèfle, en terre argileuse, dans l'arrondissement de Montargis (Loiret), ont prouvé que 31 kilog. à l'hectare suffisaient pour produire une différence très-favorable à la récolte, et qu'au delà de 250 kilog. l'augmentation n'était plus proportionnelle. La quantité moyenne qui résulte des données que je regarde comme vraies sera souvent insuffisante quand les plâtrages auront lieu en automne, ou de très-bonne heure, au printemps ; lorsque le plâtre sera employé sur des sols très-ingrats, très-peu fertiles et sur des fonds humides ou marécageux ; quand ce stimulant sera appliqué sur des terres brûlantes, sous un climat méridional, et dans une contrée où les pluies sont abondantes et l'atmosphère continuellement brumeuse pour ainsi dire.

Nonobstant, tout cultivateur qui veut faire usage du plâtre doit bien se pénétrer qu'il doit commencer ses plâtrages dans une petite proportion, et augmenter ensuite la dose si celle employée a produit peu d'effet. Il ne peut répandre 600, 700, 1,000 kilog. de plâtre par hectare, que lorsqu'il a la certitude que l'augmentation de la récolte sera proportionnelle à ces quantités, et que la valeur du surcroît des produits sera bien supérieure aux dépenses qu'aura occasionnées l'emploi de cette grande proportion.

6. *Renouvellement des plâtrages.*

J'ai peu d'observations à mentionner sur le renouvellement des plâtrages ; je ne sache pas que la pratique ait constaté que le plâtre ne pouvait pas être appliqué sur un terrain deux fois de suite ; je n'ai jamais remarqué que le plâtre employé chaque année sur une prairie soit naturelle, soit artificielle, eût produit des effets fâcheux, qu'il eût précipité l'existence des plantes ou l'amoindrissement de la fécondité du sol.

M. Puvis est le seul, je crois, qui ait avancé que les plâtrages ne doivent pas être répétés trop souvent sur le même sol, surtout s'il est médiocre. Selon cet observateur, le plâtre demande à être employé avec mesure, modération, et par intervalles, comme le trèfle lui-même, qui, pour bien réussir, ne doit reparaître sur le même sol que tous les six ou huit ans.

Toutefois, je ferai remarquer que, ordinairement, on ne plâtre les plantes annuelles et bisannuelles, telles que les vesces, les fèves, le trèfle incarnat, la lupuline, qu'une seule fois durant leur végétation. Quelques cultivateurs, il est vrai, plâtrent le trèfle ordinaire pendant deux années, mais cette pratique n'est pas très-suivie. Si le plâtre peut être employé plusieurs fois sur une plante en végétation, c'est évidemment sur le sainfoin, et surtout sur la luzerne ; on sait que la durée d'existence de ces plantes est quelquefois fort longue.

Mais ici se présente naturellement une question : est-il plus avantageux de plâtrer les luzernes, et même les sainfoins, une seule fois en appliquant la dose qui doit être employée, que de répandre la même quantité de plâtre à deux fois après un intervalle de deux ou trois années ? Quand la dose à employer est faible, quand elle ne dépasse pas 300 kilog. à l'hectare, il faut l'appliquer en une seule fois ; si cette dose était divisée, il y a certitude qu'elle ne produira pas les mêmes effets qu'elle occasionnerait si elle était employée en une seule fois. Quand, au contraire, il est possible, parce que les circonstances le permettent, de répandre 7 à 800 kilog., et que cette proportion doit suffire pendant toute la durée de la plante, qui est de six à dix ans, et qu'elle ne peut être renouvelée pendant le cours de la végétation, il y a avantage, si le climat que l'on habite est naturellement humide, à employer cette quantité à diverses reprises, soit deux fois ou durant deux années. En agissant ainsi, on court moins de chances de non-réussite, et on est presque certain d'un résultat favorable. Lorsque la dose que l'on applique est très-forte, elle peut être enlevée des feuilles et tomber sur la surface de la terre; or, s'il survient, alors, une pluie un peu abondante ou prolongée, le plâtre peut absorber beaucoup d'eau, se prendre en une masse solide, et n'avoir que très-peu d'influence sur les plantes. Quand il est prouvé, par des observations sérieuses, qu'il est avantageux de répandre du plâtre en même temps que les semences de trèfle, de luzerne ou de sainfoin, on peut répandre, aussitôt après les semailles, la moitié de la dose à appliquer, et employer l'autre quantité au printemps suivant, lorsque les plantes couvriront la surface du sol. Ces plâtrages, quoique très-rapprochés l'un de l'autre, ne comportent aucun inconvénient.

7. *Action fertilisante du plâtre.*

Quelle est l'explication des effets du plâtre que la pratique doit accepter? L'action du plâtre est-elle si occulte qu'on ne puisse admettre comme vraie une des nombreuses hypothèses émises dans ces dernières années? Les théories présentées ne varient-elles pas suivant les lieux, les circonstances, où les observations ont été recueillies? Les sciences chimiques et physiologiques pâlissent-elles encore devant le voile qui couvre le mystère des effets du plâtre?

Je vais examiner les théories qui ont été exposées, et cet examen sera la solution de ces diverses questions.

Humphry Davy admet que le plâtre est absorbé par les plantes légumineuses; il base son opinion sur ce qu'il a trouvé des quantités considérables de sulfate de chaux dans les cendres des plantes qui avaient végété après avoir été plâtrées avec des cendres de tourbe qui contenaient de 0,25 à 0,33 pour 100 de sulfate de chaux. Davy suppose que ce sel faisait partie de la fibre ligneuse de ces végétaux (1). Cette explication a été adoptée par plusieurs agriculteurs. Chaptal reconnaît que les substances salines sont nécessaires à l'organisation des plantes, mais que

les sels qui sont peu solubles dans l'eau doivent être les plus avantageux. L'eau, ajoute-t-il, ne pouvant dissoudre à la fois qu'une faible quantité de ces sels, les charrie en tout temps dans la même proportion; leur effet est égal et constant, et il se maintient jusqu'à ce que le sol en soit épuisé; leur action se prolonge d'autant plus longtemps que le sol en est plus abondamment pourvu, et la plante n'est jamais exposée à en recevoir plus qu'elle n'en a besoin. Chaptal conclut de là que l'action du plâtre, qui exige trois cents fois son volume d'eau pour se dissoudre, est dès lors constante et égale sans être nuisible; que les organes des végétaux sont excités par ce sel sans en être irrités ou corrodés; tandis que lorsque les sels sont très-solubles, l'eau s'en sature et les charrie en abondance dans le végétal, où ils produisent les plus grands dégâts (1). M. Puvis, sans admettre ces dernières explications, regarde le plâtre comme un sel nécessaire aux légumineuses; c'est peut-être, dit-il, au besoin qu'elles en ont dans leur composition intime que serait dû, en grande partie, l'effet qu'il produit sur leur végétation (2). M. Payen a aussi regardé le plâtre comme un sel assimilable, qui augmenterait la solidité du tissu végétal dans lequel la sève l'entraîne en dissolution et le dépose (3). Ces explications sont réellement insuffisantes. S'il est vrai que le plâtre agit comme substance assimilatrice, si son action est due particulièrement à son introduction dans les plantes, l'analyse devrait constater qu'il existe toujours dans une très-forte proportion dans les cendres des végétaux qui ont été plâtrés; et, d'un autre côté, il faudrait admettre : 1° que ses effets sont d'autant plus remarquables qu'il est appliqué sur des sols qui n'en contiennent pas naturellement; 2° qu'il ne doit avoir aucune influence sur les terrains dans lesquels l'analyse a démontré la présence d'un cinq-centième du poids de la terre en sulfate de chaux, puisque 300 kilog. appliqués par hectare ne donnent qu'un seize-cent-soixante-sixième du poids du sol arable.

Thaër admet une théorie complètement différente. Il pense que le plâtre entre avec l'humus dans une action réciproque très-lente, que l'humus dé-

---

(1) *Chimie agricole*, t. II p. 76.

(1) *Chimie appliquée à l'agriculture*, t. I, p. 221.
(2) *Différents moyens d'amender le sol*, p. 86.
(3) *Cours d'agriculture*, t. XIV, p. 388.

compose l'acide du sulfate de chaux, et produit de l'acide carbonique, ou une substance plus composée inconnue. Il suppose, en outre, que le soufre, ainsi privé d'oxigène, se combine avec la chaux et avec une partie de carbone hydrogéné, et que cette combinaison produit l'odeur fétide qui se dégage dans le mélange du plâtre avec des substances en putréfaction. Suivant toutes les apparences, cet acide carbonique et ses nouvelles combinaisons sont appropriés d'une manière particulière à la nourriture de certaines plantes. Thaër conclut de là que le plâtre ne produit de l'effet qu'autant qu'il rencontre dans le sol une quantité suffisante de substance en putréfaction (1). Cette explication ne concorde pas avec les observations de Davy. Ce chimiste a constaté que le plâtre ne favorise pas la putréfaction des substances animales et la décomposition des substances organiques végétales et animales. Théodore de Saussure avait refusé de croire à son action sur les substances végétales mortes ; si le sulfate de chaux, observe-t-il, qui n'est pas déliquescent, était utile en accélérant la putréfaction, son influence salutaire ne se bornerait pas à un si petit nombre de végétaux (2). Cette observation détruit complètement la théorie adoptée par Thaër. Pour que l'explication donnée par cet auteur fût admissible, il faudrait que la pratique pût constater que le plâtre agit sur tous les sols pourvus de substances organiques. Il est bien vrai que les expériences ont démontré que les effets du plâtre sont plus manifestes sur les sols riches que sur les terrains ingrats, mais cette remarque comporte quelques exceptions. Il est facile, en effet, de signaler bon nombre de sols riches en matières organiques, sur lesquels les plâtrages n'ont jamais réussi.

L'explication donnée par M. Soquet ne s'harmonise en aucun point avec les théories précitées. Cet observateur prétend que le plâtre, après sa calcination, est transformé en partie en sulfure de chaux, et il conclut de cette transformation que ce sel haloïde, qui agit sur presque tous les corps oxidés, soit que ceux-ci soient à l'état solide ou liquide, soit que l'oxigène lui-même soit à l'état de gaz, et cela indépendamment de toute condition de température et d'humidité, et même sans aucun concours de la lumière, seconde puissamment en suppléant, même en partie, le pouvoir désoxigénant de la lumière sur le parenchyme vert des feuilles des plantes herbacées. Ainsi le plâtre, changé en sulfure, favoriserait l'expiration de l'oxigène dans les plantes, et seconderait conséquemment activement l'absorption, dans ces mêmes plantes, de l'acide carbonique tiré de l'atmosphère (1). Il est difficile d'admettre cette théorie. En effet, il n'est pas encore démontré que par la calcination ordinaire, telle qu'elle s'exécute dans les fours des plâtriers, le sulfate de chaux soit converti en sulfure ; mais, en admettant que ce corps soit produit, comme la quantité qui peut être obtenue est nécessairement faible, il s'ensuit encore que la théorie de M. Soquet, ainsi que l'a observé Mathieu de Dombasle (2), repose sur une base fausse. Pour réduire le sulfate de chaux à l'état de sulfure, il faut calciner le plâtre dans un creuset brasqué avec du charbon et porté à la chaleur blanche. Et d'ailleurs, l'expérience n'a-t-elle pas prouvé que le plâtre cru, le sulfate de chaux, produit, dans certaines localités, des effets aussi favorables que le plâtre cuit? Si la théorie de M. Soquet était vraie, si son hypothèse était judicieuse, il faudrait alors reconnaître *à priori* que le plâtre non calciné ne doit pas être employé, puisqu'il est vrai qu'il ne possède aucune des propriétés du sulfure. Cette supposition est impossible d'après les faits sanctionnés par la pratique. Nonobstant, ce fait chimique n'est pas le seul qui détruit l'opinion de M. Soquet. De Candolle fait observer très-judicieusement qu'il est difficile d'admettre que les végétaux qui ont besoin d'absorber l'oxigène pour vivre pussent être favorisés par un agent qui le leur enlèverait (3). Ainsi, sous tous les rapports, les recherches de M. Soquet et leurs résultats ne permettent en aucune manière d'admettre que le plâtre manifeste spécialement son action sur les feuilles des plantes, et c'est donc à tort que l'on regarderait cette théorie comme parfaitement appuyée.

Liebig a proposé une théorie qui n'a aucun rapport avec celles qui l'ont précédée. Ce savant chimiste admet

---

(1) *Principes raisonnés d'agriculture*, t. II, p. 427.

(2) *Recherches chimiques sur la végétation*, 1804, p. 262.

(1) Valcour, *Mémoires sur l'agriculture*, 1811, p. 356.

(2) *Théorie du plâtrage*, 1820, p. 26.

(3) *Physiologie végétale*, t. III, p. 1273.

l'existence de l'ammoniaque dans l'atmosphère , et il pose comme principe que ce corps se renouvelle constamment par l'effet de la décomposition des matières animales et végétales , et se trouve ramené sur le sol par les eaux pluviales (1). Liebig conclut de ce fait que l'influence si favorable du plâtre sur la végétation des prairies provient en partie de ce que ce stimulant jouit de la faculté de fixer l'ammoniaque de l'atmosphère, et empêcher l'évaporation de celle qui s'est condensée avec la vapeur de l'eau. Ainsi, lorsque le carbonate d'ammoniaque dissous dans les eaux pluviales se trouverait en contact avec le sulfate de chaux , il y aurait une double décomposition , et il se produirait du sulfate d'ammoniaque soluble et du carbonate de chaux. Dès lors , l'effet consisterait à fixer dans le sol les vapeurs ammoniacales de l'atmosphère. Liebig fait remarquer qu'un kilog. de plâtre cuit fixe autant d'ammoniaque dans le sol que 6.250 kilog. d'urine de cheval pourraient lui en offrir, en supposant que l'azote de l'acide hippurique et de l'urée soit absorbée par la plante, sans la moindre perte , sous forme de carbonate d'ammoniaque. L'eau , d'après ce chimiste, serait la condition la plus indispensable pour l'assimilation du sulfate d'ammoniaque qui se produit, et, en général , pour la décomposition du plâtre si peu soluble ; ce qui démontrerait que, dans les prairies et les champs secs, l'influence du plâtre n'est pas sensible, tandis que le fumier animal, au contraire , s'y montrerait efficace , en raison de l'assimilation du carbonate d'ammoniaque gazeux qui s'en dégage. Liebig observe, en outre, que la décomposition du plâtre par le carbonate d'ammoniaque ne s'opère pas tout d'un coup, mais qu'elle est lente, parce que la quantité de carbone contenue dans l'eau de pluie est restreinte dans des limites étroites ; ce qui expliquerait pourquoi son efficacité se conserve pendant plusieurs années. Cette théorie, quoique très-ingénieuse,

est trop hypothétique pour qu'il soit possible de l'admettre. Ainsi, alors que l'expérience pratique constate chaque année que les effets du plâtre sont plus sensibles sur les sols secs que sur les terrains humides, il faudrait renoncer à son emploi dans de telles situations , et l'employer de préférence sous des climats brumeux et des sols humides , et par des temps pluvieux. Et d'ailleurs, est-il bien démontré que le carbonate d'ammoniaque est plus utile aux végétaux que le sulfate ? Est-il prouvé que le plâtre à l'état naturel jouit de la propriété de condenser les vapeurs ammoniacales contenues dans l'atmosphère? A-t-on démontré que le plâtre agit favorablement sur les sols arides , dépourvus , pour ainsi dire , de matières organiques? Ces objections ne sont pas les seules qui renversent cette théorie. Il en est une autre non moins grave : puisque le plâtre fixe l'ammoniaque , pourquoi n'agit-il pas aussi efficacement sur les prairies naturelles, les graminées, les céréales, que sur les légumineuses? Cependant ces végétaux ont aussi besoin , pour croître avec vigueur, de pouvoir s'assimiler l'azote ou l'ammoniaque contenue dans l'atmosphère! Lorsque j'examinerai les sels ammoniacaux , j'aurai occasion d'aborder de nouveau cette grave question.

De toutes les théories proposées , c'est celle exposée par Davy, qui parut à M. Boussingault la plus plausible. Un moyen se présentait de la vérifier, il l'a employé. Ce moyen consistait à examiner si réellement les cendres de trèfles qui ont crû sous l'influence du sulfate de chaux, contiennent , comme l'a affirmé Davy, une forte proportion de ce stimulant , car alors l'action du plâtre serait très facile à concevoir. M. Boussingault s'est préoccupé de la proportion de cendre fournie par un poids donné du fourrage recolté, et de la quantité de fourrage donnée par une surface déterminée de terrain avant et après le plâtrage. Voici les résultats qu'il a obtenus.

100 de trèfle fané ont donné :

---

(1) *Chimie appliquée à la physiologie végétale et à l'agriculture*, 1844, p. 63 et 76.

TRÈFLES.	Années.	Cendres.	Cendres privées d'acide carbonique, pour 100.	Par hectare.
				kilog.
Trèfle non plâtré.	1841	12,0	10,3	113
Id.	1842	11,2	8,8	97
Trèfle plâtré.	1841	7,0	5,4	270
Id.	1842	7,7	5,6	280

M. Boussingault admet que les deux coupes de trèfle plâtré donnent année moyenne 5.000 kilog. de fourrage fané par hectare ; et que la même surface fauchée avant le plâtrage, et dans la même année où le trèfle a été intercalé à la céréale, en produirait 1,100 kilogrammes.

Les substances minérales contenues dans le trèfle récolté sur un hectare existaient dans les proportions suivantes :

MATIÈRES.	1841		1842	
	Trèfle non plâtré.	Trèfle plâtré.	Trèfle non plâtré.	Trèfle plâtré.
	kilog.	kilog.	kilog.	kilog.
Chlore.	4,06	10,3	3,0	8,4
Acide phosphorique. . .	11,0	24,2	7,0	22,0
Acide sulfurique.	4,4	9,2	3,0	9,0
Chaux.	32,2	79,4	32,2	102,8
Magnésie.	8,6	18,1	7,1	28,5
Oxide de fer, manganèse, alumine.	1,4	2,7	0,6	» »
Potasse.	26,7	95,6	28,6	97,2
Soude.	1,4	2,4	2,8	0,8
Silice.	22,7	28,1	12 7	10,4

Il faut conclure de ces résultats que dans les récoltes plâtrées les substances minérales, et principalement la chaux et la potasse, sont doubles ou triples de celles qui ont été constatées dans les récoltes non plâtrées. Un fait qui mérite toute l'attention, observe M. Boussingault, c'est que la chaux qui a été assimilée depuis le plâtrage ne répond aucunement à l'acide sulfurique qui a été fixé pendant le même laps de temps. L'excès d'acide et de chaux que présentent les cendres de trèfle plâtré sur celles du trèfle qui ne l'a pas été est pour :

1841   acide sulfurique. . . . . 4,8 ;   chaux. 47,2
1842   acide sulfurique. . . . . 6,0 :   chaux. 70,6

Dès lors , si l'on suppose que l'acide soit intervenu à l'état de sulfate de chaux , on trouve que :

En 1841 la récolte plâtrée aurait absorbé 8kil.,2 de ce sel.
En 1842 la récolte plâtrée aurait absorbé 10,2 de ce sel.

M. Boussingault conclut de ces résultats que les quantités de sulfate de chaux absorbées sont si minimes , qu'elles sont de nature à faire supposer que l'utilité du plâtrage consiste à fournir à la plante la forte proportion de chaux qu'elle paraît exiger. Ce chimiste corrobore cette supposition par la théorie suivante. Il admet que dans les cendres de tourbe, qu'il emploie avec un succès incontestable , l'acide sulfurique y est probablement engagé à l'état de sulfate alcalin ; que la cendre de bois peut contenir en moyenne 1 pour 100 d'acide sulfurique ; qu'indépendamment des phosphates qui sont unis à toutes les plantes , les cendres lessivées renferment souvent plus de 80 pour 100 de carbonate de chaux ; et que , dès lors , les stimulants qui surexcitent la végétation du trèfle possèdent constamment l'élément calcaire, soit à l'état de sulfate, soit à l'état de carbonate , et que c'est ce même élément qui se montre abondant dans les récoltes , uni à des acides organiques et dépouillé par conséquent de la presque totalité de l'acide inorganique avec lequel il était engagé au moment où il a été incorporé dans le sol. M. Boussingault ajoute que , dans la supposition assez vraisemblable où le plâtre agit comme le carbonate calcaire , il faut concevoir qu'une fois en présence des engrais indispensables , le sulfate de chaux se décompose , et que le résultat de cette décomposition est du carbonate de chaux dans un grand état de division , et par cette raison même facilement absorbable. C'est ainsi qu'il comprend l'élimination de l'acide sulfurique du plâtre ; car si la chaux pénétrait réellement dans le végétal à l'état de sulfate , les cendres devraient être infiniment plus riches en acide sulfurique que ne l'indique l'analyse (1).

Cette théorie avait été combattue par M. de Gasparin ; cet agriculteur, après un examen plus attentif, s'y rallie jusqu'à ce que de nouveaux faits se produisent dans la science. Il pense que, tout en étant susceptible de fournir à la consommation bornée en chaux d'un grand nombre de plantes, le carbonate de chaux, à moins d'une extrême division , ne peut satisfaire toujours à la consommation des légumineuses , par exemple , et qu'un sel soluble en tout temps comme le sulfate de chaux, en plus fortes doses et sous d'autres conditions que le carbonate de chaux , n'exigeant pas de l'eau chargée d'acide carbonique pour se dissoudre , doit agir très-avantageusement sur la végétation des plantes avides de substances calcaires (1). Cette explication , qui fait connaître les effets du plâtre sur les terrains déjà pourvus de carbonate de chaux , permet-elle de regarder la théorie de M. Boussingault comme suffisamment explicite ? Jusqu'à un certain point, elle est beaucoup plus vraie que la théorie proposée par Davy, soutenue par Chaptal et MM. Payen et Puvis ; mais je crois qu'il n'est pas encore possible de la considérer comme parfaitement précise. En effet , comment , par le concours de ce système , expliquera-t-on la variabilité des doses que l'on emploie et l'action du plâtre cru ? Quelle explication donnera-t-on pour faire comprendre que le plâtre ne peut agir favorablement que lorsqu'il est appliqué sur des sols perméables et des climats moyennement secs , et qu'il ne produit aucune influence, pour ainsi dire, sur les sols humides, lui qui exige quatre fois son volume d'eau pour se dissoudre ?

Quoi qu'il en soit, je ne crois pas qu'il soit encore possible d'avancer qu'on peut expliquer clairement les effets du plâtre sur les légumineuses et son inaction sur les céréales. Je pense qu'il faut attendre encore avant d'adopter définitivement l'une des théories que je viens d'indiquer, quoique certaines explications données à l'appui de ces di-

(1) *Cours d'Économie rurale* . t. II, p. 224 et suiv.

(1) *Cours d'agriculture*, t. I, p. 626.

verses hypothèses aient pour appui des expériences, des observations rigoureuses. Dans la situation, il appartient au cultivateur de constater, par des expériences directes, faites à diverses époques et suivant diverses proportions, sur le sol qu'il habite, en ayant égard, toutefois, aux règles pratiques que j'ai rapportées précédemment, si le sulfate de chaux peut avoir une action favorable sur les légumineuses, sans se préoccuper de l'explication théorique de ses effets. Cette constatation faite, il pourra, dès lors, déterminer s'il doit ou non plâtrer les légumineuses qu'il cultive.

8. *Cultures auxquelles il faut appliquer le plâtre.*

Jusqu'à ce jour, le plâtre a été appliqué sur les légumineuses en végétation, et toutes les observations démontrent d'une manière irréfragable qu'il n'a aucune action ou des effets fort peu sensibles sur les graminées, sur les céréales en végétation.

De toutes les légumineuses, le trèfle est la plante sur laquelle le plâtre agit avec le plus d'intensité. Cela est si vrai, qu'il existe des localités en France où il suffit de répandre une certaine quantité de ce stimulant sur un jeune trèfle pour être assuré de recueillir une récolte abondante en foin, pour avoir la certitude que les racines de cette plante augmenteront en grosseur, que ses tiges seront plus élevées, que ses feuilles acquerront un très-grand développement et une couleur vert noir, que ses fleurs seront d'un rouge foncé. Le trèfle blanc croît aussi avec vigueur sous l'action du plâtre; la luzerne et le sainfoin végètent aussi admirablement bien à l'aide de cette substance, ainsi que les vesces et les pois.

Selon Thaër, le plâtre agit aussi sensiblement sur les choux; Peters le considère comme très-utile pour le lin, le chanvre, la navette, et autres plantes dont la graine produit de l'huile; d'après **M.** Cappon, propriétaire à Hazebrouck, ce stimulant agit d'une manière sensible sur le tabac, les choux, le colza, et, en général, tous les végétaux pourvus d'une riche foliation; suivant **M.** Puvis, on peut l'employer sur les prairies naturelles sèches, il augmente la quantité du produit, il y fait prédominer les légumineuses; mais il faut alterner son emploi avec les engrais végétaux, car autrement la fécondité qu'il produit ne se soutient pas, et peu d'années après les plâtrages répétés le produit des prés descendrait plus bas qu'auparavant.

Toutefois, si les légumineuses en général acquièrent des développements lorsqu'elles ont été plâtrées, il faut reconnaître que les semences des légumineuses, telles que haricots, pois, lentilles, fèves, etc., sur lesquelles on a répandu du plâtre pour hâter leur développement, cuisent difficilement. Ce fait a été constaté par plusieurs agriculteurs (1); et, d'un autre côté, **M.** Macaire a reconnu que lorsqu'on fait cuire des légumes dans des eaux séléniteuses, les sels solubles alcalins sont remplacés dans les tissus du végétal par des sels de chaux insolubles (2).

Je ne rappellerai pas toutes les expériences, toutes les observations qui ont permis de constater que le plâtre n'avait aucun effet sur les céréales. Il me suffira de dire que, lors de l'enquête faite en 1821 par le Conseil royal d'agriculture sur l'emploi du plâtre, sur 32 opinions émises, il y en a eu 30 négatives. C'est dire évidemment que le plâtre n'agit en aucune manière sur la récolte des céréales. Depuis, on a constaté, en France comme en Allemagne et en Angleterre, cette nullité d'action.

§ 2. DES PLATRAS.

On donne le nom de *plâtras* aux débris qui résultent de la démolition d'un mur, d'une cloison construits en plâtre. Ces décombres contiennent presque toujours des nitrates de potasse, de soude et de chaux, ainsi que des chlorures à base de même nature.

Les plâtras peuvent être employés avec avantage; leurs effets sont durables, et indépendamment de leur action chimique, ils peuvent agir mécaniquement à la manière de la marne et des amendements. On doit les appliquer soit sur les prairies, soit sur les terres arables.

Lorsqu'on les emploie sur les prairies naturelles ou artificielles, il faut les répandre avant l'hiver, et éviter que l'eau durant cette saison séjourne sur le gazon. Au printemps suivant on donne un hersage énergique, et un ou plusieurs roulages pour les diviser, les réduire en poussière. Les plâtras qui résistent à ces façons doivent être con-

---

(1) *Annales de la Société d'agriculture de la Charente*, 1826, p. 382.

(2) *Bibliothèque universelle*, t. LI, p. 298.

cassés à bras ou extraits de la surface de la prairie , pour qu'ils ne nuisent pas à la marche de la faux lors de la récolte de la production herbacée. Quelquefois on les pulvérise l'hiver sous des hangars au moyen de masses, on les répand sur le gazon des prairies vers la fin du mois de janvier ou dans le courant de février. Il y a avantage de les appliquer de très-bonne heure au printemps.

Lorsqu'on veut les employer sur les terres arables , il faut les conduire par un beau temps sur un champ préalablement labouré, les épandre, les laisser exposer à l'action du soleil pendant plusieurs jours ou plusieurs semaines , et les incorporer à la couche arable par une belle journée et un labour peu profond. Les effets des plâtras sont d'autant plus sensibles qu'ils sont employés sur un sol sec, et à la superficie , pour ainsi dire , du sol. Les sols argileux sont ceux sur lesquels on doit les employer de préférence.

La dose à appliquer est fort variable ; elle résulte de la facilité avec laquelle le cultivateur peut se procurer des plâtras et de leur prix de revient. M. Puvis dit que cette quantité doit s'élever à 200 hectol. par hectare , et qu'alors elle équivaut à 40 hectol. de chaux. Employés à cette dose les plâtras couvrent le sol , et la durée de leur action dépasse quelquefois 20 années.

Ces décombres peuvent être aussi mêlés à des fumiers , après qu'ils ont été réduits en poudre ; Bosc assure qu'ils augmentent beaucoup l'énergie de ces matières organiques.

En Italie , comme en France, on fait beaucoup de cas des décombres provenant de constructions en plâtre. Burger dit qu'aux environs de Lodi il a vu amener des décombres de deux lieues de distance pour être appliqués sur les prairies. Filippo Ré rapporte qu'aux environs de Rimini on les réserve pour les oliviers , et que dans la Comarque on les applique aux mûriers et aux vignes. M. Puvis a remarqué qu'on les emploie avec avantage sur les récoltes d'hiver comme sur celles de printemps , et qu'ils font produire plus de grains à proportion que de paille, et que le grain est d'excellente qualité.

Les plâtras , quoique comportant beaucoup de sels déliquescents, par le concours desquels ils agissent , n'ont aucune action nuisible sur les plantes. Si les arbres plantés , observe Bosc , dans les jardins composés en plus grande partie de plâtras , meurent souvent pendant les grandes sécheresses de l'été , c'est qu'ils manquent d'humidité , et non parce que leurs racines sont encroûtées. Gilbert est le seul , je pense , qui ait constaté que dans les environs de Meaux, où on fait un grand usage des plâtras , les sols sur lesquels on les applique ne peuvent supporter une prairie artificielle que lorsque ces débris de démolitions ont disparu au sein du sol.

Toutes choses étant égales d'ailleurs, les plâtras ne peuvent suppléer à l'emploi des fumiers , et il faut faire suivre ou précéder leur application, quand on les répand à une dose élevée, par une fumure abondante. Ce moyen est le seul à employer pour ménager la fertilité du sol.

§ 3. DES CENDRES PYRITEUSES.

Ces cendres sont exploitées dans la Picardie, en Alsace et en Normandie, et elles remplacent souvent le sulfate de chaux ou plâtre. C'est principalement dans les départements de l'Aisne, de l'Oise et de la Marne qu'elles se rencontrent et qu'elles sont recherchées comme substance fertilisante. On les emploie aussi , depuis fort longtemps, dans le département du Nord, dans celui des Ardennes, mais sur une moins grande échelle. On leur donne les noms de *cendres rouges*, *cendres noires de Picardie*, *terres noires sulfureuses*. Leur emploi en agriculture ne remonte guère au delà des dernières années du XVIIe siècle.

1° Les cendres pyriteuses appartiennent à la partie inférieure des terrains tertiaires ; elles sont ordinairement recouvertes d'une couche argileuse, d'un banc de coquillages fossiles. d'une couche de grès arénacé, fauve, quelquefois gris , tantôt friable, tantôt cohérent. Elles se présentent sous forme de bancs; elles sont pulvérulentes et leur couleur est noirâtre ou noire. Ces matières, auxquelles sont mêlés quelquefois des coquillages fossiles , des bois pénétrés de bitume, des débris de végétaux ligneux, contiennent des pyrites de fer, du sulfate d'alumine, du sulfate et du carbonate de chaux. On les regarde comme étant d'une formation postérieure à la craie, contemporaine à l'argile plastique et antérieure à la formation du calcaire grossier parisien.

Ces lignites jouissent de propriétés particulières. Quand ces matières sont disposées en tas à la surface des lieux d'extraction, elles s'échauffent peu à peu, puis s'enflamment d'elles-mèmes au contact de l'air et brûlent avec lenteur en produisant, durant le jour, une vapeur légère, et pendant la nuit, une petite flamme. Cette combustion dure assez longtemps ; ordinairement elle est d'une quinzaine de jours, mais quelquefois aussi elle dépasse un mois. Pendant l'incinération il se dégage une très-forte odeur sulfureuse, et il se manifeste, au dehors des monceaux, des efflorescences salines en forme de petits cratères. Lorsque la combustion est terminée, quand il n'apparaît à la surface des tas ni flamme, ni fumée, on peut employer le résidu de cette combustion comme substance fertilisante ; ce produit a alors une couleur rouge qui est due au peroxide ou sesqui-oxide rouge de fer qui s'est formé pendant l'incinération. Sous ce dernier état, on les regarde comme plus actifs et plus épuisants. Cette dernière propriété a

engagé quelques cultivateurs à les employer avant que la combustion soit avancée, et lorsque les lignites sont encore à l'état de cendres noirâtres.

Ces lignites pyriteux sont aussi, dans leur état primitif, employés à la fabrication de l'alun et de la couperose ou sulfate de fer ; les cendres ou le résidu qui reste de la lixiviation de ces matières servent encore en agriculture.

MM. Boussingault et Payen ont constaté que les cendres de Picardie renferment :

> Azote. . . . . . . 0,65 pour 100.
> Eau. 9, 2

MM. Girardin et Bidaud ont analysé les cendres pyriteuses de Forges-les-Eaux (Seine-Inférieure), que l'on désigne en Normandie sous le nom impropre de *cendres vitrioliques*. Voici les résultats qu'ils ont obtenus.

1° Les matières à l'état naturel contiennent :

> Azote. . . . . 2,72 pour 100.
> Eau. . . . . 24 »
>
> *A*. Matières solubles dans l'eau. 4,53
> *B*. Matières insolubles. 95,47
> ————
> 100.00

2° Ces parties comportent :

> *A*. . . . . { Humus soluble. 2,74
> { Sulfate ferreux. . . . . } 1,79
> { Sulfate ferrique. . . . .
>
> *B*. . . . . { Sable fin. 38,92
> { Humus insoluble. 49,83
> { Sulfure de fer. . . . . } 6.72
> { Oxide ferrique. . . . .
> ————
> 100,00

Ces dernières cendres que l'on exploite depuis fort longtemps pour la fabrication de la couperose, produit que le commerce regarde comme un des plus purs, sont donc bien supérieures à celles du département de l'Aisne, puisque ces dernières renferment 2,07 p. 100 de moins d'azote que celles de Forges-les-Eaux.

2° Ce stimulant doit être employé sur les terrains calcaires, les sols argilo-calcaires ou calcaires-argileux, c'est sur ces terrains où il agit spécialement. On peut aussi l'appliquer sur les terrains argileux, chaulés ou marnés. Pour manifester son action d'une manière sensible, cette matière demande à être répandue sur les sols frais, les terres humides.

Sur les sols secs, les terres légères, ces cendres sont souvent plus nuisibles qu'utiles. Aussi a-t-on constaté qu'elles n'agissaient sur ces terrains, comme sur les sols graveleux et arides, que dans les années humides, et que leur action était toujours très-faible sur les sols schisteux : on sait que ces derniers terrains sont généralement fort secs depuis la fin du printemps jusqu'au commencement de l'automne. En Picardie où ces cendres sont employées chaque année sur une très-vaste étendue terrestre, le sol est argileux, argilo-siliceux ou argilo-calcaire et c'est sur ces terrains qu'on les applique de préférence.

3° Ces cendres sont employées et sur les prairies et sur les terres arables. Lorsqu'on les applique sur ces dernières, il faut les répandre longtemps avant les semences. M. de Gasparin suppose que la pratique a démontré qu'en pratiquant ainsi, les principes solubles de ces cendres n'agissent pas trop activement, et cela parce que probablement l'acide sulfurique libre rencontre dans la terre les principes calcaires où les alcalis qui s'y trouvent et les transforme en sulfate (1). Quand on les emploie sur les prairies artificielles, on doit les y répandre au commencement du printemps. On choisit généralement la fin de février, le mois de mars ou commencement d'avril pour exécuter cette opération. Plus tard, il y aurait à craindre que ces cendres ne vinssent à être nuisibles en agissant avec trop d'activité sur le sol. Il est bien utile qu'elles subissent l'action de pluies assez fortes avant les grandes chaleurs ; car, alors, leur action est plus régulière, plus favorable à la végétation. Lorsqu'on les répand dans le courant de juin ou pendant le mois de juillet, ces matières restent souvent inactives pendant plusieurs semaines, parce que la température du sol et celle de l'atmosphère sont trop élevées ; mais elles agissent parfois avec vigueur, avec une intensité trop marquée lorsqu'il pleut pendant plusieurs jours. Quand le sol sur lequel on veut les répandre est naturellement sec, qu'il est siliceux ou granitique ou schisteux, il faut les appliquer dès les premiers jours de février si cela est possible. Quelquefois avant de les répandre on les mélange avec un peu de terre ou un quart de leur volume de cendres de tourbe.

Ces cendres doivent être appliquées comme le plâtre, le soir ou le matin, lors de la rosée ou des brouillards ou durant le milieu du jour si le temps est calme. La meilleure manière de les répandre c'est de les semer à la main ; on ne doit pas les répandre à la pelle : la quantité que l'on emploie est toujours trop faible pour pouvoir espérer les appliquer uniformément sur toute la surface à couvrir.

4° La quantité de cendres pyriteuses à répandre par hectare n'est pas élevée. Dans le département de l'Aisne où il existait, en 1833, 70 cendrières qui ont livré à l'agriculture pendant un seul trimestre 800,000 hectolitres de cendres noires, les cultivateurs emploient généralement 4 à 6 hectolitres par hectare. Ceux qui n'en appliquent que 2 ou 3 hectolitres comme ceux qui en ré-

pandent 8 à 10 par hectare sont en petit nombre. Dans l'arrondissement d'Avesnes (Nord), on les répand dans la proportion de 6 à 8 hectolitres ; dans la Champagne on en sème quelquefois jusqu'à 8 ou 9. Lorsque les Flamands les appliquent sur les prairies artificielles ou sur les prairies naturelles, ils n'en répandent que 3 ou 4 hectolitres. On a dit qu'on devait répandre environ 18 hectolitres de cendres noires à l'hectare ; cette proportion est évidemment trop forte et aucun cultivateur de la Picardie ou de la Champagne ne serait tenté de l'adopter : on sait parfaitement dans ces localités les mauvais effets qui résulteraient de l'application d'une quantité aussi considérable et qui seraient dus presque exclusivement aux sols ferreux. En Normandie, on les emploie à la dose de 4 à 6 hectolitres par hectare sur les prairies et les herbages. Pour les récoltes de printemps et spécialement pour les légumineuses, on ne met que moitié de cette quantité.

Le prix de ces cendres varie suivant les lieux de production ; celles de Lafère, que l'on regarde comme les meilleurs, valent 50 à 75 centimes l'hectolitre ; celles de Fismes, de Bourg (Aisne), se vendent 40 à 60 centimes ; celles de Trépail (Marne), de Montaigu (Aisne), se vendent 25 à 40 centimes. Les cendres de Forges-les-Eaux sont livrées à l'agriculture par M. Dupré, propriétaire des cendrières, au prix de 1 fr. l'hectolitre. En Flandre, les cendres pyriteuses du département de l'Aisne, reviennent à 3 fr. l'hectolitre ; dans les Ardennes, celles de Lafère valent, rendues, 4 à 5 fr. ; celles de Fismes, 3 fr. ; celles de Bourg, 2 à 2 fr. 50 cent. ; celles de Bairu (Marne), 2 fr. l'hectolitre.

5° Quoique les cendres pyriteuses aient une durée d'action très-courte, on ne doit pas les employer trop fréquemment ; on a reconnu qu'il fallait alterner leur emploi avec celui du fumier ou autres matières organiques. Lorsqu'on les répand trop souvent sur un terrain, on active la végétation, on augmente les produits, mais on épuise la couche arable, et il arrive bientôt un moment où de nouvelles quantités appliquées restent sans action. En Flandre et en Normandie, on ne les emploie que tous les quatre ans. Ce mode de renouvellement est aussi en usage en Picardie.

6° L'action de ces cendres a aussi fixé l'attention des agriculteurs. M. Puvis a été un des premiers à faire remarquer qu'il doit y avoir une diffé-

___
(1) *Cours d'Agriculture*, t. 1, p. 629.

rence très-sensible en l'effet des cendres natives et celui de celles rouges ; les cendres noires contiennent beaucoup de principes végétaux, un peu de substance animale et des matières volatiles en grand nombre ; celles qui ont éprouvé les effets de la combustion, en renferment fort peu et elles contiennent en abondance de l'argile brûlée, et de l'oxide et du sulfate de fer mis à nu par le fait de la combustion (1). **M. Payen** a pensé que leur action avait pour causes principales : sa couleur noire, terne, dont l'influence permet d'échauffer le sol ; le sulfure de fer, qui, par une combustion lente, augmente la chaleur et l'excitation électrique dans la terre ; les sulfates acides de fer et d'alumine qui agissent par leur solubilité sur le carbonate calcaire du sol en donnant lieu à la formation du sulfate de chaux et à un dégagement d'acide carbonique. **M. Payen** fait observer avec juste raison que l'addition d'un engrais azoté est indispensable, après cette réaction, pour assurer les récoltes, car les pyrites ne peuvent fournir seuls une alimentation complète (2). **M. Boussingault** n'admet pas que les cendres pyriteuses agissent uniquement par le sulfate de chaux qu'elles contiennent ; selon ce chimiste, ces matières doivent être regardées comme des engrais, et cela parce qu'elles renferment plus de 1/2 pour 100 d'azote, et il est probable, observe-t-il, que pendant l'incinération lente du pyrite, il se produit de l'ammoniaque (3). Les faits pratiques démontrent, sans conteste, l'insuffisance de cette explication. Si ce stimulant appartenait ou pouvait être classé parmi les engrais, il est évident qu'il n'y aurait pas nécessité pour le cultivateur picard ou flamand, d'alterner l'emploi des cendres pyriteuses avec celui des fumiers ou des composts. Et d'ailleurs, s'il était possible de considérer les cendres pyriteuses de Picardie comme ayant une action similaire à celle des engrais proprement dits, quelle serait alors la puissance fécondante qu'il faudrait attribuer aux cendres de Forges-les-Eaux qui contiennent 2,72 pour 100 d'azote? D'après la théorie de **MM. Boussingault et Payen**, l'équivalent des cendres picardes est représenté par 61,50, et celui de celles normandes doit être exprimé par le chiffre 14,70 ;

ce qui signifie, en d'autres termes, que les premières sont un peu plus nutritives que le marc de houblon, et que les secondes ont une action presque égale à celle de l'urine de cheval et du sang liquide. Ainsi, on voit que sans vouloir nier la production de l'ammoniaque, il ne nous est pas permis de nous rallier à l'hypothèse de **M. Boussingault**. L'explication théorique donnée par **M. Payen** est évidemment celle que nous devons regarder comme la plus explicite. **M. Girardin** l'a adoptée lorsqu'il a voulu se rendre compte de la puissante efficacité des matières pyriteuses sur les prairies soit naturelles, soit artificielles.

7° Ces cendres peuvent être employées avec le plus grand succès sur les prairies naturelles humides, sur lesquelles les renoncules, les joncs, les carex croissent avec vigueur. On a constaté que ces plantes disparaissent en grande partie sous l'action de matières pyriteuses, et qu'elles sont remplacées par des graminées et des légumineuses. Répandues au printemps sur des prairies sèches, elles activent la végétation de l'herbe ; on explique cet effet en reconnaissant que le développement rapide que prend l'herbe conserve toujours une humidité bienfaisante aux plantes, et qu'il permet à la prairie de mieux résister aux hâles de mars ou d'avril ou aux fortes chaleurs qui se manifestent quelquefois au milieu du printemps.

En Picardie, ces cendres sont employées avec un immense avantage sur les trèfles, les luzernes, les sainfoins ; sous l'action de ces matières, ces prairies doublent quelquefois leurs produits. On les emploie quelquefois aussi sur les céréales, les féveroles et les vesces. En Flandre, leur application a lieu sur les plantes des prairies artificielles et sur le colza et la navette. En Normandie, on les répand aussi sur les fourrages légumineux et sur les herbages et les prairies. On peut encore les répandre sur les sols qui doivent recevoir des cultures de betterave, de moha de Hongrie.

§ 4. DU SULFATE DE FER.

Ce sel auquel on donne en chimie le nom de *sulfate de protoxide de fer*, a une saveur styptique, sa couleur est vert clair ; lorsqu'on expose les cristaux à l'action de l'air, ils s'effleurissent et prennent une teinte jaunâtre. Ce sel de fer est soluble dans l'eau.

Ce corps a fixé, dans ces dernières

(1) *Des moyens d'amender le sol*, p. 119.

(2) *Nouveau Cours d'agriculture*, t. VIII, p. 366.

(3) *Économie rurale*, t. II, p. 117

années, l'attention des hommes instruits. Pendant longtemps on l'a regardé comme nuisible; les essais qui furent faits en Allemagne et en Angleterre, pendant les premières années de ce siècle, ne permirent pas de le considérer comme utile à la végétation. On avait bien alors constaté que dans certains cas, il avait produit des effets réellement favorables, mais les circonstances, les expériences où il fut nuisible ou au moins inutile à la vie des végétaux sur lesquels il avait été appliqué, ont été si nombreuses, les faits constatés ont été si contradictoires que les partisans de ce nouveau stimulant n'osèrent proclamer les effets utiles qu'il avait produits dans quelques essais et doutèrent de sa véritable utilité. Ces expériences, du reste, n'eurent lieu avec sévérité, et on oublia de déterminer d'une manière positive les quantités que l'on avait appliquées. Cette omission ne permit pas d'examiner les faits et de chercher à déterminer la dose la plus favorable à la végétation, et celle engagea Thaër à considérer la question comme devant être encore étudiée. Nonobstant, ces expériences permirent de constater alors que les tourbes vitriolisées sont des stimulants très-actifs lorsqu'elles sont employées en petite quantité.

M. Gris, professeur de physique à Châtillon-sur-Seine, ayant été frappé de l'effet que produisent le fer et ses composés lorsqu'ils sont appliqués dans l'espèce humaine au traitement de cet état particulier de langueur qui se dénote par la décoloration du sang, état auquel on donne le nom de *chlorose* (1), pensa que la maladie des végétaux que caractérisent leur débilité et leur défaut de coloration, affection que l'on désigne par la même dénomination et qui est identique à celle dont il vient d'être question, pourrait peut-être être combattue par le fer et il soumit divers végétaux chlorosés au régime de ce spécifique. Des expériences faites en 1840 sur des hortensias, sur des orchidées, puis sur des arbres à fruit furent couronnées d'un plein succès; l'année suivante, M. Gris poursuivit ces essais et il obtint les mêmes résultats. En 1843 une commission nommée par le comice agricole de l'arrondissement de Châtillon (Côte-d'Or), appliqua le sulfate de

fer à des prairies artificielles, comme succédané du plâtre. Le printemps ayant été fort humide, on pensa que cette circonstance avait contribué directement au succès qui fut constaté, et il fut décidé que de nouvelles expériences auraient lieu l'année suivante. En 1844, l'année fut fort sèche et le sel répandu en nature sur les prairies ne fut pas immédiatement dissous; il se convertit en oxide de fer insoluble, et ne fut pas absorbé par les plantes; dès lors ses effets furent nuls. M. Leclerc de Châtillon, membre de la commission chargée par le comice agricole de suivre ces expériences, employa le sulfate de fer sur des blés jaunes et maladifs; il mêla à un hectolitre de terre 3 à 8 kilogr de sulfate de fer, et fit répandre ce mélange sur ces végétaux; les résultats furent très-remarquables, et ces blés chétifs, languissants, égalèrent bientôt ceux qui étaient vigoureux et sains. M. Dumont, de Fontaine, répéta la même expérience en 1845, avec le même succès; cet agriculteur a constaté que les parties de blé d'hiver chlorosées, stimulées par le sulfate de fer, furent bientôt reconnaissables à 500 mèt. et qu'elles donnèrent un produit quintuple de celui des parties du même champ abandonnées à elles-mêmes.

Il n'est plus permis de douter aujourd'hui de l'action du sulfate de fer sur les végétaux ou les plantes maladives. De nombreux essais faits dans ces dernières années permettent de regarder la question comme complétement résolue. Toutefois, il faut, pour que les sels de fer n'aient aucune action nuisible et qu'ils agissent comme spécifique pour combattre la chlorose, qu'ils soient appliqués avec discernement. Voici, d'après M. Gris, les précautions indispensables pour la réussite : répandre, si faire se peut, sur des blés chlorosés, une eau ferrée faite dans les proportions suivantes : eau, 500 litres; sulfate de fer, 1 kilogr.; opérer par un temps un peu sombre, mais le plus chaud possible et répéter, s'il y a lieu, la même opération huit ou dix jours après. Cette dissolution doit être employée immédiatement après la fusion du sel et avant qu'elle ne soit troublée par la rouille. On doit employer 30,000 litres environ par hectare ou 300 litres environ par are. Si l'on n'a pas d'eau à sa disposition, ce qui est le cas le plus ordinaire dans les grandes cultures, il faut de toute nécessité profiter d'un temps décidément pluvieux pour répandre sur les céréales le sulfate de fer réduit en poudre et mélangé,

---

(1) Cet état maladif se trahit sur les végétaux par une coloration jaunâtre des feuilles; cette altération accuse un état de souffrance dans les plantes et présage leur dépérissement.

au moment de son emploi, avec une certaine quantité de terre sèche et pulvérulente, soit 40 kilogr. par hectare ; cette opération devra être répétée huit ou quinze jours après si les circonstances l'exigent.

M. Gris a constaté cette année, comme celles précédentes, que par une température de 25 à 30 degrés, les effets produits sur la chromule par l'absorption épidermique se manifestent en général très-promptement, surtout si les feuilles sont molles et celluleuses, et qu'au-dessous de 10° on ne peut plus espérer de résultat.

Il résulte de ces faits, que le sulfate de fer est plutôt un spécifique qu'un véritable stimulant. Il est vrai cependant que M. Maître, de Châtillon, a remarqué qu'il agissait à la manière du plâtre sur la luzerne ; mais que conclure de cette seule expérience ? Est-il bien démontré que 7 kilogr. pulvérisés grossièrement et mélangés à 175 litres de terre, puissent être regardés comme suffisants pour un hectare ? Ce corps qui a une action nuisible sur la végétation quand il abonde dans un sol, peut-il être appliqué à une dose plus forte que celles indiquées par M. Gris ou employée par M. Maître ? Mais ces points dubitatifs ne sont pas les seuls qui doivent engager les agriculteurs à expérimenter encore ce sel métallique ; il en est un autre non moins important, à savoir : si le sulfate de fer employé dans une proportion déterminée par l'expérience agit sur les plantes saines, les végétaux ordinaires, quelle sera l'explication par laquelle on fera connaître son action ? Thaër avait supposé que l'action de l'air et de la lumière opère la décomposition de l'acide sulfurique dont l'oxigène se combine avec le carbone, et forme l'acide carbonique ou quelque autre substance favorable à la végétation. Cet agriculteur pensait que le sulfate de fer a une grande influence sur les végétaux lorsqu'il est intimement combiné avec le charbon, comme dans la tourbe vitriolisée ; et il admettait que non combiné avec le terreau du sol, il ne produisait que de mauvais effets lorsqu'on l'applique à l'état de pureté. Cette hypothèse n'est pas complète ; on sait aujourd'hui que le sulfate de fer a une tendance continuelle à convertir l'ammoniaque en sel fixe et l'empêcher de se volatiliser. C'est cette dernière propriété qui nous permet de ranger le sulfate de fer parmi les stimulants et de ne pas examiner si réellement, comme quelques chimistes

l'ont pensé, le soufre de ce corps est fixé par un principe végétal.

Ce stimulant, auquel on a donné le noms de *vitriol vert, couperose verte,* est à très-bas prix. A Paris, le commerce le livre à 14 fr. les 100 kilogr.; à Reims, le prix est de 7 fr.; à Nantes, de 10 fr. la même quantité. Cette faible valeur doit engager les agriculteurs à tenter de nouveaux essais afin de déterminer exactement la quantité à répandre sur les céréales et les légumineuses lorsqu'on veut remplacer le sulfate de chaux par le sulfate de fer.

SECTION III.

Minéraux alcalins.

Les stimulants qui appartiennent à cette classe sont au nombre de deux : la potasse et la soude. Ces deux corps entrent dans la composition des végétaux. Ce fut Marggraf qui le premier les distingua, en 1736. Il appela la potasse *alcali fixe végétal,* parce qu'on la retire de la lixiviation des cendres des végétaux ; la soude fut appelée *alcali fixe minéral* parce qu'elle existe dans le sel gemme, que l'on rencontre au sein de la terre. Ces deux alcalis, unis à divers acides, constituent plusieurs sels, dont trois sont employés comme matières fertilisantes ; la soude et la potasse sont très-solubles dans l'eau.

§ 1. DES SELS DE POTASSE.

La potasse pure ne se rencontre jamais dans la nature à l'état de liberté ; elle existe dans les végétaux à l'état de nitrate, malate, oxalate, etc., sels qui, par l'effet de la calcination, se convertissent en carbonate.

1° *Carbonate de potasse.*

Ce sel a reçu en chimie le nom de *carbonate neutre de potasse* ; il est blanc, attire fortement l'humidité de l'air et ne tarde pas à tomber en *déliquium* ; sa saveur est âcre et caustique. Ce sel de potasse est très-soluble dans l'eau, mais il cristallise très-difficilement.

Le carbonate de potasse a été fort peu employé en agriculture, quoiqu'il ne soit pas nuisible lorsqu'il est appliqué à très-faible dose ; il n'en est pas de même du protoxide de potassium ; il détruit, il fait périr les parties des végétaux qui sont en contact avec lui ; MM. Marcel et Bouchardat ont constaté, par des expériences suivies, que cet alcali est un véritable poison pour les végétaux. Nonobstant, ce dernier observateur a reconnu qu'une dissolution contenant 1/1000 de carbonate de potasse n'était pas assez concentrée pour anéantir la vitalité des plantes.

Si cet alcali, le carbonate de potasse, n'a pas été jusqu'à ce jour employé à favoriser la végétation des plantes agricoles, il est hors de doute qu'il doit être regardé comme fort utile à la végétation, puisqu'il la favorise toujours, lorsqu'il est abondant au sein du sol.

D'après **M.** de Gasparin, un hectolitre de blé enlève à la terre, savoir :

$$
\begin{array}{lr}
 & \text{kil.} \\
\text{Pour } \ 78 \text{ kilog. de grain à } 72/1000 \text{ de potasse} \ldots \ldots & 1,66 \\
\text{Pour } 156 \text{ kilog. de paille à } 64/1000 \text{ de potasse} \ldots \ldots & 1,10 \\
\hline
 & 1,76
\end{array}
$$

De ce résultat, **M.** de Gasparin conclut que si les 740 kilogr. de fumier nécessaires pour cette récolte contiennent, comme l'a constaté **M.** Boussingault en analysant du fumier de ferme, 5/1000 de potasse et de soude, ils contiendront la quantité de $3^{kil}.7$ d'alcalis fixes, c'est-à-dire une quantité beaucoup plus grande que celle qui serait nécessaire pour produire un hectolitre de blé. Cet auteur ajoute que, comme les fumiers peuvent contenir moins d'alcalis que la dose déterminée par **M.** Boussingault, il est essentiel de s'assurer de leur richesse alcaline, par l'incinération d'un poids donné de ces engrais. On pourra juger alors des additions qu'il sera nécessaire de faire aux fumiers pour que les plantes trouvent toujours les éléments nécessaires à leur végétation. Si les terres ne recevaient pas d'engrais, ce serait, dit **M.** de Gasparin, 1,76 kilogr. de potasse et de soude par hectolitre de blé qu'il faudrait restituer au sol ; après avoir préalablement délayé la potasse dans l'eau, on en humecterait un tas de terre calcaire bien sèche que l'on brasserait à la manière des mortiers, pour la répandre ensuite à la surface des champs (1). Ce raisonnement théorique peut être très-judicieux, il peut être exact que le blé enlève au sol, par chaque hectolitre de grain produit, $1^{kil}.$, 6 de sels alcalis ; mais ce raisonnement doit-il conduire à engager le cultivateur à appliquer sur les sols non fumés cette quantité d'alcalis fixes absorbée par la végétation ? J'ai tout lieu de penser que le cultivateur praticien ne peut pas encore regarder ces opérations comme appartenant aux travaux qu'il doit faire exécuter pour assurer la réussite d'une récolte. Il est évident qu'aucune expérience ne démontre la véracité de cette hypothèse. Quoi qu'il en soit, il résulte du raisonnement de **M.** de Gasparin que la quantité de carbonate de potasse à répandre par hectare est égale au nombre d'hectolitres de blé récoltés sur un hectare multiplié par 2. J'adopte le chiffre 2 ; je suppose que quelques parties ne profiteront pas à la végétation du froment. Ainsi, si un sol argilo-calcaire produit 20 hectolitres de froment, la quantité de carbonate de potasse à employer sera

$$20 \times 2 = 40 \text{ kilogrammes.}$$

La potasse, au litre de 60 à 65, ayant une valeur de 90 fr. les 100 kilogr., la dépense s'élèvera donc à 36 fr. par hectare, non compris les dépenses ordinaires et les frais d'épandage. Le cultivateur peut-il espérer récupérer cette dépense ? L'expérience pratique le lui apprendra.

2° *Nitrate de potasse.*

Ce nitrate est incolore, inodore ; sa saveur est fraîche, piquante et amère ; il est très-soluble dans l'eau, mais il se dissout beaucoup mieux à chaud qu'à froid. Quand on l'expose à l'air humide, il tombe aussi à la longue en *deliquium*.

Le nitrate de potasse a été recommandé dans ces dernières années par beaucoup de cultivateurs qui en ont obtenu de très-bons résultats. **M.** Lecoq l'a considéré comme le stimulant salin le plus énergique. En Angleterre, on l'emploie avec beaucoup de succès. Ce sel nous arrive de l'Inde ; il coûte 50 fr. les 100 kilogr. ; le droit de douane, lorsqu'il est apporté par un navire français, est de 15 fr. par 100 kilogr.

Bosc parle de son emploi comme substance fertilisante, et il pense qu'il ne doit point être employé à l'état de pureté, qu'il faut le mêler à du nitrate

(1) *Cours d'agriculture*, t. I. p. 610.

de chaux, du muriate de potasse et de chaux et d'autres sels déliquescents. Il engage, en outre, les cultivateurs à faire jeter sur les fumiers tous les matériaux de démolitions et le produit du balayage des murs des écuries, des étables, des granges qui sont chargés de salpêtre; ces parties augmentent considérablement les effets de ces matières fertilisantes (1).

Quoique ce sel ait produit des effets très-satisfaisants lorsqu'il a été employé en couverture soit sur les céréales, soit sur les fourrages, on l'a abandonné et remplacé par le nitrate de soude qui se vend à plus bas prix et qui paraît avoir une action beaucoup plus énergique. **M.** Sim a fait, en 1839, une expérience dans laquelle il a comparé l'effet du nitrate de potasse à l'action du nitrate de soude. Ces deux stimulants ont été répandus avec 1 hectolitre de cendres, afin de faciliter l'épandage, le 3 mai, sur un sol qui fut ensemencé en orge le jour suivant. Voici quels furent les résultats de cette expérience.

	Nitrate de soude.	Nitrate de potasse.
Quantité de sel par hectare.	142 kilog.	142 kilog
Produit en grain.	42$^{hect.}$,70 lit.	35$^{hect.}$,00
Produit en paille.	3,408 kilog.	1,975 kilog.

Ainsi, le nitrate de soude employé à la même dose que le nitrate de potasse, a donné un excédant de produits en paille de 1,432 kil., et en grains de 7$^{hect.}$70 litres quoiqu'on ait appliqué 315 litres de semence par hectare sur les deux champs que l'on doit supposer fertiles d'après les résultats obtenus.

D'après **M.** de Woght, l'effet de 5$^{kil.}$,5 de nitrate de potasse serait égale à celui de 1.000 kilogr. de fumier. Suivant **MM.** Boussingault et Payen, ce sel renferme 13.78 pour 100 d'azote. D'après ce résultat 5$^{kil.}$,5 de salpêtre renferme 0,7579 d'azote, c'est-à-dire autant qu'en renferment 189 kilogr. de fumier de ferme analysé par ces chimistes. La grande différence qui existe entre ces deux résultats, l'un pratique, l'autre théorique, ne permet pas d'apprécier la valeur du nitrate de potasse comparée à celle du fumier. D'après les faits constatés par **M.** Sim, chaque hectolitre d'orge a été produit par 4$^{kil.}$,05 de nitrate de potasse. Ce résultat permet de regarder l'appréciation de **M.** de Woght comme judicieuse, et elle concorde avec les faits généraux constatés par A. Young.

§ 2. DES SELS DE SOUDE.

La soude que l'on ne rencontre pas pure dans la nature existe aussi à l'état de combinaison dans les plantes, le sol et dans les eaux de la mer. Ainsi, elle existe combiné avec l'acide sulfurique, l'acide carbonique, l'acide nitrique, etc., et se présente sous forme de sulfate, carbonate, nitrate, etc.

I. *Nitrate de soude.*

Ce stimulant, dont l'usage s'étend de jour en jour en Angleterre, a été essayé en France sans grand succès. Il nous vient du Pérou où on le trouve en masses considérables sur une étendue de plus de 200 kilomètres. Son action sur les végétaux, dit-on, est remarquable, soit qu'il soit appliqué sur des céréales en végétation, soit qu'il soit répandu sur des prairies naturelles ou des pâturages. Examinons si ces dires sont justifiés par des faits.

M. Fr. Kuhlmann a employé le nitrate de soude sur une prairie des environs de Lille (Nord). Ce stimulant a été dissous dans l'eau de manière à présenter un volume de 325 hectol. par hectare. L'arrosement a eu lieu le 28 mars 1843 par un temps sec; la récolte a eu lieu le 30 juin, et le temps qui s'est écoulé entre ces deux époques a été pluvieux. Voici les résultats qu'il a constatés :

---

(1) *Cours complet d'agriculture* du 19e siècle, t. XIII, p. 391, à la librairie de Roret, rue Hautefeuille, 10 *bis*

MATIÈRES FERTILISANTES.	Produit en foin par hectare.
Point de matière fertilisante.	4,000 kilog.
133 kilogrammes de nitrate de soude.	4,800 kilog.
266 kilogrammes de nitrate de soude.	5,723 kilog.

Le nitrate de soude a donc fait produire un excédant 1° de 800 kil.; 2° de 1,723 kil. Cet excédant, considéré sous un point de vue économique, a-t-il été satisfaisant? **M. Kulmann** établit ainsi ses résultats :

$$
1° \begin{cases} \text{133 kilog. nitrate à 65 fr.} \ldots = & \text{86 fr. 45 cent.} \\ \text{800 kilog. foin à . . 8 fr.} \ldots = & \text{64} \qquad » \end{cases}
$$

$$
\text{Perte.} \ldots \ldots \quad 22 \qquad 45
$$

$$
2° \begin{cases} \text{266 kilog. nitrate à 65 fr.} \ldots = & \text{172 fr. 90 cent.} \\ \text{1,723 kilog. foin à . . 8 fr.} \ldots = & \text{137} \qquad 84 \end{cases}
$$

$$
\text{Perte.} \ldots \ldots \quad 35 \qquad 06
$$

Ces reliquats me dispensent de toute explication.

Les expériences faites en Angleterre sur les *prairies graminées-légumineuses* ont donné les mêmes résultats économiques. Voici quels furent les produits constatés :

NOMS des EXPÉRIMENTATEURS.	NITRATE DE SOUDE.		Aucune matière fertilisante.	Accroissement en foin.
	Quantum.	Production.		
	kilog.	kilog.	kilog.	kilog.
Turner.	125	8,100	6,575	1,525
Wilson. . . . . { Sol léger. . .	125	7,685	5,146	2,539
{ Sol compacte.	125	6,393	5,214	1,179
W. Fleming.	180	6,900	5,020	1,880
Maclean.	187	5,725	1,980	3,745
Wilson.	180	4,620	3,250	1,350
W. Fleming.	190	6,318	3,510	2,808
J. Hannam. . . { Terre franche.	125	5,526	4,378	1,148
{ Sol calaire. . .	187	3,078	2,340	738
Moyennes.	158	6,038	4,159	1,874

Cette augmentation moyenne de foin est plus élevée que celle obtenue par M. Kuhlmann; mais il ne faut pas oublier que le climat de l'Angleterre favorise particulièrement la végétation des plantes des prairies. Nonobstant, si je donne à cet accroissement la valeur que le foin a généralement, 40 fr. les 1,000 kil., soit, pour les 1,874 kil., 75 fr., et si j'évalue les dépenses, 158 kil. de nitrate de soude, à 65 fr., soit 102 fr. 70 c., je trouve qu'il existe un déficit de 27 fr. 70 c. Le foin excédant revient donc à 55 fr. 20 c. les 1,000 kil.

Les expériences qui ont été faites sur le *froment* ont donné les résultats suivants :

NOMS des EXPÉRIMENTATEURS.	NITRATE DE SOUDE.		Aucune matière fertilisante.	Accroissement en grain.
	Quantum.	Production.		
	kilog.	hectol.	hectol.	hectol.
W. Fleming.	180	18,66	17,63	1,03
Fleming.	120	43,47	43,34	0,13
J. Wilson.	125	49,50	40,00	9,50
J. Hannam. . . {	156,5	31,90	26,80	5,10
{	187,5	32,05	28,37	3,68
Chaterley.	103,6	22,53	19,32	3,26
Barclay.	410	31,25	27,50	3,75
Moyennes.	144,6	32,77	28,99	3,77

Ainsi, au moyen de 144 kil.,6 de nitrate de soude, ayant une valeur de 93 fr. 99 c., on a obtenu un excédant de récolte de 3 hect.,77, valant, à 18 fr. l'hectolitre, 67 fr. 86 c. Si je suppose une production de paille de 156 kil. par hectolitre de grain, soit 588 kil. à 30 fr. les 1,000 kil., j'aurai à ajouter à la valeur du froment, la somme de 17 fr. 64 c. La perte sera donc de 8 fr. 49 c., ou le prix de revient de l'excédant de froment s'élèvera à 20 fr. 25 c. l'hectolitre.

On trouve en établissant les proportions suivantes :

$$180 : 103 :: 1 : x = \text{que 1 kilog. de nitrate de soude a produit 57 centilitres de grain.}$$

$$125 : 950 :: 1 : x = \text{7 litres de grain.}$$

$$156 : 510 :: 1 : x = \text{3 28/100 de grain.}$$

$$187 : 368 :: 1 : x = \text{2 96/100 de grain.}$$

$$103 : 326 :: 1 : x = \text{3 16/100 de grain.}$$

$$140 : 375 :: 1 : x = \text{2 67/100 de grain.}$$

Il résulte de là que la dose la plus avantageuse serait celle de 125 kil. à l'hectare.

Je pourrais rapporter ici d'autres tableaux, de nouveaux faits en faveur de l'emploi du nitrate de soude ; mais je crois que les deux exemples que je viens de mentionner sont suffisants, et que s'il n'est pas possible de contester son action, il est permis du moins de considérer l'emploi de ce stimulant comme peu économique. Espérons que la valeur de ce sel diminuera, que les droits de douane seront abaissés et que l'agriculteur pourra l'employer pratiquement, c'est-à-dire sur une échelle beaucoup plus grande que celle que l'on a adoptée dans les expériences faites jusqu'à ce jour.

Nonobstant, quoiqu'il soit constaté que le nitrate de soude favorise la végétation des graminées et des crucifères, je dois observer que les expériences n'ont pas démontré qu'il soit réellement favorable à la qualité des grains. Ainsi, il a été constaté en Angleterre, dans la plupart des expériences, que ce sel augmente la quantité de la paille, mais qu'il la rend plus grosse, plus forte, et que les grains, qu'il contribue à faire naître, ont généralement moins de poids. Ainsi, M. David Barclay a constaté que le grain nitraté pesait environ 3 kil. de moins par hectolitre que celui qui provenait de froment qui n'en avait pas reçu. MM. Dewdney et Drewitt ont observé que le grain du froment sur lequel on avait répandu du nitrate de soude, était d'une qualité moins favorable à la vente. Ces faits sont évidemment de nature à engager les esprits qui cherchent sans cesse à employer ou à découvrir de nouvelles substances fertilisantes, à expérimenter ce sel avant de l'employer en grand et à regarder son action favorable comme fort douteuse. Je ne dois pas omettre de dire que quelques agriculteurs ont reconnu que la température, soit qu'elle soit sèche, soit qu'elle soit humide, exerce une influence favorable ou nuisible sur le résultat des expériences, et qu'ils ont en outre constaté que ce sel, sur certains sols, occasionne la verse des céréales et semble favoriser le développement du charbon et de la carie. Les années qui paraissent être les plus favorables à son action sont celles où les pluies sont moyennement abondantes, où l'air est suffisamment humide, par conséquent, sans cesse favorable au développement des plantes céréales ou graminées. Les terrains sur lesquels il a été jusqu'ici employé avec avantage étaient siliceux, perméables.

Le nitrate de soude contient 16,42 pour 100 d'azote. M. de Gasparin conclut, de cette quantité d'azote, que pour remplacer une simple fumure de 30,000 kil. de fumier de ferme contenant 0,40 d'azote pour 100 par hectare, il faudra appliquer 729 kil. de nitrate de soude. Cette quantité représentera les 120 kil. d'azote que contient le fumier. Cette substitution, qui oblige le cultivateur à une dépense de 291 fr. 60 c., constitue-t-elle une opération justifiée par l'économie rurale? Je suis loin de le croire, si je me reporte aux résultats que j'ai transcrits précédemment!

L'action du nitrate de soude, comme celle du nitrate de potasse, est due à la soude et à la potasse que les végétaux puisent, chaque fois qu'ils le peuvent, au sein de la couche arable. Mais l'azote des nitrates, ainsi que le fait observer M. Boussingault, contribue-t-il pour quelque chose à la formation des principes azotés des plantes? Ce chimiste, adoptant l'opinion de Davy, qui pensait qu'il n'est pas impossible que ce sel fournisse de l'azote pour former de l'albumine ou du gluten dans les plantes qui en contiennent (1), dit que la composition chimique de ces sels alcalins est telle, qu'on peut concevoir qu'ils se comportent à la fois comme les stimulants et les engrais (2), c'est-à-dire qu'ils fournissent aux végétaux et de la soude ou de la potasse et de l'azote. Cette opinion est aussi celle de M. W. Johnston.

II. *Chlorure de sodium.*

Ce sel, qu'on connaît sous le nom de *sel marin*, *sel de cuisine*, *sel gemme*, existe dans les eaux de la mer, dans l'intérieur de la terre et dans les eaux des sources salées; le sel gemme a une origine ignée; le sel marin a une origine aqueuse. Ce sel a une saveur très-agréable, il est très-soluble dans l'eau, il est déliquescent quand il est exposé à un air très-humide. Le sel marin, mis sur des charbons ardents, décrépite, mais il perd cette propriété quand il a été dissous et cristallisé de nouveau; le sel gemme, au contraire, ne décrépite que lorsqu'il a été dissous et cristallisé dans l'eau.

L'emploi du sel à la fertilisation de la terre remonte à une époque fort éloignée de notre ère. Les livres sacrés font mention de son emploi; la Bible rappèle qu'il peut stériliser la terre; le

(1) *Chimie agricole*, p. 219.
(2) *Cours d'économie rurale*, t. II, p. 197.

livre de Jésus-Christ nous fait connaître qu'il peut être appliqué sur le sol ou mélangé au fumier. Pline rapporte que les cultivateurs de l'Assyrie en répandaient à quelque distance autour des tiges de leurs palmiers.

Dans ces siècles derniers, l'application de ce stimulant a vivement préoccupé l'attention des expérimentateurs et des publicistes anglais : presque tous, depuis Bacon jusqu'à John Sinclair et Humphry Davy, ont considéré le sel comme utile à la végétation, et ils ont engagé les agriculteurs à l'employer. En Allemagne, l'opinion des écrivains agricoles a été aussi favorable à son emploi ; Thaër, Schenck, Schwertz, Liebig, Kaufmann ont fait connaître qu'il augmente d'une manière sensible les forces productrices du sol. En France, l'opinion générale est tout entière en faveur de son application ; Condillac, Mirabeau, Sylvestre, Tessier, Bosc, etc., ont proclamé que cette substance avait une action remarquable sur la végétation, et ils ont insisté vivement pour que son usage se popularise au sein de nos campagnes.

On serait en droit de penser, d'après cette simple relation, que le sel doit être regardé aujourd'hui comme une substance qu'il faut employer sur tous les terrains et sur toutes les cultures, et qu'il importe, sous ce rapport, que l'impôt qui pèse sur cette matière fertilisante soit entièrement anéanti. Je voudrais pouvoir appuyer de mes faibles moyens les vœux émis par le pays et la chambre des députés. Malheureusement les faits qui sont à ma connaissance ne permettent pas de me ranger sous la bannière de ceux qui pensent que la question agricole est désormais résolue. Sans doute, diverses expériences faites dans ces derniers temps ont permis de constater que le sel avait des effets remarquables sur les céréales et les légumineuses, et en présence des résultats obtenus, comme en face des faits constatés depuis près d'un siècle, il n'est plus possible de nier son action stimulante. Mais les faits publiés, s'ils ne sont point exagérés, s'ils ne sont pas dus à des causes locales ou particulières, suffisent-ils pour conclure affirmativement en faveur de l'emploi de ce stimulant ? Deux seules expériences peuvent-elles conduire à considérer l'opinion de ceux qui se sont appuyés sur des observations générales comme suffisantes pour résoudre la question ? Une expérience qui a pour but de faire pencher le plateau de la balance, soit en faveur, soit contre une opinion accréditée sans base solide, ne doit-elle pas être répétée diverses fois et dans diverses contrées ? Et, d'ailleurs, quelle influence peut avoir une seule expérience faite sur une très-petite échelle dans la solution du problème ? Est-ce qu'il n'est pas possible d'opposer aux résultats sur lesquels on s'appuie, d'autres expériences qui ont permis de constater des faits tout à fait contradictoires ? Est-ce que la pratique n'a pas démontré depuis fort longtemps que le sel n'a d'action sur les plantes que dans certains cas et dans certaines limites ?

Je crois à l'activité du chlorhydrate de soude en agriculture : je considère ce sel comme utile à la végétation. Mais en considérant, d'une part, qu'appliqué à grande dose il nuit à l'existence de la plupart des plantes, de l'autre, la très-faible quantité que les végétaux comportent, je ne puis comprendre qu'il soit réellement avantageux d'en ajouter au sol. La terre n'est pas totalement dépourvue de soude, et il est certain que dans la plupart des circonstances, la proportion qu'elle recèle et qui résulte de la décomposition des roches, suffit aux exigences des plantes. Il faut se rappeler, en outre, que la mer qui éprouve une vaporisation continuelle répand sur toute la surface de la terre des sels qu'on retrouve dans l'eau de pluie et qui sont indispensables à l'existence des végétaux. Depuis longtemps, observe Liebig, on sait que dans les tempêtes les feuilles des plantes se couvrent de croûtes salines, et cela dans la direction de l'ouragan vers la terre ferme, même sur une étendue de vingt à trente milles d'Angleterre. Mais il n'est pas besoin, poursuit-il, de tempêtes pour volatiliser ces sels ; l'air qui flotte sur la mer trouble en tout temps la solution du nitrate d'argent ; chaque courant, quelque faible qu'il soit, enlève avec les millions de quintaux d'eaux de mer qui se vaporise annuellement, une quantité correspondante de sels qui y sont dissous, et amène à la terre ferme du chlorure de sodium (1). Cette volatilisation continuelle du chlorure de sodium contenu dans l'eau de mer ne permet donc pas d'admettre que le sel puisse être employé, dans les circonstances actuelles,

---

(1) *Chimie appliquée à l'agriculture*, 1844, p. 112.

comme substance fertilisante au sein des localités qui avoisinent le rivage de la mer; et je me demande, en admettant momentanément son utilité comme stimulant, quelle doit être la quantité qu'il faut répandre sur le sol, et celle qu'il faut mélanger aux fumiers si ,comme le dit Pringel, il favorise la décomposition des substances animales et végétales des composts ? C'est qu'il est impossible de conclure de la dissidence qui existe entre les faits favorables ou nuisibles à l'emploi de ce stimulant en faveur de telle ou telle quantité à appliquer sur tel ou tel terrain. Ainsi, tel *quantum* qui, sous tel climat, sur telle terre, a augmenté la production de l'orge, l'a diminuée sous d'autres latitudes, quoique la nature du sol fût la même. Je me demande encore, en fléchissant à l'enthousiasme qui s'est manifesté de tous côtés depuis quelques années pour la réduction de l'impôt, ce qu'il adviendrait si cette taxe était anéantie? Ne doit-on pas craindre que cet engouement n'engage tous les cultivateurs à couvrir de sel toutes les terres qu'ils exploitent, et que cette application faite sans aucune donnée pratique certaine et en face des contradictions si fréquentes qui jaillissent des écrits de ceux qui ont voulu traiter la question ne soit suivie de grandes déceptions et que les résultats ne paralysent les plus louables efforts, les plus sincères tentatives? Si le sel pouvait être appliqué à une dose très-forte, s'il était possible de dépasser 5 à 600 kil., et d'en répandre jusqu'à 18 hectolit. par hectare, quantité appliquée en 1791, en Angleterre, par Sickler, ma palette serait moins sombre en couleur, et je serais moins réservé à l'égard de l'emploi de cette substance excitante. Mais je me dois à moi-même d'engager les agriculteurs à expérimenter avant d'appliquer ce sel sur une grande échelle, et de rappeler qu'il existe une bien grande différence entre 125 et 175 kil., doses qui paraissent jusqu'à ce jour les plus favorables, et 12 hectolitres. De nombreuses observations ont permis de constater qu'une dose trop forte avait souvent pour conséquence de diminuer et de suspendre même l'action vitale des plantes, et que les végétaux croissent très-difficilement quand le chlorure de sodium excède 2 pour 100 de la couche arable.

La solution de la question réside donc dans la quantité à employer par hectare. Cette solution présente de très-grandes difficultés : non-seulement le climat, la fertilité de la terre, l'espèce de végétal doivent jouer un rôle important dans l'explication de ce problème, mais la nature et la configuration du sol et sa position géographique influencent d'une manière remarquable dans la solution de la question. Il est probable, dit W. Johnston, que c'est dans les positions abritées, à l'intérieur des terres et sur les hauteurs souvent lavées par les pluies, que l'action du sel marin doit se faire le mieux apprécier. Dans beaucoup de localités où les vents de mer prédominent, il est reconnu que les gouttelettes d'eau salée entraînées par les vents à de grandes distances, suffisent pour fournir au sol chaque année une abondante provision de chlorure de sodium (1). L'ancienne province de Bretagne serait donc la contrée en France où le sel, comme stimulant, serait le moins nécessaire.

J'aurais pu retracer l'histoire de l'emploi du sel en agriculture, rapporter les opinions de ceux qui ont écrit pour ou contre ce stimulant, et consigner les résultats obtenus tant en France qu'en Angleterre et en Allemagne ; j'ai craint, si j'agissais ainsi, de manquer à la tâche que je me suis imposée et qui consiste à éviter toute digression sur des principes, des faits d'aucune utilité pour l'agriculteur praticien. On me reprochera, peut-être, de me prononcer trop ouvertement contre les espérances que le pays a conçues de la réduction de l'impôt proposé aux Chambres législatives par le gouvernement. Je désire vivement que cette réduction soit votée cette année ; mais en manifestant ce vœu, je n'envisage plus la question sous un point de vue agricole, je la considère au point de vue de l'existence, de l'amélioration du bétail et sous celui des intérêts de la classe ouvrière. Quoi qu'il en soit, c'est en expérimentant que l'on résoudra la question agricole pratique. Tout porte à croire que les expériences qui ont lieu en ce moment dans divers départements, avec le concours du gouvernement, jetteront de vives lumières sur la solution des contradictions si nombreuses au sujet de l'emploi de ce sel, et qu'elles feront connaître quelques-unes des causes qui permettent à cette substance d'avoir une action si différente, si favorable ou si nuisible sur les plantes !

---

(1) *Éléments de Chimie agricole*, p. 204.

SECTION IV.

Minéraux ammoniacaux.

Les sels auxquels on donne le nom de *sels ammoniacaux* sont presque tous volatilisables par la chaleur. Triturés avec de la chaux ou avec tout autre alcali, ces sels dégagent l'odeur caractéristique de l'ammoniaque.

§ 1. DU CHLORHYDRATE D'AMMONIAQUE.

Ce sel est blanc, très-soluble dans l'eau et déliquescent à 96° de l'hygromètre ; chauffé avec de l'acide sulfurique et le peroxyde de manganèse, il dégage du chlore ; mis en contact avec l'acide sulfurique seulement, il dégage de l'acide chlorhydrique.

Ce stimulant, comme la plupart des sels ammoniacaux, agit favorablement sur les plantes, lorsqu'on les emploie à une dose très-faible. Davy fait observer que ces sels accélèrent la végétation quand la quantité employée est plus de 1/30 du poids de l'eau, mais qu'au-dessous de cette dose ils sont généralement nuisibles, et il ajoute que, lorsqu'ils sont appliqués à la dose de 1/300, leur action n'est pas plus sensible que celle de l'eau de pluie. M. Bouchardat a reconnu que les *mentha sylvestris* et *aquatica* et *polygonum orientale*, périssent très-promptement lorsque leurs racines sont en contact avec des solutions ammoniacales à 1/1,000 et à 1,1,500,

mais qu'ils résistent à l'action toxique d'une solution à 1/3,000. Des choux qu'il arrosa avec des solutions de sels ammoniacaux, contenant 1/1.000 de sels en dissolution, ont très-bien résisté ; mais M. Bouchardat ne remarqua aucune différence ni en bien ni en mal [1]. Si ces observations, comme celles faites par Gœppert, ne concordent pas avec les remarques de M. Lecoq, qui a vu prospérer des graines placées sur du coton imbibé et sans cesse arrosées des solutions contenant 1/10 du poids de l'eau en sel [2], il est certain qu'elles ne permettent pas de regarder ces sels comme ayant une action délétère sur les plantes. Si ces expériences physiologiques ont constaté une action toxique lorsque les parties herbacées ou les racines étaient plongées au milieu de solutions ammoniacales, la pratique a démontré que, mêlées à la couche arable dans une proportion convenable, ces solutions ou ces sels avaient généralement une action utile et qu'il était permis de considérer comme vrais les résultats que Rigaud de Lisle avait obtenus du sulfate d'ammoniaque sur le froment [3].

MM. Schattenmann et Kuhlmann se sont beaucoup préoccupés dans ces derniers temps de l'action de ces sels, et ils ont étudié leur effet sur les végétaux agricoles. Je vais rapporter les observations de ces savants praticiens, et je les compléterai en y joignant les résultats constatés et obtenus en Angleterre.

Expériences faites sur les prairies naturelles.

NOMS des expérimentateurs.	Quantité appliquée.	Chlorhydrate d'ammoniaq.	Rien.	Augmen- tation.
	kilog.	kilog.	kilog.	kilog.
Kuhlmann.	266	5.716	4.000	1,716
Schattenmann.	400	8.000	5.000	3,000
Maclean.	109	3,340	1.989	1, 60
Moyennes.	255	5.685	3.660	2,025

Ainsi, on trouve en établissant les proportions suivantes :

---

(1) *Recherches sur la végétation*, 1846, p. 15.
(2) *Recherches sur l'emploi des engrais salins.* p. 20.
(3) *Mémoires de la Société centrale d'agriculture*, 1814, p. 167.

266 : 1,716 :: 1 : x = que 1 kilog. de chlorhyd. a produit 7 k. de foin.

400 : 3,000 :: 1 : x = 7 kilog. de foin.

100 : 1,360 :: 1 : x = 13 kilog.

De là, il résulte que la dose la plus avantageuse est celle de 100 kilog. à l'hectare.

Quant à la question économique, elle doit être exprimée par une perte sensible. Ainsi, 255 kilog. de chlorhydrate à 60 fr. les 100 kilog. représentent une dépense de 153 fr.; l'excédant de foin, 2,025 kilog. vaut 81 fr. à 40 fr. les 1,000 kilog.; il y a donc perte de 72 fr. Pour que ce déficit n'existe pas, il faudra que le foin ait une valeur de plus de 75 fr. les 1,000 kilog.

Expériences faites sur le froment.

NOMS des expérimentateurs.	Quantité appliquée.	Chlorhydrate d'ammoniaq.	Rien.	Accroissement ou diminution.
	kilog.	kilog.	kilog.	kilog.
Shattenmann.	200	2,810	2,900	— 90
W. Fleming.	180	1,461	1,334	+ 127
Moyennes.	190	2,135	2,117	+ 18

Ces faits ne permettent pas, un seul instant, de considérer le résultat économique comme favorable; il est de toute évidence que le chlorhydrate d'ammoniaque, ainsi que l'a fait observer Royer, est presque nul sur les céréales, et qu'il ne peut être regardé comme un stimulant véritable et utile. Peut-être de nouvelles expériences constateront-elles, ainsi qu'on l'a avancé, que ce sel donne une plus grande activité à la fructification des céréales, qu'aucune autre matière fertilisante jusqu'ici employée; mais en présence des résultats constatés dans les expériences qui ont eu lieu, et sur les prairies et sur les céréales, il est permis de douter de l'action énergique qu'on lui a si gratuitement accordée.

Pour pouvoir l'appliquer avec avantage sur les prairies naturelles, il faudrait que son prix fût beaucoup moins élevé, ou qu'il fût possible de l'appliquer avec les mêmes avantages à une dose beaucoup moins forte.

§ 2. DU SULFATE D'AMMONIAQUE.

Ce sel est blanc; sa saveur est amère et piquante. Lorsqu'on le soumet à la chaleur, il entre facilement en fusion, c'est-à-dire abandonne de l'ammoniaque; il est plus soluble à chaud qu'à froid, il est inaltérable à l'air.

Ce sel ammoniacal a été aussi employé à la fertilisation des terres. Voici quels ont été les résultats obtenus sur des prairies naturelles :

NOMS des expérimentateurs.	Quantité appliquée.	Sulfate d'ammoniaq.	Point de matière fertilis.	Accroissement.
	kilog.	kilog.	kilog.	kilog.
Fleming.	125	4,050	3,500	540
Wilson.	180	4,210	3,770	440
Maclean.	125	3,310	1,980	1,330
Kuhlmann.	266	5,233	4,000	1,233
Schattenmann.	400	8,900	5,100	3,800
Moyennes.	219	5,140	3,672	1,468

De là il résulte les proportions suivantes:

125 : 540 :: 1 : $x =$ 4 ; donc un kilog. de sulfate d'ammoniaque
a produit 4 kilog. de foin.

180 : 440 :: 1 : $x =$ 2 kilog. de foin.

125 : 1,330 :: 1 : $x =$ 10 kilog.

226 : 1,233 :: 1 : $x =$ 3 kilog.

400 : 3,800 :: 1 : $x =$ 9 kilog.

Ainsi, la dose la plus convenable à appliquer est celle de 125 kilog. à l'hectare.

Quant aux résultats économiques, on trouve que 219 kilog. de sulfate d'ammoniaque à 0,60 = 131 fr. 40. Cette dose ayant produit 1,468 kilog. de foin à 40 fr. les 1,000 kilog., soit une valeur de 68 fr. 75, il existe une perte de 62 fr. 65. Pour que ce déficit ne puisse être constaté, il faudrait que le foin eût une valeur de 89 fr. 60 les 1,000 kilog !!

Les sels ammoniacaux dont il vient d'être question agissent-ils sur les végétaux par l'ammoniaque qu'ils comportent ? Ce problème, l'un des plus importants qui touchent l'emploi des sels ammoniacaux, a particulièrement fixé l'attention des chimistes. D'après Liebig, l'ammoniaque est sans influence sur la formation, dans les plantes cultivées, des substances destinées à se transformer en sang, si le sol ne contient certaines matières minérales (potasse, soude, phosphate). Ainsi, l'ammoniaque contenue dans les excréments animaux ne favoriserait la végétation que parce qu'elle y est accompagnée d'autres substances nécessaires à sa transformation en principes sanguifiables, et elle ne serait assimilée que si l'on offre en même temps ces autres substances aux terres. Par l'urine, dit-il, par le guano, et en général par les excréments des animaux, on offre aux plantes de l'ammoniaque, c'est-à-dire de l'azote, mais en même temps aussi toutes les substances minérales, exactement dans le rapport contenu dans les plantes qui avaient servi de nourriture aux animaux, ou, ce qui revient au même, dans le rapport qui convient à une nouvelle génération végétale. Liebig conclut de cette explication que l'ammoniaque favorise et accélère la croissance des plantes dans les terrains qui offrent une réunion complète de toutes les conditions nécessaires à son assimilation, mais elle est entièrement sans effet, quant à la production des principes sanguifiables dans les cas où ces conditions sont exclues (1). M. Boussingault admet une autre théorie ; il pense que les sels ammoniacaux, comme le chlorhydrate, le phosphate et le sulfate, passent à

____

(1) *Chimie appliquée à l'agriculture*, 1844, p. 206.

l'état de carbonate une fois qu'ils sont incorporés dans le sol. Quand on présente aux plantes ces sels, dit-il, ils ne produisent aucun effet utile : ils sont absorbés en quantité limitée comme la plupart des substances solubles. Mais si au lieu de les administrer isolément, dissous dans l'eau, on les incorpore dans un sol meuble et humide, ces mêmes sels réagissent sur le calcaire que contient presque toujours la terre arable et se transforment en carbonate d'ammoniaque dont il serait difficile de nier l'heureuse influence sur la végétation. De cette supposition, **M. Boussingault** pense que le chaulage, le marnage, n'ont pas uniquement pour objet de fournir aux plantes l'élément calcaire qui leur manque, mais qu'ils agissent encore en apportant un principe, le carbonate de chaux, qui exerce une action toute particulière sur les engrais, en changeant, par voie de double décomposition, les sels ammoniacaux qui y sont contenus, et qui ne s'assimilent pas au carbonate assimilable, qui porte dans sa plante l'azote de la matière organique des fumiers et le carbone tenu en réserve dans les roches calcaires (1). Cette explication théorique a été adoptée par **M. Gasparin**.

M. Kuhlmann a étudié avec beaucoup d'attention les effets des sels ammoniacaux sur les plantes. Les faits qu'il a observés lui ont permis de penser que le carbonate d'ammoniaque, résultat habituel de la décomposition des engrais azotés, ou le carbonate d'ammoniaque, résultant du contact du chlorhydrate d'ammoniaque et du sulfate d'ammoniaque avec la craie près l'influence du soleil, agit sur le chlorure de sodium et de potassium, les transforme en chlorhydrate d'ammoniaque et en carbonate de soude et de potasse, susceptibles d'être saturés par les acides organiques.

Quoi qu'il en soit, les sels ammoniacaux ont eu jusqu'à ce jour des effets très-peu sensibles sur les plantes appartenant à la famille des légumineuses, et il est certain qu'ils doivent être appliqués de préférence sur les céréales et les prairies composées de graminées. Ces faits corroborent, en tous points, les objections que nous opposions à la théorie de **M. Liebig** concernant l'action du plâtre sur les légumineuses. En présence des incertitudes sur l'avantage et l'action des sels ammoniacaux sur les végétaux, l'agriculteur praticien doit diriger ses regards vers d'autres éléments de fertilisation. Et d'ailleurs, quand bien même la théorie de **M. Boussingault** serait plus vraie que celle de **M. Liebig**, ou qu'il serait utile, comme l'a proposé **M. Schattenmann**, de dissoudre ces sels dans l'eau en donnant à la dissolution la force de 1 degré de l'aréomètre de Beaumé, ou de diminuer la volatilité du carbonate d'ammoniaque, ainsi que le pratique **M. Kuhlmann**, en mélangeant les eaux acides provenant de l'acidification des os, aux eaux ammoniacales résultant de la distillation de la houille dans les établissements où se fabrique le gaz, on doit reconnaître que jusqu'à ce jour, et cela à cause du prix de ces sels, on n'a pas retrouvé dans l'augmentation des récoltes l'équivalent des dépenses qu'occasionne l'emploi de ces stimulants.

II.

STIMULANTS D'ORIGINE VÉGÉTALE.

PREMIÈRE SECTION.

Produit de la combustion des végétaux.

DE LA SUIE.

1° Ce stimulant est un produit charonné, très-divisé, très-léger, qui se dégage lors de la combustion des matières organiques. Il se compose de toutes les substances enlevées par l'action mécanique de la chaleur sous forme de fumée. M. Braconnot a analysé de la suie d'une cheminée dans laquelle on avait brûlé du bois, et il a constaté le résultat suivant (2) :

---

(1) *Économie rurale*, t. II, p. 243.
(2) *Annales de Chimie et de Physique*, 2ᵉ série, t. XXXI, p. 52.

Acide ulmique ou humique	30,00
Matière azotée soluble dans l'eau	20,00
Carbonate de chaux	14,70
Sulfate de chaux	5,00
Phosphate de chaux ferrugineux	1,50
Carbonate de magnésie	traces.
Acétate de potasse	4,10
Acétate de chaux	5,70
Acétate de magnésie	0,50
Acétate d'ammoniaque	0,20
Chlorure de potassium	0,40
Silice	1,00
Matière carbonatée insoluble	3.90
Principe âcre et amer	0,50
Eau	12,50
	100,00

Deux analyses faites à Nantes par MM. Leloup et Guépin ont confirmé la présence des principes azotés indiqués par M. Braconnot. Voici le résultat de ces analyses (1) :

	1°	2°
Charbon	4,00	4,70
Matière bitumineuse	33,10	29 10
Matière extractive ou animale	19,30	20 50
Acétate, carbonate, sulfate et phosphate de chaux	22,22	25,60
Sels de potasse et de soude	6,20	7,20
Sels ammoniacaux	2,40	1,00
Eau	10,30	11,90
Perte	2,50	0,00
	100,00	100,00

MM. Payen et Boussingault ont trouvé dans la suie de bois 1,15 pour 100 de son poids d'azote. Quoique cette matière soit inaltérable, pour ainsi dire, à l'air, il faut, à cause de la solubilité des parties salines, la conserver sous des hangars ou dans des tonneaux fermés.

2° La suie ne peut être appliquée qu'au printemps. C'est à tort qu'on a avancé qu'il fallait l'employer en automne. Lorsqu'on la répand sur les cultures pendant cette saison, ses parties solubles sont entraînées par les pluies, et alors ses effets sont presque nuls. On la répand donc au printemps, soit sur les céréales d'automne, soit sur les prairies naturelles ou artificielles. Pour la répandre uniformément, il faut l'appliquer par un temps très-calme, mais qui présage de la pluie ; souvent on la mélange, après avoir divisé les parties cristallisées agglomérées qui caractérisent toujours une bonne suie, avec une fois son volume de terre fine et sèche. Dans quelques contrées, en France et en Angleterre, on la mêle, toujours en parties égales, avec de la chaux en poudre. M. Boussingault condamne cette pratique, et la regarde comme plus nuisible qu'utile. Il appuie son opinion sur ce que la suie comporte des sels à base d'ammoniaque. Jusqu'à ce moment, les faits pratiques n'ont pas confirmé cette théorie. Nonobstant, la suie est un stimulant très-énergique pour tous les sols, surtout pour les terres crayeuses, argilo-calcaires, silico-calcaires et calcaires-siliceuses.

3° L'action de la suie est due, évidemment, aux sels solubles, ainsi qu'à la matière extractive qu'elle contient ; mais quel est le véritable mode d'action de ces substances ? On ne peut

____

(1) *Rapports adressés au préfet de la Loire-Inférieure*, 1842, p. 75.

encore que conjecturer qu'elles agissent en se décomposant, et que, des modifications qu'elles éprouvent, il résulte des produits plus assimilables. Espérons que bientôt des observations et des études plus suivies jetteront quelques lumières sur cette question encore peu approfondie.

4° La suie a une action puissante et véritablement remarquable sur les céréales. Appliquée au printemps sur un froment d'automne qui manque de vigueur, elle lui communique, sous l'influence de la pluie et quelque temps après qu'elle a été appliquée, une activité, une énergie parfois extraordinaires. Sous son action, les feuilles prennent une coloration verte très-foncée ou presque noire. En Flandre, on applique de préférence la suie aux pépinières de colzas et aux colzas repiqués. Schwertz rapporte divers faits qui démontrent que cette substance est pour le trèfle un stimulant précieux (1). Cette matière est aussi favorable aux prairies naturelles; elle y détruit la mousse et un grand nombre de plantes nuisibles. Toutefois, pour que ses effets soient remarquables, il importe qu'elle soit appliquée de très bonne heure au printemps si le sol est léger et sec. En général, la suie n'a d'action véritablement favorable que lorsqu'elle agit sur des sols frais et exempts d'humidité surabondante. Quand on veut l'utiliser sur des prairies très-humides, il faut préalablement dessécher le gazon au moyen de rigoles d'assainissement. Dans le département de l'Isère, on l'applique sur les terrains marécageux et les prairies qui souffrent d'un excès d'humidité; mais, pour qu'elle produise tout son effet, on a soin de la répandre par des temps très-secs. Dans le département du Nord, beaucoup de cultivateurs pensent que les effets de la suie sont plus sensibles sur les terrains secs que dans les sols argileux ou humides, et ils ont reconnu qu'elle n'active la végétation qu'autant qu'elle reçoit une pluie peu de temps après avoir été répandue (2). On a observé en Angleterre que si on applique la suie trop tôt au printemps et qu'il y ait un retour de gelée, elle perd une partie de sa force, et que, s'il survient une sécheresse, une partie de l'effet est nulle, et que les plantes faibles ont à souffrir de ce stimulant, qui les anéantit au

lieu de favoriser leur action vitale (1). On emploie aussi cette substance en horticulture lorsqu'on veut ranimer les arbres fruitiers dont la mort prochaine est annoncée par la coloration jaune des feuilles.

La suie est encore employée pour préserver les jeunes plantes de l'attaque des pucerons et autres insectes. Il paraît que son odeur forte, qui est due à une huile essentielle empyreumatique, les éloigne des plantes ou les fait périr.

5° La quantité de suie qu'on répand par hectare varie selon le prix de cette matière et la facilité avec laquelle on peut en obtenir. En Flandre, d'après Schwertz, on l'emploie sur les pépinières de colzas à la dose de 80 paniers de 34 litres ou 27 hectol. 20 litres par hectare. Dans cette contrée la suie coûte 1 fr. 70 les 100 kilog. Près de Lille, on en répand jusqu'à 50 hectol. Dans les localités, en France, où la suie vaut de 2 à 3 fr. l'hectolitre, on ne l'emploie qu'à la dose de 12 à 20 hectolitres.

6° L'action de la suie n'est pas très-longue. Appliquée à une dose moyenne, elle n'agit plus, pour ainsi dire, dès la fin de la seconde année de son application. Quelquefois même ses effets ne sont sensibles que pendant l'année dans laquelle elle a été appliquée, bien qu'elle ait été répandue à égale dose. Cette variation de durée d'action n'a pas encore été expliquée. Il est à supposer que la nature de la suie, la température, la nature et les propriétés physiques du sol, doivent avoir une influence marquée sur cette anomalie.

SECTION II.

Produits de l'incinération des végétaux.

§ 1. DES CENDRES.

On nomme *cendres*, un résidu salin fixe qui résulte de l'incinération des matières organiques.

1° *Des cendres de bois non lessivées.*

Ces cendres sont rarement employées en agriculture, et cela à cause des usages nombreux auxquels on les destine dans les arts et l'industrie.

1° Elles sont généralement composées de carbonates de potasse et de soude; de sulfates, de chlorhydrates

---

(1) *Préceptes d'Agriculture pratique*, p. 125.
(2) *Agriculture du Nord*, p. 105.

(1) Maurice. *Traité des engrais*, 1806, p. 102.

de potasse et de soude ; de phosphate et de carbonate de chaux ; de silice, d'oxide de fer, de manganèse et d'alumine.

MM. Guépin et Leloup ont trouvé pour la composition de cendres de bois très-pure :

Sels solubles dans l'eau.	60,00
Sels solubles dans l'acide chlorhydrique.	34,00
Résidu.	5,00
Perte.	1,00
	100,00

Toutes les cendres non lessivées ne comportent pas les mêmes éléments constituants. Il en est qui sont très-riches en alcalis, en substances solubles dans l'eau ; il en est d'autres, au contraire, qui renferment peu de soude et de potasse, et qui donnent une quantité considérable de substances insolubles dans l'eau. Théodore de Saussure a publié, sur ces anomalies, un travail très-remarquable (1). Il résulte de ses recherches :

1° Que les plantes ligneuses contiennent moins de cendres que les végétaux herbacés, le tronc moins que les branches, les branches moins que les feuilles ;

2° Qu'un végétal putréfié fournit, à poids égal, plus de cendres qu'un végétal sain ;

3° Que l'écorce des arbres contient beaucoup plus de cendres que les parties intérieures, et que l'aubier en contient davantage que le bois ;

4° Que la nature du sol a une influence sensible pour faire varier les quantités de cendres dans la plupart des végétaux ;

5° Que la proportion des éléments des cendres a presque toujours des rapports avec celle des éléments qui constituent le sol ;

6° Que les cendres sont plus siliceuses sur un sol siliceux, plus calcaires sur un sol calcaire ;

7° Que les sels alcalins forment, sans aucune comparaison, l'élément le plus abondant dans les cendres d'une plante verte herbacée, dont toutes les parties sont en état d'accroissement ;

8° Que la proportion des sels alcalins n'augmente jamais sensiblement, et qu'elle diminue le plus souvent à mesure que la plante se développe et vieillit sur le même sol ;

9° Que les cendres de l'écorce contiennent une beaucoup moins grande proportion de sels alcalins, que les cendres du bois et de l'aubier, et que celles du bois tout formé sont presque aussi chargées de sels alcalins que celles de l'aubier qui lui est adhérent ;

10° Que les cendres des semences sont plus chargées de sels alcalins que celles de la plante qui les a produits ;

11° Que les phosphates terreux (ceux de chaux et de magnésie) sont, après les sels alcalins, l'élément le plus abondant des cendres d'une plante herbacée ;

12° Que les cendres de l'écorce d'un végétal contiennent une beaucoup moins grande proportion de phosphates terreux que celles de l'aubier, que celles-ci en contiennent plus que celles du bois, et que celles des graines en contiennent une plus grande proportion que celles des tiges ;

13° Que les cendres des écorces contiennent une plus grande quantité de carbonate de chaux que celles de l'aubier, et que ces dernières en renferment moins que celles du bois ;

14° Que la proportion de silice augmente à mesure que les plantes se développent et qu'elles se dépouillent de leurs sels alcalins, et que les cendres des graminées en fournissent plus que celles des autres plantes ;

15° Que la proportion des oxides de fer et de manganèse augmente dans les cendres à mesure que les plantes se développent.

Plusieurs plantes donnent une quantité considérable de sels alcalins. Le tableau suivant, qui est extrait des ouvrages de Berzélius, Berthier, Kirwan et Vauquelin, indique la proportion de potasse et de soude que renferment certains végétaux.

100 parties de la plante sèche ont donné :

____

(1) *Recherches chimiques sur la végétation*, 1804, p. 272.

Fanes de pommes de terre.	0,0882
Fumeterre.	0,0790
Absinthe.	0,0730
Vesces.	0,0275
Fèves.	0,0200
Chardons.	0 0196
Marrons d'Inde.	0,0100
Fougère.	0,0062
Vigne.	0,0055
Orme.	0,0030
Sapin.	0,0023
Charme.	0,0016
Chêne.	0,0015
Hêtre.	0,0012
Pin.	0,0009
Peuplier	0,0007

2° Lorsqu'on emploie des cendres non lessivées ou celles qui proviennent de *brûlis* (1), il faut choisir un temps couvert et calme, afin que le vent ne les porte pas à une grande distance et qu'elles soient réparties plus uniformément. Non-seulement le sol doit être égoutté, parfaitement assaini, il faut aussi qu'il ne soit pas de nature très-calcaire. L'expérience a prouvé que ces matières sont plus nuisibles qu'utiles aux sols qui comportent une très-grande proportion de carbonate de chaux. MM. Puvis et Schwertz s'accordent à dire qu'elles conviennent particulièrement pour les terrains argileux et les sols légers; selon John Sinclair, elles constituent un très-bon stimulant pour les sols graveleux et les terres franches. Dans la région de l'Ouest, où les terres sont argilo-siliceuses, schisteuses et granitiques, elles produisent des effets remarquables partout où on les emploie.

3° La quantité de cendres de bois qu'on applique par hectare est excessivement variable; elle est toujours en raison directe de leur valeur. Mais, comme dans la plupart des cas, ces cendres sont réservées pour les lessives, les savonneries, etc., il s'ensuit qu'elles sont toujours appliquées à une dose très-faible.

4° Les effets des cendres non lessivées ont été l'objet de nombreuses observations. Thaër dit qu'on ne peut contester que la potasse qu'elles renferment ne contribue beaucoup à la fertilisation des terrains, par la faculté qu'elle a d'opérer la décomposition des parties organiques accumulées au sein de la terre arable (1). Cette opinion, qui est aussi celle de Burger, Schwertz, M. de Gasparin, n'a pas été acceptée entièrement par M. Puvis. Ce savant, tout en reconnaissant l'action favorable des alcalis minéraux sur les plantes, pense que le phosphate de chaux doit être regardé comme l'élément principal de ces cendres. Ce qui lui permet d'adopter une telle théorie, c'est que les cendres qui présentent aux végétaux cette base essentielle et dominante de la partie fixe des grains qu'ils produisent, favorisent éminemment la production de leurs semences. A l'appui de son opinion, M. Puvis rappelle que les cendres des semences de froment contiennent 44 pour 100 de phosphate de chaux; celles de maïs 36, de fèves 28, et d'avoine 28 (2). Cette explication est certainement celle qu'il faut admettre. Non-seulement elle corrobore les opinions de Liebig, Dumas et Bertin, mais elle concourt à expliquer l'action des cendres lessivées. Si les cendres neuves n'agissaient que par leurs alcalis minéraux, comme le supposent H. Madden et Davy, il faudrait reconnaître que les charrées ont une action plus faible que les cendres non lessivées. L'expérience prouve

---

(1) Sous le nom de *brûlis* on désigne l'opération qui consiste à incinérer des fougères, bruyères, ajoncs, etc., qui ont séjourné pendant plusieurs mois, soit dans les cours de fermes, soit dans les chemins.

(1) *Principes raisonnés d'agriculture*, t. II, p. 138.

(2) *Des moyens d'amender le sol*, p. 98.

chaque jour, au contraire, que ces dernières cendres ont une action bien moins remarquable sur les céréales que celles qui ont été utilisées dans les arts et l'industrie.

5° Dans les localités où les cendres ont une très-grande valeur commerciale, et où le sol est couvert de fougère, ou de bruyère et d'ajoncs, on incinère ces plantes pour recueillir leurs cendres, et les répandre sur les terres qui doivent être ensemencées en sarrasin, navette, colza, chanvre, etc. Toutefois, il importe beaucoup, dans cette circonstance, de brûler les végétaux à l'état vert, parce qu'ils rendent plus de cendres que lorsqu'ils sont desséchés. Dans le département du Nord, la cendre d'œillette est regardée comme la première de toutes pour la qualité ; on l'applique souvent aux récoltes de lin et de tabac (1). La cendre neuve de bois a une action remarquable sur les prairies acides, aigres, marécageuses, qui ont été assainies ; elle sature l'acidité de la couche arable, et, par ses propriétés alcalines, elle fait disparaître la mousse, les laîches et autres plantes nuisibles, et active par contre les plantes de la famille des légumineuses, sur lesquelles elle a une action toute particulière et véritablement remarquable. Ces cendres, dit M. Puvis, donnent une couleur vert foncé aux végétaux qu'elles font croître, et elles favorisent plus encore la production du grain des céréales qui ressemble à celui des fonds chaulés, et qui est peut-être encore plus fin et à écorce plus fine que celle de la paille (2). On peut aussi employer les cendres non lessivées avec le plus grand succès sur les prairies naturelles sèches et celles artificielles, à cause de leur grande action sur les trèfles, les luzernes, les lotiers, etc.

6° Les effets des cendres non lessivées sont de peu de durée, surtout lorsqu'on les emploie en petite quantité. Pour que leur action se prolonge, il faut qu'elles soient employées à haute dose. Dans les circonstances ordinaires, leurs effets sont peu sensibles après la deuxième année d'application. Pour prolonger leur action et les rendre plus actives, on doit, comme cela a lieu en Angleterre et en Allemagne, les mêler à une quantité égale de chaux réduite en poudre.

2° *Des charrées ou cendres lessivées.*

On donne le nom de *charrée* au résidu des cendres qui ont été appliquées au lessivage du linge. Ces cendres, qu'on emploie immédiatement après leur lixiviation, sont utilisées en agriculture depuis fort longtemps : Olivier de Serres les considérait comme des substances fort actives pour la végétation.

1° Nature et variété des charrées.

Ces cendres contiennent fort peu de substances solubles. Dans la région de l'Ouest, où l'on fait un très-grand usage de ces matières fertilisantes, MM. Leloup et Guépin ont constaté, par l'analyse, les résultats suivants sur des cendres lessivées prises à Pont-Rousseau (Loire-Inférieure) :

	1°	2°	3°	4°
Sels solubles dans l'eau	1,00	1,50	2.00	1.00
Sels solubles dans l'acide chlorhydr.	79,00	70,50	75.50	71,50
Résidu sec	20,00	28,00	22,50	27,50
	100,00	100,00	100,00	100,00

Toutes les charrées des ménages livrées à l'agriculture ne sont pas aussi pures que celles dont il vient d'être question. Dans la plupart des contrées de l'Ouest on les sophistique en leur ajoutant des matières terreuses pulvérisées et très-fines. Les charrées, dit M. Bertin, sont toujours chargées, à leur état naturel, de proportions de phosphates et de carbonates de chaux, de silicate de potasse alliés à des débris organiques, mais presque toutes ces cendres sont altérées et mêlées à de la terre, à des débris de tuf, et quelquefois de plâtras, que l'on a pris soin d'arroser de décoction de feuilles de laurier, pour leur imprimer l'odeur de lessive (1).

<hr>

(1) *Agriculture du département du Nord*, p. 101.
(2) *Des moyens d'amender le sol*, 1837, p. 95.

(1) *Statistique des os*, Nantes, 1843, p. 190.

La *charrée des savonniers* est regardée comme la meilleure de toutes, et cela parce qu'elle contient plus de parties calcaires, et qu'elle comporte quelques parties de graisse ou autres parties animales incomplétement décomposées. Thaër la regarde comme supérieure aux cendres lessivées de ménage lorsqu'elle est appliquée sur des terres de bonne fertilité. Les *cendres lessivées des blanchisseries et des salpêtriers* sont aussi considérées comme plus puissantes que celles de ménage. On sait que ces charrées contiennent une quantité assez considérable de chaux en partie carbonatée, qu'on ajoute aux cendres avant de procéder à la lixiviation pour rendre la potasse caustique. Les *charrées des fabriques de potasse* jouissent des propriétés des charrées de ménage.

2° Sols sur lesquels on doit employer les charrées.

Les charrées ne conviennent guère aux terrains calcaires. Elles doivent être appliquées sur les terres argileuses, celles argilo-siliceuses, schisteuses et granitiques. Dans les sols légers on les emploie avec le plus grand succès. On les utilise aussi avec avantage sur les terres de bruyères, à cause de leur propriété de pouvoir neutraliser une partie de l'acidité de la couche arable.

3° Procédés d'application.

Les charrées se répandent ou à la main ou à la pelle. Quand la quantité à appliquer s'élève à 15, 20 ou 30 hectol. par hectare, il est indispensable de les répandre à la main, si on veut qu'elles soient réparties uniformément sur toute la surface du champ. Pour procéder ainsi, on se sert d'un tablier-semoir et on agit comme dans les ensemencements. On a soin, pour que le semeur ou ceux qui répandent ces matières ne soient pas arrêtés dans leurs travaux, de placer, aux extrémités du champ sur lequel on opère, des tas de charrées de distance en distance. Quand la pièce offre une grande superficie ou que sa longueur est considérable, on en dépose des tas à la partie médiane.

Lorsque la quantité à employer est considérable, qu'elle dépasse 40 et 50 hectol. par hectare, on dispose la charrée en petits tas distants les uns des autres de 6 à 7 mètres, puis on procède à l'épandage en la répandant aussi éga-

lement que possible au moyen d'une pelle, soit en fer, soit en bois.

Les charrées doivent être enterrées peu profondément. Quelquefois on les enterre par un léger labour, mais il vaut mieux les répandre, si les travaux de culture le permettent, sur le dernier labour, et les incorporer à la couche arable en même temps que les semences et par le concours de la herse. Lorsqu'on les applique sur une prairie ou sur une plante en végétation, on les répand sans les recouvrir. Dans le département du Nord, en général, on les applique au printemps sur des récoltes déjà levées, et l'on attend pour cela que les premières chaleurs se soient fait sentir ; cette condition paraît même tellement importante à plusieurs cultivateurs, qu'ils tiennent l'action de la charrée pour nulle si on devance cette époque. On aime qu'elle reçoive une pluie peu de temps après avoir été semée ; si la sécheresse se prolonge, la charrée n'agit point ; on l'enfouit par un hersage très-léger, ou, le plus ordinairement encore, on la laisse sur le sol (1). En Bretagne, on a constaté que, répandue sur des prairies naturelles au printemps et par un temps sec, elle n'agissait que lorsque les plantes ombrageaient parfaitement la couche arable.

4° Quantité de charrées à employer.

La quantité de charrées qu'on applique par hectare varie suivant les localités et conséquemment le prix de revient. Dans les départements de l'Ain, de la Haute-Saône, Saône-et-Loire et Jura, où les charrées valent de 1 fr. 50 à 3 fr. l'hectol., on en répand de 20 à 30 hectol. par hectare ; dans les environs de Lyon, où elles se vendent sur les lieux de 1 fr. à 1 fr. 50, on les emploie jusqu'à la dose de 50 hectol. ; dans le département du Nord, on les répand dans la proportion de 40 à 50 hectol. ; dans celui de la Loire-Inférieure, on les applique à la dose de 25 à 30 hectol., et elles coûtent de 3 fr. à 3 fr. 50 l'hectol. En Flandre, dit Schwertz, on répand la charrée de savonniers dans la proportion de 40 à 60 hectol. par hectare. En général, on a constaté que les charrées devaient être appliquées dans une proportion plus forte sur les sols argileux et humides, surtout sur ceux sur lesquels

------

(1) *Agriculture du département du Nord*, p. 101.

les eaux séjournent l'hiver, que sur les terres légères et perméables.

5° Action fertilisante de la charrée.

Les cendres qui ont perdu par la lixiviation une partie considérable de sels solubles doivent manifester leur action sur les plantes par les sels insolubles qu'elles comportent. Thaër, qui avait été à même de constater que les charrées agissent presque autant que les cendres neuves, avait pensé qu'il fallait, pour qu'elles pussent agir encore sur la végétation après la lixiviation, qu'il y eût dans les cendres quelque chose de particulier et d'inconnu, qui donnât aux cendres lessivées une action proportionnément beaucoup plus grande que celle d'une quantité égale des mêmes éléments qui les composent. De là, il concluait que probablement il reste dans la charrée quelque chose de la vie végétale qui échappe à nos sens. Pour fortifier son opinion, Thaër fait remarquer que l'on a observé presque partout que les cendres formées à un feu lent, et autant que possible hors du contact de l'atmosphère, sont plus actives que celles qui se forment par l'incinération sous l'action d'un feu vif (1). M. Caillat est porté à croire qu'après l'incinération, si elle est complète, il ne reste dans les cendres aucune parcelle organisée, et que la différence observée par Thaër, si elle est réelle, peut plutôt provenir de ce que le composé insoluble scoriforme qui se forme par l'action du feu de l'incinération, qui est composé de silice, de phosphate, de carbonate de chaux, d'oxides de fer et de manganèse retenant une portion des sels de potasse et de soude, et qui est inerte pendant un certain temps, ne se produit pas ou se produit en moindre quantité quand l'incinération a eu lieu à une température peu élevée; dès lors, ces cendres sont plus actives que celles obtenues par le concours d'une haute chaleur (2).

Suivant M. Puvis, l'effet produit par les charrées ne peut être dû aux sels solubles qui entrent dans la composition des cendres, parce que, sous l'action de l'eau bouillante, elles ont perdu presque toutes leurs parties solubles. Il ne peut être non plus attribué au carbonate de chaux seul, puisque l'action de ces cendres est, en beaucoup de points, très-différente de celle produite par le carbonate de chaux de la marne ou de la craie; d'ailleurs, le carbonate de chaux, qui compose au plus, en moyenne, un tiers de la masse des cendres, ne se trouverait pas employé dans une proportion qui pût produire un effet bien sensible, puisque le carbonate de chaux que porte la dose moyenne (10 hectolitres) de charrée sur le sol est quatre fois moindre que celui des doses les plus faibles de marne (1). M. Puvis conclut de ce raisonnement que le carbonate de chaux n'est ici qu'en second ordre, et qu'il ne fait qu'appuyer un autre agent plus actif que lui, qui ne peut être que le phosphate de chaux, qui, avec des quantités peu considérables de silice et d'alumine, forme tout le reste de la masse des cendres lessivées. Ainsi, tout en constatant que les charrées agissent sur la végétation par l'alcali qu'elles contiennent encore et par le carbonate terreux qu'elles renferment, on doit reconnaître ici encore que le phosphate de chaux doit être regardé comme le principe actif et direct des cendres lessivées.

6° Cultures auxquelles il faut appliquer les charrées.

C'est principalement sur les légumineuses, les trèfles, les lotiers, etc., que les charrées ont une action très-puissante; elles font toujours naître le trèfle rouge et le trèfle blanc dans les champs, où, avant leur application, l'œil observateur en distinguait avec peine. On les emploie aussi sur les céréales en végétation, ou sur terres qui doivent être ensemencées en seigle, sarrasin, et sur les prairies naturelles saines et sur celles acides et couvertes de mousses, de joncs et de carex. Appliquées sur des prairies humides, marécageuses, qui ont été desséchées, elles changent promptement la nature de la production herbacée. Dans la région de l'Ouest, on les applique très-souvent, au mois de juin, pour les semailles de sarrasin qui ont lieu sur les pâtis ou jachères, ou en automne, sur les champs qui ont produit cette plante alimentaire, et qui ont reçu une fumure à la Saint-Jean, pour les ensemencements de seigle ou de froment,

---

(1) *Principes raisonnés d'agriculture*, t. II, 1831, p. 438.

(2) *Application à l'agriculture des éléments de chimie*, t. IV, p. 67.

(1) *Loco citato*, p. 97

avec le plus grand succès. Lorsqu'on considère, observe avec justes raisons Schwertz, tous les résultats dus à la cendre lessivée, on comprend que le cultivateur doit en être avare, et quelle faute commettent ceux qui jettent celle de leurs lessives sur le fumier, où, n'étant pas divisée, elle ne produit aucun effet, et qui rendent improductifs les endroits des champs où la charrée est portée en cet état. Dans les pays pauvres, ou ceux qui comportent beaucoup de landes ou de terres vaines et vagues, on considère les charrées, quoique leur action, quand elles sont appliquées dans la proportion de 20 à 25 hectol. par hectare, ne se manifeste guère au delà de la deuxième année sur les terres labourables, comme des substances très-utiles et très-puissantes quand on peut les employer pures. Sur les prairies naturelles, leurs effets se font sen-

tir pendant 3 ou 5 années. En Angleterre, on a constaté que, appliquées à la dose de 144 hectol. par hectare, les cendres de savonneries manifestaient leur action pendant 15 années sur des prés qui avaient été parfaitement desséchés.

3° *Des cendres de tourbe.*

1° Nature et variété des cendres.

Les cendres de tourbe que l'on emploie aussi à la fertilisation des terres ne comportent pas les mêmes éléments que ceux que l'on constate dans les cendres de bois, ou, si elles les contiennent, on ne les y rencontre pas dans les mêmes proportions.

M. Berthier a trouvé pour la composition de diverses cendres de tourbe (1) :

Tourbe des marais de Sceaux, près Château-Landon (Seine-et-Marne).

Chaux caustique ou carbonatée.	63,00
Argile.	7,50
Silice gélatineuse.	15,00
Alumine.	7,00
Oxide de fer.	9,00
Carbonate de potasse.	0,50
	100,00

Cette tourbe a laissé 19 pour 100 de cendres.

Tourbe de Vassy (Marne).

Argile.	11,00
Carbonate de chaux.	51,50
Sulfate de chaux.	26,00
Oxide de fer.	11,50
	100,00

Elle a laissé 7,20 pour 100 de cendres.

Tourbe des environs de Troyes (Aube).

Acide carbonique et soufre.	23,00
Chaux.	23,00
Alumine, oxide de fer.	14,00
Magnésie.	14,00
Argile et silice.	26,00
	100,00

Elle a donné 11 pour 100 de cendres.

(1) *Essais sur la voie sèche*, t. 1, p. 297.

Une tourbe des environs de Haguenau (Bas-Rhin), analysée par M. Letellier, a donné (1) :

Silice et sable.	65,50
Alumine.	16,20
Chaux.	6,00
Magnésie.	0,60
Oxide de fer.	3.70
Potasse et soude.	2,30
Acide sulfurique.	5,40
Chlore	0,30
	100,00

Elle a laissé 12,50 pour 100 de cendres calcinées.

Diverses tourbes ont été analysées par **MM.** Leloup et Guépin (2). Les cendres de la tourbe des marais de Catiau , près Pontchâteau (Loire-Inférieure), ont donné :

Sous-carbonate de potasse.	0,905
Sulfate de potasse.	0,819
Hydrochlorate de potasse.	0,050
Sous-carbonate de chaux.	13,300
Sous-carbonate de fer.	28,300
Magnésie.	0,050
Alumine.	37,380
Silice.	14,300
Eau et perte.	4,896
	100,000

Celles de Brignen (Loire-Inférieure) contiennent :

Sous-carbonate de fer.	20,00
Sous-carbonate de chaux.	5,00
Sulfate de chaux.	10,00
Magnésie.	2,00
Sel cristallisant en houppes soyeuses qu'on suppose être une combinaison triple de sulfate de chaux , d'alumine et d'hydrochlorate de chaux.	2,00
Alumine.	54,20
Silice.	4,00
Perte.	2,80
	100,00

(1) Boussingault, *Économie rurale*, t. II, p. 190.
(2) *Guide de l'agriculteur et du fabricant d'engrais*, p. 58.

Celles de Montoire (Loire-Inférieure) comportent :

Sous-carbonate de soude.	0,67
Sulfate de soude.	7,41
Hydroch'orate de soude.	21,00
Hydrochlorate de chaux.	2'00
Sulfate de chaux.	5,71
Sous-carbonate de chaux.	13,07
Sous-carbonate et oxide de fer.	13,84
Magnésie.	0,45
Alumine.	26,55
Silice.	7,04
Perte.	2,06
	100,00

De ces diverses analyses, il résulte que la composition de ces cendres est extrêmement variable. Toutefois, si, comme dans les cendres de la tourbe de Montoir, localité très-voisine de l'Océan, on constate des sels de soude qui en constituent la principale partie, on ne doit pas oublier que la plupart des différentes espèces de tourbe contiennent beaucoup de chaux en combinaison avec les acides carbonique et sulfurique, mais qu'elles ne renferment que des traces de phosphate de chaux. La proportion d'alumine et de silice est très-variable; il en est de même de l'oxide de fer et de la magnésie; ces deux éléments sont plus ou moins abondants, selon l'origine de la tourbe. La chaux carbonatée que l'on trouve dans ces cendres est dans un grand état de division.

Les cendres de tourbe, regardées comme les meilleures, sont grises, blanchâtres et très-légères. Les cendres rouges, brunes, qui doivent leur coloration à l'oxide de fer, sont généralement peu estimées; on les considère comme nuisibles. Le poids de l'hectolitre doit aussi fixer l'attention du cultivateur. Pour qu'une cendre de tourbe de couleur argentine soit bonne, il faut que le poids de l'hectolitre ne dépasse pas 50 kilog. Lorsque son poids est plus élevé que ce chiffre, c'est une preuve certaine qu'elle contient beaucoup de sable ou d'argile.

3° *Des cendres de tourbe.* (Suite.)

2° Procédé d'incinération.

Pour brûler la tourbe avec succès, il faut avoir des fours semblables à ceux dans lesquels on cuit la brique. A défaut de ces fours, on se sert d'une grille en fer qui repose sur des pieds élevés de 0,40 à 0,55 du sol, et sous laquelle on place du bois ou des broussailles. Sur la grille on met un rang de mottes ou plaques de tourbe sèche, puis un second rang de mottes de tourbe humide, et ainsi de suite, jusqu'à ce que la grille soit suffisamment garnie de mottes de tourbe. La tourbe encore humide est destinée à retarder l'incinération, qui doit être surveillée et bien conduite. Si cette opération était instantanée, si elle s'effectuait rapidement, on perdrait considérablement en volume et en poids. Quand le feu est peu violent, peu actif, lorsque l'opération, soit qu'elle ait lieu sur des grilles, soit qu'elle s'effectue au sein de fourneaux de tuilier, potier, briquetier, etc., dure longtemps, les cendres sont plus fertilisantes. Ordinairement, la cendre perd beaucoup de son action, de son énergie, quand la tourbe est incinérée à une haute température. Schwertz recommande de brûler la tourbe par grandes masses et le plus lentement possible. Lorsque les masses sont assez considérables et l'opération bien conduite, le feu doit y durer de 40 à 60 jours. Plus le feu aura pu être maintenu modéré, meilleure sera la cendre (1). On peut aussi brûler la tourbe en confectionnant avec les gazons, alors que ceux-ci sont encore un peu humides, des fourneaux semblables à ceux que l'on construit dans la pratique

____

(1) Schwertz, *Préceptes d'agriculture pratique*, 1839, p. 309.

de l'écobuage. Par ce moyen, simple et peu dispendieux , on accélère le brûlement des mottes de tourbe , mais les résultats ne sont pas aussi favorables que ceux qu'on obtient par le concours de fourneaux en pierres, en maçonnerie , ou en argile. Des observations suivies ont démontré que l'incinération à l'air libre était bien inférieure à celle qui peut avoir lieu au sein d'une construction pour ainsi dire fermée (voir *Défrichements*, chap. VI, sect. VI.)

D'après des expériences directes, on a constaté que 12 hectol. de tourbe de bonne qualité donnent 1 hectolitre de cendre.

Plusieurs agriculteurs ont recommandé de conserver les cendres de tourbe à l'abri de l'humidité , afin qu'elles conservent tous les sels solubles qu'elles contiennent. M. Boussingault n'a trouvé aucun inconvénient à les laisser mouiller par la pluie ; mais il reconnaît que, dans l'intérêt des transports, lorsque la distance à parcourir est tant soit peu considérable , il est incontestable qu'il y a avantage à les avoir sèches. Il a reconnu aussi qu'il est plus facile de les épandre en cet état, quoique par un vent fort on puisse quelquefois désirer qu'elles soient humides.

3° Quantité à appliquer par hectare.

Les cendres de tourbe s'emploient à une dose très-élevée. Dans certaines localités du département du Nord voisines de la Belgique , on les repand au printemps, dans la proportion de 30 hectol. par hectare. Dans l'arrondissement de Dunkerque, on en met 272 hectolitres ; dans celui de Douai , on les emploie chaque année sur les luzernes à la dose de 150 hectolitres par hectare (1). En Picardie , on les applique à la dose de 40 hectol. par hectare sur les prairies naturelles et artificielles ; le prix de l'hectol. est de 40 centimes (2). En Hollande , on répand de 90 à 125 hectolitres par hectare (3).

4° Action fertilisante des cendres de tourbe.

L'action des cendres de tourbe est bien différente de celles des charrées. Ces cendres agissent sur la végétation par la chaux qu'elles renferment Quand celle-ci est considérable et à l'état caustique ou carbonatée , on doit les assimiler à la chaux ou aux marnes siliceuses. Si elles contiennent une certaine quantité de sulfate de chaux , il faut les rapprocher, quant aux effets qu'elles produisent , du plâtre. Quoi qu'il en soit, on ne peut pas , et cela à cause de la très-minime quantité de phosphates qui entre dans leur composition , les regarder comme ayant des effets sur les céréales analogues à ceux produits par la charrée. Il ne peut être question non plus des sels alcalins qu'elles contiennent , puisque dans les circonstances les plus générales ces matières ne déposent pas la proportion de 2 pour 100. Il n'y a que les tourbes marines , comme celles de Montoir, qui puissent réellement agir par leur alcali.

5° Cultures auxquelles il convient d'appliquer les cendres de tourbe.

Ces cendres ont une action extraordinaire sur les légumineuses. Cela est si vrai, l'utilité des cendres de tourbe est si bien connue dans la Flandre,qu'on dit proverbialement : que *celui qui achète des cendres pour son trèfle fait un bon marché,* et que *celui qui n'en achète pas les paye deux fois.* Non-seulement ces matières produisent des effets réellement remarquables sur les trèfles et les luzernes, lorsqu'il survient une pluie peu de temps après leur application, mais elles sont très-utiles au lin , navets, vesces , pois et navette. Pour qu'elles profitent aux prairies, observe Schwertz, il faut que celles-ci ne soient pas trop sèches , point exposées à être inondées , point imprégnées d'humidité stagnante. En général , les cendres de tourbe, quelque riches qu'elles soient en carbonate de chaux, ne sont pas aussi favorables aux céréales que celles de bois et surtout les charrées. On doit les répandre au printemps par un temps calme et sombre.

6° Épuisement du sol par les cendres de tourbe.

Les cendres de tourbe sont épuisantes ; appliquées à haute dose pendant plusieurs années de suite sur le même terrain elles diminuent la fertilité de la couche arable. Selon Schwertz,

---

(1) *Agriculture du département du Nord*, p. 102.

(2) Puvis, *Des moyens d'amender le sol*, p. 115.

(3) Schwertz, *Préceptes d'Agriculture pratique* , page 137.

les effets de ces cendres ne sont complets et favorables que quand leur application a été combinée avec celle du fumier. Cette observation avait déjà été faite par Bosc. Ces cendres, dit-il, produisent dans les vallées de la Somme des effets en apparence miraculeux sur les prairies humides, car elles en augmentent le produit de près d'un tiers ; mais on a remarqué que les terres où on en répandait tous les ans ne tardaient pas non-seulement à perdre cette fertilité extraordinaire, mais même à moins produire qu'avant l'usage des cendres (1). On voit, d'après cette remarque, combien il existe d'analogie entre ces matières et les stimulants carbonatés.

4° *Des cendres de warech.*

Dans quelques cantons maritimes des départements du Morbihan, des Côtes-du-Nord et du Calvados, on emploie, comme substance fertilisante, des cendres de varecs ou warechs, plantes de la famille des phycoïdées, et que l'on connaît sous le nom de *goëmons*.

Ces cendres renferment, d'après MM. Leloup et Guépin :

	1°	2°
Sels solubles.	46,50	46,60
Sels solubles seulement dans l'acide chlorhydrique.	30,00	33,40
Résidu.	23,50	20,00
	100,00	100,00

Elles contiennent des sels alcalins dans une très-forte proportion. A Auray (Morbihan), le prix de l'hectolitre varie entre 0,50 et 2 fr. 50 ; à Paimpol, elles valent de 1 fr. 50 à 2 fr.

Le goëmon destiné à être brûlé, dit M. de Blois, est étendu au soleil, sur la grève, dans les lieux fixés à chacun pour cet effet, et on l'y retourne pour l'y exposer à son influence, ainsi qu'à celle de l'air, jusqu'à parfaite siccité. Le sel marin, attiré à la surface, s'y dépose en forme de poussière, et les eaux des pluies en entraînent une partie ; s'il en reste une trop grande quantité qui puisse s'opposer à sa combustion, on obtient le même effet en le lavant à l'eau douce. La dessiccation diminue beaucoup le volume et le poids du goëmon ; et, dans les lieux voisins du bord de la mer, où l'on a beaucoup de peine à se procurer du bois, les cultivateurs s'en servent comme combustible pour les usages ordinaires de la vie, et ils recueillent avec soin la cendre qui en provient (2). Cette cendre, qui est grisâtre, est très-estimée ; sur le sarrasin, le froment et le seigle, elle produit des effets très-remarquables. On l'applique dans la proportion de 20 à 30 hectol. par hectare.

5° *Des cendres d'écobuage.*

Ces cendres sont considérées, à juste titre, comme très-fertilisantes. Lorsque je traiterai de l'écobuage, j'examinerai leur action sur les plantes et la couche arable, et les circonstances où il est réellement avantageux de pratiquer cette opération, qui présente beaucoup plus d'inconvénients qu'on ne le suppose généralement. (Voir *Défrichements*, chap. VI, sect. VI.)

SECTION III.

Produit de l'incinération des minéraux.

DES CENDRES DE HOUILLE.

Ces cendres, qui sont communes dans les contrées et les villes où la houille est le principal combustible, doivent être regardées comme des stimulants et des amendements très-actifs. Des cendres de houille de Saint-Étienne, de très-bonne qualité, ont donné à l'analyse :

---

(1) *Cours complet d'Agriculture pratique*, t. II, p. 548.

(2) *Agriculture de l'Ouest*, t. I, p. 532.

Argile inattaquable par les acides.   62,00

Alumine.   5,00

Chaux.   6,00

Magnésie.   8,00

Oxide de manganèse.   3,00

Oxide et sulfate de fer.   16,00

100,00

En général, les cendres de houille contiennent très-peu de sels alcalins. Une cendre examinée par M. Boussingault a donné près de 0,01 d'alcali; des cendres de Lavanthal, en Carinthie, ont donné près de 0,05 de matières solubles dans l'eau, qui étaient en grande partie du sulfate de soude. Davy a trouvé dans quelques cendres de houille d'Angleterre une petite quantité de sulfate de potasse. La houille donne en moyenne, d'après les expériences de M. Regnault, 2 pour 100 de cendres, et elle comporte la même proportion d'azote (1).

2° Les cendres de houilles conviennent particulièrement aux sols compactes, aux terres argileuses. On doit éviter de les appliquer sur des terrains légers, des sols siliceux. Dans les contrées, en Angleterre, où ce stimulant a été employé avec modération, l'effet en a toujours été avantageux; mais dans le voisinage immédiat des villes, où l'application revient fréquemment, le sol a été quelquefois tellement ameubli que la terre manque de consistance, et que, pour peu que l'année soit sèche, la récolte est perdue. Les plantes ne peuvent d'ailleurs s'enraciner assez fortement pour résister aux vents violents, et elles versent aisément lorsque ces vents surviennent dans la dernière quinzaine de juillet. Lors même que la récolte ne verse pas, les plantes sont si ébranlées et si déchaussées, qu'elles dépérissent au lieu de mûrir (2). Cette observation a été confirmée par Schwertz (3) et par M. Henri Madden. La houille en brûlant, dit ce dernier, donne naissance à des agglomérations poreuses à demi vitrifiées, produites par les portions de fer ou d'autres substances métalliques dont elle est imprégnée. Ces masses, susceptibles d'absorber une très-grande quantité de liquides lorsqu'elles sont mêlées à la terre végétale, s'y saturent avec le temps de substances végétales solubles, au détriment des plantes cultivées; elles ont, en outre, l'inconvénient de forcer les radicules tendues et fibreuses à se détourner devant un milieu trop résistant. Il est vrai que, par compensation, les matières solubles ainsi rendues inutiles à la végétation seront, dans les temps pluvieux, entraînées par l'eau dont les masses vitrifiées s'imbiberont, et rendues ainsi au sol situé au-dessous. Néanmoins, il reste constant que la forme de cette substance est fort défavorable à son emploi comme stimulant, qu'appliquée pendant une longue suite d'années au même terrain, elle finirait par en changer complétement la texture, et que, sous ce dernier rapport, il est bien important de ne pas l'appliquer sur un terrain déjà trop léger naturellement, puisqu'elle tendrait à le rendre encore plus léger (1).

3° Ces cendres, qui agissent particulièrement par leurs sels terreux, et qu'on peut comparer, quant à leur action chimique, aux marnes argileuses, à moins qu'elles ne renferment une très-forte proportion de sels alcalins, s'emploient à la dose de 40 à 50 hectolitres par hectare. On les applique sur les jachères, et il faut qu'elles soient parfaitement incorporées au sol. Il est très-difficile, pour ne pas dire impossible, de les répandre avec succès sur les prairies naturelles et artificielles. Ainsi appliquées, elles n'auraient aucune action mécanique, et n'agiraient chimiquement d'une manière sensible qu'autant qu'elles renfermeraient une certaine quantité de carbonate, sulfate et phosphate terreux. D'un autre côté, on ne doit pas oublier que les agglomérations à demi-vitrifiées nuiraient beaucoup à l'action de la faux lors de

---

(1) Maurice, *Traité des Engrais*, p. 205.
(2) *Annales de Chimie et de Physique*, t. LXVI, 3ᵉ série, p. 353.
(3) *Préceptes d'Agriculture pratique*, p. 121.

Cours d'Agricult.

---

(1) *Journal d'agriculture pratique*, t. V, p. 280.

la récolte de la production herbacée. La durée d'action de ces cendres est très-faible.

SECTION IV.

Produit de la combustion des minéraux.

DE LA SUIE DE HOUILLE.

En Angleterre, où la houille est le combustible le plus usité, on emploie la suie, qui provient de ce minéral, avec beaucoup d'avantage sur les terres sèches calcaires ou crayeuses; elle produit ordinairement très-peu d'effet sur les terres argileuses et humides. On la répand à la main pendant le mois d'avril sur les froments d'automne, les trèfles, ou bien on l'enfouit lors des semailles d'orge en même temps que la semence. Selon Hunter, cette suie produit d'excellents effets sur les turneps. Lorsqu'on la répand sur le sol un peu avant l'apparition des cotylédons elle tue les pucerons, et ne nuit pas aux jeunes plantes; mais si on la sème sur les turneps déjà levés, et qu'une sécheresse succède, les plantes en souffrent beaucoup (1). Cette suie s'applique à la dose de 18 à 26 hectol. par hectare.

TROISIÈME CLASSE.

DES ENGRAIS.

I.

ENGRAIS ANIMAUX.

PREMIÈRE SECTION.

Substances excrétées.

Les matières éliminées des organes d'un corps animal par le travail de la digestion constituent des substances très-riches en principes azotés, et elles doivent être regardées comme jouissant de propriétés fertilisantes très-énergiques. Ces engrais, qui se décomposent très-promptement, concourent ordinairement à la fabrication des fumiers, soit qu'ils soient solides, soit qu'ils soient liquides; cependant on les emploie aussi isolément dans un grand nombre de localités, lorsqu'on veut augmenter l'énergie d'une fumure ordinaire, accroître temporairement la fertilité de la terre, prolonger les effets des fumiers ou suppléer à l'insuffisance de ces engrais.

§ 1. DES EXCRÉMENTS.

1° DES EXCRÉMENTS HUMAINS.

Ces excréments forment l'engrais le plus actif. On sait que l'homme se nourrit en général de chair et de grain, matières qu'il faut regarder comme les plus substantielles.

1. *Nature des excréments humains.*

Ces matières sont ordinairement fluides, molles; elles sont très-solubles, et même les plus solubles de toutes celles qui sont employées comme substances fertilisantes. C'est à cette solubilité si prononcée qu'est due leur action si énergique et si courte.

Des excréments humains analysés par Berzélius, ont donné à l'analyse (2):

---

(1) *Cours d'agriculture anglaise*, t. V, p. 117.
(2) *Annales de Chimie et de Physique*, t. LXI, p. 231.

Débris des aliments.	7,00
Matière extractive particulière soluble.	2,70
Bile.	0,90
Albumine.	0,90
Sels solubles et insolubles.	1,20
Matière visqueuse, résine, résidu insoluble.	14,00
Eau.	73,30
	100,00

Les sels étaient composés ainsi qu'il suit :

Carbonate de soude.	29,40
Chlorure de sodium.	23,50
Sulfate de soude.	11,80
Phosphate de chaux.	23,50
Phosphate ammoniaco-magnésien.	11,80
	100,00

L'odeur que développent ces excréments est très-fétide et repoussante ; il est incontestable qu'elle est cause qu'on répugne généralement à les recueillir et à les employer à l'état frais. Sans l'odeur infecte qu'ils développent, ces excréments seraient recueillis partout avec soin, à cause de leur action remarquable sur les plantes quelles qu'elles soient.

La *poudrette ordinaire* est d'une couleur brune ; elle pèse 70 kilogr. l'hectol. Lorsqu'elle est pure, elle contient, d'après MM. Boussingault et Payen, 1,56 pour 100 d'azote, et 44,4 pour 100 d'eau. En analysant la poudrette de Montfaucon, M. Jaquemart a constaté que, par une distillation opérée à 200°, elle donne 52,4 d'un liquide ammoniacal, et 47,2 de matière sèche dans laquelle se trouvent des sels ammoniacaux fixes, tels que des sulfates, des phosphates, des chlorhydrates, etc. (1).

MM. Leloup et Guépin ont fait l'analyse de diverses poudrettes, et ont trouvé (2) :

1° Poudrettes pure de Paris.

Matière extractive et sels solubles.	26,00
Matière animale.	61,20
Matière végétale.	6,80
Sels calcaires et perte.	6,00
	100,00

2° Poudrettes faites à Nantes.

	A	B
Matière extractive et sels solubles.	7,00	16,20
Matière animale.	26,00	8,48
Matière végétale.	20,00	» »
Charbon.	» »	25,00
Sable.	46,00	33,20
Sels calcaires.	» »	23,40
Perte.	1,00	3,80
	100,00	100,00

---

(1) *Annales de Chimie et de Physique*, 3ᵉ série, t. VII, p. 378.
(2) *Rapports adressés au préfet de la Loire-Inférieure*, 1842, p. 93

A Paris, la poudrette se vend 5 fr. l'hectol.; à Nantes, elle vaut 3 fr. 50. Ces divers chiffres me dispensent d'explications.

2° *Procédés d'application.*

Les excréments humains peuvent être appliqués à l'état frais, c'est-à-dire à leur sortie des latrines, ou après qu'ils ont été convertis en poudrette.

1° Aux environs de Grenoble, on les emploie tels qu'ils sortent des fosses, pour la culture du chanvre; dans ceux de Lyon, on les répand sur le froment et le seigle d'hiver, lorsque le sol est déjà un peu durci par les gelées; au printemps, on les applique principalement à l'orge (1). A Nice, on les emploie pour exciter la végétation des oliviers; dans la Flandre, on les applique à l'état liquide après une fermentation plus ou moins longue (voir *Engrais flamand*, ENGRAIS LIQUIDE, sect. I, § 3). Nonobstant, ces matières stercorales ne peuvent guère être employées à l'état vert pendant l'été sur des terrains couverts de plantes en végétation, car ils brûlent, détruisent les végétaux sur lesquels on les répand. C'est évidemment cette trop grande énergie qui a conduit, à toutes les époques, les cultivateurs à leur faire éprouver des modifications avant de les employer. Ainsi, en Chine, depuis des siècles, on recueille ces matières avec un soin minutieux dans des vases placés de distance en distance le long des chemins les plus fréquentés, et des vieillards, des femmes et des enfants, sont occupés à les délayer et à les déposer près des plantes (2). Les Romains employaient aussi les excréments humains, qu'ils mettaient au second rang, mais ils les mélangeaient avec de la terre, des immondices, avant de les appliquer; ils avaient reconnu que cet engrais est d'une nature si active que, employé seul, il *brûle* le sol (3).

Lorsque ces matières sont employées à l'état frais, il faut, pour qu'elles ne détruisent pas la faculté végétative des plantes, les conduire sur les terres en jachère et les incorporer au sol par le deuxième ou troisième labour. On parvient à anéantir l'odeur infecte et repoussante que développent à un si haut degré ces substances, en les mêlant dans les fosses mêmes avec du poussier de charbon de bois, du charbon de tourbe, ou du tan carbonisé. Ces matières charbonneuses, quoique moins désinfectantes que le charbon animal, rendent l'application de ces excréments beaucoup plus facile et moins dégoûtante. Il est à désirer, dans l'intérêt de l'agriculture, que ce procédé simple soit plus répandu dans nos campagnes. C'est par son concours qu'on parviendra à utiliser complétement la matière fécale, pour laquelle on a naturellement tant de répugnance, et qu'il faut considérer comme une des plus puissantes substances fertilisantes. Dans quelques contrées, on mêle ces excréments avec de la terre sèche, ou des cendres de four à chaux ou à plâtre, et lorsque le mélange est devenu pulvérulent, état qu'il acquiert après une exposition à l'air pendant plusieurs mois, on l'emploie sur des plantes en végétation.

M. Schattenmann a proposé pour désinfecter ces matières, et pour les rendre même plus propres à servir d'engrais, l'emploi du sulfate de fer impur, qui ne coûte que 8 à 10 fr. les 100 kilog. En versant une dissolution de sulfate de fer, dit M. Schattenmann, dans les matières fécales, il y a immédiatement double décomposition; l'acide sulfurique du sulfate de fer se combine avec l'ammoniaque, et le convertit en sel fixe; le fer se combine avec le soufre et forme du sulfure de fer. De là, il résulte que les émanations de vapeurs ammoniacales et de gaz hydrogène sulfuré disparaissent immédiatement, et que les matières fécales ne conservent plus qu'une faible odeur qui n'incommode pas et qui n'a rien de repoussant. Ordinairement, 2 à 3 kilog. de sulfate de fer suffisent pour saturer 100 litres, et 1 kilog. de ce sel se dissout facilement dans 1 litre d'eau froide. Quand le sulfate de fer est dissous, on le verse dans la fosse d'aisance, et l'on remue les matières au moyen d'un rable ou rabot, afin de faire pénétrer partout la liqueur désinfectante. Ainsi, par ce procédé, on parvient à faire disparaître toute incommodité, et à conserver à ces matières toute leur action fertilisante, puisque le carbonate d'ammoniaque ne peut plus se volatiliser et se perdre par l'influence de l'air et de la chaleur solaire, comme cela a toujours lieu

---

(1) *Agriculture du département de l'Isère*, p. 116.

(2) Stanislas Julien, *Annales de Chimie et de Physique*, 2ᵉ série, t. III, p. 65.

(3) Secundum deinde (stercus), quod homines faciunt, si et aliis villæ purgamentis inmisceatur, quoniam ferventioris naturæ est, et idcirco terram purerit. (Columelle, *De re rustica*, lib. II, cap. XIV.)

lorsqu'on emploie ces matières dans leur état naturel.

2° La conversion de la matière fécale en *poudrette* est une opération longue, mais simple. Voici comment on procède à cette transformation :

On construit, dans un endroit éloigné des habitations, des bassins très-peu profonds, relativement à leur surface, soit en pierres, soit en argile, et on les dispose en étages, de manière qu'ils puissent s'écouler les uns dans les autres sans frais de main-d'œuvre. C'est dans le bassin supérieur qu'on dépose les vidanges des latrines. Dès que les matières solides se sont déposées, on ouvre la vanne, et la partie liquide se déverse dans le bassin immédiatement inférieur. On opère ainsi plusieurs décantations, et lorsque ce second bassin est rempli et qu'il s'est formé un dépôt de matières solides, on décante de même à l'aide d'une vanne les liquides dans un troisième bassin, et ainsi de suite. A l'issue du dernier réservoir, le liquide surnageant se perd dans un égout ou dans un puisard.

Quand le premier bassin comporte un abondant dépôt, on ouvre définitivement la vanne et on le laisse égoutter le mieux possible. Aussitôt que la matière a une consistance pâteuse, on l'extrait au moyen de dragues ou d'écopes et on l'étend sur un terrain battu préalablement et disposé en dos d'âne, afin de favoriser de nouveau l'écoulement des parties liquides et éviter que les eaux pluviales ne puissent s'accumuler au sein de la masse. Au fur et à mesure que la substance se sèche, on la retourne à la pelle, afin de changer les surfaces en contact avec l'air et hâter la dessiccation. Cette opération doit être continuée jusqu'à ce que la matière fécale ait perdu assez d'eau pour devenir pulvérulente. Quand elle est parvenue à l'état pulvérulent, modification qui n'a lieu qu'au bout de trois à six années, suivant les circonstances atmosphériques, elle est arrivée à l'état de poudrette et doit être conservée sous des hangars à l'abri des pluies; quelquefois, cependant, on la met en tas de forme pyramidale et dont les côtés sont fortement battus afin que les eaux pluviales la pénètrent difficilement.

La poudrette s'emploie sur tous les terrains; on l'applique de préférence pour les cultures annuelles. Toutes choses égales d'ailleurs, il faut la répandre sur le labour de semailles et l'enterrer peu profondément. Lorsqu'on l'applique pour le colza, sur des terres argileuses humides et qu'on l'enfouit profondément, elle agit peu l'année suivante. On ne doit pas oublier un seul instant, lorsqu'on emploie cet engrais, qu'il est très-soluble et qu'il est indispensable de le répandre en même temps que les semences ou le mettre, le plus possible, en contact avec les racines des plantes.

3. *Quantité à employer.*

La dose à appliquer varie beaucoup; on compte, en général, que 25 hectolitres ou 1,750 kilogrammes suffisent pour couvrir un hectare. Quelques cultivateurs n'emploient cet engrais qu'à la dose de 20 hect.; d'autres, au contraire, en répandent jusqu'à 30 hect. sur la même superficie. A Grignon on l'emploie dans cette dernière proportion pour le colza, et souvent ses effets se font sentir sur le froment qui suit cette plante oléagineuse.

4. *Action fertilisante.*

La puissance des excréments de l'homme résulte de la nourriture qu'il reçoit, de la diversité même des éléments de sa sustentation. Nonobstant, ces matières ont une puissance productive très-remarquable : c'est que plus un corps organisé se nourrit de substances azotées et plus ses déjections ont de force productive. Celle des excréments et de la poudrette, qui agissent, quand ils sont purs, spécialement par les parties animales qu'ils contiennent, réside incontestablement dans la facilité avec laquelle ces déjections se dissolvent et la promptitude avec laquelle ils manifestent leur action. Ainsi, leurs effets, à cause de leur grande solubilité, sont immédiats, instantanés pour ainsi dire et promptement épuisés. Cela est si vrai que quelquefois, ainsi que l'observe M. de Gasparin, leur action ne se prolonge même pas jusqu'à l'époque de la fructification des céréales. On conçoit, d'après cela combien il est utile de les appliquer de préférence pour la culture des plantes annuelles telles que lin, chanvre, tabac, pavot, etc.

On emploie très-rarement la matière fécale et la poudrette dans la culture des plantes fourragères ou sur les prairies; on leur reproche de communiquer un mauvais goût aux plantes, saveur qui répugne aux animaux. Cette objection est-elle fondée ? Il est aujourd'hui prouvé qu'elle est exacte et qu'on doit éviter d'employer ces matières excrémentielles en horticulture et pour exciter la végétation des plantes agricoles destinées à l'alimentation de la société et des animaux. Quel est le cultivateur, dit Bosc, qui n'ait été à portée de voir que les bestiaux en général refusaient de consommer l'herbe si belle, si verdoyante, qui croît dans les lieux où des excréments humains ont été déposés six mois ou même un an auparavant? Quel est le voyageur qui n'ait pas trouvé partout l'opinion établie des inconvénients de cet engrais relativement à la saveur des fruits? J'ai usé à Langres d'un pain fait avec du blé crû dans le champ le plus voisin de Belle fontaine, une année qu'il avait été fertilisé avec le produit des latrines de la ville, et il était d'un goût détestable. J'ai mangé à Meudon des poires d'un arbre qu'on avait rétabli en bonne végétation par un fort bouillon de vidange et qui en avaient évidemment la saveur (1). M. Payen, qui s'est préoccupé de la pénétration des substances solubles à odeur désagréable dans les plantes, et qui a reconnu, ainsi que l'avait déjà constaté de Saussure, que, loin de choisir, les radicelles absorbent tous les liquides, ceux même qui leur nuisent et peuvent les faire périr, a observé que les engrais à odeur infecte et repoussante ne donnent pas de mauvaise odeur aux produits récoltés si la dose de la substance fertilisante n'excède pas les proportions assimilables. Ainsi, toutes fois que la proportion de matière organique alimentaire n'excède pas la proportion assimilable dans une plante, et ce fait est constaté lorsqu'un engrais infect est appliqué dans une proportion faible et complétement incorporé à la couche arable, aucune des parties d'une plante ne contient l'excès de l'aliment qui puisse reproduire son odeur (2). Chacun sait, en effet, que les légumes qui ont végété sur des terrains de fertilité moyenne sont toujours plus savoureux, plus agréables que ceux qui ont crû sur des sols gras, très-substantiels et abondamment fumés.

2° DES EXCRÉMENTS DE MOUTONS.

Les excréments de moutons se présentent sous forme de petits globules ronds un peu secs. Ces crottins se mêlent mieux à la litière que les excréments des chevaux. D'après M. Girardin, ils contiennent (3) :

Eau.	68,71
Matières organiques solubles dans l'eau.	4,10
Matières organiques solubles dans l'alcool.	2,80
Fibre ligneuse.	16,20
Matières salines : phosphate de chaux et de magnésie, carbonate de chaux, silice, chlorure de sodium, silicate de potasse.	8,13
	100,00

Selon MM. Boussingault et Payen, les excréments de moutons renferment **1,11** pour 100 d'azote à l'état frais ou normal, et 63 pour 100 d'eau. Ces crottins sont souvent employés seuls et dans leur état naturel. Dans les grandes bergeries du Midi, on balaye chaque matin l'aire de la bergerie; on met les crottins en tas, et on les vend à la mesure à raison de 1 à 2 fr. l'hectolitre; ce dernier pèse 70 kilog. (4). Mais la manière la plus usitée d'employer ces excréments, c'est le *parcage*, méthode qui rend chaque année de si grands services aux localités granifères et que l'on pratique depuis les temps les plus reculés.

1. *Avantages et inconvénients du parcage.*

Le parcage consiste à maintenir un troupeau dans une enceinte découverte créée au moyen de claies mobiles, soit pendant le temps de la chaleur du jour soit pendant la nuit, pour que les crottins et les urines que les animaux répandent sur la terre la fertilisent. C'est principalement dans les pays calcaires et au sein des plaines que le parcage des bêtes à laine est en usage.

---

(1) *Cours complet d'Agriculture*, t. VI, 1821, p. 230, édition Deterville. Chez Roret.

(2) *Théorie des engrais*, 1835, p. 45.

(3) *Des engrais*, p. 21.

(4) De Gasparin, *Cours d'agriculture*, t. I, p. 551.

On a beaucoup discuté dans ces derniers temps les avantages et les inconvénients que présente le parcage. On a dit, en faveur du parcage :

1° Qu'il dispense de l'emploi de la litière, et qu'il permet par conséquent de ménager les pailles ou autres substances propres à servir de litière ;

2° Qu'il évite des transports lorsque les champs sur lesquels il a lieu sont éloignés de la ferme et d'un abord très-difficile ;

3° Que dans le parcage le sol reçoit non-seulement des déjections solides et liquides, mais encore du suint ;

4° Que les bêtes à laine ne souffrent nullement de la haute chaleur du jour ni de la fraîcheur des nuits ;

5° Que les animaux plombent les sols légers;

6° Que la déperdition de principes fertilisants est moins grande lorsque les matières excrémentitielles sont dispersées sur le sol que quand elles sont excitées à la fermentation par leur entassement et la chaleur des bergeries ;

7° Que le parcage est un bon moyen pour raviver, activer la végétation de plantes chétives et maladives ;

8° Qu'il est favorable à la guérison de maladies qui ont pour cause la malpropreté, et fait disparaître la gale et le piétain;

9° Que le grand air rend la laine forte, nerveuse, élastique, tandis que les lieux fermés la rendent douce, fine, soyeuse.

On a avancé contre le parcage :

1° Que les déjections, par leur exposition à l'air et au soleil, perdent sans cesse de leur poids par l'évaporation;

2° Que les excrétions échauffent et fertilisent seulement la superficie du sol ;

3° Que les excréments constituent un engrais qui n'est pas aussi durable que lorsqu'ils ont été mêlés à des litières ;

4° Que les chaleurs très-élevées et particulièrement les pluies ou une température humide nuisent au bien-être des bêtes à laine ;

5° Que la négligence des bergers est toujours préjudiciable aux cultivateurs;

6° Que lorsque les transitions de température sont très-brusques, les bêtes à laine sont sujettes aux rhumes ou flux qui a lieu par les narines ;

7° Que les animaux qu'on laisse exposés aux rayons du soleil sur des terres brûlantes ou des sols calcaires qui reflètent aisément les rayons solaires, peuvent être frappés de congestions sanguines ou de coups de sang ;

8° Que renfermées la nuit à la bergerie, les bêtes à laine donnent un fumier plus abondant, un engrais moins soluble ;

9° Que la fumure est inégale durant les pluies et les grandes chaleurs parce que les animaux se pressent alors les uns contre les autres dans un des angles du parc.

Toutes choses égales d'ailleurs, le parcage est utile, nécessaire, même sur une grande exploitation, là surtout où les terres sont éloignées de la ferme et où les pailles ne sont pas en quantité suffisante, car il a l'avantage incontestable d'économiser la litière, de simplifier les travaux en évitant des transports de fumier toujours coûteux. Lorsqu'un troupeau est confié aux soins d'un berger habile, intelligent, la fumure est rarement irrégulière et les animaux jouissent d'une bonne santé.

2. *Terrains où le parcage est possible.*

Le parcage ne peut avoir lieu avec succès que sur des terres légères, des sols assez perméables, des terrains argilo-calcaires, silico-calcaires, calcaires et siliceux. Pratiqué sur des terres fortes, des sols argileux, des terrains humides, le parcage est nuisible ; il plombe le sol et expose les bêtes à laine à contracter ou le piétain ou la pourriture. Lorsque les terres argileuses doivent être parquées, il faut qu'elles le soient par un temps sec et principalement en été. Indépendamment des matières excrétées que laisse le parc sur la terre, la couche arable des terrains siliceux et légers profite du piétinement des animaux qui tasse et rapproche les molécules constituantes. C'est par le concours de cette pratique qu'on parvient à consolider les terres légères et à les rendre plus aptes à la végétation du froment et de l'avoine ou du colza.

3. *Clôture du parc.*

Le plus ordinairement l'enceinte mobile du parc est formée de claies soutenues verticalement par des crosses.

Les *claies* sont faites en bois légers de manière qu'un seul homme puisse les transporter aisément d'un endroit à un autre. Elles se composent le plus souvent de trois ou quatre petites membrures ou montants reliés entre eux par des lames de bois ou voliges très-étroites qui sont assemblées ou simplement clouées sur les montants (fig. 3). Dans quelques endroits

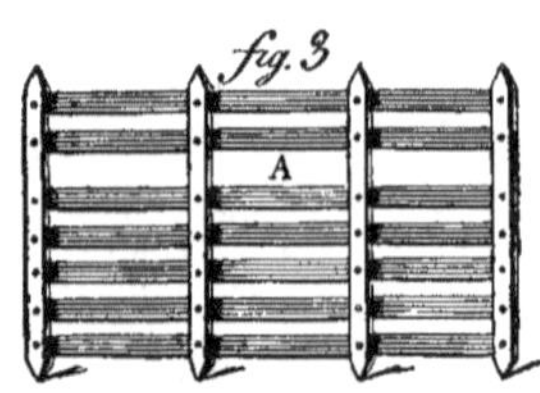

les claies sont formées de trois ou quatre montants, ou de deux ou trois fortes traverses, mais ces pièces sont maintenues par des barreaux de bois arrondis de 0ᵐ,02 à 0ᵐ,03 de diamètre. Enfin, quelquefois on les confectionne avec des branches de bois flexibles, soit des baguettes de coudrier ou d'osier, soit des pousses de châtaignier ou de saule fendues en deux entrelacées en sens contraire sur des montants de moyenne grosseur (fig. 4).

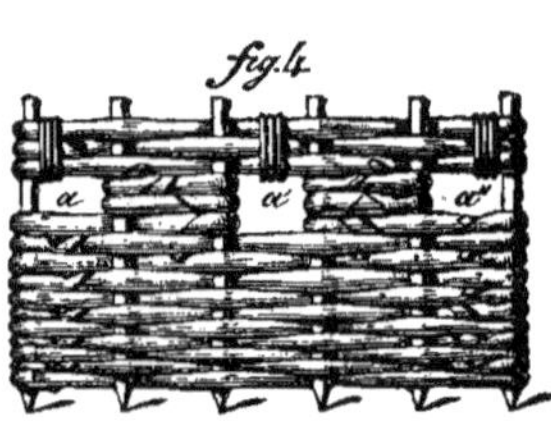

Les claies à barreaux soit plats, soit ronds, doivent être construites de manière que, vers les deux tiers de la hauteur et à la partie supérieure, deux des barreaux soient distants l'un de l'autre de 0ᵐ,16. C'est par ce plus grand espacement que le berger passe le bras pour saisir la claie et la transporter (fig. 3 A). Ces claies sont regardées avec juste raison comme les meilleures; elles ne donnent pas de prise au vent qui passe au travers, et il n'y a que dans les grands ouragans que quelquefois, mais rarement, elles ont de la peine à résister. Les claies en osier, en coudrier entrelacé, sont très-sujettes à cet inconvénient. Elles sont en outre désavantageuses, observe Tessier, en ce que, dans les mauvais temps, les bêtes à laine, pour se mettre à l'abri, s'approchent toutes de celles qui sont du côté du vent, et ne fument pas l'espace qui en est éloigné (1). On laisse aux claies de noisetier entrelacé trois ouvertures, une à chaque extrémité, pour recevoir les crosses, et une au milieu, à la faveur de laquelle le berger transporte les claies lorsqu'il change le parc de place (fig. 4, a. a', a''). Ces ouvertures se nomment *voies*.

On donne ordinairement à chaque claie 1ᵐ,50 de hauteur sur 2 à 3 mètres de longueur.

Les *crosses* (fig. 5) sont des bâtons de bouleau ou de châtaignier de 2 à 3 mètres de longueur. Leur partie supérieure est traversée par deux petites

____

(1) *Cours complet d'agriculture*, t. XI, p. 213.

barres plates ou deux chevilles (fig. 5, *a, a'*) bien fixées, de 0ᵐ,30 de longueur, et écartées l'une de l'autre de 0ᵐ,16 ; la partie inférieure de ces crosses présente une courbure traversée d'une mortaise destinée à recevoir une *cheville* de bois (fig. 8) que l'on enfonce en terre au

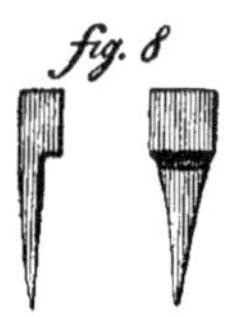

moyen d'un maillet, et qui sert à la maintenir.

4. *Cabane du berger.*

Pendant le parcage, le berger couche au champ. Sa maison d'habitation est une petite cabane en bois portée sur un chariot à deux ou à quatre roues. Cette *baraque* est mobile et suit le parc ; elle est munie d'une porte et d'une lucarne que le berger laisse ouverte toute la nuit, afin de pouvoir veiller sans cesse sur le troupeau ; elle est garnie intérieurement d'un lit et d'une tablette. Quand la cabane est montée seulement sur deux roues, on la maintient horizontale au moyen de deux chambrières, l'une placée à la partie antérieure, et l'autre à celle postérieure.

Daubenton avait conseillé de construire une petite loge portative pour les chiens, mais Tessier fait observer que de telles loges ont de grands inconvénients ; que les chiens qui y couchent deviennent paresseux, et que le loup peut les surprendre plus aisément. Ordinairement les chiens couchent sur terre, où un rien les réveille : quand il fait mauvais temps, ils se réfugient sous la cabane du berger, sous laquelle ce dernier place ordinairement la paille qu'il leur destine.

5. *Espace carré à accorder par tête.*

L'étendue du parc est proportionnée au nombre d'animaux qui doivent y séjourner, à leur taille, à l'abondance de la nourriture qu'ils trouvent au pâturage, à la saison pendant laquelle a lieu le parcage et au degré de fertilité que doit avoir sa fumure.

Quand les animaux sont de taille moyenne et que les pâturages sont de bonne qualité et abondants, on donne ordinairement par chaque tête 1 mètre carré. Il faut que les bêtes à laine soient de très-forte stature et abondamment nourries pour qu'on puisse avec succès leur accorder 1ᵐ,20 et même 1ᵐ,32 ; il faut aussi, d'un autre côté, qu'elles soient très-petites et qu'elles vivent sur des sols pauvres, pour qu'on assigne à chaque tête seulement 0ᵐ,90 et même 0ᵐ,80 carrés.

Il est un point bien important et duquel dépend le plus ordinairement le succès du parcage : c'est que les bêtes à laine doivent pour ainsi dire se presser les unes contre les autres. Toutes les fois que ces animaux, au sein d'un parc, sont bien réunis, le sol est fumé aussi uniformément que possible. C'est une erreur de croire qu'on peut diminuer ou augmenter la force de la fumure en augmentant ou diminuant l'étendue du parc. Quand les bêtes à laine séjournent au sein d'un parc considérable et qu'il règne des vents violents, des pluies abondantes, ou que la température est très-élevée, elles se pressent les unes contre les autres dans un angle du parc, et ne fertilisent qu'un très-petit espace. Ainsi donc il y a avantage à construire les parcs plutôt petits que grands. Tessier observe que lorsqu'on parque au printemps, époque où les plantes sont plus aqueuses et où les bêtes à laine rendent plus d'excréments, on doit accorder à chaque tête une étendue un peu plus grande.

Le cultivateur est plus certain de l'énergie de la fumure ou du parc quand il prend en considération la durée du temps pendant lequel les animaux séjournent au pâturage et au parc, que lorsqu'il a égard seulement à la stature. Ainsi si une nuit de 8 à 10 heures est regardée comme une forte fumure parce que les animaux auront pu pâturer pendant 12 à 14 heures, on comprend que si durant cette même nuit on change le parc de place, on ne pourra considérer le parcage que comme une demi-fumure de parc. Les résultats ne seront pas aussi favorables si les animaux séjournent 8 à 9 heures seulement dans les pâturages, et si la nuit de parcage est de 14 à 16 heures seulement. Evidemment, dans cette seconde hypothèse, la fumure et la demi-fumure auront moins de puissance productive.

On compte ordinairement en

Avril.	13	heures de parc et	11	heures de pâturage.
Mai.	11	—	13	—
Juin.	9	—	15	—
Juillet. . . .	10	—	14	—
Août.	11	—	13	—
Septembre. .	14	—	10	—
Octobre. . .	15	—	9	—
Novembre. .	16	—	8	—

Il résulte de ces chiffres que l'étendue à accorder à chaque tête doit nécessairement éprouver quelques modifications selon que les nuits sont plus ou moins courtes, la durée du pâturage plus ou moins longue, la nourriture plus ou moins abondante. Il n'est pas inutile, je crois, de faire observer ici que la pratique a depuis longtemps constaté que les brebis doivent rester au parc moins de temps que les mâles, ou qu'elles exigent une étendue un peu plus grande, parce qu'elles mangent davantage, rendent des excréments plus mous et urinent plus souvent. D'après Tessier, ces animaux parquent mieux que les moutons, et ils exigent un vingt-sixième de plus d'étendue. Les bergers, dit-il, connaissent bien cette différence; ils savent qu'en général les brebis mangent davantage et qu'elles ont le ventre et l'estomac plus amples que les moutons.

Pour les terres légères et siliceuses, celles qui s'échauffent très-facilement ou celles qui conservent la chaleur très-aisément, il faut que le parcage soit faible : un fort parcage pourrait occasionner, si le printemps était pluvieux et le sol naturellement fertile, la verse des céréales d'automne; il peut aussi nuire aux légumineuses, et particulièrement aux pois et aux vesces. Quant aux plantes commerciales, telles que colza, navette, cardère, gaude, etc., de tels inconvénients ne sont nullement à craindre. Au contraire il y a avantage, à cause de leurs propriétés épuisantes, à augmenter le plus possible l'énergie du parc. Quand le parcage a lieu sur des terrains argileux et humides, et qu'il doit être suivi soit par une céréale, soit par un colza, il importe, et cela à cause de la froideur de la couche arable pendant l'automne, l'hiver et le printemps, qu'il soit très-énergique, afin qu'il agisse favorablement sur les plantes pendant toute la végétation.

Le parcage peut être faible, ordinaire ou complet, ou très-énergique.

Suivant Thaër, on dit que le parc a une faible action lorsque 4,800 têtes ont passé la nuit sur un hectare; que le parcage est ordinaire, quand 7,200 bêtes à laine ont parqué durant une nuit sur la même superficie, et enfin qu'on en a donné un très-fort lorsque la même étendue, pendant le même temps, a été occupée par 9,600 animaux (1). Ainsi, dans le premier cas, une bête à laine occupe pendant une nuit environ 2 mètres carrés, dans le second $1^m,38$, et dans le troisième environ 1 mètre durant une nuit. Daubenton a fait le calcul suivant : une bête à laine peut fertiliser, dans un parc, l'espace d'environ $1^m,05$ carrés; 300 bêtes fertiliseront 315 mètres carrés en un parc, et elles parqueront par conséquent un hectare en 32 parcs ou 31 nuits. Lorsqu'on fait deux parcs dans la même nuit, une tête parque $2^m,10$ carrés; 300 bêtes à laine peuvent parquer 630 mètres carrés en un parc, et un hectare en 16 nuits. Si le parc est changé de place deux fois durant 24 heures, chaque tête parque $3^m,15$ carrés, et 10 à 11 nuits suffisent pour fertiliser un hectare (2). Dans les environs de Paris, on compte qu'il faut, pour parquer un hectare pendant une nuit, 4,330 moutons; chaque mouton fertilise donc environ $2^m,30$ carrés.

On a cherché à connaître le degré de richesse que possède un parcage. En supposant, observe Burger, qu'un mouton consomme par jour 4 kilog. d'herbe et d'eau, et en portant à 10 heures, terme moyen, le temps que le troupeau passe dans le parc, chaque bête à laine donne dans la nuit 0,995 de déjections composées de 0,092 de matières solides et de 0,903 de substances liquides; dès lors, si chaque animal occupe $1^m,05$

---

(1) *Principes raisonnés d'Agriculture*, 1831, t. II, p. 356.

(2) *Instructions pour les bergers et les propriétaires de troupeaux*, 1820, p. 363.

carrés, un hectare reçoit 9,157 kilog. d'excrétions, dont 851 kilog. de crottins et 8,306 kilog. d'excréments liquides (1). Il suit de là que, d'après la quotité d'azote que les crottins renferment à l'état normal, 851 kilog. d'excréments solides représentent 23,000 kilog. de fumier ordinaire. Cette fumure est évidemment extraordinaire. Burger suppose les bètes à laine nourries dans un pré, et on sait que dans la plupart des cas les troupeaux parcourent, lors du parcage, les chaumes et les guérets, où ils trouvent toujours une nourriture bien inférieure à celle qu'on leur suppose. Il faut constater encore, et cela pour le cas où les moutons trouveraient lors de leur parcours une nourriture aussi abondante, que durant la nuit, c'est-à-dire l'espace de 10 heures, on les change de parc. Or, si durant cet espace chaque bète à laine parque $2^m,10$ carrés, un hectare ne recevra que 426 kilog. environ de déjections solides; dès lors le parc sera à une fumure de 11,500 kilog. Mais comme les urines pénètrent en terre et qu'elles ont aussi une action puissante sur la vie d'existence, on comprend qu'on doit nécessairement regarder alors chaque coup de parc, dans cette circonstance, comme l'équivalent d'une fumure plus énergique. On a donc raison de dire en pratique : L'action d'un parc est d'autant plus sensible que la nourriture est plus abondante, la longueur des nuits ou la durée de chaque coup de parc plus longue, et l'espace accordé à chaque tête plus petit.

Suivant M. de Gasparin, un parc de 100 moutons, pour une nuit, équivaut à 140 kilog. de fumier de ferme, ce qui représente 14,000 kilog. à l'hectare. En Flandre, on laisse les animaux sur la même place pendant toute la nuit lorsqu'on veut appliquer une très-bonne fumure; deux coups de parcs dans la même nuit sont considérés comme constituant une faible fumure. Ces faits pratiques concordent entièrement avec les chiffres indiqués par Thaër et la quotité d'engrais appliqué par hectare dans les plaines de la Beauce et du Poitou.

6. Époque du parcage.

Dans la plupart des contrées septentrionales de l'Europe, les troupeaux commencent à parquer dans le courant du mois de mai; dans les provinces méridionales, on le commence dès le mois d'avril. En général, le parcage a lieu ou plus tôt ou plus tard, selon les ressources fourragères dont l'exploitation peut disposer, la nature du sol et l'état de l'atmosphère. Ainsi il est des contrées, dans la région sud-est de la France, où il ne commence qu'au mois de juin, au mois de juillet. Sur les coteaux du canton d'Argelès, on le commence seulement en août, au retour des troupeaux de la montagne. Sur les terres légères perméables, on parque plus tôt que sur celles argileuses.

En général on ne doit commencer le parcage que lorsque la température est très-douce et sèche, et que les pâturages offrent une nourriture suffisante. Souvent, pendant les derniers mois du printemps et le commencement de l'été le parcage a lieu sur des vesces, des pois gris ou bisailles, etc. Alors le sol est fumé au fur et à mesure que ces plantes fourragères sont consommées sur place. Durant le mois de juillet et spécialement les mois d'août et de septembre, les troupeaux parquent sur les jachères qui doivent être plus tard couvertes de colza ou de céréales d'hiver.

Le parcage cesse ordinairement dans les localités du nord dès que les premières pluies d'automne ont détrempé les champs. Sur les terres argilo-calcaires et les sols argilo-siliceux on déparque communément dans la première quinzaine du mois de novembre. Ce n'est guère que sur les fonds légers, les sols siliceux, qu'on peut prolonger le parcage jusqu'aux premières gelées, c'est-à-dire vers la fin de novembre. En général, le parcage n'est favorable aux bêtes à laine, pendant les longues et froides nuits d'automne que lorsque le sol est sec. Dans les provinces du midi, le parcage a lieu plus tardivement que dans celles du nord et du centre. Ainsi, sur les coteaux du canton d'Argelès (Hautes-Pyrénées) le parcage se prolonge jusqu'aux neiges, c'est-à-dire jusqu'au 1er décembre. Dans un grand nombre de localités, en France, le déparc a lieu ou à la Toussaint ou à la Saint-Martin.

7. Préparation des champs qui doivent être parqués.

Lorsque le parcage a lieu sur des jachères, il est nécessaire et indispensable même, avant d'établir le parc, de

---

donner au sol une bonne préparation, soit deux ou trois labours et un ou deux hersages, afin qu'il absorbe facilement et les urines et le suint et que les déjections solides puissent y être parfaitement incorporées. Quand le sol sur lequel a lieu le parcage est léger et naturellement meuble, un labour et un hersage suffisent souvent pour préparer convenablement la couche arable. Les terres argileuses et compactes sont celles qui doivent être le mieux divisées et nivelées ; plus elles sont motteuses, plus il faut les travailler, car lorsqu'elles présentent des mottes dures et volumineuses à leur surface, les moutons se répartissent mal au sein du parc et parquent inégalement. Lorsqu'une terre argileuse a été bien divisée et nivelée non-seulement les bêtes à laine la fument plus également puisqu'elles peuvent se coucher aisément sur tous les points du parc, mais le parcage conserve mieux son action fertilisante, car la terre a absorbé plus facilement les urines. D'après ce que j'ai remarqué, dit M. H. Barbet, un grand nombre de fermiers du département de la Seine-Inférieure ne préparent pas convenablement le sol sur lequel ils font parquer. Le plus ordinairement c'est sur un terrain uni et dur qu'ils font séjourner les troupeaux, et ils ne labourent pas ensuite assez promptement après le déplacement des parcs. Il en résulte un double inconvénient : les urines ne pénètrent que difficilement en terre, une partie s'é-

vapore, le crottin, en se desséchant, arrive à n'être plus qu'une matière organique presque sans effet (1). Cette remarque démontre combien il est important que les terres non ensemencées soient façonnées par la charrue, la herse et le rouleau, si ce dernier instrument est nécessaire, avant de commencer à parquer.

Les seuls cas où un cultivateur puisse se dispenser de se préoccuper de l'ameublissement préalable du sol, c'est lorsque le parcage a lieu sur une céréale en végétation, une prairie naturelle, un champ naturellement emblavé ou sur une terre qui était précédemment recouverte par une ou plusieurs plantes fourragères.

?. Construction du parc.

Avant de déterminer la figure que le parc doit présenter et de songer à la pose des claies, le berger doit s'occuper de déterminer le nombre de claies dont il aura besoin. Le plus généralement les claies ont 2^m,66 de longueur : mais cette dimension n'est pas celle sur laquelle il faut compter : les parties des claies employées pour la jonction de l'une et de l'autre les réduisent ordinairement à 2^m,33.

Si un parcage doit être pratiqué au moyen de deux cents têtes et si chaque bête à laine doit occuper 1 mètre carré, on arrivera à connaître le nombre de claies nécessaire pour former le parc, en exécutant les calculs suivants :

$$200 \text{ têtes} \times 1^{m\,c} = 200 \text{ mètres carrés, surface du parc.}$$

Alors
$$\sqrt{200} = 14 \text{ mètres.}$$

Chaque côté du parc, si celui-ci doit être carré, aura donc 14 mètres de longueur.

Connaissant la dimension des côtés du parc, on obtient le nombre de claies qu'ils nécessitent chacun, par l'opération suivante :

$$\frac{14^m}{2^m,33} = 6 \text{ claies.}$$

Il suit de là que le parc sera formé par $6 \times 4 = 24$ claies.

Si le troupeau, au lieu d'être composé de 200 têtes, en comportait 250, et si chaque bête à laine devait parquer 1^m,20 au lieu de 1 mètre, on aurait :

$$250 \times 1^m,15 = 287^m,50 \text{ carrés,}$$

puis
$$\sqrt{287^m,50} = 16^m,95.$$

Chaque côté du parc aura donc 17 mètres de longueur.

En effectuant le même calcul que dans l'exemple précédent, on obtient :

---

(1) Girardin, *des fumiers*, 1847, p. 25.

$$\frac{15^m}{2^m,33} = 7 \ (1),$$

nombre de claies nécessaire pour établir un côté du parc.

Les parcs n'ont pas toujours la forme d'un carré; il est des circonstances où la forme rectangulaire est nécessaire, où il est indispensable de l'adopter. Ainsi, quand un champ ne peut pas être parqué régulièrement avec un parc carré parce que sa largeur est trop faible ou trop grande, le berger est alors obligé de coordonner la forme du parc à la largeur du champ, de manière qu'il puisse fertiliser toute l'étendue de la pièce au moyen d'un nombre de trains de parc déterminé. Il peut arriver aussi que la surface à parquer soit irrégulière, que le berger soit obligé de renoncer à la forme carrée sur l'une ou plusieurs des extré-mités, pour adopter celle rectangulaire. On comprend aisément que dans ces circonstances, le parc, quoique présentant une figure différente, doit occuper la même étendue, afin que le parcage ne soit ni plus fort ni plus faible.

On parvient à déterminer les dimensions des côtés du parc rectangulaire au moyen du calcul suivant.

Supposons qu'il soit question de transformer un parc carré ayant une superficie de 200 mètres en un parc rectangulaire dont un des côtés $=10^m$. La dimension d'un des côtés adjacents à celui dont la longueur est connue sera exprimée par

$$\frac{200}{10} = 20 \text{ mètres.}$$

Ainsi donc, le parc aura 20 mètres de longueur sur 10 mètres de largeur. Quant au nombre de claies, il sera exprimé par

$$\frac{20}{2^m,33} = 9 \ (2),$$

puis
$$\frac{10}{2^m,33} = 4 ;$$

en sorte que la surface du parc sera exprimée par

$$9 \times 2^m,33 = 20^m,97 \times (4 \times 2^m,33 = 9^m,32) = 195^m,44.$$

La forme rectangulaire est donc, dans cette circonstance, moins favorable que celle carrée. Pour que la surface du parc fût égale dans les deux cas, il faudrait pouvoir occuper, au moyen des quatre claies, une longueur de $9^m,25$, ce qui est assez difficile à cause de leur longueur, qui égale $2^m,33$.

Lorsqu'un berger veut construire un parc, il détermine avec ses pas la dimension que doit avoir le parc, c'est-à-dire il trace, pour ainsi dire, sur le sol, des lignes égales en longueur à la longueur des côtés que doit avoir le parc sur la longueur du champ, en ayant la précaution de faire une marque à l'endroit où les côtés doivent se rencontrer. Ordinairement il suffit de deux lignes qui se coupent à angle droit. Quand ce tracé a été effectué, le berger place deux claies (fig. 6, A et B)

---

(1) Lorsque le reste qui ne contient plus le diviseur est très-faible, on le néglige ; quand au contraire, il est très-grand et qu'il égale les 7, 8 et 9/10 du diviseur, on augmente de 1 le quotient.

(2) Le véritable chiffre du quotient est 8 ; mais à cause du reste qui $= 1,36$, il faut adopter le nombre 9.

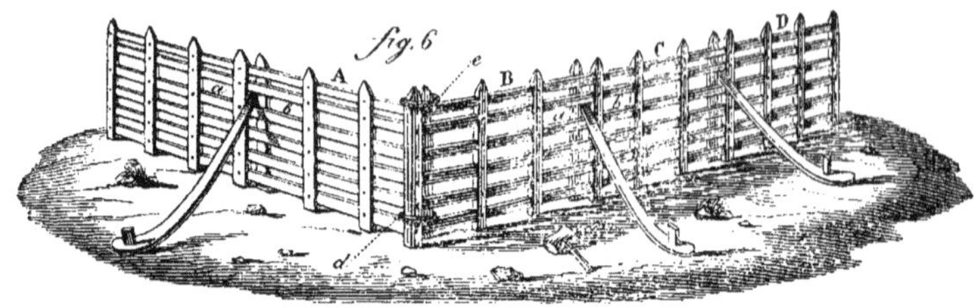

perpendiculaires entre elles sur l'un des angles droits qui ont été tracés sur la terre ; puis il place dans la direction d'une des lignes une autre claie à la suite d'une de celles qui forment l'angle droit. Cette dernière claie doit être placée de manière que son côté droit ou gauche anticipe un peu sur le côté gauche ou droit de l'autre. Ainsi placées l'une derrière l'autre, les deux *voies* ou *éperneaux* (fig. 6, *a* et *b*) se rencontrent, et il existe un intervalle suffisant pour introduire entre les montants des deux claies la partie supérieure d'une crosse ; nonobstant, celle-ci doit être passée de manière qu'une des petites barres plates ou des chevilles soit située derrière les montants de sa claie, et l'autre devant. Aussitôt que le bout supérieur de la crosse a été ainsi placé, on abaisse l'autre extrémité contre terre et on la fixe au sol par une fiche qu'on introduit dans la mortaise et que l'on enfonce à coups de maillet.

On ne met point de crosses aux angles du parc ; les montants qui se touchent sont liés ensemble avec une corde à leur partie inférieure au-dessus des dernières traverses (fig. 6 *d*) et au moyen d'un anneau en fer, en osier ou en saule que l'on place à la partie supérieure de l'angle et des claies, et

dans lequel sont engagées les extrémités du montant (fig. 6 *e*).

Quand la seconde claie est placée, le berger continue son enceinte en apportant une troisième, une quatrième claie, et ainsi de suite en suivant les alignements déterminés (fig. 6. C et D). Lorsqu'un des côtés est construit, il s'occupe de terminer celui qui a été commencé lors de la formation de l'angle droit dont il vient d'être question. Ensuite il termine le parc en apportant d'autres claies, et en disposant celles-ci suivant des lignes qui seront parallèles à celles déjà établies et formées par les claies déjà placées.

Les parcs ne sont pas toujours simples ; souvent, quand le nombre de claies le permet, le berger construit deux parcs contigus l'un à l'autre. Cette disposition est fort commode quand on doit changer le parc de place pendant la nuit.

Il existe des localités où les parcs sont disposés en *échiquier*. Cette disposition est très-avantageuse en ce qu'elle n'oblige pas le berger, lorsqu'il change son parc de place, de transporter un nombre de claies aussi considérable que lorsque les parcs sont contigus l'un à l'autre. Je suppose qu'il soit question de déplacer les deux parcs A et B (fig 9.). Le berger transportera

fig. 9.

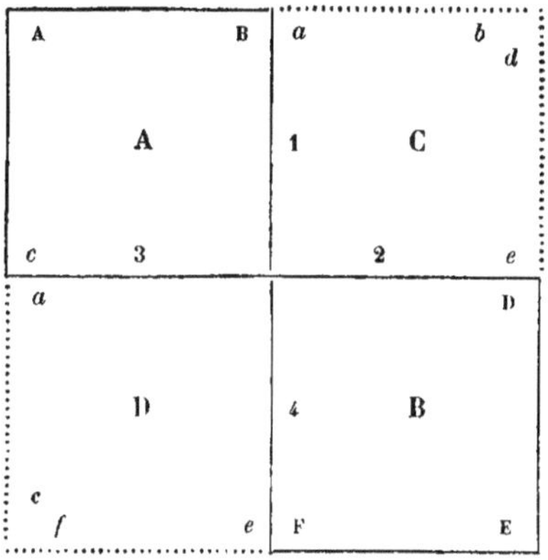

les claies de la ligne AB du parc A en *ab*, et celles de la rangée DE du parc B en *ed*. Ainsi placées, ces claies formeront, avec les côtés 1 et 2 des parcs A et B, le parc C. Quand cette construction aura été faite, il transportera les claies de la ligne AC du parc A en *ac*, et celles EF du parc DB en *fe*; ces lignes, avec celles 3 de l'ancien parc A et 4 du parc B, formeront un second carré, le parc D. Ainsi donc, pour changer deux parcs disposés en échiquier, le berger n'a que quatre lignes de claies à déplacer; par la méthode ordinairement suivie il est obligé, chaque fois qu'il change les parcs de place, de transporter toutes les claies qui composent sept côtés. On comprend aisément les avantages et les inconvénients que présentent ces dispositions. Quand les parcs C et D ont été parqués, on place les claies en dessous du parc D, on dispose de nouveau les parcs en échiquier comme ils avaient été placés tout d'abord, le côté *fe* du parc D est le seul qui doit être conservé; il forme l'un des côtés du cinquième parc.

Quelles que soient la grandeur et la forme du parc, les crosses de claies doivent être mises hors du parc, car lorsqu'elles sont en dedans elles gênent les animaux, et il s'ensuit que, près des claies, le terrain est mal parqué. C'est pourquoi le berger est obligé, pour ainsi dire, quand il fait passer son troupeau, la nuit, d'un parc dans l'autre, de retourner, c'est-à-dire fixer les crosses qui consolident les claies séparatives sur la partie qui vient d'être parquée.

Quelquefois le berger place horizontalement sur le sol, près des alignements qu'il a tracés, toutes les claies dont il a besoin, et ce n'est qu'après les avoir transportées qu'il les relève et les assure par les crosses. Cette manière de procéder est très-bonne, et elle permet au berger de construire un parc plus aisément.

Quand le berger veut construire un nouveau parc à la suite d'un autre, l'un des côtés du parc déjà établi sert pour le second. Après avoir mesuré et aligné les trois autres côtés du second parc, il transporte les claies au moyen desquelles il avait construit le premier parc, et les assure par le concours des crosses. Quand le nouveau parc est construit, il retourne les crosses qui fixaient le côté de l'ancien parc sur la portion du champ sur laquelle il avait été établi. Lorsque le berger est obligé de changer de parc, c'est-à-dire d'en construire un nouveau pendant la nuit, et qu'il prévoit que celle-ci sera sombre, il doit s'assurer durant le jour des points où seront placés les angles droits, et placer à chaque coin ou chaque angle des piquets portant des chiffons blancs. Ces jalons, dit Daubenton, lui serviront de guides, et il est certain qu'il les apercevra assez facilement pendant la nuit.

Lorsque le sol est uni, la pose des claies a lieu très-facilement; mais il n'en est pas de même si le sol est disposé en planches bombées ou en billons : le berger éprouve souvent de très-grandes difficultés à placer ses claies toutes de face. Dans cette circonstance, observe Daubenton, on place de deux côtés les claies, selon la longueur et dans les sillons ou dérayures, et pour asseoir celles qui doivent occuper les travers, on trace, au moyen d'une charrue, un sillon dans toute la longueur ou la largeur d'un champ. On répète cette opération sur la surface qui doit être parquée, autant de fois que cela est nécessaire.

Ainsi que je l'ai dit précédemment, le berger, pour transporter les claies, passe le bras droit à travers la voie et les porte sur son épaule. Quelquefois il en porte deux, une à chaque épaule, et les crosses à la main. Il peut aussi les porter en passant le bout de sa houlette dans la voie ; alors il cherche le milieu de la claie, appuie son dos contre celle-ci, la soulève et la transporte ; la houlette est placée sur son épaule et tenue ferme par le concours de ses mains.

La cabane suit toujours le parc, et c'est ordinairement le berger, seul ou avec l'aide d'un second, qui la déplace. Quand le terrain ne permet pas qu'un ou deux hommes la mettent en mouvement, on se sert d'un cheval, que le cultivateur envoie au berger chaque matin ou tous les deux jours.

9. *Conduite du parc.*

Pendant la belle saison, les troupeaux prennent le parc vers la fin du jour, vers huit ou neuf heures du soir ; en automne et au printemps, les moutons rentrent au parc avant le coucher du soleil. Quand le temps est beau, lorsqu'il n'y a point de rosée, les troupeaux quittent le parc dès huit heures du matin ; dans les pays secs, où les rosées et le serein ne sont pas à craindre, les animaux en sortent dès six heures. Mais il existe des localités, en France, où la sortie n'a lieu que vers neuf et même dix heures du matin ; c'est que la pratique a démontré qu'il est des contrées où il faut attendre, pour faire sortir les troupeaux des parcs, que la rosée soit entièrement dissipée ; chacun sait que celle-ci est très-nuisible aux bêtes à laine qui habitent des contrées brumeuses, ou qui vivent sur des terrains couverts de plantes humides.

Dans les jours longs et les localités où les pâturages sont bons, le berger change le parc dans la nuit. Ainsi, vers minuit, une heure, et quelquefois même deux heures du matin, il transporte les claies en deçà ou au delà de l'endroit où était établi le parc et en construit un nouveau. Pendant ce changement, les animaux sont retenus sur la partie qui vient d'être parquée par les chiens. Quand le berger a pu construire, avant la nuit, deux parcs contigus, parce que le nombre de claies qui ont été mises à sa disposition le lui permettait, il lui suffit d'enlever une des claies qui séparent les deux parcs pour établir une ouverture, et faire passer les animaux d'un parc dans l'autre.

Ordinairement le berger, avant de quitter le parc le matin, change de place celui dans lequel les animaux ont été renfermés la veille au soir ou durant la nuit. Ce nouveau parc est destiné à recevoir le troupeau au milieu du jour. Ce troisième parc commence à dix ou onze heures du matin, et se termine vers deux ou trois heures de l'après-midi ; il n'a lieu que lorsque les jours sont longs. Quelquefois le berger fait un troisième parc à cinq heures du matin ; alors il ne conduit son troupeau au pâturage que vers neuf heures.

En automne, et souvent aussi au printemps, époques où les nuits sont longues, et pendant lesquelles les animaux ont moins de temps pour pâturer, le berger ne change le parc de place qu'une fois dans la nuit. Il faut que les chaumes, ainsi que les pâturages, offrent une nourriture abondante pour qu'on puisse faire deux changements de parc la nuit. Nonobstant, Daubenton fait remarquer que les bêtes à laine fument beaucoup plus abondamment dans la première moitié de la nuit que dans la seconde, et qu'il faut disposer la rangée intérieure des claies qui sépare le parc du soir de celui du matin, de façon que la surface de celui-ci soit à celle du premier dans le rapport de 2 : 3 pour que la fumure soit très-égale.

Chaque changement de parc se nomme *un coup de parc*.

Avant de les faire sortir du parc pour les conduire sur les pâturages, le berger doit faire lever les animaux, les mettre en mouvement dans le parc et attendre quelques instants afin qu'ils se vident complètement, et qu'ainsi leurs excréments restent au sein du parc. Tessier fait observer qu'autant qu'on le peut, on doit disposer le parc du levant au couchant ; si on est obligé de le diriger du nord au midi, on a soin, lors du parcage, au milieu du jour, de faire rentrer le troupeau par le midi, afin que, n'ayant pas le soleil dans le nez, il avance plus aisément à l'autre extrémité du parc (1).

Lorsque le temps est à l'orage, et que celui-ci est proche, ou que les pluies se prolongent, le berger doit rentrer son troupeau à la bergerie.

Le premier parc doit être construit à un des coins du champ. La direction à suivre dans le parcage varie ; tantôt le berger suit la longueur, tantôt il dirige ses parcs suivant la largeur de la pièce. Ordinairement il suit la largeur si celle-ci est telle qu'une charrue pourra fonctionner aisément : lorsque le champ est étroit, les parcs sont dirigés suivant sa longueur. Quand le berger est arrivé à l'extrémité d'une de ses directions, après avoir placé les parcs à la suite des uns des autres, il en fait un autre à côté du dernier, et il suit une seconde ligne, en ayant soin que les parcs soient très-près de la partie déjà parquée ; puis il revient jusqu'à l'extrémité d'où il est parti, et il continue ainsi jusqu'à ce que le champ soit entièrement parqué.

10. *Opérations qui suivent le parcage.*

Aussitôt que le parc est arrivé à l'une des extrémités du champ, on doit se hâter d'enfouir les excréments déposés sur le sol. Ordinairement on fait exécuter un léger labour ou on donne un coup d'extirpateur, et ces façons d'ameublissement superficiel suffisent pour placer les matières excrétées dans un milieu où elles seront à la portée des racines des plantes. Quelquefois le parcage est suivi par deux labours, mais alors le second est exécuté de manière à ce que les crottins soient près de la surface de la terre. Souvent encore on se sert, quand la terre est meuble, d'un scarificateur. Un simple hersage, à cause de la dureté que présente la couche arable, et qui est due au piétinement des moutons, doit être regardé comme insuffisant, à moins que la couche arable ne soit naturellement très-meuble.

Quelques agriculteurs ont avancé qu'on peut laisser les déjections sur le sol pendant plusieurs semaines, afin de ne procéder à l'enfouissement du parcage que quand toute la surface du champ qui doit être parqué a été fumée. Ainsi, dans le département du Nord, il existe des cultivateurs qui prétendent avoir constaté que les excrétions laissées à nu sur le sol pendant un temps n'éprouvent aucune déperdition notable.

Schwertz soutient une opinion tout à fait analogue ; ainsi il croit que pas une goutte d'urine, pas une déjection ne sont perdues pour le terrain du parcage, ainsi que cela arrive lorsqu'on fait sortir à l'ordinaire les animaux des bergeries ; et qu'ainsi, par le parcage, on gagne plutôt qu'on ne perd sur la somme des déjections (1). M. de Gasparin va plus loin, il dit que la volatilisation des excrétions dispersées sur le sol en entraîne moins que quand celles-ci sont excitées à la fermentation par leur entassement et la chaleur des bergeries (2). Je ne puis croire à de tels résultats en présence des parties ammoniacales qui s'exhalent d'un terrain qui vient d'être parqué ; cela est si vrai que dans la pratique on se hâte toujours d'enfouir les déjections des animaux. Ainsi les cultivateurs de la Beauce et de la Picardie ont soin d'enterrer les déjections aussitôt que le parc est arrivé à l'une des extremités du champ sur lequel il est établi ; c'est qu'ils savent parfaitement que ces matières dégagent sans cesse par la volatilisation des molécules fertilisantes qui doivent être regardées comme complétement perdues pour les plantes qui suivent le parcage. Lorsque le parc est suivi par un labour léger, les crottins, les urines se mêlent à la couche arable, et dès lors la volatilisation n'est plus aussi sensible, et une notable partie des principes volatilisables est fixée par le sol. Non-seulement le parcage perd considérablement de son énergie lorsqu'il reste exposé à l'action d'une forte température, d'un soleil brûlant ; mais sous les effets de pluies abondantes et prolongées, il perd sensiblement de son activité. Le cultivateur qui fait parquer sur des terres nues ou en jachères, doit donc être bien convaincu que l'enfouissement des matières excrétées doit être pratiqué aussi promptement qu'il est possible de l'exécuter. Ordinairement le parc suit, lorsqu'on commence le parcage, l'un des bords du champ suivant sa longueur ou selon sa largeur, et, quand il a abandonné une de ces lignes pour en commencer une autre à côté, on procède immédiatement

---

(1) *Cours complet d'agriculture*, t. XI, p. 217.

Cours d'Agricult.

(1) *Préceptes d'agriculture pratique*, p. 158.
(2) *Cours d'agriculture.* t. 1, p. 542

à l'enfouissement des matières fertilisantes. On comprend dès lors combien il importe que le berger prenne en considération le nombre de jours qui lui sera nécessaire pour arriver à l'autre extrémité. Si le champ est très-long et sa largeur telle qu'une charrue ou scarificateur puisse fonctionner librement, il devra nécessairement parquer suivant la seconde dimension. Si le champ était très-étroit, si trois ou quatre coups de parc suffisaient pour le fumer, il faudrait, pour ne pas avoir recours chaque jour à un attelage, si surtout le parc était très-éloigné des bâtiments d'exploitation, parquer suivant la longueur du champ ; mais alors le berger, au lieu de donner au parc une forme carrée, devra adopter celle rectangulaire, afin d'arriver le plus tôt possible à l'extrémité de la surface à parquer. C'est en procédant ainsi qu'on parvient à obtenir du parcage tous les avantages que présente ce mode de fertilisation.

11. *Récoltes qui suivent le parcage.*

On parque le plus ordinairement pour le froment, le seigle, le colza, la navette. Ce n'est qu'accidentellement que le parcage a lieu sur des terres qui doivent supporter du chanvre, du tabac et du lin. Lorsque le parcage est appliqué aux céréales d'hiver, on n'obtient pas toujours, alors surtout que le sol a reçu une forte fumure, des résultats satisfaisants. Ainsi un fort parcage produit souvent une augmentation de paille, occasionne quelquefois la verse des céréales ou favorise la production de grains de qualité secondaire. Thaër assure que le froment venu sur parcage contient une proportion très-prépondérante de gluten. Nonobstant d'après Schmaltz les pièces parquées et couvertes de céréales d'hiver sont plus exemptes de mauvaises herbes que celles fumées avec du fumier. Il dit avoir trouvé un grand avantage à faire parquer des chaumes de trèfle et à les semer ensuite en froment ; il a obtenu après le parcage qui a été enfoui par un seul labour, jusqu'à vingt fois la semence, et les grains étaient très-beaux (1). En Normandie et en Beauce, quand le printemps n'est pas très-humide, les froments venus après un parcage sont productifs et leurs grains d'assez belle qualité.

Quelques cultivateurs font suivre les terres parquées par une vesce d'hiver

ou une bisaille ; mais on a généralement reconnu que ces récoltes fourragères jouissaient d'une odeur qui déplaisait aux animaux lorsqu'elles étaient consommées en vert. Cet inconvénient n'existe pas quand ces légumineuses sont cultivées pour leurs semences.

12. *Plantes en végétation qui peuvent être parquées.*

Dans quelques contrées en France on parque, en automne, sur les céréales d'hiver lorsqu'elles ont plusieurs feuilles. En pratiquant un tel parcage, on a pour but de raviver une semaille qui languit ou d'accroître la force végétative es plantes qui manquent de force parce que la semaille a eu lieu tardivement. Néanmoins cette opération ne doit avoir lieu que par un beau temps et sur des sols secs. Pratiquée sur des sols argileux, et particulièrement par un temps humide, elle serait plus nuisible que favorable ; car, par le fait du piétinement du mouton, elle augmenterait la compacité naturelle de la couche arable. Dans les contrées sud-est de la France, on pratique cette méthode depuis fort longtemps quand les circonstances l'exigent, avec le plus grand succès.

On parque aussi les luzernes et les trèfles ; mais cette opération ne peut avoir lieu que par un temps sec, si on ne veut pas exposer les bêtes à laine à la pourriture. On choisit souvent le temps des fortes gelées ; alors les moutons tassent moins le sol et ne rongent pas le collet des plantes aussi facilement. Le sainfoin ne doit pas être parqué, car il périt presque toujours sous la dent du mouton.

On a dit que le parcage sur les prairies naturelles était sans cesse favorable, que par cette opération on obtenait des récoltes abondantes sur les terrains secs et pauvres ; sans doute, par ce moyen on active sensiblement la végétation des plantes et on obtient l'année suivante des produits satisfaisants, mais on ne doit pas oublier que l'action de ces matières stercoracées n'est que passagère, et qu'un parcage ne produit jamais les effets d'une fumure équivalente. Quoi qu'il en soit, le parcage ne peut avoir lieu que sur des prairies élevées ou par un temps très-sec sur des prairies basses que l'on a préalablement assainies. La prudence exige aussi que les animaux ne séjournent pas très-longtemps sur la même place quand ils parquent sur une prairie : on sait que les moutons broutent

---

(1) *Préceptes d'agriculture pratique.* p. 210.

l'herbe rez de terre et que même ils l'arrachent souvent.

13. *Durée du parcage.*

Les matières excrétées des moutons, à cause de leur grande solubilité, agissent immédiatement sur la végétation. Il résulte de là que les effets du parcage ont très-peu de durée. Dans les circonstances ordinaires, cette action ne dépasse pas l'existence d'une plante annuelle ou bisannuelle, et elle force le cultivateur à considérer cette fumure comme annuelle. Il faut que le parcage ait été très-énergique pour qu'il puisse agir d'une manière sensible sur deux récoltes, pour qu'il puisse favoriser la végétation du blé après une récolte de colza préalablement parquée, ou celle de l'avoine, quand cette céréale suit un froment pour lequel a eu lieu le parcage.

14. *Parcage par association.*

Il existe quelques localités en France où les cultivateurs s'associent et font un parc commun. C'est qu'il n'est pas possible ou du moins très-difficile à un cultivateur qui ne possède qu'un très-petit troupeau, confié la plupart du temps à un enfant, de songer au parcage à cause des frais qu'occasionnerait cette opération et de la lenteur avec laquelle on procéderait. Ainsi, un troupeau de 20 à 40 têtes exige, comme un troupeau de 200 animaux, un berger intelligent, un chien, etc., et pour parquer un hectare il faudrait, si on donnait deux coups de parc par nuit, 250 ou 225 jours. Suivant Daubenton, il faut avoir au moins 50 à 60 bêtes

pour faire un parc, encore est-ce lorsque le berger, étant un enfant de la maison, ne coûte rien de plus pour le parcage ; autrement la dépense nécessaire pour l'entretien du berger excéderait le bénéfice (1). Dans le canton de Rabastens (Hautes-Pyrénées), plusieurs communes se réunissent pour mettre ensemble leurs troupeaux au parc ; celui-ci renferme ordinairement deux à trois cents bêtes. Le propriétaire ou le fermier, sur les terres duquel est établi le parc commun, paye 0,05 c. par nuit à la communauté par chaque bête à laine ; on donne un seul coup de parc par nuit. A Saint-Pé, dans le même département, il arrive parfois que deux ou trois propriétaires réunissent leurs troupeaux pour parquer réciproquement trois ou quatre nuits de suite, l'un chez l'autre (2).

———

Cet exposé sur le parcage n'est pas complet. Lorsque j'aborderai l'étude du mouton, j'aurai occasion de revenir sur cette opération et d'exposer les conditions hygiéniques au sein desquelles doivent vivre les animaux au parc, et les précautions que le berger doit prendre pendant la nuit (Voir Zoologie Agricole, *chap. III.*)

3° DES EXCRÉMENTS DE BÊTES BOVINES.

Les excréments des bêtes à cornes sont aqueux et assez mous. On leur donne généralement le nom de *bouzes.*

D'après Thaër et Einhof, les excréments des bœufs et des vaches se composent, à l'état frais, de

Fibres végétales.	15,60
Matière soluble.	2,30
Matière insoluble.	9,30
Sable probablement accidentel.	1,10
Eau.	71,40
Perte.	0,30
	100,00

Suivant **M.** Girardin, ces excréments sont composés de

(1) *Loco citato*, p. 369.
(2) *Agriculture des Hautes-Pyrénées*, p. 142.

Matières organiques solubles dans l'eau.   5,340
Matières organiques solubles dans l'alcool.   2,100
Fibres ligneuses.   8,606
Matières salines : phosphate de chaux et de magnésie, car-
    bonate de chaux , silice , silicate de potasse , sel marin.   4,230
Eau.   79,724

                                    100,000

D'après **M. Haidlen**, ces matières contiennent :

Phosphate de chaux.   10,90
Phosphate de magnésie..   10,00
Phosphate de fer.   8,50
Chaux..   1,50
Sulfate de chaux.   3,10
Chlorure de sodium, cuivre. . . . .   traces.
Silice..   63,70
             Perte.   1,30

                                    100,00

M. Ménier a trouvé qu'elles se composaient de

Matières organiques solubles.   2,60
Matières insolubles des aliments.   24,00
Matières insolubles qui s'ajoutent dans le canal intestinal. .   3,40
Eau.   70,00

                                    100,00

D'après **M. Boussingault**, les excréments humides des vaches seraient composés de

Carbone.   4,46
Hydrogène.   0,47
Oxigène..   1,40
Azote.   1,55
Sels.   1,51
Eau.   87,61

                                    100,00

Dans l'analyse des excréments des bêtes à cornes que **M. Morin** a faite , il
a trouvé :

Débris végétaux.   24,08
Résine verte et acide gras.   1,52
Matière biliaire inaltérée.   0,60
Matière extractive particulière. 1.60
Albumine.   0,40
Résine de la bile.   1,80
Eau.   70,00

                                    100,00

Liebig a constaté les résultats suivants :

Substances combustibles.	12,352
Substances minérales.	1,748
Eau.	85,900
	100,00

De là il résulte que les excréments des bêtes à cornes contiennent, en général, une très-grande quantité d'eau et une assez forte proportion d'azote. Thaër et Einhof ont trouvé 71,40 parties d'eau ; ce résultat ne concorde nullement avec l'état général de ces excréments. MM. Payen et Lassaigne ont constaté, dans 100 parties d'excréments de vaches, 0,86 d'eau ; ce chiffre confirme ceux donnés par MM. Boussingault et Liebig. C'est pourquoi ces matières se mêlent facilement à la litière, et qu'elles sont regardées comme très-favorables à la vie des plantes. Ces excréments n'exhalent, pour ainsi dire, aucune odeur d'ammoniaque, et leur putréfaction, qui est lente, n'est accompagnée que d'un dégagement de chaleur très-peu sensible.

Ces matières, qui sont très-riches en substances salines, s'emploient ordinairement mêlées à des litières. Ce n'est qu'accidentellement qu'elles sont employées seules et dans leur état naturel. Ainsi, il existe en France et en Allemagne quelques contrées où on renferme ou on réunit les bêtes à cornes pendant la nuit, dans des parcs bien clos, sur des prairies ou des pâturages. Ce mode de parcage est très en usage dans les montagnes du centre de la France. En Auvergne, on connaît ce mode de fertilisation sous le nom de *fumade*. Ce parcage, qui a pour résultat l'amélioration de l'herbe du lieu où les animaux sont réunis, consiste à faire parquer les bestiaux successivement sur toutes les parties, en changeant de place chaque année les *burons* ou chalets, près desquels ils sont rassemblés au milieu du jour et tous les soirs. Les animaux sont quelquefois renfermés dans des claies épaisses environnées de chiens très-forts et très-méchants pour les défendre des loups. Cette pratique, observe Yvart, change avantageusement la nature de l'herbe ; elle fait souvent disparaître le nard serré (*Nardus stricta*, L.), et la fétuque dure (*Festuca duriuscula*, L.), qui se trouvent remplacés par de meilleures plantes (1). En général, le pâturage des prairies et des herbages par les bêtes à cornes, doit être considéré comme un parcage. Nonobstant, toutes les fois que les animaux d'espèce bovine vivent ou séjournent dans un pâturage, il est indispensable d'étendre de temps à autre les déjections ou bouzes. Ainsi disséminées, ces matières nuisent moins à l'herbe et concourent directement à l'amélioration du fond concurremment avec les urines. Abandonnées à elles-mêmes, et lorsque surtout elles forment des tas, elles se dessèchent et n'ont qu'une très-faible action sur la vie des plantes ; si celles-ci croissent avec plus de vigueur, elles contractent de mauvaises odeurs qui forcent les animaux qui ont produit ces excréments à ne pas les consommer. Une bête à cornes que l'on fait parquer exige un espace 10 fois plus grand que celui nécessaire à une bête à laine.

4º DES EXCRÉMENTS DE BÊTES CHEVALINES.

Les excréments des chevaux, ânes et mulets, ont beaucoup de consistance, et ils se présentent presque toujours sous forme de globules un peu secs et assez susceptibles de se désunir. En général, ils ne contiennent que 75 à 76 pour 100 d'eau, et ils se mêlent difficilement à la litière. On les connaît sous le nom de *crottins*.

D'après M. Lassaigne, les excréments de cheval contiennent :

Matières organiques solubles dans l'eau	1,65
Matières insolubles des aliments.	20,20
Matières insolubles qui s'ajoutent dans le canal intestinal.	1,05
Sels.	0,60
Eau.	76,50
	100,00

---

(1) *Excursion agronomique en Auvergne*, 1842, p. 23.

M. J. Girardin a trouvé pour la composition de ces excréments .

Matières organiques solubles dans l'eau.	4,34
Matières organiques solubles dans l'alcool.	2,60
Fibres ligneuses.	12,16
Matières salines : phosphate de chaux et de magnésie, carbonate de chaux, silice, silicate de potasse, sel marin.	2,54
Eau.	78.36
	100,000

Des mêmes excréments analysés par M. Boussingault contenaient :

Carbone.	9,56
Hydrogène.	1,26
Oxigène.	9,31
Azote.	0,54
Sels.	4,02
Eau.	75,31
	100,00

M. Jackson a trouvé que le crottin de cheval contenait en matières inorganiques .

Phosphate de chaux.	5,00
Carbonate de chaux.	18,75
Phosphate de magnésie.	36,25
Silice.	0,40
	100,00

La moyenne de quatre analyses faites par MM. Valentin et Brunner donne les résultats suivants :

Silice.	0,77
Chlore.	0,03
Acide sulfurique.	0,01
Acide phosphorique.	0,02
Acide carbonique et alcalis (soude et potasse).	0,60
Chaux.	0,10
Magnésie.	0,07
Cendres.	1,69
Matières organiques.	76,59
Eau.	81,72
	100,00

Les excréments des chevaux s'emploient souvent sans aucune préparation. Ainsi, dans diverses localités, des femmes ou des enfants ramassent ces matières sur les routes ou les chemins, pour les livrer soit à la petite , soit à la grande culture. Ces excréments, qui constituent un *engrais chaud*, ne conviennent guère pour les terres légères , les sols siliceux ; on ne doit les employer que sur des terres argileuses ou des terrains humides. Cet engrais ne peut pas être employé à l'état frais, c'est-à-dire aussitôt après qu'il a été ramassé. On doit le laisser en tas pendant plusieurs semaines ou plusieurs mois, afin qu'il se décompose et qu'il soit plus actif. Il faut éviter de laisser les crottins exposés à l'action du soleil, surtout pendant l'été, car ils se dessèchent promptement, et perdent une partie, sinon la totalité, de leur énergie. En 1840, M. Dailly a fait ramasser 1,070 hectolitres de crottin de cheval au prix de 0,44 l'hectolitre. Chaque hectol. transporté et répandu sur le champ, lui coûtait 0,53. La quantité appliquée par hectare était de 164^{hect},30 ; le prix de revient s'est donc élevé, pour chaque hectare fumé à 88 fr. 56.

5° DES EXCRÉMENTS DE PORCS.

Les déjections des porcs se présentent toujours sous une forme boueuse, liquide et chargées abondamment d'urine. On les désigne sous le nom de *fiente.*

D'après M. J. Girardin, les excréments de porc contiennent :

Matières organiques.	20,15
Matières salines.	4,85
Eau.	75,00
	100,00

D'après les analyses faites par MM. Boussingault et Payen, les excréments de porcs comportent 81 pour 100 d'eau, et à l'état normal, ils renferment 0.63 seulement d'azote. Cette faible proportion d'azote explique pourquoi, généralement, on considère ces déjections comme très-peu actives, et les motifs pour lesquels on ne les emploie que mêlées à des litières et sous forme de fumier.

§ 2. DE LA COLOMBINE.

Sous le nom de *colombine* on désigne les excréments des pigeons que l'on recueille dans les colombiers.

Autrefois, les colombiers à pied et sur piliers étaient fort nombreux en France, et tous étaient possédés par la noblesse. Une ordonnance de 1368 considère le droit de colombier comme un attribut féodal, qui n'appartenait qu'aux seigneurs hauts justiciers et aux seigneurs de fiefs ayant censive ou jouissant comme propriétaires d'au moins cinquante arpents de terres labourables. Ce droit a été aboli lors de la destruction des prérogatives seigneuriales. D'après l'article 2 du décret du 4 août 1789, le privilège des fuies n'existe plus, et tout citoyen peut élever un colombier en se conformant aux règlements de police pris à ce sujet par l'autorité municipale. Au moment de l'arrêt porté contre les pigeons fuyards, dit M. de Vitry, il y avait en France 42,000 colombiers, comportant 4,200,000 paires. On comprend qu'il a dû résulter de la suppression des colombiers, un dommage considérable pour l'agriculture puisque celle-ci a été privée, pour ainsi dire, d'un des engrais les plus énergiques. Aujourd'hui la Flandre est la seule province française qui possède encore des colombiers nombreux et bien peuplés.

1° Nature de la colombine.

La colombine est toujours mêlée à une certaine quantité de plumes, matières riches en principes azotés. Elle est ordinairement sèche et solide quand on la retire des colombiers ; c'est que toutes les fois qu'elle est abandonnée à elle-même à l'air libre, elle perd promptement sa fluidité par suite de la dessiccation lente et spontanée qui a lieu dans la masse. Les déjections des pigeons ne se divisent pas en solides et en liquides comme celles des animaux proprement dits, elles se résolvent en une masse qui ne se divise pas naturellement. D'après H. Davy, la colombine, quand elle est humide, fraîche, fermente rapidement, et après sa fermentation elle contient moins de matières solubles qu'avant. Ainsi 100 parties de colombine fraîche renferment 25 pour 100 de matières solubles dans l'eau, tandis que la même quantité de ces déjections fermentées n'en fournit plus que 8 parties, et donne proportionnellement moins de carbonate d'ammoniaque (1). Ces faits indiquent au cultivateur que la colombine ne doit pas séjourner longtemps dans les colombiers et qu'elle doit être employée avant qu'elle fermente.

La colombine, d'après M. J. Girardin, contient lorsqu'elle est fraîche :

---

(1) *Chimie agricole*, éd. Raret, p. 143.

Matières organiques.	18,11
Matières salines.	2,28
Gravier et sable siliceux.	0,61
Eau.	79,00
	100,00

De la colombine importée d'Égypte, contrée où l'on élève beaucoup de pigeons, et analysée dans le laboratoire de la Société royale d'agriculture de Londres, a donné les résultats suivants :

Matière organique renfermant 3,27 d'azote.	59 68
Ammoniaque.	1.50
Phosphates de chaux et de magnésie.	7,96
Carbonate de chaux.	2,37
Sels alcalins.	0,42
Matières siliceuses insolubles.	21,42
Eau.	6,65
	100,00

On a constaté que cette colombine renferme 23.9 pour 100 de matières solubles, quantité analogue à celle trouvée par **M. J. Girardin** dans la colombine de notre pays.

Suivant MM. Boussingault et Payen, la colombine contient à l'état normal 9,6 d'eau et 8,30 pour 100 d'azote. La matière blanche qui s'y trouve mêlée est de l'acide urique presque pur.

2° Emploi de la colombine.

Cette déjection, qui ne peut être obtenue qu'en petite quantité, s'accumule petit à petit dans les colombiers : et, comme ces bâtiments sont toujours secs et que la colombine y existe à l'abri de l'air et du soleil, il en résulte qu'il n'est pas nécessaire de l'enlever tous les jours ou toutes les semaines. Toutefois, c'est une erreur grave de croire qu'il soit possible de la laisser s'amonceler d'un bout à l'autre de l'année dans les colombiers. Quand elle séjourne longtemps dans les pigeonniers il se produit au sein de la masse une très-grande quantité de vers, qui en détruisent la majeure partie, et dès lors la colombine abandonne une partie de l'ammoniaque qu'elle contient. Dans quelques endroits on l'enlève tous les six mois ; dans d'autres, c'est tous les mois, et même tous les quinze jours, que les colombiers sont nettoyés. Pour l'enlever on se sert d'une ratissoire ou d'une pelle. Quand le pigeonnier a été nettoyé à fond, on porte la colombine sous un hangar si elle est encore humide afin qu'elle se dessèche complétement, ou dans un local bien sec. Pour lui conserver toute son action fertilisante, il faut la mettre dans des tonneaux.

Quand la colombine est enlevée des colombiers, et qu'elle a séjourné dans ces locaux durant quelques semaines ou pendant plusieurs mois, elle se présente généralement sous forme de plaques, de morceaux plus ou moins grands. Avant de l'employer, on doit la réduire en poudre. A cet effet, on divise les grumeaux ou morceaux dans une machine à concasser les fruits, ou bien on les brise au moyen du fléau.

La colombine ne doit être appliquée qu'au printemps et en automne. On doit choisir un temps calme et un peu humide pour la répandre, car les pluies modèrent son action appliquée ; par un temps de sécheresse continue, elle reste inerte ou même elle brûle les récoltes (1). On la répand ordinairement sur des terres labourées, soit seule, soit mêlée à la semence ; on peut aussi l'appliquer sur des plantes en végétation. Quand on la répand sur des terres labourées, on la recouvre par un coup de herse ; en Flandre, on la laisse le plus souvent, sans préparation aucune, à la surface du sol.

Cet engrais convient spécialement aux terres argileuses, froides, humides ; il est trop chaud, trop énergique, pour être appliqué sur des sols légers et secs.

3° Quantité à appliquer.

La colombine étant un des engrais

<hr>

(1) *Agriculture du département du Nord,* p. 89.

les plus énergiques, doit être appliquée dans une très-faible proportion. Olivier de Serres a dit : « Avec discrétion sera distribué le fiens du colombier, de peur que par trop grande quantité la semence n'en fust bruslée ; pourquoi on le sème par la terre à la façon du bled et presque aussi rarement. » Dans le département du Nord, on l'applique de préférence au lin à la dose de 2,000 kilog. à l'hectare. Dans le pays de Caux, on l'utilise principalement pour l'orge dans la proportion de 1080 à 1890, quelquefois même 2160 litres par hectare (1). Dans le département du Pas-de-Calais, on loue un pigeonnier à raison de 100 fr. par an ; chaque colombier contient de 600 à 650 pigeons et donne une bonne voiturée de colombine. Selon M. Cordier, la fiente de 7 à 800 pigeons suffit pour fertiliser un hectare de terrain (2). M. J. Girardin a constaté que dans le pays de Caux, 100 pigeons fournissent annuellement de 810 à 972 litres de colombine, et que la fumure d'un hectare, avec cet engrais, revient de 125 à 200 fr.

4° Cultures auxquelles il faut appliquer la colombine.

En Flandre, on emploie ordinairement la colombine sur le lin, le chanvre et le tabac. Schwertz l'a appliquée pendant longtemps avec le plus grand succès au trèfle, en le mêlant avec de la cendre de houille (3). On peut aussi l'utiliser pour le froment. Bosc ne veut pas qu'elle soit appliquée pour cette céréale, mais bien sur l'orge ; il s'appuie sur ce qu'elle influe défavorablement sur le goût du pain fait avec du blé dont elle a favorisé la végétation (4). Cet engrais est aussi employé dans la culture des choux et du colza, plantes sur lesquelles il produit parfois des effets extraordinaires ; il a une action très-favorable sur les prairies humides quand elles ont été assainies avant qu'il soit appliqué.

5° Action fertilisante.

La colombine est employée depuis fort longtemps comme substance fertilisante, et toujours elle a été regardée comme un engrais très-énergique.

Columelle la mettait au premier rang ; il avait remarqué que, répandue en petite quantité, elle rendait la terre moins froide. Olivier de Serres considérait aussi cet engrais comme le meilleur, à condition, toutefois, « que l'eau intervienne tost après pour corriger sa force, autrement il nuirait plustost qu'il ne profiterait, attendu que seul, sans être tempéré par l'humidité, brusle ce qu'il touche. C'est pourquoi autre saison n'y a-t-il pour son application que l'automne et l'hiver, le printemps estant suspect pour la proximité de l'été (1). » Cette grande action est due à l'urée, aux sels de chaux et à la très-forte proportion d'azote que ces déjections contiennent. Ce qui confirme cette supposition, c'est que quand la colombine reste longtemps dans les pigeonniers, elle n'a jamais alors l'énergie qu'elle possède toutes les fois qu'elle est employée avant qu'elle ait perdu par la fermentation une notable partie de l'ammoniaque qu'elle renferme. C'est pourquoi M. de Gasparin a raison de recommander d'enlever souvent ces matières des colombiers et de les mêler, si on voulait en faire usage soi-même, avec une terre charbonneuse ou avec du sulfate de fer. « En les mélangeant, au sortir du colombier, avec de la terre, dit Parmentier, leurs principes enchaînés tourneront au profit d'une récolte, tandis que le résidu acquerrait, pour celle qui lui succède, le caractère et la forme qu'on a l'intention de lui donner en les réduisant à l'état de poudrette ; alors la propriété fertilisante se prolonge et elle n'est pas épuisée par une seule récolte (2). »

Toutes choses égales d'ailleurs, la colombine n'agit puissamment que dans l'année où elle est appliquée.

§ 3. DU GUANO.

On désigne sous le nom de *guano* ou de *huano*, des déjections et des débris d'oiseaux de mer, qui ont été déposés, dans des temps antérieurs, sur les roches des côtes et des îles du Pérou, du Chili et de l'Afrique.

1° *Du guano du Pérou.*

L'usage du guano parmi les peuples du littoral de l'océan Pacifique, localité privée d'eau et desséchée par le soleil,

---

(1) *Des fumiers*, par J. Girardin, p. 14.

(2) *Agriculture de la Flandre française*, p. 256.

(3) *Préceptes d'Agriculture pratique*, p. 156.

(4) *Cours complet d'agriculture*, t. IV, p. 536. Chez Roret, rue Hautefeuille.

(1) *Théâtre d'Agriculture*, t. 1, p. 126.

(2) *Cours d'Agriculture de Rozier*, t. XI, p. 398.

remonte aux temps les plus anciens. Lorsque les Espagnols firent la conquête du Pérou, ils constatèrent que les Indiens employaient cette substance comme engrais, et que les terres sur lesquelles ils l'appliquaient produisaient des productions végétales très-remarquables. Ces matières constituent un engrais si puissant que, du temps des Incas, la peine de mort était portée contre ceux qui, à l'époque de la ponte, débarquaient sur ces îles et cherchaient à effrayer les oiseaux de mer qui vivent dans ces parages, ou qui, à toute autre époque, en tuaient quelques-uns. Garcilaso de la Vega, qui écrivait à Lima, en 1523, ses *Comentarios reales*, est le premier qui ait parlé du guano.

C'est M. Alexandre de Humboldt qui a fait connaître à l'Europe cet engrais si puissant. D'après cet illustre voyageur, le guano se trouve très-abondamment aux îles de Chinche près Piso, mais il existe aussi sur les côtes et les îlots plus méridionaux, à Ilo, Iza et à Arica. Il forme des couches de 17 à 20 mètres d'épaisseur que l'on travaille comme les mines de fer ocracé. Ces mêmes îlots sont habités par une multitude d'oiseaux, surtout de hérons (*ardea*) et de phœnicoptères (*phœnicopterus*), qui y habitent la nuit. Le guano, qui forme dans ces lieux des couches épaisses, se fait sentir à un quart de lieue de distance : mais les habitants qui vont sans cesse chercher cet engrais, accoutumés comme ils le sont à l'odeur d'ammoniaque qu'il développe continuellement, n'en souffrent pas.

La formation des bancs et des masses de guano paraît être fort ancienne. M. de Humboldt s'est demandé, après avoir constaté que les excréments des oiseaux qui vivent sur les côtes de l'Amérique du Sud n'ont pu former, depuis trois siècles, que des couches de 0,009 à 0,011 d'épaisseur, si le guano ne serait pas un produit de bouleversements du globe comme les charbons de terre ou les bois fossiles (1). Aujourd'hui cette question ne peut plus être posée ; on sait, à ne plus en douter, que le guano n'est qu'une accumulation de fiente d'oiseaux qui habitent des pays où il tombe très-peu d'eau. Aussi est-ce avec raison que MM. J. Girardin et Bidard ont pensé que ces déjections n'appartiennent pas à l'époque actuelle, et qu'elles doivent être regardées comme un *coprolite* ou excrément fossile d'oiseaux antédiluviens (2). Suivant Cuthbert Johnston, c'est la sécheresse du climat qui a permis au guano de s'accumuler sur les roches des îles de Chinche, près de Pisco et de Patillos, situées près de Pacquica, sur la côte de la Bolivie. Ainsi serait expliquée l'infériorité du guano du Chili, qui existe sous un climat un peu pluvieux. M. Cuthbert Johnston pense que lorsqu'on arrive à une région où, par des causes locales, les rosées sont abondantes et les pluies plus fréquentes, les déjections de oiseaux sont presque absolument privées de principes fertilisants, et alors l'accumulation cesse (3).

L'exportation du guano en Europe n'est plus libre. Par suite des guerres civiles, qui ont rendu indépendant l'ancien empire des Incas, les îles où se trouve le guano, qui étaient devenues, lors de la conquête du Pérou par les Espagnols, une possession de la couronne d'Espagne, furent déclarées partie intégrante du domaine national des républiques du Pérou et de la Bolivie, et les revenus produits sur la vente furent affectés aux dépenses publiques. En 1840, une société dite *Péruvienne*, dont le siège est à Lima, obtint, après avoir fourni un cautionnement de 3,500,000 fr., le privilége exclusif de vendre le guano pour le compte des gouvernements de la Bolivie et du Pérou (4). De 1841 à 1844, la société envoya en Angleterre plus de 30,000 tonneaux de guano. Suivant les relations qui ont été publiées dans ces dernières années par ceux qui ont visité les îles de Chinche et qui ont reconnu que le guano, qui recouvre le granit qui forme la base de ces îles, a, dans quelques endroits, 60 à 65 mètres d'épaisseur (5), cet engrais peut, tout en continuant à être exploité pour la fertilisation des côtes de l'Amérique méridionale, suffire, pendant des siècles, au besoin de l'agriculture européenne.

Le guano se présente sous forme de poudre grossière, ayant une apparence

---

(1) *Annales de Chimie*, an XIII, t. LVI, p. 258.
(2) *Mémoires de la Société d'agriculture de Rouen*, t. XII, p. 116.
(3) *Transactions of the royal Society*, vol. II, p. 315.
(4) De Monnières, *Histoire du Guano du Pérou*, 1845, p. 9.
(5) Un voyageur raconte, qu'en avril 1842, il a examiné une surface perpendiculaire de guano, exposé à la vue, de plus de 33 mètres de hauteur.

terreuse. Il est mélangé de grumeaux souvent très-durs, et qui sont composés des mêmes éléments qui existent dans la partie pulvérulente. Sa couleur est jaune fauve assez prononcée ; son odeur est très-forte, elle est musquée, putride et ammoniacale ; Fourcroy et Vauquelin l'ont comparée à celle du castoreum, tenant un peu à celle de la valériane. Les seules substances étrangères que l'on y rencontre, et cela à toutes les profondeurs, sont des squelettes d'oiseaux et d'œufs, matières qui tombent en poussière quelques jours après qu'elles sont exposées à l'air. Lorsqu'on le chauffe, le guano noircit et exhale des vapeurs blanches très-ammoniacales ; si on soumet ensuite la masse noire à l'action d'une température élevée, elle change de couleur et devient blanche. Le guano absorbe avec force l'humidité de l'air. Cette propriété est importante, et doit avoir une action favorable sur la végétation dans les contrées où le sol est très-sec et la chaleur très-forte. M. Masounette, de Saint-Pierre d'Irube, près Bayonne, raconte qu'ayant visité, par une journée très-chaude du mois de mai, une prairie naturelle sèche, sur quelques parties de laquelle on avait répandu du guano, il introduisit ses mains dans l'herbe qui végétait avec vigueur sur la partie qui avait reçu la plus forte partie de guano, et les retira aussi mouillées que s'il les avait plongées dans l'eau. L'herbe des parties qui n'avaient pas reçu de guano était inclinée. On a constaté au Conservatoire des Arts et Métiers, à Paris, que la force absorbante du guano parfaitement desséché était de 50 pour 100 de son poids.

Fourcroy et Vauquelin ont les premiers analysé le guano. En 1804, M. de Humboldt leur ayant remis un échantillon qu'il avait rapporté du Pérou, ils constatèrent que cet engrais est formé (1) :

1° D'acide urique qui en forme le quart, et qui est saturé d'ammoniaque et de chaux ;

2° D'acide oxalique, également saturé en partie par l'ammoniaque et par la potasse ;

3° D'acide phosphorique, combiné aux mêmes bases et à la chaux ;

4° De petites quantités de sulfate et de muriate de potasse et d'ammoniaque ;

5° De matière grasse peu abondante ;

6° De sable en partie quartzeux et en partie ferrugineux.

Dans ces dernières années, de nombreuses analyses ont été faites. Le docteur Ure a constaté que le guano contenait (2) :

Matière organique azotée, contenant de l'urate d'ammoniaque, et pouvant fournir, par une décomposition lente, de 8 à 17 pour 100 d'ammoniaque.	50,00
Phosphate ammoniacal de magnésie, phosphate d'ammoniaque, et oxalate d'ammoniaque contenant de 4 à 9 pour 100 de ces alcalis.	13,00
Phosphate de chaux	25,00
Silice.	1,00
Eau.	11,00
	100,00

Un autre échantillon analysé par M. J. Davy a donné :

Matière soluble à l'eau, volatile ou destructible au feu, comme biphosphate, oxalate, muriate d'ammoniaque, matière animale.	41,20
Matière insoluble indestructible au feu, principalement phosphates de chaux et de magnésie.	29,00
Sels solubles non destructibles au feu, muriate de soude, carbonate et sulfate de potasse.	28,00
Eau et un peu de carbonate d'ammoniaque.	8,00
Urate d'ammoniaque peu soluble, destructible au feu.	19,00
	100,00

(1) *Annales de Chimie et de Physique*. t. LVI, p. 258.
(2) *Philosophical Magazine*, mai 1841.

Un échantillon, ayant une odeur très-désagréable, analysé par M. Fownes a donné (1) :

Oxalate d'ammoniaque, acide urique, matières organiques, traces de carbonate d'ammoniaque.	66,20
Phosphate de chaux et de magnésie.	29,20
Phosphates et chlorures alcalins, traces de sulfates.	4,60
	100,00

D'après M. Bartels, le guano du Pérou contient (2) :

Muriate d'ammoniaque.	6,500
Oxalate d'ammoniaque.	13,351
Urate d'ammoniaque.	3,244
Phosphate d'ammoniaque.	6,250
Matière cireuse.	0,600
Sulfate de potasse.	4,227
Sulfate de soude.	1,119
Phosphate de soude.	5,291
Phosphate d'ammoniaque et de magnésie.	4,196
Sel marin.	0,100
Phosphate de chaux.	9,940
Oxalate de chaux.	16,360
Alumine.	0,104
Résidu insoluble dans l'acide nitrique.	5,800
Perte, eau et matière organique non déterminée.	22,718
	100,00

Un échantillon analysé par MM. Boisteaux et Moride, de Nantes, a donné (3) :

Ammoniaque.	14.255
Acide urique.	15,245
Phosphate de chaux.	22,610
Carbonate de chaux.	0,550
Matières animales et sels dissous par la potasse et l'acide nitrique.	45,325
Sables et substances inertes.	2.015
	100,00

M. Caillat a obtenu les résultats suivants (4) :

Urate acide d'ammoniaque et acide urique	27,50
Phosphate d'ammoniaque.	5,10
Phosphate de potasse.	5,00
Sulfate de potasse.	9,90
Phosphate de chaux et oxalate de chaux.	22,90
Chlorure de sodium.	2,00
Phosphate ammoniaco-magnésien	0,10
Substance brune organique.	0,170
Sable siliceux.	0,80
Eau.	26,00
	100,00

---

(1) *Bibliothèque universelle de Genève*, t. LXIII, p. 194.
(2) *Chimie appliquée à l'agriculture*, 1844, p. 256.
(3) *Notice sur le guano*, 1845, p. 9.
(4) *Application à l'agriculture des éléments de chimie*, 1847, t. IV, p. 115.

Il ressort de ces diverses analyses que le guano du Pérou contient une très-forte proportion de sels ammoniacaux. Ainsi, d'après M. Bartels, sur 100 parties de cet engrais, on constate la présence de 33,68 de combinaisons ammoniacales. Ce résultat concorde avec les faits observés par MM. Voelkel et Klaproth ; le premier a obtenu 32,40 pour 100 de sels ammoniacaux, et le second 28.75.

La quantité d'ammoniaque et d'acide urique constatée par MM. Boisteaux et Moride est identique à celle observée par d'autres chimistes. Ainsi MM. Girardin et Bidard ont reconnu, par plusieurs analyses, que le guano du Pérou non falsifié contient :

    Acide urique sec.   18,40
    Ammoniaque.   13,00

Éléments qui représentent 16,86 pour 100 d'azote. M. Caillat a trouvé :

    Acide urique sec.   15,70
    Ammoniaque.   12,90

Parties qui donnent 15,88 d'azote pour 100 de guano humide. MM. Payen et Boussingault ont trouvé 15,732 d'azote lorsque le guano avait été desséché, et 13,950 quand il était naturel.

Le guano du Pérou contient, quand il est pur, très-peu d'eau. La quantité d'humidité qu'il renferme varie entre 6 et 11 pour 100. Il pèse de 75 à 80 kilog. l'hectolitre.

Le prix du guano du Pérou revient, rendu au port de Nantes ou de Rouen, à 21 et 25 fr. les 100 kilog.

2° *Du guano du Chili.*

Le guano que l'on recueille au Chili est moins riche, moins fécondant que celui du Pérou. Cette infériorité tient au climat. Au Pérou, il pleut très-rarement et l'air y est généralement sec et chaud ; au Chili, au contraire, les rosées sont fréquentes en été et en automne, et la saison pluvieuse y commence avec l'automne, c'est-à-dire au mois d'avril, et dure jusqu'au mois d'août. Cette humidité est on ne peut plus défavorable au guano ; celui-ci, sous l'action des pluies qui sont parfois fréquentes dans les îles, qui sont la plupart très-boisées, s'accumule sur les rivages avec difficulté, et s'il parvient à y former alors des dépôts assez importants, il ne présente plus alors qu'une masse presque inerte, et ayant perdu une notable partie de l'ammoniaque que renfermaient ses parties quand elles ont été produites.

M. Ure a trouvé dans le guano du Chili :

    Matière saline organique, volatile et combustible, contenant
        2,50 pour 100 d'ammoniaque.   22,50
    Silice.   0,50
    Phosphate de chaux.   53,00
    Eau.   24,00
                                                                            ______
                                                                            100,00

M. Colqhoun y a constaté :

    Urate d'ammoniaque, autres sels d'ammoniaque, matière
        animale décomposée.   17,40
    Phosphate de chaux et de magnésie, et oxalate de chaux. .   48,10
    Sels alcalins fixes.   10,80
    Silice.   1,40
    Eau.   22,20
                                                                            ______
                                                                            100,00

Un échantillon analysé par M. Boisteaux a donné :

Matières organiques et sels volatils ammoniacaux. 14,35

Oxalate de chaux. 5,41

Phosphate de chaux. 48,00

Carbonate de chaux. 8,27

Sels dissous par l'acide nitrique. 16,47

Sables et substances inertes. 7,50

100,00

Ainsi donc, les sels de chaux remplacent, dans ce guano, les combinaisons ammoniacales qui existent dans une si grande proportion dans le guano du Pérou. On comprend que l'action de cet engrais doit être différente, et qu'il est possible de ranger ce guano dans la division des engrais à laquelle j'ai donné le nom d'*engrais animaux minéralisés*, et qui comprend le noir animal ou résidu de raffineries et les os. Toutefois, quand j'aborderai l'étude de ces matières, j'aurai soin de faire remarquer qu'à cause de la faible quantité d'azote qu'elles contiennent, on doit les considérer comme moins actives, moins puissantes que le guano du Chili. Ce dernier engrais comporte des corps durs de couleur jaunâtre et de forme anguleuse, qui ne sont autres que du chlorure de sodium (sel marin) aggloméré. Ce sont ces pierrailles qui ont engagé M. Harmange jeune, négociant à Nantes, à accorder une réduction de 10 pour 100. Quoi qu'il en soit, ces corps durs ne doivent pas être abandonnés ; il faut les broyer et les mélanger à la partie poudreuse avant de l'appliquer. Ce guano a une valeur un peu moindre que celle du guano du Pérou.

3° *Du guano d'Afrique.*

Depuis quelques années seulement on a découvert sur la côte occidentale de l'Afrique, dans les dépendances de la colonie du Cap de Bonne-Espérance, des dépôts semblables d'excréments animaux. Ces matières se trouvent dans les îles d'Itchaboë, et dans celles qui existent dans le voisinage de Angra-Pequena et dans les baies de Saldanha et d'Elisabeth. Dans ces lieux, les dépôts ont jusqu'à 10 mètres d'épaisseur. On a aussi trouvé des dépôts de guano dans plusieurs petites îles voisines en Algérie, ainsi que sur les côtes du Labrador et de la Patagonie. S'il faut en croire quelques explorateurs, les baies et les anses de la côte de la Patagonie, qui est presque déserte, en comporteraient des gisements considérables.

Le guano d'Itchaboë est regardé comme supérieur à celui des îles de Malaca et de Angra-Pequena. Il se présente sous la forme d'une poudre d'un brun chocolat, parsemé de nombreux points blancs. On y voit de nombreux débris d'os de poissons, de coquilles d'œufs et des animalcules de diverses sortes. Ce guano contient beaucoup de détritus végétaux à demi décomposés, présentant encore une couleur verte et des cellules ; on y trouve aussi des plumes brunes et blanches. M. Quekett, en examinant du guano d'Itchaboë au microscope, a reconnu que cette substance contient beaucoup plus de matière cristalline, qui paraît être des grains de sable et quelques cristaux de sels divers, que le guano d'Amérique ou du Pérou.

M. Ure a trouvé dans le guano d'Afrique :

Matière organique volatile et saline contenant 10 pour 100 d'ammoniaque. 50,00

Phosphate de chaux, de magnésie, de potasse. 26,00

Sulfate et muriate de potasse. 2,50

Eau. 21,50

100,00

M. J. Davy a constaté :

Matière soluble à l'eau, volatile ou destructible au feu, comme biphosphate, oxalate, muriate d'ammoniaque, matière animale. 40,20

Sels solubles, non destructibles au feu, muriate de soude, carbonate et sulfate potasse 16,40

Matière insoluble, indestructible au feu, principalement phosphates de chaux et de magnésie. 28,20

Urate d'ammoniaque peu soluble destructible au feu. . . .   »

Eau, un peu de carbonate d'ammoniaque. 25,20

100,00

M. Francis y a trouvé :

Sels volatils ammoniacaux, oxalate, chlorhydrate, carbonate, matière combustible contenant 9,70 pour 100 d'ammon.   42,50

Phosphate de chaux et de magnésie.   22,39

Matières terreuses.   0,81

Sels alcalins.   7,08

Eau.   27,13

100,00

MM. Boisteaux et Moride ont fait une analyse du guano d'Afrique, et ont constaté :

Ammoniaque.   12,770

Acide oxalique.   4,529

Phosphate de chaux.   19,602

Carbonate de chaux.   4,623

Matière animale et sels dissous par la potasse et l'acide nitrique.   56,951

Sable et substances inertes   1,525

100,000

On voit d'après ces analyses que le guano d'Afrique renferme de 21 à 27 pour 100 d'eau et qu'il ne contient pas d'acide urique. Cette absence de l'acide urique tient-elle aux influences des pluies, des rosées, des brouillards humides qui sont quelquefois très abondants sur la côte sud-ouest de l'Afrique ? Tout porte à croire que c'est à ces causes qu'il faut attribuer la petite quantité d'urate que ce guano comporte : M. Ure en a trouvé seulement 3 pour 100. MM. Boisteaux et Moride pensent qu'il faut admettre que ce guano provient d'animaux différents de ceux qui habitent les côtes de l'Amérique ; ils s'appuient sur ce que les oiseaux qui fournissent l'acide urique doivent être soumis à une nutrition presque toute animale, tandis que ceux qui éliminent l'acide oxalique le sont à une nutrition végétale. M. de Gasparin croit que le guano d'Itchaboë n'est pas entièrement le produit des oiseaux, mais que les déjections des phoques y entrent dans une proportion très forte. MM. Boussingault et Payen ont constaté 10,72 d'azote dans 100 parties desséchées de guano d'Afrique et 9,70 dans celui qui était dans son état normal. Ce guano se vend 20 à 22 fr. les 100 kilog.

4° Moyens de conservation.

Quelle que soit sa provenance, le guano doit être conservé dans des lieux parfaitement secs. C'est à tort qu'on laisse souvent les sacs sur la terre, sous des hangars ou dans des locaux où le sol est frais ; le cultivateur ne doit pas oublier un seul instant que le guano nous arrive d'un climat situé sous les tropiques, où règne presque constamment une atmosphère sèche, et qu'il contient beaucoup de principes solubles dans l'eau. Toutes les fois que le guano reste exposé à l'action de l'air chargé de vapeur d'eau ou sur la terre humide, il perd de son énergie. Le guano est livré par le commerce à l'agriculture dans des sacs de toile ou des paillassons. Il est aisé de comprendre la facilité avec laquelle on peut l'emmagasiner dans des bâtiments sains et secs et le placer sur des planches ou de la paille, afin qu'il ne contracte pas, par son contact avec le sol, une certaine humidité.

5° *Moyens d'application.*

Le guano s'emploie seul ou mélangé avec de la terre ou des cendres de tourbe ou de bois. Avant de l'appliquer il faut écraser avec soin par le concours d'une pelle en fer, d'une bêche, toutes les parties agglomérées que l'on désigne sous les noms de *grumeaux*. A cet effet, on verse un sac de guano sur un sol durci et propre, ou sur une aire à battre soit au sein d'une cour, soit à l'intérieur d'une grange selon l'état de l'atmosphère, et on écarte avec précaution, c'est-à-dire sans remuer vivement les parties poudreuses, toutes celles réunies et dures pour les déposer non loin du lieu sur lequel on opère. Quant aux parties agglomérées friables, on les divise, on les réduit en poudre au moyen du dos de la pelle, au fur et à mesure qu'on opère le triage des grumeaux. Lorsque la quantité de guano contenue dans le premier sac a été bien ameublie et débarrassée des parties dures, on ouvre un second sac et on verse son contenu sur l'endroit sur lequel on avait déposé le premier guano. Quand la quantité de guano qu'on doit employer a été ainsi manipulée, on s'occupe de réduire en poudre les grumeaux. Si ces parties sont très-dures, il faudra les diviser au moyen d'un pilon ou d'une masse soit en fer, soit en bois, et terminer leur pulvérisation avec la pelle. Dès que ces corps solides sont réduits à l'état de poussière, on mélange celle-ci avec les parties déjà ameublies. On a proposé de soumettre le guano à l'action d'un crible ou d'un tamis, afin de séparer plus aisément les grumeaux des parties poudreuses ; ce procédé ne peut pas avoir lieu sans qu'une certaine quantité des parties fines se dissipe dans l'air ou soit complément perdue. Cet inconvénient m'a engagé à préférer le moyen que je viens de signaler à l'emploi de ces instruments.

Si le guano doit être employé en mélange avec de la terre ou du sable, il faut choisir des terres bien pulvérisées et bien sèches. Des terres ou des sables humides se mélangeraient mal avec le guano, et leur application ne pourrait avoir lieu avec facilité. Quand la partie terreuse qui doit être mêlée au guano comporte des pierres ou des débris de végétaux d'un volume assez fort, on la passe à un crible ou à une claie. Ce mélange doit avoir lieu dans un bâtiment à l'abri de la pluie si le temps est couvert. Si le ciel était pur on pourrait opérer au sein d'une cour. Ce lieu doit être choisi de préférence au premier toutes les fois que cela est possible, car les ouvriers souffrent moins de l'odeur d'ammoniaque.

On peut aussi appliquer le guano, après l'avoir fait dissoudre dans de l'eau, sous forme d'engrais liquide. Dans ce cas on fait dissoudre durant un jour ou deux, 2 à 3 kilog. de guano dans un hectolitre d'eau.

On doit choisir pour répandre le guano un temps calme. Quand on l'applique lorsque l'atmosphère est agitée, une partie plus ou moins forte de la quantité à employer se dissipe dans l'air et doit être considérée comme perdue. Cet engrais, à cause de son énergie, ne doit pas être appliqué en même temps que la semence, car il détruit sa faculté germinative, surtout si on l'emploie dans une forte proportion. MM. de Humbold et Boupland ont constaté, lors de leur voyage dans les îles de l'océan Pacifique, que si l'on jette trop de guano sur la semence du maïs, la racine en est brûlée et détruite. On doit donc le répandre, puis donner un coup de herse et procéder ensuite à l'opération de la semaille. On peut aussi l'appliquer en couverture quand les plantes sont déjà développees. Quand on l'emploie il faut chercher à le répandre par un temps couvert. L'expérience a démontré que s'il tombe de la pluie dans les jours qui suivent son emploi, il agit toujours avec plus d'énergie et d'instantanéité. Le guano agit moins sensiblement sur les plantes dans les années sèches que dans celles où le sol conserve sans cesse une certaine fraîcheur.

Lorsqu'il fut question en France ; il y a quelques années, d'employer le guano, on avait cru qu'on pouvait le répandre avec le même avantage soit en automne, soit au printemps, sur des prairies ou des céréales en végétation.

L'expérience a démontré qu'on ne devait l'appliquer sur les prairies qu'au printemps, alors que les grandes pluies ne sont plus à craindre ou aussitôt après que la première coupe a eu lieu, et qu'il fallait, surtout sur les sols humides ou situés dans des contrées pluvieuses, n'appliquer en automne, lors des semailles de céréales d'hiver, que la moitié de la quantité qu'on doit employer, et répandre l'autre portion au printemps sur la céréale en végétation immédiatement après les hersages ou ratelages. En agissant ainsi, on est certain que l'action du guano ne sera pas entièrement paralysée par les pluies de novembre ou les fontes de neige, ou l'humidité que la terre retiendra pendant l'hiver, et que le guano aura une action très-directe sur le tallement de la céréale et le développement des tiges qui ont lieu au printemps. Cette manière de procéder est celle que j'ai adoptée, et j'ai lieu d'en être satisfait.

6° Quantité à appliquer par hectare.

La quantité de guano à répandre par hectare n'a pas encore été déterminée d'une manière définitive. Tous les faits connus jusqu'à ce jour démontrent clairement que cette quantité doit varier suivant la nature du sol, ses propriétés physiques, son degré de fertilité et le temps durant lequel cet engrais doit agir. Je vais rapporter les résultats obtenus dans les expériences qui ont été faites ces dernières années, et j'en déduirai la quantité qu'il convient d'appliquer sur telles récoltes.

Expériences faites sur le froment.

NOMS DES EXPÉRIMENTATEURS.	NUMÉROS.	Quantité appliquée.	PRODUCTION.		Augmentation.
			Guano.	Rien.	
		kilog.	hectol.	hectol.	hectol.
Leclerc-Thouin.	1	950	16,66	13,46	3,20
	2	1,900	23,71	13,46	10,25
	3	250	34 »	30 »	4 »
J. Bodin.	4	500	44,44	30 »	14,44
	5	1.000	51 »	30 »	21 »
Fleming.	6	250	43,59	43,34	» 25
	7	378	27,84	22,80	5, 4
J. Wilson.	8	125	42 »	40 »	2 »
J. Hannam.	9	250	17,90	14,17	3,73
	10	500	15,66	11,17	4,49
	11	600	15,52	11,17	4,35
	12	700	14,85	11,17	3,68
De Bec.	13	800	15,89	11,17	4,72
	14	900	16,51	11,17	5,34
	15	1.000	25,64	11,17	14,47
Moyennes.		673	27,01	20,28	6,73

Ainsi, au moyen de 673 kilog. de guano, ayant une valeur de 168 fr. 25 c., on a obtenu un excédant de récolte de 6hect.,73, valant, à 18 fr. l'hectolitre, 121 fr. 14 c. Si j'admets une production de paille de 156 kilog. par hectolitre de grain, soit 1,050 kilog. à 30 fr. les 1,000 kilog., j'aurai à ajouter à la valeur du froment la somme de 31 fr. 50 c. ; la perte sera donc de 15 fr. 61 c. Il résulte de là que l'augmentation en grain de 100 litres par 100 kilog. de guano employé est trop faible pour couvrir les dépenses occasionnées par l'emploi de cet engrais.

Quelle est donc, dès lors, la quantité la plus favorable qu'il faut appliquer par hectare ? En comparant l'augmentation en grain obtenue dans les expériences que je viens de rapporter avec la quantité de guano qui a été employée, on a les rapports suivants :

Numéros.		Guano.	Grain.
		kilog.	lit.
1	. . . .	100	33,06
2	. . . .	100	53,94
3	. . . .	100	160,00
4	. . . .	100	288,80
5	. . . .	100	210,00
6	. . . .	100	10,00
7	. . . .	100	142,88
8	. . . .	100	160,00
9	. . . .	100	149,20
10	. . . .	100	89,80
11	. . . .	100	72,50
12	. . . .	100	52,57
13	. . . .	100	59,00
14	. . . .	100	59,33
15	. . . .	100	144,70

On voit, d'après ces résultats, qu'en écartant les résultats extraordinaires obtenus par M. Bodin qui exploite un sol riche, que la dose la plus avantageuse à appliquer par hectare sur le *froment* varie entre les chiffres 125 et 378 kilog. C'est donc avec raison que MM. de Monnières, Payen, Girardin, etc., indiquent que 250 à 300 kil. doivent être regardés comme la proportion la plus convenable pour le froment.

Expériences faites sur l'*orge*.

NOMS DES EXPÉRIMENTATEURS.	NUMÉROS.	Quantité appliquée.	PRODUIT.		Augmentation.
			Guano.	Rien.	
		kilog.	hectol.	hectol.	hectol.
Fleming	»	378	64,14	43,02	21,12
Hannam.	»	250	42,05	27,90	14,15
Moyennes.		314	53,09	35,46	17,63

Les doses indiquées dans ce tableau peuvent être considérées, d'après les résultats obtenus, comme suffisantes. D'après les moyennes que je viens de constater, 100 kilog. de guano ont produit 5 hectol. 61 lit. d'orge.

Expériences faites sur les *prairies naturelles*.

NOMS DES EXPÉRIMENTATEURS.	NUMÉROS.	Quantum.	PRODUCTION.		Augmentation.
			Guano.	Rien.	
		kilog.	kilog.	kilog.	kilog.
J. Wilson.	1	180 »	5,360	3,520	1,840
Hannam.	2	250 »	3,159	2,340	819
Fleming.	3	187,50	4,617	3.510	1,107
Henbury.	4	253,85	5,992	3,713	2,279
	5	507,80	8,843	3.713	5,130
Botanical garden.	6	1,028 »	5,040	3,029	2,011
	7	1,371 »	5,948	3,029	2.910
	8	1,661 »	6,213	3.029	3,184
	9	2,063 »	6,309	3.029	3,280
	10	2,400 »	6,797	3.029	3.768
	11	2,742 »	6,733	3.029	3,704
Bodin.	12	200 »	6,500	4,600	1,000
	13	500 »	6,300	4,600	1,700
	14	1,000 »	8.700	4,600	4,100
Moyennes.		1,020 »	6,179	3,483	2.696

Si je donne à l'augmentation moyenne de foin la valeur que cet aliment a ordinairement, 40 fr. les 1 000 kilog., soit pour 2,696 kilog. 107 fr. 84 c., et si j'évalue les dépenses, 1.020 kilog. de guano à 25 fr. les 100 kilog., soit 255 fr.. je trouve qu'il existe, quand on applique cet engrais à une dose aussi élevée, un déficit de 147 fr. 16 c. En comparant l'accroissement de foin avec la quantité de guano employée, on trouve les rapports suivants :

Numéros.	Guano. kilog.	Foin sec. kilog.
1	100	1,022
2	100	325
3	100	591
4	100	900
5	100	1,011
6	100	195
7	100	212
8	100	191
9	100	158
10	100	157

11	100	135
12	100	950
13	100	340
14	100	410

De ces chiffres il résulte que les doses de guano qui ont donné, appliquées sur les *prairies naturelles*, les résultats les plus avantageux, sont celles qui existent entre les limites 180 à 500 kilog. par hectare. La quantité moyenne la plus favorable est celle de 300 kilogrammes.

Expériences sur les *navets.*

NOMS DES EXPÉRIMENTATEURS.	NUMÉROS.	Quantum.	PRODUCTION.		Augmentation.
			Guano.	Rien.	
		kilog.	kilog.	kilog.	kilog.
Fleming.	»	225	12,733	8,900	3,833
Johnson.	»	380	14,301	9,595	4,706
	»	250	50,685	38,750	11,935
J. Hannam.	»	250	63,750	40,125	23,625
	»	250	51,920	39,420	12,500
	»	250	53,560	40,515	13,045
W. Fleming.	»	375	59,040	30,960	28,080
Moyennes..		283	43,712	29,752	13,960

Ces résultats démontrent que 250 à 350 kilog. de guano suffisent pour un hectare cultivé en *navets.*

Il résulte des divers faits que je viens de rapporter, qu'il n'y a pas avantage, économiquement parlant, comme le pensent plusieurs agriculteurs, à employer cet engrais à des doses élevées. Si des produits satisfaisants ont été obtenus par le concours de quantités s'élevant à 1,000 et même 2,000 kilog. par hectare, on doit regarder ces résultats comme extraordinaires. Ce n'est pas en employant le guano dans une proportion considérable qu'il sera possible de constater les effets remarquables qu'il peut produire. Appliqué en quantité convenable et en temps opportun, il agit toujours plus favorablement que quand on le répand dans une proportion considérable. Ici, les résultats économiques ont plus de puissance, présentent plus d'intérêt que l'action fertilisante ou agricole. Dans les environs d'Aréquipa (Pérou), le guano est ordinairement employé à la dose de 375 kilog. à l'hectare dans la culture du maïs.

L'action du guano est si énergique, qu'il faut, sous un autre rapport, l'appliquer à une dose moyenne, et éviter de le mettre en contact avec les semences, car il détruit souvent, ainsi que je l'ai dit précédemment, leur faculté germinative. Il faut aussi ne pas l'employer de préférence au noir animal lors de la transplantation de plantes délicates, tels que choux, betteraves, laitues pour porcs, etc., ou alors n'en appliquer qu'une très-faible pincée. La plupart des choux, rutabagas, betteraves, que j'ai fait repiquer avec du guano, ont été complètement brûlés.

7° *Cultures auxquelles il convient d'appliquer le guano.*

Jusqu'à ce jour, le guano a eu sur les prairies naturelles des effets très-remarquables. Appliqué en mars et avril sur des prairies de mauvaise qualité, il a changé en quelques semaines seulement la nature de l'herbe, c'est-à-dire l'aspect des plantes. Ainsi, sous son action énergique et puissamment fertilisante, les tiges se sont élevées à une hauteur remarquable, les plantes ont formé des touffes vigoureuses, les feuilles ont atteint une plus grande largeur et se sont colorées d'un vert très-foncé. C'est évidemment sur les prairies naturelles que l'on peut le plus utilement employer cet engrais. Toutefois, si le guano agit d'une manière insolite, comme le disait Leclerc-Thouin, sur les graminées, on ne doit pas oublier que son action est bien moins remarquable sur le trèfle, la vesce ou la luzerne. Jusqu'à ce moment aucun fait ne prouve d'une manière irréfragable que, appliqué sur les plantes de la famille des légumineuses, il favorise promptement le developpement de tiges élevées et de feuilles nombreuses et développées. Le guano a un autre avantage quand il est appliqué au printemps sur des prairies basses, humides, qui ont été préalablement assainies : il arrête la végétation des plantes nuisibles et anéantit un grand nombre d'insectes. Sur les prairies sèches, il fait disparaître la mousse (1).

Cet engrais a une grande action sur les céréales d'automne et de printemps; il active le développement des tiges, des feuilles et des semences d'une manière vraiment remarquable. Ainsi, quand les plantes, au printemps, se montrent chétives, soit qu'ell s aient souffert l'hiver, soit qu'elles soient arrêtées dans leur développement par l'action des agents atmosphériques, si on les saupoudre de guano, on constate bientôt une difference énorme; les plantes qui ont profité de cet engrais présentent des touffes plus fortes, et la verdeur de leurs feuilles est beaucoup plus foncée. L'accroissement rapide que prennent les céréales sur lesquelles on a appliqué du guano, oblige le cultivateur à n'employer cet engrais que dans une faible proportion. Non-seulement il est bien prouvé aujourd'hui que, généralement, l'augmentation des produits n'est pas en rapport avec la quantité employée, mais on sait que quand il survient des pluies abondantes en mai et en juin, et que le guano a été appliqué à haute dose, les céréales, par le fait d'une végétation luxuriante, se penchent et versent. Leclerc-Thouin, qui avait employé cette substance fertilisante à haute dose sur du froment d'automne, a constaté que les champs ont produit des masses de pailles considérables, de nombreux épis, mais du grain petit et retrait (1). Ce fait, qui a été confirmé dans ces dernières années, démontre avec quelle prudence on doit appliquer le guano sur les céréales, si on veut en obtenir les effets utiles et économiques que sa grande puissance fertilisante lui permet de produire.

On peut aussi employer cet engrais pour les pommes de terre, mais il faut l'appliquer avec modération. Plusieurs cultivateurs ont constaté que quand on l'emploie en grande quantité, les tubercules poussent mal ou pourrissent en terre. Les mêmes faits ont été observés sur la carotte. Les crucifères profitent mieux que ces plantes et les betteraves. En Angleterre, on a toujours obtenu des résultats très-satisfaisants chaque fois qu'on a employé le guano pour les navets et sur des pépinières de colza et de rutabaga.

8° *Action fertilisante.*

La grande activité dont jouit le guano est due à la grande quantité d'azote qu'il comporte. Il est vrai qu'il renferme des sels alcalins, mais ceux-ci sont en petite quantité relativement aux sels ammoniacaux. Si la puissance fertilisante de cet engrais était due à la chaux, potasse, soude, combinées aux acides urique, oxalique, phosphorique, il faudrait admettre que le guano du Chili et celui d'Afrique sont aussi énergique ques le guano du Pérou, si riche en azote. Nonobstant, si le guano qui provient des îles de l'océan Pacifique a une énergie plus sensible que celui d'autres contrées, son action est moins longue et plus instantanée. Le guano du Chili agit plus lentement, mais ses effets sont plus prolongés.

---

(1) En traitant des *défrichements*, j'examinerai l'action du guano sur les terres de bruyères (*voir* GÉOPONIE, ch. IV).

(1) *Journal d'agriculture pratique*, 1844, p. 254.

Ces particularités sont dues , d'une part, à ce que le guano du Pérou contient une très-forte proportion d'ammoniaque, qui se volatilise très-promptement, de l'autre , à ce que le guano du Chili renferme une quantité considérable de phosphate de chaux, sel d'une décomposition très-lente. C'est certainement à la présence du sulfate de chaux , qui a une action si remarquable sur la vie des végétaux appartenant à la classe des céréales , qu'il faut attribuer les produits remarquables qui ont été obtenus dans la culture du froment au moyen de ce dernier guano. Toutes choses égales d'ailleurs , ces substances fertilisantes doivent être comparées à la poudrette, à la colombine, quant à la durée de leur action. Si le guano appliqué à une dose convenable peut être regardé comme équivalant à une fumure qui agit pendant deux ans, cela ne peut avoir lieu que quand on l'emploie sur des prairies naturelles. Répandu sur des céréales ou des crucifères en végétation , ou quelques jours avant ou après les semailles, ses effets ne se manifestent que pendant une année. Au Pérou, il agit généralement pendant l'année où on l'applique et durant celle qui la suit ; mais, dans cette partie de l'Amérique méridionale , le sol et le climat sont toujours secs ; en Europe , les pluies sont trop fréquentes ,

la terre est ordinairement trop humide pour que, durant l'année qui suit celle où on l'emploie , elle trouve dans le guano suffisamment de principes de fécondité.

§4. DE LA FIENTE DE VOLAILLE.

Les déjections des volailles, auxquelles on donne les noms de *pouline*, *poulaie*, *poulnée*, doivent être recueillies avec soin , quoiqu'elles soient moins actives que celles des pigeons. Celles des oies et des canards n'ont pas l'énergie de celles des poules et dindons. Vauquelin a constaté que la matière crétacée blanche qui recouvre la fiente du coq ne se trouve sur les déjections de la poule que lorsqu'elle ne pond pas, et que le résidu de la combustion de ces deux fientes était du carbonate et du phosphate de chaux , et une quantité assez sensible de silice. Ces déjections, qui , ainsi que le fait observer H. Davy, sont très-susceptibles d'entrer en fermentation , donnent du carbonate d'ammoniaque par distillation, et immédiatement ensuite une matière soluble dans l'eau; elles contiennent aussi de l'acide urique. D'après M. Girardin , la fiente récente de poule a la composition suivante :

Eau.	72,90
Matières organiques agissant comme engrais.	16,20
Matières inorganiques agissant comme stimulant.	5,24
Graviers et sable siliceux.	5,66
	100,00

La fiente de volaille ne doit pas séjourner longtemps dans les poulaillers; il faut l'enlever tous les deux ou trois mois. Lorsqu'elle y séjourne au delà de quatre mois, elle perd de son action fertilisante , et souvent même elle est détruite en grande partie par une forte quantité de petits vers. Quand le moment de l'enlever est arrivée on nettoie à fond le poulailler, et on la dépose sous un hangar ou dans un bâtiment à l'abri de la pluie. Souvent, avant de l'appliquer et sans attendre qu'elle soit entièrement sèche, on la mêle avec de la terre , des cendres ou des charrées. Cette substance ne peut pas être employée immédiatement après qu'elle a été produite , car elle brûle ou détruit les plantes , ou la faculté

germinative des semences. Pour l'employer avec succès , soit sur des prairies naturelles ou celles artificielles , soit sur des céréales en végétation, on doit parfaitement la diviser et attendre, comme le dit Rozier, qu'elle ait *jeté son feu*. La quantité à appliquer par hectare est presque identique à celle qu'on répand dans l'emploi de la colombine. Dans la plupart des fermes la pouline, comme les déjections des pigeons, est réservée pour la culture de plantes délicates.

SECTION II.

Débris animaux.

Je range dans cette classe toutes les

parties animales impropres à la nourriture de l'homme, ainsi que les débris des fabriques, des ateliers où l'on travaille les matières provenant des animaux. Ces substances sont très-énergiques, bien qu'elles ne soient pas toutes d'une prompte solubilité ou d'une décomposition facile.

§ 1. DE LA CHAIR MUSCULAIRE.

Dans les circonstances les plus générales, la chair musculaire fournie par les animaux qui meurent au sein des campagnes est complètement perdue pour l'agriculture; c'est que, le plus ordinairement, on éprouve une très-grande répugnance à dépouiller les animaux morts épuisés, malades ou par accident, et à toucher à leurs débris. Aussi, le plus souvent, les cadavres sont-ils enfouis intacts dans une fosse profonde pratiquée au milieu d'un champ ou d'une prairie, ou abandonnés dans un fossé et livrés aux attaques des corbeaux, des chiens et des vers. On est loin de penser, quand on agit ainsi, qu'on abandonne un des engrais les plus énergiques. Il est évident que le temps est arrivé où les débris des animaux morts de vieillesse ou de *maladies non contagieuses* doivent être recueillis et utilisés avec soin.

1° Emploi de la chair à l'état naturel.

Lorsqu'un cultivateur perd un animal, ou lorsqu'il peut acheter dans la localité qu'il habite des animaux épuisés, hors de service ou atteints de maladies incurables non contagieuses, il doit d'abord les faire dépouiller. Quand l'animal a été écorché, on désarticule les membres et on détache la tête et le cou du tronc. Ceci terminé, on creuse une fosse peu profonde, et au fur et à mesure que les divers débris y sont placés, on les saupoudre de chaux vive, dans le but de précipiter leur décomposition, et on les recouvre de la terre fournie par l'excavation ; on doit avoir le soin de bien combler la fosse, et de donner à la terre qui excède le niveau du sol la forme d'un prisme, dans le but d'empêcher les chiens, etc., de déterrer les chairs ou les os. Un mois ou deux après avoir ainsi placé les cadavres dont on pouvait disposer, on ouvre la fosse, on sépare les os des autres débris, qui ne produisent plus qu'une faible odeur, et on mélange ces débris ainsi que la chaux, qui a dû être employée dans une assez forte propor-

tion, avec la meilleure terre dont on puisse disposer. On peut, en dernier lieu, mêler ces diverses parties avec la terre fournie par la fosse pratiquée. Quand le mélange a été parfaitement exécuté, on le dispose en forme de monticule et on l'abandonne pendant environ un mois. Quand le moment d'employer ce compost est arrivé, on le remue de nouveau, afin que le mélange soit aussi intime que possible. La chair musculaire ainsi préparée doit être appliquée sur des labours de semailles avant ou après l'épandage de la semence, ou au printemps sur des plantes en végétation.

D'après M. Crouner, les cultivateurs du village de Hoofstade, qui utilisent chaque année un très-grand nombre de chevaux à la fertilisation de leurs champs, déposent la chair dans une fosse au milieu d'une forte quantité de fumier, et à chaque fois qu'on remue ces matières (le remaniement s'opère tous les 10 jours) on ajoute de nouveau du fumier frais d'étable, afin de maintenir constamment le compost dans l'état de chaleur et de fermentation. On compte qu'il faut 7 chevaux par hectare (1). D'après Parent-Duchâtelet, un cheval moyen donne de 166 à 203 kilog. de chair musculaire. On peut aussi ajouter au débris de la tannée au lieu de fumier. M. Gauthier, de Dinan, a obtenu, en procédant ainsi, des résultats très-remarquables ; la tannée a cet avantage qu'elle atténue d'une manière sensible l'odeur fétide et désagréable que développe la chair musculaire qui se décompose.

Il n'est pas indispensable de décomposer la chair musculaire avant de l'employer comme substance fertilisante. On peut la diviser en petits morceaux, répandre ceux-ci sur des champs labourés, et les incorporer au sol soit par un labour superficiel ou un hersage très énergique. Toutefois, ce procédé n'est guère en usage aujourd'hui ; les cultivateurs qui l'avaient adopté y ont renoncé ; ils ont reconnu que le sol était fertilisé très-inégalement, que les travaux de hachage étaient longs et coûteux, et que les débris, à cause de l'odeur qu'ils développent quand ils se décomposent, attiraient les corbeaux et les pies, et que ces oiseaux faisaient de grands dégâts dans les terres ensemencées.

A l'état normal, la chair musculaire

---

(1) *Agriculteur praticien.* t. III, p. 340.

renferme plus de la moitié de son poids d'eau, et, d'après MM. Boussingault et Payen, elle contient 13,04 pour 100 d'azote.

2° Emploi de la chair musculaire desséchée.

Depuis plusieurs années, des usines d'équarrissage ont été créées dans les environs de divers grands centres de population, dans le but de réduire en poudre la chair musculaire des animaux qu'elles abattent, et de la livrer à l'agriculture comme substance fertilisante. Autrefois on dépeçait les cadavres, et la viande était désagrégée dans une autoclave contenant une certaine quantité d'eau et sous une pression de deux atmosphères. Après 12 heures d'ébullition, l'eau était convertie en bouillon gélatineux, et soutirée au moyen d'un robinet, après avoir enlevé, toutefois, au moyen d'un trou d'homme, la graisse qui existait à sa surface. Aujourd'hui, la chair musculaire est convertie en engrais pulvérulent au moyen de la cuisson à vapeur, procédé adopté depuis peu à Paris. On a adopté ce dernier moyen, à cause des graves inconvénients que présentait l'ancien procédé, ceux de donner naissance à des vapeurs infectes, désagréables, et de désagréger la chair avec beaucoup de lenteur. Voici comment on procède à cette préparation : l'animal est abattu, saigné, dépouillé et dépecé, et toutes ses parties charnues sont placées dans une caisse de forme circulaire munie latéralement et supérieurement de deux portes ou obturateurs en fonte fermant hermétiquement à l'aide de vis et d'écrous ou de boulons à clavettes. Lorsque cette caisse est remplie de débris, on ouvre le robinet d'un tuyau en communication avec une chaudière, afin d'y introduire un jet de vapeur, en ayant soin de n'agir qu'à une tension de 0.10 à 0,12, afin de ne pas altérer la gélatine et les graisses. La durée de la coction varie entre 20 et 24 heures. Lorsque la cuisson est terminée, les chairs sont retirées de l'autoclave, soumises à une forte pression, afin d'éliminer une grande partie du liquide gélatineux qu'elles comportent, puis on termine leur dessiccation complète soit au four, soit dans une étuve, soit dans de grandes bassines en fonte, ou sur des plaques en tôle chauffées modérément, en les remuant continuellement. Quand la viande est bien sèche et encore chaude, on la réduit en poudre au moyen de meules ou de pilons. L'eau qui, pendant la cuisson, a été condensée par les chairs et a entraîné les parties solubles, principalement la graisse et la gélatine, existe au fond de la caisse. Lorsqu'on veut séparer la graisse des autres parties entraînées par l'eau, on laisse cette dernière se refroidir et la graisse ne tarde pas à surnager. Quant au liquide gélatineux, on peut l'utiliser pour *animaliser* des substances végétales. C'est sous la forme d'une poudre rouge noirâtre, grossière, que la chair musculaire desséchée est livrée à l'agriculture; l'odeur qu'elle développe est assez forte, nauséabonde.

MM. Boussingault et Payen ont constaté que la chair musculaire desséchée contient encore 8,5 pour 100 d'eau et qu'elle renferme 14,25 pour 100 d'azote. MM. Moride et Bobierre n'ont obtenu que 10,5 d'azote. La partie liquide examinée à part après avoir été filtrée et débarrassée des débris de chair musculaire qu'elle tenait en suspension, contenait 0.92 pour 100 d'azote. Suivant MM. Guépin et Leloup un kilogramme de chair musculaire desséché et réduit en poudre produit 0,250 d'engrais; et 750 kilogr. de chair provenant de quatre chevaux, donnent, avec l'eau employée, cinq barriques de produit et 40 kilogr. d'os auxquels il reste fort peu de gélatine.

A Paris, la chair musculaire desséchée et réduite en poudre est livrée à l'agriculture au prix de 12 à 16 fr. les 100 kilogr.; à Nantes, la même quantité est vendue 18 à 20 fr. La quantité à appliquer par hectare est un peu plus forte que celle de guano qu'il faut employer sur la même étendue.

3° Terrains et cultures auxquels il faut appliquer la chair musculaire.

La chair musculaire ne convient guère qu'aux sols légers et sablonneux; appliquée sur des terrains compactes et humides, elle n'agit pas sur les plantes avec la même énergie; c'est que sur de telles terres elle se dissout trop promptement. On ne peut en faire usage sur les terres argileuses et en espérer des résultats avantageux qu'en la répandant au printemps pour des cultures annuelles.

Dans la plupart des circonstances, cet engrais est réservé pour le chanvre, le lin, la betterave, les plantes potagères, etc., végétaux qui, pour donner des produits trè-abondants, réclament des engrais qui se dissolvent très-aisément et qui manifestent leur action fertilisante avec beaucoup d'énergie et d'instantanéité. Sur les terres légères, celles assez perméables, la chair de cheval desséchée est appliquée en automne pour le froment, le scigle, et on la répand avant ou après que la semence a été projetée à la superficie de la terre, en ayant soin de la maintenir en la mêlant à la couche arable, aussi près que possible de la surface du sol. Ainsi enfoui, cet engrais est continuellement en contact avec les racines des plantes et agit toujours favorablement tant sur le développement de la partie herbacée que sur celui des semences.

§ 2. DU SANG.

Autrefois le sang était, comme les autres débris animaux, complétement perdu pour l'agriculture. Ce fut en 1825 que l'industrie apprit à le convertir en substance véritablement fertilisante. A cette époque, la Société centrale d'agriculture établit un concours qui appela l'attention des industriels sur l'emploi des débris les plus putrescibles des animaux. M. Payen eut l'honneur d'obtenir le prix proposé. Il est aujourd'hui hors de doute que son ouvrage a puissamment contribué à la création d'usines destinées à utiliser les débris des animaux morts ou qu'il faut abattre.

1° Nature et propriété du sang.

Le sang est extrêmement riche en matières azotées et alcalines ; de toutes les matières animales, il est la plus éminemment organisée. Ce fluide est d'une composition assez complexe. Les *composés inorganiques* qu'il renferme sont : eau, acide carbonique, chlorure de sodium et de potassium, carbonate et phosphate de soude, de chaux et de magnésie, hydrochlorate d'ammoniaque et sulfate de potassium ; les *principes immédiats* qui ont été indiqués dans le sang sont : albumine, fibrine, hématosine ou substance colorante, gélatine, principes de la bile, urée ; acides lactique, oléique, margarique, cholestérine, séroline, libres ou combinés ; graisses phosphorées, matières extractives.

D'après M. Nasse, le sang normal des animaux domestiques qui sont abattus dans les chantiers d'équarrissage, présente la composition suivante :

	Cheval.	Chien.	Chat.
Eau.	804,75	799,50	810,02
Globules.	117,13	123,85	113,39
Albumine.	67,58	65,10	64,46
Fibrine.	2,41	2,93	2,42
Graisses.	1,31	2,25	2,70
Sels solubles.	6,82	6,28	7,01
	1,000,00	1,000,00	1,000,00

Les sels solubles comportent :

	Cheval.	Chien.	Chat.
Chlorure de sodium.	4,659	4,490	5,274
Sulfate de soude.	0,213	0,197	0,201
Carbonates alcalins.	1,104	0,799	0,919
Phosphates alcalins.	0,844	0,790	0,617
	6,820	6,276	7,011

Suivant le même observateur, le sang obtenu dans les boucheries ou les abatoirs est ainsi composé :

	Bœuf.	Veau.	Brebis.	Porc.
Eau.	799,56	826,71	827,72	768,95
Globules.	120,87	102,50	92,42	145.53
Albumine.	66,90	56,41	68,77	72,87
Fibrine	3,62	5,76	2,57	3,95
Graisses.	2,04	1,62	1,61	1,95
Sels solubles	6,98	7,00	6,91	6,75
	1,000,00	1,000,00	1,000,00	1,000,00

Voici la composition des sels solubles :

	Bœuf.	Veau.	Brebis.	Porc.
Chlorure de sodium. .	4,321	4,864	4,895	4,287
Sulfate de soude. . . .	0,481	0,269	0,348	0,089
Carbonates alcalins. .	1,810	1,213	1,272	1,018
Phosphates alcalins. .	0,668	0,657	0,395	1,362
	6,980	7,003	6,910	6,756

Lorsqu'on abandonne le sang à lui-même, les globules se rassemblent dans un réseau de fibrine ou d'albumine coagulée et le liquide qui se sépare auquel on a donné le nom de sérum, n'est que de l'eau tenant en dissolution de l'albumine et des sels de potasse et de soude. D'après Berzélius 1,000 parties de sérum de sang de bœuf contiennent 905.00 d'eau et 79,79 d'albumine. Lorsque le sérum a été desséché il contient de 15 à 16 pour 100 d'azote.

MM. Payen et Boussingault ont trouvé :

1° Dans le sang liquide obtenu dans les abattoirs 81 pour 100 d'eau et 2,95 pour 100 d'azote.

2° Dans celui provenant de chevaux épuisés 82,5 pour 100 d'eau et 2,71 pour 100 d'azote ;

3° Dans le sang sec desséché tel qu'on le livre à l'agriculture 12,5 pour 100 d'eau et 17,00 pour 100 d'azote.

4° Le sang coagulé et pressé contenait autant d'azote que celui qui avait été séché en fabrique.

On voit d'après ces chiffres, et les résultats obtenus par M. Nasse, que le sang obtenu dans les chantiers d'équarrissage est moins riche, moins fertilisant que celui recueilli dans les abattoirs et quels sont les avantages que présente la dessiccation de ce liquide.

MM. Playfair et Bœchman ont constaté que le sang à l'état sec était composé comme suit :

Carbone.	52,00
Hydrogène.	7,20
Azote.	15,10
Oxigène.	21,30
Matières inorganiques	4,40
	100,00

Le sang, lors de l'abatage des animaux, est fortement agité avant son refroidissement. Cette agitation a pour but de précipiter la fibrine du sang et empêcher sa coagulation. Après ce battage le sang marque ordinairement de 6 à 7 degrés à l'aréomètre de Baumé. On a constaté dans diverses villes que le sang que les bouchers vendent aux fabriques d'engrais ne marque que de 3 à 4 degrés à l'aréomètre de Beaumé. Cette faible pesanteur prouve que la qualité en a été altérée par l'addition d'une certaine quantité d'eau.

2° Emploi du sang à l'état naturel.

Le sang n'est employé à l'état liquide que quand on n'en a qu'une faible quantité ; quand on doit l'appliquer ainsi, il faut l'étendre d'eau et le répandre par un temps sec sur une terre parfaitement meuble. On le mêle ensuite à la couche arable par un léger labour ou plusieurs hersages très-énergiques. On peut aussi se servir du sang étendu d'eau pour l'arrosage des fumiers. Ainsi employé, cet engrais n'a pas une action fertilisante bien marquée : il se décompose rapidement et favorise mal la végétation des plantes qui se développent avec lenteur. On comprend, dès lors, que les plantes qui doivent végéter sur les sols sur lesquels il a été ainsi étendu, doivent être douées d'un accroissement très-rapide. On peut aussi l'appliquer sous forme de compost après l'avoir mêlé le plus intimement possible à la pelle avec six ou huit fois son volume de terre sèche.

M. Péplowski a proposé de mélanger au sang récemment extrait du corps de l'animal un trente-deuxième de son poids de chaux vive. Au bout de peu de temps, dit M. Caillat, le sang se prend en masse, et il se forme un véritable albuminate de chaux insoluble. Si on divise le coagulum formé, ce qui se fait très-facilement, et si on le dessèche, on obtient un engrais très-facile à répartir sur le sol et qui n'est pas d'une décomposition trop prompte.

3° Emploi du sang desséché.

Dans le but de retarder la décomposition rapide du sang et pour qu'il profite entièrement aux plantes, on le coagule ou on le dessèche par le concours de la chaleur. On connaît aujourd'hui divers procédés de coagulation et de dessiccation. Je vais rapporter ceux de ces procédés les plus adoptés et les plus simples.

M. Payen a proposé le moyen suivant comme le procédé le plus simple : on fait dessécher au four, immédiatement après la cuisson du pain, de la terre exempte de mottes que l'on a soin de remuer de temps à autre au moyen du râble ; il en faut environ quatre à cinq fois plus que l'on n'a de sang liquide ; on tire sur le devant du four cette terre toute chaude, et on l'arrose, en la retournant à la pelle, avec le sang à conserver ; on renfourne de nouveau le mélange et on l'agite avec le râble, jusqu'à ce que la dessiccation soit complète ; on peut alors mettre le tout dans de vieux barils en caisses, à l'abri de la pluie, pour s'en servir au besoin. La terre, dans ce mode de préparation, est utile surtout pour présenter le sang

dans un état de division convenable, et rendre sa décomposition plus régulière et plus lente (1).

Dans les fabriques, le sang est traité ainsi qu'il suit : on place dans un local des cuves en bois pouvant contenir chacune trois à quatre barriques de sang, et dans chaque cuve on fait arriver un fort jet de vapeur d'eau fourni par un générateur chauffé à feu nu. Sous l'action de la vapeur qui se condense dans le sang, la température s'élève progressivement jusqu'à 60° centigrades, l'albumine se coagule et le liquide s'épaissit de plus en plus. Lorsque l'opération est terminée, et on a soin d'agiter la masse jusqu'à ce que le sang soit entièrement coagulé, on remplit de petits sacs de toile de la pâte fluide et chaude, on les dépose sur un plateau en couches séparées par des claies d'osier, et on place le tout sous une presse à bras. Sous l'action de cette machine, un liquide d'un jaune rouillé, presque transparent, contenant seulement du chlorure de sodium et de potassium (sels solubles du sérum), ruisselle de tous côtés. Quant au *coagulum*, il se présente, à la sortie de la presse, sous forme de tourteaux ou galettes minces, humides, et d'un rouge brunâtre. Toutefois, comme cette partie du sang fermenterait encore si elle était abandonnée à elle-même, on la dessèche dans un séchoir à air chaud que l'on appelle étuve. Sous l'action de la chaleur, ces galettes deviennent dures, cassantes et vitreuses. Quand elles sont arrivées à cet état, on les broie dans un moulin. Ainsi desséché et divisé, le sang se présente à l'état d'une poudre plus ou moins fine ayant une couleur rouge noirâtre ; son odeur est faible et n'a rien de dégoûtant.

Toutefois, ces deux procédés de dessiccation sont loin de satisfaire les nécessités de la santé publique, et les ouvriers qui les mettent en pratique sont sans cesse exposés à des émanations insupportables, des odeurs suffocantes. M. V. Suquet, profondément pénétré que la cuisson des grandes masses de sang est une opération vicieuse au point de vue de l'hygiène, a proposé de traiter le sang liquide avec une solution de persulfate de fer. Les résultats qu'il a obtenus par ce procédé qui est rapide et pendant lequel on ne constate pas de fermentation ou d'élévation de température, ont été très-remarquables. Voici

---

(1) *Mémoires de la Société centrale d'agriculture*, 1830, p. 67.

comment on opère : on mêle au sang liquide et à froid 5 pour 100 en volume de persulfate de fer, liquide rougeâtre très-astringent et marquant 17 à 20° à l'aréomètre de Beaumé (1).

Le sang se coagule instantanément en une masse solide, noirâtre, inodore et imputrescible. On extrait cette pâte solide, on la dépose en un seul monceau sous un hangar. Cette masse, abandonnée à elle-même, laisse ruisseler pendant les premiers jours un liquide clair, transparent, sans traces de matières animales et contenant, avec un léger excès de sel ferrique, les sels ordinaires du sang. Peu à peu cette masse se tasse et se subdivise de manière à être détachée par blocs avec la pioche. Dans cet état, le sang est mis en poudre avec la même facilité qu'on aurait à briser une motte de terre friable et desséchée. Cette poudre est ensuite étendue par couches, remuée fréquemment et séchée au soleil (2). Pour le conserver, il faut le mettre en barils, en sacs et placer ces objets dans un lieu à l'abri de l'humidité.

D'après M. Desrone, 1 kilogram. de sang coagulé par l'ébullition, puis desséché à l'étuve, représente 4 kilogr. de sang liquide.

Le sang sec se vend à Paris 20 fr. les 100 kilogr.

La quantité à appliquer par hectare n'est pas élevée. Suivant M. Desrone, 750 kilogr. doivent être regardés comme la moyenne de la quantité nécessaire pour fertiliser un hectare de terrain, et cette quantité serait égale d'après M. Payen, à 54,000 kilogr. de bon fumier de cheval. Suivant M. de Gasparin, ce poids de sang sec ne représenterait que 25,000 kilog. de fumier de ferme.

Les conditions essentielles pour l'emploi du sang sec, observe M. Desrone, sont qu'il soit bien divisé et, autant que possible, mêlé avec la terre humide, pour que la décomposition s'opère promptement. On doit l'employer de préférence au printemps et dans le cours de l'été, quant on prévoit des pluies prolongées, sans quoi il reste mêlé avec la terre sèche et ne produit aucun effet (3).

---

(1) Le persulfate de fer ou sulfate de sesqui-oxide de fer se prépare très-facilement ; on l'obtient en traitant le peroxide de fer ou sesqui-oxide de fer par l'acide sulfurique.

(2) *Agriculteur praticien*, t. VIII, p. 7.

(3) *Mémoire sur l'emploi du sang séché comme engrais*, 1831, p. 4.

4° Cultures auxquelles il convient d'appliquer le sang.

Le sang, qui se décompose très-rapidement, convient plus spécialement aux plantes qui accomplissent promptement leurs diverses phases de végétation. On l'applique avec succès aux cultures de maïs, haricots, pois, betteraves, pommes de terre, céréales de printemps. Dans les colonies où il revient à 50 fr. les 100 kilogr. on l'emploie pour la culture des cannes à sucre, des caféiers, des cotonniers (2). Quand on applique cet engrais à des plantes qui produisent des germes délicats, la canne à sucre par exemple, il faut l'employer avec beaucoup de prudence. M. Derosne fait observer que si le sang n'était pas bien mélangé ou s'il y en avait une trop grande proportion, la chaleur qui résulterait de la décomposition de ce sang risquerait de brûler les jeunes racines, comme cela a eu lieu dans plusieurs plantations de cannes à sucre lors de l'introduction de cet engrais dans les colonies. Pour obvier à cet inconvénient, il faut mêler le sang en poudre avec de la terre. Il n'est pas prudent, dans une telle culture, d'employer plus d'une partie de sang contre 50 parties de terre. On peut aussi employer le sang sec sur les prairies naturelles et artificielles ; mais pour qu'il y produise des effets décisifs, il est convenable de le semer au printemps et par un temps pluvieux, pour que sa décomposition s'opère promptement.

Comme le sang entre promptement en putréfaction, surtout dans les temps où la température de l'atmosphère est élevée, on doit, s'il doit être appliqué en même temps que les semences de maïs, sarrasin, céréales, millet, etc., le mélanger au sol quelques jours avant le moment d'exécuter la semaille. On peut aussi, comme le conseille M. Desrone, le mêler à une certaine quantité de terre dans une portion du champ qui sera ensemencé et arroser ensuite ce mélange ou compost. Au bout de 7 à 8 jours, on peut répandre ce mélange soit à la main, soit à la pelle, et semer ensuite la graine. Ainsi préparé, le sang sec éprouve un premier mouvement de fermentation avec dégagement de chaleur ; on ne redoute plus qu'il manifeste des effets trop actifs et on est assuré, autant qu'il est possible de l'être, que les éléments résultant de sa décomposition seront absorbés par la terre et successivement assimilés à la nutrition et au développement des plantes.

§ 3. DES POISSONS.

Les poissons que la mer pousse sur les côtes sont recueillis avec soin par les cultivateurs qui sont à portée de les utiliser. On emploie aussi comme engrais les débris de morues, de harengs, et les poissons qui, dans les temps de pêche fructueuse, commencent à se corrompre, parce que la vente des produits est lente et difficile. Enfin, on utilise avec succès les résidus provenant de la fabrication de l'huile de poisson. Sur le littoral de la Grande-Bretagne et de l'Irlande, dit John Sainclair, les poissons sont employés comme engrais avec beaucoup d'avantages. Dans les marais des comtés de Lincoln, de Cambridge et de Norfolk, les petits poissons sont tellement abondants, qu'on peut les acheter à raison de 1 fr. 60 c. à 2 fr. 50 c. l'hectol. (1). A Dunkerque, les habitants emploient comme engrais les débris de morues ou de harengs ou les poissons mal conservés (2).

MM. Payen et Boussingault ont constaté que la morue salée contient 6,7 pour 100 d'azote et qu'elle renferme 38 pour 100 d'eau. Le hareng frais contient 76,6 pour 100 d'eau et 2,7 pour 100 seulement d'azote.

Pour utiliser des poissons corrompus, des débris de sardines, de morues, de harengs, etc., comme substances fertilisantes, il faut les mêler à de la chaux vive ou de la craie dans la proportion d'un hectolitre de chaux sur trois de poissons. Au bout de 3 à 4 semaines on remue ce compost, et on y ajoute autant de terre qu'il comporte de chaux et de poissonnaille. La chaux, dit M. Boussingault, est surtout très-convenable pour les huiles avariées de hareng : il se forme alors un savon de chaux qui paralyse l'action nuisible sur la végétation, que ne manquent jamais de produire, comme l'a observé Thaër, toutes les substances grasses ou huileuses (3). Quand on éparpille les poissons ou les débris de harengs, etc., sur le sol, et qu'on les enterre avant qu'ils soient décomposés, ils sont nuisibles la première année, et ne procu-rent que peu d'avantage les années suivantes (1). M. de Gasparin propose de sécher les poissons et de les réduire en poudre. A l'état sec, le hareng contient 11,7 pour 100 d'azote.

La quantité de débris de poissons frais à appliquer par hectare n'a pas encore été déterminée. John Sainclair rapporte qu'en Ecosse on a calculé que 14 barils de harengs en produisent un de résidus ; que 2 barils de ces débris forment la charge d'un chariot à un cheval, et que 40 charges de ces matières étant mélangées avec 120 charges de terre fertilisent parfaitement un champ d'un hectare.

Les débris de poissons convertis en compost peuvent être appliqués au printemps sur des céréales en végétation. On peut aussi les employer lors des semailles de plantes annuelles. Ces matières ont une très-grande action, mais elles n'agissent généralement que pendant l'année dans laquelle on les emploie. Il faut éviter de les appliquer soit à l'état frais, soit séchées et réduites en poudre, en automne, sur des sols très-humides. Les terres crayeuses ou calcaires sont celles sur lesquelles elles produisent les plus grands effets quand on les emploie aussitôt qu'elles ont été recueillies. Alors on les disperse à la surface du sol et on les enterre ensuite à la charrue.

§ 4. DU PAIN DE CRETON.

Sous le nom de *pain de creton*, on désigne les résidus des graisses de bœufs, de moutons et de veaux, traitées par les fondeurs de suif. Ce marc est formé de membranes adipeuses, de la graisse qui les imprègne, d'un peu de muscles et d'os. Il contient, d'après MM. Boussingault et Payen, 8,18 pour 100 d'eau et 11,87 pour 100 d'azote.

Avant de l'employer comme engrais, on le divise en petits fragments avec une hache. Comme le pain de creton est très-dur, quelquefois, pour mieux le diviser, on le détrempe dans l'eau. A cause de la grande proportion d'azote qu'il contient et des effets qu'il produit, il faut le considérer comme un engrais très-riche. D'après les observations faites par M. Boussingault, son action sur le sol se prolonge pendant trois ou quatre années.

---

(1) *Agriculture pratique et raisonnée*, t. I, p. 412.

(2) A San-Isidoro, près Buenos-Ayres, les cultivateurs sont dans l'usage de fertiliser les terres avec les poissons que les pêcheurs laissent sur les rives du Rio de la Plata, ou que le fleuve lui-même y dépose dans les gros temps.

(3) *Économie rurale*, t. II, p. 112.

---

(1) Thaër, *Principes raisonnés d'agriculture*, t. II, p. 361.

§ 5. DU MARC DE COLLE FORTE.

Le résidu qui reste dans les chaudières, dans la préparation de la colle forte, est employé comme engrais. Après avoir traité par l'hydrate de chaux les rognures de peaux, les effleurures et pellicules des mégissiers et des tanneurs, les tendons et les pieds de bœufs, les avoir lavés et épuisés par le concours de l'eau bouillante, on obtient un résidu solide qu'on soumet à l'action d'une forte presse. Ce marc contient tout ce qui n'a pas été dissous par l'eau soumise à l'ébullition, comme les parties cutanées et tendineuses, les débris de muscles, d'os et de corne, les poils et un savon calcaire. Ce marc se putréfie promptement, mais on peut le conserver longtemps une fois desséché.

D'après MM. Boussingault et Payen, le marc de colle forte, analysé à l'état normal, a donné 33,6 pour 100 d'eau et 3.73 pour 100 d'azote. A l'état sec, il contient 6,63 pour 100 d'azote.

La quantité à appliquer par hectare est de 5 à 600 kilog. A Paris, l'hectolitre de cet engrais vaut de 1 à 2 fr. Son action est très-énergique, mais passagère. Il faut en renouveler l'application tous les ans. Selon Schwertz, on emploie, en Allemagne, 25 à 40 briques de déchets de colle de 12 à 25 kilog. par hectare.

Quant aux *rognures de tanneries*, qui sont des engrais analogues au marc de colle, leur prix est trop élevé pour que l'agriculture puisse les employer avec avantage. Ce n'est que dans les temps humides et lorsque les tanneurs éprouvent des difficultés à les dessécher, qu'ils les livrent à un prix peu élevé.

§ 6. DES CHIFFONS DE LAINE

ET DE SOIE.

Les débris des tissus de laine que l'on désigne sous le nom de *chiffons*, doivent être recueillis avec soin à cause de leur grande action fertilisante.

D'après MM. Boussingault et Payen, les chiffons de laine retiennent 12,28 pour 100 d'eau, et, à l'état normal, ils renferment 17,978 d'azote.

M. Chevreul a constaté que la laine de mérinos non lavée était composée comme suit :

Matière terreuse déposée sur la laine.	26,06
Suint dissous par l'eau froide.	32,74
Stéarine et éléarine.	8,57
Laine désuintée et dégraissée.	31,23
Matière terreuse fixée à la laine.	1,40
	100,00

La proportion de soufre dans le tissu de la laine s'élève à 2 pour 100 environ.

M. Lassaigne a analysé la soie; il a reconnu qu'elle était composée de

Carbone.	50,69
Azote.	11,33
Hydrogène.	3,94
Oxigène.	34,04
	100,00

Il faut conclure de ces résultats que les chiffons de laine ont une valeur fertilisante bien plus grande que les chiffons de soie. La pratique a confirmé cette infériorité en employant de préférence les chiffons de laine à ceux de soie.

Les chiffons de laine conviennent aux terres légères et aux sols argileux. Toutefois, leurs effets sont beaucoup plus sensibles dans les terres siliceuses que dans les terres compactes. C'est que dans les terres sablonneuses, les sols perméables, ils se décomposent moins rapidement, retiennent et absorbent beaucoup d'humidité. John Sainclair prétend qu'ils ont surtout des effets remarquables sur les sols secs, sablonneux ou crayeux. En Provence, d'après M. de Gasparin, on s'en sert pour toutes sortes de cultures, principalement dans les terrains secs.

Avant d'être appliquées, ces substances doivent être divisées le plus possible. On exécute cette opération à l'aide d'une faucille solidement engagée dans une porte ou d'une faux implantée dans un billot, sous un angle de 50 à 60°. La division des chiffons n'est pas sans inconvénients. M. de Gasparin rapporte que la gale fut introduite à la colonie de Mettray par des enfants qui en avaient été chargés.

Lorsque les chiffons ont été divisés, on les répand, dit Schwertz, sous les pieds des moutons, ou on les jette dans la mare de fumier, ou on les emploie tels quels (1). Ce dernier procédé est celui que l'on suit le plus généralement, en ayant le soin de les repartir le plus également possible sur le sol.

La quantité à répandre par hectare est de 1,500 à 3,000 kilog. M. Delongchamps les emploie dans la Brie à la dose de 3,000 kilog. Cette quantité, qui revient à 180 fr., soit 6 fr. les 100 kilog., suffit pour fertiliser un hectare pendant trois ans et remplace 45,000 kilog. de fumier. A Roville, Mathieu de Dombasle en mettait 0,250 à chaque pied de houblon, soit 1.000 k. à l'hectare. Lorsqu'il appliquait ces matières sur des terres arables, il les mélangeait quelques mois à l'avance avec du fumier, afin d'en commencer la décomposition avant de les transporter sur les champs; 12 à 1,500 kilog. de chiffons mêlés ainsi à 4 à 5 voitures de 6 à 700 kilog. chacune (2). M. Lefour les employait à la Varenne-Saint-Maur, sur des terres très-siliceuses, à la dose de 1,500 kilog. Cette quantité, qui était considérée comme une fumure annuelle, revenait à 90 fr. par hectare. La coupure revenait à 12 fr. les 1,000 kil. et les chiffons à 4 et 5 fr. les 100 k.

Les chiffons de laine agissent avec lenteur; Cullen a constaté que leurs effets sont encore sensibles six années après leur application, quand ils ont été employés à la dose de 900 kilog. à l'hectare. De pareilles substances, observe J.-W. Johnston, continuent à dégager des matières fertilisantes longtemps après que les engrais plus mous et plus fluides ont perdu leur force. Ainsi, tandis que le fumier d'étable et les tourteaux de colza hâteront la croissance des turneps, les chiffons de laine agiront à une époque plus reculée, et prolongeront leur végétation jusqu'en automne (3). Quoi qu'il en soit, et quelques riches et avantageux que soient ces chiffons, on ne doit pas les employer pour exciter la végétation des jeunes arbres. A. Thouin fait connaître que leur usage est défendu dans les pépinières d'arbres fruitiers en Normandie, parce qu'il précipite trop le développement des bourgeons (4).

§ 7. DES CORNES.

Les débris de cornes ont une action presque aussi prononcée que les chiffons de laine. Toutefois, comme ces matières animales agissent avec une très-grande lenteur, il faut, pour que leur action soit moins prolongée et qu'elle soit plus immédiate, les diviser, les réduire en très-petits fragments. Ceci explique pourquoi les sabots et les cornes détachés d'animaux abattus sont rarement employés comme engrais. Nonobstant, si, dans la plupart des localités, ces débris ne fixent pas l'attention des cultivateurs parce qu'il faut des machines spéciales pour les couper, les diviser, on doit reconnaître que les rebuts, les déchets des tourneurs de corne, des tabletiers, des peigniers, existent dans un état convenable de division, et qu'ils agissent toujours avec une grande énergie sur la végétation.

D'après MM. Boussingault et Payen, les râpures de corne contiennent 0,9 pour 100 d'eau, et 14,86 d'azote.

Les cornes de vaches ont été examinées par M. Tilannus, qui a trouvé pour leur composition :

Carbone	50,80
Hydrogène	6,77
Oxigène	23,48
Azote	16,30
Soufre	2,65
	100,00

(1) *Préceptes d'agriculture pratique*, 1839, p. 72.
(2) *Annales de Roville*, 1839, t. VII, p. 86.
(3) *Éléments de Chimie agricole*, 1846, p. 194.
(4) *Cours de Culture*, t. I, p. 303.

Ces rognures , qui conviennent à toute espèce de sol , s'emploient à la dose de 26 hectol. par hectare. A Paris , ces rognures valent de 16 à 19 fr. les 100 kilog. En Allemagne , les ouvriers tabletiers, etc., mêlent ordinairement leurs déchets avec du fumier, et les emploient à fertiliser les terres sur lesquelles ils cultivent des pommes de terre. Les cultivateurs , observe Schwertz, qui connaissent les propriétés de ces matières, leur abandonnent volontiers la jouissance gratuite d'un champ pour une année , à la condition d'y cultiver des pommes de terre , sachant très - bien que les récoltes suivantes , pendant plusieurs années , payeront largement le prix de la location (1). Thaër, qui a obtenu de ces matières des résultats très - satisfaisants , et qui appliquait par hectare 837 kilog., ou 13 hectol. du poids de 64 kilog., de rognures et de gros morceaux , a constaté que lorsqu'on n'emploie que des râpures qui ont une action plus prompte, plus énergique que les rognures , ces minces débris peuvent occasionner la verse des céréales qui y ont de la disposition, et qu'il convient dès lors de consacrer ces substances très-fertilisantes aux terrains destinés à des produits qui ne craignent pas l'excès d'engrais (2). Guérik propose d'appliquer de 900 à 1,200 kilog. de rognures minces et grosses par hectare ; l'hectolitre, dit-il, pèse de 20 à 25 kilog.

§ 8. DES CRINS, DES POILS,

DES PLUMES.

Les crins, les poils, les plumes, lorsqu'on peut s'en procurer à bas prix , doivent être employés comme matières fertilisantes ; leur action est lente, mais elle est très – favorable aux végétaux.

MM. Boussingault et Payen ont reconnu que les plumes contiennent 12,90 pour 100 d'eau et 15,34 d'azote ; les poils et crins , 8,9 pour 100 d'eau et 13,78 d'azote.

D'après M. Scheerer, *la barbe et le tuyau des plumes* contiennent :

	Barbe.	Tuyau.
Carbone.	52,470	52,427
Hydrogène.	7,210	7,213
Azote.	17,682	17,893
Oxigène.	} 22,638	22,477
Soufre.		
	100,000	100,000

Les *cheveux*, d'après Van-Laer, ont pour composition :

Carbone.	49,777
Hydrogène.	6,369
Azote.	17,142
Oxigène.	} 26,712
Soufre.	
	100,000

Les plumes , à cause de leur grande légèreté, ne doivent être conduites sur les terres que par un temps brumeux et calme. On peut aussi les mêler à une petite quantité de fumier. Selon John Sainclair, 8 hectol. de vieilles plumes appliqués sur un hectare ont augmenté le produit du froment de 14 hectol. En Alsace , où l'emploi des plumes , dit Schwertz, est connu depuis très-longtemps, les cultivateurs en emploient 35 à 40 hectol. pour un hectare destiné à produire du froment.

(1) *Préceptes d'Agriculture pratique*, p. 73.

(2) *Principes raisonnés d'agriculture*, 1831, t. II, p. 363.

II.

ENGRAIS VÉGÉTAUX-ANIMAUX.

PREMIÈRE SECTION.

Des litières.

Sous le nom de *litière*, on désigne l'excipient que l'on étend sur l'aire des écuries, des étables ou des bergeries sous les animaux pour qu'ils puissent se coucher plus convenablement, plus mollement, plus sèchement. La litière sert à un autre usage : elle est destinée à absorber une portion notable des déjections, et à augmenter, si elle possède elle même des principes fertilisants, la masse des matières agissantes. On comprend, dès lors, combien doivent être grandes les propriétés absorbantes et fertilisantes des matières qui servent de litière pour qu'elles s'emparent d'une partie sensible des urines, des dejections, et qu'elles augmentent l'efficacité des fumiers qu'elles concourent à former. Une litière ne doit être ni trop faible, ni trop abondante, car ce sont les matières excrémentitielles des animaux qui font la bonté, la qualité du fumier, et non l'abondance des matières absorbantes.

§ 1. DES PAILLES.

La paille est la substance que l'on emploie le plus ordinairement pour litière. Son tissu est spongieux, et elle se remplit assez aisément de parties liquides appartenant aux déjections. Toutefois, toutes les pailles n'ont pas la même constitution chimique, et toutes ne possèdent pas les mêmes propriétés physiques.

1° De la paille de froment.

La paille de froment contient, d'après Sprengel, 48 pour 100 de parties solubles dans l'eau et la lessive caustique, et suivant M. Boussingault, 12,3 d'eau et 0,38 d'azote. Cette paille, qui est assez flexible, molle, qui renferme 3.518 pour 100 de matières salines et 96,482 de substances organiques, se mêle bien aux déjections solides un peu fluides. Dans la pratique, on lui accorde la préférence sur la paille de seigle.

2° De la paille de seigle.

Cette paille comporte 51,880 pour 100 de parties solubles dans l'eau et dans une lessive caustique, 15,6 d'eau et 0.33 d'azote. Cette paille est assez dure ; elle résiste plus facilement à l'action de l'air et de l'eau que la paille de froment ; elle contient 2,793 pour 100 de matières salines et 97,207 de substances organiques. Les substances solubles dans l'eau qu'elle contient existent dans la proportion de 2,800 seulement pour 100 ; celles que renferme la paille de froment s'élèvent à 7.600.

3° De la paille d'avoine.

La paille d'avoine contient 52,289 pour 100 de parties solubles dans l'eau et dans une lessive caustique, 21,0 d'eau et 0,30 d'azote. Cette paille est molle, très-absorbante, plus spongieuse même que celle de froment. Elle renferme 5.734 pour 100 de matières salines et 94,266 de substances organiques ; les substances solubles dans l'eau y existent dans la proportion de 20,660 pour 100.

4° De la paille d'orge.

Cette paille contient 49,567 pour 100 de parties solubles dans l'eau et dans une lessive caustique, 11,00 d'eau et 0,25 d'azote. La paille d'orge est beaucoup plus dure que celle d'avoine et de froment ; son tissu est aussi moins spongieux ; elle contient 5,244 de matières salines et 94.756 de substances organiques. Les substances solubles dans l'eau qu'elle renferme existent dans la proportion de 11.330 pour 100. En pratique, on la regarde comme une litière supérieure à celle du seigle.

5° De la paille de sarrasin.

La paille de sarrasin renferme 46,214 pour 100 de matières solubles dans l'eau et dans une lessive caustique, 11.6 d'eau et 0,48 d'azote. Cette paille est très-molle, très-flexible, mais son tissu n'est pas très-spongieux ; aussi est-elle inférieure sous ce rapport aux pailles de froment et d'avoine. Elle contient 3,203 de matières salines et 96,797 de substances organiques. Les substances solubles dans l'eau qu'elle comporte s'élèvent à 22,600 pour 100. Cette litière ne peut être etendue que dans les étables et les bouveries ; elle n'est pas assez absorbante pour servir avec avantage d'excipient dans les écuries et même les bergeries.

6° *De la paille de fèves.*

Cette paille renferme 48.090 pour 100 de matières solubles dans l'eau et dans une lessive caustique. Elle est très-dure, très-peu absorbante, à moins qu'elle ne séjourne assez longtemps sous les pieds des bêtes à cornes ; elle contient 3.121 pour 100 de matières salines et 96,879 de substances organiques. Cette litière n'est pas employée dans les écuries sous les chevaux et dans les bergeries sous les moutons.

7° *De la paille de colza.*

Cette paille renferme 44.600 pour 100 de matières solubles dans l'eau et dans une lessive caustique. Elle est grossière, dure ; son tissu est peu spongieux. Nonobstant, elle contient 0,50 pour 100 d'azote, et constitue une excellente litière si elle séjourne un peu de temps dans les vacheries ou bouveries sous les pieds des bêtes à cornes. Cette paille renferme 3.873 pour 100 de matières salines et 96,127 de substances organiques. Les parties solubles dans l'eau qu'elle contient existent dans la proportion de 14,800 pour 100. On ne répand pas cette paille comme litière dans les écuries et les bergeries parce qu'elle se tasse avec lenteur, qu'elle forme un couchage trop volumineux, trop dur, et qu'elle se mêle mal avec les déjections.

§ 2. DES FEUILLES.

Dans les contrées pauvres, dans les années où les pailles sont peu abondantes, les feuilles des essences forestières sont souvent employées comme litière. Toutefois, comme elles résistent longtemps à la décomposition, à cause du tannin qu'elles renferment, il est utile de les laisser séjourner plus longtemps sous les animaux, dans les étables ou dans les fosses à fumier. Ces litières absorbent difficilement les liquides.

1° *Des feuilles de chêne.*

Les feuilles de chêne sont les plus mauvaises de toutes à cause de leur grande acidité. Nonobstant, lorsqu'elles séjournent longtemps dans les étables ou au sein d'une masse de fumier en contact avec des matières animales riches en sels alcalins, elles se bonifient très favorablement, et peuvent être considérées comme un très-bon surrogat de la paille. D'après MM. Boussingault et Payen, les feuilles de chêne contiennent 24,99 pour 100 d'eau et 1,175 d'azote.

2° *Des feuilles de hêtre, de châtaignier et de noyer.*

Les feuilles du hêtre, du noyer et du châtaignier paraissent être encore plus mauvaises, plus nuisibles à la végétation que celles du chêne. Toutefois, comme elles se décomposent plus promptement, elles se bonifient plus facilement. Selon MM. Boussingault et Payen, les feuilles du hêtre contiennent 39,3 pour 100 d'eau et 1,177 d'azote.

3° *Des feuilles de peuplier, d'acacia et de saule.*

Les feuilles de ces essences se décomposent plus facilement, plus promptement que celles du chêne, du châtaignier, etc., mais elles augmentent très-peu le volume des déjections. Il faut les répandre en plus grande quantité que les autres sous les pieds des animaux pour qu'elles soient véritablement utiles. Les feuilles d'acacia contiennent 53.6 pour 100 d'eau et 0,721 d'azote ; celles de peuplier renferment 51,1 d'eau et 0,538 d'azote.

4° *Des feuilles ou aiguilles d'essences résineuses.*

Les aiguilles des pins et des sapins peuvent aussi être employées comme litière. Toutefois, comme ces parties entrent très-difficilement en fermentation, parce qu'elles absorbent mal les urines, il leur faut un plus long séjour dans les fosses ou sur les plates-formes pour arriver à un état satisfaisant de décomposition. Thaër a reconnu que lorsque la décomposition des aiguilles a eu lieu, le fumier, loin de le céder en rien à celui qui a été fait avec de la paille, a sur celui-ci des avantages parce que les feuilles des essences résineuses contiennent beaucoup plus de parties fertilisantes que la paille (1).

5° *De la récolte des feuilles.*

Dans les localités où les héritages sont divisés et entourés de haies vives et de grands arbres, on ramasse avec soin en automne les feuilles qui couvrent la terre pour les employer comme litière ou les déposer sur les chemins ou dans les endroits parcourus par les animaux. Quelquefois encore on les enlève des prairies naturelles pendant l'hiver ou les premiers jours du printemps et elles servent au même usage. Cette récolte, qui a toujours lieu sans grandes dépenses, constitue une opération économique, puisqu'elle tend à accroître les moyens de fertilisation. Mais doit-on enlever les feuilles des forêts et les faire servir à l'augmentation de la fertilité des terres arables ? Si l'on considère le préjudice que cet enlèvement cause à la production du bois, on reconnaîtra que cet acte est un crime de lèse-forêt. C'est que ces organes foliacés, après avoir été détachés, c'est-à-dire après leur mort, ne trouvent pas de repos ; ils subissent des décompositions, des combinaisons, leurs éléments deviennent impérissables et concourent par la suite à la création de nouveaux individus. Ce n'est donc réellement, ainsi que l'observe avec raison Schwertz, que là où les feuilles sont le jouet des vents, où il peut les chasser dans les chemins creux, les ravins, les vallées, où elles ne tombent pas au profit du taillis, de la forêt même, qu'on peut sans inconvénients lui enlever ces dépouilles perdues pour elle, afin d'empêcher qu'elles ne soient perdues aussi pour l'agriculture (2).

Pabst, de Darmstadt, a fait quelques expériences sur la quantité de litière que fournissent les forêts à divers âges dans différentes conditions. Voici les résultats qu'il a constatés :

1° Produit en feuilles des arbres à feuilles caduques sur un hectare de superficie :

1° Essence de hêtre de 50 ans ; sol sableux, bois en défends et n'ayant jamais été râtelé. . . . . 5,474 kilog.

2° Essence de chêne et de hêtre de 50 ans ; terrain bas, humide, noirâtre, et où les vieilles feuilles étaient pourries.. 3,500

3° Essence de hêtre de 90 ans ; terrain bas, et où depuis longtemps on n'avait pas enlevé de feuilles. 5,444

4° Essence de chêne et de hêtre de 120 ans ; bon terrain sableux, et où les feuilles avaient été râclées 8 ou 10 ans auparavant. 5,200

Moyenne. 4,904

2° Produit en feuilles des arbres conifères sur un hectare :

1° Essence de pin sylvestre de 30 ans ; terrain sableux, et où les feuilles n'avaient jamais été râtelées. 6,510

2° Essence de pin sylvestre de 50 ans, où les feuilles avaient été enlevées 15 ans auparavant. 7,770

3° Essence de pin sylvestre de 70 ans, pâture par les moutons, sans râtelage des feuilles. 7,130

Moyenne. 7,136

Ces résultats démontrent : 1° que la production en feuilles au sein des forêts est considérable ; 2° que ces feuilles se décomposent au bout de 10 à 15 ans ; 3° que le terreau qui existe sur le sol atteste qu'elles sont utiles, après leur mort, à l'existence des essences ; 4° qu'on ne doit renouveler l'enlèvement des feuilles dans les forêts que tous les 15 ans au moins, pour ne pas diminuer sensiblement la quantité de bois que le sol doit produire pendant une période

(1) *Principes raisonnés d'agriculture*, t. II, p. 339.
(2) *Préceptes d'agriculture pratique*, p. 172.

d'années déterminée ; 5° que l'enlèvement annuel des feuilles devient, pour une forêt ou un taillis, une servitude très-onéreuse.

Ces feuilles ne sont employées comme litière que dans les étables et les bouveries.

§ 3 DE LA FOUGÈRE.

La fougère n'est une bonne litière que quand elle a été coupée verte ; recueillie, lorsqu'elle est complétement sèche, elle se divise facilement et se décompose avec une très-grande lenteur. Il faut donc la faucher lorsqu'elle est encore en végétation, la laisser sur le sol jusqu'à ce qu'elle soit presque sèche et la recueillir ensuite pour la conserver en meule. Cette litière est très-riche en parties alcalines, et Th. de Saussure a reconnu que plus la fougère est jeune, plus elle fournit de potasse.

Des tiges et feuilles de fougère analysées par **M.** Berthier, ont donné les résultats suivants :

Sulfate de potasse	0,70
Chlorure de potassium	traces
Carbonate de chaux	73,00
Sulfate de chaux	24,80
Magnésie	1,00
Oxide de fer	0,50
	100,00

On voit, d'après cette analyse, que la fougère, qui a été bien saturée d'urine et mêlée à des déjections solides, doit augmenter l'énergie de l'engrais qu'elle concourt à former.

§ 4. DE LA TOURBE.

La tourbe est une excellente litière absorbante quand on l'emploie sèche. **M.** Regnault a donné, d'une tourbe située à Vulcaire, près Abbeville, qui était dans un état de décomposition avancée, l'analyse suivante :

Hydrogène	5,63
Carbone	57,03
Oxigène	29,07
Azote	2.00
Cendres	5,58
	100,00

Cette litière est acide, mais cette acidité, quoique aussi forte que celle qui caractérise les feuilles de chêne, de châtaignier, et qui les rend aussi inertes à l'état naturel que la tourbe, s'anéantit assez promptement par la fermentation lorsque cette substance est en contact avec des principes alcalins et des déjections animales. Meadowbank estime qu'une partie de fumier est suffisante pour rendre trois à quatre parties de tourbe propres à être employées comme engrais. On peut, dans le but de hâter sa décomposition, la mêler, après qu'elle a servi de litière, à une certaine quantité de chaux. Thaër et Einhoff ont reconnu que la tourbe, qui est presque totalement insoluble dans l'eau, se dissout complétement, à l'exception de quelques fibres ligneuses, si on la mélange avec de la chaux vive. La tourbe contient de 75 à 82 p 100 d'eau. Comme les déjections des volailles sont toujours très-vives, la tourbe peut être favorablement employée comme litière dans les basses-cours.

§ 5. DE LA BRUYÈRE.

Cette plante offre de grandes ressources dans les localités où elle croît naturellement, où elle couvre de grandes étendues de terre, où la pénurie de fourrages secs ou verts oblige le cultivateur à faire consommer une partie de la paille qu'il récolte. Cette litière ligneuse ne se décompose pas très-promptement, et il est utile, nécessaire même, pour qu'elle augmente avantageusement la masse des engrais, qu'elle séjourne longtemps dans les étables ou au milieu de tas de fumiers souvent arrosés. Quoi qu'il en soit, la bruyère qui a séjourné pendant plusieurs semaines et même pendant plusieurs mois dans les étables sous les pieds des bêtes à cornes, dont les tiges et feuilles ont été bien imprégnées d'urines, recouvertes de déjections solides, mais fluides, possède la propriété de persister pendant plus longtemps au sein de la couche arable que les pailles, de fournir aux plantes, lorsqu'elles sont abondamment chargées de déjections animales, une nourriture plus soutenue, plus égale. C'est cet avantage bien connu des cultivateurs de la région de l'ouest, qui les engage à recueillir chaque année avec soin les bruyères qui ont végété sur le sol qu'ils exploitent ou sur les landes. Malheureusement, ces litières ne jouissent pas toujours de propriétés fertilisantes aussi prononcées. Lorsqu'elles ont été mêlées à des ajoncs nains avant d'être placées sous les animaux ou lorsqu'elles ont été alliées lors de la sortie du fumier des étables et de leur mise en tas, aux végétaux qui avaient été déposés sur les chemins, dans les cours, et qu'aucun arrosement ne leur est donné pendant les grandes chaleurs de l'été, elles deviennent sèches, elles fermentent mal, se décomposent difficilement, se dépouillent très-lentement des parties astringentes qu'elles contiennent et forment dès lors des fumiers ayant une faible action fertilisante. Qu'on ne l'oublie pas, la bruyère n'est une très bonne litière que si elle a été fauchée encore jeune, que si elle est alliée à des déjections molles, fluides, et si on lui donne pendant l'été, alors qu'elle est réunie en masse, l'humidité dont elle a tant besoin pour se décomposer, qu'elle ne possède pas naturellement et qu'elle n'a pas le pouvoir de retenir. Cette litière ne peut être employée dans les écuries et les bergeries.

§ 6. DES ROSEAUX.

Dans les contrées humides, marécageuses où il existe des étangs, des marais, on emploie comme litière les plantes aquatiques. Lorsqu'on emploie de pareils surrogats, il faut les recueillir avant qu'ils soient complétement secs; alors ces plantes, et particulièrement les roseaux, forment une litière très-absorbante. Les roseaux récoltés encore verts et séchés ensuite sont poreux, flexibles et se décomposent très-facilement. Il n'en est pas ainsi lorsqu'on les récolte très-tardivement, je veux dire lorsqu'ils sont secs, ils absorbent plus difficilement les parties liquides et se décomposent avec beaucoup de difficulté, à moins qu'on ne les laisse pendant très-longtemps au sein des fosses à fumier. MM. Boussingault et Payen ont reconnu que les roseaux (*Arundo phragmites*) contenaient 20 pour 100 d'eau et 0,75 d'azote.

§ 7. DES GENÊTS.

Le genêt, qui est très-riche en sel de potasse, qui contient 10,4 p. 100 d'eau et 1,22 d'azote, est regardé en Vendée comme une excellente litière. Toutefois, comme il absorbe très-difficilement les urines qu'il résiste longtemps à la pourriture, il faut séparer les fortes tiges des pieds faibles, et ces derniers sont seuls employés comme litière dans les étables où ils séjournent pendant plusieurs mois. Les gros pieds, les tiges dures sont étendus dans les chemins ou les lieux parcourus par les animaux et les véhicules, pour qu'ils y soient piétinés, brisés et imbibés par les pluies. C'est seulement lorsque les genêts, encore verts, sont restés longtemps sous les pieds des bœufs ou des vaches, qu'ils sont considérés comme de véritables matières fertilisantes et qu'ils augmentent très-avantageusement la masse du fumier.

§ 8. DU TAN.

Le tan n'est guère employé comme litière. C'est que, malgré ses propriétés absorbantes, ses fibres se décomposent très-lentement; c'est que l'acidité qu'il possède disparaît avec difficulté quand il est uni, mélangé à des matières animales, à moins qu'il n'y reste en contact pendant plusieurs mois. Nonobstant, une exploitation qui n'a pas une quantité suffisante de paille, qui ne peut se procurer d'autres litières que ces fragments d'écorces lessivés si riches en tannin, peut les utiliser pour absorber les urines et augmenter ainsi la masse des matières fertilisantes. Lorsqu'on peut agir ainsi, lorsqu'on est obligé d'employer le tan comme litière, on couvre l'aire de la bergerie ou de l'étable d'une couche de tan, puis on répand de la chaux, ou de la marne , ou des cendres que l'on couvre d'une nouvelle couche de tan. C'est sur un tel excipient, qu'on couvre d'une légère quantité de paille, que résident les animaux. Chaque jour, lorsque les besoins l'exigent, on ajoute un peu de paille. Lorsque le tan reste dans cet état pendant plusieurs semaines, il se forme des tannates alcalins solubles et insolubles, de potasse, de soude, d'ammoniaque et de chaux, le tan s'altère sensiblement et devient assez promptement une bonne matière fertilisante.

§ 9. DE LA SCIURE DE BOIS.

La sciure sèche de bois de chêne ou de sapin est une substance très-absorbante et qu'on emploie comme litière en Suisse et en Hollande. A cause de l'acidité qui la caractérise, on doit la laisser en tas avec les matières animales pendant un temps assez long, c'est-à-dire jusqu'à ce que, par la fermentation, elle ait perdu ses propriétés astringentes. Cette litière, qui se décompose plus difficilement que les feuilles, peut être jetée avec avantage, lorsqu'elle est enlevée des étables, dans des fosses contenant des urines.

D'après MM. Boussingault et Payen, la sciure de bois de chêne contient à l'état normal 26 p. 100 d'eau et 0,54 d'azote ; celle de bois de sapin renferme 24,0 d'eau et 0.31 d'azote ; celle de bois d'acacia contient 25,0 d'eau et 0 29 d'azote.

§ 10. DE LA MOUSSE.

La mousse peut être aussi employée comme litière. On sait qu'elle est commune , abondante, dans les contrées humides , dans les lieux ombragés. Cette litière est plus absorbante que les feuilles , et elle se décompose plus promptement. Il faut, autant que possible , ne l'utiliser comme excipient que quand elle est presque sèche. Arrivée à cet état, ses propriétés absorbantes sont considérables et elle se décompose promptement. Cette litière est regardée, dans les lieux où elle est employée, comme aussi fertilisante que les pailles.

§ 11. DE LA TERRE ENGAZONNÉE.

Dans plusieurs contrées, en France et en Allemagne , on place sur l'aire des étables et des bergeries une couche de gazons dans le but de recueillir les urines, les parties fluides des déjections qui ne sont pas retenues par les litières sur lesquelles reposent les animaux. Ces gazons ne doivent être employés que secs. C'est que quand ils ont été détachés durant l'été et conservés sous des hangars , leurs propriétés absorbantes sont plus considérables. Dans le département du Morbihan cet usage est très-répandu, et le système cultural repose en partie sur les avantages qu'on retire de l'opération dite *étrépage des landes*. Par cette opération, on enlève au sol et la bruyère et les débris organiques qui existent à la superficie de la terre pour les conduire , après qu'ils ont été modifiés par l'action des substances animales , sur les terres labourables où ils favorisent , au détriment de la fécondité des terres de bruyères, la production des céréales d'une manière très-remarquable. Nous aurons occasion de démontrer, en traitant du *défrichement des terres des landes* , combien est irrationnel un tel procédé. Quoi qu'il en soit, des gazons enlevés sur le bord des routes , des chemins , sur les cheintres ou forrières des champs, et placés sur l'aire des étables comme parties absorbantes, ne peuvent que concourir à l'accroissement des moyens de fertilisation , puisqu'ils absorbent les liquides qui s'infiltrent dans le sol lorsque la surface de la bergerie ou de l'étable n'est pas pavée ou recouverte d'une couche de béton.

§ 12. DU SABLE ET DE LA TERRE.

Le sable , ainsi que la terre légère , sont souvent employés comme litière dans les contrées où le fumier séjourne sous les animaux dans les étables ou les bergeries pendant plusieurs semaines ou plusieurs mois. Ces parties se chargent comme les gazons des urines , des parties fluides des déjections. Toutefois, comme les parties terreuses s'imbibent d'autant mieux des urines qu'elles sont plus divisées , on devra choisir des sables très-meubles, des terres soit calcaires , soit siliceuses ou faiblement argileuses. Les terres compactes sont de mauvais récipients ; elles se divisent mal et ont une trop grande pesanteur. Lorsqu'on veut employer au sein des bergeries des terres calcaires ou argilo-siliceuses comme litière, on doit répandre chaque jour une certaine quantité de terre sèche sous les animaux. Pour être un bon excipient, la terre doit être le moins humide possible. il faut répandre, chaque fois qu'on applique une nouvelle couche de terre, une légère quantité de paille, de feuilles, de mousse. Ces dernières substances ont cet immense avantage qu'elles assurent au bétail un couchage plus favorable, plus sec. qu'elles ne permettent pas à la terre d'adhérer au corps des animaux. de souiller la laine des moutons; le fumier qui résulte d'un tel arrangement est moins compacte. il se divise et fermente plus aisément. Les terres argilo-siliceuses. argilo-calcaires, qui sont très - absorbantes, qui retiennent facilement les miasmes, l'odeur des urines, des déjections. concourent très avantageusement à rendre les habitations plus saines, plus hygiéniques pour les animaux. Soit qu'on emploie du sable, soit qu'on applique sur l'aire de l'étable de la terre, on ne doit en répandre que sur les parties où les animaux déposent leurs déjections. Dans les bergeries, la surface entière de l'aire doit être recouverte d'une couche de terre ou de sable, puisque les bêtes à laine vivent libres au sein de ces bâtiments.

Alb. Block, qui a employé pendant plusieurs années la terre comme excipient des déjections des animaux, et fait connaître les récoltes remarquables qu'elle lui a procurées. appliquait les quantités suivantes : par jour, pour 10 moutons, $0^{m.cub.},018$, et pour 300 têtes, $5^{m.c.},254$: par an. $6^{m},665$ et $1,890^{m.c.},440$; pour une bête à cornes, par jour, $0^{m.c.},055$, soit pour 20 têtes, $1^{m.c.},100$: par an, $20^{m.c.},369$ et $336^{m.c.},6$ 0 Il y a bien peu d'établissements ruraux, observe Block, où l'on ne puisse se procurer la terre nécessaire et la plus propre à servir de litière aux bestiaux, et accroître par ce moyen la quantité des engrais et les améliorer. Le creusement des fosses dans les champs, les prairies, le long des chemins ruraux, le curage des mares, des abreuvoirs. etc.. sont autant d'occasions qu'il faut saisir pour se procurer cette terre utile à ce service (1).

§ 13. DE LA MARNE.

Les cultivateurs qui veulent accroître leurs moyens de fertilisation. ou qui manquent de paille, peuvent aussi employer la marne comme litière dans les contrées où elle existe. M. Malingié, à La Charmoise (Loir-et-Cher),
substitue de la marne à la paille comme litière, et cette substitution lui permet de faire consommer la paille qu'il récolte par les animaux, au lieu de la convertir en engrais. Les fumiers obtenus par la litière de marne, qui fixe aussi bien que la terre les gaz ammoniacaux et qui arrête leur déperdition, sont sans odeurs. Chaque matin, les parties marneuses imprégnées d'urine ou chargées de déjections solides, sont rangées en arrière des animaux et transportées ensuite au tas accumulé en dehors des étables. La température de ce fumier, dit M Malingié, ne s'élève en aucune circonstance au-dessus de la température ambiante (1). Ainsi, la marne s'opposerait à la fermentation des déjections, et par conséquent au dégagement de l'ammoniaque, principale richesse du fumier.

SECTION II.

Des fumiers.

Les fumiers se distinguent les uns des autres à l'état naturel par leur aspect, leurs propriétés physiques et les éléments et les matières qui les composent. Ainsi, le fumier de cheval ne ressemble pas au fumier de porcs, et celui de vache ou de bœuf est tout à fait différent de celui qu'on recueille au sein des bergeries. Il faut reconnaître, d'un autre côté, que ces divers fumiers s'éloignent aussi les uns des autres suivant le degré de décomposition auquel ils sont arrivés.

On donne le nom de *fumier frais* à celui qui sort des étables, et qu'on emploie aussitôt, c'est-à-dire avant qu'il ait fermenté.

Les fumiers qui ont été conservés longtemps en tas sur des plates-formes ou dans des fosses, et qui ont éprouvé une décomposition profonde, sont connus sous les noms de *fumiers gras, fumiers décomposés* ; ces fumiers, qui sont onctueux, gras, sont aussi désignés sous le nom de *beurre noir*.

Les fumiers frais, qui occupent ordinairement beaucoup de volume, ont une action plus longue, plus durable, que les fumiers décomposés : on leur donne ordinairement le nom de *fumiers longs*.

Les fumiers décomposés, qui ont perdu une grande partie de leurs principes volatils fertilisants, ont une action instantance, mais de faible durée ;

---

(1) Traduction de F. Malepeyre, *Journal de l'Académie de l'industrie*. 1838, t. V, p. 142.

(1) *Notice sur l'exploitation de La Charmoise*. 1844. p. 13

on les désigne communément sous le nom de *fumiers courts.*

Les fumiers qui sont arrivés à un état avancé de décomposition sont beaucoup plus lourds, plus pesants, que les fumiers qu'on sort des étables ou des écuries.

§ 1. *Nature et variété de fumier.*

1° DU FUMIER DE CHEVAL.

Le fumier de cheval est le plus actif, le plus *chaud*, le plus léger de tous les fumiers. On sait que les chevaux sont ordinairement nourris de substances sèches, de foin, de grains, riches en principes azotés.

Ce fumier contient, à l'état sec, 2,7 pour 100 d'azote, et à l'état normal, 0.796 d'eau ; après un commencement de fermentation, il ne contient, d'après M. de Gasparin, que 60,58 pour 100 d'eau et 2,083 d'azote : comme il s'échauffe promptement et perd beaucoup de ses propriétés fertilisantes lorsqu'il prend le *blanc*, lorsqu'il se dessèche, il est utile de le disposer en tas réguliers, ou de le placer dans une fosse, et de lui fournir par l'arrosement l'humidité qui lui manque, et qui lui est nécessaire pour conserver ses propriétés actives. Mais il ne suffit pas d'entretenir au sein de la masse, ainsi que le fait observer M. Boussingault, une quantité d'eau suffisante pour modérer la température, il faut aussi prévenir, par un tassement convenable, l'accès de l'air, afin de ne pas détruire une portion considérable des principes qu'il est indispensable de conserver (1). M. Puvis a reconnu que, pour obtenir du fumier des chevaux des résultats aussi favorables que ceux qu'on réalise avec le fumier des bêtes à cornes à demi consommé, il est nécessaire de lui donner plus d'humidité qu'il n'en peut recevoir des urines de ces animaux. Si on ne l'arrose pas, ajoute-t-il, ou que les pluies ne lui fournissent pas un surplus d'humidité, il se dessèche et perd de son poids et de sa qualité, tandis qu'en l'arrosant, il produit une quantité de fumier à demi consommé de qualité meilleure et au moins égale en poids à celui que produisent les vaches (2). Schwertz, qui avait constaté les mêmes faits et suivi le même procédé pratique, conclut de l'extrême chaleur

que développe le fumier de cheval et qui est si nuisible à sa conservation, que ce fumier ne veut pas seulement être tenu très-humide, mais mouillé. M. Schattenmann, qui dispose annuellement des produits d'une écurie de 200 chevaux, a adopté, pour la confection du fumier de cheval, un procédé simple qui lui donne les résultats les plus satisfaisants, et qui lui permet de satisfaire aux conditions exposées ci-dessus. (*Voir ci-après*, § 9.)

Ce fumier est appliqué le plus ordinairement, quand on l'obtient en grande masse, sur les terres compactes, les sols argileux, les terrains froids et humides : sur les sols légers, les terres très-perméables, ses effets ne sont pas toujours très-favorables, à moins qu'on ne l'y conduise consommé.

Un mètre cube de fumier de cheval frais pèse 350 à 400 kil.

Un mètre cube de même fumier consommé pèse de 500 à 550 kil.

2° DU FUMIER DE BÊTES A CORNES.

Le fumier qui provient des vaches et des bœufs est regardé comme un engrais moins énergique que celui des chevaux, mais bien plus durable. Il est aussi beaucoup plus aqueux et les excréments qui le composent se lient ordinairement très-bien avec toutes les litières à cause de leur état fluide, à cause de leur grande humidité. La nourriture toutefois exerce une influence très-grande sur ses propriétés fertilisantes. Ainsi, les bœufs à l'engrais produisent des fumiers meilleurs lorsque leur engraissement a lieu avec des grains que quand ils sont nourris avec des betteraves ou des résidus de féculerie ; les bœufs de travail, qui consomment des substances beaucoup plus sèches, plus azotées que les vaches laitières, donnent un fumier plus riche, plus puissant. Cela se conçoit aisément, dit M. Boussingault, les principes azotés de la nourriture sont distraits des sécrétions pour concourir au développement du fœtus, à la production du lait ; par la même raison, les déjections des jeunes animaux, toutes circonstances égales d'ailleurs, procurent un engrais moins riche que celui qui dérive d'animaux adultes (1).

Le fumier de vache contient à l'état normal 81 pour 100 d'eau et 0,41 d'azote.

---

(1) *Économie rurale*, t. II, p. 120.
(2) *Journal d'agriculture pratique*, t. III, p. 99.

---

1) *Économie rurale*, 1834, t. II, p. 125.

Ce fumier, qui n'exhale aucune odeur d'ammoniaque, développe beaucoup moins de chaleur par la fermentation que celui de cheval ; il ne contient aucun alcali et ne se sèche pas comme ce dernier fumier. On lui donne le plus communément le nom de *fumier froid*.

On applique de préférence le fumier de vaches et de bœufs sur les terres siliceuses, légères, perméables, chaudes, sur les terrains calcaires, qui absorbent très-promptement les engrais et qui manquent toujours d'humidité et de consistance. Dans les terres argileuses, dans les sols humides, ses effets sont toujours moins durables que dans les terres sablonneuses ; la raison de ce fait c'est qu'il se décompose très-promptement dans ces terres surtout lorsqu'on l'applique à un état de décomposition avancée. Etant peu actif, il n'occasionne que bien rarement la verse des céréales.

Un mètre cube de fumier de bêtes à cornes pèse, à l'état frais, de 5 à 600 kil.

A l'état consommé ou gras, il pèse de 7 à 800 kil.

3° DU FUMIER DE MOUTONS.

Le fumier des bêtes à laine est moins chaud que le fumier de cheval, mais il est aussi actif et son action est plus prolongée, aussi durable que celle du fumier des bêtes à cornes.

Cet engrais ne contient que 63 pour 100 d'eau, mais il est beaucoup plus nitrogéné que tous ceux des autres animaux domestiques : il contient 1.11 pour 100 d'azote.

Le fumier de mouton séjourne ordinairement pendant plusieurs semaines, pendant même plusieurs mois dans les bergeries. Si par ce long séjour il gagne en qualité parce que indépendamment des urines, les litières absorbent aussi le suint, il se présente, lorsqu'on le sort des bâtiments, avec des propriétés physiques peu favorables. Ainsi, fortement tassé comme il l'est sans cesse par les pieds des animaux, il se présente sous forme de grandes plaques d'une division assez difficile et qui ne permettent pas que l'épandage s'exécute avec facilité quand il est conduit directement sur les terres où il doit manifester ses effets. Ce fait s'explique aisément : les moutons urinent moins que les autres animaux, leurs crottins, qui sont généralement durs et qui comportent peu d'humidité, fermentent très-lentement. C'est pourquoi

on l'applique avec succès sur les sols argileux, les terres compactes et tourbeuses, les terrains calcaires. Lorsqu'on n'en obtient annuellement qu'une faible quantité, il est préférable, au lieu de l'appliquer seul, de le mêler aux autres fumiers : par ses propriétés physiques et son énergie, il corrige les défauts que comportent ces fumiers et accroît leurs qualités fertilisantes.

4° DU FUMIER DE PORC.

Ce fumier, que l'on regarde encore en France et en Allemagne comme peu favorable à la vie des plantes, comme le moins actif de tous les fumiers, est considéré, en Angleterre, comme un engrais aussi utile que les fumiers d'étable. Si, dans notre pays, les fumiers de porcs sont moins fertilisants que ceux des bêtes à cornes, c'est que ces animaux ne reçoivent pour ainsi dire que des substances végétales, c'est qu'ils ne consomment pas une aussi forte quantité de semences farineuses ou de tourteaux qu'en Angleterre. Ces animaux, qui ont une digestion facile, qui s'assimilent presque tous les principes actifs des aliments qu'on leur administre ordinairement en petite quantité et presque toujours liquides, qui exigent beaucoup de litière, doivent évidemment produire un fumier d'une faible activité et toujours très-humide dans les exploitations où leur économie est mal comprise. C'est pourquoi le fumier qui provient de porcs à l'engrais qui reçoivent des aliments en quantité suffisante et toujours très-riches en matières substantielles, est beaucoup plus fertilisant que celui que produisent les porcs médiocrement nourris. Schwertz a reconnu que le fumier des cochons à l'engrais produit, pendant deux années, un effet plus grand, dans les mêmes terres et sur les mêmes plantes, que le fumier des vaches.

Quoi qu'il en soit, mélangé au fumier de cheval et conservé en tas arrosé avec du purin pendant quelque temps, il change complètement d'état, d'aspect ; il devient moins pailleux, moins froid, moins humide, plus lourd et plus fertilisant.

Le fumier de porcs qui a été recueilli au sein de loges où les urines ne séjournent pas, où elles ne peuvent communiquer à la litière leur âcreté, peut être employé avec succès sur les sols calcaires ou siliceux.

5° DU FUMIER DE LAPIN.

Le fumier qui provient de lapins soumis en domesticité, est aussi actif, aussi chaud que celui de moutons. Cet engrais, qui ne contient pas plus d'humidité que le fumier des bêtes à laine et qui se présente, à la sortie des bâtiments, sous forme de plaques, est remarquable par l'énergie de ses effets sur les terres argileuses ou argilo-calcaires.

6° DU FUMIER MIXTE, OU COMPOSÉ, OU NORMAL.

Dans la plupart des exploitations, les fumiers de bêtes à cornes, de chevaux, de moutons et de porcs, sont conduits sur des plates-formes ou dans des fosses, où ils fermentent ensemble, où ils subissent un commencement de décomposition. Lorsque la fermentation est telle, que le fumier présente une masse uniforme, un peu grasse, état qui ne permet pas très-aisément de distinguer tel fumier de tel autre, on le considère comme fait, et dès lors il est possible de l'employer. Ce fumier, qui n'est composé ordinairement que de paille et de déjections, est désigné par Wulfen sous le nom de *fumier normal*. On comprend que des fumiers de vaches, de chevaux, etc., qui seraient composés d'excréments et de feuilles ou de bruyères, ou auxquels on aurait ajouté des curures de cours, des débris de végétaux, etc., ne pourraient être considérés comme *engrais type*, puisque le fumier n'aurait plus ni les mêmes qualités, ni le même aspect, ni les mêmes propriétés fertilisantes.

M. Boussingault a analysé le fumier de la ferme de Bechelbron, près Haguenau, pour en connaître les principes élémentaires. Les animaux qui avaient concouru à la production de ce fumier, qui était arrivé à un état moyen de putréfaction, étaient 30 chevaux, 30 bêtes à cornes, 12 à 20 porcs. Il a constaté qu'en moyenne il contenait :

Matière sèche.	20,7 pour 100
Eau.	79,3

Voici les éléments que contenaient 1,000 parties de fumier à l'état sec et à l'état humide :

	État sec.	État humide.
Eau.	»	793,000
Carbone.	258,000	74,000
Hydrogène.	42,000	9,000
Oxigène.	258,000	53.000
Azote.	20,000	4,000
Acide carbonique.	6,440	1,340
Acide phosphorique.	9,660	2,010
Acide sulfurique.	6,118	1,273
Chlore.	1,932	0,402
Silice, sable, argile.	213,808	44,588
Chaux.	27,692	5,762
Magnésie.	11,592	2,412
Oxide de fer, alumine	19,642	4,087
Potasse et soude.	25,116	5,226
	1,000,000	1,000,000

Ainsi, à l'état normal ou humide, ce fumier contenait :

Substances organiques.	14,03
Sels et terres.	6,67
Eau.	79,30
	100,000

M. Th. Richardson représente ainsi la composition d'un fumier de ferme analysé au moment où il allait être répandu sur le terrain :

Substances organiques, etc.	24,71
Sels inorganiques, etc.	10,33
Eau.	64,96
	100.00

La quantité d'azote qu'il contenait était, à l'état sec, de 1,76 pour 100.

M. de Gasparin a choisi pour fumier type celui d'une auberge. De tous les fumiers, observe-t-il avec raison, celui qui est le plus uniformément préparé est celui des auberges de rouliers qui, d'un bout de la France à l'autre, donnent la même nourriture à leurs chevaux ; c'est ce qu'on appelle *l'ordinaire*. C'est ce fumier accumulé depuis un mois, chaud, mais tenu assez humide pour ne pas passer au blanc, que M. de Gasparin a soumis à l'analyse. Après un commencement de fermentation, dit-il, il contenait 60 58 d'eau sur 100 parties ; il pesait 660 kilog par mètre cube, et quand il est bien tassé sur la voiture qui le transporte, la même quantité a un poids de 820 kilogrammes (1). D'après l'analyse de M. Payen, 100 parties de ce fumier normal contiennent 0,796 d'azote, et 100 parties de la matière sèche 2,07. Ainsi 50,25 de cet engrais équivalent à 100 du fumier normal de M. Boussingault, c'est-à-dire qu'il a une valeur à peu près double de celle du fumier de ferme préparé à Bechelbron (2).

Toutes choses égales d'ailleurs, le fumier que les animaux domestiques produisent au sein des fermes qui ont une quantité suffisante de paille pour litière peut être considéré comme fumier type. Le fumier des auberges est un engrais accidentel, et l'agriculture, c'est-à-dire la pratique, n'est pas toujours à même de jouir, de profiter de la supériorité qu'il possède sur les fumiers ordinaires parce qu'il est produit en faible quantité, parce qu'il est ordinairement appliqué aux alentours des lieux où il a été produit. Nous conviendrons donc avec MM. de Gasparin, Boussingault et Payen, que le *fumier normal*, que le *fumier type*, sera celui qui, à l'état sec, renfermera 2,0 pour 100 d'azote, et à l'état humide, 0,40 de ce même élément.

§ 2. *De la production des fumiers.*

Une des questions les plus importantes qui nous restent à étudier avec soin, est celle de la quantité de fumier produite dans le cours d'une année par chaque tête de bétail. Il faut l'avouer, cette production n'est pas toujours constante ; elle varie suivant la taille et la force des animaux, la quantité d'aliments qui leur est donnée, la quantité de litière qui leur est accordée, la plus ou moins grande quantité d'eau que renferment les substances alimentaires, la force plus ou moins absorbante des excipients, enfin selon le séjour plus ou moins prolongé des fumiers dans les étables et la disposition qu'offre l'aire de l'écurie, de la bouverie et de la bergerie.

Examinons d'abord quelle est la quantité de fumier produite annuellement et constatée par des observations rigoureuses, sans avoir égard à la quantité d'aliments consommés et à l'abondance des substances litières placées sous les animaux.

1° *Meyer* a constaté les quantités suivantes pour des vaches qui pâturent six mois de l'année, pendant lesquels elles ne passent que la nuit à l'étable et qui y séjournent les six mois de l'hiver :

Une vache du poids de 196 kilog. donne.	5,600 kilog.
Une vache du poids de 294.	7,300
Une vache du poids de 392.	8,600
Un mouton nourri à la bergerie.	730

2° *Thaër* attribue à

---

(1) *Cours d'agriculture*, 1846, t. I, p. 599.

(2) *Mémoires de la Société centrale d'agriculture*, 1842, p. 129.

Un grand bœuf. 6,431
Un bœuf de taille moyenne. 5,359
Un petit bœuf. 4,197
Une grande vache. 4,064
Une vache de taille moyenne. 3,407
Une petite vache. 2,668
Un cheval nourri à l'écurie. 0,804

3° *De Pfeiffer* a obtenu

D'une vache nourrie à l'étable. 9,288

4° *Thaër* rapporte qu'un agriculteur allemand a constaté, comme produit moyen pendant trois années, les résultats suivants :

Une bête à cornes. . . . . 7,951 kilog.
Un cheval. 7,413
Une bête à laine 441
Un porc. 794

5° *Frédersdorf* évalue comme suit le produit annuel en fumier :

Une vache nourrie à l'étable. 11,610
Un cheval. 8,707
Une bête à laine. 773

6° *Crud* attribue à

Une bête à cornes de taille moyenne nourrie à l'étab. 11,000

7° Selon *Hundershagen*, on obtient en moyenne de :

Une vache en stabulation, bien nourrie. 11,500
Une vache qui va au pâturage. 9,500
Un bœuf de travail. 10,250
Un cheval de travail. 10,250
Une bête à laine. 425

8° M. *Bella* a obtenu, comme produit moyen, pendant les années 1837, 1838 et 1839, les quantités suivantes :

Une vache. . . . . 13,952 kilog.
Un bœuf de travail. 11,625
Un cheval. 8,918
Un porc. 1,466
Une bête à laine. 343

9° *Mathieu de Dombasle* a obtenu les produits suivants :

Une vache. 14,750
Un bœuf à l'engrais. 25,300
Un cheval. 16,200
Une bête à laine. 600

On voit, en comparant entre eux ces divers résultats, qu'il n'est pas possible, à cause de leur grande variation, de baser un système de culture sur la quantité de fumier qu'une vache, qu'un cheval peuvent produire dans le cours d'une année. Si, à Roville, la quantité de fumier produite par les chevaux s'est élevée à 16 200 kilog., et celle par les bœufs à l'engrais à 25,300 kilog., c'est que les bâtiments étaient disposés de manière à ce qu'aucune partie des urines ne pût en sortir et qu'on fût forcé de les faire absorber par la litière qui était toujours employée, à cet effet, en quantité suffisante. Dans les étables les mieux construites, dans celles où les urines arrivent dans des fosses situées en dehors des étables, les productions des fumiers présentent parfois des résultats si variables d'année en année qu'on ne peut pas songer à obtenir, dans ces bâtiments, des produits en fumiers presque identiques, à moins que les animaux ne reçoivent toujours les mêmes aliments, des substances alimentaires de même nature, des litières semblables et en quantité toujours constante. Le séjour plus ou moins prolongé des animaux en dehors des bâtiments, influe aussi sur la production des engrais. Ainsi, à Grignon, les bœufs de trait, en 1838, qui ont travaillé, en moyenne, 6 heures 59 pendant 300 jours, n'ont produit que 10,178 kilog. de fumier, tandis que gendant l'année 1837, durant laquelle chaque tête n'a travaillé que 4 heures 51, la production du fumier s'est élevée, par chaque bœuf, à 12,339 kilog. Les animaux qui vivent le jour au pâturage et la nuit au sein des bâtiments d'exploitation, produisent moins d'engrais que ceux qui vivent en stabulation complète. Thaër rapporte qu'on a pesé le fumier produit par une vache qui était nourrie sur un pâturage abondant, pendant le jour et durant la nuit ; le fumier produit pendant le jour pesait de 9$^{kil.}$,744 à 10$^{kil.}$,672 ; celui produit durant la nuit variait de 6$^{kil.}$,960 à 7$^{kil.}$,192. Ces résultats viennent confirmer ceux constatés par Meyer que j'ai mentionnés précédemment, et ils témoignent hautement en faveur de la stabulation permanente. Quoi qu'il en soit, les productions en fumier par tête et par an que je viens de rappeler, pourront servir de guide pour établir des calculs approximatifs et éviter de recourir aux moyens d'appréciation plus longs que la pratique est heureuse aujourd'hui de connaître,

qu'elle regarde comme plus vrais, comme plus exacts, parce qu'ils ont reçu la sanction de l'expérience. Je vais examiner ces substances dans tous leurs détails.

C'est à Meyer qu'appartient la découverte de la méthode par laquelle on détermine avec assez d'exactitude la quantité de fumier produit eu égard au poids des substances alimentaires consommées par les animaux et à la quantité de matériaux qui leur servent de litière. Ce procédé simple consiste à prendre en considération la nature des aliments, leur humidité, leur valeur alimentaire, à les réduire à l'état sec, à tenir compte de la quantité de litière accordée par jour et par tête et à constater et le poids des déjections et celui de la litière lorsqu'elle est chargée de parties liquides et qu'elle reçoit concurremment avec les parties ou fluides, ou solides, des excréments, le nom de fumier. Lorsque ces conditions sont remplies, on constate un rapport entre les substances alimentaires et la litière consommée et le fumier produit, qui devient constant lorsque l'expérience a eu lieu avec beaucoup d'exactitude, lorsque le poids des aliments a été pris à l'état de siccité et que l'on considère comme multiplicateur soit pour les aliments et la litière, soit pour les aliments ou les litières pris isolément. Ce procédé est aujourd'hui très-suivi, et il est hors de doute qu'il ne présente ni difficultés, ni incertitude, quand il a été suivi rigoureusement et qu'il est digne de fixer l'attention des agriculteurs praticiens.

1° *Meyer* propose de multiplier le foin consommé par 1,8, parce que les organes s'approprient les principes nutritifs du foin dans la plus grande proportion, et il conseille de multiplier la paille, soit qu'elle soit donnée en litière, soit qu'elle soit donnée en fourrage, par 2,7, parce que ce dernier aliment ne contribue que peu ou point à la nourriture de l'animal. D'après ces multiplicateurs, on obtiendrait de 10 kilog. de foin et de 30 kilog. de paille administrés comme aliments, y compris la litière, 2,5 de fumier pour 1 de matière sèche. Ainsi, 10 k. foin $\times$ 1,8 = 18 k. + 30 k. paille $\times$ 2,7 = 99 kilog. de fumier. Meyer assimile au foin les végétaux qui ont conservé leurs principes nutritifs, mais seulement d'après le poids qu'ils ont lorsqu'ils sont réduits à l'état sec.

2° *Thaër* a suivi une marche différente. Il réduit en foin toutes les substances alimentaires consommées par les animaux, et il admet que le foin consommé, y compris une quantité suffisante de litière, doit être multiplié par 2,3.

3° *Koppe* suit le mode d'évaluation adopté par Thaër ; toutefois, il admet le multiplicateur 2, seulement dans la supposition que le fumier est abandonné à une longue décomposition qui diminue son poids et son volume.

4° *De Thunen*, qui a adopté aussi le système proposé par le fondateur de Mœglin, propose le chiffre 2,25 pour multiplicateur.

5° *De Wulfen* a basé son système sur la nature des aliments. D'après ses hypothèses, 1 partie de grains donne 4,4, 1 de foin 3, 1 de paille 2,2, 1 de pomme de terre 1 de déjections animales, et il devient indifférent qu'on donne plus ou moins de paille soit comme nourriture, soit comme litière. Nonobstant, il croit que le rapport le plus rationnel est celui où on administre 3 de foin et 5 de paille. Alors, le multiplicateur pour ces deux substances serait en moyenne 2 5.

6° *Schwertz* observe que le fumier est en relation avec le poids de la nourriture réduite à l'état sec. Il admet que le fumier, au moment où on le conduit dans les champs, a déjà perdu 25 pour 100 du poids qu'il avait en sortant de l'écurie. Dans cette hypothèse, 100 kilog. de nourriture sèche = 175 kilog. de fumier. Pour la paille, comme elle ne donne rien à l'animal, comme son tissu poreux et le vide que présente le chaume la rendent propre à absorber plus de liquide qu'un aliment mâché et digéré, il dit : 100 kilog. de paille = 200 kilog. de fumier. Le multiplicateur des substances alimentaires réduites à l'état sec est donc 1,75, et celui de la paille le nombre 2.

7° *Block* n'a pas suivi la méthode adoptée par Thaër et Schwertz. Il calcule premièrement le fumier à l'état sec qu'on obtient d'une quantité donnée d'aliments. Selon lui, 100 kilog. de foin ou de paille, consommés comme aliment, produisent 44 kilog. de fumier à l'état sec ; 100 kilog. de pommes de terre 14 ; 100 kilog. de paille 95. Il multiplie ensuite les nombres ainsi obtenus par 4 pour les évaluer en fumier ordinaire de bêtes à cornes modérément fermenté et contenant 75 pour 100 d'humidité. Son multiplicateur est donc, ainsi que le fait observer M. F. Malepeyre, pour les aliments secs 1,75, et pour la litière 3,8 ; toutefois, comme

Block admet que sur 100 kilog. de fourrages secs, les bêtes à cornes reçoivent au plus 10 kilog. de litière, il résulte que 1 de fourrages réduits à l'état sec et de litière donne 2,3 de fumier.

8° *Mathieu de Dombasle*, sans donner à ces chiffres cette vérité mathématique que doivent toujours avoir les faits en agriculture, dit que chaque 100 kilog. de foin consommé par des chevaux d'exploitation, a donné, à Roville, environ 222 kilog. de fumier, c'est-à-dire 2,22 pour 1 de fourrage.

9° *Kreissig* regarde comme positif que 100 kilog. de fourrages secs, moitié foin et moitié paille, donnent, quand la moitié de la paille est employée en litière, 370 décimètres cubes, ou 220 kilog. de fumier court, aplati, non pailleux ni consommé. Il s'ensuit que 1 de fourrages secs et de litière produit 2,2 de fumier.

10° *Gericke* a fait sur trois vaches huit expériences au moyen de huit rations différentes. D'abord, elles furent nourries avec des substances sèches, du foin, de la paille et un peu d'orge concassée. Pendant tout le temps qu'a duré cette alimentation au sec, les animaux ont bu, par tête et par jour, 53^{kil},288 d'eau. D'après la quantité de fumier obtenue, 1 de fourrage sec et de litière a donné en moyenne 2,55 de fumier. Cette expérience a duré 22 jours. Ces mêmes animaux ont été ensuite alimentés avec des fourrages humides, tels que herbe, trèfle, betteraves, navets et pommes de terre. Pendant cette expérience, qui a duré 35 jours, les animaux ne buvaient, par jour et par tête, que 18^{kil},792. Il résulte de la quantité de fumier produite que 1 de substances alimentaires humides réduites à l'état sec et de litière a donné en moyenne 2,24 de fumier. On voit, d'après cette expérience, qu'un animal donne d'autant plus de fumier qu'il boit davantage, et que le fumier est d'autant plus abondant que les aliments sont plus secs, plus absorbants, plus hygrométriques.

11° *Burger* pose comme principe l'énoncé suivant : pour obtenir le rapport qui existe entre le poids du fourrage et de la litière employés, et celui de l'engrais qui en résulte, il faut réduire la nourriture à son poids sec de quelque nature qu'elle soit, y ajouter la litière et multiplier la somme par 2. Cet auteur n'appuie cette opinion sur aucun fait.

12° *W. Albert* a fait pendant 5 années, à diverses reprises, plusieurs expériences, dans le but de constater la quantité des matières des aliments, de la litière, du fumier, qui disparaît par la fermentation, celle qui s'évapore dans l'air, ainsi que celle qui, en réalité, s'assimile au corps des animaux. Voici quels ont été les résultats de ces observations : 100 en poids d'aliments secs et de litière donnent, avant d'avoir éprouvé la fermentation, 125 de fumier. Sur ces 125 de fumier, la fermentation en fait évaporer 62. Ainsi, 100 en poids d'aliments secs et de litière,

consommés par des moutons, donnent 63 de fumier. Le chiffre multiplicateur serait donc 0,63, et la perte éprouvée par le fumier de 50 p. 100. Nous constaterons bientôt que cette perte n'est malheureusement que trop réelle.

Le système proposé par Schwertz est celui que l'on adopte le plus généralement. Voici, d'après cet auteur, quelle quantité de fumier on peut espérer obtenir des fourrages et litières consommés (2).

Fourrages.

		kilog.	
100 kilog. de foin contenant 100 parties sèches donnent	175,	» de fumier.
100 kilog. de paille. 100	175	»
100 kilog. de trèfle. 21	36, 750
100 kilog. pommes de terre. 28	49	»
100 kilog. betteraves. . . . 12	21	»
100 kilog. carottes. 13	22, 750
100 kilog. choux-raves . . . 22	38, 500
100 kilog. navets. 10	17, 500

Litière.

| 100 kilog. paille. . . . . . . 100 . . . . | 200 | » |

Schwertz suppose que le fumier contient 75 pour 100 de parties liquides.

Ce mode d'évaluation du rapport des substances alimentaires et de la litière consommées avec le fumier produit est assez exact quand on évalue la quantité de fumier produite au sein d'une exploitation ; mais il est aujourd'hui démontré que les multiplicateurs 1,75 et 2, ou, en moyenne, 1,87, ne sont plus vrais lorsqu'on évalue séparément la quantité de fumier fournie par chaque espèce d'animaux. Convaincu, depuis longtemps, que les multiplicateurs indiqués par M. Schwertz conduisent à des résultats très-différents de ceux que la pratique réalise, je suis arrivé à reconnaître qu'il est nécessaire d'adopter des multiplicateurs spéciaux suivant l'espèce animale et le service auquel elle est destinée. Si tous les animaux domestiques présentaient les mêmes caractères d'organisation, si les aliments qu'ils consomment ainsi que les liquides qu'ils boivent étaient de nature semblable et en quantité identique, enfin, si tous les animaux étaient soumis aux mêmes services, je comprendrais qu'il fût possible d'admettre un seul multiplicateur, soit pour les aliments et la litière, soit pour

les substances fourragères seules, ainsi que pour les matières litières. Comme il ne peut en être ainsi, comme les animaux de travail consomment des nourritures toujours plus sèches, plus assimilables que celles administrées aux bêtes de rente, et qu'ils séjournent moins longtemps au sein des écuries que ces dernières, il est évident que, toutes choses égales d'ailleurs, ils doivent produire moins de fumier que les vaches et les porcs. Il résulte de ces quelques considérations, que le multiplicateur à adopter par la pratique doit varier inévitablement selon l'espèce animale et les services qu'on lui demande.

Des expériences, suivies et répétées au sein de ma ferme et pendant plusieurs années, m'ont permis de considérer comme vrai et tout à fait pratique le mode d'évaluation suivant : *Pour obtenir la quantité de fumier qui résulte d'une quantité de fourrages consommés et de litière employée, après qu'il a subi la fermentation nécessaire, il faut réduire la nourriture et la litière, de quelque nature qu'elles soient, à l'état de siccité, et multiplier le résultat par X.*

X est variable suivant les animaux.

Dans l'évaluation du fumier des chevaux, sa valeur $= 1,30$
Dans l'évaluation du fumier des bœufs de trait, elle $= 1,50$
Dans l'évaluation du fumier de vaches. . . . elle $= 2,30$
Dans l'évaluation du fumier de porcs. . . . . . elle $= 2,50$
Dans l'évaluation du fumier de bêtes à laine. . elle $= 1,20$

Le chiffre multiplicateur moyen serait donc : 1,80.

Pour réduire les aliments et la litière à l'état de siccité, il faut multiplier la quantité de substances alimentaires consommées ou de paille employée par la quantité de substances sèches que contiennent ces substances.

D'après ce principe, si nous appelons a la quantité de substances nutritives ou de litière, b la quantité d'humidité que contient la substance, e le chiffre multiplicateur, x la quantité de fumier à obtenir, nous aurons :

$$x = a - b \times e.$$

Ainsi, pour connaître la quantité de fumier qui résultera de 100 kilogrammes de foin de prairies naturelles consommé par un cheval, nous avons :

$$x = 100 - 15 \times 1,30 = 110^{\text{kil}},500 \text{ de fumier.}$$

Si ce même animal a reçu, comme litière, 50 kilog. de paille de froment ou de seigle, on a

$$x = 50 - 5 \times 1,30 = 98^{\text{kil}},500 \text{ de fumier.}$$

Voici un tableau des principales substances alimentaires et des litières le plus ordinairement employées, indiquant la quantité d'humidité et de matières sèches qu'elles renferment. La quotité de substances sèches peut être considérée comme multiplicande, ou $= a - b$ de la formule précédente. Pour déterminer la quantité de fumier qui sera produite par un bœuf de trait qui aura consommé 300 kilog. de trèfle vert, alors on a

$$x = \frac{300 \times 25}{100} = 75 \times 1,50 = 112^{\text{kil}},50 \text{ de fumier.}$$

ou
$$x = 300 - 225 \times 1,50 = 112^{\text{kil}},50.$$

SUBSTANCES.	Parties humides pour 100.	Parties sèches pour 100.
Fourrages.		
Foins secs.	0,15	0,85
Fourrages verts.	0,75	0,25
Pommes de terre.	0,75	0,25
Betteraves.	0,85	0,15
Carottes.	0,87	0,13
Topinambours.	0,78	0,22
Navets.	0,90	0,10
Feuilles de choux, de navets et de betteraves.	0,90	0,10
Résidus de pommes de terre.	0,75	0,25
Résidus de betteraves.	0,70	0,30
Tourteaux de lin et de colza.	0,10	0,90
Son.	0,25	0,75
Avoine.	0,13	0,87
Litières.		
Pailles céréales.	0,10	0,90
Paille de sarrasin.	0,15	0,85
Sciure de bois.	0,25	0,75
Feuilles.	0,25	0,75

Si l'on compare les multiplicateurs précités avec ceux admis par Schwertz, on reconnaîtra qu'ils en diffèrent complétement, puisque la paille ne double pas toujours de poids. Sans doute, la paille imprégnée de parties solides et pénétrée de liquides augmente en poids, mais si on a égard aux pertes considérables qu'éprouvent et les matières animales et celles végétales lorsqu'elles séjournent pendant plusieurs semaines, pendant plusieurs mois, au sein d'une fosse ou sur une plate-forme, on comprendra qu'il est impossible à un cultivateur de calculer sur une quantité de fumier égale à celle que l'on obtient lorsqu'on sort les déjections et les pailles des étables ou des écuries. Pour pouvoir compter sur une telle quantité, il faudrait pouvoir appliquer le fumier immédiatement après qu'il a été recueilli. Scherwtz, il est vrai, n'a établi ses chiffres qu'après avoir admis que le fumier, quand on le conduit dans les champs, a perdu un quart du liquide qui était joint à ses parties solides, ou qu'il contient encore 75 p. 100 de liquide ; mais cette perte est loin de représenter celle que le fumier perd réellement par la fermentation et l'évaporation. Si les fumiers, en général, n'éprouvaient pas de diminution plus sensible que celle qu'ils subissent quand on les conserve dans les fosses, en tas ou dans les écuries, la masse que l'on récolte qu'on emploie annuellement aurait un poids bien plus considérable. Toutefois, j'observerai que les chiffres que je propose d'adopter, et qui ont pour bases des expériences nombreuses, ne peuvent être applicables que dans une exploitation où les fumiers sont bien traités, où on leur accorde tous les soins nécessaires lorsqu'ils fermentent, afin qu'ils ne soient ni trop secs ni trop humides. Pour donner à mon mode d'évaluation plus de force et de vérité, je rapporterai ici la quantité de substances alimentaires à l'état normal et réduite à l'état de siccité qui ont été consommées pendant trois années à Grignon, ainsi que la masse de fumier qui y a été recueillie.

Cours d'Agricult.

19

N° 1. *Tableau des consommations et du produit en fumier pendant l'année 1836 à 37.*

SUBSTANCES.	CHEVAUX.		BOEUFS.		VACHES.		GÉNISSES.		PORCS.		BÊTES A LAINE.	
	État normal.	État de siccité.	État normal.	État de siccité.	État normal.	État de siccité.	État normal.	État de siccité.	État normal.	État de siccité.	État normal.	État de siccité.
	kilog.	kilog.	kilog.	kilog.	kilog.	kilog.	kilog.	kilog.	kilog.	kilog.	kilog.	kilog.
Fourrage sec.	13,300	11,305	30.480	25,968	36,070	30,659	14,380	12,223	»	»	72,145	61,323
Fourrage vert.	4,860	1,215	85,230	21,307	259,305	64,826	178,011	44 592	4,875	1,213	24,760	6,190
Pomme de terre.	14,210	3,552	81,900	20,475	»	»	47,530	11 882	25,900	6,475	58,641	14,660
Betterave.	»	»	1 272	190	85,554	12,833	23,765	3.564	2.290	343	130,895	19,634
Carotte.	»	»	»	»	»	»	»	»	530	68	7,280	946
Résidu de féculerie..	»	»	9,160	2 290	41,150	10,287	32,600	8,150	3 318	829	»	»
Avoine	42,000	36,540	1,812	1,576	»	»	»	»	»	»	1,727	1,502
Son.	»	»	»	»	»	»	»	»	»	»	5,925	4,443
Tourteaux.	»	»	»	»	»	»	»	»	»	»	3,394	3,054
Paille.	56,520	50,868	71,820	64,638	128 260	115,434	113,800	102,501	21,760	19,584	165,960	149,364
Totaux.		103,480		136,384		234,099		182,822		28 213		261,021
Quantité de fumier obtenue. . . .	139,000		222,375		564,000		367,875		76,875		318,750	
Rapport entre la nourrit. réduite à l'état de siccité et le fumier produit.	100 : 1,34		100 : 1,34		100 : 2,40		100 : 2,01		100 : 2,73		100 : 1,22	

Rapport moyen entre toute la nourriture consommée et réduite à l'état sec et la quantité totale de fumier obtenue . . . . } 946,019 kil. fourrage : 1,688,875 kil. fumier :: 100 : 1,76.

N° 2. *Tableau des consommations et du produit en fumier pendant l'année 1837 à 38.*

SUBSTANCES.	CHEVAUX.		BOEUFS.		VACHES.		GÉNISSES.		PORCS.	
	État normal.	État de siccité.	État normal.	État de siccité.	État normal.	État de siccité.	État normal.	État de siccité.	État normal.	État de siccité.
	kilog.	kilog.	kilog.	kilog.	kilog.	kilog.	kilog.	kilog.	kilog.	kilog.
Fourrage sec.	27,764	23,590	50,675	50 723	49,478	42,056	45,331	38,531	»	»
Fourrage vert.	16,207	4,051	94,510	23,377	263,680	65,920	219,265	62,313	5,830	1,482
Pomme de terre.	18,206	4,551	115,052	28,764	21,410	5,327	21,321	5,340	41,921	10,480
Betterave.	»	»	6,068	910	75,779	11,366	79,122	11,868	10,366	1,555
Carotte.	12,146	1,575	»	»	3,250	422	»	»	1,300	169
Topinambour.	»	»	»	»	910	198	910	198	»	»
Résidu de féculerie.	»	»	»	»	9,200	2,300	27,250	6,062	»	»
Avoine.	33,285	28,949	3,500	3,045	»	»	»	»	»	»
Paille.	61,920	55,728	74,568	67,111	127,368	114,541	130,944	117,849	26,028	23,425
Totaux.		118,453		173,930		242,130		242,161		37,111
Quantité de fumier obtenue.	128,872		208,530		504,244		467,250		102,266	
Rapport entre la nourriture réduite à l'état de siccité et le fumier produit.	100 : 1,08		100 : 1,10		100 . 2,08		100 : 1,92		100 : 2,75	

Rapport moyen entre toute la nourriture consommée et réduite à l'état sec et la quantité totale de fumier obtenue. . . . . 813,795 kil. : 1,411,162 kil. fumier :: 100 : 1,73.

N° 3. *Tableau des consommations et du produit en fumier pendant l'année 1838 à 39.*

SUBSTANCES.	CHEVAUX.		BOEUFS.		VACHES.		GÉNISSES.		PORCS.	
	État normal.	État de siccité.	État normal.	État de siccité.	État normal.	État de siccité.	État normal.	État de siccité.	État normal.	État de siccité.
	kilog.	kilog.	kilog.	kilog.	kilog.	kilog.	kilog.	kilog.	kilog.	kilog.
Fourrage sec.	39,88	33,224	64,182	54,554	40 546	3,464	39,935	33,944	»	»
Fourrage vert.	29,964	7,491	142,232	35,548	319,694	79,923	203,075	50,768	14,868	3,717
Betterave.	»	»	22,103	3,315	80,6'6	12,095	75,465	11,319	7,182	1,077
Carotte.	19,602	2,548	»	»	»	»	»	»	»	»
Topinambour.	»	»	4,347	960	»	»	»	3,831	»	»
Résidu de féculerie	»	»	»	»	40 204	10,051	15,525	»	»	»
Avoine	31,812	27,676	529	460	»	»	»	»	»	»
Tourteau.	»	»	774	696	»	»	»	»	»	»
Paille.	60,406	54,365	72,481	65,332	109,402	98,461	126,315	113,683	31,920	28,738
Pomme de terre	»	»	95,082	23,795	12,172	3,043	8,28	2,070	71,106	17,776
Totaux.		125,304		185,660		230,624		216,065		41,298
Quantité de fumier obtenue.	174,702		283,797		533,596		541,275		72,618	
Rapport entre la nourriture réduite à l'état de siccité et le fumier produit. . . . . , ,	100 : 1,39		100 : 1,52		100 : 2,31		100 : 2,64		100 : 1,75	

Rapport moyen entre toute la nourriture consommée réduite à l'état sec et la quantité totale de fumier obtenue. . . . . } 799,551 kil. fourrage : 1,605,988 : : 100 : 2,00.

Si j'ai pris, pour donner plus d'importance à mon mode d'évaluation de l'engrais produit, les résultats obtenus à Grignon, c'est que les faits agricoles y sont constatés avec une exactitude admirable, c'est que les fourrages y sont distribués avec tout le soin possible, c'est qu'enfin les fumiers qui sortent journellement des écuries et des étables, sont soigneusement entassés et mêlés par couches, sur des plateformes, où, par le moyen d'arrosements pendant deux mois, on modère, on dirige la fermentation jusqu'à ce qu'elle soit arrivée au point convenable. Il m'aurait été difficile d'exposer des faits de grande culture plus positifs, plus pratiques; c'est que, sous ce rapport, Grignon est une ferme véritablement exemplaire.

Il ressort de ces trois tableaux que les chevaux sont les animaux qui produisent, après les moutons, la moindre quantité de fumier. Ainsi, en moyenne, la nourriture réduite à l'état sec serait au fumier :: 100 : 1.27. Ce chiffre est très-faible, mais il ne doit point étonner, car, à Grignon, les chevaux travaillent beaucoup. Quoi qu'on fasse, observe M. Boussingault, les fumiers d'écurie auront toujours à supporter une perte inévitable, qui dépend du séjour que font au dehors les chevaux d'attelages. Ainsi, on admet que, par suite du travail extérieur, les animaux de travail ne rendent que les deux tiers de l'engrais qu'on serait en droit d'attendre de la nourriture qu'ils consomment (1). Le rapport de la quantité de fumier produite par les chevaux, à Grignon, représente, à peu de chose près, les deux tiers du rapport proportionnel obtenu, en moyenne, durant les années 1836-37-38, des aliments consommés et du fumier fabriqué. Ainsi le rapport moyen entre toutes les substances fourragères sèches consommées et la quantité de fumier produite a été :: 100 : 1,83. Quant à celle fournie par les bœufs de trait, elle est un peu plus grande que la quantité produite par les chevaux, et il devait en être ainsi. Non-seulement le bœuf transpire moins que le cheval, mais il consomme une plus forte quantité de fourrages et boit davantage. Le rapport moyen entre les substances alimentaires consommées et le fumier produit est :: 100 : 1.44. Il résulte de ces faits que le multiplicateur pour les aliments consommés par les animaux de travail, y compris la litière, serait, en moyenne,

1,35 ; le chiffre dont je fais usage en pareille circonstance = 1,40.

On a admis, depuis fort longtemps, que les déjections des vaches sont plus abondantes que celles des chevaux. Ce principe reçoit sa confirmation par les faits contenus dans les tableaux précédents, qui témoignent que le fumier obtenu des vacheries a été presque double de la quantité recueillie au sein des écuries. Cette grande production s'explique par le séjour constant des vaches, des génisses, au sein des étables, où elles reçoivent à Grignon tous les soins possibles, tous les aliments, toutes les litières, dont elles ont besoin. On sait aussi que les vaches sont, de tous les animaux domestiques, ceux qui consomment le plus de liquides. D'après les résultats qu'offrent ces tableaux, on voit que les fourrages et la paille sont au fumier produit par les vaches :: 100 : 2.29, et par les génisses :: 100 : 2.21. Le multiplicateur de tous les aliments et de la litière réduits à l'état de siccité est donc, pour les vaches et les génisses, :: 100 : 2.25.

Les porcs sont les animaux qui produisent le plus de fumier et le fumier le plus aqueux. Ainsi, d'après les tableaux qui précèdent, la nourriture sèche et la litière sont au fumier obtenu :: 100 : 2.41. Il est difficile d'admettre un chiffre multiplicateur plus faible que ce résultat; le porc exige beaucoup de litière, ses excréments sont très-aqueux, les aliments qu'il consomme l'obligent, à cause de leur grande fluidité, à produire des urines en abondance.

Quant aux bêtes à laine, il faut les regarder comme les animaux qui produisent le moins de fumier. D'après les résultats obtenus à Grignon, les fourrages secs et les litières sont au fumier produit :: 100 : 1.22. Si je n'ai pas mentionné, dans les tableaux numéros 2 et 3, les aliments consommés, les litières employées, le fumier produit pendant les années 1837-38, 1838-39, c'est que durant ces années une partie du troupeau a été soumis au parcage. Nonobstant, si l'on prend en considération l'étendue parquée, le nombre de jours durant lesquels le parcage a eu lieu, la nourriture consommée par les animaux au parc, on arrive à constater que les aliments consommés au sein de la ferme et les pailles employées sont au fumier produit à peu près dans le même rapport. Ainsi, en 1837-38, les fourrages et la litière sont au fumier :: 100 : 1,15. Ces divers résultats s'identifient avec ceux obtenus par

<hr>

(1) *Économie rurale*, t. II. p. 629.

Albert. Le multiplicateur que je propose est 1,20; j'ai douté longtemps de l'exactitude de ce chiffre; mais la quantité de fumier obtenue dans ma bergerie, pendant trois ans, m'a permis de l'adopter et de reconnaître que les déjections que les bêtes à laine laissent tomber sur les champs ou sur les chemins qu'ils parcourent, s'élèvent à plus du tiers de toutes celles qu'elles doivent rendre.

Toutes choses égales d'ailleurs, mon mode d'évaluation se coordonne avec celui proposé par Schwertz, si on l'applique pour déterminer quelle doit être la quantité de fumier produite au sein d'une exploitation qui possède des chevaux, des vaches, des porcs et des moutons, sans avoir égard à leur nombre. Ainsi, le multiplicateur moyen de Schwertz est 1,87, celui que je propose = 1,80; celui qui résulte des faits pratiques obtenus à Grignon = 1,83. Mais, qu'on ne l'oublie pas, ces chiffres ne sont vrais que quand les animaux domestiques sont aussi variés qu'à Grignon, et qu'ils existent sur une exploitation dans le même rapport. Une exploitation qui n'entretiendrait que des chevaux et des moutons ou des bœufs, des vaches et des porcs, ne pourrait plus considérer comme vrai l'un de ces multiplicateurs; et pour arriver à des résultats aussi exacts que possible, pour que les calculs ne conduisent pas le cultivateur à supputer une production en fumier plus forte, plus considérable ou moindre, plus faible que celle produite réellement par les animaux qu'ils possèdent, il faut, de toute nécessité, recourir au mode d'évaluation que je propose, et adopter les chiffres que je viens d'indiquer pour chaque espèce.

M. Boussingault a proposé d'évaluer le fumier produit au sein d'une ferme, en estimant l'*azote* qui se trouve dans la litière et les déjections, et de rapporter la quantité à celle contenue dans la nourriture, après avoir déduit, toutefois, de cette dernière somme, l'azote exhalé et fixé par les animaux. Quoique ce mode d'évaluation soit presque impossible aujourd'hui, parce que les données que possède la pratique ne sont pas assez nombreuses et assez précises, il pense, néanmoins, que cette méthode est la seule qui doit être suivie, et que la pratique adoptera lorsque la science agricole aura confirmé, perfectionné les coefficients qu'il propose. M. Boussingault conclut, des faits qu'il a constaté : 1° que par 100 kilog. de foin consommé :

```
Un cheval rend l'équivalent de   51 kilog. de fumier sec.
Une vache laitière. . . . . . .   32
Un veau de six mois. . . . . .    40
```

2° Que chaque 100 kilog. de poids vivant prive une exploitation de 180 kilog. de fumier normal, ou d'environ 9 quintaux de fumier humide. Ces résultats reposent sur ce principe : que chaque 100 kilog. de poids en vie contient en azote :

```
Bêtes à cornes. . . . . . . . . . . . . . . . . . . . .   3,47
Cheval. . . . . . . . . . . . . . . . . . . . . . . . . . 3,64
Porc. . . . . . . . . . . . . . . . . . . . . . . . . . . 3,60
Mouton. . . . . . . . . . . . . . . . . . . . . . . . . . 3,60
                                                         ──────
Moyenne. . . . . . . . . . . . . .  3,64
```

Ainsi 100 kilog. de poids en vie prélèvent sur les fourrages 3,6 d'azote complètement perdu pour le fumier.

Le fumier normal, dont il est question ici, provient de fumier contenant en moyenne 79,3 pour 100 d'humidité; 100 kilog. de fumier frais donnent donc 20kil.,7 de fumier normal sec.

M. Boussingault admet, en outre, comme probabilité, qu'un cheval et une vache du poids de 500 kilog. exhalent chacun par jour 25 grammes d'azote. La quantité exhalée par un porc de 100 kilog. serait de 5 grammes par vingt-quatre heures.

Pour fixer les idées sur le moyen qu'il propose d'introduire dans la pratique, M. Boussingault donne comme exemple l'évaluation de l'engrais réel contenu dans le fumier qu'il a recueilli en 1840-41 :

			Poids du fourrage.	Azote dans les fourrages.
			kilog.	kilog.
Étable. . .	27 têtes dont 11 jeunes.	Foin ou équivalent.	98,338	1,130
		Litières , paille.	16,425	49
Écurie. . .	27 chevaux.	Foin ou équivalent.	147,825	1,700
		Litières , paille.	20,870	63
Porcherie.		Pomme de terre.	45,264	165
		Seigle.	615	11
		Pois.	492	19
		Litières , paille.	3,650	11
Azote des aliments et des litières.				3,148

			Poids du produit.	Azote dans les produits.
			kilog.	kilog.
Étable		Poids vivant, produit.	3,326	120
		Lait.	15,786	79
		Azote exhalé.	»	246
Écurie.		Poids vivant, produit.	684	25
		Perte due au travail extérieur.	»	425
		Azote exhalé.	»	246
Porcherie.		Poids vivant, produit.	1,025	37
		Azote exhalé.	»	18
Azote distrait des engrais. . .				1,190

Ainsi, les aliments et les litières, d'après leur contenu en azote, auraient dû produire en

Fumier de ferme humide.	787,000 kilog.
L'azote fixé ou exhalé en représente.	299,000
Le fumier effectif devrait donc être de.	488,000

La quantité de fumier humide qu'obtient ordinairement M. Boussingault, pour une quantité semblable d'aliments de litière, est de 500,000 kilog. Dès lors les aliments et la litière seraient au fumier :: 100 : 1,66.

§ 3. *De la récolte des fumiers.*

Tous les fumiers ne se récoltent pas de la même manière. Dans presque toutes les fermes le *fumier produit par les chevaux* est enlevé tous les jours, ou tous les deux jours au plus, selon le temps que les animaux séjournent à l'étable et les aliments qu'ils consomment. Chaque matin, les charretiers, avant de sortir de l'écurie, relèvent sous l'auge la paille qui peut encore servir comme litière, et poussent au delà de la superficie sur laquelle repose le cheval et les crotins et les pailles qui ont été souillées par les excrétions. Ce fumier est ordinairement enlevé dans l'après-midi et conduit, à l'aide d'une brouette, sur le lieu où on le conserve. On commettrait une faute grave si on ne sortait les fumiers des écuries qu'une fois par semaine, comme cela se pratique malheureusement encore dans quelques localités. C'est que la chaleur qu'ils dégagent, quand ils fermentent, peut dessécher, altérer la corne du pied; c'est que la grande quantité de vapeurs ammoniacales qui s'élèvent des fumiers qui s'accumulent dans les écuries sont nuisibles à la santé du cheval. Le cultivateur ne doit donc pas hésiter un seul instant à faire enlever chaque jour le fumier produit par les animaux appartenant à l'espèce chevaline.

Le *fumier produit par les bêtes à laine*, qui n'est ni aussi chaud que celui des chevaux, ni aussi humide que celui des bêtes à cornes, reste dans les bergeries pendant plusieurs mois. Le séjour du fumier, au sein des bergeries, a divers avantages : d'abord, il se fait mieux, les excréments se mêlent plus intimement à la litière ; ensuite, par la fermentation qui s'établit au sein de sa masse, il rend l'air plus chaud, le bâtiment moins froid. Si l'on sortait ce fumier toutes les semaines, on récolterait un engrais sec, très-pailleux, peu décomposé, et il y aurait nécessité à disposer d'une plus grande quantité de litière. Toutefois, s'il est utile de n'enlever le fumier des bergeries que quand les couches successives de paille ont été imbibées d'urine et chargées d'excréments, on ne doit pas oublier qu'un très-grand amas de litières et de déjections, au sein de ces bâtiments, peut avoir de graves inconvénients durant l'été, pendant les fortes chaleurs. Une température élevée, très-chaude et humide, est aussi nuisible aux bêtes à laine qui vivent au sein des bergeries qu'un air froid et humide. On sera averti de la nécessité d'enlever le fumier, dit Tessier, quand, en entrant dans la bergerie, on éprouvera de la chaleur et une odeur forte ammoniacale. Pour le sortir, on se sert de brouettes, de civières ; ou bien on emploie, quand les ouvertures le permettent, un instrument en fer à deux fortes dents recourbées que l'on nomme *crochet.* Cet instrument, après avoir été lancé avec force sur du fumier relevé, est fixé à un palonnier et traîné par un cheval au lieu où le fumier doit être conservé.

Celui *des vaches ou des bœufs* reste beaucoup plus longtemps que celui des chevaux dans les bâtiments, à moins qu'il ne soit question de vaches soumises à la stabulation complète. Quand des bêtes à cornes vivent en stabulation permanente, il faut enlever le fumier tous les jours dans l'intérêt de la santé des animaux. Si la phthisie calcaire, *la pommelière* règne presque constamment avec autant d'intensité sur les vaches qui se trouvent entre les mains des nourrisseurs des grandes villes, c'est que ces animaux vivent la plupart dans des étables basses, humides, dans lesquelles les fumiers s'accumulent pendant plusieurs mois. C'est pour prévenir cette pneumonie sur les vaches qui sont soumises à un repos continuel et absolu, qu'on a soin de ne pas laisser s'amasser les litières et les déjections, qu'on prend la peine de les enlever chaque jour.

Les vaches qui vont une partie du jour au pâturage existent ordinairement au sein de conditions différentes, et il est rare que le fumier ne séjourne pas sous elles pendant plusieurs semaines. Ce séjour plus prolongé est favorable à la qualité de l'engrais, et n'est nuisible aux animaux que quand on ne prend pas la précaution de renouveler chaque jour la litière, que lorsque le bâtiment manque d'ouvertures nécessaires. Quand on a soin de placer chaque soir et chaque matin, si les circonstances l'obligent, une nouvelle quantité de litière sur celle qui existe déjà ainsi que sur les excrétions, le bétail existe dans des conditions de propreté convenable et les litières se chargent mieux de parties liquides. Pourquoi toutes les vaches en France n'existent-elles pas dans des étables aussi bien conduites ? Combien on doit regretter que toutes les bêtes bovines de rente ou de travail ne soient pas soumises à un semblable système d'entretien ? Il est encore, en France, des contrées où on laisse les litières et les déjections, soit solides, soit liquides, s'amasser sous les animaux sans autre précaution que celle de répandre la litière nécessaire à la circulation des vaches ou des bouviers. Il importe peu que les animaux vivent dans la fange, que les déjections rendent, par leur accumulation successive, les locaux insalubres, que le bétail y souffre de la chaleur, qu'il ne puisse respirer un air plus pur, plus sain, plus respirable; ce qui préoccupe le plus le cultivateur, c'est la coutume locale, c'est l'usage suivi par ses voisins, auquel il ne saurait déroger, et qui consiste à ne sortir les fumiers des étables que deux à trois fois au plus par an. Combien d'étables à bœufs ou à vaches qui sont encore, dans la Bretagne, le Poitou, la Sologne, etc., de véritables cloaques dans lesquels on ne peut éviter d'enfoncer jusqu'à la cheville? Combien de ces bâtiments où les animaux vivent couchés dans la fange, où leur entassement produit une chaleur qui fatigue les animaux, et les oblige à se tenir toujours couchés! où l'homme véritablement agricole éprouve, à la vue d'un tel spectacle, un sentiment de dégoût et de tristesse! Proposez à un cultivateur de ces contrées de changer ces conditions d'habitat, il vous sourira, et, avec la naïveté qui le caractérise, il vous observera qu'un tel système n'est pas la coutume de la contrée qu'il habite. Espérons que ces idées anciennes ne tarderont pas à disparaître, et que bientôt les cultivateurs qui les adoptent encore auront acquis la honte de les perpétuer!

Lorsque le fumier des bêtes à cornes séjourne quelques semaines dans une étable bien construite qui permet aux liquides surabondants de s'écouler, il perd peu de ses propriétés par la fermentation et l'évaporation, et ne peut être regardé comme nuisible aux animaux. Aussi constate-t-on, dans de telles circonstances, que l'air des étables est naturel, presque pur, si des ouvertures légères et convenablement disposées ont été pratiquées dans les murs. Mais, pour qu'une grande accumulation de déjections ne soit pas nuisible et aux hommes et aux animaux, pour que l'atmosphère y soit sans cesse respirable, il faut que la litière soit chaque jour renouvelée et que celle ancienne ne soit pas très-humide. Il importe donc de saisir le temps opportun pour vider les étables, pour enlever le fumier. On ne doit pas attendre, pour effectuer ce travail, que la fermentation putride se soit parfaite-

ment établie au sein de la masse des déjections et des litières; si on attendait ce moment, le fumier perdrait en qualité et en quantité.

Quant au *fumier de porcs*, il séjourne moins longtemps au sein des bâtiments que ceux des bêtes à cornes et ovines. Ce fumier, qui est ordinairement humide, doit être enlevé tous les quinze jours environ. Le porc est un animal délicat, frileux, et, quoiqu'il soit regardé encore comme malpropre, il n'en est pas moins prouvé qu'il ne se développe ou ne s'engraisse convenablement que quand la litière sur laquelle il repose est sèche et abondante. Lorsqu'on laisse le porc au sein d'une humidité excessive, quand on néglige d'enlever les litières lorsqu'elles sont suffisamment imprégnées de déjections, il ne faut guère songer à réaliser des profits par son concours, quelle que soit la spéculation que l'on ait adoptée. De tous les animaux domestiques, le cochon est celui qui brise davantage la paille, et qui exige sous ce rapport le plus de litière. On comprend, dès lors, qu'il faut, pour que le fumier de cet animal soit considéré, ainsi que l'ont regardé Miller, Hunter, Arthur Young, etc., comme aussi fertilisant que les autres, qu'il ait été soigneusement recueilli, récolté en temps utile.

§ 4. *De l'état du fumier à l'époque de son emploi.*

Le fumier doit-il être appliqué à l'état frais? Est-il nécessaire d'attendre qu'il ait éprouvé la fermentation, c'est-à-dire un commencement de décomposition? Jusqu'à ce jour, cette question n'a pas été complétement résolue. Plusieurs agriculteurs insistent pour que le fumier soit appliqué avant que la fermentation ait opéré une décomposition plus ou moins avancée; ils soutiennent que, par son application immédiate, on prévient une perte considérable, et que le fumier, ainsi employé, produit des effets pendant plus longtemps. Les agronomes qui proclament l'emploi des fumiers qui ont éprouvé un commencement de décomposition, s'appuient sur ce principe, le fumier bien fait, modérément consommé, est plus assimilable pour les plantes que celui qui vient d'être produit.

Ces questions, si graves, si importantes, ont, selon moi, leur solution dans les arrangements agricoles d'une exploitation. Si l'agriculture n'avait pas à triompher de la variété infinie des terrains, de la diversité des climats, si la phytologie ne comportait pas un aussi grand nombre de plantes qui diffèrent les unes des autres par des caractères nombreux et apparents, par des besoins très-dissemblables, toutes les opinions, les idées, sur ce sujet, s'accorderaient entre elles; et, il est hors de doute qu'aujourd'hui l'une de ces deux questions serait celle que le cultivateur prendrait pour guide. Sans doute, s'il était possible d'employer le fumier avant toute fermentation, c'est-à-dire immédiatement après sa sortie des étables, on se dispenserait de quelques dépenses de main-d'œuvre et de manipulation; mais on comprendra qu'il est souvent très-difficile, pour ne pas ajouter impossible, de conduire jour par jour, pour ainsi dire, les fumiers produits dans les étables et les écuries sur les champs où ils doivent agir. Pour que ces transports puissent avoir lieu, pour que cette conduite soit considérée comme possible, il faut admettre un surcroît d'attelage, il faut supposer que les arrangements agricoles permettront de pouvoir disposer sans cesse de champs dépouillés de toute production ou toujours suffisamment préparés, il faut, enfin, croire que le cultivateur se résoudra à renoncer aux avantages que présente le mélange bien exécuté des diverses sortes de fumier.

Si les fumiers frais ont des propriétés spéciales, si leurs effets sont plus prolongés, si, en un mot, ils sont plus énergiques parce qu'ils n'ont pas été lavés par les pluies dans les fosses ou sur les plates-formes, qu'ils n'ont pas encore fermenté, et, conséquemment, rien perdu, leur emploi présente des difficultés que le cultivateur ne parvient pas toujours à surmonter avec succès. Ainsi, les fumiers frais se mêlent plus difficilement avec le sol, suivant son état humide ou son état de sécheresse; ainsi encore, leur application dans les sols meubles, les terres légères et siliceuses, augmente la divisibilité de ces terrains, et ne permet à la fermentation de suivre ses diverses périodes, et cela à cause de la grande température de la couche arable; leur conduite dans les terres argileuses, les sols compacts, où l'argile s'empare de l'ammoniaque, vient aussi arrêter la fermentation, parce que l'air n'a pas assez d'accès sur les pailles. Aussi est-il bien démontré aujourd'hui que, dans ces deux circonstances, les fumiers frais ne fournissent pas toujours aux plantes une alimentation suffisante,

une quantité convenable de carbone. On retire peu ou point d'avantage, observe Thaër, du fumier consommé; souvent même on éprouve des inconvénients de son emploi sur des terrains secs, légers et appauvris, qui ne contenaient pas de terreau; s'il survient une sécheresse, les plantes souffrent beaucoup de la chaleur; si le temps est humide, les plantes poussent à la vérité plus rapidement, mais elles prennent une couleur jaune pâle; une partie d'entre elles périssent ou demeurent faibles; elles sont sujettes à la rouille et ne donnent que des grains imparfaits (1). Donc, toutes les fois que le cultivateur voudra activer le développement d'une plante ayant une courte existence, il lui faudra appliquer de préférence un fumier arrivé à un certain degré de décomposition. C'est pourquoi, en Flandre et en Suisse, on accorde toujours la préférence aux engrais fermentés, aux substances fertilisantes, qui ont une action presque immédiate.

Quoi qu'il en soit, lorsque la nature et les propriétés physiques du sol, ainsi que les conditions climatériques, permettent d'appliquer le fumier à l'état frais, avant toute fermentation, on prévient par là une perte de plus d'un cinquième et même d'un quart de la masse, et les plantes en végétation et le sol gagnent d'autant en principes actifs. Néanmoins, dans les sols qui doivent être couverts de plantes fourragères ou commerciales de longue durée, l'application des fumiers frais n'est pas sans importance.

J'ai dit que le fumier pailleux est enterré difficilement, et qu'il convenait de préférence aux terres argileuses parce qu'il s'y conserve mieux, parce que ses effets sont plus prolongés et qu'il rend la terre plus maniable. Les terres légères réclament des fumiers décomposés qui absorbent plus aisément l'humidité, qui fixent au sein de la terre une plus grande quantité d'eau, qui suffisent mieux aux besoins des plantes. C'est pour ces motifs que la pratique applique généralement au printemps sur les terres sèches, brûlantes et les sols calcaires des fumiers consommés, des fumiers bien faits, et qu'elle ne redoute pas d'employer dans les saisons humides, sur les mêmes terres, des fumiers bien moins décomposés. « Or, puisqu'il est nécessaire, dit Olivier de Serres, d'adjouster l'hu-

(1) *Principes raisonnés d'agriculture*, 1831, t. II, p. 314.

midité au fumier dans les terres légères et maigres, pour le faire valoir, à bonne raison en ce mesnage préfère-t-on l'hyver au printemps, et le printemps à l'esté (1). » Toutes choses égales d'ailleurs, et quelque sévères que soient les règles que je viens de rapporter, il reste acquis, et à la science et à la pratique, que *les conditions climatériques, la nature des terres et les assolements déterminent toujours l'état des fumiers et l'époque de leur emploi.* Un bon cultivateur doit donc coordonner ses travaux, combiner ses récoltes de manière à ce que le fumier ne séjourne pas trop longtemps au sein des cours, et qu'il n'y arrive pas à un état de décomposition très-avancée. Quand le fumier sort des étables, il n'est pas homogène, et doit être mélangé au sol par plusieurs labours, si l'on veut qu'il produise tout son effet ; lorsqu'il a séjourné en tas pendant longtemps, et qu'il a reçu l'humidité nécessaire à la décomposition, il est gras, onctueux, se désagrège difficilement, et se mélange encore mal avec la couche arable.

§ 5. *De la conservation des fumiers.*

Les procédés suivis dans la conservation des fumiers sont au nombre de trois : 1° l'entassement dans les fosses ou trous à fumier, 2° le dépôt sur les plates-formes, 3° l'accumulation dans les étables. Je vais examiner avec soin les avantages et les défauts de ces deux procédés.

1° Des fosses ou trous à fumier.

1° Sur plusieurs points de la France, et notamment dans les départements du nord, le fumier, à sa sortie des écuries, étables ou bergeries, est déposé dans des creux, des enfoncements, que la nature a seule créés, et qui, pour la plupart, ont la malheureuse propriété de retenir non - seulement le purin, mais encore les eaux pluviales qui dégouttent des toits ou tombent sur le sol de la cour. Placés dans de tels enfoncements où l'humidité est toujours excessive, le fumier est lavé, noyé ; il ne fermente plus, mais il abandonne une très-grande partie des principes solubles qu'il contient. Non-seulement, par ce procédé de conservation, on perd beaucoup en volume, mais l'eau stagnante détruit une partie sensible des propriétés fertilisantes du fumier quelle que soit sa nature.

2° Pour obvier à ces inconvénients graves on a établi, depuis les premières années de ce siècle, dans un grand nombre d'exploitations, des fosses ou trous à fumier offrant une disposition particulière. Voici la description de celle que j'ai fait creuser, en 1842, à Grand-Jouan, et qui recevait tous les fumiers produits par mes animaux.

Cette fosse est garnie, sur trois de ses côtés, d'un mur de revêtement construit au moyen de pierres schisteuses et garni extérieurement de terre. Le fond est formé d'une argile très-tenace, sur laquelle on avait fixé un cailloutage, et il a une pente de 0,03 à 0.04 par mètre ; la pente la plus forte existe dans le sens de la largeur EF ; la plus faible est située dans le sens de la longueur, mais elle est telle que les parties liquides se rendent aisément des angles A et B au point centre C. A ce point il existe, dans le mur de revêtement, deux petits canaux *dd*, situés un peu en contre-bas du fond et muni d'un grillage à l'intérieur et d'une vanette à l'extérieur, dont la destination est de conduire les parties liquides dans les réservoirs situés en O, c'est-à-dire en dehors du mur de revêtement. Sur ces réservoirs existe un plancher reposant sur des madriers, et au milieu duquel existe une ouverture destinée à l'introduction d'une pompe qui permet de disposer à volonté du purin. La figure 10 donne le plan de cette fosse ; celle 11 indique la coupe dans le sens de la largeur EF. Les flèches indiquent la direction des pentes.

(1) *Théâtre d'Agriculture*, ed. 1804, t. 1, p. 126.

fig. 10.

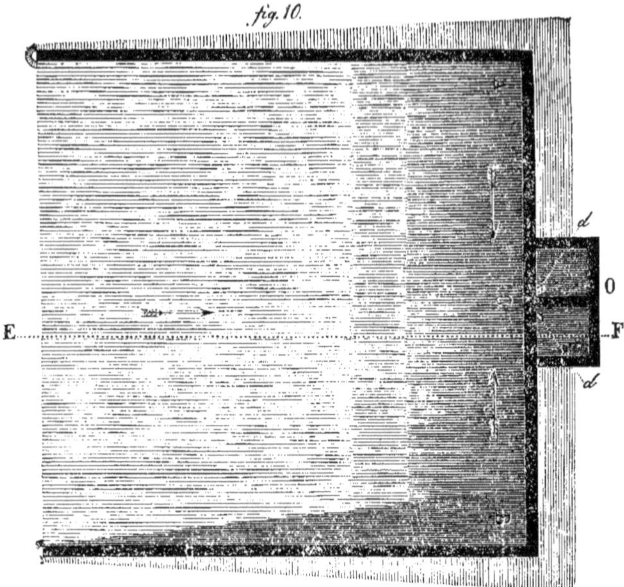

fig. 11

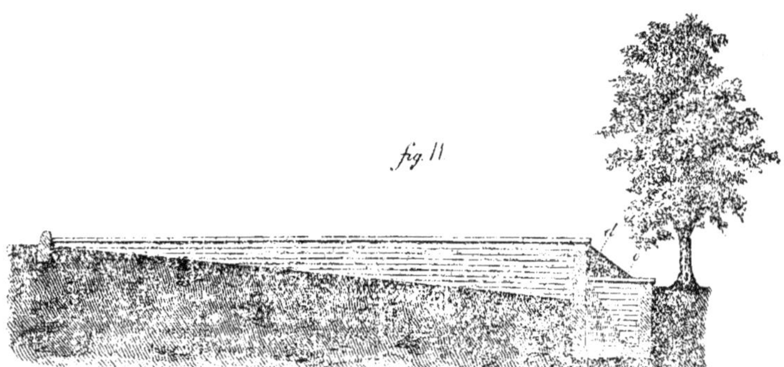

Coupe suivant la ligne E F.

MM. Moll et Schattenmann ont proposé, dans ces derniers temps, des fosses construites sur le même principe ; elles ne diffèrent de celle que j'ai adoptée qu'en ce que le réservoir ou cavité est située à l'intérieur de la fosse. Cette dernière disposition est peut-être plus avantageuse pour exécuter des arrosements, mais elle a le grand inconvénient de ne pas permettre avec autant de facilité la circulation des véhicules, des animaux, au sein de fosses de faibles dimensions, et d'exiger un plancher bien établi, solidement fixé à la surface du réservoir à purin, afin que les pailles, les immondices, ne puissent y pénétrer et obstruer la pompe. Quoi qu'il en soit, ce genre de fosse avait été déjà adopté par de Morel-Vindé, avec un plein succès, sur une très-grande échelle.

Toutes choses égales d'ailleurs, pour

que ces nouvelles fosses soient véritablement utiles, il faut que leur capacité soit en rapport avec la quantité de fumier que l'on fabrique, qu'elles soient assez vastes, larges, pour qu'une voiture puisse y circuler librement ; que le fond soit solide, pavé ou macadamisé, et que sa pente soit telle que les animaux puissent déplacer de fortes charges sans vains efforts.

Quand, dans de telles fosses, le fumier, à sa sortie des étables et des écuries, est bien étendu, éparpillé, et suffisamment pressé, foulé, il fermente et se putréfie plus lentement, plus uniformément. S'il survient de fortes chaleurs, si le fumier se dessèche par suite d'une fermentation trop active, trop précipitée, si l'on constate des moisissures qui auront pour cause un épandage inégal, un tassement irrégulier, on modifiera promptement ces divers états, en arrosant la masse une ou deux fois par semaine, suivant les circonstances, au moyen du purin contenu dans le réservoir ou puisard. Pour pratiquer ces arrosages, on adapte au déversoir de la pompe soit un tuyau en toile goudronnée, soit de petites auges s'adaptant les unes aux autres et supportées par des chevalets. Par cette dernière disposition un seul homme peut arroser ; au moyen de la première, il faut deux ouvriers : l'un met en mouvement la verge du balancier de la pompe, l'autre dirige le tuyau sur les parties à arroser. Si ce dernier moyen est moins simple, il est beaucoup plus expéditif.

Quand la masse de fumier produite dans une ferme est considérable, on doit, autant que cela est possible, donner à ces fosses beaucoup de profondeur, afin que la superficie du fumier soit moins considérable, et que les eaux pluviales qui tombent sur la masse et qui la traversent soient moins abondantes.

Vivement pénétré de la forte quantité de gaz ammoniacaux qui se dégagent lors de la fermentation si violente des fumiers d'écurie, M. Schattenmann a eu l'heureuse idée de saturer le carbonate d'ammoniaque, qui est la partie la plus énergique des fumiers, et de le convertir en sulfate d'ammoniaque, sel qui résiste à l'action de l'air et de la chaleur. Le fumier dont il dispose provient d'une écurie de 200 chevaux. Ce fumier, après avoir été bien étendu et foulé par les pieds des hommes qui l'apportent et le répandent, est fortement arrosé avec les liquides qui en découlent, et la quantité d'eau nécessaire qui est considérable, et qui est fournie par une autre pompe qui communique avec un puits situé à côté de la fosse à fumier. M. Schattenmann ajoute aux eaux saturées par les parties solubles du fumier, du sulfate de fer, ou de l'acide sulfurique faible, ou du sulfate de chaux en poudre. Cette dernière substance, quoique plus commune que les deux précédentes, n'est pas aussi favorable : d'abord, sa décomposition est plus difficile, parce que le plâtre ne se dissout pas, et qu'une poudre ne peut pas pénétrer partout aussi aisément qu'un liquide ; ensuite, elle a l'inconvénient de provoquer le dégagement d'une grande quantité de gaz hydrogène sulfuré dont l'odeur est fort incommode. M. Schattenmann emploie de préférence le sulfate de fer, parce qu'il est à bon marché, et qu'il ne présente pas pour l'ouvrier inhabile le danger qu'offre l'emploi de l'acide sulfurique. Dès que le sulfate de fer est en contact avec les matières animales, il se dégage beaucoup de vapeur d'eau, d'acide carbonique, et il se fait une double décomposition : l'acide sulfurique se combine avec l'ammoniaque et forme un sulfate d'ammoniaque qui ne se volatilise pas, et le fer se combine avec le soufre et forme du sulfure de fer. Par ce procédé on obtient, dans l'espace de deux à trois mois, un fumier aussi gras, aussi onctueux et aussi fertilisant que celui des bêtes à cornes. La masse de fumier traitée par le sulfate de fer peut s'élever jusqu'à 3 ou 4 mètres de hauteur sans inconvénient. Dès que le fumier a été pénétré d'une dissolution de sulfate de fer marquant 2 degrés à l'aréomètre, toutes les émanations désagreables cessent immédiatement, et les eaux qui reviennent du fumier sont aussitôt alcalines 1. M. Boussingault observe, avec juste raison, qu'il faut apporter la plus grande attention à ne pas introduire dans le fumier un excès de sulfate de fer qui pourrait nuire à la végétation (2). Pour constater que le principe alcalin prédomine dans les eaux qui dégouttent de la masse, on y verse une solution faible de cyanure de potassium ; si le sulfate de fer est en excès, il se formera aussitôt du bleu de Prusse. On peut aussi, pour constater le caractère alcalin de ces eaux, employer le papier bleu de tournesol, qui brunit sous l'action des substances alcalines.

---

1) *Comptes rendus de l'Académie des sciences*, t. XIV, p. 274.

2. *Économie rurale*, 1844, t. II, p. 123.

2° Des plates-formes.

1° Les plates-formes ont été proposées et adoptées pour la première fois par M. Mathieu de Dombasle. On désigne sous le nom de *plates-formes* un espace presque plat *aa*, fig. 12 et 13, et de niveau avec le sol sur lequel on a déposé et battu de petits cailloux, recouverts quelquefois de ciment ou de mortier si le sol est perméable. Quand le sol est argileux, imperméable, on se dispense souvent de tels travaux. Il suffit alors de battre le sol et de lui donner une forme légèrement convexe *b*, afin que les urines ne séjournent pas sous le fumier. Sur les quatre côtés de l'espace sur lequel le tas de fumier doit être établi règne une rigole *cccc*, destinée à conduire tout le liquide qui s'écoule dans un réservoir *d*, établi en dehors du tas sur l'un des côtés et muni d'une pompe *f*. En dehors de cette rigole il doit exister une petite levée *ee*, en gravier mêlé d'argile, d'un mètre environ de largeur, et d'une hauteur suffisante pour empêcher que le purin puisse jamais sortir des rigoles et que les eaux extérieures puissent s'y mêler. Cette petite levée ne doit avoir que 0,10 à 0,15 de hauteur ; on ne doit pas lui en donner plus qu'il n'est nécessaire, afin qu'elle ne gêne nullement l'accès des voitures au moment où l'on conduit le fumier dans les champs (1).

fig. 12.

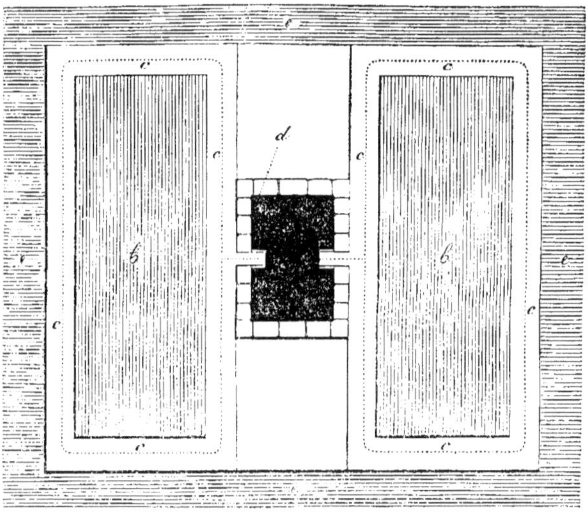

(1) *Annales de Roville*, 7ᵉ livraison, 1830, p. 88.

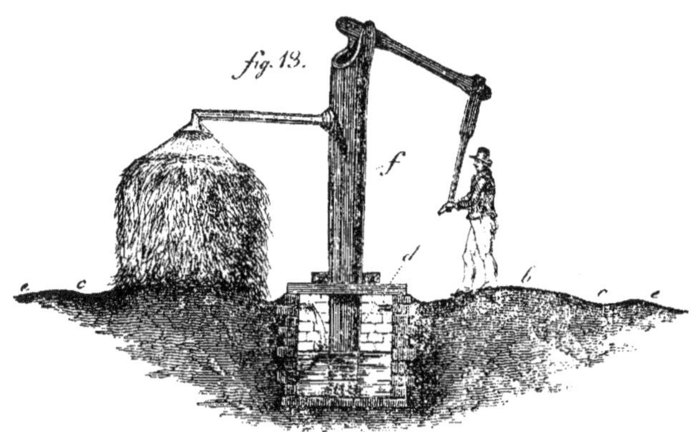

Lorsque le sol est convenablement préparé, on y conduit le fumier des étables, des écuries, etc., en ayant la précaution de le placer par couches peu épaisses, et d'alterner autant que possible les variétés de fumier. Quand le tas est arrivé à une hauteur de 2 mèt. à 2^m,50 et que ses faces sont bien perpendiculaires, bien verticales, on le couvre d'une couche de terre, de boues de rues, de curures de routes ou de fossés, de 0,30 à 0,40 d'épaisseur. Cette terre a l'avantage d'agir par son poids sur la masse de fumier, de le tasser uniformément, de le priver de l'action de l'air, de condenser une partie des vapeurs ammoniacales qui se dégagent pendant la fermentation, et de tempérer l'action quelquefois trop vive du soleil. Souvent aussi, cette couche de terre empêche que les volailles ne grattent le tas et ne jettent le fumier à terre. Ainsi comprimé, le fumier se fait plus promptement et fermente plus régulièrement. Quand on néglige de couvrir les tas de fumier, ainsi disposés, d'une couche de terre, il est rare que les matières qui le composent se convertissent, par les progrès de la fermentation, de la décomposition, en une masse assez homogène.

Malheureusement, pour que ce mode de conservation puisse prévaloir sur les fosses, il faut que l'étendue de l'exploitation, la quantité de fumier fabriqué, permettent d'attacher aux fumiers un homme exclusivement chargé des soins qu'ils réclament; c'est-à-dire de pratiquer le tassement, l'épandage, les arrosements nécessaires. Quand le fumier sorti des écuries, des étables, etc., n'est pas étendu avec uni-

formité, lorsque tous les points du tas n'ont pas été suffisamment foulés, quand l'air a accès à l'intérieur, que la masse commence à se dessécher et qu'on néglige de l'arroser, ce mode de conservation entraîne avec lui de graves inconvénients. Ainsi, quand les chaleurs sont fortes et longues, et que la masse ne contient plus l'humidité nécessaire à une bonne fermentation, les parois se dessèchent ainsi que la partie supérieure du tas, et le fumier prend une couleur blanche, et cette moisissure, que l'on connaît sous le nom de *blanc*, de *blanc de champignon*, fait perdre aux fumiers la presque totalité de leurs propriétés fertilisantes. C'est que le fumier *chanci*, couvert de petits filaments blancs (*mycelium*), est incapable d'entrer de nouveau en fermentation; c'est qu'il se comporte en tous points comme la paille qui n'a pas été imprégnée de parties salines et alcalines et qu'il s'altère sous l'action seule de l'humidité et des agents atmosphériques. A Grignon, où cette disposition est suivie avec succès, on a attaché un homme aux fumiers; il a pour mission de laisser le moins possible des vides dans la masse, et d'arroser les tas toutes les fois qu'ils manquent d'humidité; aussi le fumier que l'on récolte dans cet établissement est toujours homogène, bien fait, suffisamment décomposé.

2° Schwertz avait adopté à Hohenheim une disposition un peu différente de celle que je viens de mentionner. Le lit du fumier est de niveau avec le terrain environnant et ne forme aucune excavation, aucun exhaussement. Le sol n'est pas pavé, mais seulement formé de moellons posés de champ, recouverts d'une petite couche de débris de pierre un peu gros, puis d'une autre couche de débris de pierre un peu menus, mêlés et recouverts d'un peu de terre, le tout bien damé. Un lit en bons pavés pourrait être meilleur encore.

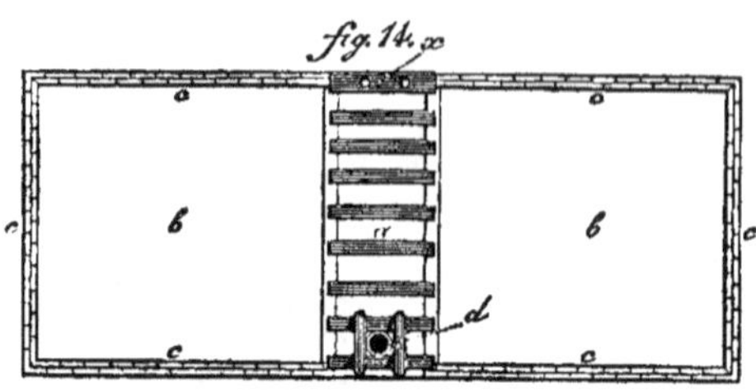

La fosse *a* sépare en deux parties *bb* le lit du fumier. Chaque partie du lit a une pente totale d'environ 0.33 vers la fosse, afin que le purin y coule et s'y rassemble; mais comme une certaine quantité de liquide n'en découle pas moins des trois côtés des lits, ils sont garnis d'une rigole *cc* qui conduit ce liquide dans la fosse. A l'un des bouts de la fosse est solidement fixée une forte pompe *d*, au moyen de laquelle le purin peut être ramené sur le fumier ou versé dans des tonneaux. Pour faciliter la dispersion du liquide sur toutes les parties du fumier on a adopté la disposition suivante *ee* :

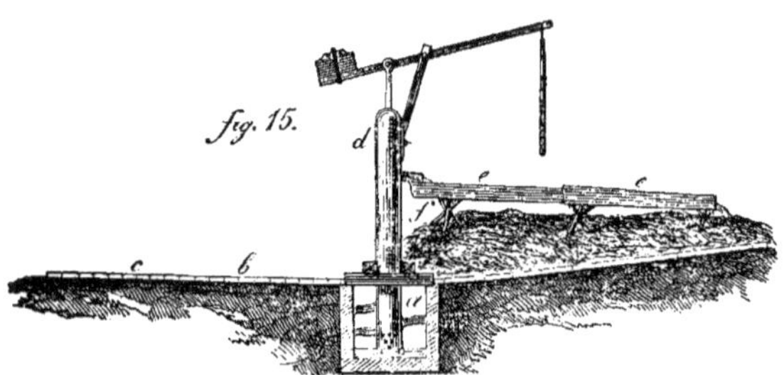

Elle consiste en plusieurs noues légères, faites de planches bien jointes. Chaque noue est plus large d'un bout à l'autre, afin qu'elles puissent se poser l'une dans l'autre. Elles sont portées par des chevalets *ff*, dont les jambes sont liées en ciseaux par un seul rivet; ces chevalets peuvent ainsi, en s'ouvrant ou en se fermant, présenter un point d'appui plus ou moins élevé, de manière à ce qu'on puisse, par suite, donner aux noues la hauteur et la pente nécessaires, suivant la hauteur variable du fumier. L'appareil peut être facilement transporté d'une partie du fumier sur l'autre.

Il est nécessaire que les parois de la fosse, à laquelle on donne une profondeur de 1ᵐ,30 à 1ᵐ,65 de profondeur, et dont on proportionne la capacité à l'étendue du lit de fumier, soient revêtues en maçonnerie, ou en madriers retenus par de forts poteaux en chêne. Le fond de la fosse doit être garni de terre grasse bien damée. Il est bien de couvrir la fosse en madriers, ou d'un grillage en bois et solide, mais qui ne s'oppose pas au suintement du liquide; cette disposition fait gagner de l'espace, en ce qu'on peut disposer un tas de fumier sur la fosse même. Ce fumier procure lui-même un autre avantage: en été il s'oppose à l'évaporation du liquide, et en hiver à sa congélation. Il reste une autre disposition à ajouter, c'est de diriger dans la fosse les urines des étables et écuries, ainsi que de placer au-dessus de la fosse, du côté opposé à la pompe, en x, une guérite à latrines pour les employés. Ainsi, sur un seul point, on réunit tous les éléments de fertilité que produit une ferme. Cette disposition est aussi celle qui rend plus faciles, plus économiques, tous les travaux de préparation et de chargement des engrais (1).

Mathieu de Dombasle a reconnu qu'un tas de fumier de 2 mèt. de hauteur, et qui occupe une étendue de 12 mètres de longueur sur 7 mètres de largeur, contient 300 à 350 voitures de fumier du poids moyen de chacune 650 kilog.

3° De la conservation dans les étables.

La quantité de fumier qu'on obtient en Belgique des animaux domestiques est considérable. Cette production abondante résulte de ce que les fumiers séjournent et sont préparés dans l'intérieur des étables. Voici comment sont disposés ces bâtiments :

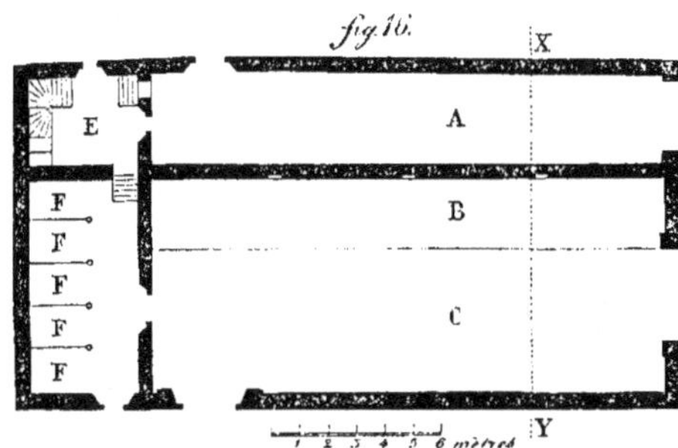

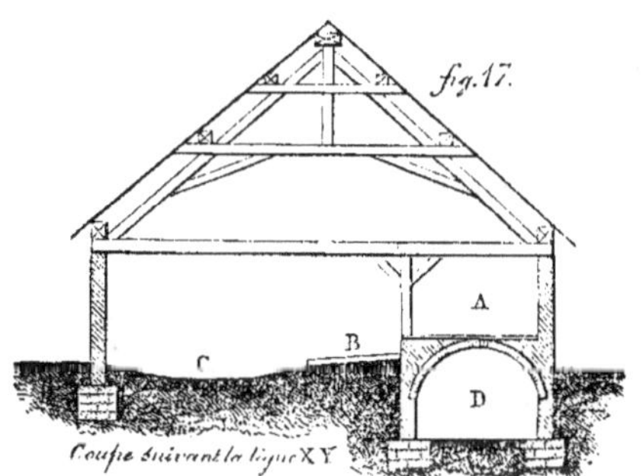

Coupe suivant la ligne XY

Il existe, en avant des animaux, un trottoir A planchéié ou cimenté, sur lequel on dépose la nourriture qui leur est destinée, ou les baquets dans lesquels on leur donne les aliments liquides ; derrière les animaux, qui occupent l'emplacement B, existe un emplacement aussi large que celui occupé par le bétail et un peu creux, C, dans lequel se rendent toutes les urines, et où l'on dépose tous les deux ou trois jours les déjections, le fumier, que les animaux ont produits. C'est dans cette légère excavation que le fumier fermente, subit sa décomposition. Quand la masse du fumier accumulée est considérable, toutes les deux ou trois semaines on l'enlève et on le conduit directement sur le champ auquel il est

(1) *Préceptes d'Agriculture pratique*, 1839, p. 221.

destiné. Sous le trottoir, il existe une galerie voûtée, D, dans laquelle on conserve les racines ; les loges pour les veaux E,F,E,F, sont situées en dehors de l'étable et à leur extrémité, il existe un vestibule E, qui comporte deux escaliers, l'un pour descendre dans la galerie voûtée, l'autre pour monter dans la partie supérieure de l'étable.

Cette disposition est très-avantageuse en ce qu'aucune des parties liquides n'est perdue, en ce que toutes les litières se saturent le plus intimement des déjections. L'expérience a prouvé à Mathieu de Dombasle qu'il n'y a rien d'exagéré dans la quantité de fumier qu'on peut obtenir dans des étables disposées ainsi, lorsqu'on peut donner au bétail une grande abondance de litière. La quantité de fumier que j'ai recueillie, dit-il, dans ces sortes d'étables, a été constamment presque double de celle que me donnait le même nombre de têtes recevant la même nourriture, et placées dans une autre étable construite à la manière ordinaire, de sorte que le fumier était sorti tous les deux jours ; le fumier était aussi gras et de bien meilleure qualité dans l'étable belge (1). Si l'on a égard, comme le dit Schwertz, à la fermentation régulière qui s'établit au sein du fumier et qui n'est jamais interrompue, parce que la température de l'étable y est toujours douce et égale, parce que le vent, le soleil, n'ont aucune action sur cet engrais, à l'économie des travaux de transport, puisque le fumier est prêt à être employé, puisqu'il attend la charrette pour l'enlever, on comprendra quels immenses avantages a cette méthode. Thaër a donc raison d'observer que si, dans la plupart des exploitations rurales, on n'était pas arrêté par les dépenses assez élevées que coûte cette étable, du double plus grande que cela n'est ordinairement nécessaire, cette méthode mériterait inévitablement la préférence, et devrait être universellement adoptée.

§ 6. *Du traitement des fumiers.*

Le fumier des chevaux ou des bêtes à cornes, des bêtes à laine ou des porcs, sorti des bâtiments, doit être étendu, éparpillé uniformément, soit qu'on le conduise sur une plate forme, soit qu'il soit entassé au sein d'une fosse. Il est très-important que chacune des espèces de fumier dont on dispose soit étendue

en couches minces et régulières. C'est une erreur de penser que le fumier peut être disposé sur la plate-forme, ou dans une fosse, en monticules, en couches inégales. Quand le fumier est conduit sur ces emplacements au moyen d'une brouette, d'une civière ou d'un crochet, il y arrive ordinairement sous forme de petits morceaux ou de boudins ; il résulte de cette disposition qu'il existe toujours, quand les fumiers ainsi pelotonnés n'ont pas été stratifiés en couches légères, lorsqu'ils sont entièrement abandonnés, des intervalles, des vides, qui nuisent à leur bonne confection en ce qu'ils facilitent la production de byssus. Pour que les diverses espèces de fumiers mélangées ensemble constituent un excellent fumier, un fumier normal, il faut, autant que les locaux le permettent, qu'elles alternent les unes avec les autres, qu'elles ne restent pas pelotonnées sur le tas, qu'elles soient divisées, étendues à la fourche en couches minces, et qu'elles soient uniformément tassées par les pieds des hommes, le va-et-vient des brouettes, le piétinement des animaux et la circulation des voitures ou des tombereaux. C'est en foulant régulièrement et fortement chaque stratification qu'on prévient la moisissure, puisqu'on détruit tous les vides, les intervalles où elle s'engendre.

Mais il ne suffit pas que le fumier de cheval alterne avec celui des porcs ou de vaches, et celui des moutons avec celui des bœufs, que les couches soient minces, uniformes, qu'il n'existe au sein du tas le moins de vides, le moins d'intervalles possible ; il faut aussi que, durant les jours de l'été, les chaleurs intempestives et prolongées, la masse conserve suffisamment d'humidité. Quand la température s'élève et qu'elle se maintient forte, tout fumier qui manque d'humidité suffisante et nécessaire à la fermentation perd de sa qualité, et il se dessèche sans se décomposer. C'est dans des circonstances analogues que le *blanc*, la moisissure, se développent avec spontanéité, et que le fumier perd le pouvoir de se convertir en une masse homogène. Pour prévenir ce fâcheux état, pour conserver au fumier sa propriété de continuer à fermenter, à se tranformer en une masse plus ou moins noire, plus ou moins onctueuse, on doit, quand il commence à se dessécher sous l'action du vent ou du soleil, l'arroser une, deux ou trois fois par semaine, selon l'état de l'atmosphère et la température de l'air. Pour exécuter cet ar-

---

(1) *Annales de Roville*, 1835. t. II, p. 125.

rosement, on se sert d'une pompe rustique ayant sa base plongée dans un réservoir de purin situé près de la fosse ou de la plate-forme.

Beaucoup de cultivateurs couvrent aujourd'hui les tas de fumiers qui sont arrivés à une hauteur convenable d'une couche de terre, de gazons, de boues de cours, de curures de routes, etc. Cette couche terreuse superficielle jouit de plusieurs avantages : elle tasse la masse, permet à la fermentation de s'y établir plus uniformément ; elle condense les gaz qui se dégagent du tas pendant cette même fermentation ; elle s'oppose à ce que le soleil dessèche complétement le fumier ; elle ne permet pas aux pluies de le pénétrer aussi facilement ; enfin, elle défend le fumier contre le grattage des volailles. Lorsque pendant les grandes chaleurs l'humidité n'existe pas dans la masse dans une proportion favorable à la fermentation, on pratique de mètre en mètre, en tous sens, sur la surface du tas et dans toute l'épaisseur de la couche de terre, des trous au moyen d'une barre de fer. Ces ouvertures sont destinées à faciliter la pénétration du purin dans la masse lors des arrosements.

La conduite des fumiers dans les fosses ainsi que leur épandage, ne constituent pas une opération difficile, et tous les bouviers, vachers ou laboureurs peuvent les exécuter convenablement. Le fumier que l'on entasse sur une plate-forme exige sans contredit plus d'attention, plus de réflexion. C'est qu'il est essentiel que les bordures des côtés soient bien faites, *bien torchées*, et que les parois du tas soient bien d'aplomb, c'est-à-dire verticales. Pour former ces bordures on choisit du fumier un peu long, un peu pailleux, et on le plie sur lui-même ; puis on place la partie externe du pli sur le contour du tas de manière à ce qu'elle coïncide avec le bord des couches situées en dessous ; c'est en agissant ainsi à chaque strate que l'on parvient à élever les parois, et à leur donner une très-grande solidité, puisqu'elles sont formées de cordons placés avec soin les uns sur les autres. Par cette disposition, comme les litières ne sont plus flottantes en dehors du tas, les liquides qui imprègnent la masse ont moins de tendance a s'épancher au dehors, et ils n'arrivent toujours à la plate-forme qu'après avoir imbibé, traversé toutes les strates.

Le nombre des arrosements à donner aux fumiers doit être aussi en rapport avec la litière qui est liée aux déjections. Celle de nature sèche et ligneuse, comme la bruyère, le genêt, demande beaucoup plus d'humidité, de déjections, pour se décomposer, que celle de nature molle, humide ou absorbante, comme les pailles, la mousse ou les roseaux. C'est en arrosant de temps à autre pendant l'été les fumiers qui comportent des substances un peu résistantes qu'on parvient à les convertir en une masse très-fertilisante. Il faut regretter que les cultivateurs de l'Anjou, de la Bretagne, du Languedoc, etc., ne comprennent pas encore les avantages des arrosements pendant les fortes chaleurs ; car il est incontestable qu'ils disposeraient chaque année, en automne, de fumiers plus homogènes, plus actifs.

On ajoute quelquefois aux fumiers, lors de la confection des tas ou du remplissage des fosses, des herbes vertes, des plantes, qui ont été arrachées dans les champs couverts de récoltes. Il faut éviter d'y mêler des herbes qui portent leurs graines ou qui peuvent se propager par racines ; on ne doit ajouter aux fumiers que des plantes annuelles ou bisannuelles, et encore doit-on les arracher quand elles commencent à fleurir. La production verte des herbes de marais, de fossés, d'étangs, de chemins, doit aussi être coupée bien avant que les graines soient formées. Lorsqu'on ne prend pas ces précautions, on charge les fumiers de graines de plantes nuisibles, qui souvent germent sur les champs où les fumiers ont été appliqués et souillent la terre pour plusieurs années. On ne saurait trop mettre en garde les cultivateurs contre cette faute, dit Mathieu de Dombasle, car j'ai eu lieu de me repentir vivement de l'avoir commise.

Lorsqu'un fumier est couvert de moisissure, état où il ne développe plus de chaleur, il faut le déplacer, le mêler à d'autres fumiers susceptibles d'entrer en fermentation. Quand le tas est formé on donne immédiatement quelques arrosages, que l'on renouvelle quand on reconnaît que l'humidité est faible à l'intérieur du tas.

Dans les exploitations très-étendues, on attache souvent au fumier un homme chargé de l'entretien et de l'arrosement des tas. Quand les fermes sont petites, lorsque les étables, les bâtiments d'exploitation, sont très éloignés les uns des autres, ce *chef fumier* devient souvent plus dispendieux qu'utile. C'est que, dans cette circonstance, le mélange des différentes espèces de fumier est presque toujours difficile à exécuter, que les fumiers ne s'accumulent pas en grande masse, et que le profit qu'on peut retirer d'un tel homme ne couvre nullement les dépenses qu'il occasionne.

§ 7. *Des abris à donner aux fumiers.*

L'action nuisible d'un soleil ardent sur le fumier a conduit à reconnaître qu'il était utile d'établir les fosses ou les plates-formes au nord d'un bâtiment, ou de les abriter par une ou plusieurs plantations de chênes ou d'ormes. Il n'est pas nécessaire que tous les abords d'une fosse soient abrités par des plantations. Quand sa direction est sud-nord, on se contente de garnir d'arbres le côté du midi et celui de l'ouest, de manière à ce que la circulation des voitures soit libre sur deux côtés, ceux du nord et de l'est, et que le fumier soit convenablement à l'abri du soleil pendant le milieu du jour. Cet ombrage a cet autre avantage que, durant les jours où le soleil est vif, ardent, il permet d'effectuer des arrosages moins fréquents.

Depuis fort longtemps on a proposé d'abriter les fumiers d'une toiture. Columelle observe que les cultivateurs expérimentés couvraient avec des claies ou des branchages tout le fumier qu'ils retiraient des bergeries et des étables, de crainte que le vent ne le dessèche ou que l'action du soleil ne le consume. Sans aucun doute, ce moyen est préférable à l'abri offert par une plantation, puisqu'il préserve à la fois le fumier et du soleil et de la pluie ; mais, si cet abri protège complètement les fumiers, il est dispendieux à établir, et la charpente, qui nuit à l'accès facile des chariots, qui entrave la circulation des voitures, résiste mal aux émanations humides qui se dégagent des fumiers en fermentation. Quoi qu'il en soit, ce genre d'abri a été adopté avec succès par M. Berra, à Crescenzago, près Milan, M. Courty fils, et plusieurs propriétaires des cantons de Saint-Symphorien et de Saint-Jean-de-Bournay (Isère). Cet agriculteur dit avoir reconnu que le fumier qui a séjourné pendant trois semaines sous un hangar produit plus d'effet que celui qui n'y est resté que quinze jours.

§ 8. *De la fermentation.*

Le fumier, après avoir été tassé et abandonné sur une plate-forme ou dans une fosse, s'échauffe et entre bientôt en fermentation ; alors des parties aqueuses s'évaporent, des produits volatils, notamment le carbonate d'ammoniaque, se dégagent, le volume diminue, et l'engrais tend de jour en jour à se convertir en une masse homogène plus ou moins onctueuse, plus ou moins noire, selon le point auquel parvient la décomposition des litières et des déjections. Malheureusement, ce changement d'état, cette fermentation n'a pas lieu sans que le fumier éprouve une perte réelle ; et il est constant aujourd'hui, que quand la fermentation est considérable, violente, quand le fumier arrive à une décomposition avancée, il perd plus de la moitié de sa puissance fertilisante. Les matières qui appartiennent aux règnes animal et végétal doivent subir préalablement une modification sensible, une altération profonde, pour servir d'aliments aux végétaux ; mais est-il nécessaire que leur nature soit complètement altérée, qu'elle soit presque détruite pour qu'elles favorisent, assurent la vie végétale ? Non, sans doute. Si la pratique constate qu'il est avantageux, utile, de laisser le fumier se décomposer, se convertir en une masse homogène facile à se diviser, à se répandre, avant de l'employer, elle reconnaît que la réduction du fumier en un petit volume constitue une perte irréparable, et qu'il faut la prévenir dans l'intérêt de l'existence végétale et de la fertilité des terres arables. Si le fumier réduit à l'état de *beurre noir* produit plus d'effet que le fumier frais, parce que son action est plus énergique, plus immédiate, on ne doit pas oublier que cette action est moins durable, et qu'elle n'est, pour ainsi dire, que passagère au sein du sol.

Pendant longtemps on a complètement ignoré les pertes que le fumier éprouve par la fermentation. Davy, il est vrai, avait prouvé que, pendant la décomposition des fumiers il se dégage des produits susceptibles de nourrir les plantes. Après avoir introduit du fumier très-chaud en fermentation dans une cornue, il introduisit le bec de cet instrument sous les racines d'un gazon qui faisait partie d'une bordure de jardin ; en moins d'une semaine, les plantes exposées aux émanations de la cornue végétaient bien plus vigoureusement que celles de toute autre partie du jardin (1). Cette végétation extraordinaire était due à l'action du gaz acide

(1) *Chimie agricole*, 1838, édition Roret, p. 126.

carbonique et ammoniaque, qui ont un effet si utile sur la végétation. Nonobstant, c'était à Gazzeri qu'il était réservé de constater réellement les pertes que le fumier éprouve quand il est en fermentation. Il renferma dans un vase de cuivre 40 livres poids de Florence de fumier de cheval, et plaça ce vase dans un endroit clos après l'avoir entouré de paille, et recouvert d'une grosse toile surmontée aussi de paille ; il constata à diverses époques leur poids absolu et la pesanteur relative de leurs parties intégrantes. Voici le résultat des faits qu'il a constatés (1) :

Dates des observations.	Poids du fumier.	Eau.	POIDS DES ÉLÉMENTS.			Poids constaté à chaque observat.	Diminution de la masse.
			libres vegétal.	matière molle.	matière soluble.		
21 mars.	10,000	0,7081	0,1533	0.1124	0,0267	10,000	»
18 mai.	10,000	0,6824	0.1599	0,1341	0,0233	0,7297	0.2703
18 juin.	10,000	0,6958	0.1508	0,1275	0.0226	0 6972	0,3038
6 juillet. . . .	10.000	0,6834	0,1466	0,1441	0,0258	0.6466	0,3534
18 juillet. . . .	10,000	0,6651	0,1400	0.1567	0,0281	0.4519	0.5481

Ainsi, dans un espace de 119 jours, plus de la moitié de la matière organique s'est évaporée, et cependant la masse était dans un vase couvert et à l'abri de l'air et hors de l'influence de la chaleur solaire. Il est hors de doute que la perte qu'a éprouvée le fumier eût été plus considérable si Gazzeri avait expérimenté sur une quantité plus forte et exposé la masse à l'action des agents atmosphériques, comme le sont ordinairement les fumiers de nos fermes.

Kœrte a fait, il y a quelques années, des expériences dans le but de constater s'il est plus avantageux de faire usage de fumier frais ou de fumier décomposé. Les résultats de ces expériences lui ont permis de reconnaître que le fumier abandonné aux influences atmosphériques, en tas ou en couches, perd sans cesse de son volume et de ses principes. Ainsi, il a reconnu que 100 parties de fumier frais se réduisent

En 81 jours à. . . . . 73.4 du volume primitif.
En 254 jours. 64.3
En 284 jours. 62.5
En 339 jours. 47.2

Le déchet a donc été :

1° de 26,7 pour 100.
2° de 35,7 pour 100.
3° de 37,5 pour 100.
4° de 52,8 pour 100.

Ainsi, la perte que le fumier éprouve est beaucoup plus considérable au commencement de la fermentation que quand celle-ci a parcouru quelques périodes. Les faits constatés par Gazzeri confirment ce principe bien constant aujourd'hui aux yeux des hommes de pratique. Mais pourquoi le fumier réduit à l'état de terreau par une longue fermentation est-il moins riche en principes fertilisants que le fumier qui

(1) Degl' Ingrassi, Florence, 1819.

n'a pas encore éprouvé de décomposition ? Cette question, jusqu'à ce jour, n'avait pas reçu une complète solution. M. de Gasparin s'est chargé de la résoudre, et de compléter ainsi les faits constatés par Gazzeri et Kœrte. Sur sa prière, M. Payen a analysé du fumier de couche épuisé, qui avait cessé d'émettre la chaleur qui annonce toujours la continuation de la fermentation ; il a reconnu qu'il ne contenait plus que 31,34 pour 100 d'eau, que sa combustion laissait 39,50 pour 100 de parties minérales, et qu'il avait perdu 0,65 de son azote primitif, c'est-à-dire les deux les deux tiers. Ainsi la déperdition de l'azote a été plus grande que celle des autres principes du fumier. Il y a donc, observe M. de Gasparin, une illusion complète de la part des cultivateurs qui, trompés par l'apparence d'homogénéité du fumier décomposé, pensent qu'il a acquis une plus grande valeur, puisque par la fermentation avancée, il a perdu plus de la moitié de sa masse, plus de la moitié de ses principes solubles et les deux tiers de son azote (1) C'est donc une erreur de croire, comme le pensent malheureusement encore beaucoup de cultivateurs, que la décomposition du fumier augmente sa force et sa qualité.

Si une fermentation prolongée nuit à l'action fertilisante des fumiers, si lorsque la décomposition de ces matières est active, rapide, il s'échappe des produits qui pourraient servir de nourriture aux plantes, il est rare que de telles déperditions soient sensibles, préjudiciables aux cultivateurs quand la fermentation est lente et modérée. Ainsi Thaër fait remarquer que le fumier soumis à une fermentation convenable, légère, continue, dégage peu de vapeurs ammoniacales et d'acide carbonique, et que ce n'est seulement que quand on le remue qu'il laisse échapper beaucoup d'acide carbonique, d'azote et d'hydrogène (2). L'addition journalière des litières, dit M. Boussingault, qui sont amenées des étables contribue puissamment à empêcher la dispersion des principes volatils, qu'il est si important de retenir dans les fumiers ; réparties avec discernement, elles deviennent un obstacle à l'évaporation ; elles forment une couverture qui remplit le rôle de condensateur, en

même temps qu'elles préservent les couches inférieures du contact trop direct de l'oxigène (1). Aussi s'accorde-t-on généralement à reconnaître qu'il est nécessaire, quand un tas est terminé, est arrivé à une hauteur de 0^m,50 à 2 mètres, de le couvrir d'une couche de terre destinée à arrêter les substances volatiles qui s'échappent de la masse.

Quoi qu'il en soit, on rend toujours la fermentation régulière, uniforme, en égalisant avec soin les couches successives, en opérant un tassement convenable, en privant le plus possible le fumier du contact de l'air, on parvient à ralentir cette fermentation quand on évite de comprimer la masse, lorsqu'on permet à l'air d'y avoir accès, quand on néglige, durant les fortes chaleurs, d'exécuter les arrosements nécessaires.

Beaucoup de cultivateurs pensent encore, comme Columelle le croyait, que le fumier acquiert plus de valeur, plus de qualité, quand il a été remué quelques semaines, plusieurs mois avant son emploi. Rien n'est plus préjudiciable à l'action du fumier que de le retourner, l'aérer, pendant qu'il fermente. Quand un tas est complet, suffisamment volumineux, on ne doit plus y toucher, à moins de cas spéciaux. Il est vrai qu'après avoir été remué et divisé il fermente plus promptement : mais, si on réfléchit que par cette opération on met le fumier en contact avec l'air, et qu'il perd alors une partie de ses principes essentiels, de son azote, par exemple, on pourra juger combien cette pratique est défavorable à l'énergie de cet engrais et combien elle nuit aux intérêts de ceux qui la font exécuter.

Le point où doit s'arrêter la décomposition du fumier est assez difficile à préciser. Toutefois, comme il y a moins d'inconvénients à employer des fumiers frais, que ceux arrivés à une décomposition avancée, on comprend qu'il suffit que les déjections et les litières aient perdu leur aspect primitif, leur cohésion, qu'elles soient arrivées à un point où elles peuvent facilement se dissoudre au sein de la terre, pour qu'elles puissent être employées comme substances agissantes et fertilisantes. Le point important, selon M. Boussingault, est d'enlever le fumier avant que les parties supérieures récemment

---

(1) *Cours d'agriculture*, 1846, t. I, p. 594.
(2) *Principes raisonnés d'Agriculture*, 1831, t. II, p. 309.

---

(1) *Économie rurale*, t. II, p. 54.

ajoutées soient en voie d'altération ; autrement la masse toute entière entre en pleine fermentation, et les matières volatiles n'étant plus arrêtées au passage par la couche supérieure, s'échappent et vont se perdre dans l'air. Il n'y a pas avantage, en effet, à conserver le fumier au sein des fosses ou des plates-formes au delà de ce terme. C'est en suivant cette loi que la fermentation préalable rend véritablement les fumiers plus assimilables pour les plantes, sans nuire à leur force, à leur énergie, puisqu'elle précipite avec avantage l'apparition des sels ammoniacaux. Sans doute, le fumier appliqué à l'état frais éprouve cette modification, cette altération dans la terre, mais il existe entre lui et le fumier qui a convenablement fermenté cette différence qu'il agit sur les plantes avec beaucoup plus de lenteur Schwertz rejette la fermentation préalable, et il admet que, comme tous les corps privés de vie, le fumier se décompose dans le sein du sol ; il s'appuie sur ce principe que les plantes n'ont pour se sustenter que les parties du fumier laissé par l'évaporation et les circonstances atmosphériques, et qu'elles absorbent d'autant plus ce restant que la décomposition préalable l'a rendu d'une plus facile assimilation. Schwertz ajoute que non-seulement le fumier frais se décompose plus lentement, prépare aussi de la nourriture pour la période suivante de la végétation des mêmes plantes, et de la nourriture encore pour les plantes qui pourront succéder aux premières, mais qu'il réchauffe le sol, le désacidifie, qu'il réveille et remet en action la force des résidus difficiles à décomposer des engrais précédents (1). Ce raisonnement est judicieux, s'il est question de comparer le fumier qui a séjourné dans des fosses quelques mois seulement, au fumier qui a été transformé en une espèce de compost, qui est arrivé à son maximum de fermentation ; mais on comprend qu'il ne peut en aucune manière influencer les esprits en faveur de l'emploi des fumiers nouvellement produits de ceux qui n'ont séjourné que quelques jours dans les étables ou les bouveries ; c'est qu'il est difficile d'admettre que les litières des fumiers produits et recueillis chaque jour soient assez chargées de déjections solides, assez imbibées d'urine quand elles sortent des bâtiments, pour que le cultivateur conserve en les conduisant à leur destination, l'espérance qu'elles suffiront aux besoins des plantes qui ont une courte existence, une végétation précipitée. Dans la plupart des circonstances, un *fumier à demi-décomposé* est préférable à celui qui est arrivé à l'état de beurre noir ou qui n'a subi aucune fermentation.

§ 9. *De la quantité de fumier à appliquer par hectare.*

Jusqu'à ce jour, il a été difficile de se rendre compte des motifs qui ont engagé les cultivateurs à répandre telle ou telle quantité de fumier de préférence à telle ou telle autre, de saisir les motifs qui les portaient à considérer telle quantité dans telle contrée comme une fumure complète, alors que dans telle autre localité, bien qu'appliquée sur des terres de même nature, de même fertilité, et pour de semblables successions de récoltes, cette même quantité était regardée comme une demi-fumure.

Il appartenait à M. de Gasparin de démontrer que la routine ne peut plus présider à la détermination de la quantité de fumier à appliquer par hectare ; qu'il est indispensable aujourd'hui au cultivateur qu'il se rende compte de l'insuffisance ou de l'excès des fumures appliquées, et qu'il existe désormais des bases pour calculer rigoureusement, dans toutes les situations, la quantité d'engrais à appliquer aux différentes cultures, de manière à arriver au résultat le plus avantageux sous le rapport du produit net. Cette découverte est, sans contredit, le plus beau fleuron de la vie agricole de ce savant agronome ; c'est qu'elle est destinée à contribuer, dans une large proportion, à l'élévation de l'agriculture au rang des sciences et à éclairer la pratique (1).

Le problème à résoudre est donc celui-ci : déterminer la quantité d'engrais nécessaire pour obtenir le maximum de produit de la culture d'une plante donnée ?

En posant cette question, M. de Gasparin ne songe nullement à obtenir le produit maximum du froment, par exemple, qui peut s'élever sur une terre en période jardinière jusqu'à 72 hectol. par hectare, et qui, dans des terres abondamment pourvues d'engrais et appartenant à la période com-

---

(1) *Préceptes d'agriculture pratique*, 1839, p. 251.

(1) *Cours d'agriculture*, t. III, p. 108.

merciale, dépasse souvent 40 hectol.; mais il veut que tout cultivateur conserve l'espérance de réaliser de tels succès. Pour conserver cette douce illusion, il faut traiter les terrains comme s'ils pouvaient donner des produits maximum. Quelle sera la conséquence d'un tel système ? L'engrais surabondant, s'il a été convenablement préparé et appliqué, restera dans le sol au profit des récoltes subséquentes. Ce que je dis ici du froment doit s'entendre pour chaque plante agricole qui ont aussi un développement maximum.

Si toutes les plantes, leur produit maximum étant connu, absorbaient la même quantité d'engrais, il serait facile d'indiquer qu'elle est le *quantum* que la terre doit contenir pour obtenir ce maximum ; malheureusement, chaque plante, plus ou moins avide d'engrais, plus ou moins prompte à s'en emparer, n'en absorbe qu'une *aliquote* variable suivant sa nature, et cette aliquote ne peut être déterminée que par expérience. En ce moment on connaît les aliquotes de la plupart des plantes agricoles. En traitant de leur culture, je rapporterai celles qui ont été déterminées jusqu'à ce jour.

Si, d'après ces données, on appelle x l'engrais à fournir au sol, a celui absorbé par le produit maximum de la plante, r l'aliquote qu'elle prélève sur l'engrais total, on a :

$$x = \frac{a}{r}.$$

Supposons que, d'après cette formule, on veuille connaître l'engrais à fournir pour obtenir 100 kilog. de blé, qui absorbent avec la paille $2^{kil},62$ azote, l'aliquote étant 0,40, chiffre qui a été adopté par Thaër, on aura :

$$x = \frac{2,62}{0,40} = 6^{kil},55 \text{ azote}.$$

La quantité d'azote représentera 1,637 kilog. de fumier normal dosant 0,40 pour 100 d'azote.

Pour une récolte de 3,000 kilog., ou 40 hectolitres de blé, plus la paille, on a :

$$x = \left(\frac{2,62 \times 3,000}{100} \right) \times \frac{100}{0,40} = 196^{kil},50 \text{ azote}.$$

ou

$$x = \frac{2,62 \times 30^{quint. met.}}{0,40} = 196^{kil},50.$$

Ainsi, une récolte de 3,000 kilog. exige $196^{kil},50$ azote résultant de 49.000 kilog. fumier ; mais, après la récolte, comme tout l'engrais n'a pas été absorbé, il restera en terre, au profit des récoltes subséquentes, la quantité d'azote suivante :

$$196,50 - 30^{qx.} \times 2,62 = 195,50 - 78^{kil},60 = 117^{kil},90 \text{ azote}.$$

La quantité d'azote, $117^{kil},90$, indique donc que la terre renferme 29,485 kilog. d'engrais. Ce résultat, qui permet de déterminer, au moyen de la récolte obtenue, la fertilité de la couche arable, est confirmé par la formule précédente ; ainsi, si cette récolte de 3,000 kilog. absorbe $78^{kil},60$ azote, on a :

$$0,40 : 100 :: 78^{kil},60 : a,$$

d'où

$$a = \frac{78^{kil},60 \times 100}{0,40} = 196^{kil},50.$$

Ainsi que le fait remarquer M. de Gasparin, les effets de l'engrais ne sont sensibles sur les terres argileuses qu'autant que l'argile en est entièrement saturée ; il faut qu'elles aient reçu 0$^{kil.}$,0015 d'azote par chaque kilogramme d'argile que contient la couche arable avant qu'on puisse considérer tout ce qu'on ajoute d'engrais comme étant à la libre disposition de la végétation. Si la couche arable, dit-il, contient 30 pour 100 d'argile, si sa profondeur est de 0,25 et si elle a un poids de 1,200 kilog. le mètre cube, chaque hectare pèsera 3,000,000 kilog. et renfermera 900,000 kilog. d'argile, qui prélèveront 1,350 kilog. d'azote sur les engrais successifs donnés à la terre avant que ceux-ci produisent librement et entièrement leurs effets sur la vie des plantes. On conçoit que, quand ces terres sont saturées d'engrais, elles doivent avoir une haute valeur agricole et être susceptibles de tous les produits ; et pourquoi, lorsqu'elles ne le sont pas, leurs récoltes sont toujours inférieures aux équivalents des engrais qui leur sont fournis. Quant aux engrais qui restent en terre après la récolte dans les terres légères, on les dose difficilement parce qu'ils s'y décomposent rapidement, si on n'a pas eu le soin, avant de les appliquer, de changer en sels fixes les sels ammoniacaux volatils par le procédé indiqué par M. Schattenmann.

M. de Gasparin a raison d'engager le cultivateur à porter la dose d'engrais, dans la culture du froment, par exemple, jusqu'au point maximum toutes les fois que 2$^{kil.}$,62 de l'azote, c'est-à-dire 655 kilog. de fumier, ont un prix moindre que 100 kilog. de blé et sa paille, puisque l'avantage qui en résulte est d'autant plus grand qu'on approche plus de ce maximum. Ainsi, soit x, le prix d'une quantité donnée de produit (mesure ou poids) ; l, le loyer de la terre ; t, le prix du travail nécessaire, y compris celui de la récolte ; e, la valeur de l'engrais absorbé par le produit ; q, la quantité de produit donnée par la récolte ; f, les frais généraux de l'exploitation, on a :

$$x = \frac{l + f + t + e}{q}.$$

Supposons que le froment soit cultivé sans engrais, et qu'il donne un produit de 600 kilog. ou 8 hectol. par hectare, et que celui de la paille soit de 1,395 kilog., ayant une valeur à 20 fr. les 1,000 kilog. de 27^{f}90, qui peut être représentée par 116 kilog. à 17^{f}95 l'hectol. ; la récolte totale sera de 716 kilog. de blé, dont il faudra retrancher 150 kilog., soit 2 hectol. pour les semences. Soit maintenant :

$$l = 44 \text{ fr. } 90 \ (1)$$
$$f = 52 \quad 37$$
$$t = 74 \quad 23$$

on aura

$$x = \frac{44,90 + 52,37 + 74,23 + 0}{716 - 150} = 0^f303.$$

Le kilogramme de froment vaut donc 0^{f}303, et les 100 kilog. 30^{f}30 ; soit 22^{f}75 l'hectolitre du poids de 75 kilogrammes.

Si on donne à la terre, comme Mathieu de Dombasle le pratiquait à Roville, la moitié de la quantité d'engrais nécessaire pour produire une récolte complète, 20,000 kilog. de fumier ou 80 kilog. azote, engrais sur lequel le blé prélèvera 33$^{kil.}$,63 azote absorbé par 1,286 kilog. de froment, et ayant une valeur de 74^{f}3, soit 2^{f}21 le kilog. azote, frais de conduite et d'épandage compris, on aura :

(1) J'extrais ces chiffres et ceux qui suivent des *Annales de Roville*, supplément, p. 42.

$$x = \frac{44{,}90 + 52{,}37 + 76{,}96 + 45{,}53\,(1) + 74{,}36}{1074 + 212\,(2)} = 0^f228\,,$$

ou 22^f80 les 100 kilog., ou 17^f05 l'hectolitre.

En appliquant des fumures au moins doubles de celles qu'il appliquait, c'est-à-dire 49,000 kilog. de fumier par hectare au lieu de 20,000 kilog., Mathieu de Dombasle aurait, sans contredit, obtenu le maximum de 3,000 kilog., et les résultats économiques auraient été :

$$x = \frac{44{,}90 + 52{.}37 + 100{,}87 + 45{,}53 + 173{,}92}{3{,}000 + 592} = 0^f116\,,$$

ou 11^f60 les 100 kilog., ou 8^f70 l'hectolitre. Ce dernier chiffre mérite une attention particulière ; c'est qu'il démontre qu'au lieu de réaliser un bénéfice moyen de 12^f97 par hectare, ce même produit net se serait élevé, si, à Roville, on avait fumé les terres au maximum, à 197^f88, car il est hors de doute que le produit en froment aurait été, en moyenne, de 2,148 kil. par hectare, soit 28 à 29 hectol. au lieu de 14 à 15 hectol. Tel est le résultat presque incroyable, s'écrie **M.** de Gasparin, auquel on peut parvenir par une culture raisonnée, partout où l'on pourra obtenir une quantité indéfinie d'engrais à un prix inférieur au prix relatif des produits.

On doit conclure de ces données qu'il faut fumer chaque plante avec une quantité et une qualité d'engrais telles qu'elle puisse produire, sauf les accidents, la plus forte récolte dont le climat et le sol sont susceptibles. Il est donc vrai de dire, avec **M.** de Gasparin, que la loi des engrais, de laquelle dépend le succès d'une culture énergique et riche, doit être ainsi formulée : *fumer chaque plante qu'on cultive au maximum !*

Nonobstant, on ne saurait déterminer la quantité d'engrais nécessaire pour la culture qu'on veut suivre, sans bien connaître la situation du sol et son degré actuel de fertilité ; alors, comme l'observe encore **M.** de Gasparin, l'engrais à lui appliquer n'est plus que le supplément de celui qu'il possède déjà pour le porter au point exigé par la nouvelle culture. Si les plantes s'emparaient toujours avec fidélité de l'aliquote précise d'engrais que les résultats moyens ont fait connaître : si quelquefois, secondés par les saisons défavorables, elles n'en absorbaient pas une plus grande proportion ; si d'autres fois des saisons contraires, en abaissant le chiffre de la récolte, ne diminuaient pas la consommation de ces engrais, on ne serait jamais embarrassé pour résoudre cette question. Mais les éléments des calculs n'étant que des moyennes, et les réalités étant toujours au‑dessus ou au‑dessous des moyennes, il faut s'attendre à des mécomptes dans les calculs de la richesse du sol. On ne sera jamais précisément dans la vérité, mais on oscillera autour d'elle, de manière cependant que les erreurs se compenseront, et qu'on finira par obtenir, sur un certain nombre d'années, le résultat exact sur lequel on ne pouvait pas compter pour chacune d'elles (1). Je préciserai, en étudiant les moyens proposés pour déterminer la valeur relative des terrains, les calculs à effectuer pour arriver à déterminer l'engrais qui reste en terre, qui s'accumule au sein de la couche arable, quand les fumures appliquées sont en rapport avec le produit maximum, quand la quantité d'azote qu'elles comportent est dans un rapport exact avec celle déterminée par la formule

$$x = \frac{a}{r}$$

dont j'ai parlé précédemment. On sait que c'est cette accumulation qui constitue ce qu'on appelle la richesse.

---

(1) Cette somme représente la valeur des semences. Toutes les fois que la semence a une valeur plus élevée que celle du grain de froment, sa valeur doit être ajoutée au dividende et non déduite des produits inscrits au diviseur ; la formule devient alors :

$$x = \frac{l + f + t + s + e}{q}\,,$$

s représente alors la valeur de la graine employée pour semence.

(2) Cette quantité de grain représente la valeur de la paille.

(1) *Loco citato*, p. 414.

§ 10. *Du transport des fumiers.*

Les époques où le fumier doit être transporté sur les terres dépendent toujours de l'ordonnance des successions de culture, de la nature des plantes que l'on cultive. Le cultivateur ne peut pas déterminer arbitrairement ces époques : telle plante demande que les terres soient fumées durant l'hiver ; telle autre exige, au contraire, que les engrais soient conduits soit au printemps, soit en été. Dans les contrées où la jachère est encore en usage, où elle précède une céréale d'hiver ou une culture de colza, le transport des fumiers a lieu avant ou après la moisson lorsque les attelages ont peu d'occupation. Lorsque les assolements comportent comme première sole des fourrages racines ou des plantes fourragères annuelles, telles que carottes, betteraves, vesce et pois gris de printemps, on transporte le plus ordinairement les engrais l'hiver, alors que le sol est durci par la gelée ou au plus tard durant les premiers jours du printemps ; on profite le plus souvent, pour effectuer ces transports au printemps, des hâles qui surviennent en février ou en mars et qui dessèchent assez fortement la couche arable. Enfin, dans les contrées où le sarrasin, le millet, le maïs, précèdent des céréales, et pour lesquels on applique souvent lors des semailles des engrais pulvérulents, le transport des fumiers a lieu pendant les mois de septembre, octobre et novembre, quelques semaines, quelques jours avant le moment d'effectuer les ensemencements.

Ces transports s'effectuent tantôt avec des charrettes, tantôt au moyen de chariots. Quel que soit le véhicule dont on se sert, il est important de bien coordonner le nombre des chargeurs et des voitures à la distance que chaque attelage doit parcourir. Il est beaucoup plus économique de n'avoir qu'un attelage et deux voitures que deux attelages et deux voitures, à moins que la distance à parcourir soit considérable. Quand le champ qui doit être fumé n'est pas très-éloigné du point où réside le fumier à transporter, il arrive souvent, quand deux attelages sont chargés d'effectuer les transports, ou qu'ils se rencontrent au tas, ou qu'ils arrivent au même moment sur le champ. Quand de tels faits ont lieu, le transport des fumiers se fait avec une très-grande lenteur ; et alors, ou celui ou ceux qui chargent ne sont plus en rapport avec la quantité de fumier qu'il faut placer instantanément dans les voitures pour que les attelages soient constamment en travail, pour qu'ils ne restent pas longtemps inactifs, ou ils restent oisifs, puisque les voitures sont toutes deux en déchargement. Voici la combinaison à arrêter pour éviter de telles pertes de temps : quand on doit transporter des fumiers, il faut toujours que, la veille, une des voitures soit chargée et prête à être conduite ; le lendemain matin le conducteur attelle immédiatement son attelage sur ce véhicule, et le conduit sur le champ où le fumier doit être appliqué ; à peine la voiture est-elle déplacée que les chargeurs approchent du tas ou de la fosse une voiture vide qu'ils chargent aussitôt ; pendant que ce chargement a lieu, le conducteur n'a que le temps d'aller décharger et de revenir ; quand il est de retour, les animaux sont dételés et attelés immédiatement à la voiture chargée. Dès que cette dernière a quitté les abords de la fosse ou de la plate-forme, les chargeurs chargent la voiture qui vient de revenir à vide. Quand la distance à parcourir est grande, on emploie deux attelages et trois voitures. Alors il y a toujours une voiture en déchargement, une autre qui va ou revient ; la troisième est celle que l'on charge pendant l'aller et le retour. De cette manière les attelages et les travailleurs sont sans cesse occupés. Tous les cultivateurs ne suivent pas cette combinaison ; il n'y a que ceux qui savent apprécier la valeur du temps, les conséquences fâcheuses qu'entraîne une mauvaise distribution dans les travaux et les pertes que l'exploitant éprouve lorsque les attelages, les hommes, sont mal surveillés, mal dirigés, qui connaissent les avantages qu'elle présente.

Quand le fumier est arrivé à une décomposition avancée, aucune voiture chargée ne doit quitter la cour sans que l'engrais ait été tassé, battu à la pelle. C'est en agissant ainsi qu'on évite les pertes de fumier qui ont lieu à chaque voyage sur le parcours au détriment de la végétation des plantes cultivées.

Le chargement des voitures n'est ordinairement exécuté que par des hommes, et il s'effectue plus ou moins promptement selon la force, l'habileté des travailleurs, l'état du fumier et le mode de conservation adopté. Un homme charge plus aisément une voiture lorsque le fumier est situé sur une plate-forme que quand il a été déposé dans une fosse.

Selon Meyer, un homme peut charger en une journée de travail ordinaire 8 voitures de fumier de 1^m,40 cubes, soit en tout 11 m. cubes ; si le fumier pèse 730 kilog., il chargera donc chaque jour 8,000 kilog. Kreissig dit avoir reconnu qu'en une journée de travail de 10 heures un homme peut charger 14 mètres cubes, ou 1^m,40 cube par heure ; ainsi un homme chargerait un mètre cube de fumier en 42 minutes ; ce résultat est celui sur lequel il faut compter quand il est question de fumier normal. Schmalz évalue ce chargement à 14^m,5 cubes par jour ; Block porte aussi ce travail à 14 mètres cubes. J'ai constaté à Grignon, où les fumiers sont conservés sur des plates-formes, qu'un homme pouvait charger 10,000 kilog. de fumier par jour dans des chariots ; dans les fermes de la Brie, où on emploie des charrettes plus difficiles à charger que les voitures à quatre roues, où le fumier est conservé dans des fosses, un homme ne charge pas par jour au delà de 8,000 kilog. Lorsqu'on prend le fumier à la pelle en le coupant verticalement, on ne doit pas compter sur un poids plus grand que 5,000 kilog. En Bretagne, où les déjections des animaux sont généralement mélées à des tiges de bruyère, d'ajoncs, de genêts, un homme ne charge pas au delà de 4,000 kilog. par jour.

Quelle est la quantité de fumier qu'un attelage peut transporter par jour ? Cette question ne peut être résolue que quand la distance à parcourir est connue. Albert Block a présenté sur ce sujet les résultats suivants :

Une voiture attelée de deux chevaux fait en moyenne dans les jours longs ou courts de l'année :

A une distance de 1 à 300 mètres.		22 voyages.
——	600	15
——	900	12
——	1.200	10
——	1,500	8
——	1,800	7
——	2,100	6
——	2,400	5 1/2
——	2,700	5
——	3,000	4 1/2

Dans ses supputations, Block a supposé que, terme moyen, un cheval attelé à une charrette ou à une voiture, parcourt pendant 10 heures, avec une vitesse de 0^m,83 par seconde, 30,000 mètres ou 30 kilom., moitié chargé et moitié à vide ; qu'il existe des voitures de rechange au lieu de chargement auxquelles on attelle les animaux aussitôt qu'ils arrivent dans la cour, pour ne pas les laisser inactifs pendant le chargement des voitures, et qu'à chaque voyage on emploie un quart d'heure à dételer, à atteler les chevaux.

Si la quantité de fumier transporté à chaque voyage par deux chevaux est de 1^m,25 cube, ou 900 kilog., on pourra conduire par jour :

	mét. cubes.	kilog.
1.	27,50 ou	19.800
2.	18.75	13,500
3.	15,00	10,800
4.	12,50	9,000
5.	10,00	7,200
6.	8,75	6,300
7.	7,50	5,400
8.	6,80	4,950
9.	6,25	4,500
10.	5,00	4.050

Si on défalque de la durée du travail, qui est de 10 heures par jour, le temps pendant lequel on attelle et on dételle les animaux, on reconnaît que la vitesse moyenne des animaux par seconde est conforme aux données constatées par la pratique. Ainsi, d'après les nombres des deux tableaux précédents, pour une distance de 600 mèt., l'attelage doit avoir une vitesse de $0^m,80$ par seconde pour exécuter dans une journée 15 voyages ; pour celle de 900 mètres, une vitesse de $0^m,89$; pour celle de 2,100 mètres, une vitesse de $0^m,80$; dans cette dernière hypothèse il doit faire 6 voyages ; dans celle qui la précède il peut en exécuter 12.

Quand les chemins à parcourir sont en mauvais état, lorsque les champs sont d'un accès difficile, il faut compter sur un tiers de moins de travail.

On a calculé qu'un homme décharge une voiture de fumier de $1^m,25$ cube ou 900 kilog. en 15 à 18 minutes.

§ 11. *De la disposition des fumiers dans les champs.*

C'est au chef de l'exploitation qu'est dévolue la tâche de déterminer et la quantité de fumier à appliquer par hectare et le poids, le volume que doivent avoir les tas de fumier dans les champs où il doit être conduit.

Dans les contrées où l'on comprend les avantages que présente une bonne répartition des engrais, les tas de fumier ou *fumerons*, ont des poids à peu près égaux, et ils sont espacés très-régulièrement les uns des autres. La distance qui sépare les fumerons est le plus ordinairement de 7 à 8 mètres, ce qui donne un jet de $3^m,50$ à 4 mèt. Quelques agriculteurs veulent que la distance qui sépare les tas soit de 10, 12 et 14 mètres ; cette distance est véritablement trop forte ; il faut des ouvriers habiles, énergiques, pour qu'à

une telle distance le fumier soit convenablement divisé et éparpillé ; moins le jet est considérable et plus la répartition du fumier est régulière.

Si les tas de fumier sont espacés les uns des autres de 7 mètres en tous sens, chaque tas couvrira une superficie de 49 mètres carrés, et leur nombre par hectare sera de 204 ; et si la fumure à appliquer sur cette même superficie est de 40,000 kilog., le poids de chaque fumeron sera

$$\frac{40,000}{204} = 186 \text{ kilog.}$$

Une voiture de $1^m,25$ cube de fumier, soit 900 kilog., contiendrait donc 5 fumerons.

Le moyen le plus certain de déterminer sur-le-champ les points où doivent être placés les fumerons, c'est de tracer des lignes parallèles dans le sens de la longueur et de la largeur de la pièce à fumer au moyen d'une charrue. Chaque point d'intersection des lignes indique les endroits où les tas de fumier doivent exister. On peut aussi recourir à des jalons, mais ce moyen de déterminer la direction des lignes de fumerons et la distance qui doit les séparer les uns des autres ne peut être suivi avec avantage que par des laboureurs très-exercés à ce genre de pratique. On ne doit pas oublier, toutefois, que les premières lignes ne doivent pas être tracées à 7 mètres des côtés du champ et dans le sens de la longueur et dans celui de la largeur ; quand les lignes ont été ainsi déterminées, les fumerons qu'on y dépose ont à couvrir une superficie carrée plus grande que ceux qui sont placés sur les lignes intermédiaires, c'est-à-dire à l'intérieur du champ. Ainsi soit une planche de $24^m,50$ de largeur à couvrir de fumier : si les fumerons sont placés suivant les lignes A.B.C. (fig 18).

Fig. 18.

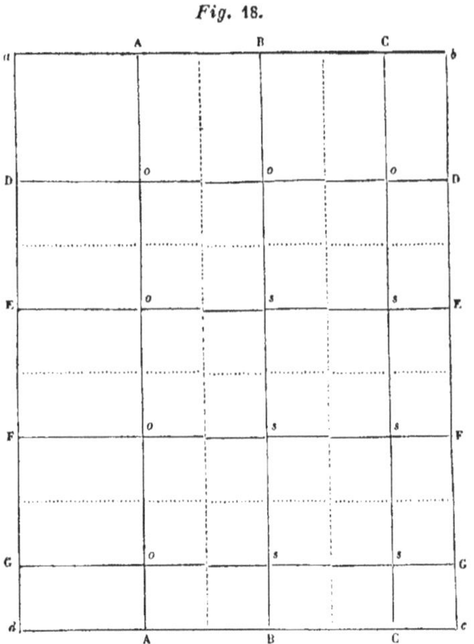

et celles D, E, F, G, ceux situés en O,O,O,O,O,O, seront éloignés des bords de la planche *ab* et *ad* de 7 mètres ; ces tas de fumiers devront donc couvrir, indépendamment de la superficie comprise entre les bords de cette planche et les lignes A,A et D,D, la moitié de celle déterminée par les lignes A,A et B,B et celles D,D et E,E, c'est-à-dire une superficie carrée de 73ᵐ,50 et de 110 mètres, suivant la situation des fumerons ; tandis que ceux situés en S,S,S,S,S,S n'auront à couvrir que 49 mètres, étant espacés les uns des autres de 7 mètres et des bords *bc* et *cd* de 3ᵐ,50 seulement. Pour éviter ces inconvénients, qui nuisent toujours à une égale répartition de l'engrais, il faut diviser la largeur de la planche par un nombre compris entre 7 et 10 en maximum, ce qui donne le nombre de lignes de fumerons, et prendre ensuite la moitié du diviseur ; ce dernier résultat indique la distance qui doit exister entre la première ligne et le bord de la planche. Ainsi,

$$\frac{24}{8} = 3 ;$$

la moitié de 8 = 4 ; c'est donc à 4 mèt. des limites *op* et *ot* (fig. 19) de la

Fig. 19.

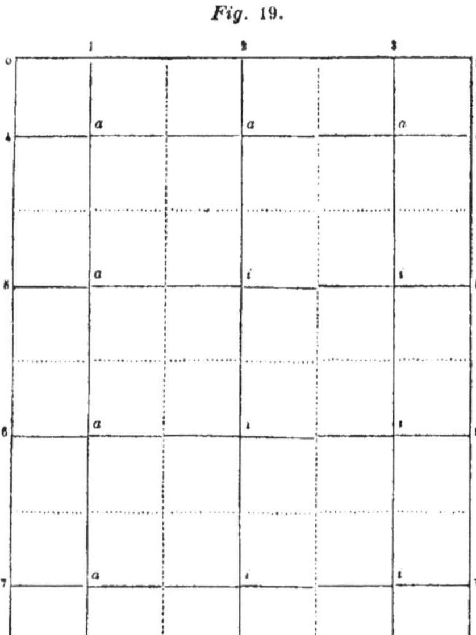

planche qu'il faut tracer les premières lignes 1,1 et 4,4, suivant la longueur et la largeur du terrain. De cette manière les fumerons a,a,a,a,a,a couvriront une superficie carrée de 64 mètres, et cette surface sera égale à celle sur laquelle seront étendus les tas $i,i,i.i,i,i$ placés aux intersections des lignes 3,2 ; 3,3 ; 5,5 ; 6,6 ; 7,7. On doit donc poser comme principe que les fumerons qui bordent les côtés d'un champ doivent être éloignés de ces bords d'une distance égale à la moitié de l'intervalle qui doit exister entre tous les fumerons. Quand on constate, lorsqu'on arrive au bout des lignes, que la distance de l'emplacement du dernier tas à la limite du champ, est plus forte ou plus faible que cette moitié, on proportionne le poids des derniers tas avec la surface qui reste à fumer ou à couvrir.

Lorsque les champs sont unis et peu déclives, le fumier doit être réparti très-uniformément et tous les fumerons doivent avoir le même volume, le même poids. Dans les terrains en pente on s'éloigne souvent de cette règle, et les parties hautes reçoivent une quantité d'engrais plus grande que les parties inférieures. Cette manière d'agir est rationnelle en ce sens que les eaux pluviales entraînent toujours vers les parties basses une forte partie des principes fertilisants des fumiers, surtout quand ces engrais sont employés à un état de décomposition avancée.

§ 12. *De l'épandage des fumiers.*

L'épandage des fumiers est une des opérations agricoles les plus importantes. Aussi s'accorde-t-on généralement à reconnaître qu'elle doit être confiée à des ouvriers intelligents et surveillée avec beaucoup de soin par le cultivateur. Cette opération se fait ou à la tâche ou à la journée. Le travail à la journée est préférable à celui qui est fait à forfait : le fumier est toujours mieux divisé, mieux étendu. Il arrive souvent, quand cet épandage est fait à la tâche, que la manière inégale suivant laquelle on éparpille le fumier entraîne des irrégularités de végétation qui indiquent que certains endroits ont reçu une surabondance d'engrais, tandis que d'autres en sont, pour ainsi dire, dépourvus.

Voici les règles à suivre pour obtenir une répartition convenable : un ou plusieurs ouvriers, suivant la quantité de fumier à répandre et l'étendue à fertiliser, armés de fourches, projettent l'engrais que comportent les fumerons sur l'étendue que chacun doit couvrir ; cette opération exige des hommes vigoureux, surtout lorsque le fumier est aggloméré, quand le jet est de 3 à 4 mètres. Ces hommes sont suivis de femmes, de jeunes gens, d'enfants même, armés aussi de fourches, qui ont pour mission de rompre, de diviser et étendre les agglomérations, les fourchées de fumier le plus également possible à la surface du sol. Ces ouvriers doivent être accompagnés d'un homme intelligent chargé de les diriger et de veiller à la bonne exécution de cette opération. Quand le fumier est pailleux et chargé de crottin, lorsqu'il est arrivé à un état de décompostion avancé, les ouvriers qui projettent le fumier doivent avoir la précaution, quand un fumeron a été dispersé, d'enlever au moyen d'une pelle les parties menues qui restent sur l'endroit du tas ; ces débris sont souvent trop petits pour être enlevés avec une fourche. Le fumier de cheval est le plus facile à épandre ; celui de mouton est le fumier qui offre le plus de difficultés. Le fumier mixte, qui est toujours moins pailleux que celui des chevaux, est certainement l'engrais qu'on répand le plus uniformément.

Dans les contrées où le sol est morcelé, où les façons se font à bras, on trouve un avantage à épandre le fumier à la main. Cette opération, qui est beaucoup plus dispendieuse que l'épandage qui est fait par des ouvriers munis de fourches, est nécessaire, indispensable dans les cultures du lin, du chanvre, etc. C'est que le fumier divisé et éparpillé à la main est mieux étendu sur la couche arable, et qu'il produit alors une végétation plus soutenue et plus uniforme.

Les fumerons peuvent-ils séjourner sur le sol pendant quelques jours ? Le fumier ne doit-il être conduit qu'à mesure que les ouvriers peuvent l'étendre ? Quand on examine ces deux questions sous un point de vue théorique, on reconnaît que le fumier perd de ses propriétés fertilisantes quand il n'est pas éparpillé et enterré le jour même où il a été conduit ; mais si les faits démontrent que les parties volatiles qui se dégagent des fumerons se répandent dans l'atmosphère et sont entraînées par le vent, que les pluies lavent les parties animales et celles végétales, que les liquides qui s'écoulent des tas et qui pénètrent dans le sol augmentent souvent d'une manière fâcheuse la végétation des plantes sujettes à la verse,

il faut reconnaître qu'il est très-difficile en pratique d'éviter ces pertes et ces inconvénients, et de suivre les règles admises par la théorie, qui obligent l'agriculteur à épandre, enterrer le fumier le jour où il est conduit. Le but vers lequel tout cultivateur doit diriger et son intelligence et ses moyens, est de laisser le fumier en tas le moins longtemps possible, d'éviter de le laisser exposer pendant plusieurs jours à l'action des pluies et de la chaleur, puisque par des temps pluvieux la fumure offre toujours des inégalités, et que, par un temps sec, les fumiers qui ont fermentés se divisent moins aisément. C'est pour ces motifs que, dans les fermes bien dirigées, les fumiers, qui ont été disposés temporairement en tas dans les champs, sont ordinairement éparpillés pendant les premiers jours qui suivent leur application.

D'après Kreissig, une femme, en 10 heures de travail, peut répandre 14 mètres cubes de fumier, soit 10,000 kilog. Dans les environs de Paris, le prix de l'épandage revient, lorsqu'on applique du fumier court, à 4 fr. 50 c. l'hectare, la quantité employée est ordinairement de 30,000 kilog. A Grignon, où la fumure est portée à 60,000 kilog., le prix de revient de l'épandage s'élève en moyenne à 10 fr. 50 c. par hectare. Si l'on suppose le prix de la journée à 1 fr. 50, un ouvrier épandrait donc par jour, dans le premier cas, 10,000 kilog., et dans le second 8,600 kilog. de fumier. Le fumier de Grignon, qui est parfaitement soigné, très-homogène, est plus difficile à éparpiller que la plupart des engrais des fermes des environs de Paris. De ces dernières données il résulte qu'un ouvrier répand par jour du fumier sur une étendue de 33 ares dans les fermes précitées, et sur celle de 15 ares à l'établissement de Grignon ; la différence qui existe entre ces deux résultats est en rapport avec celle que l'on remarque entre les quantités d'engrais appliquées.

§ 13. *De l'enfouissement des fumiers.*

Le fumier décomposé, c'est-à-dire celui qui a subi avant son application une fermentation convenable, est ordinairement bien enterré par la charrue si l'épandage a été parfaitement fait. Le fumier long, celui que l'on désigne sous le nom de fumier pailleux, présente quelques difficultés, et dans la plupart des cas il est mal réparti dans

TABLE DES MATIÈRES CONTENUES DANS CETTE LIVRAISON.

LISTE DES AUTEURS CITÉS DANS LA DEUXIÈME PARTIE DU COURS D'AGRICULTURE.

Albert (W.).
Bacon.
Barbet (H.).
Barclay (D.)
Barthels.
Bec (de).
Bella (A.).
Berra.
Berthier.
Bertin.
Berzélius.
Bidard.
Blanc-Dutrouilh.
Blois (de).
Block (A.).
Bodin.
Bœchmann.
Boisteaux.
Bompland.
Bosc.
Bouchardat.
Boussingault.
Braconnot.
Brebisson (de).
Burger.
Candolle (de).
Caillat.
Cappon.
Cavoleau.
Chaptal.
Chatterby.
Chevreul.
Colqhoun.
Columelle.
Combe (de la).
Condillac.
Crouner.
Crud.
Cullen.
Daubenton.
Davy (H.).
Davy (S.).
Delongchamps.
Derosne.
Dewdney.
Dombasle (Mathieu de).
Drewitt.
Drourad.
Dumas.
Dumont.
Dussap.
Einoff.
Even.
Fellemberg.
Fleming (W.).
Forestier.

Fourcroy.
Fownes.
Francis.
Franklin.
Frédersdorf.
Gaimard.
Gardès.
Garwool.
Gasparin (de).
Gaultbier.
Gazzeri.
Gilbert.
Girard (Fulgence).
Girardin (J.).
Gœppert.
Gourcy (de).
Gris.
Guépin.
Guérick.
Hannan (J.).
Harcourt (d').
Henbury.
Humboldt (de).
Hundershagen.
Hunter.
Jacquemart.
Johnston (W.).
Kaufmann.
Kirvan.
Klaproth.
Kœrte.
Koppe.
Kreissig.
Kulhmann (F.).
Lassaigne.
Lasteyrie (de).
Leclerc-Thouin.
Lecoq.
Lefour.
Leloup.
Liebig.
Low (David).
Macaire.
Maclean.
Madden.
Maltre.
Malingié.
Marcel.
Marshall.
Masouenette.
Mayer.
Medowbank.
Meyer (F.).
Miller.
Mirabeau.
Moll.

Monnière (de).
Morel-Vindé (de).
Moride.
Nasse.
Olivier de Serres.
Pabst.
Parent-Duchâtelet.
Parkinson.
Payen.
Peters.
Pfeiffer (de).
Playfair.
Pléplowski.
Pline.
Pons.
Puvis.
Quekett.
Quoy.
Ré (F.).
Regnault.
Rendu.
Richardson.
Rigaut de l'Isle.
Royer.
Rozier.
Sageret.
Saussure (Th. de).
Schattenmann.
Scheerer.
Schenck.
Schmaltz.
Schoubart.
Schwertz.
Sickler.
Sim.
Sinclair (John).
Soquet.
Suquet (V.).
Sylvestre.
Tessier.
Thaër.
Thouin (A.).
Thunen (de).
Tillanus.
Tschiffeli.
Turner.
Ure.
Van-Laer.
Vauquelin.
Villarmois (de la).
Vitalis.
Voelkel.
Wilson (J.).
Woght (de).
Wulfen (de).
Young (Arth.).

PARIS. — IMPRIMÉ PAR E. THUNOT ET Cᵉ,
RUE RACINE, 25, PRÈS DE L'ODÉON.

TABLE DES MATIÈRES CONTENUES DANS CETTE LIVRAISON.

LISTE DES AUTEURS CITÉS DANS LA PREMIÈRE PARTIE DU COURS D'AGRICULTURE.

Arago.
Arbuthnot (J.).
Backwell (R.)
Barbançois (de).
Baruel.
Beatson.
Beaumont (Élie de).
Becquerel.
Bella (A.).
Bergman.
Bernard de Palissy.
Berthier.
Berzélius.
Beudant.
Block.
Bosc.
Boubée.
Bourgelat.
Boussingault.
Brard.
Bremontier.
Briaune.
Brown (R.).
Buffon.
Burger.
Caillat.
Candolle (de).
Cartwright.
Caton.
Cavoleau.
Chaptal.
Chassiron.
Cline.
Cobbett (W.)
Cointreau.
Colling (Ch.).
Columelle.
Craigg.
Creuzé-Latouche.
Culley.
Curven de Wallace.
Dalton.
Daubenton.
Darwin.
Davy (Humph.).
Devèze de Chabriol.
D'Halifax.
D'Omalius d'Halloy.
Dombasle (Mathieu de).
Dubuc père.
Dufrenoy.
Duhamel.
Dumas.

Dutrochet.
Einoff.
Ellis.
Fellemberg.
Gasparin (de).
Gayot (Eug.).
Gilbert.
Girardin (J.).
Geoffroy Saint-Hilaire.
Geoffroy St-Hilaire (Isid.).
Goëthe.
Gourcy (de).
Hartig (Th.).
Hartmann.
Henri.
Héricart de Thury.
Humboldt (de).
Huzard.
Ingenhousz.
Jamet.
Johnston (W.).
Kaemtz.
Kreissig.
Lamarck.
Lamerville (de).
Lampadius.
Latour (de).
Lasteyrie (de).
Leclerc-Thouin.
Lefebvre Sainte Marie.
Lefour.
Lessing.
Liebig.
Linné.
Lorgeril (de).
Loudon.
Lucas.
Magne.
Magny (de).
Malingié.
Malepeyre (F.).
Mansard.
Martin.
Martins (Ch.).
Massot (A.).
Mauny de Mornay.
Maurice (G.).
Meyer.
Michelet.
Mirabeau.
Moll.
Morel-Vindé (de).

Morogues (de).
Newton.
Nollet.
Olivier de Serres.
Palladius.
Payen.
Peltier.
Perthuis (de).
Petit-Lafitte.
Philibert Delorme.
Pictet.
Plagniol.
Pline.
Pontier.
Princep.
Puvis.
Quintinie (La).
Renda.
Rieffel (J.).
Roudelet.
Royer.
Rozier.
Ruckert.
Ruellert.
Sainclair (John).
Saussure (Th. de).
Schmaltz.
Schouw.
Schübler.
Schwertz.
Sennebier.
Sismondi (de).
Smith.
Sully.
Surel.
Talleyrand.
Tennant.
Tessier.
Thaër.
Thouin (A.).
Travanet (de).
Varron.
Vauban (de).
Vicat.
Vicq-d'Azyr.
Voght.
Wells.
White.
Wulfen.
Young (Arth.).
Yvart (A.).
Yvart (V.).